Kosten- und Erlösrechnung

Klaus Deimel
Rainer Isemann
Stefan Müller

Kosten- und Erlösrechnung

**Grundlagen, Managementaspekte
und Integrationsmöglichkeiten der IFRS**

Ein Imprint von Pearson Education
München · Boston · San Francisco · Harlow, England
Don Mills, Ontario · Sydney · Mexico City
Madrid · Amsterdam

Bibliografische Information Der Deutschen Bibliothek

Die Deutsche Bibliothek verzeichnet diese Publikation in der Deutschen Nationalbibliografie; detaillierte bibliografische Daten sind im Internet über http://dnb.ddb.de abrufbar.

Umwelthinweis:
Dieses Produkt wurde auf chlorfrei gebleichtem Papier gedruckt.
Die Einschrumpffolie – zum Schutz vor Verschmutzung – ist aus
umweltverträglichem und recyclingfähigem PE-Material.

10   9   8   7   6   5   4   3   2

10   09   08

ISBN 978-3-8273-7226-0

© 2006 Pearson Studium
ein Imprint der Pearson Education Deutschland GmbH
Martin-Kollar-Straße 10-12, D-81829 München/Germany
Alle Rechte vorbehalten
www.pearson-studium.de
Lektorat: Mailin Bremer, mbremer@pearson.de
         Christian Schneider, cschneider@pearson.de
Korrektorat: Margret Neuhoff, München
Einbandgestaltung: Thomas Arlt, tarlt@adesso21.net
Herstellung: Elisabeth Prümm, epruemm@pearson.de
Satz: Protago-TeX-Production, PTP-Berlin GmbH (www.ptp-berlin.eu)
Druck und Verarbeitung: Kösel, Krugzell (www.KoeselBuch.de)

Printed in Germany

Inhaltsverzeichnis

Vorwort

Die Kosten- und Erlösrechnung befindet sich nach Jahren stürmischer Entwicklungen in einer Phase, in der sowohl die instrumentelle Ausgestaltung als auch die Akzeptanz in der Praxis als weitgehend gefestigt angesehen werden kann. Ausgehend von den Gegenständen und Teilbereichen der Kosten- und Erlösrechnung sind einerseits ausgereifte Verfahren zur sachlichen Erweiterung der Vollkostenrechnung in Richtung der Teilkostenrechnung vorhanden. Andererseits ist die zeitliche Erweiterung der Istkostenrechnung zu Normal- und Plankostenrechnungssystemen weit fortgeschritten, wobei im Bereich der Antizipation der Zukunft jedoch noch einige ungelöste Probleme bestehen. Vor dem Hintergrund zunehmender Gemeinkostenanteile in modernen, hochtechnisierten Produktionsunternehmen und Verwaltungen ist die Kostenrechnung, z. B. in Hinblick auf die Prozesskostenrechnung, weiterentwickelt worden. Des Weiteren gibt es vor dem Hintergrund der sich ändernden wirtschaftlichen Rahmenbedingungen Ergänzungen des Instrumentariums in Richtung des Kostenmanagements. Hierzu zählen beispielsweise das Target-Costing, das Lifecycle-Costing wie auch die Berücksichtigung von Qualitätsaspekten in der Kosten- und Erlösrechnung. Gleichwohl stellt sich aber durch die sich im Umbruch befindende externe Rechnungslegung in Deutschland zunehmend die Frage, ob die gewachsene Trennung von Kosten- und Erlösrechnung und Bilanzierung noch zeitgemäß ist.

Aus diesem Grund wird in dem vorliegenden Buch die Kosten- und Erlösrechnung sowohl in ihren instrumentellen Grundlagen als auch mit den aktuellen Weiterentwicklungen dargestellt. Ein Schwerpunkt des Buches ist die Darstellung der Grundlagen der Kosten- und Erlösrechnung in den wesentlichen Ausprägungen der Voll- und Teilkostenrechnungen wie auch der Plan- und Prozesskostenrechnung. Des Weiteren werden besondere Schwerpunkte auf die Darstellung der Prognose und Planungsverfahren gelegt. Um dem Anspruch der Kosten- und Erlösrechnung als Managementinstrument gerecht zu werden, ist es darüber hinaus notwendig diese Ausführungen in den Kontext zu Managementaspekten und zu Integrationsmöglichkeiten in die IFRS zu stellen. Auch soll die Problematik der mit der Kosten- und Erlösrechnung zusammenhängenden Chancen und Risiken für die Unternehmen aufgezeigt werden. Um den Umfang nicht zu groß werden zu lassen, werden bestimmte Detailprobleme ausgeklammert und lediglich über Verweise auf weiterführende Literatur behandelt.

Das Werk richtet sich zum einen an Praktiker, die mit Kostenrechnung, Controlling oder Unternehmensführung befasst sind. Zum anderen ist das Buch für den Einsatz in der Lehre an Universitäten und Fachhochschulen gedacht und für Studierende und Dozenten mit vielen Merksätzen, Randnotizen und Übungsaufgaben mit dazugehörigen Lösungen ausgestattet. Zum besseren Verständnis der Materie beinhaltet das Werk viele Schaubilder zur Verdeutlichung der Zusammenhänge, praxisorientierte Falldarstellungen sowie Beispiele. Verständliche Formulierungen sollen dem Leser helfen, die Sachverhalte nachzuvollziehen.

Das Buch basiert auf Erfahrungen, die wir in der Lehre mit Studierenden der Fachhochschule Bonn-Rhein-Sieg, der Fachhochschule für Seefahrt in Elsfleth, dem Northern Institute of Technology an der TU Hamburg Harburg, der Universität Oldenburg, der Helmut Schmidt-Universität/Universität der Bundeswehr, Hamburg sowie in Managementseminaren gesammelt haben. Auch sind Erfahrungen in der Konzeption von Rechnungswesensystemen und deren Umsetzung in Unternehmen in die Gestaltung des Buches eingegangen. Für die vielen von den Studierenden, Kollegen und Praktikern gegebenen Anregungen möchten wir uns herzlich bedanken. Besonders zu erwähnen sind außerdem als Lektoren Herr Brunotte und Herr Schneider für ihre intensive redaktionelle Unterstützung, die Tutorin Frau Plagge und der Tutor Herr Sackbrook für ihre unermüdliche und umsichtige Korrekturarbeit und ihre konstruktive Kritik sowie unsere Familien für ihre unerlässliche motivatorische Unterstützung. Schließlich wäre das Werk nicht möglich gewesen ohne die Ausbildung unserer akademischen Lehrer, Herrn Univ.-Prof. Dr. Laurenz Lachnit (Universität Oldenburg) sowie Herrn Univ.-Prof. Dr. Joachim Zentes (Universität des Saarlandes), denen wir zu großem Dank verpflichtet sind.

Bonn, Mai 2006
Oldenburg, Mai 2006

Klaus Deimel
Rainer Isemann
Stefan Müller

Grundlagen des betrieblichen Rechnungswesens

1

ÜBERBLICK

Fall | *Vor dem Hintergrund einer sich verschärfenden allgemeinen Wirtschaftssituation sieht sich die neue Geschäftsführung – vertreten durch Frau Dr. Durchblick und Herrn Weitsicht – der FEBAU GmbH, eines produzierenden Unternehmens der Fensterbaubranche, mit einer neuen Situation konfrontiert. Das Unternehmen, das bisher dauerhaft „schwarze Zahlen" geschrieben hat, ist in die Verlustzone geraten. Die Geschäftsführung diskutiert über die Gründe für die schlechte Lage des Unternehmens. Der Vertrieb beklagt sich über die zu hohen Kosten in verschiedenen Unternehmensbereichen, die Arbeitsvorbereitung über ungünstige Auftragzusammensetzungen und die Produktion über ungenügende Kostentransparenz. Der kaufmännische Leiter stellt zudem fest, dass laufend Aufträge zu nicht kostendeckenden Preisen akquiriert würden. Weiterhin wird gemutmaßt, dass die Auslastung der betrieblichen Anlagen wahrscheinlich nur bei ca. 80 % liegt.*

Obwohl die grundlegenden Daten über die Erlöse und Gesamtkosten (Materialkosten, Personalkosten, Sachkosten, Zinsen etc.) des Unternehmens aus der Finanzbuchhaltung zu entnehmen sind, kann jedoch nach Auskunft des Leiters „Rechnungswesen" nicht ermittelt werden, in welcher Abteilung des Unternehmens diese Kosten entstanden sind und wie sie sich auf die verschiedenen Produkte verteilen. Somit ist auch nicht klar, welche Produkte gewinnbringend und welche Produkte eventuell mit Verlust verkauft werden.

Die Geschäftsführung beschließt, ab sofort eine aussagefähige Kosten- und Erlösrechnung aufzubauen.

In dieser Situation meldet sich der ehemalige Geschäftsführer und vormalige Inhaber zu Wort:

> *„Ich habe den Betrieb nach dem letzten Weltkrieg aus dem Nichts aufgebaut und seither erfolgreich geführt. Ich bin durch das Unternehmen zu einem wohlhabenden Mann geworden. Kostenrechnung ... ist doch alles Quatsch. In all den Jahren habe ich das Unternehmen ohne Kostenrechnung erfolgreich geführt.*
> *Meine Kalkulation?*
> *Meine Kalkulation mache ich über eine einzige Kennzahl."*

Hat der Unternehmer Recht? Braucht man tatsächlich keine Kostenrechnung? Warum hat er in der Vergangenheit sein Unternehmen erfolgreich ohne Kostenrechnung führen können?

Lernziele:

In diesem Kapitel werden Sie lernen,

- den Begriff der Kosten- und Erlösrechnung zu definieren und ihn in das System des betrieblichen Rechnungswesens einzuordnen,

- die Aufgaben der Kosten- und Erlösrechnung zu verstehen und

- die Elemente und Systeme der Kosten- und Erlösrechnung zu unterscheiden und deren unterschiedliche Anwendungsbereiche zu erkennen.

1.1 Einführung in das betriebliche Rechnungswesen

Aus der Sicht der Geschäftsführung unseres Beispielunternehmens sind zwei Probleme erkennbar:

- Zum einen existiert offensichtlich in der gegebenen Situation ein Informationsbedarf, der durch die herkömmliche Finanzbuchhaltung nicht gedeckt wird,

- zum anderen erscheinen nach Aussagen des ehemaligen Unternehmers – und sein bisheriger beruflicher Erfolg scheint ihm Recht zu geben – zusätzliche Informationen für eine erfolgreiche Unternehmensführung über eine Kosten- und Erlösrechnung nicht unbedingt notwendig zu sein.

Ist die Beschäftigung mit Kosten- und Erlösrechnung, auch Kosten- und Leistungsrechnung oder kurz nur Kostenrechnung genannt, also nicht notwendig? Wie ist die Aussage des Unternehmers zu werten?

Im Folgenden werden zunächst einige Argumente erörtert, die gegen die Meinung des Unternehmers sprechen:

- Die Aussage des Unternehmers – Unternehmensführung ohne Kostenrechnung zu betreiben – ist vor dem Hintergrund der Wirtschaftslage nach dem II. Weltkrieg zu sehen. In dieser Zeit des Verkäufermarktes war der Wettbewerb um den Kunden eher gering ausgeprägt, es fand nur eine Verteilung der produzierten Güter statt. Der Preis spielte in vielen Fällen nur eine untergeordnete Rolle. In diesen Zeiten, in denen der Preis vom Verkäufer quasi vorgegeben werden konnte, waren auch Unternehmen mit nicht optimaler Wirtschaftlichkeit erfolgreich, da Unwirtschaftlichkeiten mit den Preisen auf die Abnehmer abgewälzt werden konnten.

- Die getroffene Aussage der Unternehmensführung „aus dem Bauch heraus" ist in einem kleinen Unternehmen mit nur geringer Kom-

Kosten-Erlösrechnung = Kosten-Leistungsrechnung (Kostenrechnung)

Gründe für eine Kosten-/Erlösrechnung

Wettbewerbsdruck

Komplexität der Leistungsrechnung

plexität haltbar. Die Tatsache, dass der Unternehmer sein Unternehmen aus kleinsten Anfängen hervorgebracht hat, versetzte ihn in die Lage, aus seiner Erfahrung viele Entscheidungen „intuitiv" zu treffen. Bei größeren Unternehmen und der damit einhergehenden größeren Komplexität und Intransparenz ist diese eher gefühlsmäßige Art der Unternehmensführung alleine nicht mehr ausreichend. Vielmehr sind die intuitiven Lösungen mit geldmäßigen Informationen zu fundieren.

Umweltdynamik ■ Die getroffene Aussage ist in Zeiten großer Veränderungen und Dynamik der Umwelt (neue Techniken, neue Wettbewerber, neue Märkte, hoher Preiswettbewerb) nicht mehr haltbar. Gerade bei hohem Preiswettbewerb, wie er heute häufig in vielen Märkten vorzufinden ist, verlieren Erfahrungsgrößen zunehmend an Aussagefähigkeit. Je größer und dynamischer die Umweltveränderungen eines Unternehmens sind, desto unverzichtbarer ist eine aussagefähige Kostenrechnung.

Kontrollnotwendigkeit ■ Eine wirkungsvolle Kostenkontrolle war in dem Unternehmen der Fallstudie nur aufgrund des „Fingerspitzengefühls" des Unternehmers möglich. Belastungsfähige Zahlen waren nicht vorhanden, sodass auch die Frage, ob das Unternehmen nicht noch erfolgreicher hätte agieren können, nicht zu beantworten ist.

Produktdifferenzierung ■ Die durchgeführte Kalkulation über nur eine Kenngröße gepaart mit Erfahrungswerten stellt eine zu grobe Kalkulationsgröße dar, die die Kosten unterschiedlicher Produktvarianten nur unzureichend widerspiegelt. Je differenzierter die Produkte sind, desto differenzierter müssen auch die Kenngrößen aus dem Kostenrechnungssystem sein.

Planung ■ Die bisherige Informationsbasis ist ausschließlich vergangenheitsorientiert. Mit einer Kostenrechnung ist es möglich, auch zukunftsgerichtete Entscheidungen zu treffen.

Bereitstellung von Steuerungsinformationen Wie wir sehen, ist ein auf Wirtschaftlichkeit zielendes unternehmerisches Handeln ohne gezielte Steuerungsinformationen in der heutigen Zeit nicht sinnvoll möglich.

Heute wird von Unternehmen durch den Wettbewerb auf den Produkt-, aber auch Kapitalmärkten eine optimierte Wirtschaftlichkeit gefordert, um dauerhaft erfolgreich agieren zu können. Optimierte Wirtschaftlichkeit erfordert jedoch eine ausreichende Menge an relevanten Informationen, die nur durch eine aussagefähige Kostenrechnung und ein differenziertes Controlling ermöglicht wird. Kosten- und Erlösrechnung und Controlling werden damit zu einem wichtigen Steuerungsinstrument und die Nutzung der bereitgestellten Informationen wird zu einem Erfolgsfaktor moderner Unternehmen. Dabei führt die Optimierung der Wirtschaftlichkeit nicht automatisch zur reinen Gewinnmaximierung. Vielmehr sind die weiteren Unternehmensziele, wie Sozial- oder Umweltziele, so in das Zielsystem der Unternehmung zu integrieren, dass sie als Nebenbedingungen bei der Optimierung der Wirtschaftlichkeit fungieren.

Wenn wir uns mit dem Thema Informationsversorgung im Unternehmen und insbesondere der Kosten- und Erlösrechnung beschäftigen, so stellt sich zunächst einmal die Frage nach dem Untersuchungsobjekt oder „Womit beschäftigen wir uns eigentlich?".

Beginnen wollen wir mit einer kurzen theoretischen Betrachtung. Ausgangspunkt ist das in Abb. 1.1 dargestellte Grundmodell einer Unternehmung.

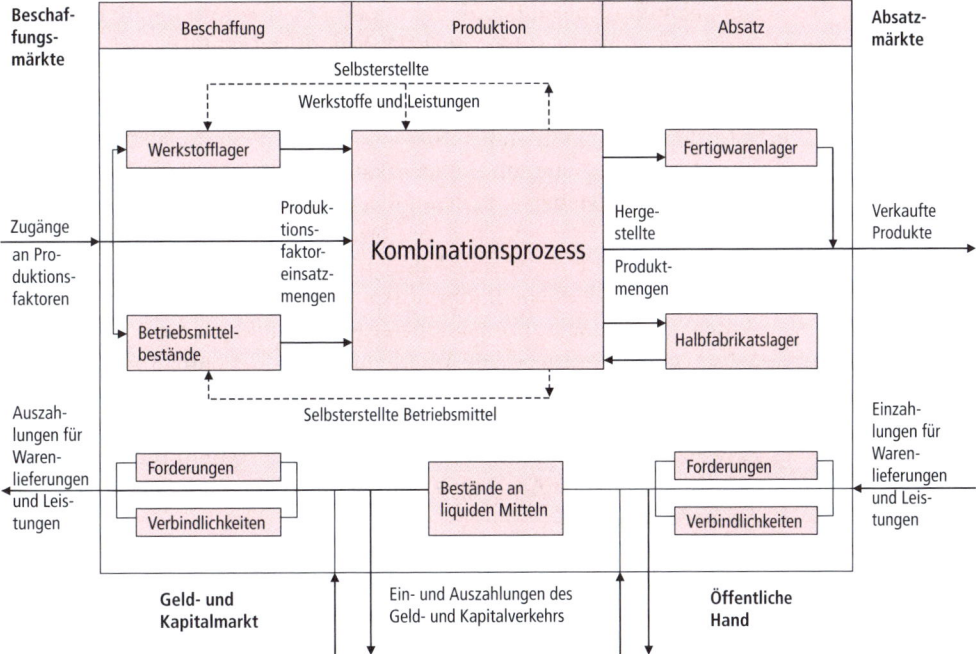

Abbildung 1.1: Grundmodell einer Unternehmung
(in Anlehnung an: Kilger, W.: Einführung in die Kostenrechnung, 1992, S. 2)

Wie zu erkennen ist, steht das Unternehmen zwischen den Beschaffungsmärkten und den Absatzmärkten. Die Aufgabe eines Unternehmens besteht also folglich darin, die Güter, die es zur Produktion eines Gutes oder einer Dienstleistung benötigt, auf den Beschaffungsmärkten einzukaufen, die gekauften Produktionsfaktoren (Materialien, menschliche Arbeitskraft, Maschinen) einem Produktions- oder besser einem Kombinationsprozess zu unterwerfen, Erzeugnisse oder Dienstleistungen herzustellen und diese auf den Absatzmärkten zu vermarkten. Dieser Strom von den Beschaffungsmärkten zu den Absatzmärkten, in Abb. 1.1 von links nach rechts verlaufend, wird als Güterstrom bezeichnet.

Güterstrom

Entstehung von Lagern

Dieser direkte Strom durch das Unternehmen ist sicher in der Realität eher die Ausnahme denn die Regel. Da die Produktionsfaktoren nicht immer unmittelbar in der Menge, in der sie in die Produktion eingehen, gekauft werden (beispielsweise wegen der Inanspruchnahme von Einkaufsrabatten), entstehen Lager für Roh-, Hilfs- und Betriebsstoffe. Neben diesen Einsatzstoffen benötigt ein Unternehmen auch maschinelle Anlagen, Büro- und Geschäftsausstattung, Firmen-PKWs und viele andere Anlagen, so genannte Betriebsmittel, die ebenso von den Beschaffungsmärkten beschafft werden.

Werkstoffmengen, Arbeitsleistungen wie auch sonstige Dienstleistungen gehen im Folgenden als Inputstrom in den Kombinationsprozess ein, werden in Unternehmensleistungen (Produkte, Dienstleistungen) umgeformt und fließen als Ausbringungs- oder Outputstrom aus dem Kombinationsprozess heraus. Als Ergebnis zwischen den verschiedenen Schritten im Kombinationsprozess können Halbfertigfabrikate entstehen, die in so genannten Halbfabrikatlagern zwischengelagert werden. Diese Lager entstehen z. B. dann, wenn eine einzelne Produktionsstufe mehr Zwischenerzeugnisse hervorbringt, als die nächste Produktionsstufe unmittelbar verarbeiten kann, oder wenn einzelne Vorkomponenten in unterschiedliche Endprodukte eingebaut werden können. Diese Halbfabrikate fließen zu einem späteren Zeitpunkt wieder in den Kombinationsprozess zur weiteren Verarbeitung ein. Die daraus entstehenden Fertigprodukte werden entweder auftragsbezogen produziert und zum Endkunden ausgeliefert oder aber in einem Fertigwarenlager bis zur endgültigen Auslieferung gelagert. Die so hergestellten Endprodukte werden dann später auf den Absatzmärkten verkauft. Hier endet der Güterstrom des Unternehmens.

Selbst erstellte Erzeugnisse

Aus Abb. 1.1 ist zu erkennen, dass auch rückläufige Güterströme (gestrichelte Linien) existieren, und zwar aus dem Kombinationsprozess heraus in die Werkstofflager bzw. in die Betriebmittelbestände. Bei diesem rückbezogenen Strom aus dem Kombinationsprozess in die Werkstofflager handelt es sich z. B. um selbst erstellte Werk- oder Betriebsstoffe, die das Unternehmen in seinem Produktionsprozess quasi als Abfallprodukt herstellt (z. B. Schrauben in einer Maschinenfabrik oder Energie aus Abwärme). Als selbst erstellte Betriebsmittel kommen auch langlebige Anlagegüter, wie z. B. Maschinen, Anlagen und sonstige Güter, die nicht auf dem Absatzmarkt verkauft werden, in Betracht (vgl. Beispiel 1.1).

Beispiel 1.1

Ein Automobilhersteller stellt eines seiner produzierten Automobile dem eigenen Außendienst als Dienstfahrzeug zur Verfügung.

Aus diesem einfachen Modell können bereits erste wichtige Begriffe der Kosten- und Erlösrechnung, nämlich die Begriffe „Aufwendungen/Kosten" und „Erträge/Erlöse" abgegrenzt und abgeleitet werden.

Grundsätzlich ist Folgendes festzuhalten:

Immer dann, wenn Güter als Inputfaktor in den Kombinationsprozess eingebracht und verbraucht werden, entsteht ein Güterverzehr. Wird dieser Güterverzehr mit Preisen bewertet, spricht man betriebswirtschaftlich von Kosten/Aufwand.

Kosten = bewerteter Güterverzehr

Dem bewerteten Güterverzehr bei den Werkstoffen entspricht der Wertverlust bei den Betriebsmitteln. Dieser Werteverzehr wird durch die Abschreibungen repräsentiert.

Immer dann, wenn neue Güter (Produkte und Dienstleistungen) aus dem Kombinationsprozess entstehen, spricht man von Güterentstehung. Die bewertete Güterentstehung bezeichnet man betriebswirtschaftlich als Erlös/Ertrag.

Erlöse = bewertete Güterentstehung

Diesem Güterstrom des Unternehmens entgegengesetzt verläuft der Geldstrom. Die abgesetzten Güter müssen vom Kunden bezahlt werden; somit gehen für die abgesetzten Gütermengen Zahlungen ein (Einzahlungen). Diese Zahlungen erhöhen den Bestand des Unternehmens an liquiden Mitteln.

Geldstrom

Auf der anderen Seite müssen die von unserem Unternehmen beschafften Produktionsfaktoren bezahlt werden. Die Zulieferer erwarten die Bezahlung ihrer Warenlieferungen und die Arbeitnehmer die pünktliche Zahlung ihrer Löhne und Gehälter. Dies alles führt zu permanenten Auszahlungen aus dem Unternehmen. Die Bestände an Zahlungsmitteln vermindern sich hierdurch.

Einzahlungen erhöhen den Zahlungsmittelbestand!

Auszahlungen vermindern den Zahlungsmittelbestand!

Werden Warenlieferungen, egal ob Warenlieferungen des Beschaffungsmarktes oder Warenlieferungen an den Absatzmarkt, nicht sofort bei Lieferung bezahlt, entstehen Forderungen oder Verbindlichkeiten des Unternehmens. Lieferung, Rechnungserstellung und die Bezahlung fallen somit zeitlich auseinander. Daher wird oft zur Kennzeichnung der erwarteten Ein- und Auszahlungen von einem weiteren Begriffspaar, nämlich von „Einnahmen/Ausgaben", gesprochen. Bei Bezahlung dieser Forderungen oder Verbindlichkeiten werden aus den Einnahmen oder Ausgaben dann auch Einzahlungen oder Auszahlungen, die damit den Bestand an Zahlungsmitteln verändern.

Forderungen und Verbindlichkeiten stellen zeitverzögerte oder vorausgeleistete Ein- bzw. Auszahlungen dar und erweitern diese zu Einnahmen und Ausgaben!

Da im normalen Geschäftsverkehr die Auszahlungen aus dem Kauf von Produktionsfaktoren (einschließlich der Investitionen) und die Zahlungseingänge aus dem Güterverkauf nur selten zeitgleich, sondern in der Regel zu unterschiedlichen Zeitpunkten erfolgen, entstehen im Unternehmen entweder Überbestände an liquiden Mitteln (d. h. die Einzahlungen einer Periode sind höher als die Auszahlungen) oder Finanzierungslücken (d. h. die Auszahlungen einer Periode sind höher als die Einzahlungen). Um jederzeit die notwendige Liquidität vorzuhalten bzw. überschüssige Liquidität vorübergehend anzulegen, muss das Unternehmen den Geld- und Kapitalmarkt nutzen. Hierbei unterscheidet man beispielhaft folgende Zahlungsströme:

Kapitalmarkt

Einzahlungen aus dem Kapitalmarkt in das Unternehmen können beispielsweise resultieren aus

- der Zuführung von Eigenkapital (z. B. Aufnahme eines neuen Gesellschafters bei einer GmbH) oder

- der Aufnahme von Fremdkapital (z. B. Darlehensaufnahme bei einer Bank).

Auszahlungen aus dem Unternehmen an den Kapitalmarkt können beispielsweise resultieren aus

- Darlehensrückzahlung,

- Kapitalherabsetzung,

- Zahlung von Zinsen,

- Zahlung von Dividenden bzw. Gewinnausschüttungen.

Staatlicher Einfluss Staatliche Aktivitäten schließlich beeinflussen den Geldbestand direkt durch Steuerzahlungen des Unternehmens (Auszahlungen) bzw. (deutlich seltener) Subventionszahlungen an das Unternehmen (Einzahlungen).

Grundsätzlich ist festzuhalten:

> Der Abgleich der Geldströme in einem Unternehmen stellt die **Einzahlungen** (= Zugang finanzieller Mittel) den **Auszahlungen** (= Abfluss finanzieller Mittel) gegenüber und bestimmt den Bestand an liquiden Mitteln im Unternehmen. Diese Größen können sich in Höhe und Fälligkeit von den Werten des Güterstroms unterscheiden.

Wirtschaftlichkeit/ Zahlungsfähigkeit Die zentrale Aufgabe der Unternehmensleitung ist es hierbei, dafür zu sorgen, dass zum einen diese Prozesse wirtschaftlich ablaufen und zum anderen das Unternehmen dauerhaft zahlungsfähig bleibt.

Die Steuerung des Güterstroms beeinflusst primär die Wirtschaftlichkeit des Unternehmens! Die Optimierung der Wirtschaftlichkeit hat im Wesentlichen mit der Steuerung des Güterstroms und insbesondere mit der erfolgsorientierten Steuerung des Kombinationsprozesses zu tun. Die Entscheidungsträger im Unternehmen haben dafür zu sorgen, dass der bewertete Güterinput (Kosten) mittelfristig geringer ist als der bewertete Output (Erlöse). Denn nur dann erwirtschaftet das Unternehmen Gewinne.

Die Steuerung des Geldstroms beeinflusst primär die Liquidität des Unternehmens! Zudem ist es Aufgabe der Unternehmensverantwortlichen, dafür zu sorgen, dass das Unternehmen jederzeit seinen finanziellen Verpflichtungen nachkommen kann, also zahlungsfähig bleibt. Man spricht in diesem Fall von einem finanziellen Gleichgewicht. Dies bedeutet, dass jederzeit ausreichend Liquidität im Unternehmen vorhanden ist, was wiederum voraussetzt, dass die Einzahlungen kurz- bis mittelfristig die entstehenden Auszahlungen decken müssen. Hierbei geht es folglich um die Steuerung des Geldstroms der Unternehmung.

Die Steuerung des Geld- und Güterstroms darf nicht isoliert erfolgen! Da ein enger Zusammenhang zwischen dem Güter- und dem Geldstrom existiert, muss die Unternehmensführung bei Entscheidungen stets beide Bereiche integriert betrachten. So steigert eine geschickte Geldanlage die Wirtschaftlichkeit ebenso, wie eine optimierte Beschaffung von Betriebsstoffen auch die Liquidität entlastet. Eine isolierte Orientierung bei der Steuerung an nur einem Bereich kann zu fatalen Folgen führen, da bei Nichterfüllung dieser beiden Grundaufgaben das Unternehmen in seiner Existenz bedroht ist.

Welche Aufgaben erfüllt nun das betriebliche Rechnungswesen?

Um die oben beschriebenen Grundaufgaben wahrnehmen zu können, brauchen die Verantwortlichen entsprechende Steuerungsinformationen in Form eines Führungs- und Kontrollsystems. Die hierfür relevanten Informationen liefert den Entscheidungsträgern das betriebliche Rechnungswesen. Dieses hat die primäre Aufgabe, das sozioökonomische System „Unternehmung" mit allen Ressourcenverbräuchen, den Vermögensgegenständen und Nutzungsrechten sowie den unterschiedlichen Verpflichtungen in Wertgrößen abzubilden. Erst durch eine derartige Abbildung wird eine Führung sinnvoll möglich, da Auswirkungen von Führungsentscheidungen in der Regel nur anhand der tatsächlichen oder geplanten Veränderung von Wertgrößen nachvollzogen werden können. Das Rechnungswesen kann daher als die Nervenzentrale des Unternehmens bezeichnet werden; hier werden regelmäßig oder fallweise Daten erfasst, aufbereitet, bewertet und als Informationen ausgegeben.

> **Definition** Das **betriebliche Rechnungswesen** umfasst alle Konzepte und Verfahren, die eine zielgerichtete, quantitative Erfassung, Dokumentation, Aufbereitung und Auswertung innerbetrieblicher ökonomischer Prozesse sowie der wirtschaftlich relevanten Beziehungen des Unternehmens zu seiner Umwelt ermöglichen.

Einen Überblick über die zentralen Teilgebiete des betrieblichen Rechnungswesens vermittelt Abb. 1.2. Darüber hinaus kann es fallweise weitere Teilgebiete unterhalb des externen und internen Rechnungswesens geben, wie z. B. separate Steuerabschlüsse oder Qualitätsbetrachtungen.

In der Praxis wird mit Bezug auf die Adressaten der Rechnungen nach externem und internem Rechnungswesen unterschieden.

Das **externe Rechnungswesen** (auch Finanzbuchhaltung und Jahresabschluss genannt) wendet sich vor allem an unternehmensexterne Zielgruppen wie Aktionäre, Kunden, Lieferanten, Mitarbeiter oder die Öffentlichkeit.

Zentrales Instrument ist der gesetzlich vorgeschriebene Jahresabschluss in Form der **Bilanz** und der **Gewinn und Verlustrechnung (GuV-**

Aufgaben des betrieblichen Rechnungswesens

Nervenzentrale des Unternehmens

Externes Rechnungswesen

Die Bilanz ist zeitpunktbezogen!

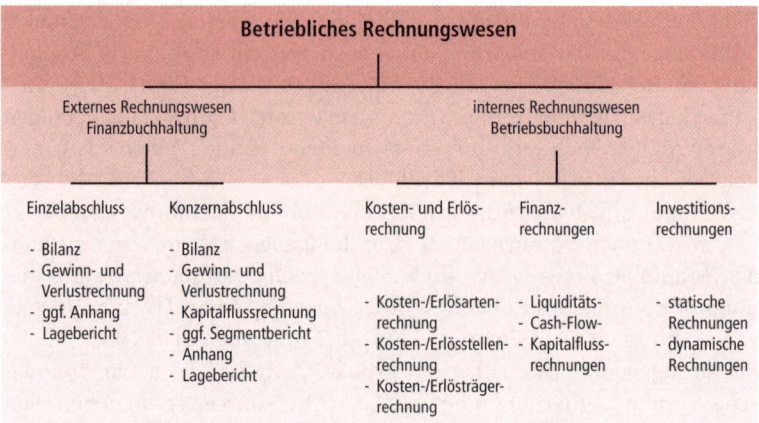

Abbildung 1.2: Zentrale Teilgebiete des betrieblichen Rechnungswesens

Die GuV-Rechnung ist zeitraumbezogen!

Rechnung). Diese Informationsquellen dienen zum einen der Information und Rechenschaftslegung und zum anderen der Dokumentation des betrieblichen Geschehens. Ähnlich der Momentaufnahme einer Fotografie vermittelt die Bilanz den Empfängern ein Bild der Vermögenssituation (auf der Aktivseite der Bilanz) und der Finanzierungssituation (auf der Passivseite der Bilanz) des Unternehmens zu einem bestimmten Zeitpunkt. Die Gewinn- und Verlustrechnung eines Unternehmens dagegen zeichnet – einem Videofilm ähnlich – alle Erträge und Aufwendungen einer Geschäftsperiode auf und ermittelt so den Periodengewinn bzw. -verlust des Unternehmens. Der Jahresabschluss ist ggf. zu ergänzen um einen Anhang sowie einen Lagebericht, in dem auch über Risiken oder Chancen des Unternehmens zu berichten ist. Im Konzernabschluss kommen noch eine Kapitalflussrechnung, ein Eigenkapitalspiegel sowie ggf. eine Segmentberichterstattung hinzu.

Das externe Rechnungswesen ist die Grundlage für die Ausschüttungs- und Steuerbemessung.

Die Instrumente des externen Rechnungswesens sind die Grundlage für die Ausschüttungs- und Steuerbemessung sowie für eventuelle gerichtliche Auseinandersetzungen und daher gesetzlich so geregelt, dass objektivierbare Werte ausgewiesen werden. Auch wenn diese Abbildung nach §264 HGB ein den tatsächlichen Verhältnissen entsprechendes Bild der Vermögens-, Finanz- und Ertragslage unter Beachtung der Grundsätze ordnungsmäßiger Buchführung liefern soll, hält der Jahresabschluss einer genaueren Betrachtung hinsichtlich der Objektivität nicht stand. So sind zwar Nutzungsdauern von Vermögensgegenständen vorgegeben, die Bewertung von Vermögensgegenständen im HGB ist auf die historischen Anschaffungs- und Herstellungskosten begrenzt und selbst erstellte immaterielle Vermögensgegenstände sind von einem Bilanzansatz komplett ausgeschlossen, jedoch existieren darüber hinaus im HGB viele Ansatz- und Bewertungswahlrechte, die die Wertansätze in der Bilanz gestaltbar machen.

IFRS Genau diese Problematik des Jahresabschlusses nach dem HGB führte zu einer vergleichsweise schnellen Verbreitung der IFRS (International Financial Reporting Standards) in Deutschland, die von kapitalmarktorientierten Unternehmen für die Erstellung des Konzernabschlusses verpflichtend sind und von allen anderen Unternehmen im Konzernabschluss ersetzend für die HGB-Normen gewählt werden können. Im Einzelabschluss, der auf die Abbildung nur eines rechtlich selbständigen Unternehmens bezogen ist, kann ein IFRS-Abschluss für die Zwecke der Veröffentlichung ergänzend zum weiterhin nötigen HGB-Abschluss erstellt werden. Die IFRS haben dabei in Teilen andere Abbildungsregeln, die einer wirtschaftlich sinnvollen Betrachtung näher kommen als die Regeln nach dem HGB. Darüber hinaus kann die Einführung der IFRS zu einem Zusammenwachsen von Teilgebieten des internen und externen Rechnungswesens führen (die so genannte Konvergenz des internen und externen Rechnungswesens).

Das **interne Rechnungswesen** (auch Betriebsabrechnung/-buchhaltung genannt) ist das primäre Informationsinstrument für unternehmensinterne Zielgruppen. Hierzu zählen nicht nur die Geschäftsführung oder obere Führungskräfte, sondern das interne Rechnungswesen wendet sich an alle Mitarbeiter des Unternehmens, die entsprechende Entscheidungen fällen müssen. Somit nutzen sowohl die Geschäftsführung bzw. die Geschäftsbereichsleiter als auch z. B. Kostenstellenverantwortliche und Vertriebsmitarbeiter die Informationen des internen Rechnungswesens. Das interne Rechnungswesen beinhaltet zum einen im Vergleich zum externen Rechnungswesen aussagefähigere Informationen durch die Verwendung veränderter Abbildungsregeln, die ohne gesetzliche Beschränkungen festgelegt werden können. Zum anderen beinhaltet es wesentlich detailliertere Informationen über das interne Betriebsgeschehen zur besseren Steuerung eines Unternehmens. Das interne Rechnungswesen unterteilt sich wiederum in die Kosten- und Erlösrechnung, die Finanzrechnung sowie die Investitionsrechnung und ist zentraler Baustein des Controllingsystems der Unternehmung.

Internes Rechnungswesen

Die **Kosten- und Erlösrechnung** hat die primäre Aufgabe, den betrieblichen Leistungsprozess innerhalb des Unternehmens so transparent zu machen, dass die Verantwortlichen wirtschaftlich sinnvolle Entscheidungen treffen können. Sie ist als fortlaufender Prozess im Untenehmen zu implementieren. Typische Fragestellungen der Kosten- und Erlösrechnung sind z. B.:

Die Kosten- und Erlösrechnung bildet den betrieblichen Leistungsprozess ab.

- ■ „Wie hoch ist mein monatliches Betriebsergebnis?"
- ■ „War meine betriebliche Tätigkeit wirtschaftlich?"

- „Wie kann ich das Verhalten meiner Mitarbeiter unternehmenszielorientiert steuern?"

- „Was hat mich die Herstellung meiner Produkte gekostet?"

Darüber hinaus hat die Kostenrechnung aber auch die externe Jahresab-
schlusserstellung zu unterstützen, indem z. B. die Bewertung der unfertigen und fertigen Erzeugnisse mit Hilfe der Kostenrechnung erfolgt.

Die Finanz- und Liquiditätsrechnung dagegen dient der Sicherstel-
lung der jederzeitigen Zahlungsfähigkeit des Unternehmens und der
Steuerung der Zahlungsströme sowie der Bestimmung einer optimalen
Kapitalstruktur. Im Zentrum des Interesses stehen z. B. die Fragen:

Die Finanz- und Liquiditätsrechnung dient der Sicherstellung der Zahlungsfähigkeit und der Steuerung der Kapitalstruktur.

- „Wie sind die Zahlungsströme in meinem Unternehmen im nächsten
  Monat?"

- „Bin ich am Ende des laufenden Jahres noch zahlungsfähig?"

- „Wie hoch ist die Eigenkapitalquote des Unternehmens?"

Der **Investitions- oder Wirtschaftlichkeitsrechnung** kommt die Aufgabe
zu, die Wirtschaftlichkeit von Investitionsentscheidungen zu gewährleisten. Sie ist daher fallweise durchzuführen. Hierbei können folgende
Fragen beantwortet werden:

Die Investitions- oder Wirtschaftlichkeitsrech-nung sichert die Wirtschaftlichkeit von Investitions-entscheidungen.

- „Ist die Anschaffung einer Maschine wirtschaftlich sinnvoll?" (z.B.:
  „Erhöht diese meinen Gewinn?")

- „Welche von verschiedenen Investitionsalternativen ist die wirtschaftlich sinnvollere?"

- „Wann sollen maschinelle Anlagen durch neue ersetzt werden?"

Fassen wir alles zusammen, so können wir erkennen, dass das betriebliche Rechnungswesen alle Informationssysteme und Methoden umfasst,
die dazu dienen, den bewerteten betrieblichen Leistungsprozess transparent und steuerbar zu machen und damit letztendlich zu einer Verbesserung der Entscheidungsqualität beizutragen. Des Weiteren ist dem
internen Rechnungswesen auch die Informationsversorgung von darüber hinausgehenden Controllinginstrumenten zuzuordnen.

1.2 Begriffsdefinitionen

1.2.1 Kosten- und Erlösrechnung

Nachdem wir uns im vergangenen Abschnitt mit der Gesamtheit des
betrieblichen Rechnungswesens beschäftigt haben, gilt es nun, den
Begriff und die Aufgaben der Kosten- und Erlösrechnung näher zu untersuchen. Hierzu zunächst einmal die Definition der Kosten- und Erlösrechnung:

> **Definition** Als **Kosten- und Erlösrechnung** wird die Gesamtheit aller Verfahren zur quantitativen Erfassung, Auswertung und Lenkung von Kostenverursachung, Leistungsentstehung und Leistungsabgabe an den Absatzmarkt (Erlöse) verstanden.

Sie bildet somit ein Rechenwerk, welches das Geschehen innerhalb eines Unternehmens und insbesondere den betrieblichen Kombinationsprozess zahlenmäßig abbildet. Das Aufgabenfeld wäre mit dem Begriff „Kostenrechnung" zu eng beschrieben, denn eine systematisch angelegte innerbetriebliche Lenkung benötigt sowohl Kosten- als auch Erlösdaten.

Dabei ist die Kosten- und Erlösrechnung durch folgende Merkmale geprägt:

Merkmale der Kosten-/Erlösrechnung

■ Gesetzliche Fixierung

Die Kosten- und Erlösrechnung unterliegt, sofern keine Informationen für die Bewertung oder den Bilanzansatz verwendet werden, keiner gesetzlichen Bestimmung.

Keine gesetzliche Fixierung

■ Betrachtungsobjekt

Die Kosten- und Erlösrechnung hat die durch den Betriebsprozess bedingte Kostenentstehung und Leistungserstellung zum Gegenstand. Erfasst werden lediglich betriebsbedingte Güterverbräuche und Werteentstehungen, nicht aber betriebsfremde Sachverhalte. Die Rechnung ist darauf gerichtet, unter normalerweise gültigen Bedingungen anfallende Güterverbräuche und Leistungsentstehungen abzubilden, nicht aber außerordentliche und periodenfremde Vorgänge (vgl. hierzu Kapitel 1.4).

Betriebsorientiert

■ Fristigkeit

Die Kosten- und Erlösrechnung wird zum einen in kürzeren als nur jährlichen Zeiträumen durchgeführt, um die Verwendung als Instrument der Unternehmensführung zur betrieblichen Lenkung voll zur Wirkung kommen zu lassen (operative Kosten- und Erlösrechnung). Zum anderen ist die Kosten- und Erlösrechnung ein Instrument zur Unterstützung langfristiger Entscheidungen (strategische Kosten- und Erlösrechnung).

Primär kurzfristig

■ Zielsetzung

Die Kosten- und Erlösrechnung dient der unternehmerischen Selbstinformation; sie erfolgt im Prinzip ohne gesetzlichen Zwang, entsprechend ist die Ausgestaltung der Kostenrechnung von den angestrebten Informationen und anstehenden Entscheidungen abhängig und überwiegend auf interne Zielgruppen ausgerichtet.

Selbstinformation

1.2.2 Controlling

Kosten-/Erlösrechnung = Teil des Controllings

Eng verwandt, aber dennoch vom Begriff der Kosten- und Erlösrechnung abzugrenzen, ist der Begriff des Controllings. Während die Kosten- und Erlösrechnung als ein Rechenwerk zur Abbildung des Unternehmensgeschehens gekennzeichnet wird, geht der Begriff des Controllings darüber hinaus.

> **Definition** Unter **Controlling** versteht man die Gesamtheit der Konzepte und Instrumente zur rechnungswesenbasierten Unterstützung der Unternehmensführung bei der Lenkung des Unternehmens. Insbesondere obliegt dem Controlling die systemgestützte Informationsbeschaffung und Informationsverarbeitung zur Planerstellung, Koordination, Steuerung und Kontrolle und führt zu einer Verbesserung der Entscheidungsqualität auf allen Führungsebenen der Unternehmung.

Eines der wichtigsten Vorsysteme, auf die das Controlling zurückgreift, ist das betriebliche Rechnungswesen und hier insbesondere die Kostenrechnung.

Es ist festzuhalten, dass das Controlling im Vergleich zur Kostenrechnung weit umfassendere Aufgaben beinhaltet. Controlling hat u. a. ein geeignetes Kostenrechnungssystem zu entwerfen und die Informationen der Kostenrechnung zu analysieren, zu interpretieren und geeignete Steuerungsmaßnahmen vorzuschlagen.

1.3 Aufgaben der Kosten- und Erlösrechnung

Formale Aufgaben

Wenden wir uns nun den Aufgaben der Kosten- und Erlösrechnung zu. Formal betrachtet können die Grundfunktionen der Kosten- und Erlösrechnung wie folgt beschrieben werden:

- Erfassung des leistungsbedingten Güterverzehrs,
- Erfassung der erstellten Leistungen und deren Erlöse,
- Analyse der Wertverzehrs- und Wertentstehungsvorgänge, d. h. möglichst verursachungsgemäße Zurechnung der Güterverzehre auf Kostenverursacher bzw. auf Leistungserbringer (z. B. Produkte).

Ausgehend von diesen Grundfunktionen sind vor allem folgende zentrale institutionelle Aufgaben der Kosten- und Erlösrechnung, d. h. Auswertungen und Analysen, die in einem regelmäßigen, wiederkehrenden Rhythmus im Unternehmen erstellt werden, zu nennen:

- Kalkulatorische Erfolgsermittlung

- Wirtschaftlichkeitskontrollen
- Unterstützung von Preis- und Programmentscheidungen

1.3.1 Kalkulatorische Erfolgsermittlung

Diese Ermittlung kann als produktbezogene oder gesamt- oder teilbetriebliche Erfolgsrechnung geschehen, wie im Folgenden näher beschrieben wird:

Hinsichtlich des Produkterfolgs interessiert die Entscheidungsträger einer Unternehmung, ob die Produkte oder Dienstleistungen eines Unternehmens letztlich mit Gewinn oder Verlust auf dem Markt angeboten werden können (sprich: Kalkulation). Hierzu ist es notwendig, alle Kosten zu erfassen, die für die Herstellung, den Vertrieb und die Verwaltung dieses Produktes bzw. dieser (Dienst-)Leistung angefallen sind. Die Preise der Produkte/Dienstleistungen müssen daraufhin so kalkuliert werden, dass sämtliche anfallende Kosten gedeckt werden. Nur wenn dieses gewährleistet ist, kann das Produkt bzw. die Dienstleistung mit Gewinn verkauft werden.

Kalkulatorische Erfolgsermittlung = Gegenüberstellung der Kosten und Erlöse zur Ermittlung der Ergebnisse

Produkterfolg

> **Beispiel 1.2**
>
> Der Wirtschaftsprüfer der FEBAU GmbH hat in seiner Firma Tax Ltd. die Geschäftsbereiche (Produkte) „Steuerberatung", „Wirtschaftsprüfung" und „Unternehmensberatung" und möchte die Preise für seine Beratungsdienstleistungen, u. a. auch für die FEBAU, neu festlegen. Hierzu muss erst einmal ermittelt werden, welche Kosten für einen Beratungsauftrag im Regelfall anfallen. Zunächst sind hier die direkten Personalkosten der Berater (Steuerberater, Wirtschaftsprüfer und Unternehmensberater) zu nennen. Darüber hinaus fallen weitere Sachkosten an, so z. B. Reisespesen oder externe Dienstleistungen, die einzelnen Aufträgen in der Regel zuzurechnen sind. Daneben existieren in dem Wirtschaftsprüfungsunternehmen weitere Kosten, die nicht in einem unmittelbaren Zusammenhang mit einzelnen Beratungsaufträgen anfallen. Dies sind unter anderem Kosten für die Geschäftsführung, die Miete der Büroräumlichkeiten, zentrale Sekretariatsdienste etc. Auch diese Kosten müssen in der Kalkulation anteilig den jeweiligen Aufträgen zugeordnet werden, da nur dann sichergestellt werden kann, dass sich alle entstandenen Kosten in den Preisen widerspiegeln. Nachdem alle Kosten des Unternehmens ermittelt und den einzelnen Bereichen zugeordnet wurden, können nun im folgenden Schritt die Gesamtkosten einzelner Aufträge errechnet werden. Die Summe aller angefallenen Kosten bildet anschließend die Grundlage zur Kalkulation der Auftragspreise in den verschiedenen Geschäftsbereichen.

Ein zentrales Problem der Kosten- und Erlösrechnung besteht häufig darin, die Kosten des Unternehmens nicht willkürlich, sondern verursachungsgerecht[1] auf die einzelnen Produkte/Dienstleistungen zu verteilen. Abb. 1.3 zeigt ein Beispiel einer vereinfachten Produktkalkulation sowie die Grundstruktur einer Stückerfolgsrechnung, ohne an dieser Stelle schon auf einzelne Begrifflichkeiten einzugehen.

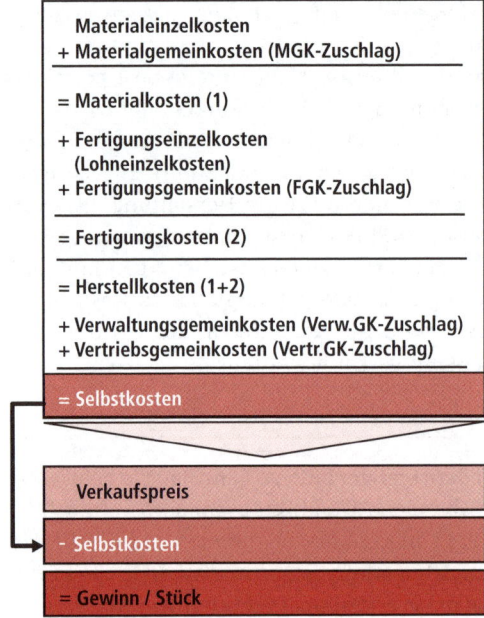

Abbildung 1.3: Vereinfachte Produktkalkulation

Betriebserfolg   Neben der Ermittlung des Erfolgs eines einzelnen Produkts – wie oben beschrieben – interessiert den Unternehmer aber auch, ob das Unternehmen aus seinem operativen Geschäft heraus in einem bestimmten kurzfristigen Zeitraum (z. B. monatlich, quartalsweise) Gewinn oder Verlust erzielt hat, sowie die Frage, welchen Beitrag einzelne Produkte oder Dienstleistungen zum Gesamtgewinn beigetragen haben. Man spricht hier von der **Ermittlung des Periodenerfolgs**.

---

[1] Unter Verursachungsgerechtigkeit versteht man in der Kostenrechnung die Verteilung der Kosten auf die Kostenträger, Kostenstellen oder Perioden entsprechend der Inanspruchnahme der Ressourcen (Verursachungsprinzip). (Vgl. zum Verursachungsprinzip: Coenenberg, 2003, S. 29.) Vgl. zum Verursachungsprinzip auch die Ausführungen in Gliederungspunkt 2.4.

Beispiel 1.3

Im oben genannten Beispiel eines Wirtschaftsprüfungsunterneh-mens interessiert die Entscheidungsträger natürlich nicht nur, ob einzelne Aufträge mit Gewinn abgeschlossen wurden, son-dern auch, ob und welchen Gewinn das Unternehmen aus seiner Geschäftstätigkeit in einer Periode erzielt hat. Darüber hinaus möch-ten die Partner der Kanzlei wissen, wie hoch die Gewinnbeiträge der einzelnen Geschäftsbereiche (Steuerberatung, Wirtschafts-prüfung, Unternehmensberatung) ausgefallen sind. Hierzu muss monatlich ermittelt werden, welche Kosten und welche Erträge in den einzelnen Geschäftsbereichen angefallen sind. Durch diese Gegenüberstellung kann frühzeitig die Transparenz hergestellt wer-den, wo im Unternehmen Gewinne entstehen und welche Bereiche defizitär sind (... und in welchem Umfang im Anschluss an die Analyse entsprechende Gegensteuerungsmaßnahmen ergriffen werden müssen).

Abb. 1.4 zeigt eine vereinfachte Darstellung einer kurzfristigen Erfolgs-rechnung für den Monat Juli, die neben der Ermittlung des Gesamtperi-odenerfolgs auch die Erfolgsbeiträge der Produkte A, B und C sichtbar macht.

Periodenerfolgsrechnung (Periodenerfolg)					
Monat: Juli	Dim.	Produkt A	Produkt B	Produkt C	
1 Erlös	€	33.910	16.820	13.570	64.300
2 - Materialkosten	€	13.300	4.100	5.600	23.000
3 - Personalkosten	€	6.400	4.740	2.360	13.500
4 - Sonstige Kosten	€	11.950	6.150	5.300	23.400
5 = Gewinn	€	2.260	1.830	310	4.400

Abbildung 1.4: Vereinfachtes Beispiel einer kurzfristigen Perioden-Erfolgsrechnung (in Anlehnung an: Hummel F./Männel W.: Kostenrechnung 1, Wiesbaden 1999, S. 36)

Diese auf das gesamte Unternehmen bezogenen Informationen müssen auch für die einzelnen Unternehmensbereiche verfügbar sein, um Ursa-chen für Unwirtschaftlichkeiten aufspüren zu können. Da Fehlentwick-lungen möglichst umgehend zu erkennen und zu beseitigen sind, sollten auch diese detaillierteren Betrachtungen ebenfalls unterjährig erfolgen.

Kurzfristige Erfolgsrechnung

1.3.2   Wirtschaftlichkeitskontrolle

Wirtschaftlichkeitskontrolle (Kontrolle der Betriebsgebarung)

Nicht in allen Bereichen des Unternehmens ist eine Erfolgsermittlung möglich, da dies eine Zurechnung sowohl der Kosten als auch der Erlöse bedingt. Daher werden – in Bereichen ohne direkte Erlöszurechnungsmöglichkeit, z. B. Wareneingangslager – ersatzweise Kosten über Budgets vorgegeben, deren Abweichungen dann ein Indiz für Unwirtschaftlichkeiten, d. h. ineffiziente Nutzung von Ressourcen darstellen. Auch die Wirtschaftlichkeitskontrolle kann gesamtbetrieblich, d. h. das ganze Unternehmen betreffend, wie auch (kosten-)stellenbezogen/bereichsbezogen, d. h. nur auf einzelne abgegrenzte Organisationseinheiten bezogen, durchgeführt werden.

Kontrolle der Betriebsprozesse

Um unerwünschte Entwicklungen möglichst frühzeitig erkennen und ihnen gegensteuern zu können, benötigen die Unternehmensverantwortlichen aktuelle Kontrollinformationen hinsichtlich des Erfolgs und der Wirtschaftlichkeit des unternehmerischen Handelns. Die ständige Bereitstellung von Informationen, aus denen beispielsweise die Kostenhöhe und mögliche Ursachen für die Kostenentstehung hervorgehen, dient hauptsächlich der Überwachung des Ablaufs der Unternehmensprozesse. Beispiele für solche Instrumente sind die monatliche Betriebsabrechnung, die die entstandenen Kosten den Erlösen (Betriebsleistungen) des Unternehmens gegenüberstellt und den Betriebserfolg ermittelt, oder die monatlichen Kostenstellenauswertungen, die den Kostenstellenverantwortlichen die in einer zurückliegenden Periode entstandenen Kosten in ihrem Verantwortungsbereich aufzeigen. Allein die aus der Kostenrechnung ermittelte Kostengröße ist für sich genommen nur wenig aussagefähig. Um tatsächlich im Unternehmen die Kennzahlen der Kostenrechnung richtig interpretieren und Schlussfolgerungen ziehen zu können, benötigen wir Vergleichsmaßstäbe. In der Betriebswirtschaftslehre werden zumeist drei verschiedene Vergleichsgrößen herangezogen:

Vergleichsarten

- Vergangenheitsdaten, d. h. Vergleich von Istdaten der aktuellen Periode mit Istdaten einer vergangenen Periode (Ist-Ist-Vergleich),

- Betriebsvergleichsdaten, d. h. Vergleich von Istdaten eines Unternehmens mit den Istdaten eines vergleichbaren Unternehmens (Ist-Ist-Vergleich),

- Plandaten, d. h. Vergleich von Istdaten einer bestimmten Periode mit Plandaten der gleichen Periode (Plan-Ist- bzw. Soll-Ist-Vergleich).

Die grundlegende Vorgehensweise wie auch die wesentlichen Vor- und Nachteile der Vergleichsverfahren, die primär auf eine unternehmenszielkonforme Ausrichtung des Verhaltens der am Unternehmensprozess beteiligten Personen abzielen, lassen sich aus nachfolgenden Beispielen erkennen:

Der Controller der FEBAU GmbH bekommt von der Geschäftsführung den Auftrag, die Kfz-Kosten zu analysieren, da man dort Unwirtschaftlichkeiten vermutet. Anhand der Kostenartenrechnung (d. h. Erfassung der Kosten nach Art der Entstehung) stellt der Controller fest, dass die Kfz-Kosten des Unternehmens im letzten Monat 500.000 € betrugen. Er fragt sich, ob diese Kosten nun angemessen sind oder ob hier Maßnahmen zur Kosteneinsparung notwendig sind. Die gelieferte Information hilft ihm zunächst nur wenig bei der Erfüllung seiner Aufgabe. Was ist zu tun?

Als Erstes lässt der Controller aus der Kostenrechnung die Kfz-Kosten des Vormonats ermitteln (= Vergleich mit Vergangenheitsdaten).

Er stellt fest, dass im Vormonat lediglich Kfz-Kosten in Höhe von 450.000 € angefallen sind. Er fragt sich, ob diese Zahlen nun Unwirtschaftlichkeiten aufzeigen? Es könnte sein, dass sich die Rahmenbedingungen (z. B. die Benzinpreise oder die Anzahl der gefahrenen Kilometer) geändert haben. Vielleicht waren aber auch schon die Kosten der Vorperiode zu hoch. (Vergleicht man hier etwa „Schlendrian mit Schlendrian"?)

Hierauf sieht er sich die Kostenzahlen eines befreundeten Unternehmens an und stellt fest, dass in diesem Unternehmen die monatlichen Kfz-Kosten um 100.000 € unter den Kfz-Kosten des eigenen Unternehmens liegen (= Betriebsvergleich). Aber – so fragt sich der Controller – ist dieses befreundete Unternehmen tatsächlich mit dem eigenen Unternehmen vergleichbar oder hat es vielleicht eine andere Umsatzgrößenordnung, andere Organisationsstrukturen oder eine andere Kundenstruktur? Diese Faktoren können erheblichen Einfluss auf den Kostenanfall und die Kostenstruktur ausüben und dadurch einen Vergleich der Kostendaten schwierig machen.

Zuletzt führt der Controller eine Plankostenrechnung durch. Er plant auf Basis der Vergangenheitswerte unter Berücksichtigung der zukünftigen Geschäftsentwicklung die zu fahrenden Kilometer des gesamten Fuhrparks sowie die dazu notwendigen Kosten (z. B. Benzinpreise/Versicherungskosten/Reparaturkosten/Inspektionen). Er verwendet dazu Planansätze, die bei optimaler Wirtschaftlichkeit des Fuhrparks zu erreichen wären. Hieraus ergeben sich die Planwerte für das nächste Jahr. Sofern diese Planrechnungen sorgfältig und genau durchgeführt wurden, kann nun im folgenden Jahr eindeutig ermittelt werden, ob im Unternehmen die Ressourcen wirtschaftlich verwendet wurden, und es können die vorkommenden Kostenabweichungen analysiert werden.

Beispiel 1.4

Entscheidungs-
unterstützende Aufgabe der
Kosten-/Erlösrechnung

Neben den institutionellen, d. h. regelmäßigen, Aufgaben soll die Kosten- und Erlösrechnung die Entscheidungsträger eines Unternehmens auch in Einzelfällen in die Lage versetzen, die unternehmerischen Prozesse entsprechend den Zielvorgaben zu steuern. Die Kosten- und Erlösrechnung hat im Rahmen der situativen Aufgaben die Zielsetzung, die Informationen bereitzustellen, die notwendig sind, um Entscheidungen richtig (d. h. wirtschaftlich sinnvoll) zu treffen. Diese Informationsbereitstellung erfolgt immer nur dann, wenn bestimmte Entscheidungen zu treffen sind. Dabei unterstützt die Kosten- und Erlösrechnung durch die Bereitstellung relevanter Informationen Entscheidungen in nahezu allen Funktionsbereichen des Unternehmens.

Aus der Vielzahl möglicher unternehmerischer Entscheidungen seien hier die folgenden wichtigen situativen Aufgaben der Kosten- und Erlösrechnung herausgehoben:

1.3.3 Unterstützung von Preis- und Programmentscheidungen

Unterstützung bei
Preisentscheidungen

Bei den Preisentscheidungen handelt es sich im Wesentlichen um Fragen bezüglich der Preisstellung, Preisbeurteilung, Preisuntergrenzen im Absatz, Preisobergrenzen im Einkauf, Angebotspreiskalkulation/Angebotspreisbeurteilung sowie der Gestaltung von Verrechnungspreisen.

Unterstützung bei
Programmentscheidungen

Des Weiteren kommt die Kostenrechnung auch als Hilfsmittel bei Entscheidungen im Bereich der Produktions- und Absatzprogramme sowie im Rahmen der Beschaffungsoptimierung zum Einsatz.

Folgende Entscheidungsbereiche seien hier nur beispielhaft genannt:

Weitere entscheidungs-
unterstützende
Aufgaben

- Beschaffungsbereich: Wahl zwischen Eigenfertigung oder Fremdbezug von Produkten und Dienstleistungen, Wahl zwischen verschiedenen Bezugsquellen, Ermittlung der optimalen Bestellmenge, Ermittlung von Preisobergrenzen für den Einkauf.

- Produktionsbereich: Bestimmung des optimalen Produktionsprogramms, Bestimmung der optimalen Losgröße bzw. des optimalen Produktionsverfahrens.

- Absatzbereich: Ermittlung von Preisuntergrenzen, Ermittlung von Angebotspreisen (Kalkulation), Wahl zwischen verschiedenen Absatzwegen.

- Finanzbereich: Investitionsentscheidungen, Finanzierungsplanung etc.

> **Merke** Es ist aus dieser Auflistung beispielhaft aufgeführter Aufgaben der Kosten- und Erlösrechnung zur Entscheidungsunterstützung zu erkennen, dass nicht nur Kostenrechner oder Controller Informationen aus der Kosten- und Erlösrechnung nutzen, sondern jeder Entscheidungsträger im Unternehmen mit Rechnungsweseninformationen versorgt wird und in der Lage sein muss, diese zu nutzen, zu interpretieren und zu analysieren.

1.3.4 Weitere Aufgaben

Darüber hinaus kann die Kosten- und Erlösrechnung auch Informationen liefern, um das Verhalten der handelnden Personen unternehmenszielorientiert zu beeinflussen. **Verhaltensorientierung**

Im Rahmen der externen Aufgaben erfüllt die Kosten- und Erlösrechnung unterstützende Funktionen für andere Bereiche des Rechnungswesens. So liefert die Kosten- und Erlösrechnung durch die Ermittlung von Herstellkosten bzw. Herstellungskosten (externe Rechnungslegung) die Grundlage für die Bewertung von Zwischen- oder Endprodukten, die Bemessung der Rückstellungen im Einzel-Jahresabschluss oder die Ermittlung von Verrechnungspreisen im Konzernabschluss. Darüber hinaus liefert die Kosten- und Erlösrechnung Informationen für die kostenorientierte Kalkulation bestimmter öffentlicher Aufträge, so z. B. im Rahmen der Leitsätze über die Preisermittlung aufgrund von Selbstkosten (LSP) im Falle des Fehlens von Marktpreisen (z. B. für Rüstungsgüter). **Unterstützung externer Rechnungen**

Abb. 1.5 gibt noch einmal einen detaillierten Überblick über die Aufgaben der Kosten- und Erlösrechnung.

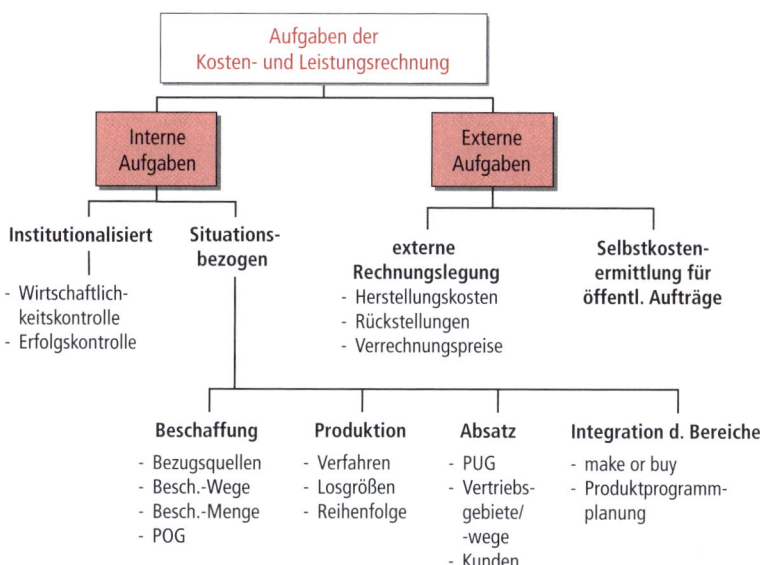

Abbildung 1.5: Aufgaben der Kosten- und Erlösrechnung
(in Anlehnung an: Coenenberg, A.G.: Kostenrechnung und Kostenanalyse, Stuttgart 2003, S. 20)

Beispiel 1.5

Aufgaben der Kostenrechnung

Zug um Zug muss Siemens die Probleme der Bahntechnik lösen.

Die Sparte ist weit von den Renditezielen entfernt./
Einigung mit dem Düsseldorfer Flughafen auf Sanierung der Hängebahn.

him, MÜNCHEN, 17. Oktober. Die Verkehrstechnik (TS) gehört zu den Sparten, die Siemens schon seit dem vergangenen Jahr wenig Freude machen. Auch wenn das Bahngeschäft wieder kleine Gewinne erzielt, ist es mit einer Umsatzrendite, bezogen auf das Betriebsergebnis, von knapp einem Prozent weit vom Ziel Klaus Kleinfelds entfernt. Bis Anfang 2007 will der Vorstandsvorsitzende mit TS mindestens fünf Prozent erreichen. In den vergangenen Wochen machten aber schlechte Nachrichten der in Erlangen beheimateten Sparte die Runde, die, gemessen am Umsatz (2004/05: 4,3 Milliarden Euro), zu den mittelgroßen Geschäften gehört – vergleichbar mit Osram und der Gebäudetechnik.

Vor allem Rückstellungen von 400 Millionen Euro für die Konstruktionsfehler der Combino-Straßenbahnen hatten im Geschäftsjahr 2003/04 (30. September) einen Verlust von 434 Millionen Euro verursacht. Verglichen damit sind die anderen Schwierigkeiten der Verkehrstechnik klein, doch auch sie binden Kräfte, kosten Geld und schaden dem Ruf. Mit dem Flughafen Düsseldorf hat sich Siemens jetzt auf ein Sanie-rungskonzept für die zweieinhalb Kilometer lange Hängebahn (Skytrain) geeinigt (F.A.Z. vom 17. Oktober). Sie verbindet die Terminals mit dem ICE-Bahnhof und einem Parkhaus, ist seit drei Jahren in Betrieb, aber von Anfang an mit Verzögerungen und Ausfällen aufgefallen. [...] Die Kosten der Reparatur beziffert er nicht. [...] Dann findet auch die Bilanzpressekonferenz statt. Geeinigt hat sich Siemens inzwischen mit der Deutschen Bahn auf eine Abnahme eines Teils der ICE-Züge der zweiten Generation und auf eine Umrüstung von fünf Zügen für Fahrten in Frankreich. Aber auch dafür muss der Münchner Elektro- und Elektronikkonzern Geld drauflegen. Zahlen werden nicht genannt; ein Sprecher von TS sagte nur, es sei in Verhandlungen üblich, „dass einer Geld verdienen und der andere sparen möchte". Für die 28 neuen ICE-T mit Neigetechnik für Deutschland haben Siemens und die Bahn in einem Vertrag geregelt, dass Siemens die Mängel beseitigt, wie eine Sprecherin der Bahn berichtete. Die Gespräche über die 13 ICE-3-Züge seien noch nicht abgeschlossen, aber auf einem guten Weg. Im vergangenen Jahr hatte die spanische Bahngesellschaft Renfe eine Vertragsstrafe von rund 11 Millionen Euro geltend gemacht, weil Siemens Hochgeschwindigkeitszüge verspätet ausgeliefert hat.

„Wir kennen unsere Hausaufgaben und erledigen sie Zug um Zug", kommentierte der Sprecher von Siemens-TS die Aufträge, die nachverhandelt werden. „Es handelt sich um Einzelprojekte." Ein Sanierungsfall sei die Sparte keineswegs, sagte er. Konzernchef Kleinfeld zählt die Verkehrstechnik zu den Siemens-Sparten, für die die Ampel auf Gelb steht. Innerhalb dieser Gruppe müsse sich TS am meisten strecken, um die Renditevorgaben zu erfüllen, sagte er vor einigen Wochen.

Text: F.A.Z., 18.10.2005, Nr. 242 / Seite 20

Aus dem Pressetext lassen sich leicht die vielfältigen Aufgaben der Kostenrechnung in der Praxis erkennen. So kann aus der Kostenrechnung die unterjährige Entwicklung des Betriebsergebnisses ermittelt werden. Ebenso zeigt das interne Rechnungswesen die Ergebnisbeiträge einzelner Geschäftsbereiche auf und vergleicht sie mit den geplanten Ergebnisvorgaben der einzelnen Geschäftsbereiche aus der Plankostenrechnung. Damit trägt die Kostenrechnung zur Ergebnistransparenz innerhalb des Konzerns bei.

Darüber hinaus unterstützt die Kostenrechnung das externe Rechungswesen, indem die Kostengrundlagen zur Abschätzung und Bemessung der bilanziellen Gewährleistungsrückstellungen zur Verfügung gestellt werden. Auch in den Nachverhandlungen mit der spanischen Bahngesellschaft Renfe werden Kalkulationsinformationen genutzt werden, um Preisspielräume bei den Verhandlungen auszuloten.

1.4 Systematik der Kosten- und Erlösrechnung

Wie im vorangegangenen Kapitel beschrieben, muss eine Kosten- und Erlösrechnung im Unternehmen unterschiedlichsten Aufgaben gerecht werden. Hierzu sind in der Vergangenheit differenzierte Systeme bzw. Teilgebiete der Kosten- und Erlösrechnung entwickelt worden, die jeweils unterschiedliche Aufgabenbereiche abdecken. Dem entspricht die klassische Untergliederung des Gesamtsystems der Kosten- und Erlösrechnung in eine Kosten-/Erlösartenrechnung, Kosten-/Erlösstellenrechnung und Kosten-/Erlösträgerrechnung (Kostenrechnung i. e. S.) und entsprechend differenzierte Erlösrechnungen, die zur kalkulatorischen Ergebnisrechnung ausgebaut werden können.

Kostenarten-, Kostenstellen-, Kostenträgerrechnung

Abrechnungsstufen der
Kosten- und Erlösrechnung

Die notwendige modulare Struktur wird in der nachfolgenden Abbildung deutlich:

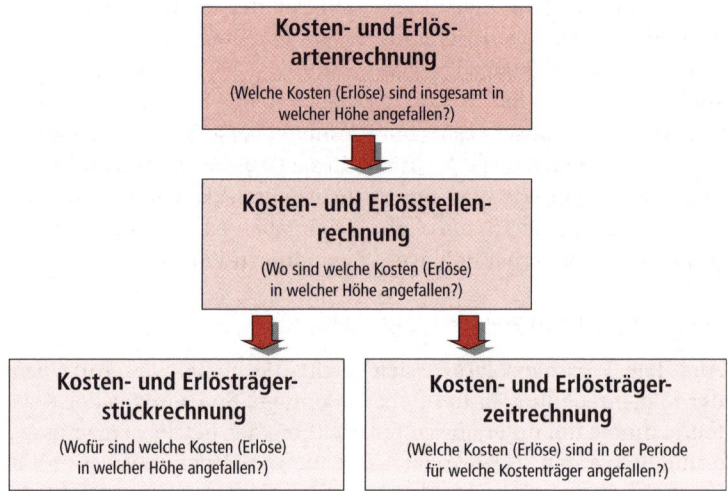

Abbildung 1.6: Abrechnungsstufen der Kosten- und Erlösrechnung
(in Anlehnung an: Haberstock, L.: Kostenrechnung I, Berlin 2005, S. 10)

Die verschiedenen Abrechnungsstufen der Kosten- und Erlösrechnung bilden den Kern der Kosten- und Erlösrechnung. Durch diese wird der Prozess der Kostenentstehung und Kostenverteilung im Unternehmen schrittweise erfasst und dargestellt. In der Gesamtdarstellung der Abb. 1.7 kennzeichnen die dargestellten Abrechnungsstufen von außen nach innen verlaufend zugleich die einzelnen Schritte, die in der Kosten- und Erlösrechnung nacheinander durchlaufen werden, wobei sowohl eine kosten- als auch eine erlösseitige Differenzierung erfolgen muss.

Kosten-/Erlösartenrechnung

Den ersten Schritt der Kosten- und Erlösrechnung bildet die Kosten- bzw. die Erlösartenrechnung (in der Grafik rechts bzw. links außen). Diese gibt Auskunft darüber, welche Kosten im Gesamtunternehmen in einer bestimmten Abrechnungsperiode angefallen sind bzw. anfallen werden.

Beispiel 1.6

> In der Kostenartenrechnung wird die Höhe der Personalkosten oder die Höhe der Kfz-Kosten (= Kostenarten) in einer bestimmten Abrechnungsperiode (z. B. eines Monats) in einem Unternehmen erfasst.

Die Kosten-/Erlösartenrechnung dient der systematischen Erfassung der in einem Unternehmen in einer Abrechnungsperiode anfallenden Kos-

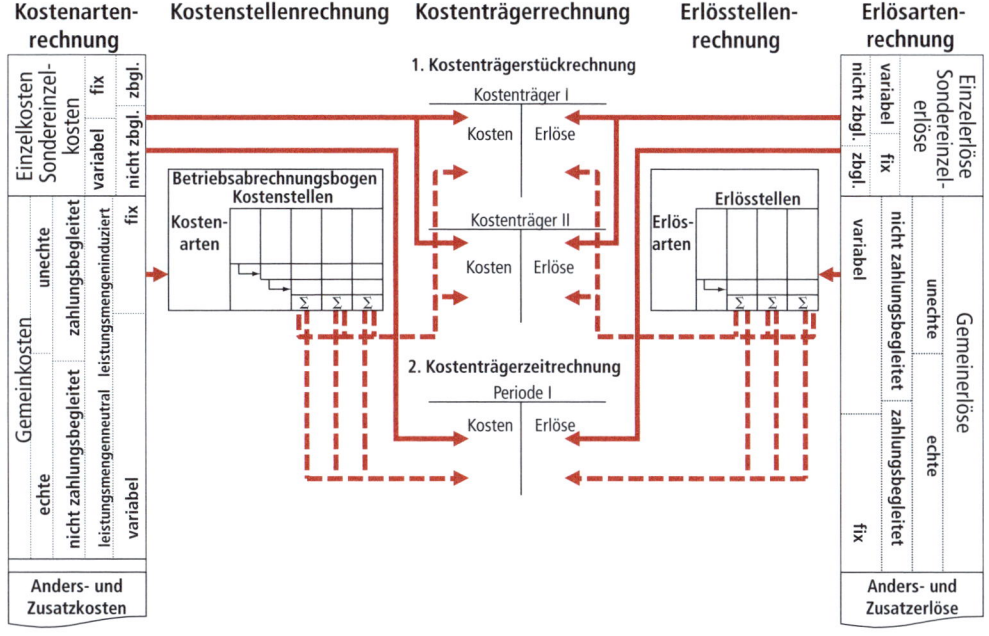

Abbildung 1.7: Teilgebiete der Kosten-, Leistungs- und kalkulatorischen Ergebnisrechnung (entnommen aus Müller, S.: Management-Rechnungswesen, Wiesbaden 2003, S. 296)

ten und Erlöse. Diese werden untergliedert in so genannte Einzel- und Gemeinkosten bzw. Einzel- und Gemeinerlöse. Während die Einzelerlöse und Einzelkosten (fettgedruckte Pfeile von den Einzelkosten/Einzelerlösen zur Kostenträgerrechnung) anschließend direkt in die Kostenträgerrechnung übernommen werden, werden die Gemeinkosten bzw. Gemeinerlöse des Unternehmens in die zweite Stufe der Kosten-/Erlösrechnung, die Kosten-/Erlösstellenrechnung, übernommen und dort weiterverarbeitet.

Die Kosten- bzw. Erlösstellenrechnung teilt die entstandenen Kosten hinsichtlich des Ortes der Entstehung der Kosten auf und gibt Antwort auf die Frage, wo im Unternehmen („in welcher Abteilung" (Kostenstelle)) welche Kosten entstehen bzw. entstanden sind.

Kosten-/
Erlösstellenrechnung

> Die Kostenstellen-/ Erlösstellenrechnung eines Unternehmens ermittelt die Kosten und Erlöse, die in verschiedenen Abteilungen des Unternehmens in einer bestimmten Abrechnungsperiode entstanden sind, so z. B. die Kosten der Produktionsabteilung, die Kosten und Erlöse der Vertriebsabteilung oder die Kosten der Controllingabteilung.

Beispiel 1.7

In dieser zweiten Stufe werden ausschließlich die Gemeinkosten/Gemeinerlöse des Unternehmens so aufbereitet, dass diese in der dritten Stufe der Kostenrechnung, der Kosten-/Erlösträgerrechnung, weiterverarbeitet werden können (gestrichelte Pfeile in Abb. 1.7 von der Kosten-/Erlösstellenrechnung zur Kosten-/Erlösträgerrechnung).

Kosten-/
Erlösträgerrechnung

Die Kosten- bzw. Erlösträgerrechnung (in der Mitte von Abb. 1.7) als letzter Schritt ordnet die Kosten und Erlöse des Unternehmens den einzelnen Produkten, Dienstleistungen oder Aufträgen (Kostenträgern) zu und gibt damit Auskunft auf die Frage, „welche Kosten und welche Erlöse für welche Kostenträger entstanden sind".

Beispiel 1.8

> Ermittlung der Kosten und der Erlöse in einer bestimmten Abrechnungsperiode für bestimmte Wirtschaftsprüfungs-, Steuerberatungs- oder Unternehmensberatungsaufträge eines Wirtschaftsprüfungsunternehmens (vgl. obiges Beispiel).

Jede dieser Abrechnungsstufen hat – wie gesehen – innerhalb der Kosten- und Erlösrechnung eine ganz spezifische Aufgabe, die in den Kapiteln 3 bis 5 noch vertiefend dargestellt wird. Dieser beschriebene, dreistufige Abrechnungsprozess (Kosten-/Erlösarten-, Kosten-/Erlösstellen- sowie Kosten-/Erlösträgerrechnung) bildet den grundlegenden Abrechnungsprozess für sämtliche Systeme der Kosten- und Erlösrechnung.

Des Weiteren können die Kosten- und Erlösrechnungssysteme differenziert werden nach der Rechnung mit unterschiedlichem Zahlenmaterial. Abb. 1.8 gibt einen typologischen Überblick.

1.4.1 Zeitbezug der Kosten- und Erlösrechnung

Hinsichtlich des Zeitbezugs der Rechnung können wir die Kosten- und Erlösrechnung in die Teilsysteme

- Istkostenrechnung,
- Normalkostenrechnung sowie
- Plankostenrechnung

unterscheiden.

Istkostenrechnung

Vergangenheitsbezug

Die Istkostenrechnung wie auch die Normalkostenrechnung basieren auf realisierten Vergangenheitswerten und dienen der Erfassung und Verrechnung tatsächlich realisierter Kosten und Leistungen. Dies erfolgt nach folgender Regel:

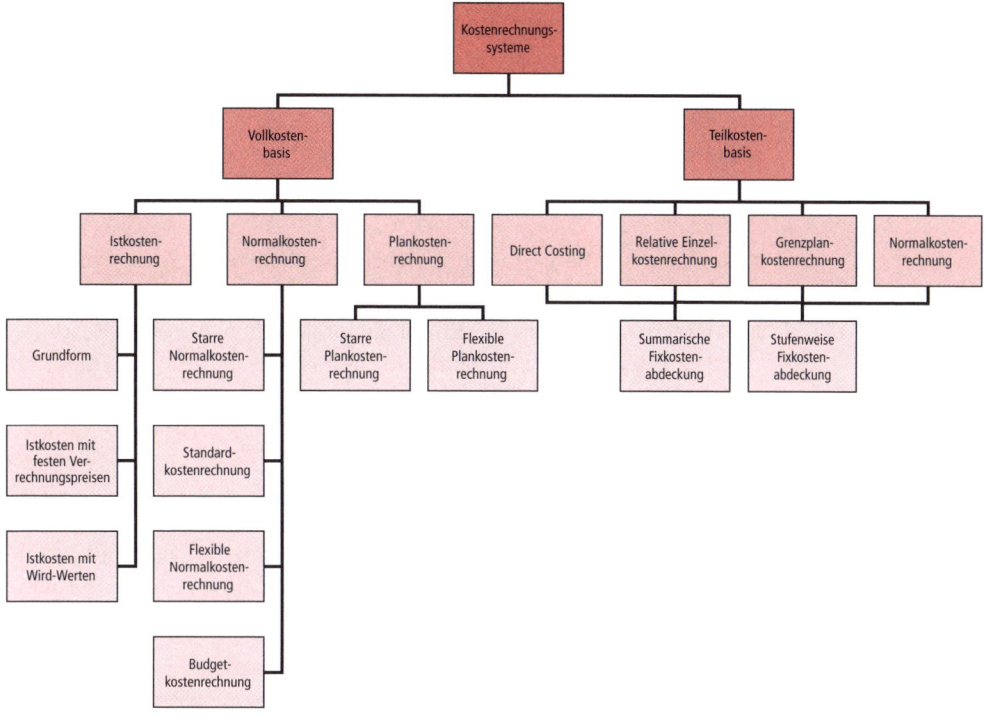

Abbildung 1.8: Kostenrechnungssysteme
(in Anlehnung an: Lachnit, L., Isemann, R.: Controlling, Oldenburg 2004, S. 22)

Istkosten = Istverbrauchsmengen * Istpreise   **Formel 1.1**

Primäres Ziel von Istkostenrechnungen besteht in der Nachkalkulation der betrieblichen Aufträge und Erzeugnisse („Was haben bestimmte Produkte oder Aufträge gekostet?") wie auch der Ermittlung des Erfolgs einer bestimmten vergangenen Periode („Welchen Gewinn hat das Unternehmen in der letzten Periode erzielt?"). Darüber hinaus können mit Hilfe der Istkostenrechnung die Ergebnisse von zwei vergangenen Abrechnungsperioden verglichen werden (Ist-Ist-Vergleich).

> Ein Spediteur möchte die Benzinkosten seines Fuhrparks im letzten Monat kontrollieren. Dazu lässt er alle Tankrechnungen des vergangenen Monats zusammenstellen, aufaddieren (= Istverbrauch * Istpreise) und vergleicht diese mit den Benzinkosten des vorletzten Monats (Ist- Ist-Vergleich).   **Beispiel 1.9**

Die Vor- und Nachteile dieses Istkostenvergleichs sind:

Vorteile:

- Exakte Nachkalkulation ist möglich.
- Echtes Periodenergebnis ist ermittelbar.

Nachteile:

- Kostenkontrolle ist nur eingeschränkt möglich, da Kostenvorgaben (Planvorgaben) fehlen.
- Preisschwankungen der Einsatzfaktoren gehen bei dieser Art der Kostenberechnung vollständig in die Berechnung ein, was nicht für jeden Rechenzweck sinnvoll ist.

Normalkostenrechnung

Normalisierte/ Standardisierte Betrachtung

Die Normalkostenrechnung ist dadurch charakterisiert, dass sie anstelle der im Zeitablauf schwankenden Istkosten konstante, durchschnittliche Normalkostenansätze verwendet, die z. B. als Mittelwerte aus Vergangenheitsdaten ermittelt werden.

Beispiel 1.10

> Durchschnitt der Istkosten der letzten drei Perioden

Hierbei errechnen sich die Normalkosten aus:

Formel 1.2 **Normalkosten = Normalverbrauchsmengen * Normalpreis**

Durch Anwendung der Normalkostenrechnung können außergewöhnliche Preis oder Verbrauchsschwankungen der Vergangenheit zumindest teilweise eliminiert werden.

Beispiel 1.11

> Der Spediteur möchte nun auf Basis der ermittelten Benzinkosten des letzten Jahres die Transportpreise neu kalkulieren. Hierbei stellt er fest, dass die Benzinpreise und infolgedessen auch die Benzinkosten seines Unternehmens im letzten Jahr durch Förderverknappung der OPEC außerordentlich hoch waren. Durch Anpassung der Fördermenge hat sich der Benzinpreis im letzten Monat wieder normalisiert. Der Spediteur geht davon aus, dass sich die Preise auch zukünftig normal entwickeln. Würde der Spediteur die Preise des letzten Jahres zur Kalkulation heranziehen, würden die kalkulierten Kosten ungerechtfertigt hoch ausfallen und sich negativ auf die

Preise auswirken. Daher entschließt sich der Spediteur, die durchschnittlichen Benzinpreise der letzten drei Jahre der Kalkulation zugrunde zu legen.

Vor- und Nachteile der Normalkostenrechnung sind:

Vorteile:

- Die Gegenüberstellung zwischen Ist- und Normalkosten erlaubt eine ansatzweise Kostenkontrolle.
- Kostenschwankungen werden eliminiert.
- Sie ist insbesondere für die Verhaltenssteuerung der Mitarbeiter geeignet.

Nachteile:

- Es ist keine echte Kostenkontrolle möglich.
- Es ist keine exakte Nachkalkulation möglich.
- Ein echtes Periodenergebnis ist nicht errechenbar.

Plankostenrechnung

Plankostenrechnungen nutzen im Gegensatz zu Ist- oder Normalkostenrechnungen keine Vergangenheitswerte, sondern verwenden zur Berechnung Zukunftswerte. Plankosten sind dadurch charakterisiert, dass sie mit Hilfe von Vergangenheitswerten für bestimmte Planungszeiträume die Kosten auf der Basis von Preisprognosen, Verbrauchsstudien oder sonstigen Berechnungen für den Planungshorizont berechnet werden. Hier herrscht ein eindeutiger Zukunftsbezug der Kostenrechnung vor. Plankosten können dabei wie folgt berechnet werden: *Zukunftsbezug*

$$\textbf{Plankosten = Planverbrauchsmengen} * \textbf{Planpreise}$$ **Formel 1.3**

Beispiel 1.12

Bei der Kalkulation der Transportpreise fällt dem Spediteur ein neuer Bericht der OPEC in die Hände, der einen Anstieg der Benzinpreise gegenüber dem Vorjahr von weiteren 20 % prognostiziert. Er überlegt sich, dass die Kalkulation auf Basis der Benzinpreise des Vorjahres oder von normalisierten Benzinpreisen zu einer falschen, zu niedrigen Kalkulation der zukünftigen Transportpreise führt. Er legt daher bei seiner Kalkulation für das nächste Jahr die prognostizierte Steigerung der Benzinpreise zugrunde. Die Benzinverbrauchsmengen werden für das kommende Jahr geplant und orientieren sich an den Werten des Vorjahres (= Planpreise * Planverbrauchsmengen).

Folgende Vor- und Nachteile der Plankostenrechnung sind zu nennen:

Vorteile:

- Plankosten in Verbindung mit Istkosten erlauben eine optimale Kostenkontrolle der Wirtschaftlichkeit.
- Es werden relevante Informationen für zukunftsorientierte Entscheidungszwecke bereitgestellt.

Nachteile:

- Ein echtes Periodenergebnis ist nicht errechenbar.
- Plankostenrechnung erfordert viele Einschätzungen, die Zuverlässigkeit der Informationen sinkt.

Auch auf der Erlösseite eines Unternehmens können Ist-, Normal- und Planerlösrechnungen unterschieden werden.

1.4.2 Umfang der Kosten- und Erlösrechnung

Vollkosten- vs. Teilkostenrechnung

Die Systeme der Kosten- und Erlösrechnung können des Weiteren nach dem Umfang der Kostenverrechnung auf die einzelnen Kostenträger (z. B. Produkte) unterschieden werden, und zwar nach

- Vollkostenrechnung und
- Teilkostenrechnung.

Vollkostenrechnungen sind dadurch charakterisiert, dass sie sämtliche Kostenarten, die im Unternehmen angefallen sind bzw. anfallen werden, den einzelnen Kostenträgern (z. B. Produkte, Aufträge) zurechnen, unabhängig davon, ob es sich bei den Kosten um Einzel- oder Gemeinkosten oder um fixe oder variable Kosten handelt.[2]

In **Teilkostenrechnungen** werden grundsätzlich nur solche Kosten berücksichtigt, die für die Lösung eines bestimmten Entscheidungsproblems relevant sind. So zeichnen sich Teilkostenrechnungen dadurch aus, dass zwischen fixen und variablen Kosten bzw. zwischen Einzel- und Gemeinkosten unterschieden wird und diese Kostenarten einzelnen Kostenträgern bzw. Entscheidungen nur teilweise zugeordnet werden.

Je nach Anwendungsgebiet bzw. nach Fragestellung können die soeben dargestellten Teilbereiche der Kosten- und Erlösrechnung miteinander kombiniert werden. So gibt die Istkostenträgerrechnung auf Vollkostenbasis beispielsweise Auskunft auf die Frage: „Wie hoch waren die Kosten, die für einen bestimmten Auftrag angefallen sind?" Die Kostenartenrechnung auf Plankostenbasis kann beispielsweise Aufschluss auf die Frage geben, wie hoch die Personalkosten des Unternehmens für das nächste Jahr sein werden.

---

[2] Vgl. Kapitel 2 zu den Begriffen „Einzel-/Gemeinkosten" und „fixe/variable Kosten".

Z U S A M M E N F A S S U N G

Führungskräfte in Unternehmen benötigen im heutigen Wettbewerb mehr als in der Vergangenheit Informationen über das Betriebsgeschehen, um ihrer Aufgabe der erfolgreichen Führung des Unternehmens gerecht zu werden. Das betriebliche Rechnungswesen und insbesondere die Kosten- und Erlösrechnung liefern umfangreiche Informationen, die entweder in regelmäßigen oder unregelmäßigen Abständen erhoben und ausgewertet werden. Dabei werden diese Informationen nicht nur von der Controllingabteilung ausgewertet, sondern Entscheidungsträger aller betrieblichen Funktionen sind auf Kostenrechnungsinformationen angewiesen, um ihre Aufgaben erfüllen zu können. Um den Informationsbedarf decken zu können, sind in der Kostenrechnung unterschiedliche Teilgebiete (z. B. Kostenarten-, Kostenstellen- und Kostenträgerrechnungen) und Systeme (z. B. Istkosten-, Normalkosten- oder Plankostenrechnungen; Voll- oder Teilkostenrechnungen) entwickelt worden.

Z U S A M M E N F A S S U N G

Übungsmaterial

Wiederholungsfragen

Im Folgenden finden Sie zehn Wiederholungsfragen zu den bisher behandelten Lerninhalten. Bitte geben Sie an, ob die getroffenen Aussagen richtig oder falsch sind.

1) Das betriebliche Rechnungswesen (RW) wird in internes und externes RW unterteilt. ☐R ☐F

2) Die Kosten- und Leistungsrechnung ist Teil des externen RW. ☐R ☐F

3) Investitionsrechnung und Finanzrechnung sind Teil der Kosten- und Leistungsrechnung. ☐R ☐F

4) Das betriebliche RW is sowohl zukunftsbezogen (Plan) als auch vergangenheitsbezogen (Ist). ☐R ☐F

5) Die Kosten- und Leistungsrechnung bildet den internen Kombinationsprozess zahlenmäßig ab. ☐R ☐F

6) Die Kosten- und Leistungsrechnung ist Zeitpunkt bezogen. ☐R ☐F

7) Gewinn = Selbstkosten – Verkaufspreis ☐R ☐F

8) Selbstkosten = Materialkosten + Fertigungskosten + Sonstige Gemeinkosten ⬜R ⬜F

9) Die Kostenträgerzeitrechnung zeigt die Erfolgsbeiträge einzelner Produkte oder Geschäftsbereiche auf. ⬜R ⬜F

10) Plankostenrechnungen stellen die Plankosten den Normalkosten gegenüber. ⬜R ⬜F

Aufgaben

Aufgabe 1.1: Hauptaufgaben der Kosten- und Erlösrechnung

Nennen Sie die Hauptaufgaben der Kosten- und Erlösrechnung.

Aufgabe 1.2: Zwecke der Kosten- und Erlösrechnung

Für welche der folgenden Aufgaben bzw. Zwecke sollte die Kosten- und Erlösrechnung Informationen liefern können? Kreuzen Sie die von Ihnen für richtig erachteten Aussagen in den dafür vorgesehenen Feldern an!

a) Festlegung der Preisuntergrenze für ein Produkt ⬜

b) Ermittlung des Eigenkapitals einer Unternehmung ⬜

c) Bewertung selbst erstellter Anlagen ⬜

d) Wahl zwischen Eigenfertigung und Fremdbezug ⬜

e) Kontrolle der Produktqualität ⬜

f) Wahl zwischen verschiedenen Investitionsobjekten ⬜

g) Wahl zwischen verschiedenen Fertigungsverfahren ⬜

h) Bestimmung des Verkaufspreises, den ein Abnehmer maximal zu zahlen bereit ist ⬜

i) Ermittlung des Erfolgs, der von einem Unternehmen für eine bestimmte Produktart innerhalb eines Monats erwirtschaftet wird ⬜

j) Erfassung von Veränderungen des Personalbestandes einer Unternehmung ⬜

Aufgabe 1.3: Systeme/Bereiche der Kosten- und Erlösrechnung

Sie sind Leiterin/Leiter „Controlling" in einem mittelständischen Unternehmen. Sie möchten folgende Informationen aus Ihrer Kosten- und Erlösrechnung erhalten. Welche Teilbereiche bzw. welche Systeme des Rechnungswesens (Kostenarten-, Kostenstellen-, Kostenträgerrechnungen/Istkosten-, Normalkosten-, Plankostenrechnung) müssen Sie zur Beantwortung folgender Aufgabenstellungen einsetzen?

a) Wie ist die Entwicklung der PKW-Kosten im laufenden Jahr im Vergleich zum Vorjahr?

b) Werden die geplanten Kosten für Büromaterial in diesem Jahr eingehalten?

c) Wie ist die Umsatz- und Kostenentwicklung des Vertreters Meier?

d) Ist der Auftrag X kostendeckend ausgeführt worden?

e) Wie hoch muss der Preis für ein neu entwickeltes Produkt sein, um die entstehenden Kosten zu decken?

f) Arbeitet ein Geschäftsfeld des Unternehmens wirtschaftlich?

g) Kann ein Zusatzauftrag zu schlechten Preiskonditionen noch angenommen werden?

Literatur

Ammann, H. / Müller, S.: IFRS International Financial Reporting Standards – Bilanzierungs-, Steuerungs- und Analysemöglichkeiten, 2. Aufl., Herne/Berlin 2006.

Coenenberg, A. G.: Jahresabschluss und Jahresabschlussanalyse, 20. Aufl., Landsberg am Lech 2005, S. 23–94.

Coenenberg, A. G.: Kostenrechnung und Kostenanalyse, 5. Aufl., Stuttgart 2003, S. 3–28.

Däumler, K. D. / Grabe, J.: Kostenrechnung 1, 9. Aufl., Herne/Berlin 2003, S. 11–66.

Graumann, M.: Kostenrechnung und Kostenmanagement, Wiesbaden 2002, S. 3–33.

Haberstock, L.: Kostenrechnung I, 12. Aufl., Berlin 2005, S. 1–25.

Hummel, S. / Männel, W.: Kostenrechnung 1, 4. Aufl., Wiesbaden 1999, S. 1–41.

Kilger, W.: Einführung in die Kostenrechnung, 3. Aufl. 1992., S. 1–5.

Lachnit, L. / Isemann, R.: Controlling, Skript BA-KMU, Oldenburg 2004, Kap. 5.

Müller, S.: Management-Rechnungswesen, Wiesbaden 2003, S. 39–108; 293–322.

Olfert, S.: Kostenrechnung, 14. Aufl., Ludwigshafen 2005, S. 21–80.

Reichmann, T.: Controlling mit Kennzahlen und Managementberichten, 6. Aufl., München 2001.

Schweitzer, M. / Küpper, H.-U.: Systeme der Kostenrechnung, 8. Aufl., München 2003, S. 1–75.

Seicht, G.: Moderne Kosten- und Leistungsrechnung, 11. Aufl., Wien 2001, S. 13–25.

Grundbegriffe der Kosten- und Erlösrechnung

2

ÜBERBLICK

Fall | *Wegen der schlechten wirtschaftlichen Situation der FEBAU GmbH ruft die Geschäftsführung die leitenden Mitarbeiter und Mitarbeiterinnen zu einer Krisensitzung zusammen.*

Der Produktionsleiter ergreift zunächst das Wort und beklagt, dass die Ausgaben für Material seiner Meinung nach viel zu hoch seien. Darauf entgegnet der Leiter „Rechnungswesen", in seinem Buchwerk sei der Materialaufwand aber nicht angestiegen.

Der Vertriebsleiter stellt mit Blick auf seine Umsatzerlöse fest, dass zwar die Einnahmen des Unternehmens gestiegen seien, aber die Erträge sich kaum verändert hätten. Schließlich meldet sich der Controller zu Wort und stellt fest, dass die von der Buchhaltung berichteten Ergebnisse kaum mit dem von ihm errechneten Unternehmenserfolg übereinstimmten. Völlig verwirrt fragt sich die Geschäftsführung angesichts dieser babylonischen Sprachverwirrung von Einnahmen, Erträgen, Aufwendungen, Ausgaben und Kosten nun, was denn die einzelnen Begriffe exakt bedeuten und warum die Kostenrechnung einen anderen Erfolg berechnet als die Finanzbuchhaltung. Darüber hinaus stellt die Geschäftsführung fest, dass mit Blick auf die Bank-Kontoauszüge die Unternehmenssituation gar nicht so schlecht aussehe, die Bank-Verbindlichkeiten nähmen nämlich kontinuierlich ab.

Nach kurzer Diskussion wurde der Controller beauftragt, die unterschiedlichen Begriffe zu klären und deren Auswirkungen auf das betriebliche Rechnungswesen in einer der nächsten Sitzungen darzustellen.

Danach wurde die Diskussion auf die schwache wirtschaftliche Situation des Unternehmens gelenkt. Der Controller führte aus, dass die Gesamtkosten des Unternehmens in der letzten Periode wegen einer erhöhten Produktion gestiegen seien. Er habe aber festgestellt, dass die variablen Kosten des Unternehmens dabei progressiv, sprich: überproportional, gewachsen seien. Erfreulich sei aber, dass die überschlägig ermittelten Stückkosten der Produkte trotz einer Steigerung der Produktion aufgrund des Fixkostendegressionseffekts in der zurückliegenden Periode gesunken seien.

Wie zu erkennen ist, gibt es offensichtlich einen Zusammenhang zwischen den Gesamtkosten und den Stückkosten. Ebenso muss analysiert werden, wie sich die Unternehmenskosten ändern, wenn sich die Ausbringungsmenge des Unternehmens ändert. Die Auswirkungen auf den Absatzpreis der Produkte in der Kalkulation sind dazu ebenso zu ermitteln.

Lernziele:

In diesem Kapitel werden Sie lernen,

- den Begriff der Kosten und Erlöse zu definieren und ihn von anderen Begriffen des Rechnungswesens abzugrenzen,
- die Begriffe „fixe und variable Kosten", „Einzel- und Gemeinkosten" zu verstehen und diese voneinander zu unterscheiden,
- unterschiedliche Kostenverläufe und Kostenfunktionen von Gesamt-, Stück- und Grenzkosten zu beschreiben und zu interpretieren und
- weitere relevante Kostenbegriffe zu unterscheiden und anzuwenden.

2.1 Die Begriffe „Kosten" und „Erlöse"

Die weitere Beschäftigung mit der Kosten- und Erlösrechnung erfordert Klarheit über die verwendeten Begriffe, so z. B. den Kostenbegriff, sowie ein grundlegendes Verständnis der Kostentheorie.

Wie bereits in Kapitel 1 dargestellt, wird unter Kosten (bzw. Erlös) der bewertete Verbrauch an Produktionsfaktoren (bzw. die bewertete Güterentstehung) aus dem Produktions- bzw. Kombinationsprozess im Unternehmen verstanden.

In der Betriebswirtschaftslehre haben sich dazu zwei grundlegende Begriffsauffassungen zur Definition von Kosten durchgesetzt, der so genannte pagatorische und der wertmäßige Kostenbegriff.[1]

pagatorischer/wertmäßiger Kostenbegriff

Die Vertreter des pagatorischen Kostenbegriffs (pagare = bezahlen) verstehen unter dem Begriff „**Kosten**" Folgendes:

> **Definition** **Pagatorischer Kostenbegriff**
> Pagatorische Kosten umfassen alle Güterverbräuche im Unternehmen, die für das betreffende Unternehmen zu Auszahlungen führen, unabhängig davon, wofür dieser Güterverbrauch eingesetzt wurde.

Die Definition des pagatorischen Kostenbegriffs stellt also darauf ab, dass

- ein Güterverzehr vorliegt,

---

[1] Auch hier sei wieder darauf verwiesen, dass die folgenden Ausführungen zu den Kosten spiegelbildlich auch für die Erlöse eines Unternehmens gelten.

- der Güterverzehr zu einer Auszahlung führt und
- der Güterverzehr bewertet werden kann.

Aufwand Aus der Definition des pagatorischen Kostenbegriffs resultiert zum einen, dass ausschließlich die Anschaffungspreise als einzig richtige Bewertungsgröße für pagatorische Kosten in Frage kommen können, da diese vom Unternehmen tatsächlich gezahlt werden. Zum anderen werden auch solche Güterverbräuche als Kosten verrechnet, die nichts mit der Unternehmensleistung zu tun haben. In der Finanzbuchhaltung, die auf dem pagatorischen Kostenbegriff basiert, werden solche Kosten üblicherweise als Aufwand bezeichnet.

> **IFRS** Im Gegensatz zum HGB ist der Aufwandsbegriff nach IFRS weiter gespannt. Zwar wird ebenfalls Bezug auf Ein- und Auszahlungen genommen, doch gelten auch in bestimmten Positionen Marktzeitwerte als ansatzfähig, sodass in der Gewinn- und Verlustrechnung Aufwendungen mit als realisierbar eingeschätzten Erträgen verrechnet werden können.

Kosten Demgegenüber ist es für die Vertreter des wertmäßigen Kostenbegriffs unerheblich, ob der Güterverzehr im Unternehmen tatsächlich zu Auszahlungen führt. Vielmehr ist für die Abgrenzung relevant, ob dieser Güterverzehr tatsächlich zur Erzielung der Unternehmensleistung aufgewandt wurde. So definieren die Vertreter des wertmäßigen Kostenbegriffs den Begriff „Kosten" wie folgt:

> **Definition** **Wertmäßiger Kostenbegriff**
> Wertmäßige Kosten sind der bewertete Verbrauch von Produktionsfaktoren für die Herstellung und den Absatz der betrieblichen Erzeugnisse und die Aufrechterhaltung der hierfür benötigten Kapazitäten.

Der wertmäßige Kostenbegriff ist durch folgende drei grundlegende Merkmale gekennzeichnet:

- Es muss ein Güterverzehr vorliegen,
- der Güterverzehr muss durch einen Vorgang ausgelöst werden, der dem Unternehmenszweck dient, und
- der Güterverzehr kann mit unterschiedlichen, auch von den Anschaffungskosten abweichenden Wertansätzen bewertet werden.

Für die Bewertung kommen nach dem wertmäßigen Kostenbegriff ebenso in Frage:

■ Festpreise,

■ Planpreise,

■ Schätzpreise oder

■ Opportunitätskosten.

Andererseits werden solche Güterverbräuche nicht als Kosten erfasst, die nicht für die Erzeugung der eigentlichen Unternehmensleistung aufgewendet werden.

Aus dieser Unterscheidung ergeben sich für das Rechnungswesen wichtige Implikationen. So arbeitet die Finanzbuchhaltung (das externe Rechnungswesen) mit dem pagatorischen Kostenbegriff, die Kosten- und Erlösrechnung dagegen mit dem wertmäßigen Kostenbegriff. Gleiches gilt im Übrigen auch für die Erlösseite des Unternehmens hinsichtlich des wertmäßigen und pagatorischen Erlösbegriffs.

Finanzbuchhaltung = pagatorischer Kostenbegriff

Kosten-/Erlösrechnung = wertmäßiger Kostenbegriff

Ein Beispiel soll diese Unterscheidung erläutern:

Wir betrachten im Folgenden wieder unseren Fensterbaubetrieb, die FEBAU GmbH. Im Anlagevermögen dieses Unternehmens ist aus historischen Gründen neben dem Betriebsvermögen auch ein Mietshaus enthalten, das an Nichtbetriebsangehörige vermietet wird.

Beispiel 2.1

Nach dem letzten Sturm musste eine Dachreparatur durchgeführt werden. Nach Abschluss der Arbeiten schickt der Dachdeckerbetrieb eine Rechnung über die durchgeführten Reparaturen. Wie ist mit dieser Rechnung in der Finanzbuchhaltung nach dem pagatorischen Kostenbegriff und wie in der Kosten- und Erlösrechnung nach dem wertmäßigen Kostenbegriff zu verfahren?

Der Buchhalter wird diese Rechnung selbstverständlich in seine Finanzbuchhaltung übernehmen, da diese für die FEBAU GmbH früher oder später zu einer Auszahlung führt. Der Wertansatz wird dabei mit dem Rechnungswert (= Anschaffungskosten) übereinstimmen müssen.

In der Kosten- und Erlösrechnung könnte diese Rechnung dagegen unberücksichtigt bleiben, da die Vermietung von Wohnraum nichts mit dem Betriebszweck (Fensterbau) zu tun hat und daher das Vermietungsgeschäft völlig isoliert vom übrigen Betriebsgeschehen einzuordnen ist.

Gleiches gilt auf der Ertragsseite selbstverständlich auch hinsichtlich der Mieten. In der Finanzbuchhaltung würden diese Mieten als Ertrag erfasst, da sie zu Einzahlungen führen, in der Kosten- und Erlösrechnung dagegen fielen die Mieteinnahmen wegen der Nichtzurechenbarkeit zum Betriebszweck nicht unter die betrieblichen Erlöse.

> Gleichwohl kann zur Steuerung dieses außerhalb des eigentlichen Betriebszweckes anzusiedelnden Nebenbereiches auch der Einsatz einer getrennten Kosten- und Erlösrechnung sinnvoll sein, um den wirtschaftlichen Erfolg aus dem Vermietungsgeschäft ermitteln zu können.

2.2 Definition und Abgrenzung der Begriffe „Kosten" und „Erlös"

Strom- und Bestandsgrößen des Rechnungswesens

Die Unterschiede zwischen den unterschiedlichen Begrifflichkeiten lassen sich anhand der Begriffsdefinitionen der Strom- und Bestandsgrößen in Abb. 2.1 herleiten.

Stromgrößen	
Auszahlung	Abgang liquider Mittel (Bargeld und Sichtguthaben) pro Periode
Einzahlung	Zugang liquider Mittel (Bargeld und Sichtguthaben) pro Periode
Ausgabe	Wert aller zugegangenen Güter und Dienstleistungen pro Periode (= Beschaffungswert)
Einnahme	Wert aller veräußerten Leistungen pro Periode (Umsatz) inkl. Wert aller a.o. Erträge
Aufwand	Wert aller verbrauchten Güter und Dienstleistungen pro Periode (genauer: ..., der aufgrund gesetzlicher Bestimmungen in der Finanzbuchhaltung verrechnet wird)
Ertrag	Wert aller erbrachten Leistungen pro Periode (genauer: ...-vgl. bei Aufwand)
Kosten	Wert aller verbrauchten Güter und Dienstleistungen pro Periode, und zwar für die Erstellung der „eigentlichen"(typischen) betrieblichen Tätigkeit
Erlös (Leistung/ Betriebsertrag)	Wert aller erbrachten Leistungen pro Periode im Rahmen der „eigentlichen" (typischen) betrieblichen Tätigkeit

Bestandsgrößen	
Kasse	Bestand an liquiden Mitteln (Bargeld + Sichtguthaben)
Geldvermögen	Kasse (wie zuvor) + Forderungen – Verbindlichkeiten
Gesamtvermögen	Geldvermögen (wie zuvor) + Sachvermögen
Betriebsnotw. Vermögen	Gesamtvermögen (kostenrechnerisch bewertet abzgl. nicht-betriebsnotwendiges (neutrales) Vermögen)

Abbildung 2.1: Definitionen der Strom- und Bestandsgrößen des betrieblichen Rechnungswesens (entnommen aus: Haberstock, L.: Kostenrechnung I, Berlin 2005, S. 17 f.)

Abzugrenzen sind die Begriffe der Kosten oder Erlöse von anderen in der Umgangssprache häufig ähnlich verwendeten Begriffen, wie **Auszahlungen**, **Ausgaben**, **Aufwendungen** bzw. **Einzahlungen**, **Einnahmen** oder **Erträge**. Eine Hilfestellung kann dabei die Abb. 2.2 geben, die übersichtsartig die unterschiedlichen Begriffe darstellt.

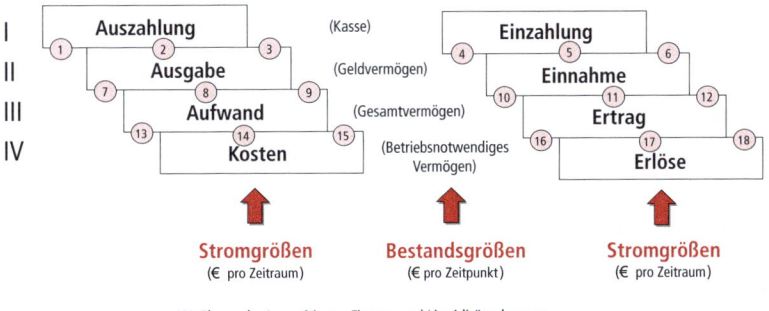

I/II: Ebene der Investitions-, Finanz- und Liquiditätsplanung
III: Ebene der Finanzbuchhaltung (Bilanz und GuV)
IV: Ebene der Kostenrechnung und kurzfristigen Erfolgsrechnung

Abbildung 2.2: Grundbegriffe des betrieblichen Rechnungswesens
(entnommen aus: Haberstock, L.: Kostenrechnung I, Berlin 2005, S. 16)

Die Nummern in Abb. 2.2 werden im weiteren Text und in Abb. 2.4 wieder aufgegriffen.

Im Gegensatz zur Umgangssprache sind die oben genannten Begriffe im betriebswirtschaftlichen Rechnungswesen jeweils mit einer fest definierten Bedeutung belegt und einem bestimmten System des betrieblichen Rechnungswesens zugeordnet. Die Begriffe der Ein- und Auszahlung gehören zum Bereich der Finanzrechnungen (I. Ebene). Das Begriffspaar „Einnahme und Ausgabe" dagegen gehört zum Bereich der Finanzierungs- und Investitionsrechnungen (II. Ebene). Die Begriffe des Aufwands und des Ertrags findet man im Bereich des externen Rechnungswesens wieder (III. Ebene). Die Begriffe der Kosten und der Erlöse entstammen der Kosten- und Erlösrechnung (IV. Ebene).

> *Begriffsabgrenzung = Zuordnung der Begriffe zu Bereichen des Rechnungswesens*

Aus der Abbildung ist ebenso zu erkennen, dass die Begriffe der unterschiedlichen Ebenen sich teilweise überschneiden, teilweise aber auch voneinander abweichen. So gibt es offensichtlich Fälle, in denen z. B. eine Ausgabe vorliegt, die aber nicht zu einem Aufwand führt (Fall 7). Ebenso gibt es beispielsweise auch Fälle, in denen wir einen Ertrag in der Finanzbuchhaltung zu verzeichnen haben, aber keinen Erlös (Leistung) in der Kosten- und Erlösrechnung (Fall 16).

Wie ein bestimmter Geschäftsvorfall in dieses Schema einzuordnen ist, kann mit Hilfe der oben genannten Definitionen bestimmt werden. Einfacher und eindeutiger ist dies jedoch mit Hilfe des in der folgenden Abbildung dargestellten einfachen Bilanzschemas möglich. Wir nehmen dabei das Grundprinzip zu Hilfe, dass jede **Stromgröße** eine Veränderung einer **Bestandsgröße** zur Folge hat. So ist aus Abb. 2.2 zu erkennen, dass die Stromgrößen „Ein- und Auszahlung" beispielsweise eine Veränderung der Bestandsgröße „Kasse" zur Folge haben muss. Veränderungen bei den Einnahmen bzw. Ausgaben finden ihren Niederschlag in einer Veränderung der Bestandsgröße „Geldvermögen". Erträge und Aufwendungen resultieren in einer Veränderung des „Gesamtvermögens".

> *Begriffsabgrenzung mit Hilfe des Bilanzschemas*

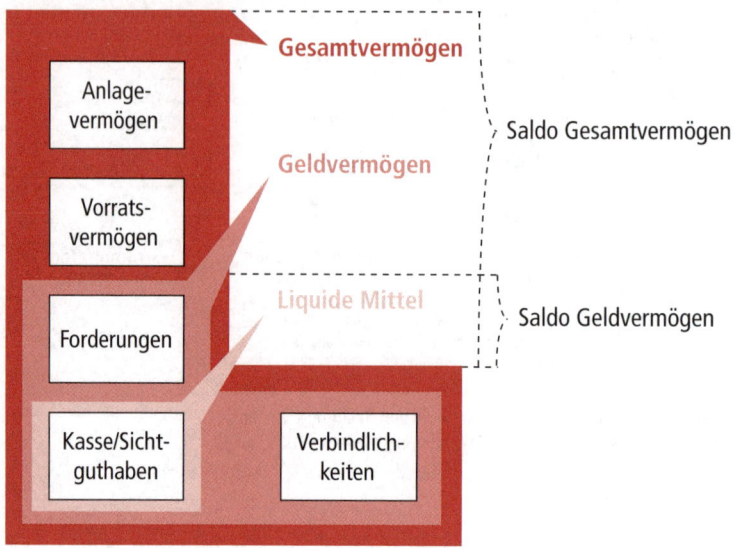

Abbildung 2.3: Begriffsabgrenzung mit Hilfe des vereinfachten Bilanzschemas

Hierbei umfasst die Position „Kasse" alle Kassenbestände sowie die Sichtguthaben des Unternehmens, die Position „Forderungen" alle Forderungen des Unternehmens, die Position „Vorratsvermögen" alle Bestände im Roh- Hilfs- und Betriebsstofflager sowie die Lagerbestände an fertigen und unfertigen Erzeugnissen und schließlich das „Anlagevermögen" die dort auszuweisenden Positionen.

Auf der Passivseite werden unter der Position „Verbindlichkeiten" alle Verbindlichkeiten des Unternehmens einschließlich der Rückstellungen subsumiert.

Aus der Abb. 2.3 kann nun abgeleitet werden, dass

- es sich bei jeder Transaktion im Unternehmen, die zu einer Veränderung des Kassenbestandes führt, um eine Ein- oder Auszahlung handeln muss. Einzahlungen erhöhen den Kassenbestand, Auszahlungen vermindern den Kassenbestand.

- es sich bei jeder Transaktion im Unternehmen, die zu einer Veränderung des Geldvermögens führt, um eine Einnahme (Erhöhung des Geldvermögens) oder eine Ausgabe (Verminderung des Geldvermögens) handeln muss.

- es sich bei jeder Transaktion im Unternehmen, die zu einer Veränderung des Gesamtvermögens führt, entweder um einen Ertrag (Erhöhung des Gesamtvermögens) oder einen Aufwand (Verminderung des Gesamtvermögens) handelt.

Anhand der vorgenommenen Definitionen und Abgrenzungen können nun die im Unternehmen vorzufindenden Geschäftsvorfälle eindeutig den unterschiedlichen Fällen der Abb. 2.4 zugeordnet werden.

Fall	Beschreibung	Geschäftsvorfall:
1	Auszahlung, keine Ausgabe	Auszahlung eines Kredites an einen Mitarbeiter. (Kasse sinkt, Forderungen nehmen zu ⇒ Geldvermögen bleibt unverändert)
2	Auszahlung und Ausgabe	Bareinkauf von Büromaterial (Kasse sinkt, Forderungen und Verbindlichkeiten unverändert ⇒ Geldvermögen sinkt)
3	keine Auszahlung, aber Ausgabe	Einkauf von Rohstoffen auf Ziel (Kasse unverändert, Verbindlichkeiten steigen ⇒ Geldvermögen sinkt)
4	Einzahlung, keine Einnahme	Rückzahlung eines Kredites durch einen Mitarbeiter (Kasse steigt, Forderungen nehmen ab ⇒ Geldvermögen bleibt unverändert)
5	Einzahlung und Einnahme	Barverkauf von Erzeugnissen (Kasse steigt, Forderungen und Verbindlichkeiten unverändert ⇒ Geldvermögen steigt)
6	Keine Einzahlung, aber Einnahme	Verkauf von Erzeugnissen auf Ziel (Kasse unverändert, Forderungen steigen ⇒ Geldvermögen steigt)
7	Ausgabe, kein Aufwand	Beschaffung von Rohmaterial auf Ziel und Einlagerung im Rohmateriallager (Kasse unverändert, Verbindlichkeiten steigen ⇒ Geldvermögen sinkt, Vorratsvermögen steigt ⇒ keine Veränderung des Gesamtvermögens)
8	Ausgabe und Aufwand	Einkauf auf Ziel und sofortiger Verbrauch von Rohstoffen in der Produktion (Kasse unverändert, Verbindlichkeiten steigen ⇒ Geldvermögen sinkt; Vorratsvermögen und Anlagevermögen unverändert ⇒ Gesamtvermögen sinkt)
9	Aufwand, keine Ausgabe	Abschreibung von Anlagevermögen (Kasse, Forderungen und Verbindlichkeiten unverändert ⇒ Geldvermögen gleich; Vorratsvermögen unverändert, Anlagevermögen sinkt ⇒ Gesamtvermögen sinkt)
10	Einnahme, kein Ertrag	Verkauf einer Maschine des Sachanlagevermögens zum Buchwert auf Ziel (Kasse unverändert, Forderungen steigen ⇒ Geldvermögen steigt, Anlagevermögen fällt ⇒ keine Veränderung des Gesamtvermögens)
11	Einnahme und Ertrag	Verkauf von Erzeugnissen auf Ziel (Kasse unverändert, Forderungen steigen ⇒ Geldvermögen steigt ⇒ Gesamtvermögen steigt)
12	Ertrag, keine Einnahme	Zuschreibung auf Sachanlagevermögen aufgrund des Wegfalls einer durch Abschreibungen im Vorjahr berücksichtigten Wertminderung (Kasse, Forderungen und Verbindlichkeiten unverändert ⇒ Geldvermögen gleich; Vorratsvermögen unverändert, Anlagevermögen steigt ⇒ Gesamtvermögen steigt)

Beispiele für Begriffsabgrenzungen

Abbildung 2.4: Zuordnung der Geschäftsvorfälle

Abgrenzung der
Betrachtungsebenen

Zusammengefasst kann festgehalten werden, dass Abweichungen zwischen Auszahlungen und Ausgaben bzw. Einzahlungen und Einnahmen (Ebene I/II) zumeist dann auftreten, wenn Kreditvorgänge stattfinden. (Dies passt im Übrigen zu der Definition von Forderungen und Verbindlichkeiten als zeitverzögerte Ein- und Auszahlungen in Kapitel 1.)

Abweichungen zwischen Ausgaben und Aufwand bzw. Einnahmen und Erträgen (Ebene II/III) sind dagegen zumeist auf Lagervorgänge oder den Auf- bzw. Abbau von Anlagevermögen zurückzuführen.

Die Abgrenzung der Begriffe der III. und IV. Ebene von Abb. 2.2, also die Abgrenzung zwischen Aufwand und Ertrag in der Finanzbuchhaltung bzw. Kosten und Erlös in der Kosten- und Erlösrechnung, dagegen kann mit diesem Schema nicht vorgenommen werden, da es letztlich um die Verwendung eines anderen Bewertungskonzeptes bzw. eines anderen Vermögensbegriffes im externen und internen Rechnungswesen geht. Während die III. Ebene durch gesetzliche Vorschriften determiniert ist und stets das Unternehmen als juristische Person als abzubildender Gegenstand fungiert, kann in der IV. Ebene der Kosten- und Erlösrechnung eine individuell abweichende Definition und Bewertung der Vermögensgegenstände des Unternehmens vorgenommen werden.

> **IFRS** Diese veränderten Abbildungsregeln der IFRS führen somit zu einer anderen Ausprägung der III. Ebene, die, wie noch zu zeigen sein wird, der IV. Ebene vielfach deutlich näher kommt als eine Ausprägung der III. Ebene nach den Vorschriften des HGB.

Hierzu müssen wir uns die Abgrenzungskriterien zwischen Aufwand (Ertrag) und Kosten (Erlöse) genauer ansehen. Greifen wir dazu noch einmal die III. und IV. Ebene von Abb. 2.2 heraus.

Abgrenzung Ertrag/Erlös
und Aufwand/Kosten

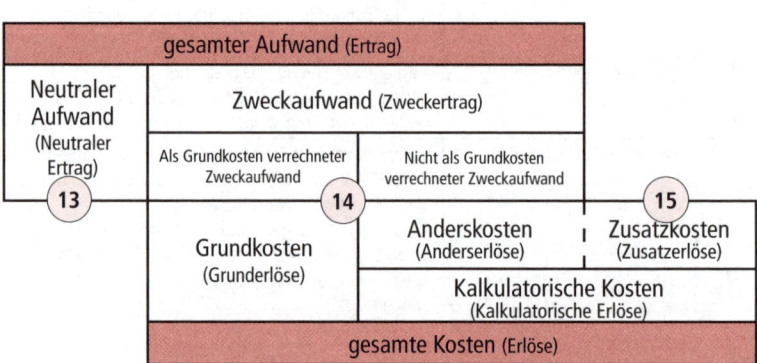

Abbildung 2.5: Abgrenzung zwischen Aufwand und Kosten
(in Anlehnung an: Schweitzer, M.; Küpper, H.U.: Systeme der Kosten und Erlösrechnung, München 2003, S. 18/25)

Es ist ersichtlich, dass es einen großen Teil der Aufwendungen gibt, die deckungsgleich mit den Kosten der Kostenrechnung sind. Diese gehen direkt und unverändert aus der Finanzbuchhaltung in die Kostenrechnung ein; man spricht hier von einem so genannten Zweckaufwand/ Zweckertrag in der Finanzbuchhaltung bzw. Grundkosten/Grunderlöse in der Kosten- und Erlösrechnung (Nr. 14, Abb. 2.5). Daneben gibt es – wie zu erkennen ist – einen Bereich, in dem Aufwendungen vorliegen, aber keine Kosten im Sinne der Kostenrechnung. Dabei handelt es sich um Aufwand in der Finanzbuchhaltung, der nicht in die Kosten- und Erlösrechnung übernommen wird, so genannter „neutraler Aufwand" (Nr. 13, Abb. 2.5). Wollen wir entscheiden, ob es sich bei einem vorliegenden Aufwand in der Finanzbuchhaltung auch um Kosten im Sinne der Kostenrechung handelt, können wir das dreistufige Prüfungsschema entsprechend der Abb. 2.6 heranziehen.

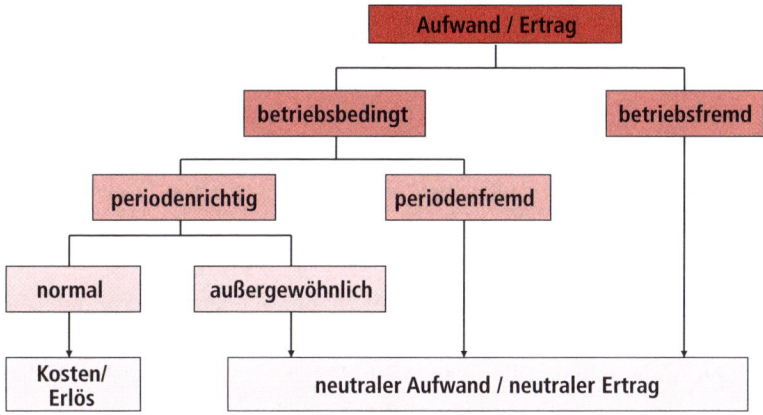

Abbildung 2.6: Aufspaltung des Aufwands (des Ertrags) in neutralen Aufwand (neutralen Ertrag) und Kosten bzw. Erlöse
(in Anlehnung an: Haberstock, L.: Kostenrechnung I, Berlin 2005, S. 22)

So spricht man nur dann von Kosten, wenn der entsprechende Aufwand betrieblich bedingt, periodenrichtig und normal ist. Ist der Aufwand dagegen betriebsfremd, periodenfremd oder außergewöhnlich, spricht man hier von neutralem Aufwand. Solche neutralen Aufwendungen sind niemals Kosten. Gleiches gilt für die Ertragsseite. Allerdings können die Begriffe, was normal, periodenrichtig und betriebsbedingt ist, je nach Ausgestaltung der Kostenrechnung variieren.

> Neutraler Aufwand =
> – betriebsfremd
> – periodenfremd
> – außergewöhnlich

So kann der eingangs beschriebene Aufwand für eine Dachreparatur an einem Mietshaus in einem Fensterbaubetrieb als nicht betrieblich verursacht angesehen werden und ist somit betriebsfremd und zum neutralen Aufwand zu rechnen. Wird die Vermietung jedoch als eigenständiges Geschäftsfeld begriffen, so sind diese Aufwendungen auch in einer separaten Kostenrechnung an den entsprechenden Stellen zu erfassen. Die Gefahr in einer zu engen Abgrenzung des Betriebszweckes liegt darin, dass neben dem durch die Kostenrechnung überwachten Bereich des Unternehmens weitere Bereiche bestehen, die unkontrolliert Verluste produzieren können und somit letztlich auch die gesamte Unternehmung gefährden können. Der Unternehmensführung und dem Controlling obliegt daher die Pflicht, diese als nicht-betrieblich klassifizierten Sachverhalte einer kritischen Betrachtung zu unterziehen und gegebenenfalls gegensteuernde Maßnahmen zu ergreifen.

Der Aufwand für eine Steuernachzahlung aufgrund einer Betriebsprüfung für ein Geschäftsjahr, das bereits einige Jahre zurückliegt, ist als periodenfremder Aufwand und somit ebenfalls als neutraler Aufwand anzusehen. Gleiches gilt für alle Arten des Katastrophenverschleißes, z. B. durch Blitzeinschlag, Brände, Überschwemmungen oder Ähnliches. Hierbei handelt es sich um außergewöhnlichen Aufwand, der als neutraler Aufwand einzuordnen ist.

Neutraler Aufwand = keine Übernahme in die Kosten-/Erlösrechnung

Es stellt sich die Frage: „Wie gehen wir nun mit dem neutralen Aufwand in der Kostenrechnung um?" Die dem neutralen Aufwand entsprechenden Aufwandsarten werden aus der Finanzbuchhaltung nicht in die Kosten- und Erlösrechnung übernommen.

Als Gründe für die Nichtberücksichtigung sind zu nennen, dass eine Übernahme dieser Aufwendung

- das Ergebnis der normalen betrieblichen Tätigkeit des Unternehmens verzerrt,
- die Kalkulation verfälscht und
- darüber hinaus die Vergleichbarkeit periodengerechter Analysen sowie
- den unternehmensübergreifenden Vergleich (Benchmarking) der Zahlen zum Ergebnis anderer Unternehmen verhindern würde.

Durch diese Abgrenzung wird erreicht, dass das Ergebnis ausschließlich die normale betriebliche Tätigkeit im Sinne des Betriebszwecks widerspiegelt. Beispielsweise könnte ein Naturereignis in Verbindung mit einer eventuellen Steuernachzahlung die Kosten des Unternehmens in der betreffenden Periode so immens erhöhen, dass die Produkte des Unternehmens zu teuer kalkuliert würden. Dies könnte dazu führen, dass die Produkte auf dem Markt aufgrund dieser „Sondereinflüsse" nicht mehr absetzbar wären.

Kalkulatorische Zusatzkosten

Diese zunächst nicht übernommenen Aufwendungen gelangen aber indirekt oft doch wieder in die Kostenrechnung. So ist auf der rechten Seite von Abb. 2.5 zu erkennen, dass es einen Bereich gibt, in dem Kosten in der Kostenrechung vorliegen, aber kein Aufwand in der Finanzbuchhaltung (Fall 15). Es handelt sich hierbei um **kalkulatorische Zusatzkosten**. Denkbar sind

- **kalkulatorische Wagnisse,**
- **kalkulatorischer Unternehmerlohn,**

■ **kalkulatorische Mieten** sowie

■ **kalkulatorische Eigenkapitalzinsen**.

Zunächst sind die ausgesonderten neutralen außerordentlichen Aufwendungen, die zwar nicht jährlich anfallen, aber doch durch die Risiken der unternehmerischen Tätigkeit immer wieder auftauchen, in der Kostenrechnung auf geglätteter Basis als **kalkulatorische Wagniskosten** zu berücksichtigen (vgl. zu den kalkulatorischen Wagniskosten in Kapitel 3).

Wagniskosten

Die weiteren Zusatzkosten werden immer dann verrechnet, wenn dem Unternehmen Ressourcen, die normalerweise von einem Unternehmen beschafft, verbraucht und bezahlt werden müssten, dem Unternehmen kostenfrei zur Verfügung gestellt werden. Dies könnte beispielsweise dann geschehen, wenn der Unternehmer seine Arbeitskraft dem Unternehmen ohne Entgelt zur Verfügung stellt, da es ihm als Unternehmer gleichgültig ist, ob er ein Gehalt für eine Tätigkeit bezieht oder einen entsprechend höheren Gewinn in seinem Unternehmen erzielt. Aus Gründen der Vergleichbarkeit mit anderen Unternehmen, aber auch für die richtige Preiskalkulation ist es durchaus sinnvoll, für diese kostenlose Tätigkeit einen entsprechenden **kalkulatorischen Unternehmerlohn** in der Kostenrechnung einzuführen.

Kalkulatorischer Unternehmerlohn

> **Definition** **Kalkulatorische Zusatzkosten** stellen einen Güterverbrauch dar, der aus kalkulatorischen Gründen nur in der Kostenrechnung, nicht aber in der Finanzbuchhaltung erfasst wird.

Neben den kalkulatorischen Zusatzkosten fallen noch die so genannten Anderskosten unter die kalkulatorischen Kosten eines Unternehmens.

Anderskosten

> **Definition** Bei den **kalkulatorischen Anderskosten** handelt es sich um Aufwandsarten der Finanzbuchhaltung, die auch in der Kostenrechnung als Kostenarten zu finden sind, aber in der Kostenrechnung mit anderen Wertansätzen verrechnet werden als in der Finanzbuchhaltung.

Hierbei handelt es sich hauptsächlich um die Abschreibungen, die in der Finanzbuchhaltung aufgrund steuerlicher Vorgaben ermittelt werden. In der Kosten- und Erlösrechnung dagegen dienen Abschreibungen dazu, den Wertverlust eines Wirtschaftsgutes richtig wiederzugeben, was zu unterschiedlichen Wertansätzen in Kosten-/Erlösrechnung und Finanzbuchhaltung führen kann.

Kalkulatorische Abschreibungen

Beispiel 2.2

> Die FEBAU GmbH schafft einen PKW im Werte von 30.000 € an. Dieser PKW wird aufgrund handelsrechtlicher/steuerlicher Vorgaben über sechs Jahre linear abgeschrieben, sodass in der Finanzbuchhaltung ein Abschreibungsaufwand von 5.000 € p. a. verbucht wird. In der Kosten- und Erlösrechnung, wo es im Wesentlichen um eine richtige Darstellung des Wertverlaufs des PKW geht, würden Sie aufgrund Ihrer Erfahrung mit Ihren bisherigen Betriebs-PKWs davon ausgehen, dass die Nutzungsdauer des PKW mindestens zehn Jahre beträgt. In der Kosten- und Erlösrechnung würde der PKW daher über zehn Jahre mit einer jährlichen Abschreibung von 3.000 € abgeschrieben. Sie erhalten damit also einen Abschreibungsaufwand von 5.000 € in der Finanzbuchhaltung und Abschreibungskosten von 3.000 € in der Kosten- und Erlösrechnung.

Kalkulatorische Erlöse Spiegelbildlich zu den kalkulatorischen Kosten existieren auch kalkulatorische Erlöse, die insbesondere aus einem anderen Realisationsbegriff herrühren können. So können etwa die Erträge aus einer langfristigen Fertigung nach dem HGB in der Finanzbuchhaltung in der Regel erst dann als Ertrag erfasst werden, wenn der Auftrag komplett abgewickelt wurde, die Übergabe erfolgte und die Rechnung geschrieben wurde. Dagegen kann in der Kosten- und Erlösrechnung mit kalkulatorischen Erlösen gerechnet werden, indem die Erträge auf die einzelnen Perioden der Herstellung gemäß dem Baufortschritt verteilt werden, man spricht hier von einer Teilgewinnrealisierung. Ebenso können betriebswirtschaftlich schon entstandene Erlöse im Bereich der Forschung finanzbuchhalterisch teilweise nicht als Ertrag erfasst werden, obwohl z. B. ein entwickeltes Patent einen hohen Marktwert besitzt.

> **IFRS** IFRS hat einen gegenüber dem HGB deutlich erweiterten Realisationsbegriff, sodass im Gegensatz zum HGB schon bestimmte als realisierbar geltende Erträge als solche ausgewiesen werden dürfen. Zum Beispiel erlaubt die Percentage-of-Completion-Methode unter bestimmten Voraussetzungen die Realisation von Teilgewinnen während der Erstellungszeit. Ähnliches gilt für selbst geschaffene immaterielle Wirtschaftsgüter oder bestimmte schwebende Gewinne aus gestiegenen Marktzeitwerten.

Auf den Zweck und die Bedeutung der kalkulatorischen Kosten und Erlöse wird noch näher im Kapitel über die kalkulatorischen Kosten eingegangen (Kapitel 3).

2.3 Grundlagen der Kostentheorie

2.3.1 Gliederungsmöglichkeiten von Kosten

Neben der Unterscheidung in pagatorische und wertmäßige Kosten können Kosten noch nach weiteren, in Abb. 2.7 dargestellten Kriterien unterschieden werden.

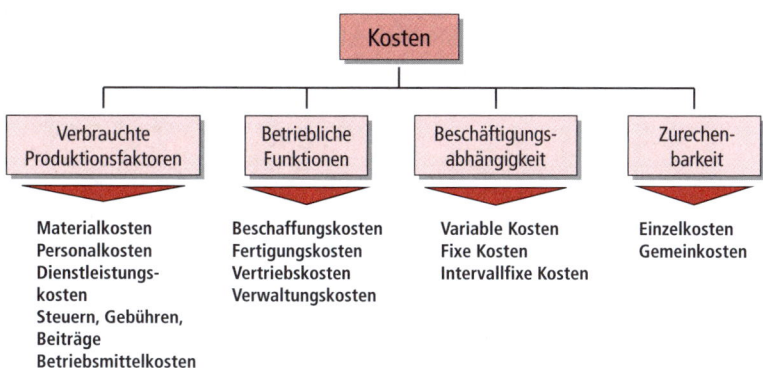

Abbildung 2.7: Gliederungsmöglichkeiten von Kosten

Während die Unterscheidung nach verbrauchten Produktionsfaktoren vorwiegend in der Kostenartenrechnung, aber auch in der GuV-Rechnung nach dem Gesamtkostenverfahren in der Finanzbuchhaltung Verwendung findet, wird die Gliederung der Kosten nach den betrieblichen Funktionen, in denen diese aufgewendet werden, vorwiegend in der Kostenstellenrechnung sowie in der GuV-Rechnung nach dem Umsatzkostenverfahren angewendet.

Wichtiger als diese eher beschreibenden Klassifikationen ist für die Kosten- und Erlösrechnung die Unterscheidung von Kosten hinsichtlich der Beschäftigungsabhängigkeit sowie hinsichtlich der Zurechenbarkeit zu bestimmten Kostenträgern (oder vereinfachend: Produkten/Unternehmensleistungen).

Kostengliederungen nach verbrauchten Produktionsfaktoren/ betrieblichen Funktionen

2.3.2 Kostengliederung nach Beschäftigungsabhängigkeit – die Bedeutung fixer und variabler Kosten für die Kostenrechnung

Eines der wohl wichtigsten Unterscheidungskriterien von Kosten in der Praxis ist die Unterscheidung der Kosten nach ihrer Beschäftigungsabhängigkeit. Hierbei wird untersucht, wie sich die Kosten eines Unternehmens verändern, wenn sich die Beschäftigung oder die Ausbringungsmenge verändert. Hierbei unterscheidet man grundlegend in

Kostengliederung nach Beschäftigungsabhängigkeit

- fixe,
- variable und
- intervallfixe (sprungfixe) Kosten.

Fixkosten

Definition **Fixkosten** sind solche Kostenarten, die unabhängig von der Ausbringungsmenge immer in gleicher Höhe anfallen. Es handelt sich dabei zumeist um Kosten der Betriebsbereitschaft sowie um Overhead- bzw. Verwaltungskosten.

Beispiel 2.3 Die zeitliche Abschreibung einer Produktionsmaschine der FEBAU GmbH fällt unabhängig von der Produktion auf dieser Maschine an, selbst dann, wenn auf dieser Maschine gar nicht produziert wird. Es handelt sich somit um Fixkosten, die unabhängig von der Produktionsmenge des Betriebs sind. Weitere Beispiele für Fixkosten sind Mieten für Unternehmensgebäude, Gehälter im Verwaltungsbereich etc.

Grafisch können Fixkosten wie folgt dargestellt werden:

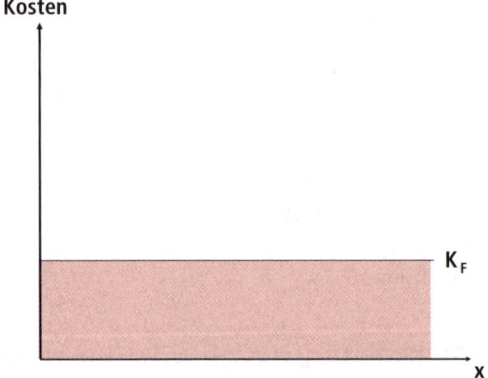

Abbildung 2.8: Grafische Darstellung von Fixkosten

Wie zu erkennen ist, fallen die Fixkosten unabhängig von der Ausbringungsmenge (x) immer in gleicher Höhe an, selbst dann, wenn nichts produziert wird (Ausbringungsmenge (x) = 0).

Intervallfixe Kosten In der Praxis ist es jedoch oftmals so, dass Fixkosten nur bis zu einer bestimmten Ausbringungsmenge konstant bleiben. Überschreitet die Ausbringungsmenge ein bestimmtes Ausbringungsintervall, dann springen die Fixkosten auf ein nächsthöheres Kostenniveau. Ein solcher Kostenverlauf wird als intervallfixe oder sprungfixe Kosten bezeichnet.

Definition **Intervallfixe Kosten** sind solche Kosten, die innerhalb eines bestimmten Ausbringungsintervalls konstant (fix) bleiben, sobald die Ausbringungsmenge dieses Intervall überschreitet, aber auf ein nächsthöheres Fixkostenniveau steigen.

Die Kapazität der ersten Produktionsanlage der FEBAU GmbH mit einer Maximalkapazität von 10.000 Stück reicht nicht mehr aus, um die geplante Produktionsstückzahlen von 10.500 Stück zu fertigen, sodass eine weitere Produktionsanlage angeschafft werden muss. Bis zu einer Ausbringungsmenge von 10.000 Stück (im Ausbringungsintervall 0 bis 10.000 Stück) fällt die Abschreibung für eine Anlage an, ab 10.001 Stück (Ausbringungsintervall 10.001 bis 20.000 Stück) muss eine zweite Abschreibung für eine zweite Anlage verrechnet werden. Grafisch ist der Verlauf – wie Abb. 2.9 zeigt – durch einen stufenweisen Verlauf gekennzeichnet.

Beispiel 2.4

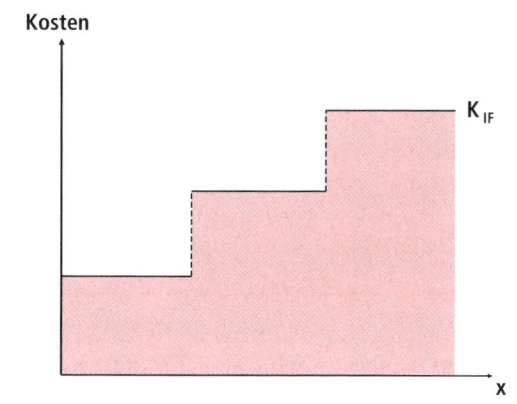

Abbildung 2.9: Grafische Darstellung von intervallfixen Kosten

Im Gegensatz zu den fixen Kosten nehmen variable Kosten mit zunehmender Ausbringungsmenge zu bzw. abnehmender Ausbringungsmenge ab.

Variable Kosten

> **Definition** **Variable Kosten** sind solche Kosten, deren Höhe von der Ausbringungsmenge abhängig ist. Das heißt, variable Kosten verändern sich bei einer Veränderung der Ausbringungsmenge.

Beispiel 2.5

Zur Herstellung der Fenster der FEBAU GmbH wird jeweils eine bestimmte Menge von Material pro Fenster benötigt (z. B. Holz für den Rahmen, Glas, Beschläge etc). Je mehr Fenster die FEBAU GmbH nun also produziert, desto mehr Material wird auch verbraucht, die absoluten Materialkosten steigen. Gleiches gilt natürlich umgekehrt. Bei einer Ausbringungsmenge von null wird – wie leicht einzusehen ist – gar kein Material verbraucht, die Materialkosten sind null. Es soll an dieser Stelle darauf hingewiesen werden, dass die Zu- bzw. Abnahme der Materialkosten automatisch, d. h. ohne dass eine Entscheidung des Managements von Nöten ist, eintritt.

Formen variabler Kosten   In der Praxis lassen sich nun unterschiedliche Verläufe von variablen Kosten antreffen. Hier unterscheiden wir

- proportionale (lineare),
- progressive und
- degressive Verläufe der variablen Kosten.

Der einfachste Fall ist der proportionale Verlauf der variablen Kosten. Hierbei steigen die Kosten jeweils um einen gleichen Betrag pro Ausbringungseinheit (**linearer Kostenverlauf**). Der grafische Verlauf in Abb. 2.12 zeigt eine Gerade aus dem Ursprung.

Beispiel 2.6

Für die Produktion eines Standardfensters in der Größe 1 × 1 m werden bei der FEBAU GmbH ca. zehn laufende Meter Kantholz für den Rahmen, eine Glasscheibe von 1 qm und ein Beschlagsatz eingesetzt. Die Kosten für diese Materialien betragen ca. 50 € pro Fenster. Das heißt, dass mit jedem Fenster, das produziert wird, die variablen Materialkosten linear um 50 € steigen.

Progressiver Kostenverlauf   Neben einem linearen Kostenverlauf unterscheiden wir noch progressiv verlaufende Kosten (**progressiver Kostenverlauf**), bei dem die Kosten überproportional zur Ausbringungsmenge steigen. Einen solchen Kostenverlauf findet man in der Praxis häufig dann, wenn der Auslastungsgrad von Maschinen auf nahezu 100 % gesteigert wird. Aufgrund des

hohen Nutzungsgrades steigen die Kosten für Energieaufnahme, Hilfs-
und Schmiermittel sowie Wartung im Vergleich zur Ausbringungsmenge
häufig überproportional an.

Steigen die Kosten im Vergleich zur Ausbringungsmenge unterproportional an, so spricht man von einem **degressiven Kostenverlauf**.
Degressiv verlaufende Kosten findet man beispielsweise bei der Nutzung von Mengenrabatten im Einkauf oder bei steigender Produktivität
der Mitarbeiter aufgrund von Lerneffekten bei zunehmender Anzahl der
produzierten Stücke, d. h. der größeren Erfahrung mit der Produktion.

Degressiver Kostenverlauf

Degressive variable Kosten

Beispiel 2.7

Es ist bei der FEBAU GmbH gelungen, die Einkaufskonditionen zu
verbessern und einen Mengenrabatt auszuhandeln. Bei einer Erhöhung der Abnahmemenge von jeweils 10 Einheiten eines bestimmten Materials sinkt der Abnahmepreis jeweils um 5 € (d. h. bei bis
zu 10 Einheiten 150 €, bis zu 20 Einheiten 145 €, bis zu 30 Einheiten 140 € usw.). Wir haben nun degressiv verlaufende variable
Materialkosten vorliegen.

Progressive variable Kosten

Dagegen zeigt nachfolgende Tabelle ein Bespiel für einen progres-
siven Kostenverlauf. Aufgrund von Kostenstudien eines externen
Energieberaters wurden folgender Stromverbrauch und folgende
Stromkosten beim Maschinenpark der FEBAU GmbH festgestellt.

Wie aus dem beigefügten Excel-Arbeitsblatt des Beraters zu
erkennen ist, verlaufen die Stromkosten in Abhängigkeit von der
Ausbringungsmenge (Auslastung der Maschinen) progressiv.

Ausbringungsmenge	Stück	1	10	20	30	40	50	60	70	80	90	100	110	120	130	140	150
Stromverbrauch	kwh	0,05	0,05	0,06	0,07	0,08	0,09	0,1	0,11	0,12	0,13	0,14	0,15	0,16	0,17	0,18	0,19
Stromkosten	€	0,05	0,5	1,2	2,1	3,2	4,5	6	7,7	9,6	11,7	14	16,5	19,2	22,1	25,2	28,5

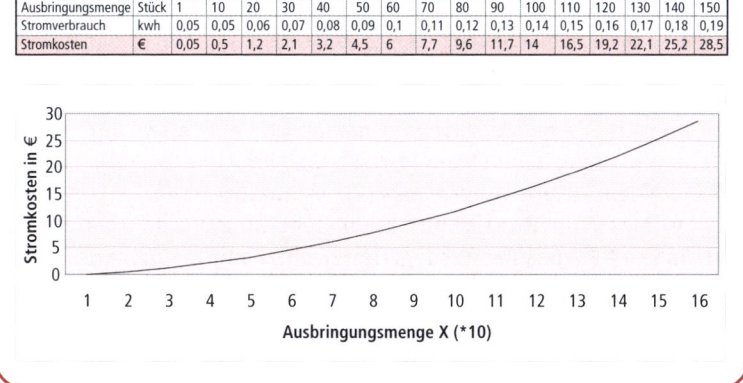

Die grafische Darstellung progressiver und degressiver Kostenverläufe
findet sich in Abb. 2.12.

Gesamtkostenfunktion Werden nun die Gesamtkosten in einem Unternehmen betrachtet, so stellt man fest, dass sich die Gesamtkosten zumeist aus einem Fixkostenanteil und einem Anteil an variablen Kosten zusammensetzen, sodass grundsätzlich für die Gesamtkosten formuliert werden kann:

Formel 2.1 $$K = K_f + K_v$$

mit

K $\;=$ Gesamtkosten
K_f = fixe Gesamtkosten
K_v = variable Gesamtkosten

Der Gesamtkostenverlauf (K(x)) eines Unternehmens kann – bestehend aus fixen und proportionalen (linearen) variablen Kosten – wie in der nachfolgenden Abb. 2.10 dargestellt werden.[2]

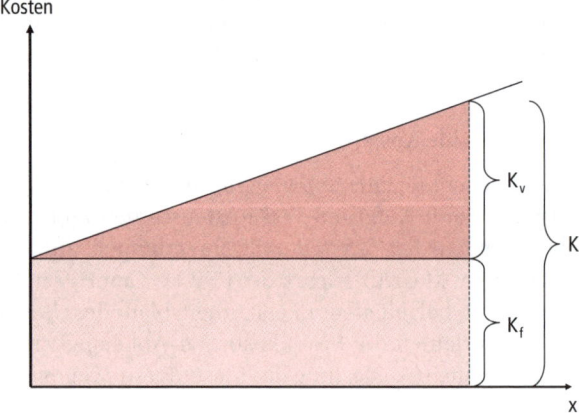

Abbildung 2.10: Grafische Darstellung der Gesamtkostenfunktion

Hierbei gibt die **Kostenfunktion** K(x) die Höhe der Gesamtkosten in Abhängigkeit von der Ausbringungsmenge (x) an, d. h. anhand der dargestellten Kostengeraden kann grafisch die Höhe der Gesamtkosten für jede beliebige Ausbringungsmenge (x) bestimmt werden.

Allerdings kann die Kostenfunktion nicht nur grafisch, sondern auch mathematisch hergeleitet werden. Hierzu muss eine mathematische Formel K(x) abgeleitet werden, mit der die Höhe der variablen und fixen Kosten in Abhängigkeit von unterschiedlichen Ausbringungsmengen dargestellt wird.

Da die variablen Kosten K_v – wie bereits festgestellt – sich in Abhängigkeit von der Ausbringungsmenge verändern, kann folgender Zusammenhang hergestellt werden:

---

[2] Eine Gesamtkostenfunktion kann ebenso aus fixen und progressiv oder degressiv verlaufenden variablen Kosten bestehen.

$$K_v(x) = k_v * x \qquad \qquad \textcolor{red}{\textbf{Formel 2.2}}$$

mit

k_v = variable Stückkosten
x = Stückzahl

Hierbei repräsentieren die k_v die Steigung der Funktion, in diesem Falle die variablen Kosten pro Stück.

Setzt man Formel (2.2) in Formel (2.1) ein, so ergibt sich folgende Kostenfunktion (2.3):

$$K(x) = K_f + k_v * x \qquad \qquad \textcolor{red}{\textbf{Formel 2.3}}$$

Diese Gleichung gibt grundsätzlich in mathematischer Form die Gleichung für den Verlauf der Gesamtkosten in Abhängigkeit von der Ausbringungsmenge (x) wieder. Mit Hilfe dieser Gleichung können die Kosten mathematisch für jede beliebige Ausbringungsmenge des Unternehmens rechnerisch ermittelt werden.

Bisher haben wir uns ausschließlich mit dem Verlauf der gesamten Kosten (K) in Abhängigkeit von der Ausbringungsmenge beschäftigt. In der Praxis ist es häufig interessant zu wissen, wie sich die Kosten in Bezug auf eine Ausbringungseinheit (Kosten pro Stück) entwickeln. Denn wird die Ausbringungsmenge variiert, so schlagen sich diese Kostenveränderungen pro Stück in der Preiskalkulation nieder und beeinflussen somit auch die Absatzpreise auf dem Markt.

Um zu den **Stückkosten** (k) zu kommen, müssen die Gesamtkosten durch die Anzahl der gefertigten Stücke dividiert werden. Somit können unterschieden werden:

■ die gesamten Stückkosten (k) (Durchschnittsstückkosten)
 (Was kostet im Durchschnitt aller hergestellten Mengen einer Fertigungsperiode ein Stück unseres Endproduktes?)

$$k = \frac{K_f + K_v}{x} \qquad \qquad \textcolor{red}{\textbf{Formel 2.4}}$$

■ die variablen Stückkosten (k_v)
 (Wie hoch sind die variablen Kosten pro Stück bei einer bestimmten Ausbringungsmenge?)

$$k_v = \frac{K_v}{x} \qquad \qquad \textcolor{red}{\textbf{Formel 2.5}}$$

und

- die fixen Stückkosten (k_f)
  (Wie hoch sind die fixen Kosten pro Stück bei einer bestimmten Ausbringungsmenge?)

Formel 2.6

$$k_f = \frac{K_f}{x}$$

Prämissen der Kostenfunktionen Bei der Verwendung dieser Funktionen darf nie vergessen werden, dass es sich um ein theoretisches Modell auf Basis vieler **Prämissen** handelt. So sind die Fixkosten nur für einen genau zu bestimmenden Zeitraum als fix anzusehen. Zumindest auf längere Sicht können auch die Fixkosten durch Entscheidung des Managements abgebaut werden, z. B. durch den Verkauf von nicht benötigten Gebäuden oder Maschinen. Zudem ist die strenge mathematische Definition einer Funktion in der Praxis nicht erfüllt, da die Teilbarkeit von Inputfaktoren begrenzt ist. Auch die Fertigungslohnkosten werden bei solchen Funktionen zumeist als variable Kosten angesehen, obwohl das heutige Tarif- und Kündigungsschutzrecht Fertigungslöhne kurzfristig unflexibel macht. Außerdem kommt es in der Praxis immer zu einem Bündel von Einflussgrößen, die die Kosten determinieren. In diesen Funktionen wird aber ausschließlich auf die Beschäftigung abgestellt. Schließlich haben die einzelnen Kosten für den Kombinationsprozess der Produktion auch häufig sehr unterschiedliche Kostenverläufe, die dann zu einer gesamten Kostenfunktion zusammengefasst werden. Dabei wird versucht, die individuellen Verläufe durch eine einzige zusammenfassende Funktion abzubilden, was zu Ungenauigkeiten führen kann.

Grenzkosten Letztlich interessiert uns neben diesen Größen auch noch die Veränderung der Gesamtkosten bei der Erhöhung und Verminderung der Ausbringungsmenge um eine Einheit bei verschiedenen Ausbringungsmengen; diese werden Grenzkosten $K'(x)$ genannt. $K'(x)$ repräsentiert dabei die Steigung der Kostenfunktion an jeder beliebigen Stelle und kann mathematisch als erste Ableitung der Gesamtkostenfunktion ermittelt werden. Vereinfacht kann definiert werden:

> **Definition** Die **Grenzkosten** eines Unternehmens zeigen an, wie stark die Gesamtkosten steigen, wenn die Ausbringungsmenge um eine Ausbringungseinheit gesteigert (gesenkt) wird.

Die nachfolgende Abbildung zeigt noch einmal in der Übersicht die Berechnung und die Grunddefinition der gerade hergeleiteten Kostenbegriffe, und die Abbildungen auf den nächsten Seiten zeigen die grafische Darstellung der Gesamtkosten, Stückkosten und der Grenzkosten bei unterschiedlichen Kostenfunktionen sowie beispielhafte Wertetabellen für die dargestellten Kostenfunktionen:

Begriff	Symbol	Begriffsbestimmung	Dimension
Gesamtkosten	K	Geamtkosten eines Betriebes für die Erstellung der betrieblichen Leistung in einer Periode.	€ / Per
Variable Kosten	K_v	Kosten, die mit steigender Produktion steigen und mit fallender Produktion fallen.	€ / Per
Fixe Kosten	K_f	Kosten der Betriebsbereitschaft, die bei einer Änderung der Ausbringungsmenge konstant bleiben.	€ / Per
Stückkosten (Durchschnitts- kosten)	k	$k = \dfrac{\text{Gesamtkosten}}{\text{Produktionsmenge}} = \dfrac{K}{x}$	€ / Stück
Variable Stückkosten	k_v	$k_v = \dfrac{\text{Variable Kosten}}{\text{Produktionsmenge}} = \dfrac{K_v}{x}$	€ / Stück
Fixe Stückkosten	k_f	$k_f = \dfrac{\text{Fixkosten}}{\text{Produktionsmenge}} = \dfrac{K_f}{x}$	€ / Stück
Grenzkosten	K'	Zusätzliche Kosten bei Erhöhung von x um eine Einheit: $K' = \dfrac{dK}{dx}$	€ / Stück

Abbildung 2.11: Kostendefinitionen
(entnommen aus: Däumler, K.D./Grabe, J.: Kostenrechnung 1, Herne/Berlin 2003, S. 71)

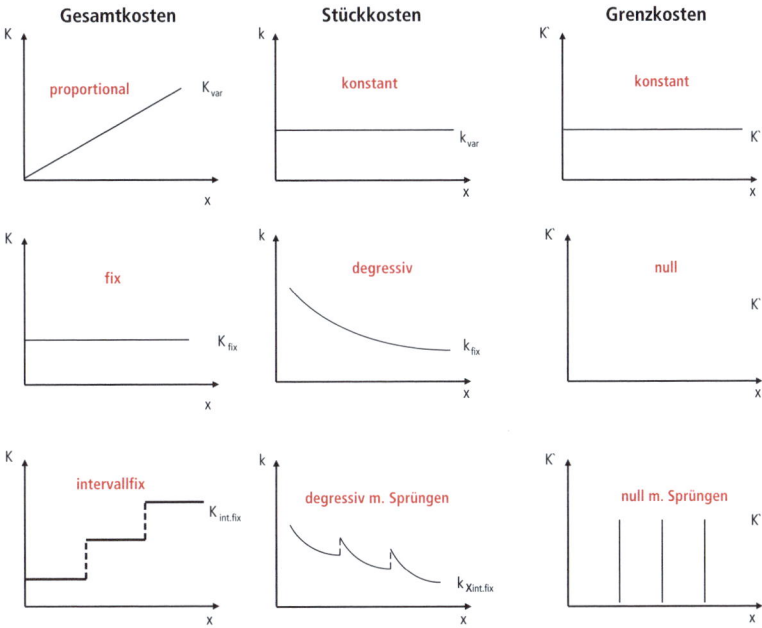

Abbildung 2.12: Grafische Darstellung alternativer Kostenverläufe
(entnommen aus: Hummel, S./Männel, W.: Kostenrechnung 1, Wiesbaden 1999, S. 104–105)

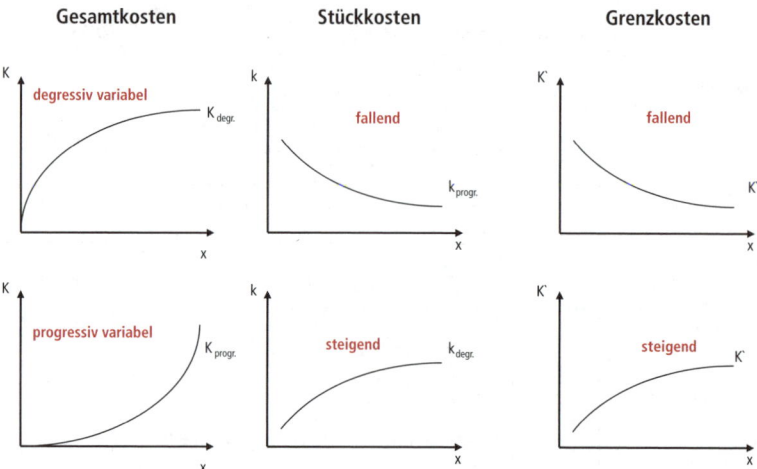

Abbildung 2.12: Grafische Darstellung alternativer Kostenverläufe (Fortsetzung)
(entnommen aus: Hummel, S./Männel, W.: Kostenrechnung 1, Wiesbaden 1999, S. 104–105)

Proportionale Gesamtkosten

Ausbrin-gungsmenge X	Gesamt-kosten K	Stück-kosten k	Grenz-kosten K′
1	15	15	15
2	30	15	15
3	45	15	15
4	60	15	15
5	75	15	15

Fixe Gesamtkosten

Ausbrin-gungsmenge X	Gesamt-kosten K	Stück-kosten k	Grenz-kosten K′
1	15	15	15
2	15	7,5	0
3	15	5	0
4	15	3,75	0
5	15	3	0

Intervallfixe Gesamtkosten

Ausbrin-gungsmenge X	Gesamt-kosten K	Stück-kosten k	Grenz-kosten K′
1	15	15	15
2	15	7,5	0
3	15	5	0
4	30	7,5	15
5	30	6	0
6	30	5	0
7	45	6,43	15
8	45	5,63	0
9	45	5	0

Degressive Gesamtkosten

Ausbrin-gungsmenge X	Gesamt-kosten K	Stück-kosten k	Grenz-kosten K′
1	15	15	15
2	28	14	13
3	39	13	11
4	48	12	9
5	55	11	7

Progressive Gesamtkosten

Ausbrin-gungsmenge X	Gesamt-kosten K	Stück-kosten k	Grenz-kosten K′
1	15	15	15
2	32	16	17
3	51	17	19
4	72	18	21
5	95	19	23

Abbildung 2.13: Wertetabellen
(entnommen aus: Haberstock, L.: Kostenrechnung 1, Berlin 2005, S. 36–38)

Aus der grafischen Analyse der verschiedenen Kostenverläufe ergeben sich interessante Ergebnisse auch für praktische Aufgabenstellungen. So ist zum einen festzustellen, dass die variablen Kosten pro Stück bei linearem Verlauf insgesamt immer den gleichen Wert aufweisen, während die variablen Stückkosten bei degressivem Verlauf mit zunehmender Ausbringungsmenge ebenfalls sinken oder bei progressivem Verlauf steigen. Für die Praxis ist hieraus zu folgern, dass z. B. Massenhersteller aufgrund degressiv verlaufender Stückkosten im Vergleich zu Kleinserienanbietern ein besseres Kostenverhältnis pro Stück haben und daher einen Kostenvorteil besitzen.

Zum anderen zeigt das Beispiel auch, dass es in der Regel wegen überproportional steigender Stückkosten nicht sinnvoll ist, Maschinen mit einer 100%igen Auslastung zu beanspruchen. Bei diesem Auslastungsgrad steigen die Energieaufnahme sowie der Verschleiß und die Wartung der Maschinen überproportional an und führen zu Unwirtschaftlichkeiten.

Ein wichtiger Effekt kann auch hinsichtlich der fixen Stückkosten beobachtet werden; hier sinken die fixen Stückkosten mit zunehmender Ausbringungsmenge. Dieser Effekt resultiert aus einer besseren Verteilung der beschäftigungsunabhängigen Fixkosten, wenn die gesamten Fixkosten sich auf eine große Zahl gefertigter Stücke verteilen. Diesen wichtigen Effekt nennt man in der Betriebswirtschaftlehre **Fixkostendegressionseffekt**; mit ihm kann die günstige Kostenposition von Massenherstellern begründet werden.

Fixkostendegressionseffekt (stückzahlabhängiger Mengeneffekt)

> **Definition** Dem **Fixkostendegressionseffekt** liegt ein stückzahlenabhängiger Mengeneffekt zugrunde. Hierbei wird stets von Unterbeschäftigung bzw. nicht oder nur teilweise ausgelasteten Kapazitäten ausgegangen. Steigende Ausbringungsmengen führen in diesem Fall zu einer höheren Kapazitätsauslastung. Es werden die ebenfalls konstanten fixen Kapazitätskosten auf eine größere Stückzahl mit der Wirkung verteilt, dass die Stückkosten sinken.

2.3.3 Kostengliederung nach der Zurechenbarkeit – die Bedeutung von Einzel- und Gemeinkosten für die Kostenrechnung

Neben der Unterscheidung der Kosten im Hinblick auf deren Veränderung in Abhängigkeit von der Beschäftigung ist für die Kosten- und Erlösrechnung eine weitere Unterscheidung interessant, nämlich die Unterscheidung der Kosten hinsichtlich der Zurechenbarkeit zu bestimmten Objekten, zumeist Kostenträgern (Produkten/Leistungen).

In Hinblick auf die Zurechenbarkeit unterscheidet man Kosten grundsätzlich in

- Einzelkosten und
- Gemeinkosten.

Einzelkosten Einzelkosten können wie folgt definiert werden:

> **Definition** **Einzelkosten** sind Kosten, die einer einzelnen Kostenträgereinheit (Produkten/Leistungen) des Unternehmens unmittelbar, d. h. ohne Anwendung einer Schlüsselgröße oder einer mathematischen Operation, zurechenbar sind.

Beispiel 2.8 Zur Produktion eines Standardfensters (1 m × 1 m) benötigt die FEBAU GmbH einige laufende Meter Holz, Glas in einer bestimmten Größe, eine Gummidichtung, ein Metallband sowie eine Beschlageinheit. Die Kosten für diese Materialien sind bekannt und können einer einzelnen Fenstereinheit unmittelbar zugeordnet werden. Hierfür ist es lediglich notwendig, dass man die entsprechenden Materialkosten notiert. Eine weitergehende Berechnung ist dagegen nicht notwendig. Es handelt sich demzufolge um Einzelkosten.

Gemeinkosten Demgegenüber sind Gemeinkosten wie folgt definiert:

> **Definition** **Gemeinkosten** sind Kosten, die den Bezugsobjekten (Produkten/Leistungen) eines Unternehmens nicht unmittelbar zugeordnet werden können. Will man dennoch diese Kosten den Unternehmensleistungen zurechnen, müssen Schlüsselgrößen angewandt oder mathematische Operationen (z. B. Divisionen) durchgeführt werden.

Bei der FEBAU, die unterschiedliche Produkte sowie Fenster und Türen in unterschiedlichen Größen herstellt, fallen Kosten für die Finanzbuchhaltung und die Geschäftsführung ebenso wie Mieten und Abschreibungen für die Gegenstände des Anlagevermögens an. Diese Kosten können – im Gegensatz zu den oben genannten Einzelkosten – einem Bezugsobjekt (einem Fenster) nicht unmittelbar zugerechnet werden. Will man dies dennoch durchführen, müssen Schlüsselgrößen gefunden werden, um eine Aufteilung auf die verschiedenen Fenstertypen zu ermöglichen. So könnte daran gedacht werden, die Kosten der Finanzbuchhaltung, der Geschäftsführung sowie Mieten und Abschreibungen entsprechend der Schlüsselgröße „Umsatz" auf die einzelnen Produkte zu verteilen.

Beispiel 2.9

An diesem Beispiel ist bereits die Grundproblematik der Zurechnung von Gemeinkosten zu erkennen. Es ist offensichtlich, dass die Verteilung anhand des Umsatzes nicht unbedingt eine verursachungsgerechte Verteilung der Gemeinkosten gewährleistet, sondern auch zu einer willkürlichen Verteilung führen kann. Es könnte ja beispielsweise der Fall auftreten, dass sich die Geschäftsführung wesentlich intensiver um einige Neuprodukte mit derzeit noch niedrigem Umsatz kümmern muss als um auf dem Markt etablierte Produkte. Eine verursachungsgerechte Kostenzuordnung würde dann eine stärkere Belastung dieser neuen Produkte erfordern.[3]

Zurechnungsproblematik von Gemeinkosten

Zudem wird deutlich, dass die Einteilung in Einzel- und Gemeinkosten von der Ausgestaltung der unternehmerischen Prozesse abhängt. So muss bei der Lagerausgabe notiert werden, welche Materialien für welche Produkte benötigt werden. Wird das Holz etwa nur an eine Kostenstelle abgegeben und ist noch nicht klar, welches Produkt damit erstellt wird, mutieren die Holzkosten zu Gemeinkosten, die dann über Schlüsselgrößen zuzurechnen sind.

Einzel-/ Gemeinkostengliederung prozessabhängig

Werden nun die Definitionen und Beispiele von fixen und variablen Kosten sowie von Einzel- und Gemeinkosten betrachtet, so stellt sich die Frage, ob diese Kostenkategorien deckungsgleich sind oder ob es Unterschiede gibt. Wenn wir uns die obigen Beispiele ansehen, so scheint es zunächst, als ob fixe Kosten und Gemeinkosten sowie variable und Einzelkosten jeweils deckungsgleich wären. Eine nähere Betrachtung dieses Zusammenhangs zeigt die nachfolgende Abb. 2.14.

Abgrenzung variable/fixe Kosten vs. Einzel-/Gemeinkosten

---

[3] Vgl. zum Problem der willkürlichen Schlüsselung von Gemeinkosten Kapitel 6, „Teilkostenrechnung".

Zurechenbarkeit auf Produkteinheit	Einzel- kosten	Gemeinkosten	
		Unechte Gemeinkosten	Echte Gemeinkosten
Veränderlichkeit bei Beschäftigungs- änderungen	Variable Kosten		Fixe Kosten
Beispiele	Kosten für Werkstoffe (außer bei Kuppel- prozessen) Verpackungskosten Provisionen	Kosten für Hilfsstoffe Kosten für Energie und Betriebsstoffe	Kosten der Produktart und Produktgruppe Kosten der Fertigungs- vorbereitung und Betriebsleitung Abschreibungen (Lohnkosten)

Abbildung 2.14: Abgrenzung zentraler Kostenkategorien
(in Anlehnung an: Schierenbeck, H.: Grundzüge der Betriebswirtschaftslehre, München/Wien 2003, S. 639)

In der ersten Zeile der Abbildung ist die Unterscheidung nach der Zurechenbarkeit auf Produkteinheiten in Einzel- und Gemeinkosten aufgeführt. Die zweite Zeile differenziert variable und fixe Kosten.

Wie unmittelbar zu erkennen ist, gibt es tatsächlich einen Bereich, in dem sich Einzelkosten und variable Kosten überschneiden. Daneben gibt es ebenso einen Überschneidungsbereich der fixen Kosten und der Gemeinkosten (die so genannten echten Gemeinkosten). Das heißt, im Normalfall sind Einzelkosten immer variable Kosten und fixe Kosten immer Gemeinkosten; diese Prämissen gelten aber nicht umgekehrt!

Unechte Gemeinkosten

Daneben aber gibt es den Bereich der so genannten unechten Gemeinkosten. Diese Kosten stellen variable Kosten dar, die aber dennoch zu den Gemeinkosten gehören. Dies sind z. B. Kosten für Hilfs- und Betriebsstoffe, wie z. B. Schrauben, Klebstoffe, Lacke oder Kühl- und Schmiermittel, sowie häufig auch die Kosten für Energie.

Die unechten Gemeinkosten können wie folgt definiert werden:

> **Definition** **Unechte Gemeinkosten** sind Kosten, die grundsätzlich als Einzelkosten erfasst werden könnten, aber aufgrund ihrer untergeordneten wirtschaftlichen Bedeutung nicht als solche erfasst, sondern als Gemeinkosten verrechnet werden. Unechte Gemeinkosten stellen somit variable Kosten dar.

> In der FEBAU GmbH werden bei der Herstellung von Fenstern nicht nur die oben genannten Materialien verbraucht, sondern auch eine Vielzahl von Kleinmaterialien, wie Nägel, Silikon, Holzkeile, Leim etc. sowie Strom für die Produktionsmaschinen.
>
> Alle diese Materialien wie auch der Stromverbrauch der Maschinen könnten sicher exakt pro gefertigtes Fenster erfasst und als Einzelkosten diesem Fenster zugerechnet werden. Allerdings wäre dies enorm aufwendig und würde den Informationsgehalt (z. B. für Kalkulationszwecke) nicht wesentlich erhöhen. Daher werden diese Materialien und der Strom nicht einzeln erfasst, sondern als (unechte) Gemeinkosten den Produkten über Zuschlagssätze zugerechnet (vgl. Kapitel 5).

Beispiel 2.10

Neben den Einzel- und Gemeinkosten werden häufig noch so genannte Sondereinzelkosten (des Vertriebs oder der Fertigung) unterschieden.

Sondereinzelkosten

> **Definition** **Sondereinzelkosten** sind solche Kosten, die zwar einer bestimmten Produktart zurechenbar sind, aber nicht ohne Anwendung einer Schlüsselgröße auf eine Produkteinheit bezogen werden können.

Die Zuordnung von beispielsweise Stücklizenzen für jede ausgelieferte Produkteinheit oder Spezialverpackungen, die bereitgestellt werden müssen, ist unproblematisch. Schwieriger ist es da bei der Zurechnung von Spezialwerkzeugen, die nur für eine bestimmte Produktart genutzt werden können, und Frachten, die nur für eine bestimmte Produktart anfallen. Diese Sondereinzelkosten werden nach dem Durchschnittsprinzip auf die einzelnen Unternehmensleistungen verrechnet.

Analog zu den Einzel- und Gemeinkosten gibt es auch in der Praxis zunehmend Einzel- und Gemeinerlöse. Diese entstehen dadurch, dass vermehrt Leistungen als Bündel verschiedener Einzelleistungen an Kunden verkauft werden, wie z. B. Pauschalurlaube, Autos zusammen mit der Finanzierung, Produkte und Wartungszusagen. Hier ist es oftmals nicht direkt möglich, die Erlöse den einzelnen Produkten ohne den Einsatz von Schlüsselgrößen zuzurechnen.

Einzel- und Gemeinerlöse

2.3.4 Weitere Kostenbegriffe

Neben den bisher behandelten grundlegenden Kostenbegriffen wollen wir uns im Folgenden noch zwei weitere Begriffe ansehen, die im Rahmen der Kostenrechnung von großer Bedeutung sind: den Begriff der relevanten Kosten sowie den Begriff der Opportunitätskosten.

Relevante Kosten (Erlöse)

Relevante Kosten in der entscheidungsorientierten Kostenrechnung

Der Begriff der relevanten Kosten entstammt der entscheidungsorientierten Kostenrechnung. Dabei geht es darum, dass in einer Entscheidungssituation nicht alle Kosten (Erlöse) für diese Entscheidung relevant sind. So können relevante Kosten (Erlöse) wie folgt definiert werden:

> **Definition** **Relevante Kosten (relevante Erlöse)** sind Kosten (Erlöse), die von einer bestimmten Entscheidung über eine Maßnahme ausgelöst werden und demzufolge bei der Entscheidung über diese Maßnahme berücksichtigt werden müssen.

Irrelevante Kosten sind – insbesondere in kurzfristigen Entscheidungssituationen – oft die Fixkosten eines Unternehmens. Da sie laut Definition für das Unternehmen sowieso anfallen, selbst bei einer Ausbringungsmenge von null, sind sie für bestimmte kurzfristige Entscheidungen oftmals ohne Belang.

Beispiel 2.11

Die FEBAU GmbH bearbeitet die Fenster auf einer speziellen Holzbearbeitungsmaschine. Für diese Maschine fallen Abschreibungen (fixe Kosten) im Monat von 1.000 € an. Zusätzlich entstehen durch den Betrieb noch weitere variable Kosten für Stromverbrauch, Schmiermittel, Reparaturen etc. von 600 €/Monat. Die Maschine hat eine Gesamtlaufzeit von 160 Std./Monat. Die FEBAU GmbH kalkuliert intern also mit einem Stundensatz für den Betrieb der Anlage von 10 €/Std. Ein schlecht ausgelasteter Wettbewerber bietet der FEBAU GmbH in dieser Situation an, die Fenster kurzfristig zu einem Stundensatz von nur 5 € (also 50 % unter dem Stundensatz der FEBAU) als Lohnauftrag zu fertigen. Der Controller überschlägt die Situation und präsentiert nach kurzer Zeit folgende Rechnung:

Bei 160 Std.	Kosten bei Eigenfertigung	Kosten bei Fremdfertigung
Variable Kosten	600 €	800 €
Fixe Kosten	1.000 €	1.000 €
Gesamtkosten	1.600 €	1.800 €

Er rät dazu, das Angebot, das zunächst sehr verlockend aussah, abzulehnen. Warum ist sein Argument richtig? Dies ist durch die Tatsache begründet, dass die Abschreibungen für die Holzbearbeitungsmaschine als fixe Kosten sowieso anfallen, egal ob die Maschine genutzt wird oder nicht. Daher fallen die Abschreibungen für die Maschine auch dann an, wenn der Auftrag zur Fremdfertigung vergeben wird. Dies hat zur Folge, dass die 1.000 € für die Abschreibungen in obiger Rechung bei beiden Alternativen enthalten sind. Sie könnten daher auch bei beiden Alternativen weggelassen werden – es sind entscheidungsirrelevante Kosten.

Sunk Costs

Ein besonderes Beispiel von entscheidungsirrelevanten Kosten sind die so genannten **Sunk Costs**. Bei diesen handelt es sich um: Sunk Costs

---

Definition **Sunk Costs** sind Kosten, die in der Vergangenheit bereits angefallen sind bzw. bereits vordisponiert wurden, sodass deren Höhe heute und in Zukunft nicht mehr geändert werden kann. Sie sind ein Spezialfall der irrelevanten Kosten.

Die FEBAU GmbH hat noch einige Fenster, die im letzten Jahr für einen Kunden auf Maß gefertigt, aber wegen Mängeln vom Kunden nicht abgenommen wurden, auf dem Lager liegen. Die Herstellungskosten dieser Fenster betrug insgesamt 1.000 €.   **Beispiel 2.12**

Durch Zufall kann ein anderer Kunde diese Fenster verwenden. Er bietet an, diese Fenster zum Preis von 200 € zu kaufen. Einen weiteren Abnehmer für die Fenster gibt es nicht. Soll die FEBAU GmbH die Fenster zu diesem Preis verkaufen?

Der Controller der FEBAU GmbH befürwortet den Verkauf mit dem Hinweis, die Herstellungskosten für die Fenster seien in der Vergangenheit bereits angefallen und daher nicht mehr zu ändern. Sie seien daher ein klassischer Fall von „Sunk Costs". Da keine andere Alternative der Verwertung besteht, wären die Fenster andernfalls nur noch zu verschroten.

> | **Definition** | **Entscheidungsirrelevante Kosten** sind zumeist solche Kosten, die bei einer Entscheidungssituation bei allen möglichen Alternativen gleichermaßen anfallen, also bei jeder Alternative eingerechnet werden müssen bzw. entfallen können. |

Ein sicherer Weg, um in Entscheidungssituationen die relevanten Kosten herauszufiltern, ist, sich zu fragen, was die zusätzlichen Kosten sind, die durch eine bestimmte Entscheidung hervorgerufen werden. Diese zusätzlichen Kosten (= relevante Kosten) sollten dann miteinander verglichen werden.

Opportunitätskosten

Opportunitätskosten Einen Spezialfall der relevanten Kosten bilden die Opportunitätskosten.

> | **Definition** | **Opportunitätskosten** sind Kosten der entgangenen Gelegenheit. |

Opportunitätskosten setzen voraus, dass es Ressourcen gibt, die in einer Entscheidungssituation jeweils nur in einer Verwendungsrichtung, einer Alternative, eingesetzt werden können. Sie bilden damit einen Engpassfaktor, da nicht beide Alternativen umzusetzen sind. Dadurch, dass diese Engpassressourcen in der einen Verwendungsrichtung eingesetzt werden, entgehen dem Entscheider Gewinne oder Einkommensmöglichkeiten der jeweils anderen Alternative.

Diese entgangenen Gewinne der jeweils anderen Alternative können als Opportunitätskosten in den Erfolgsberechnungen angesetzt werden.

Beispiel 2.13

> Die Gesellschafter der FEBAU GmbH stehen vor der Frage, wegen der geplanten Expansion des Unternehmens eine Kapitalerhöhung von 500.000 € vorzunehmen, und fragen sich nun, ob dies eine sinnvolle Investition sei. Sie überlegen, ob es nicht besser sei, ihr Geld in einen Aktienfond zu investieren.
>
> Es ist unschwer zu erkennen, dass es sich hier um eine Frage der Opportunitätskosten handelt. Die knappe Ressource Geld kann entweder in das Unternehmen oder in den Aktienfond investiert werden. Es stellt sich die Frage: „Wie würden Sie an Stelle der Gesellschafter handeln?" Sie würden wahrscheinlich in diejenige

Alternative investieren, die Ihnen den höchsten Gewinn oder die höchste Rendite verspricht.

Da das Geld nur in eine Verwendungsrichtung investiert werden kann, stellt die Verzinsung des Aktienfonds somit den entgangenen Gewinn bei Investition des Geldes ins Unternehmen dar und umgekehrt.

Eine Investition ins Unternehmen wäre daher nur sinnvoll, wenn diese Maßnahme eine Verzinsung des Kapitals zumindest in Höhe der entgangenen Verzinsung aufweisen, also die jeweiligen Opportunitätskosten decken würde.

2.4 Grundprinzipien der Kostenverrechnung

In der Kosten- und Erlösrechnung stellt sich an vielen Stellen das Problem, Kosten und Erlöse auf Abteilungen (Kostenstellen), Produkte (Kostenträger), Prozesse oder sonstige Objekte aufteilen zu müssen, ohne dass diese Kosten/Erlöse als Einzelkosten oder Einzelerlöse diesen Objekten direkt zurechenbar sind.

Hier stellt sich die Frage nach den grundsätzlichen Prinzipien der Kostenverrechnung. Zum einen kommen für die Kostenzurechnung folgende zentrale Verteilungsprinzipien in Betracht: *Kostenverrechnung*

- das **Verursachungsprinzip** sowie
- das **Identitätsprinzip**.

Diese verfolgen das Ziel, die Kosten/Erlöse des Unternehmens möglichst wirklichkeitsgetreu zu verteilen.

Zum anderen existieren gerade in der Praxis Prinzipien, die keine realitätsnahe Verteilung der Kosten/Erlöse erlauben, aber dennoch plausibel sind und, da es in vielen Fällen auch keine realitätsnahe Verrechnung geben kann, oft sinnvoll zu nutzen sind. Dies sind vor allem

- das **Kostentragfähigkeitsprinzip** sowie
- das **Durchschnittsprinzip**.

Beim **Tragfähigkeitsprinzip** werden die Kosten/Erlöse nicht verursachungsgerecht auf die Bezugsobjekte verteilt, sondern proportional zu den Leistungen, z. B. Marktpreise, Erlöse, Deckungsbeiträge, die diese am Markt erzielen können bzw. erzielt haben. Der Grundgedanke ist in Bezug auf die Kostenverteilung in etwa der, dass Objekte, die auf dem Markt gute Ergebnisse erzielen können, auch einen großen Teil der Kosten zu tragen haben. *Tragfähigkeitsprinzip*

Beim **Durchschnittsprinzip** werden die Kosten und Erlöse gleichmäßig (mit gleichem Anteil) auf die verschiedenen Bezugsobjekte verteilt. *Durchschnittsprinzip*

Da sich das Kostentragfähigkeitsprinzip und das Durchschnittsprinzip nicht an der Kostenentstehung orientiert, erscheinen diese Verfahren im ersten Schritt weniger geeignet zu sein, eine zutreffende Kosten-zuordnung sowie eine sinnvolle Kostenkontrolle oder Steuerung des Unternehmens zu ermöglichen.

Verursachungsprinzip

Das **Verursachungsprinzip** verfolgt dagegen den Ansatz, die Kosten nach der Verursachung zuzuordnen, das heißt, dass zunächst immer versucht werden sollte, die Kosten und Erlöse entsprechend den auf sie wirkenden Einflussgrößen zuzurechnen.

Letztlich führt dies dazu, dass eine Proportionalität zwischen Kosten- bzw. Erlösänderung und der Veränderung einer Bezugsgröße bestehen muss oder zumindest eine Zuordnungsvorschrift erkennbar sein muss.[4] Denkbare Grundlagen für die Kostenverteilung und -zurechnung sind dann Mengen- und Wertschlüssel. Anhand dieser auf physikalischen oder betriebswirtschaftlich konstruierten Zusammenhängen basierender Größen werden die den Bezugsobjekten nicht direkt zurechenbaren Kosten und Erlöse verteilt.

Problem der Bezugsgrößenwahl zur Kostenverteilung

Hier stellt sich das Problem der Bezugsgrößenwahl, d. h. welche Bezugsgrößen sollen zur Verteilung von bestimmten Kosten und Erlösen herangezogen werden.

Während das für bestimmte indirekte Kosten noch aufgrund der klar erkennbaren linearen Zusammenhänge gut möglich ist, wie z. B. bei der Verteilung von Urlaubslöhnen anhand der gesamten Lohnsumme oder der variablen Energiekosten anhand der Verbrauchsmengen, entziehen sich diese Zusammenhänge bei anderen Kosten, wie z. B. bei Rechts-schutzversicherungsbeiträgen und allgemeinen Verwaltungskosten, der Betrachtung.

> **Definition** Unter **Bezugsgrößen** wollen wir in der Kosten- und Erlösrechnung quantitative Größen verstehen, die eine Maßgröße für die Entstehung bestimmter Kosten und Erlöse darstellen. Bei der Wahl der Bezugsgröße ist darauf zu achten, dass diese Bezugsgröße in einem festen, möglichst proportionalen Verhältnis zum Bezugsobjekt steht.

Grundsätzlich sollte also Folgendes bei der Bezugsgröße gelten:

> **Merke** Je mehr (weniger) Einheiten der Bezugsgröße verbraucht werden, desto mehr (weniger) Einheiten des Bezugsobjekts sollten auch entstehen.

---

[4] Vgl. zu einer vertieften Betrachtung der Verrechnungsprinzipien z. B.: Schweitzer, M.; Küpper, H.-U.: Systeme der Kostenrechnung, 8. Aufl., München 2003, S. 54–59.

> In einem praktischen Fall sollten die eingesetzten Mitarbeiter eines Unternehmens (Bezugsgröße) in einem proportionalen Verhältnis zu der Höhe der Kosten der Betriebsverpflegung (Kantine = Bezugsobjekt) stehen. Wenn also die Kosten der Kantine auf verschiedene Abteilungen verteilt werden sollen, dann kann dies bei Vorliegen eines proportionalen Zusammenhangs anhand der Mitarbeiterzahl durchgeführt werden.

Beispiel 2.14

Abb. 2.15 zeigt einen Überblick über häufig verwendete Bezugsgrößen in der Praxis.

Kostenstelle	Bezugsgröße
Labor	Anzahl Proben Anzahl Analysen
Einkauf	Anzahl bearbeitete Angebote Anzahl Bestellungen
Fertigung	Anzahl Mitarbeiter Anzahl Lohnstunden Anzahl Maschinenstunden
Lager	Anzahl Zugänge Anzahl Abgänge Beanspruchte Lagerfläche
Finanzbuchhaltung	Anzahl Buchungen
Kalkulation	Anzahl Kalkulationen
Fakturierung	Anzahl Rechnungen
Versand	Anzahl Versandaufträge

Abbildung 2.15: Ausgewählte Bezugsgrößen für unterschiedliche Abteilungen

Als Spezialfall des Verursachungsprinzips kann das **Identitätsprinzip** nach Riebel gesehen werden, nachdem die Kosten einer bestimmten Entscheidung als Einzelkosten der Entscheidung zuzurechnen sein müssen, wie im Kapitel „Relative Einzelkostenrechnung" gezeigt wird.

Identitätsprinzip

ZUSAMMENFASSUNG

Wie erkennbar ist, sind die Kenntnis der grundlegenden Begrifflichkeiten und deren Auswirkungen auf die verschiedenen Systeme
des betrieblichen Rechnungswesens wichtig, um Entscheidungen
angemessen zu treffen. So ist es eminent wichtig zu erkennen, wie
sich verschiedene Geschäftsvorfälle auf die Liquidität, den buchhalterischen Erfolg oder den betrieblichen Erfolg des Unternehmens
auswirken, um die Konsequenzen der Entscheidungen sachgerecht
abschätzen zu können.

Darüber hinaus können anhand kostentheoretischer Überlegungen, die betriebswirtschaftlichen Effekte von Entscheidungen abgeschätzt werden und zentrale strategische Wettbewerbsvorteile, z. B.
von Massenherstellern, erkannt werden. Dies kann in der Praxis
helfen, die eigene Wettbewerbsposition gegenüber der Konkurrenz
richtig einzuschätzen.

ZUSAMMENFASSUNG

Übungsmaterial

Wiederholungsfragen

Im Folgenden finden Sie zehn Wiederholungsfragen zu den bisher
behandelten Lerninhalten. Bitte geben Sie an, ob die getroffenen Aussagen richtig oder falsch sind.

1) Kostenstellenrechnung gliedert die Kosten nach den
   verbrauchten Produktionsfaktoren. R F

2) Gemeinkosten = Einzelkosten * Fixe Kosten R F

3) Fixe Kosten ändern sich nicht mit Veränderung der
   Beschäftigung (= Ausbringung). R F

4) Grenzkosten = Zusätzliche Kosten bei Reduzierung
   von x um eine Einheit. R F

5) Gemeinkosten können sich mit der Beschäftigungs-
   höhe verändern. R F

6) Einzelkosten werden direkt auf Kostenträger zugerechnet. R F

7) Gemeinkosten werden nur über die Kostenstellenrechnung dem Kostenträger zugerechnet. R F

8) Mischkosten sind Kostenarten, die sowohl aus fixen als auch gemischt fixen Kosten bestehen. ☐R ☐F

9) Sunk cost sind immer irrelevante Kosten. ☐R ☐F

10) Unechte Gemeinkosten sind immer fixe Kosten. ☐R ☐F

Aufgaben

Aufgabe 2.1: Variable und fixe Kosten

Sie sind Besitzer eines Autos. Die jährlichen Gesamtkosten für Ihr Auto setzen sich zusammen aus:

Brennstoffkosten	3.400 €
Öl und sonstige Betriebskosten	500 €
Inspektionen (1 x pro Jahr oder alle 20.000 km)	1.000 €
Versicherung, Steuern	1.500 €

Der Wertverlust des Wagens beträgt ohne Berücksichtigung der Laufleistung 2.000 € pro Jahr.

Ihre Fahrleistung beträgt 20.000 km/Jahr.

a) Welche Kostenkategorien kann man unterscheiden?

b) Ermitteln Sie rechnerisch und grafisch die Kostenfunktion!

c) Ermitteln Sie rechnerisch und grafisch die

- Gesamtkosten,
- variablen Kosten (pro Periode),
- fixen Kosten (pro Periode),
- Durchschnittskosten,
- variablen Kosten (pro km),
- fixen Kosten (pro km),
- Grenzkosten.

Aufgabe 2.2: Outsourcing

Ein Unternehmer hat bisher seine Produkte mit eigenen Fahrzeugen an die Kunden ausgeliefert. Die Gesamtfahrleistung betrug 1.000.000 km pro Jahr. Dabei entstanden in einem Jahr die folgenden Kosten:

Abschreibungen	70.000 €
Benzinkosten	150.000 €
Reparaturen	50.000 €
Steuern	20.000 €
Sonst. kilometerabhängige Betriebskosten (Öl, Reifen etc)	40.000 €
Lohn für den Fahrer p.a.	30.000 €
Versicherungskosten	50.000 €

Die Kunden des Unternehmers müssen pro Entfernungskilometer eine Frachtpauschale von 0,5 €/km bezahlen.

Im Zuge der Diskussion um das Thema „Outsourcing" überlegt der Unternehmer, ob er seinen Fuhrpark outsourcen soll. Er holt ein Angebot des Spediteurs X ein, der ihm anbietet, die Ware für einen Kilometersatz von 0,41 €/km zu transportieren. Der Fahrer sowie der LKW werden durch den Spediteur übernommen. Was würden Sie ihm raten? Begründen Sie Ihre Antwort!

Wie sieht Ihr Ratschlag aus, wenn ein anderer Spediteur, Y, die Ware zu einem Preis von 0,38 €/km transportieren würde.

Aufgabe 2.3: Relevante Kosten

Sie stehen vor der Entscheidung, Ihre Wochenendeinkäufe in der Stadt mit öffentlichen Verkehrsmitteln zu erledigen oder Ihr eigenes, bereits vorhandenes Auto zu benutzen (verwenden Sie die Daten aus Aufgabe 2.1). Der Fahrpreis mit öffentlichen Verkehrsmitteln beträgt 10 € für eine Hin- und Rückfahrt. Die Fahrtstrecke mit dem PKW beträgt 15 km für eine einfache Strecke. Der Parkplatz in der Stadt kostet 2 € für einen Tag.

Welches Verkehrsmittel würden Sie aus ökonomischen Gründen wählen? Begründen Sie Ihre Entscheidung!

Aufgabe 2.4: Kostenfunktionen/Fixkostendegression

Ein Kaffeemaschinenhersteller rechnet bei der Produktion einer Kaffeemaschine „Standard" mit fixen Kosten i. H. v. 120.000 € je Abrechnungsperiode. Die variablen (proportionalen) Stückkosten belaufen sich auf 120 € je Kaffeemaschine.

a) Berechnen Sie die Gesamt- und Stückkosten für die Produktionsmengen 500, 800, 1.200 und 2.000 und stellen Sie Ihre Ergebnisse tabellarisch nach folgendem Muster dar:

Produktions-menge	fixe Kosten		proportionale Kosten		Gesamtkosten	
	gesamt	je Stück	gesamt	je Stück	gesamt	je Stück

b) Stellen Sie eine stückzahlenabhängige Fixkostendegression (Stück-kostendegression) grafisch dar und interpretieren Sie diese.

Aufgabe 2.5: Relevante Kosten

Bei der Maschbau AG sind für die Entwicklung einer neuen Fräs-maschinengeneration folgende Entwicklungs- und Markteinführungs-kosten in den Jahren 2000 bis 2004 insgesamt angefallen. Für For-schung und Einführungsentwicklung wendete die Maschbau AG bisher 2.500.000 Mio. €, für Werbung und sonst. Marketing für das neue Pro-dukt 750.000 € auf.

Bei einer im Januar 2005 vorgenommenen Preiskalkulation war man davon ausgegangen, dass von diesem Produkt insgesamt 100 Stück ver-kauft werden können. Man hatte folgende Rechnung aufgestellt:

	€/Auftrag
Variable Einzelkosten der Herstellung	200.000
Fixe Fertigungsgemeinkosten	100.000
Fixe Verwaltungs-/Vertriebsgemeinkosten	50.000
Umsatzprovisionen	20.000
Markteinführungskosten	32.500
Selbstkosten	402.500
Gewinnzuschlag (10 %)	40.250
Angebotspreis	442.750

Aufgrund eines vergleichbaren Produkts, das Mitte 2005 von einem japa-nischen Konkurrenten zum Preis von 250.000 € auf den Markt gebracht worden war, konnten im ersten Jahr kaum Aufträge verbucht werden. Die Geschäftsleitung ist sich sicher, dass nur bei einer Preissenkung das eigene Produkt noch konkurrenzfähig wäre.

Was würden Sie aus kostenrechnerischer Sicht der Maschbau AG raten?

(in Anlehnung an: Plinke, W.: Industrielle Kostenrechnung, Berlin/Heidelberg 2006, S. 230–231.)

Aufgabe 2.6: Opportunitätskosten

Ihren Weg zur Hochschule erledigen Sie bisher mit öffentlichen Ver-kehrsmitteln, da sich dies als die kostengünstigste Alternative heraus-gestellt hat. Der Fahrpreis zur Hochschule mit öffentlichen Verkehrs-mitteln beträgt 5 € (Hin- und Rückfahrt). Die Fahrzeit beträgt 1 Std. pro einfache Fahrt.

Mit dem Auto beträgt die Fahrzeit demgegenüber nur 15 Min. Die Entfernung der Hochschule von Ihrer Wohnung beträgt 20 km (verwenden Sie die Fahrzeugdaten aus Aufgabe 2.1).

Sie erhalten ein Angebot, jeweils vor und nach den Vorlesungen 45 Min. als studentische Hilfskraft für 15 € pro Std. an der Hochschule zu arbeiten. Eine andere Verbindung zur Fahrt mit öffentlichen Verkehrsmitteln existiert nicht.

Welches Verkehrsmittel würden Sie unter den gegebenen Verhältnissen wählen? Würden Sie die Stelle als studentische Hilfskraft annehmen? (Anmerkung: Auch bei Benutzung des PKW würde die jährliche Fahrleistung von 20.000 km nicht überschritten.)

Aufgabe 2.7: Begriffsabgrenzungen 1

Handelt es sich bei den folgenden Geschäftvorfällen des Elektromeisters Meier um Einzahlungen/Auszahlungen, Einnahmen/Ausgaben, Ertrag/Aufwand und/oder Erlös/Kosten? Tragen Sie die entsprechenden Beträge in die unten stehende Tabelle ein!

1. Verkauf von Waren aus der laufenden Produktion im Werte von 12.000 € auf Ziel.

2. Lineare Abschreibung einer Maschine in der Finanzbuchhaltung: 2.500 €; der Wiederbeschaffungswert der Maschine liegt um 20% über den Anschaffungskosten.

3. Zahlung von Löhnen in Höhe von 10.000 € per Banküberweisung.

4. Tilgung eines Bankkredits in Höhe von 20.000 € aus einem Guthaben auf dem Bank-Kontokorrentkonto.

5. Gutschrift von Mieteinnahmen aus einem Mietshaus in Höhe von 6.000 € auf dem Bankkonto.

6. Aufgrund eines Steuerbescheides des Finanzamtes müssen Steuern in Höhe von 10.000 € für das Geschäftsjahr (t-3) nachgezahlt werden (Zahlungsziel 30 Tage).

7. Eine zweifelhafte Kundenforderung über 5.500 € wird einzelwertberichtigt.

8. Verkauf eines nicht betriebsnotwendigen Grundstücks im Wert von 90.000 € auf Ziel (Buchwert: 50.000 €).

9. Verrechnung von kalkulatorischer Miete in Höhe von 50.000 €.

10. Rechnungseingang des Steuerberaters für die Erstellung der monatlichen Umsatzsteuererklärung: 4.000 €.

Geschäfts-vorfall	Ein-zahlung	Aus-zahlung	Ein-nahme	Aus-gabe	Ertrag	Auf-wand	Betriebs-ertrag	Kosten
1								
2								
3								
4								
5								
6								
7								
8								
9								
10								

Begründen Sie für die Geschäftsvorfälle (5), (6), (7) und (10) Ihre Antwort hinsichtlich der Einordnung als Betriebsertrag bzw. Kosten.

Aufgabe 2.8: Begriffsabgrenzungen 2

Am 1. Januar 2005 wurde eine GmbH gegründet.

1. Das Grundkapital in Höhe von 750.000 € wurde bei Gründung bar eingezahlt.

2. Noch im Januar 2005 werden Rohstoffe im Werte von 50.000 € angeschafft und bezahlt. Das Material wird auf Lager genommen.

3. Gleichzeitig wird eine Fertigungsmaschine zum Preis von 300.000 € bestellt. Vom Kaufpreis wurden 20% sofort angezahlt werden. Die Bezahlung des Restkaufpreises erfolgt bei Lieferung.

4. Die Lieferung der Anlage erfolgt im Februar 2005, in dem auch der verbleibende Kaufpreis überwiesen wird.

5. Am Ende des Geschäftsjahres 2005 wird die Maschine abgeschrieben. Die Nutzungsdauer der Maschine beträgt zehn Jahre. Die kalkulatorische Abschreibungsbasis liegt 10 % über den bilanziellen Anschaffungskosten.

6. Im Jahre 2005 wurden insgesamt 800.000 € an Löhnen und Gehältern gezahlt.

7. Die Produktion entnimmt zur Herstellung von Fertigprodukten Einsatzstoffe im Werte von 100.000 € aus dem Lager.

8. 500 Produktionseinheiten wurden zu Herstellkosten von 200 € pro Stück gefertigt.

9. Die gefertigten 500 Produktionseinheiten (vgl. 7) werden gegen bar zu einem Stückpreis von 250 € verkauft.

10. Die GmbH nutzte im Geschäftsjahr 2005 Grundstücke und Gebäude der Gesellschafter als Geschäftsräume, ohne hierfür Miete zahlen zu müssen. Eine ortsübliche Miete würde 10.000 € betragen.

Welchen Begriffen sind die Geschäftsvorfälle zuzuordnen? Tragen Sie die jeweiligen Beträge in die zutreffenden Kästchen ein. Gehen Sie von dem Jahr 2005 als Bezugsperiode aus.

Vorgang	Aus-zahlung	Ausgabe	Aufwand	Kosten	Ein-zahlung	Ein-zahlung	Ertrag	Leistung
1								
2								
3								
4								
5								
6								
7								
8								
9								
10								

Literatur

Ammann, H. / Müller, S.: IFRS International Financial Reporting Standards – Bilanzierungs-, Steuerungs- und Analysemöglichkeiten, 2. Aufl., Herne/Berlin 2006.

Coenenberg, A. G.: Kostenrechnung und Kostenanalyse, 5. Aufl., Stuttgart 2003, S. 3–28.

Däumler, K. D. / Grabe, J.: Kostenrechnung 1, 9. Aufl., Herne/Berlin 2003, S. 59–115.

Haberstock, L.: Kostenrechnung I, 12. Aufl., Berlin 2005, S. 26–53.

Hummel, S. / Männel, W.: Kostenrechnung 1, 4. Aufl., Wiesbaden 1999, S. 61–124.

Liessmann, K. (Hrsg.): Gabler Lexikon Controlling und Kostenrechnung, Wiesbaden 1997.

Olfert, S.: Kostenrechnung, 14. Aufl., Ludwigshafen 2005, S. 34–65.

Plinke, W.: Industrielle Kostenrechnung, 7. Aufl., Berlin/Heidelberg 2006, S. 3–46.

Schierenbeck, H.: Grundzüge der Betriebswirtschaftslehre, 16. Aufl., München/Wien 2003, S. 651–657.

Schweitzer, M. / Küpper, H.-U.: Systeme der Kostenrechnung, 8. Aufl., München 2003, S. 11–25.

Seicht, G.: Moderne Kosten- und Leistungsrechnung, 11. Aufl., Wien 2001, S. 26–65.

Kosten- und Erlösartenrechnung –
die Erfassung der Kosten und Erlöse im Unternehmen

3

ÜBERBLICK

Fall | *Die Analysen in der FEBAU GmbH haben ergeben, dass die Probleme des Unternehmens doch tief gehender sind als ursprünglich angenommen. Das Unternehmen ist in den letzten Jahren so gewachsen, dass eine Kosten- und Erlöstransparenz nicht mehr gegeben ist.*

Insbesondere möchte die Geschäftsführung wissen, wie hoch die Kosten des Unternehmens pro Periode sowie je Produkt sind und wie sich diese zusammensetzen. Darüber hinaus soll durch ein entsprechendes Informationssystem aufgezeigt werden, welche Kosten die einzelnen Abteilungen verursacht haben, sodass einerseits eine größere Transparenz der Kostenentstehung in der FEBAU GmbH, andererseits aber auch eine verbesserte Kostenkontrolle in den Abteilungen erreicht werden kann.

In der Analyse der aktuellen Probleme der FEBAU GmbH gibt es Anzeichen, dass die Preise der Produkte nicht mehr die entstehenden Kosten decken. Insofern muss durch das neue Informationssystem auch eine entsprechende Kalkulation ermöglicht werden.

Daher beschließt die Geschäftsführung, dass eine sinnvolle Unternehmensführung eine Kosten- und Erlösrechnung erfordert und dass ab sofort mit dem Aufbau einer solchen begonnen werden soll.

Der Leiter „Controlling", Herr Lupenrein, erhält den Auftrag, sich zunächst einmal damit zu beschäftigen, die Kosten der FEBAU GmbH in einer Periode richtig zu erfassen.

Er stellt bei Beginn seiner Arbeiten als Erstes fest, dass er eine große Anzahl an Kosten, etwa die Kosten für Personal, die Kosten für die bezogenen Dienstleistungen (Rechtsanwalts- und Steuerberatungskosten, Spediteurkosten etc.), eigentlich sehr einfach der Finanzbuchhaltung entnehmen kann. Dann allerdings stößt der Controller auf das Problem, dass nicht bekannt ist, wie hoch der Materialverbrauch des Unternehmens ist. Legt man die Eingangsrechnungen für das Material des Unternehmens zugrunde, stellt er fest, dass der Materialverbrauch in den Perioden, in denen die FEBAU GmbH größere Warenlieferungen erhalten hat, unrealistisch hoch war, andererseits waren die Lagerbestände am Ende dieser Monate extrem hoch. Er erinnert sich an seine Studienzeit und die Definition von Kosten als bewertetem Güterverbrauch und weiß, dass die Eingangsrechnungen nichts mit dem Materialverbrauch zu tun haben. Da eine Lagerbuchführung fehlt, kann er hieraus jedoch nicht erkennen, wie hoch der tatsächliche Verbrauch an Materialien ist.

Darüber hinaus fragt er sich, wie er in der Kosten- und Erlösrechnung die Tatsache behandeln soll, dass der Produktionsbetrieb des Unternehmens bisher mietfrei in einem Betriebsgebäude gearbeitet hat, das dem Eigentümer des Unternehmens gehört.

Eines Abends spricht ihn der Unternehmenseigentümer an, ob es eigentlich gewährleistet sei, dass er einen gewissen Mindestgewinn erziele, denn er könne sein im Unternehmen gebundenes Geld ja auch auf dem Kapitalmarkt anlegen und dort Zinsen erzielen. Auf dem letzten Seminar der Kreishandwerkerschaft habe er etwas von Opportunitätskosten gehört.

Der Controller hat nun eine ausgiebige Liste von Fragen. Er beschließt, sich einmal näher mit dem Thema einer Kostenartenrechnung zu beschäftigen, in der Hoffnung, hier Antworten auf seine Fragen zu finden.

Lernziele:

In diesem Kapitel werden Sie

- am Beispiel der Materialkosten die Grundsätze der Erfassung und Bewertung von Produktionsfaktoren kennen lernen,

- am Beispiel der Personal- und Dienstleistungskosten die Erfassung und Bewertung von Grundkosten kennen lernen sowie

- die Bedeutung von kalkulatorischen Kosten erkennen und lernen, Verfahren zur Berechnung der wichtigsten kalkulatorischen Kostenarten anzuwenden.

3.1 Begriff und Gegenstand der Kosten- und Erlösartenrechnung

Bevor wir uns detailliert mit der Kostenrechnung beschäftigen, soll zum Einstieg in die Thematik zunächst die Vorgehensweise der Kostenrechnung anhand von Abb. 3.1 noch einmal übersichtsartig erläutert werden. Wie bereits in Kapitel 1 erläutert, bildet die Kosten- und Erlösartenrechnung (rot unterlegt) den Ausgangspunkt jeder Kostenrechnung.

Definition Die **Kosten- bzw. Erlösartenrechnung** ist eine Erfassungs- und Klassifikationsrechnung, deren Aufgabe in der systematischen, vollständigen und überschneidungsfreien Erfassung, Bewertung und Klassifikation der in einer Periode in einem Unternehmen entstandenen Kosten und Erlöse liegt. Dabei sind die Kosten und Erlöse des Unternehmens so zu erfassen, dass diese in den nachfolgenden Stufen der Kosten- und Erlösrechnung weiterverarbeitet werden können.

Zum Zwecke der systematischen Erfassung werden die angefallenen Kosten und Erlöse in Kosten- und Erlösarten unterteilt.

Die Kosten- bzw. Erlösartenrechnung liefert den Entscheidungsträgern im Unternehmen Transparenz hinsichtlich

Aufgabe der
Kosten-/Erlösartenrechnung

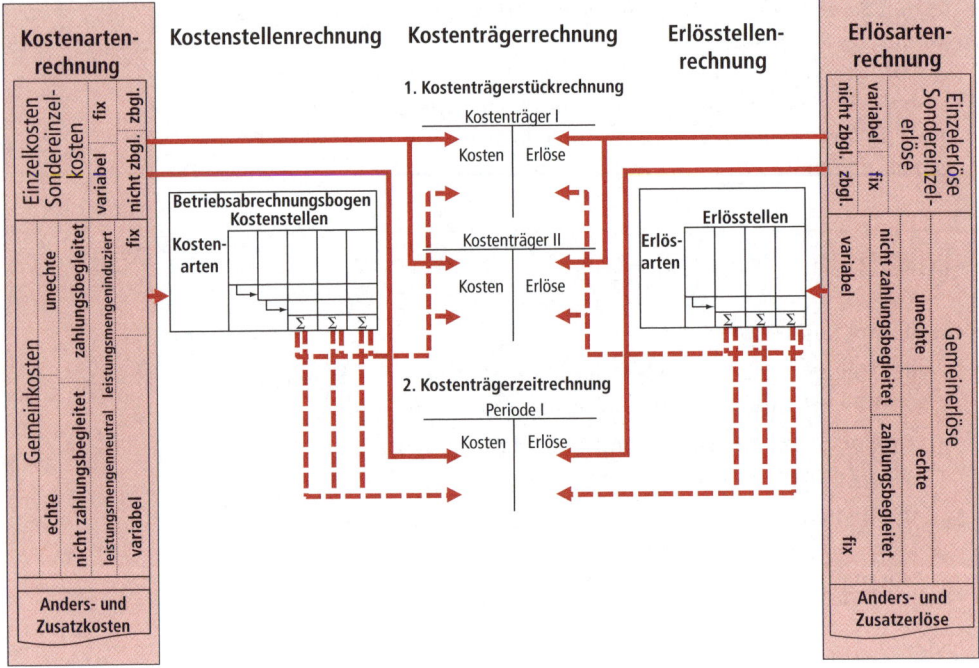

Abbildung 3.1: Grundstruktur der periodischen Betriebsabrechnung

- der absoluten Höhe der einzelnen Kosten- bzw. Erlösarten sowie deren prozentualen Anteil an den Gesamtkosten des Unternehmens und

- der Entwicklung der Kosten- und Erlösarten im Zeit- und Betriebsvergleich.

Diese Informationen bilden eine Grundlage für die Beurteilung und Verbesserung der Wirtschaftlichkeit des Unternehmens sowie für die Aufdeckung und Beseitigung von Unwirtschaftlichkeiten. Zudem werden die Informationen zur Unterstützung der Unternehmensplanung benötigt.

Kosten-/Erlösartenrechnung als grundlegendes Informationsinstrument

Somit bildet die Kosten- und Erlösartenrechnung den **grundlegenden Datenpool** der Kostenrechnung, aus dem heraus die weiteren Rechnungssysteme mit Informationen unterstützt werden. Zu diesem Zweck sind zur Unternehmenssteuerung die Kosten und Erlöse zu klassifizieren, wobei es mindestens zur Trennung von Einzel- und Gemeinkosten bzw. -erlösen kommen muss. Zusätzlich können jedoch noch weitere Klassifikationen notwendig sein, z. B. Unterscheidungen nach

- Verbrauchsursachen,

- Herkunft oder Verbrauchsort der Einsatzgüter,

- Verhalten in Abhängigkeit von der Beschäftigung (fixe, variable Kosten/Erlöse bei der Teilkostenrechnung),

- Verhalten in indirekter Abhängigkeit von der Beschäftigung (leistungsmengeninduzierte, leistungsmengenneutrale Kosten/Erlöse bei der Prozesskostenrechnung),

- Zahlungswirksamkeit (zahlungsbegleitete, nicht zahlungsbegleitete Kosten/Erlöse bei der liquiditätsorientierten Kostenrechnung),

- Kostenrechnungssystem (Ist-, Normal-(Standard-), Plankosten/-erlöse in der Ist-, Normal-(Standard-) und Plankostenrechnung).

Exkurs Ein gutes Beispiel für die Anwendung der Kostenartenrechnung und der Kostentheorie zeigt nachfolgender Auszug aus einem Bericht der Unternehmensberatung Mercer über das deutsche Bankenwesen.

Deutsche Banken müssen ihre Chancen nutzen: Der Weg zurück in die europäische Spitze:

Banken-Studie von Mercer Management Consulting

::::

Kostenmanagement verbessern

Neben der Ertragsseite muss die Kostenposition der deutschen Banken deutlich optimiert werden. Ein Ansatzpunkt hierfür ist neben der Reduktion der Personal- und Sachkosten die Variabilisierung der Fixkosten. Eine Möglichkeit zur Kostenverbesserung ist das „Discount"-Modell im Privatkundengeschäft. Hiermit hat zum Beispiel die Halifax Bank of Scotland ihre Kostensteigerung deutlich unter die der Wettbewerber gedrückt.

Letztlich können deutsche Banken mit ihren im Stammmarkt erfolgreichen Geschäftsmodellen weitere regionale oder ausgewählte internationale Märkte erschließen. Durch die Übertragung ihres kosteneffizienten Systems konnte beispielsweise die Unicredito ihre Marktpräsenz in Italien deutlich ausweiten und den Gewinn von 1998 bis 2001 um 36 Prozent pro Jahr steigern. Insbesondere für die regional agierenden Banken und Sparkassen sieht Dr. Kleine „erhebliche Potenziale, die sich über die gezielte Verfolgung sowohl einer Discount- als auch einer Ausweitungsstrategie erschließen lassen".

Noch haben die deutschen Banken die Chance, einen weiteren Rückfall im internationalen Wettbewerb zu verhindern. Die von Mercer Management Consulting identifizierten Modelle bieten nach Ansicht von Dr. Kleine „hervorragende Ansatzpunkte, mit denen die Rückkehr deutscher Banken in die internationale Spitzenklasse realisiert werden kann. Unabhängig von der individuellen Strategie ist es für die deutschen Banken jedoch unerlässlich, zukünftig die abrupten Strategiewechsel der Vergangenheit zu vermeiden und stattdessen auf stetige Verbesserungen zu setzen".

:::::

(entnommen aus: http://www.mercermc.de/ vom 11.5.2006)

Wie zu erkennen ist, bildet die Analyse der Kostenarten Personal- und Sachkosten und deren Kostensteigerungen einen Schwerpunkt der Analyse der Beratung. Zugleich wird von einer Variabilisierung von Fixkosten berichtet, die wir bereits in Kapitel 2 behandelt haben.

3.2 Kosten-/Erlösarten als Gegenstand der Kostenartenrechnung

Kosten und Erlöse fallen im Unternehmen durch den Verbrauch oder die Entstehung von Gütern an. Fasst man gleichartige Güterverbräuche und Güterentstehungen zusammen und bewertet sie, so entstehen Kosten- bzw. Erlösarten.

> **Definition** Unter **Kostenarten** versteht man die Zusammenfassung von der Kostenentstehung her zusammengehörige, homogene Kosten. Die Gliederung dieser Kostenarten orientiert sich in der Regel am Verbrauch bestimmter Produktionsfaktoren.[1]

Erfassung von Kostenarten So erfasst die Kostenartenrechnung, welche Materialkosten, Personalkosten oder Reisekosten in welcher Höhe in einem Unternehmen in einer Abrechnungsperiode angefallen sind. Zum Zwecke der eindeutigen und überschneidungsfreien Erfassung und Systematisierung der Kosten werden in den Unternehmen **Kontenpläne** entwickelt, die sich häufig an den für die Finanzbuchhaltung benötigten Gemeinschaftskontenrahmen der Industrie (GKR) oder dem Industrie-Kontenrahmen (IKR) orientieren. Abb. 3.2 zeigt als Beispiel einen entsprechenden Kostenartenplan. Die einzelnen Kostenarten werden jeweils mit einem Konto und einer Kontierungsnummer für das interne Rechnungswesen hinterlegt, wobei in der Praxis zwei Ausgestaltungsvarianten zur Anwendung kommen:

Zweikreissystem ■ Sehr verbreitet ist das Anlegen eines separaten Kontenplans, der von dem der Finanzbuchhaltung unabhängig ist (so genanntes **Zweikreissystem**). Hier werden die Aufwendungen und Erträge der Finanz-

---

[1] Vgl. Kapitel 2.

buchhaltung in einer Schnittstelle an die kostenrechnerische Erfassung übergeben und dann isoliert weiterverarbeitet. Das große Problem liegt darin, dass es zu zwei stark voneinander getrennten Betrachtungswelten des Unternehmens kommt, die zu oft kaum zu erklärenden Abweichungen in den jeweils ermittelten Ergebnissen führen.

■ Im so genannten **Einkreissystem** werden dagegen die für die Kostenrechnung benötigten zusätzlichen Konten in den für die externe Rechnungslegung benutzten Kontenrahmen integriert. Es kommt somit zu einer Doppelnutzung bestimmter Konten sowohl für die Finanzbuchhaltung als auch für die Kostenrechnung, was eine stringentere Behandlung im Sinne eines konvergenten Rechnungswesens bewirkt,wodurch die Ursachen für die Abweichungen der Ergebnisse oft einfacher erklärt werden können. *Einkreissystem*

IFRS Durch die stärkere Nähe der Erfassungs- und Bewertungsregeln von Aufwendungen und Erträgen nach den IFRS an die kostenrechnerischen Bedürfnisse nutzen viele Unternehmen die Chance, im Rahmen der Umstellung von HGB auf IFRS auch ihr Rechnungswesen gründlich zu überarbeiten und dabei in der Regel auf ein Einkreissystem umzustellen, was eine schnellere, kostengünstigere und übersichtlichere Erfassung und Verarbeitung der Daten erlaubt, die dann auch noch in der externen wie internen Darstellung Ausgangspunkt für oft aussagekräftigere Rechnungen sind. (vgl. KPMG (Hrsg.): IFRS-Performance: Top 100 – Best Practice, 2005 – www.kpmg.de vom 12.3.2006)

Des Weiteren werden die Kosten in der Kostenartenrechnung auch in Einzel- und Gemeinkosten unterteilt. Dies ist für die Weiterverarbeitung der Kosten in der Kostenstellen- und Kostenträgerrechnung von erheblicher Bedeutung. *Unterteilung in Einzel-/Gemeinkosten*

Einzelkosten werden im Anschluss an die Kostenartenrechnung direkt in den dritten Schritt der Kostenrechnung, die Kostenträgerrechung, übernommen, Gemeinkosten dagegen müssen zunächst in der Kostenstellenrechnung weiterverarbeitet und aufbereitet werden, um erst dann den Kostenträgern zugerechnet werden zu können.

Die Erfassung der Erlöse in bestimmten Erlösarten ist in der Praxis im Gegensatz zu den Kosten vergleichsweise wenig problematisch.

Personalkosten
  Lohnkosten
    Löhne
      Grundlöhne
      Zeitlöhne
      Akkordlöhne
    Zusatzentgelte
      Arbeitgeberanteile Sozialversicherung
      Beiträge zur Berufsgenossenschaft
      Behindertenabgabe
      Sonstige Lohnnebenkosten
  Gehaltskosten
    Gehälter
    Gehaltsnebenkosten
  Sonderentgelte
    Ausbildungsvergütungen
    Heimarbeitslöhne
    Sonstige Sonderentgelte
  Personalleasing

Anlagenkosten
  Maschinenkosten
  Anlagenvorhaltungskosten
  Planmäßige Abschreibungen
    Geringwertige Wirtschaftsgüter
    Maschinenmieten und -leasing
  Instandhaltungskosten
    Instandhaltungsmaterial
    Fremdinstandhaltung
  Maschinenversicherung
  Grundstücke und Gebäude
    Anlagenvorhaltungskosten
      Planmäßige Abschreibungen
      Grundstückspachten
      Raummieten
    Instandhaltungskosten
      Instandhaltungsmaterial
      Fremdinstandhaltung
    Grundstücks- und Gebäudeversicherungen
      Feuerversicherungen
      Einbruch- und Diebstahlversicherung
      Sonstige Versicherungen

Materialkosten
  Handelswaren
  Fertigungsmaterial
  Fertigungsstoffe
  Instandhaltungsmaterial
  Büromaterial
  Sonstige Materialien

Energiekosten
  Treibstoffe
  Kohle
  Sonstige Energieträger

Dienstleistungskosten
  Fremdfertigung
  Fremdtransporte
  Fremdakquisition
    Bewirtung
    Reisekosten
    Übernachtungskosten
    Vertreterkosten
  Sonstige Dienstleistungen

Versicherungskosten
  Produkthaftpflicht
  Warenkreditversicherung
  gesamtunternehmensbezogene
  Versicherungen

Kosten fremder Rechte
  Lizenzgebühren
  Konzessionen und Patentgebühren
  Kosten sonst. fremder Rechte

Beiträge, Gebühren, Zölle und Steuern
Kapitalkosten
  Kalk. Zinsen
  Kosten des Kapitalverkehrs
  Sonstige Kapitalkosten

Werbekosten
  Werbematerial
  Rundfunk- und Fernsehwerbung

Abbildung 3.2: Beispiel eines Kostenartenplans
(in Anlehnung an: Hummel, S./Männel, W.: Kostenrechnung 1, Wiesbaden 1999, S. 136)

> **Definition** Unter **Erlösarten** versteht man – analog zu den Kostenarten – die Zusammenfassung von der Güterentstehung her zusammengehöriger, homogener Erlöse. Die Gliederung dieser Erlösarten orientiert sich in der Regel an verschiedenen Absatzleistungen (z. B. Produkten/Produktarten) des Unternehmens.

Auch die Erlöse werden analog zu dem System der Kostenarten in bestimmte Erlösarten unterteilt und mit Hilfe von so genannten Erlösartenplänen (analog zu Kostenartenplänen) in der Erlösartenplanung systematisch erfasst. Die Erfassung der Erlöse ist für die Unternehmen deswegen zumeist unproblematisch, da es sich – bis auf wenige Ausnahmen - bei den Erlösarten vorwiegend um **Einzelerlöse**, also Erlöse handelt, die einem bestimmten Erlösträger eindeutig zugeordnet werden können. Diese können daher sofort in die Erlösträgerrechnung übernommen werden. So genannte **Gemeinerlöse** entstehen, wenn dem Kunden Angebotsbündel verkauft werden, wie z. B. Pauschalreisen, oder bei Kombination von zeitabhängigem Grundentgelt und leistungsabhängigem Nutzungsentgelt. Diese spielen aber in der Regel in der Praxis eine deutlich geringere Rolle.

Erfassung von Erlösarten

Bei der Erfassung der Erlösarten ist die Verrechnung von Erlösschmälerungen (Boni, Skonti, Rabatte) zu berücksichtigen. Nur der Vollständigkeit halber soll hier darauf hingewiesen werden, dass sowohl die Kosten als auch die Erlöse in der Kosten- und Erlösrechnung grundsätzlich ohne Umsatzsteuer als Nettokosten bzw. Nettoerlöse erfasst werden, soweit das Unternehmen zur Vorsteuerverrechnung berechtigt ist.

Wegen der zumeist einfachen Erfassung der Erlöse in der Praxis werden wir uns im Folgenden ausschließlich mit der Erfassung und Weiterverarbeitung der Kosten im Unternehmen beschäftigen und zur Erlösrechnung erst in Kapitel 5, „Kostenträger-/Erlösträgerrechnung", zurückkommen.

3.3 Methodik der Erfassung der Kosten- bzw. Erlösarten

Ausgangspunkt der **Erfassung der Kosten- bzw. Erlösarten** ist die Geschäftsbuchhaltung der Unternehmen. Geht hier ein Buchungsbeleg (z. B. Rechnung, Materialentnahmeschein, Lohnbeleg etc.) ein bzw. wird ein Abrechnungslauf für Löhne, Gehälter oder eine Verrechnung der Abschreibungen vorgenommen, so wird der Aufwand in der Finanzbuchhaltung anhand der finanzbuchhalterischen Kontierung auf die Konten der Finanzbuchhaltung übernommen, was auch im Einkreissystem zunächst für die Kostenrechnung ausreicht, soweit die Kontierung durch Unterkonten ergänzt ist, die eine Zuordnung zu Kostenarten, -stellen und/oder -trägern erlaubt. Im Zweikreissystem werden die Kosten der Kosten- und Erlösrechnung dagegen aufgrund der getrennten Kontierungen für das interne Rechnungswesen den einzelnen Kostenarten, Kostenstellen und/ oder Kostenträgern zugeordnet. Das grundsätzliche Schema dieser Buchungsmethodik ist in Abb. 3.3 dargestellt.

Erfassungsmethodik von Kosten- und Erlösarten

Ein Beispiel für die Erfassung der Kostenarten in der Kostenartenrechnung mit Hilfe von Materialentnahmescheinen in der Praxis zeigt

Kostenartenerfassung mit Hilfe von Materialentnahmescheinen

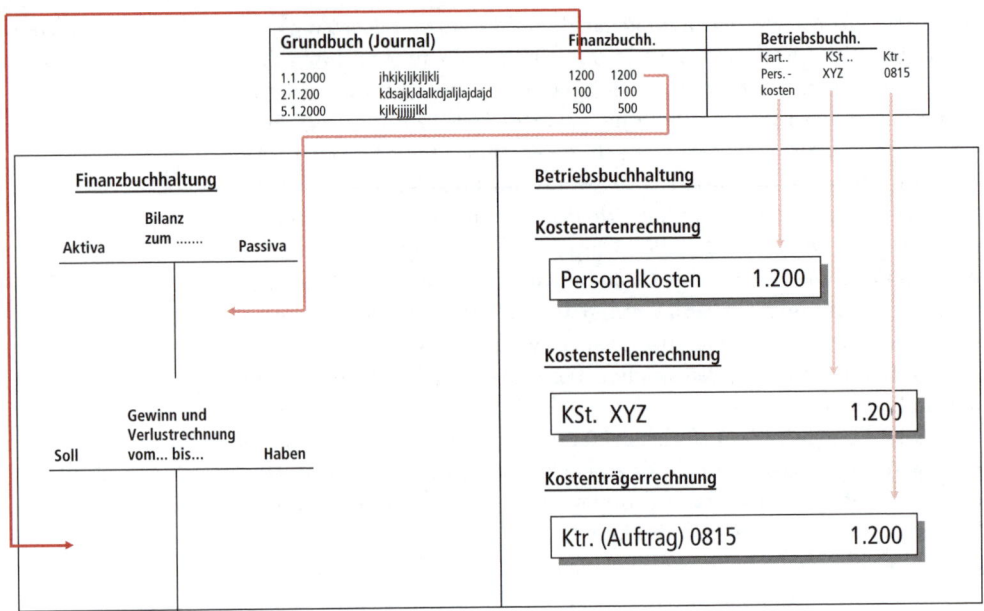

Abbildung 3.3: Schematische Darstellung der Verbuchungsmethodik in Finanzbuchhaltung und Kostenrechnung beim Zweikreissystem

Abb. 3.4. Auf diesem Materialentnahmeschein sind sowohl die Kontierung für die Finanzbuchhaltung als auch die jeweilige Kostenarten-, Kostenstellen- und Kostenträgerkontierung deutlich zu erkennen. Darüber hinaus ist ebenso die Freigabe der Materialentnahme durch zwei Unterschriften gemäß dem „Vier-Augen-Prinzip" zu sehen.

Geht man der Frage nach, wie in Unternehmen die Kosten erfasst werden können, so stellt man schnell fest, dass es eine ganze Reihe von Kosten gibt, die im Grundsatz einfach und unverändert mit den in der Finanzbuchhaltung erfassten Werten anzusetzen sind. Wir haben diese Kosten bereits in Kapitel 2 behandelt; es handelt sich dabei um so genannte aufwandsgleiche Kosten (= **Grundkosten**). Als Beispiel seien hier nur die Löhne und Gehälter der Mitarbeiter genannt, die zumeist direkt aus der Lohnbuchhaltung unverändert in die Kostenrechnung übernommen werden. Gleiches gilt beispielsweise für die Portokosten, die Rechnung des Rechtsanwalts oder des Steuerberaters. Der Rechnungsbetrag fließt direkt in die Kostenrechnung ein. Bei dieser Übernahme der Grundkosten wird unterstellt, dass der Verbrauch der Güter und Dienstleistungen auch in der gleichen Rechnungsperiode erfolgt ist. Man spricht hier wegen der fehlenden Trennung in Preis- und Mengenkomponente auch von einer **undifferenzierten Kostenerfassung**.

Undifferenzierte Kostenerfassung

Neben dieser undifferenzierten Erfassung werden auch einige Kostenarten differenziert erfasst (**differenzierte Kostenerfassung**). Dies bedeutet, dass bei der Erfassung der Kosten konsequent zwischen einer

Differenzierte Kostenerfassung

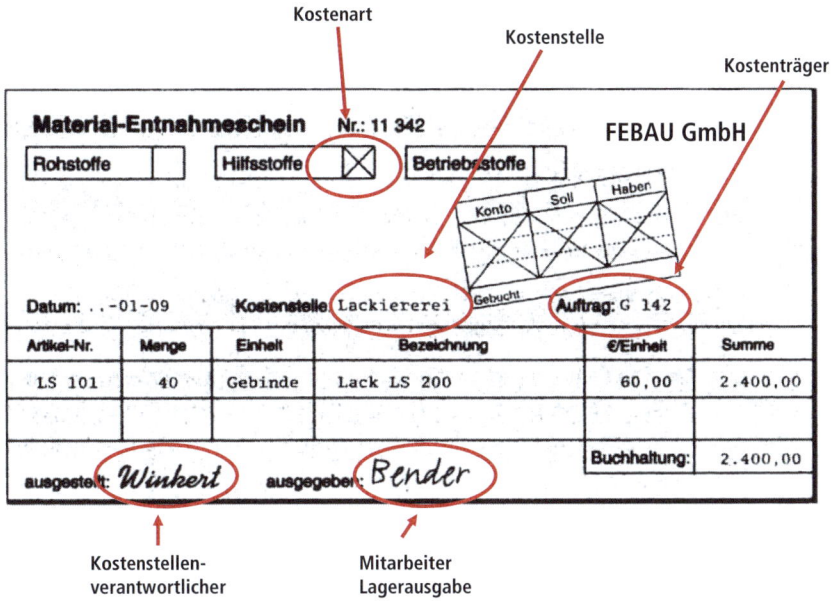

Abbildung 3.4: Beispiel eines Materialentnahmescheins
(in Anlehnung an: Schmolke, S./Deitermann, M.: Industrielles Rechnungswesen, Darmstadt 2001, S. 121)

Mengen- und einer Preiskomponente getrennt wird. So wird beispielsweise bei der Ermittlung der Materialkosten im Unternehmen häufig die Preis- und Mengenkomponente differenziert erfasst. **Kosten = Verbrauchsmenge × Preis**

Darüber hinaus werden in der Kostenrechnung auch Kosten erhoben und verrechnet, denen entweder überhaupt kein Aufwand oder andererseits ein Aufwand in anderer Höhe in der Finanzbuchhaltung gegenübersteht. Diese so genannten **kalkulatorischen Kosten** werden in vorgelagerten Nebenrechnungen der Kostenrechnung errechnet und dort zusätzlich zu den Grundkosten in der Kosten- und Erlösrechnung erfasst. Kalkulatorische Kosten

Ebenso wie bei der Kostenerfassung kann auch bei der Erfassung der Erlöse in eine Mengen- und eine Preiskomponente unterschieden werden.

So kann zunächst einmal eine reine Mengenerfassung vorgenommen werden. Diese bietet eine erste quantitative Information über die Leistungserstellung des Unternehmens (Welche Stückzahlen sind in einer Abrechnungsperiode erzeugt und verkauft worden?). **Erlöse = Ausbringungsmenge × Preis**

Allerdings fehlt hier noch die Bewertungskomponente, um die Gütererzeugung zu bewerten und somit zu Wertgrößen zu kommen. Als mögliche Wertgrößen bieten sich einerseits Kostengrößen an, z. B. die Herstellkosten, und andererseits Marktpreise.

Die Bewertung der Ausbringungsmenge mit Herstellkosten erfolgt im Rahmen der Bewertung des Lagerbestandes an unfertigen und fertigen Bewertung mit Herstellkosten

Bewertung mit Marktpreisen

Erzeugnissen. Die Bewertung mit den erzielten Preisen ist dagegen bei der Bewertung der abgesetzten Mengen nötig.

In den folgenden Ausführungen werden wir uns nun mit Erfassungs- und Berechnungsalternativen zentraler Kostenarten näher befassen.

3.4 Erfassung und Bewertung von Materialkosten

3.4.1 Erfassung des Materialverbrauchs

Erfassung des mengenmäßigen Materialverbrauchs

Bei der Erfassung des mengenmäßigen **Materialverbrauchs** und dessen Bewertung zur Errechnung der Materialkosten stehen wir vor dem Problem, dass Unternehmen wegen der Ausnutzung von Mengenrabatten und geringeren Logistikkosten das benötigte Material häufig in größeren Mengen einkaufen, dieses zunächst einlagern und erst nachfolgend sukzessive verbrauchen. Insofern repräsentieren die Werte der Materialeingangsrechnungen nicht den Materialverbrauch, sondern lediglich den Materialeinkauf. Die Unternehmen müssen demnach einen Weg finden, den Materialverbrauch mit Hilfe geeigneter Methoden zu bestimmen.

> **Definition** Unter **Materialkosten** versteht man im Allgemeinen den bewerteten Verbrauch der Güter, die im Produktionsprozess eingesetzt und dabei vollständig verbraucht werden.

Roh- und Hilfsstoffe

Zu diesen Gütern gehören die Roh-, Hilfs- und Betriebsstoffe. Dabei sind **Rohstoffe** solche Materialien, die später nach der Produktion einen wesentlichen Bestandteil des herzustellenden Produktes oder der Leistung ausmachen, **Hilfsstoffe** dagegen sind die unwesentlichen Bestandteile eines Endproduktes.

Beispiel 3.1

> Bei der Produktion von Fenstern bei der FEBAU GmbH sind dies Holz oder Kunststoff für den Rahmen, Glas und gegebenenfalls noch die Beschläge und Griffe. Hilfsstoffe dagegen sind unwesentliche Bestandteile der Endprodukte oder Leistungen (so z. B. Leim, Nägel oder Schrauben bei der Fensterproduktion). Roh- und Hilfsstoffen ist gemein, dass sie in die Endprodukte/Leistungen einfließen.

Betriebsstoffe

Betriebsstoffe dagegen dienen der Durchführung des Betriebsprozesses. Sie gehen nicht in die Produkte ein, sondern sind notwendig, um die Produktion durchzuführen. Zu den Betriebsstoffen zählen z. B. Kühl-

oder Schmiermittel, Heizöl oder Elektrizität. Auch der Verbrauch an Büromaterial zählt zu dem Materialverbrauch, der nicht in die Produkte einfließt, sondern für administrative Zwecke verbraucht wird.

Die Materialkostenberechnung dient also in erster Linie dazu, die mengen- und wertmäßigen Verbrauchswerte der jeweiligen Materialien zu erfassen. Zugleich können auch – quasi als Nebenprodukt - Informationen für Bewertung der Lagerbestände der fertigen und unfertigen Erzeugnisse bereitgestellt werden. Darüber hinaus können durch einen Zeitvergleich der Kostenarten auch Unwirtschaftlichkeiten erkannt und abgestellt werden.

Um nun die Materialkosten der Unternehmen zu bestimmen, werden diese – wie bereits dargestellt – durch eine getrennte Mengen- und Preiserfassung ermittelt (differenzierte Kostenerfassung). In der Praxis erfolgt dies zumeist so, dass zunächst ermittelt wird, wie hoch der mengenmäßige Materialverbrauch (z. B. in Kilogramm, Tonnen, Meter oder Liter eines Einsatzstoffes) ist. Anschließend wird dieser mengenmäßige Materialverbrauch mit einem bestimmten Preis bewertet.

Preis- und Mengenkomponente in der Materialkostenerfassung

Zur **Erfassung des mengenmäßigen Materialverbrauchs** bieten sich drei verschiedene Verfahren an, die je nach dem Ausbau des internen Rechnungswesens von den Unternehmen eingesetzt werden. Entsprechend Abb. 3.5 unterscheidet man die

- Inventurmethode,
- Fortschreibungsmethode (Skontrationsmethode) wie auch die
- Rückrechnungsmethode.

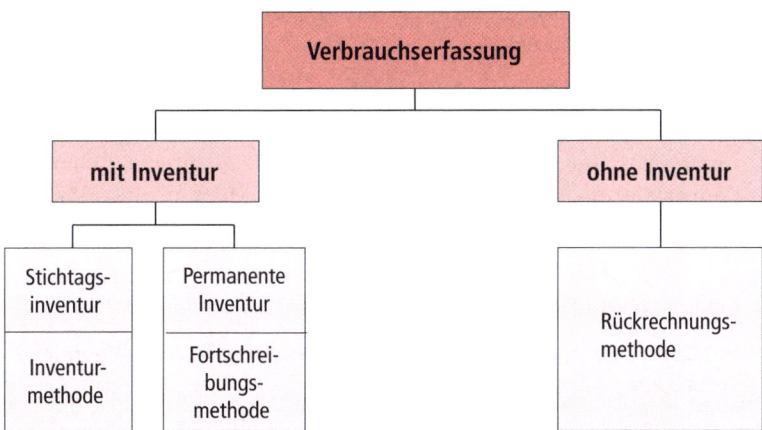

Abbildung 3.5: Verfahren der Materialverbrauchserfassung
(entnommen aus: Däumler, K.-D.; Grabe, J.: Kostenrechnung 1, 2000, S. 143)

Die **Inventurmethode**, die die einfachste Methode der Materialverbrauchserfassung darstellt, ermittelt den Materialverbrauch indirekt durch folgendes Berechnungsschema:

Inventurmethode

> **Definition** Inventurmethode
>
> Anfangsbestand (lt. Inventur am Periodenbeginn)
> + Zugänge (lt. Eingangsrechnung/Lieferschein)
> − Endbestand (lt. Inventur am Periodenende)
> = (rechnerischer) Abgang (= Verbrauch)

Zur Anwendung dieser Methode ist es zwingend notwendig, jeweils am Periodenende eine körperliche Bestandsaufnahme (= Inventur) durchzuführen, und es ist Voraussetzung, dass der Lagerbestand am Vorperiodenende (t = −1) gleich dem Lagerbestand am Periodenanfang der aktuellen Periode (t = 0) ist (Identitätsprinzip). Addiert man die Zugänge hinzu, die aufgrund der Eingangsrechnungen der Finanzbuchhaltung ermittelt werden können, und zieht hiervon die Bestände gemäß der Inventur am Jahresende ab, so kann der Materialverbrauch der Periode auf rechnerischem Wege ermittelt werden.

Beispiel 3.2

Der Controller der FEBAU GmbH möchte im ersten Schritt wissen, wie hoch der Materialverbrauch der Hauptkomponente Holz der Sorte Meranti im letzten Quartal war. Die Nachfrage beim Lagermitarbeiter wie auch in der Finanzbuchhaltung erbrachte keine zufrieden stellende Information hierzu. So führte der Controller eine quartalsweise Inventur ein.

Im letzten Quartal ergaben sich bei der Inventuraufnahme folgende Werte:

Anfangsbestand am 1.1.:	Holz des Typs Meranti: 1.500 lfm.
Endbestand am 31.3.:	Holz des Typs Meranti: 1.000 lfm.

Aus den Eingangsrechnungen der Buchhaltung wird ersichtlich, dass die FEBAU GmbH im ersten Quartal insgesamt zwei Meranti-Lieferungen in Höhe von zusammen 2.000 lfm. erhalten hat.

Der Controller ermittelt mit Hilfe des Inventurverfahrens folgenden Verbrauch:

Anfangsbestand lt. Inventur:	1.500 lfm.
+ Zugang lt. Lieferschein/Rechnung:	2.000 lfm.
− Endbestand:	1.000 lfm.
= Verbrauch	2.500 lfm.

Die Anwendung der Inventurmethode zur Ermittlung des mengenmäßigen Materialverbrauchs hat folgenden Vorteil:

Vor- und Nachteile der Inventurmethode

■ Die Inventurmethode ist eine sehr einfache und kostengünstige Methode. Sie erfordert keinerlei Lagerbuchführung über ein- und ausgehende Materialmengen. Deshalb findet man dieses Verfahren der Verbrauchsermittlung häufig in kleineren und mittelständischen Unternehmen.

Nachteile dieser Methode sind folgende:

■ Aufgrund der Inventurmethode kann lediglich ermittelt werden, welche Mengen tatsächlich aus dem Lager abgegangen sind. Das Verfahren liefert keine Informationen darüber, ob es sich dabei um produktionsbedingten Materialverbrauch oder ob andere Gründe für den Verbrauch, wie z. B. Schwund, Diebstahl, Ausschuss, Verderb, ursächlich waren.

■ Darüber hinaus liefert das Inventurverfahren keine Informationen darüber, für welche Kostenstelle (= Abteilung) oder für welchen Kostenträger (Produkte/Leistungen) das aus dem Lager entnommene Material verbraucht wurde.

■ Ein weiterer wesentlicher Nachteil der Verbrauchsermittlung nach der Inventurmethode ist, dass der Materialverbrauch immer nur in Verbindung mit bzw. nach einer Inventur ermittelt werden kann. In der Praxis stellt sich jedoch häufig das Problem, einen unterjährigen Materialverbrauch ermitteln zu müssen (z. B. zur Erstellung einer monatlichen Ergebnisrechnung). Man kann sich so behelfen, dass man auch unterjährig Inventuren durchführt. Dies birgt aber den Nachteil, den Betriebsablauf zu stören und darüber hinaus einen nicht zu unterschätzenden Aufwand für das Unternehmen zu verursachen.

Ein weiteres Verfahren zur Materialverbrauchsermittlung stellt die **Fortschreibungs-** oder **Skontrationsmethode** dar. Um dieses Verfahren der Verbrauchsermittlung anwenden zu können, ist in den Unternehmen eine ausgebaute Lagerbuchführung notwendig, die alle Zu- und Abgänge im Lager erfasst. Zwingende Voraussetzung für die Entnahme von Material aus dem Lager ist bei diesem Verfahren die Einreichung eines Materialentnahmescheins, auf dem Art und Menge des zu entnehmenden Materials sowie die verbrauchende Kostenstelle und/oder der Kostenträger, für den das Material bestimmt ist, verzeichnet wird (vgl. Abb. 3.4). Darüber hinaus werden in der Lagerbuchhaltung auch die Mengenzugänge durch den Einkauf erfasst, sodass eine lückenlose Verfolgung der Verbrauchs- und Bestandsmengen in der Lagerbuchhaltung erfolgen kann. Die Bestands- und Verbrauchsrechnung erfolgt dann beim Fortschreibungs- oder Skontrationsverfahren nach folgender Berechnungsformel:

Fortschreibungs-/ Skontrationsmethode

> **Definition** Fortschreibungs- oder Skontrationsmethode
>
> Anfangsbestand (lt. Lagerbuchhaltung)
> + Zugänge (lt. Eingangsrechnung/Lieferschein)
> − Abgänge (lt. Materialentnahmeschein)
> _____
> = Endbestand (lt. Lagerbuchhaltung)

Beispiel 3.3

Im nächsten Quartal führt der Controller der FEBAU GmbH probeweise im Holzlager eine provisorische Lagerbuchführung ein und verlangt nun für jede Entnahme die Einreichung eines Materialentnahmescheins, der die verbrauchende Kostenstelle und den Kostenträger ausweist.

Im zweiten Quartal werden folgende Materialentnahmescheine eingereicht:

Entnahmen:

30.4.	500 lfm. Meranti
16.5.	700 lfm. Meranti
7.6.	900 lfm. Meranti

Es erfolgte im zweiten Quartal nur eine Meranti-Lieferung in Höhe von 1.500 lfm. Am Ende des Quartals lässt der Controller noch einmal eine Inventur durchführen, die einen Inventur-Lagerbestand von 200 lfm. Holz der Sorte Meranti ergab.

Wie unschwer durch Aufaddieren der Materialentnahmescheine zu errechnen ist, hat die FEBAU GmbH im 2. Quartal insgesamt 2.100 lfm. Holz der Sorte Meranti verbraucht.

Der Controller macht nun folgende Rechnung auf:

Anfangsbestand:	1.000 lfm. Meranti
+ Zugänge:	1.500 lfm. Meranti
− Verbrauch:	2.100 lfm. Meranti
= Soll-Endbestand	400 lfm. Meranti

(lt. Lagerbuchhaltung)

Neben der jederzeitigen Information über den aktuellen Materialverbrauch anhand der Materialentnahmescheine kann der Controller jetzt durch Vergleich der Inventurmenge von 200 lfm. und dem

Sollbestand lt. Lagerbuchführung von 400 lfm. erkennen, dass es eine Inventurdifferenz von 200 lfm. bei diesem Einsatzstoff gibt. Er beschließt, dieser Inventurdifferenz einmal nachzugehen.

Vorteile der Fortschreibungsmethode sind:

Vor- und Nachteile der Fortschreibungsmethode

- Aufgrund der durchgeführten permanenten Lagerbuchhaltung können zu jedem Zeitpunkt (auch unterjährig) der aktuelle Materialverbrauch wie auch der aktuelle Materialbestand ermittelt werden.

- Da auf den Materialentnahmescheinen die Kostenträger wie auch die Kostenstellen verzeichnet sind, kann darüber hinaus die Frage beantwortet werden, für welche Abteilung bzw. welche Leistung die Materialien verbraucht worden sind.

- Durch Abgleich des Sollbestandes lt. Lagerbuchhaltung mit dem Istbestand lt. Inventur können Hinweise darauf gefunden werden, ob es im Lagerbereich des Unternehmens zu Schwund, Diebstahl, Verderb oder Ähnlichem gekommen ist.

Nachteil des Fortschreibungsverfahrens:

- Als Nachteil des Fortschreibungsverfahrens muss sicher gelten, dass dieses Verfahren eine relativ aufwendige Lagerbuchhaltung und auch eine entsprechende räumlich-organisatorische Abtrennung des Lagers erfordert.[2]

Die **Rückrechnungsmethode** schließlich ermittelt den Materialverbrauch aus den fertig gestellten Endprodukten. Wenn bekannt ist, welche Mengen an Einzelmaterialien für die Herstellung eines Produkts verbraucht werden, so kann aus der Menge der Endprodukte ein Soll-Materialverbrauch nach folgendem Schema errechnet werden.

Rückrechnungsmethode

Definition Rückrechnungsmethode

Verbrauch der Periode = Menge der hergestellten Endprodukte pro Periode * Soll-Materialverbrauch pro Mengeneinheit des Endprodukts.

---

[2] Man erkennt hier ein grundlegendes Prinzip im Rechnungswesen, nämlich dass eine Steigerung der Informationsqualität in aller Regel mit zusätzlichen betrieblichen Kosten „erkauft" werden muss. Die Verantwortlichen haben zu entscheiden, ob die zusätzlich gewonnene Informationsqualität diese zusätzlichen Kosten rechtfertigt. Jedoch kann hier auch der Einsatz moderner IT-Infrastrukturen erhebliche Kostenreduktionen bewirken, wie z. B. die Verwendung von automatischen Barcode-Systemen oder RFID-Systemen (Radio-Frequence-Identificaton), die die Entnahme von Material elektronisch überwachen und protokollieren.

Der Materialverbrauch pro Endprodukt kann dabei aus so genannten Stücklisten (Auflistung der Einzelteile pro fertiges Produkt), Rezepturen, Mischungsverhältnissen oder Prozessbeschreibungen (z. B. in der chemischen Industrie) entnommen werden.

Beispiel 3.4

Nach der überraschenderweise festgestellten Inventurabweichung im zweiten Quartal führt der Controller eine weitere Proberechnung mit Hilfe des Rückrechnungsverfahrens durch. Dazu lässt er feststellen, wie viele Fenster vom Typ Meranti im zweiten Quartal gefertigt wurden. Aus der Arbeitsvorbereitung erhält er die Auskunft, dass insgesamt im zweiten Quartal 1.000 Fenster aus dieser Holzsorte gefertigt wurden. Des Weiteren bekommt er aufgrund der in der Arbeitsvorbereitung geführten Stücklisten die Angabe, dass in jedem Fenster im Durchschnitt ca. 2 lfm. Holz verbaut werden, und aus der Produktion die Information, dass die Größen der Fenster „normalverteilt" waren.

Aufgrund einer einfachen Rechnung (1.000 Fenster * 2 lfm. Holz = Sollverbrauch 2.000 lfm.) wird der Controller in seiner Auffassung bestätigt, dass beim Materialverbrauch bei der FEBAU GmbH etwas nicht stimmt.

Vor- und Nachteile der Rückrechnungsmethode

Die Vorteile der Rückrechnungsmethode sind folgende:

- Die Ermittlung des Materialverbrauchs ist einfach und kostengünstig möglich, ohne Inventuren durchführen zu müssen.
- Eine unterjährige Ermittlung des Materialverbrauchs ist auch jederzeit möglich, solange die Anzahl der gefertigten Einheiten bekannt ist.

Die Nachteile des Verfahrens sind folgende:

- Die Rückrechnungsmethode liefert lediglich Sollwerte darüber, welcher Materialverbrauch bei wirtschaftlichem Verhalten hätte anfallen dürfen.
- Voraussetzung für die korrekte Ermittlung des Materialverbrauchs ist eine laufende Pflege der Berechnungsgrundlagen (Stücklisten, Mischungsverhältnisse, Rezepturen etc.).

Eine Abweichung der Sollwerte lt. Rückrechnungsverfahren mit den Sollwerten lt. Lagerbuchführung gibt den Entscheidern Anhaltspunkte für Unwirtschaftlichkeiten vor allem im Produktionsbereich (z. B. Ausschussproduktion).

3.4.2 Bewertung (Bepreisung) des Materialverbrauchs

Um nun von den ermittelten Materialverbrauchsmengen zu den Materialkosten – bestehend aus Mengenkomponente und Preiskomponente (Menge * Preis) – zu kommen, ist es notwendig, die Materialverbrauchsmengen zu bewerten.

Für die Bewertung des Materialverbrauchs kommen entsprechend Abb. 3.6 unterschiedliche Wertansätze in Frage. Zunächst unterscheiden wir Festpreise und Istpreise.

Bewertungsansätze für den Materialverbrauch

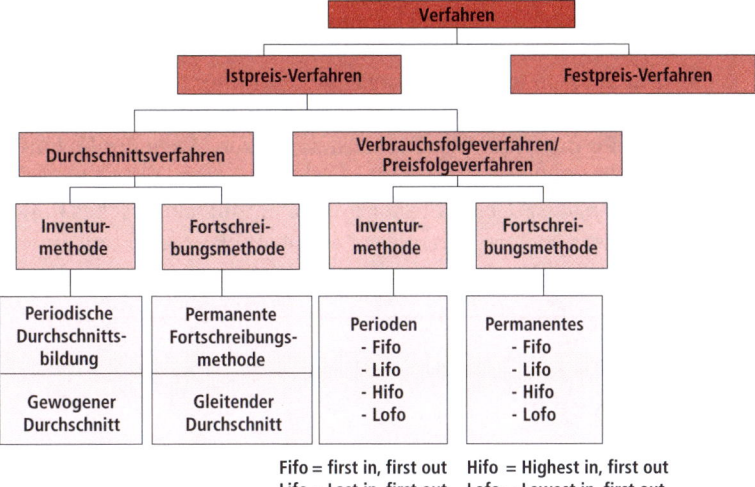

Fifo = first in, first out   Hifo = Highest in, first out
Lifo = Last in, first out   Lofo = Lowest in, first out

Abbildung 3.6: Verfahren der Materialverbrauchsbewertung
(entnommen aus: Däumler K.-D.; Grabe, J.: Kostenrechnung 1, Herne/Berlin 2003, S. 149.)

3.4.2.1 Festpreise

Unter **Festpreisen** verstehen wir zum Zwecke der Kalkulation angesetzte fixierte Preise. Dies können sein:

- Wiederbeschaffungspreise,
- Durchschnittspreise der Vergangenheit,
- Normalpreise,
- Planpreise,
- Preise auf der Basis von Opportunitätskosten etc.

Wiederbeschaffungspreise sollten immer dann zur Anwendung kommen, wenn die Preise der Einsatzstoffe im Zeitablauf stark schwanken. **Durchschnittspreise** der Vergangenheit dagegen können zur Bewertung herangezogen werden, wenn die Preisveränderungen zwischen den einzelnen Perioden nur marginal sind. **Planpreise** bieten sich immer an,

Bewertungsalternativen bei Festpreissystemen

wenn für zukünftige Perioden geplant wird, wie z. B. für die allgemeine Unternehmensplanung oder die Vorkalkulation von Produkten oder Aufträgen.[3] **Opportunitätskosten** als Bewertungsgrundlage sollten immer dann zum Einsatz kommen, wenn es sich bei den verwendeten Einsatzstoffen um Engpassfaktoren handelt.

Beispiel 3.5

> Die FEBAU GmbH will ein neues Produkt „Dachflächenfenster" auf den Markt bringen. In der Kalkulation dieses neuen Produktes müssen sinnvollerweise alle Kosten erfasst werden, die in der Zukunft für die Herstellung des Produktes anfallen werden. Hier würde es, insbesondere bei starken Preisveränderungen der Rohmaterialien nicht sinnvoll sein, auf Basis vergangenheitsorientierter Preise für die Einsatzmaterialien und Betriebsstoffe zu kalkulieren. Daher sind Planpreise für die zukünftige Periode anzusetzen. Auch für die Planung der Materialkosten in der Unternehmensplanung (Budgetierung) für das nächste Geschäftsjahr sollten, um ein realistisches Bild der Kosten der nächsten Perioden zu erhalten, Planpreise zugrunde gelegt werden.

3.4.2.2   Istpreise

Der Ansatz von **Istpreisen** ist dagegen immer dann sinnvoll, wenn die Betrachtungsperiode in der Vergangenheit liegt, wie z. B. bei der Nachkalkulation oder der Ermittlung des Betriebsergebnisses einer bereits vergangenen Periode.

Beispiel 3.6

> Geht es darum, festzustellen, ob die FEBAU GmbH im letzten Jahr einen Betriebsgewinn erzielt hat, sind die tatsächlich bezahlten Preise (Istpreise) für die verbrauchten Ressourcen bei der Ermittlung des Betriebsergebnisses zugrunde zu legen. Gleiches gilt beispielsweise für die Nachkalkulation einzelner Aufträge.

Bewertungsalternativen bei Ist-Preis-Systemen

Bei der Anwendung der Istpreisbewertung stellt sich – insbesondere bei unterjährig stark schwankenden Preisen – die Frage, welche Preise zugrunde gelegt werden sollen, da die Entnahmen mit einem Preis zu bewerten sind und mengenmäßig nicht mit den unterschiedlichen bepreisten Lieferungen übereinstimmen. Hierzu unterscheiden wir gemäß Abb. 3.6 nach Durchschnittsverfahren und Verbrauchs- oder Preisfolgeverfahren.

---

[3] Vgl. Kapitel 5

Die **Verbrauchsfolgeverfahren** unterstellen eine bestimmte Verbrauchsreihenfolge der eingekauften Materialien. Hierzu gehören das FIFO- und das LIFO-Verfahren. Beim **FIFO- Verfahren** (FIFO = First In, First Out) wird angenommen, dass die Materialien, die zuerst eingekauft wurden, auch als erste verbraucht werden. Für die Bewertung des mengenmäßigen Verbrauchs werden daher zunächst die Preise angesetzt, die für die zuerst beschafften Waren bezahlt wurden.

Verbrauchsfolgeverfahren

> Das FIFO-Verfahren entspricht z. B. dem Lagerverfahren in einem Silo, das von oben befüllt wird und dessen Entnahme am unteren Ende erfolgt, sodass die zuerst eingekauften Materialien sich unten im Silo befinden und daher als erste wieder entnommen werden. Alle verderblichen Güter sind auf diese Weise zu behandeln, da sonst ein unverkäuflicher Rest veralteter oder verdorbener Güter im Lager verbleiben würde.

Beispiel 3.7

Beim **LIFO-Verfahren** (LIFO = Last In, First Out) wird unterstellt, dass die zuletzt beschafften Materialien auch als erste wieder verbraucht werden. Die preismäßige Bewertung erfolgt so, dass zunächst die Einkaufspreise der zuletzt beschafften Stoffe zur Bepreisung herangezogen werden und dann die als Vorletztes beschafften Stoffe und so weiter.

> Die Form des LIFO-Verfahrens entspricht einem Regallager für unverderbliche Güter, in dem die eingehenden Waren von unten nach oben gelagert werden. Bei der Entnahme werden in der Regel die oben liegenden Materialien zuerst entnommen. Somit werden die zuletzt angelieferten Waren zuerst entnommen. Gut für die Verdeutlichung ist auch das Beispiel eines Kies- oder Sandberges, wo an die zuerst gelieferten Kies- oder Sandlieferungen gar nicht heranzukommen ist, ohne die zuletzt aufgeschütteten Lieferungen abzutragen.

Beispiel 3.8

Die **Preisfolgeverfahren**, HIFO- und LOFO-Verfahren, unterstellen eine bestimmte Entnahmenreihenfolge, die sich an den Einkaufspreisen dieser Waren orientiert. Beim **HIFO-Verfahren** (HIFO = Highest In, First Out) werden die Materialien mit dem höchsten Einkaufspreis pro Einheit zuerst entnommen. Beim **LOFO-Verfahren** (LOFO = Lowest In, First Out) ist es genau umgekehrt: die Materialien mit dem geringsten Einkaufspreis werden als Erstes entnommen.

Preisfolgeverfahren

Beispiel 3.9

> Werden in einem Lager die einzelnen Lieferungen eines Einsatz-
> stoffes getrennt nach Einkaufspreis eingelagert, können auf ent-
> sprechende Anweisung beim HIFO-Verfahren die Materialien zuerst
> entnommen werden, die den höchsten Materialeinkaufspreis auf-
> weisen. Beim LOFO-Verfahren würden dagegen jene Materialien
> zuerst entnommen, die den geringsten Einkaufspreis aufweisen.

In der Praxis der Kostenrechnung wesentlich verbreiteter als die Preis-
oder Verbrauchsfolgeverfahren sind die Durchschnittswertverfahren.
Bei diesen Verfahren werden auf der Grundlage der tatsächlich bezahlten Einkaufspreise für eine Periode **Durchschnittspreise** errechnet, die
dann zur Bewertung des mengenmäßigen Verbrauchs zugrunde gelegt
werden.

Verfahren des gewogenen Durchschnitts

Weite praktische Verbreitung hat dabei das **Verfahren des gewogenen Durchschnitts** gefunden. Hierbei wird für eine Abrechnungsperiode nach Ablauf der Periode aus den verschiedenen Einkaufspreisen
ein gewichteter (gewogener) Durchschnittspreis errechnet, in dem die
verschiedenen Einkaufspreise mit der Einkaufsmenge gewichtet und
anschließend durch die Gesamtmenge (AB + Zugänge) dividiert werden.

Formelmäßig kann dies wie folgt dargestellt werden:

Formel 3.1

$$\varnothing \, p = \frac{\sum\limits_{i=1}^{n} (p_i * x_i)}{\sum\limits_{i=1}^{n} x_i}$$

mit

p_i = Preis des Einsatzstoffes bei der Lieferung i
x_i = Menge des Einsatzstoffes bei der Lieferung i

Dieser Durchschnittspreis wird dann zur Bewertung des Verbrauchs
einer Periode herangezogen.

Die FEBAU GmbH hat im Monat März dreimal Holzlieferungen (Rohmaterial) der Sorte Meranti für die Produktion in folgenden Mengen und zu folgenden Preisen bezogen:

Beispiel 3.10

Datum	Menge (in lfm.)	Preis (in €/lfm.)
1.1. (Anfangsbestand)	100	6,00
10.3.	500	3,00
17.3.	600	11,00
20.3.	200	4,00

Die Berechnung des gewogenen Durchschnitts erfolgt nun so, dass die Einkaufsmengen des Holzes mit den jeweiligen Einkaufspreisen multipliziert und die Mengen und die gewichteten Preise addiert werden. Hieraus wird dann ein Durchschnitt gebildet. (Die Berechnungsmethodik ist im unten aufgeführten Beispiel dargestellt.)

Berechnung:

Datum	Menge (in lfm.)	Preis (in €/lfm.)	Wert (in €)
1.1. (Anfangsbestand)	100	6,00	600
10.3.	500	3,00	1.500
17.3.	600	11,00	6.600
20.3.	200	4,00	800
Summe	1.400		9.500

Der gewogene Durchschnitt kann nun errechnetet werden durch

$$\varnothing\, p = \frac{\sum\limits_{i=1}^{n} (p_i * x_i)}{\sum\limits_{i=1}^{n} x_i} = \frac{9.500\,€}{1.400\,\text{lfm.}} = 6,79\,€\,/\,\text{lfm. (gerundet)}$$

Alle im Monat März aus dem Lager entnommenen Verbrauchsmengen an Holz werden nun mit diesem Durchschnittspreis multipliziert. Darüber hinaus wird auch der Endbestand des Holzes, der am Ende des Monats noch auf dem Lager liegt, mit diesem Durchschnittspreis bewertet.

Merke Bei dem Verfahren des gewogenen Durchschnitts gibt es für eine Abrechnungsperiode immer nur einen Bewertungspreis. Dieser Bewertungspreis wird auch für die Bewertung des Lagerbestandes herangezogen!

Verfahren des gleitenden
Durchschnitts

Ebenfalls in der Praxis weit verbreitet ist das so genannte **Verfahren des gleitenden Durchschnitts**. Dieses Verfahren ist im Grunde eine Weiterentwicklung des gewogenen Durchschnitts. Es verbessert dieses, indem innerhalb der Periode mehrere Durchschnittspreise zugrunde gelegt werden.

Das Verfahren des gleitenden Durchschnitts berechnet nach jedem neuen Materialzugang nach obiger Formel jeweils einen neuen Durchschnittspreis. Mit diesem Durchschnittspreis werden so lange alle Materialverbrauchsmengen wie auch deren Lagerbestände bewertet, bis ein neuer Materialzugang erfolgt. Sobald neue Materialien (zu anderen Preisen) beschafft werden, wird ein neuer Durchschnittspreis errechnet.

Beispiel 3.11

Nehmen wir als Ausgangslage die Daten aus dem Beispiel des gewogenen Durchschnitts. Zusätzlich zu den Daten benötigen wir zur Anwendung dieser Methode noch die Verbrauchsdaten für die betreffende Holzsorte.

Verbrauchsdaten

Datum	Verbrauchsmenge (in lfm.)
11.3.	200
18.3.	800

Wie sieht nun unsere Lagerbuchführung für das Holzlager aus? Hier sind alle Zu- und Abgänge wie auch der Anfangsbestand chronologisch aufgezeichnet:

Datum	Menge (lfm.)	Preis (in €/lfm.)	Wert (in €)
1.1. (Anfangsbestand)	100	6,00	600
10.3.	+500	3,00	1.500
Bestand	600	3,50	+2.100
11.3.	−200	3,50	−700
17.3.	+600	11,00	6.600
Bestand	1.000	8,00	8.000
18.3.	−800	8,00	−6.400
20.3.	+200	4,00	800
Endbestand	400	6,00	2.400

Vergleichen wir nun die unterschiedlichen Einsatzkosten für das Meranti-Holz in unserem Betrieb nach beiden Methoden, so zeigt sich folgendes Bild:

Gewogene Durchschnittsmethode:

Materialkosten	6.790 € =	1.000 kg * 6,79 €/kg
Bewerteter Lagerbestand	2.716 € =	400 kg * 6,79 €/kg

Gleitende Durchschnittsmethode:

Materialkosten	7.100 € =	700 € + 6400 €
Bewerteter Lagerbestand	2.400 € =	400 kg * 6 €/kg

Wir erkennen an diesem Beispiel, dass die unterschiedlichen Verfahren sowohl für die Materialkosten (= bewerteter Materialverbrauch) als auch für die Lagerbestände zu unterschiedlichen Werten führen.

Merke Grundsätzlich ist bei der Bewertung der Verbrauchsmengen der Produktionsfaktoren ein gegenläufiger Effekt festzustellen. Je höher die Materialkosten in einer Periode ausfallen, desto niedriger ist die Bewertung der Endbestände. Dadurch erfolgt eine Entlastung bei den Materialkosten in der Zukunft. Umgekehrt korrespondiert ein niedriger Materialverbrauch mit hohen bewerteten Lagerbeständen. Dies hat eine Belastung zukünftiger Unternehmensergebnisse durch erhöhte zukünftige Materialkosten zur Folge.

Damit ist zu entscheiden, ob die Bestände oder die Verbräuche mit möglichst zeitnahen, aktuellen Werten ausgewiesen werden sollen. Für die Kalkulation bietet sich die Verwendung zeitnaher Werte an, da die Selbstkosten dann auf der Basis möglichst aktueller Preisinformationen der Produktionsfaktoren ermittelt werden. Dies bedingt die Verwendung des LIFO-Verfahrens und führt dazu, dass die Bestände mit veralteten Werten angesetzt werden müssen. Bei FIFO sind dann zwar die Bestände aktuell bewertet, dafür gehen aber ältere Werte in die Kalkulation ein und verzerren dort die Aussagen.

IFRS Nach den IFRS sind für die Bewertung der Vorräte das Durchschnittskostenverfahren sowie als Verbrauchsfolgeverfahren das FIFO-Verfahren vorgesehen. Nach IAS 2 darf das LIFO-Verfahren nur noch dann eingesetzt werden, wenn es dem tatsächlichen Verbrauchsverlauf entspricht.

3.5 Erfassung und Bewertung der Personalkosten

Grundlage zur Erfassung der **Personalkosten** im Unternehmen bildet die Personalbuchhaltung. In ihr werden alle mit der Vergütung der Arbeitsleistung der beschäftigten Mitarbeiter in Zusammenhang stehenden Vorgänge erfasst. Die Übernahme der Personalkosten in die Kosten- und Erlösrechnung erfolgt zumeist undifferenziert als Grundkosten auf Basis der tatsächlichen Löhne und Gehälter. Wichtig für die Verarbeitung der Personalkosten in der Kostenrechnung ist die Zuordnung dieser Kosten zu den Einzel- und den Gemeinkosten.

Die Personalkosten können nach folgenden Hauptgruppen unterschieden werden:

- Löhne und Gehälter,
- Sozialkosten und Aufwendungen für Altersversorgung sowie
- sonstige Personal- und Personalnebenkosten.

3.5.1 Erfassung der Personalkosten

Begriff und Erfassung von Lohnkosten

Löhne und Gehälter sind die Vergütungen, die aufgrund eines Arbeitsverhältnisses an Mitarbeiter gezahlt werden.

Dabei bezeichnen die **Löhne** die Vergütungen an Arbeiter. Diese können nach der Bezugsbasis entweder als Stück- oder Akkordlohn (Vergütung pro Stück) oder als Zeitlohn (Stundenlohn) ausgestaltet sein. Darüber hinaus kann man die Löhne hinsichtlich ihrer Zurechenbarkeit zu den Kostenträgern in Fertigungslöhne und Hilfslöhne unterscheiden. Fertigungslöhne sind den einzelnen Kostenträgern direkt zuzuordnen, stellen also Einzelkosten dar, die Hilfslöhne fallen für allgemeine Tätigkeiten im Unternehmen an, sind daher den Kostenträgern nicht unmittelbar zuzuordnen und somit Gemeinkosten. Ebenso gehören die Löhne der Vorarbeiter und Fertigungsmeister zu den Gemeinkosten.

Erfasst wird die Arbeitszeit der Arbeiter über so genannte

- Zeitlohnscheine,
- Akkordlohnscheine,
- Prämienlohnscheine oder
- Stempelkarten.

In der FEBAU GmbH sind in der Fensterproduktion Arbeitnehmer mit verschiedenen Lohnarten beschäftigt:

Beispiel 3.12

- Montagearbeiter im Zeitlohn, die mit der Fertigung der Fenster beschäftigt sind,

- Lager- und Transportarbeiter im Zeitlohn, die für die Materialversorgung, die Lagerung von Roh- und Betriebsstoffen sowie die Auslagerung fertiger Fenster zuständig sind,

- Glaser, die im Akkord die fertigen Fenster verglasen und für jede fertige Fenstereinheit bezahlt werden.

- Darüber hinaus gibt es noch Meister und Vorarbeiter, die für die reibungslose Abwicklung der Produktion zuständig sind. Auch sie erhalten einen Zeitlohn.

In der Kostenrechnung der FEBAU GmbH werden die Löhne der Montagearbeiter wie auch die der Glaser als Einzelkosten erfasst und später den einzelnen Produkteinheiten direkt zugerechnet.

Dagegen werden die Löhne der Lager- und Transportarbeiter (Hilfslöhne) wie auch die der Vorarbeiter und Meister als Gemeinkosten des Unternehmens erfasst. Diese werden in der Kostenstellenrechnung den einzelnen Abteilungen (Kostenstellen) zugeordnet und dort weiterverrechnet.

Der Begriff **Gehälter** bezeichnet die Vergütungen der Angestellten des Unternehmens. Diese Gehälter werden immer zeitabhängig als Monatsentgelt vergütet. Da sie normalerweise nicht einer einzelnen Kostenträgereinheit zuzuordnen sind, stellen Gehaltskosten im Normalfall immer Gemeinkosten dar. Eine Ausnahme bilden hier zum Teil die Vertriebsmitarbeiter, die unter Umständen durchaus einzelnen Produkten zugeordnet und auch leistungsmäßig bezahlt werden können.

Begriff und Erfassung von Gehaltskosten

Bei den Angestellten werden die Arbeitszeiten über

- Stempelkarten und
- Zeiterfassungssysteme, auch
- pauschal monatlich

erfasst. Die Gehaltskosten werden durch Kostenstellenangaben im Personalstammsatz bestimmten Kostenstellen zugewiesen. Der Personalstammsatz wird in der Personalabteilung zumeist softwaretechnisch verwaltet. Er ordnet bestimmte Mitarbeiter einer Kostenstelle direkt oder über Verteilungsschlüssel mehreren Kostenstellen zu.

3.5.2 Bewertung der Arbeitsleistung

Die Bewertung der verbrauchten Mengen an Arbeitskraft wird üblicherweise in der Personalabteilung bei den Arbeitern mit den entsprechenden Stundensätzen, Akkord- oder Stücklöhnen oder dem Monatsgehalt der Angestellten vorgenommen.

Begriff und Erfassung von Personalnebenkosten

Neben den reinen Lohn- und Gehaltskosten fallen im Zusammenhang mit den Vergütungen noch weitere Sozialkosten und Kosten der Altersversorgung an, die durch Gesetze, Verordnungen, Tarife oder arbeitsvertragliche Regelungen bestimmt werden. Sie werden in der Personalabrechnung zumeist als prozentuale Zuschläge auf die Lohnkosten verrechnet und zusammen mit den Lohnkosten in die Kostenrechnung übernommen. Die so errechneten Personalkosten werden im Anschluss an jede monatliche Auszahlung als Grundkosten unmittelbar in die Kostenrechnung übernommen.

Eine besondere Problematik stellen bei der Erfassung der Personalkosten unregelmäßige Sonderzahlungen wie Urlaubs- oder Weihnachtsgeld dar. Diese werden üblicherweise nicht im Monat der Auszahlung in die Kostenrechnung übernommen, sondern monatlich abgegrenzt; d. h. der Gesamtbetrag der Sonderzahlungen wird durch 12 geteilt und dann monatlich anteilig in der Kostenrechnung erfasst. Auch die Behandlung der Kosten für die Lohnfortzahlung im Krankheitsfall ist bei bestimmten Rechenzwecken auf unternehmensweit geglätteter Basis in die Kostenrechnung zu übernehmen.

3.5.3 Sonstige Personal- und Personalnebenkosten

Begriff und Erfassung von sonstigen Personalkosten

Sonstige Personalkosten fallen für Jubiläumszuwendungen, freiwillige Pensionszusagen, Ausbildungszuschüsse oder Unterstützungszahlungen wegen Geburten, Hochzeiten oder Ähnlichem an. Auch Kosten der Personalsuche (z. B. Inserate, Reisekosten der Bewerber, Headhunter), Personalversetzung (z. B. Umzugskostenerstattung), die Personalentwicklung oder Personalfreisetzung (z. B. Abfindungen) können hier subsumiert werden.

3.6 Erfassung und Bewertung von sonstigen Kosten

Unter **sonstigen Kosten** sollen hier alle sonstigen Lieferungen von Dritten an das Unternehmen verstanden werden, wie z. B. Logistik-, Marketing-, Rechts-, Steuer- oder sonstige Beratungsleistungen, die im Unternehmen zum Erreichen des Betriebszweckes benötigt werden. Auch Mieten und Pachten fallen unter diese Kostenart. Beim Verbrauch an Energie, Schmier- oder Brennstoffen ist darauf zu achten, dass diese eindeutig den Materialkosten oder den sonstigen Kosten zuzuordnen sind.

Die sonstigen Kosten werden als Grundkosten unverändert aus der Finanzbuchhaltung in die Kostenrechnung übernommen.

In den Rahmen der sonstigen Kosten fallen auch Beiträge, Gebühren oder Steuern des Unternehmens an öffentliche Körperschaften, Verbände und die Finanzbehörden.

Erfassung von Beiträgen, Gebühren, Steuern

Unstrittig ist, dass Gebühren und Beiträge als Gegenleistungen für (staatliche) Dienstleistungen aufzufassen sind und daher als Kosten in der Kostenrechnung erfasst werden müssen. Dagegen ist die Frage, ob und welche **Steuern** in die Kostenrechnung aufzunehmen sind, in der Literatur umstritten. Interpretiert man Steuern auch als Entgelt für unspezifische staatliche Dienstleistungen, so sind Steuern den Kosten zuzurechnen, sofern sie zur Erreichung des Betriebszweckes dienen. Grundsätzlich werden mit Ausnahme der Ertragsteuern nahezu alle Steuern zu den Kosten gezählt, in entscheidungsorientierter oder aufgabenorientierter Betrachtungsweise dagegen werden teilweise auch die Ertragsteuern als entscheidungsrelevante Kosten angesetzt.

3.7 Ermittlung kalkulatorischer Kosten

3.7.1 Begriff und Aufgaben kalkulatorischer Kosten in der Kosten- und Erlösrechnung

> **Definition**   **Kalkulatorische Kosten** beschreiben solche Kostenarten, denen entweder in der Finanzbuchhaltung keine Aufwendungen gegenüberstehen (so genannte Zusatzkosten), oder solche Kosten- bzw. Aufwandsarten, die in der Finanzbuchhaltung zwar vorhanden sind, aber dort mit anderen Wertansätzen verrechnet werden (so genannte Anderskosten).[4]

Für die Kosten- und Erlösrechnung bedeutet dies, dass diese Kostenarten nicht aus der Finanzbuchhaltung übernommen werden können, sondern für die Zwecke der Kostenrechnung neu berechnet und anschließend separat in die Kostenrechnung übernommen werden müssen. Wir werden uns daher in diesem Abschnitt mit den spezifischen Berechnungsverfahren für die kalkulatorischen Kosten beschäftigen.

Bei den kalkulatorischen Kosten werden üblicherweise folgende wichtige kalkulatorische Kostenarten unterschieden:

- kalkulatorische Abschreibungen,
- kalkulatorische Zinsen,
- kalkulatorischer Unternehmerlohn,

---

[4] vgl. Kapitel 2, S. 44

■ kalkulatorische Miete und/oder

■ kalkulatorische Wagnisse.

Zweck und Bedeutung kalkulatorischer Kosten in der Kostenrechnung

Bevor hierauf im Einzelnen eingegangen wird, lassen Sie uns zunächst einmal der grundsätzlichen Frage nachgehen, warum wir überhaupt kalkulatorische Kostenarten in der Kosten- und Erlösrechnung benötigen.

Ausgleich von Kosteneffekten in unterschiedlichen Eigentumssituationen

Zunächst dienen kalkulatorische Kosten dem Ausgleich unterschiedlicher Kostenstrukturen in Unternehmen, die daraus entstehen können, dass z. B. ein Eigentümer eines Unternehmens in seinem Betrieb mitarbeitet, sich aber dafür kein Gehalt bezahlt, sondern dies am Jahresende in Form eines höheren Gewinns entnehmen möchte. Gleiches trifft zu für Betriebsgebäude, die im Besitz des Eigentümers sind und die dieser dem Unternehmen mietfrei zu Verfügung stellt.

Zwischenbetrieblicher Vergleich der Kostenstrukturen

Würde man nun die Kostenstrukturen von Unternehmen, die in gemieteten Betriebsräumen arbeiten und von einem externen, angestellten Geschäftsführer geleitet werden, mit solchen vergleichen, die unter den oben beschriebenen Rahmenbedingungen arbeiten, so ist leicht zu erkennen, dass in den Kosten des letzteren Betriebs wesentliche Kostenbestandteile fehlen. Eine Vergleichbarkeit der Kostenstrukturen wäre dann nicht mehr gegeben. Was bedeutet dieser Sachverhalt für die Kalkulation in unserem Unternehmen? Letztlich kann diese Situation dazu führen, dass wir in unserem Beispielunternehmen zu geringe Kosten in die Selbstkosten einkalkulieren. Die Preise werden somit zu niedrig angesetzt und können unter ungünstigen Marktverhältnissen dazu führen, dass die Kalkulation so knapp ausfällt, dass am Ende des Geschäfts-

Erzielung von Mindestgewinn in Höhe der Opportunitätskosten

jahres kein Gewinn anfällt, der vom Eigentümer entnommen werden kann. Für den Eigentümer hat das zur Folge, dass er in diesem Fall ein Jahr ohne Entgelt gearbeitet und darüber hinaus auch keine Miete erzielt hätte. Für ihn wäre es also besser gewesen, er hätte in diesem Jahr als angestellter Geschäftsführer in einem fremden Unternehmen gearbeitet und seine Immobilie an ein drittes Unternehmen vermietet. Wie aus diesem Beispiel leicht zu erkennen ist, handelt es sich bei den beschriebenen kalkulatorischen Kostenarten um so genannte Opportunitätskosten (Kosten der entgangenen Gelegenheit).

Betriebswirtschaftlich sinnvolle Verteilung der Anschaffungskosten

In Hinblick auf die kalkulatorischen Abschreibungen dienen diese in der Kostenrechnung der **betriebswirtschaftlich sinnvollen Verteilung der Anschaffungskosten** von Investitionsgütern auf die Jahre ihrer Nutzung. Darüber hinaus wird durch die Verrechnung von Abschreibungen ein Refinanzierungseffekt erzielt, die so genannte Finanzierung aus Abschreibungen, auf die wir im folgenden Kapitel 3.7.2 noch eingehen werden.

Zusammengefasst kann festgestellt werden, dass der Ansatz kalkulatorischer Kosten in der Kostenrechnung insbesondere folgenden Zielen dient:

- Erstellung einer Kalkulation, die den Ressourcenverbrauch möglichst zutreffend widerspiegelt,

- Erzielung eines Finanzierungseffekts,

- betriebswirtschaftlich sinnvolle Verteilung der Anschaffungskosten eines Investitionsgutes auf die Nutzungsdauer (Kostenverteilungseffekt) sowie

- Herstellung einer Vergleichbarkeit von Unternehmen mit unterschiedlichen Eigentumsstrukturen.

Eine praktische Anwendung kalkulatorischer Kosten in der Existenzgründung zeigt Abb. 3.7 auf der Website der Sparkasse Aachen:

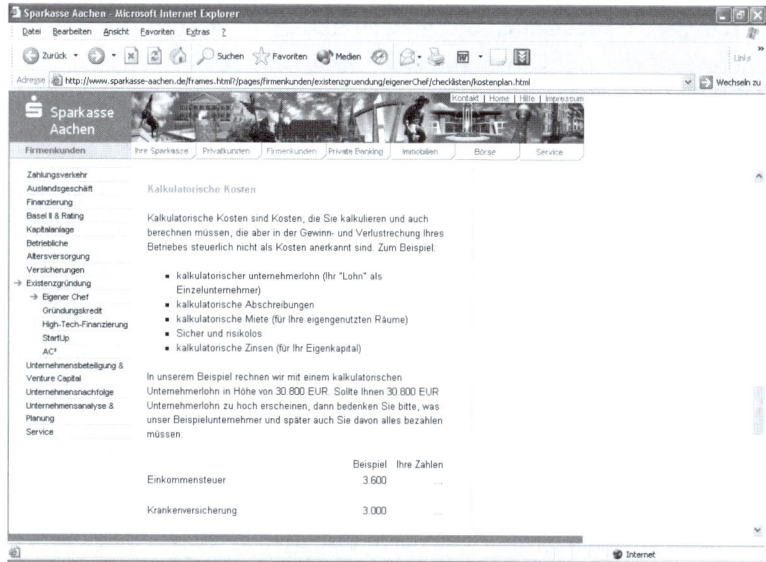

Abbildung 3.7: Beispiel für die Anwendung kalkulatorischer Kosten in der Existenzgründung (entnommen aus: www.sparkasse-aachen.de vom 24.5.2006)

3.7.2 Kalkulatorische Abschreibungen

> **Definition** **Kalkulatorische Abschreibungen** repräsentieren die planmäßige, verursachungs- und periodengerechte Erfassung des Werteverzehrs bzw. der Wertminderung der Gegenstände des Anlagevermögens. Dieser Werteverzehr kann in der Regel auf technische und/oder wirtschaftliche Ursachen (Nutzungsverschleiß), auf den Zeitablauf (Zeitverschleiß) oder auf sonstige Gründe zurückgeführt werden. Durch die Abschreibung der Anlagegüter wird ein Kostenverteilungseffekt sowie ein Finanzierungseffekt erzielt.
>
> In der Finanzbuchhaltung werden Abschreibungen als Aufwand erfasst, in der Kostenrechnung als Kosten.

Kalkulatorische Abschreibungen als Anderskosten

Wie schon in Kapitel 2 erläutert, gehören die kalkulatorischen Abschreibungen zu den Anderskosten, also solchen Kosten- bzw. Aufwandsarten, die prinzipiell sowohl in der Finanzbuchhaltung als auch in der Kostenrechnung existieren, dort aber unterschiedliche Werte aufweisen können. Woraus resultiert dies?

Abschreibungen in der Finanzbuchhaltung, also dem externen Rechnungswesen, unterliegen handels- und steuerrechtlicher Reglementierungen. So schreiben Gesetzgeber und Finanzbehörden

- die Abschreibungsverfahren,
- die Nutzungsdauern der Anlagegüter und
- die Abschreibungsbasis, von der abgeschrieben werden darf,

verbindlich vor.

In der Kosten- und Erlösrechnung dagegen sind wir von diesen Vorschriften vollkommen befreit, sodass hier die als betriebswirtschaftlich sinnvoll anzusetzenden Kosten zu erfassen sind, die eine verlässliche und stetige Grundlage für die Kalkulation der Unternehmensleistungen schaffen.

Insofern können die Wertansätze, Verfahren und Nutzungsdauern zwischen der Finanzbuchhaltung und der Kostenrechnung teilweise erheblich differieren.

IFRS Anders als im durch das Steuerrecht beeinflussten Abschluss nach HGB sind nach den IFRS stets nur die wirtschaftlichen Sachverhalte in die Bestimmung der Abschreibungen einzubeziehen (IAS 16). So sind die Nutzungsdauern bestmöglich zu schätzen und das Abschreibungsverfahren zu wählen, welches dem realen Werteverzehr am nächsten kommt. Dies ist auch jährlich zu überprüfen und gegebenenfalls anzupassen. Bei der Ermittlung des Abschreibungsbetrages sind die verbleibenden Restwerte zu berücksichtigen. Zudem fordert IFRS für Fälle, in denen dies eine wesentliche Auswirkung hat, die Anwendung des Komponentenansatzes. Hierbei werden die abnutzbaren Vermögensgegenstände weiter unterteilt in ihre Komponenten, wenn diese eine unterschiedliche Nutzungsdauer haben. So kann etwa die Karosserie eines LKW doppelt so lange halten wie der Motor. Daher würde ein abzuschreibender LKW, aufgeteilt in den Motor und den Rest, mit unterschiedlichen Abschreibungsdauer versehen werden.

Daher sind Abschreibungen nach IFRS bis auf wenige Ausnahmen als Grundkosten auch direkt in die Kostenrechnung zu übernehmen.

Beispiel 3.13

Bereits in Kapitel 2 wurde folgendes einfache Beispiel zur Demonstration der Unterschiede zwischen finanzbuchhalterischer und kostenrechnerischer Sichtweise dargestellt. In der FEBAU GmbH wurde für betriebliche Zwecke ein neuer PKW im Werte von 30.000 € angeschafft. Dieser PKW wird in der Finanzbuchhaltung entsprechend den aktuellen AfA-Tabellen über sechs Jahre abgeschrieben. Sie wenden die lineare Abschreibungsmethode an. Hieraus resultiert eine jährliche Abschreibung von 5.000 € für diesen PKW (30.000 €/6 Jahre).

Aus der bisherigen unternehmerischen Erfahrung wissen Sie allerdings, dass die tatsächliche Lebensdauer dieses PKW bei pfleglichem Umgang und normaler Beanspruchung in der Regel mindestens zehn Jahre beträgt. Somit würde in der Kostenrechnung eine Nutzungsdauer von zehn Jahren unterstellt. Dies würde zu Abschreibungen in Höhe von 3.000 € pro Jahr führen (30.000 €/10 Jahre).

Es ist zu erkennen, dass der Abschreibungsaufwand des PKW in der Finanzbuchhaltung von den Abschreibungskosten in der Kostenrechnung abweicht.

Wie an obigem Beispiel zu erkennen ist, existieren die Abschreibungen sowohl als Aufwand in der Finanzbuchhaltung wie auch als Kosten in der Kostenrechnung. Allerdings können die Wertansätze in beiden Rechenwerken völlig unterschiedlich ausfallen.

Kostenverteilungseffekt von Abschreibungen

Mit Hilfe der Abschreibungen werden die Anschaffungskosten bzw. Wiederbeschaffungskosten auf die einzelnen Jahre der Nutzung verteilt. Man spricht hier vom **Kostenverteilungseffekt** der Abschreibungen. Wenn Unternehmen keine Möglichkeit hätten, Anlagegüter zu aktivieren und abzuschreiben, würden im Jahr der Anschaffung die gesamten Anschaffungskosten in voller Höhe als Kosten in der Kostenrechnung erfasst werden müssen. Die Folge wäre, dass in diesem Jahr aufgrund der erhöhten Kosten der Gewinn entsprechend geschmälert würde. In den Folgejahren der Nutzung des Anlageguts würden demgegenüber keine Kosten anfallen. Wir hätten einen Kostenverlauf im Unternehmen, der nicht mit der Nutzung des Anlageguts übereinstimmt und damit den Ressourcenverbrauch nicht richtig widerspiegelt.

Finanzierungseffekt von Abschreibungen

Auf der anderen Seite generieren Abschreibungen einen **Finanzierungseffekt**, die so genannte Finanzierung aus Abschreibungen. Dieser Effekt resultiert daraus, dass Abschreibungen nicht auszahlungswirksame Kosten darstellen. Dies heißt, dass die Abschreibungen nicht ausbezahlt werden, sondern lediglich einen kalkulatorischen Posten darstellen. Dadurch, dass die Abschreibungen als Kosten in die Kalkulation eingehen und sich damit im Preis der Güter niederschlagen, aber nicht zu Auszahlungen führen, erzeugen diese Güter beim Verkauf zu Selbstkosten einen Zahlungsüberschuss in Höhe der Abschreibungen. Da der Betrag den Gewinn reduziert, kann dieser auch nicht an den Fiskus oder die Eigenkapitalgeber ausgeschüttet werden. Würden – vereinfacht dargestellt – diese Zahlungsüberschüsse auf einem gesonderten (zinslosen) Konto angesammelt werden, müsste am Ende der Nutzungsdauer des Anlageguts wieder ein Betrag in Höhe des Anschaffungswertes vorhanden sein. Auf diese Weise könnte so aus den „Ersparnissen" aus Abschreibungen ein neues Wirtschaftsgut angeschafft werden. Dieses

Nominelle Kapitalerhaltung

Prinzip, dass aus den Abschreibungsbeträgen genau die Anschaffungskosten wieder reproduziert werden, nennt man das Prinzip der **nominellen Kapitalerhaltung**.[5] Die Abschreibungen in der Finanzbuchhaltung beruhen auf diesem Prinzip der Kapitalerhaltung.

Da die Finanzierung aus Abschreibungen nicht unmittelbar einsichtig ist, lassen Sie uns dazu ein Beispiel betrachten:

---

[5] Nominelle Kapitalerhaltung bedeutet, dass der nominelle Kapitalbetrag (= die Anschaffungskosten) über die Abschreibungen wieder verdient wird.

Die FEBAU GmbH macht in der Kostenrechnung folgende verein-fachte Kalkulation für ein Produkt auf. Wir wollen annehmen, dass in der betrachteten Abrechnungsperiode nur eine Einheit des Fertigprodukts hergestellt wurde.

Beispiel 3.14

Kostenart	Kalkulation	Auswirkungen auf die Liquiditätsrechnung	Liquiditäts-rechnung
Materialkosten	100	Auszahlung	100
Personalkosten	50	Auszahlung	50
Sonstige Kosten	50	Auszahlung	50
Abschreibungen	50	Keine Auszahlung	0
Summe Kosten	250	Summe Auszahlungen	200
Preis	250	Einzahlung	250
Gewinn	0	Einzahlungsüberschuss	50

Unterstellen wir weiter, dass das Produkt ohne Gewinn weiterverkauft werden soll, so würde das Produkt zu einem Preis von 250 € auf den Markt gebracht.

Betrachten wir demgegenüber die Auswirkungen dieses Geschäftsvorfalls auf die Liquidität, so zeigt sich, dass die Materialkosten, die Personalkosten wie auch die sonstigen Kosten zu Auszahlungen führen, da die Lieferanten ihre Waren bezahlt und die Mitarbeiter ihren Lohn bzw. ihr Gehalt ausgezahlt bekommen. Allein die Abschreibungen führen zu keinen Auszahlungen.

Da die Summe der Kosten in der Kostenrechnung in diesem Beispiel die Höhe des Verkaufspreises bestimmt, führt der Verkauf des Produktes zu Einzahlungen in Höhe von 250 €, aber nur zu Auszahlungen von 200 €. Der Saldo zwischen Ein- und Auszahlungen, der Einzahlungsüberschuss, beträgt 50 €. Dieser Einzahlungsüberschuss stellt die Grundform des Cashflows aus operativem Geschäft dar.

Würde man nun die 50 € pro Abrechnungsperiode in der gesamten Nutzungsdauer auf ein (zinsloses) Sparkonto einzahlen (was in der Praxis nicht geschieht), dann würde das Sparkonto nach Ablauf der Nutzungsdauer der zur Produktion notwendigen Maschine wieder genau die Anschaffungskosten aufweisen.

An diesem einfachen Beispiel ist auch ersichtlich, warum man davon spricht, dass nur verdiente Abschreibungen einen Finanzierungseffekt aufweisen. Würde man nämlich nur das Produkt herstellen, aber nicht verkaufen, würde kein Finanzierungseffekt entstehen. Das Gleiche gilt im Übrigen auch, wenn die ursprünglich angesetzten Kosten überschritten werden. Auch dann werden die Abschreibungen nicht (in voller Höhe) verdient.

Substanzielle Kapitalerhaltung

Bei der obigen Berechnung der Abschreibungen zeigt sich ein weiteres Problem, nämlich dass die Preise der Anlagegüter über die Lebensdauer der Anlage veränderbar sind und der Inflation (unter Umständen auch der Deflation) unterliegen. Das heißt in der Praxis, dass oftmals für die Wiederbeschaffung eines gleichartigen Wirtschaftsgutes im Vergleich zur Erstanschaffung ein höherer (niedriger) Preis zu entrichten ist. In unserem obigen Beispiel würde dieser Effekt dafür sorgen, dass aus den „Ersparnissen" (Finanzierung aus Abschreibungen) kein gleichartiges Anlagegut wieder beschaffbar wäre. Man spricht in diesem Falle von einem **Substanzverzehr**, da man nach Ablauf der Nutzungsdauer aufgrund inflationärer Entwicklung nur ein geringwertigeres Wirtschaftsgut wiederbeschaffen könnte (z. B. eine Maschine mit geringerer Leistung).

Um diesem Substanzverzehr vorzubeugen, werden die Abschreibungen in der Praxis in der Kostenrechnung, im Gegensatz zu der Finanzbuchhaltung, nicht auf Basis der Anschaffungskosten, sondern auf Basis der Wiederbeschaffungskosten berechnet. Diese Art der Abschreibungsberechnung wird als **substanzielle Kapitalerhaltung** bezeichnet, unterliegt aber aus theoretischer Sicht einem Denkfehler. So wird vernachlässigt, dass aus den fiktiv angelegten Einzahlungsüberschüssen ja bereits wieder Zinsen erwirtschaftet werden könnten, die die Inflation wenigstens anteilig ausgleichen. Ebenso ist das Inflationsrisiko für die Substanzerhaltung bereits häufig durch die Verwendung von kalkulatorischen Zinsen abgegolten, was dann zu einer Doppelberücksichtigung führen würde. Daher sollten Wiederbeschaffungspreise nur für spezielle Anlagegüter angewandt werden, die sehr stark steigende oder auch fallende Preise aufweisen. Diese Abschreibung auf Basis der Wiederbeschaffungskosten in der Kosten- und Erlösrechnung sollen dann dafür sorgen, dass in der Kalkulation die Abschreibungen so bemessen sind, dass nach Ablauf der Nutzungsdauer ein gleichwertiges Anlagegut wiederbeschafft werden kann. Die Substanz des Unternehmens bliebe somit vollständig erhalten.

> **Merke** Die pauschale Verwendung von wiederbeschaffungskostenbezogenen Abschreibungen führt zu theoretisch falschen Ergebnissen und ist daher zu unterlassen. Lediglich in Fällen hoher Preisveränderungen oder genauerer Verfahrensvergleichsrechnungen sollten marktzeitwertbezogene Abschreibungen Verwendung finden.

Abschreibungen in Kostenrechnung und Finanzbuchhaltung tatsächlich berechnen zu können, benötigen wir folgende Grunddaten:

Determinanten der Abschreibungen in Finanzbuchhaltung und Kosten-/Erlösrechnung

- Abschreibungsbasis,
- Abschreibungsdauer,
- Abschreibungsverfahren,
- Restwert.

Wie dargestellt, unterscheiden sich die Abschreibungen in der Finanzbuchhaltung und die Abschreibungen der Kosten- und Erlösrechnung durch die steuerrechtlichen Einflüsse teilweise erheblich. Abb. 3.8 fasst die wesentlichen Unterschiede zwischen den Abschreibungen in der Finanzbuchhaltung und der Kosten- und Erlösrechnung noch einmal zusammen.

	Finanzbuchhaltung		Kostenrechnung
	HGB	IFRS	
Abschreibungs-basis	Anschaffungskosten/ Herstellungskosten aller Anlagegüter	Anschaffungskosten/ Herstellungskosten aller Anlagegüter	Wiederbeschaffungskosten aller betriebsnotwendigen Anlagegüter,
Abschreibungs-verfahren	Linear, geometrisch-degressiv, Leistungsab-schreibung	Linear, geometrisch-degressiv, arithmetisch-degressiv, Leistungs-abschreibung	Linear, geometrisch-degressiv, arithmetisch-degressiv, Leistungsabschrei-bung
Abschreibungs-dauer	Normalerweise gem. AFA-Tabellen	Tatsächliche Nutzungs-dauer	Tatsächliche Nutzungsdauer
Restwert	unüblich	ja	ja

Abbildung 3.8: Gegenüberstellung von Abschreibungsdeterminanten

Im Folgenden wollen wir uns mit den in Abb. 3.9 dargestellten gängigsten Abschreibungsverfahren der Kosten- und Erlösrechnung beschäftigen. Progressive Abschreibungsverfahren wollen wir wegen geringer Praxisrelevanz hier lediglich nennen, nicht aber weiter behandeln.

Systematik der Abschreibungsverfahren

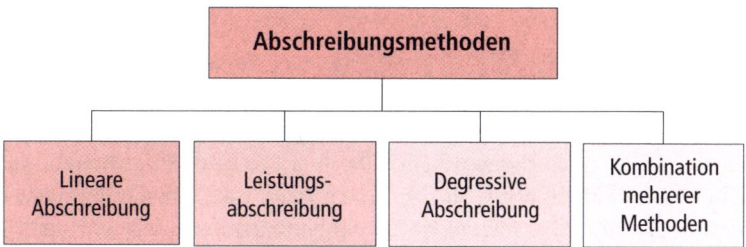

Abbildung 3.9: Überblick über wesentliche Abschreibungsverfahren

3.7.2.1 Lineare Abschreibung

lineare Abschreibung

Die **Lineare Abschreibung** unterstellt einen gleichmäßigen Werteverzehr der Vermögensgegenstände und verteilt daher die Anschaffungs bzw. Wiederbeschaffungskosten gleichmäßig auf die Perioden der Nutzung.

Die lineare Abschreibung errechnet sich nach folgender Formel:

Formel 3.2

$$a = \frac{A}{n} \quad \text{bzw.} \quad a = \frac{A - RW}{n}$$

mit

A   = Abschreibungsbasis des Anlagegutes (Anschaffungskosten/
    Wiederbeschaffungskosten)

n   = Nutzungsdauer

a   = jährlicher Abschreibungsbetrag

RW = Restwert am Ende der Nutzungsdauer

Beispiel 3.15

Die FEBAU GmbH hat einen Gabelstapler angeschafft. Sie schätzen die tatsächliche Lebensdauer des Gabelstaplers auf vier Jahre, am Ende der Nutzungsdauer können Sie keinen Resterlös (Restwert) erzielen. Sie möchten den Gabelstapler linear abschreiben, da Sie davon ausgehen, dass der Wertverlust gleichmäßig über die Jahre eintritt.

n = 4 Jahre A = 10.000 €	a	RW
1. Jahr	2.500 €	7.500 €
2. Jahr	2.500 €	5.000 €
3. Jahr	2.500 €	2.500 €
4. Jahr	2.500 €	0 €

3.7.2.2 Degressive Abschreibungen

Die Verfahren der **degressiven Abschreibung** sind dadurch gekennzeichnet, dass sie einen degressiv verlaufenden Werteverzehr unterstellen; d.h. dass der Wertverlust in den ersten Jahren der Nutzung zunächst sehr hoch und in den letzten Jahren der Nutzung nur noch sehr niedrig ist. Bei den degressiven Verfahren unterscheidet man

■ das arithmetisch-degressive Verfahren und

■ das geometrisch-degressive Verfahren.

3.7.2.3 Arithmetisch-degressive Abschreibung

Bei der **arithmetisch-degressiven Abschreibung**, die insbesondere in den USA sehr verbreitet ist, sinken die jährlichen Abschreibungsbeträge (a) um einen festen Betrag, den Degressionsbetrag. Die Abschreibung bei diesem Verfahren wird daher in zwei Teilschritten ermittelt. Zunächst wird der Degressionsbetrag nach folgender Formel errechnet:

Arithmetisch-degressive Abschreibung

$$D = \frac{2 * A}{n(n + 1)} \qquad oder \qquad D = \frac{A}{N} \qquad bzw. \qquad D = \frac{A - RW}{N}$$

Formel 3.3

mit

A = Abschreibungsbasis des Anlagegutes (Anschaffungskosten/ Wiederbeschaffungskosten)
n = Nutzungsdauer
N = arithmetische Reihe der Nutzungsdauer (1 + 2 + 3 + ... + n)
D = Degressionsbetrag
RW = Restwert am Ende der Nutzungsdauer

Um nun von diesem Degressionsbetrag zu den jährlichen Abschreibungen zu gelangen, muss der Degressionsbetrag mit der Anzahl der Nutzungsjahre zu **Beginn des jeweiligen Nutzungsjahres** multipliziert werden.

$$a = D * T$$

Formel 3.4

mit

a = jährlicher Abschreibungsbetrag
T = Restnutzungsdauer **am Beginn der Abrechnungsperiode**

Aufgrund der bisherigen Erfahrungen mit Gabelstaplern bei der FEBAU GmbH haben Sie festgestellt, dass der Wertverlust bei den Gabelstaplern nicht gleichmäßig erfolgt, sondern diese zu Beginn der Nutzungsdauer einen sehr hohen Wertverlust, danach nur noch einen geringen Wertverlust aufweisen. Sie entschließen sich daher, den obigen Gabelstapler nicht linear, sondern artihmetisch-degressiv abzuschreiben.

Beispiel 3.16

D = 1.000 €

n = 4 Jahre A = 10.000 €	a	RW
1. Jahr	4.000 €	6.000 €
2. Jahr	3.000 €	3.000 €
3. Jahr	2.000 €	1.000 €
4. Jahr	1.000 €	0 €

3.7.2.4 Geometrisch-degressives Verfahren

Geometrisch-degressive
Abschreibung

Bei der **geometrisch-degressiven Abschreibung**, die begrenzt auch nach deutschem Steuerrecht erlaubt ist, berechnet sich die Abschreibung in jeder Abrechnungsperiode (z. B. ein Jahr) als Prozentsatz vom Restbuchwert der Vorperiode (Vorjahr). Auch hier gehen wir bei der Berechnung in zwei Teilschritten vor.

Zunächst müssen wir den Abschreibungsprozentsatz errechnen. Dies kann nach folgender Formel durchgeführt werden:

Formel 3.5

$$p = 100 * \left(1 - \sqrt[n]{\frac{RW}{A}}\right)$$

mit

p   = Abschreibungsprozentsatz
n   = Nutzungsdauer
RW = Restwert
A   = Abschreibungsbasis des Anlagegutes (Anschaffungskosten/
         Wiederbeschaffungskosten)

Zur Berechnung der jährlichen Abschreibungsbeträge wird nun der Abschreibungsprozentsatz mit dem Restbuchwert des Anlagegutes am Ende der Vorperiode multipliziert.

Formel 3.6

$$a = RBW_{t-1} * p$$

mit

RBW_{t-1} = Restbuchwert am Ende der Vorperiode

Beispiel 3.17

Alternativ zu obiger arithmetisch-degressiven Abschreibung errechnen Sie auch noch die geometrisch-degressive Abschreibung.

n = 4 Jahre	p = 30 %		p = 60 %	
A = 10.000 €	a	RW	a	RW
1. Jahr	3.000 €	7.000 €	6.000 €	4.000 €
2. Jahr	2.100 €	4.900 €	2.400 €	1.600 €
3. Jahr	1.470 €	3.430 €	960 €	640 €
4. Jahr	1.029 €	2.401 €	384 €	256 €

3.7.2.5 Leistungsabschreibung

Bei der **Leistungsabschreibung** wird der Wertverlust entsprechend der tatsächlichen Inanspruchnahme des Anlagegutes ermittelt. Das heißt, in Jahren starker Nutzung wird das Anlagegut entsprechend stark abgeschrieben, in Jahren geringer Nutzung dagegen nur relativ wenig. Im Gegensatz zu den bisher behandelten zeitlichen Abschreibungsverfahren handelt es sich bei der Leistungsabschreibung daher um variable Abschreibungskosten. Hieraus können entsprechend stark schwankende Abschreibungskosten für die Unternehmen resultieren, die sich auch in der Produktkalkulation bemerkbar machen. Im Gegensatz zu den obigen Abschreibungsverfahren können also die jährlichen Abschreibungsbeträge (a) nicht im Vorhinein bestimmt werden, sondern lediglich im Nachhinein (d. h. nachdem das betreffende Geschäftsjahr abgeschlossen wurde), es sei denn es wird mit Planleistungsmengen gearbeitet.

Die Abschreibung von Vermögensgegenständen nach der Leistungsabschreibung beruht im Grundkonzept darauf, dass diese Gegenstände des Anlagevermögens in ihrer Nutzungsdauer ein gewisses Nutzungspotenzial, d. h. eine maximale Nutzungsmenge (einen Leistungsvorrat), aufweisen, die von den Unternehmen zuverlässig geschätzt werden kann. Dies könnte beispielsweise die „Standzeit" eines Werkzeugs, die maximale Anzahl an Bearbeitungsvorgängen auf einer Produktionsmaschine oder die maximale Laufleistung eines Fahrzeugs sein.

Zur Berechnung des jährlichen Abschreibungsbetrages muss zunächst einmal der Wertverlust des Anlagegutes pro Leistungseinheit errechnet werden. Dies erfolgt nach folgender Formel:

$$ a = \frac{A}{LP_G} * LP_t \qquad \text{bzw.} \qquad a = \frac{A - RW}{LP_G} * LP_t \qquad \textcolor{red}{\textbf{Formel 3.7}} $$

mit

a = jährlicher Abschreibungsbetrag
RW = Restwert
LP_G = Gesamtbetrag der Leistungseinheiten
LP_t = jährliche erbrachte Leistungseinheiten
A = Abschreibungsbasis des Anlagegutes (Anschaffungskosten/Wiederbeschaffungskosten)

Hierbei kennzeichnet LP_G den gesamten Leistungsvorrat eines Anlagegutes, also den Gesamtbetrag der Leistungseinheiten, die ein Anlagegut während der gesamten Nutzungsdauer (voraussichtlich) leisten kann. Der jährliche Abschreibungsbetrag kann nun berechnet werden, indem dieser Wertverlust pro Leistungseinheit mit der Menge der Leistungseinheiten, die in dem jeweiligen Jahr verbraucht wurden, multipliziert wird.

Beispiel 3.18

Ihr Vorgesetzter merkt zu Ihren bisherigen Abschreibungsberechnungen an, dass der Wertverlust des Gabelstaplers im Grunde nicht von der Nutzungszeit abhängt, sondern vielmehr von der tatsächlichen Nutzung des Geräts (gemessen in gefahrenen km). Der Hersteller des Gabelstaplers versichert Ihnen auf Ihre Nachfrage, dass die Laufleistung eines Gabelstaplers bei normaler Nutzung 250.000 km beträgt. Sie berechnen die Leistungsabschreibung wie folgt:

LP_G = 250.000 km A = 10.000 €	LP_t	a	RW
1. Jahr	50.000 km p.a.	2.000 €	8.000 €
2. Jahr	100.000 km p.a.	4.000 €	4.000 €
3. Jahr	25.000 km p.a.	1.000 €	3.000 €
4. Jahr	75.000 km p.a.	3.000 €	0 €
Summe	250.000 km	--	--

In der Anwendung ist dieses Verfahren problematisch, da es in der Praxis schwierig ist, den gesamten Leistungsvorrat eines Anlagegutes im Vorhinein zuverlässig zu schätzen.

Abb. 3.10 zeigt Ihnen noch einmal im Überblick den Verlauf der Restbuchwerte sowie der Abschreibungsbeträge im Zeitablauf.

3.7.3 Kalkulatorische Zinsen

Begriff der kalkulatorischen Zinsen

Bevor im Folgenden die Berechnung der **kalkulatorischen Zinsen** aufgezeigt wird, soll zunächst der Sinn und Zweck kalkulatorischer Zinsen in der Kosten- und Erlösrechnung erörtert werden.

Beispiel 3.19

Die FEBAU GmbH überlegt, ein Tochterunternehmen in Polen zu gründen. Zur Finanzierung dieser Investition stehen dem Unternehmen ein ausreichendes, verzinslich angelegtes Bankguthaben in Höhe von insgesamt 100.000 € zur Verfügung.

Um sich wirtschaftlich nicht schlechter zu stellen, muss die FEBAU GmbH sicherstellen, dass das neue Unternehmen mindestens einen Gewinn in Höhe des Zinsertrages des Bankguthabens erwirtschaften kann (Anlage des Ersparten auf einem sicheren Sparkonto). Hier helfen uns die Betrachtungen, die wir im Rahmen der

Erklärung des Begriffs „Opportunitätskosten" angestellt haben. Bisher hat die FEBAU GmbH auf dem Sparkonto 5 % Zinsen, d. h. 5.000 €, erhalten. Dieser Betrag stellt für das Unternehmen in der Situation, in der überlegt wird, ein Tochterunternehmen zu gründen, Opportunitätskosten dar, also der Gewinn, der der FEBAU GmbH entgeht, wenn das Unternehmen die verfügbaren finanziellen Mittel auf dem Bankkonto in das neue Tochterunternehmen investiert. Damit sich das Vorhaben aus der Sicht der Investoren auch rentiert, muss also mindestens ein Gewinn erzielt werden, der diesen 5.000 € entspricht. Zusätzlich ist allerdings noch ein Ausgleich für das ungleich höhere Risiko der Sachinvestition im Vergleich zu Sparbuchanlage zu berücksichtigen.

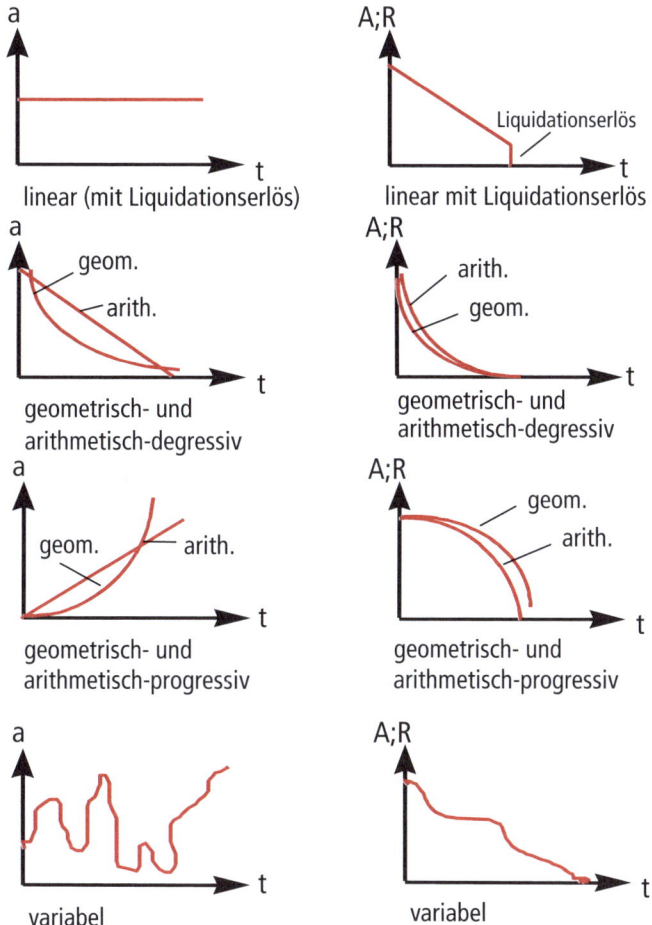

Abbildung 3.10: Restbuchwerte und Abschreibungsbeträge gängiger Abschreibungsverfahren (in Anlehnung an: Haberstock, L: Kostenrechnung 1, Berlin 2005, S. 89)

Kalkulatorische Zinsen können also wie folgt definiert werden:

> **Definition** **Kalkulatorische Zinsen** repräsentieren in der Kostenrechnung die gesamte Verzinsung des Kapitals, welches zur Finanzierung des für die Abwicklung der Leistungserstellung und -Verwertung erforderlichen (betriebsnotwendigen) Anlage- und Umlaufvermögens eingesetzt wird.

Wie obiges Beispiel zeigt, repräsentieren die kalkulatorischen Kosten die Verzinsung des gesamten im Unternehmen gebundenen Kapitals, und zwar gilt dies sowohl für Eigen- als auch Fremdkapital. Allerdings wird bei der Berechnung der kalkulatorischen Zinsen nur solches Kapital berücksichtigt, das tatsächlich auch notwendig zur Leistungserstellung des Unternehmens ist. Nicht betriebsnotwendiges Kapital sollte daher keine Berücksichtigung finden, da dieses ja beispielsweise veräußert werden könnte, ohne dass der Geschäftsbetrieb beeinträchtigt würde.[6]

Kalkulatorische Zinsen als Mindestverzinsung des eingesetzten Kapitals

Die Verrechnung von kalkulatorischen Zinsen bei der Preiskalkulation eines Unternehmens sorgt dafür, dass am Ende des Geschäftsjahres ein Mindestgewinn erzielt wird, der der Verzinsung des im Unternehmen gebundenen Kapitals auf dem Kapitalmarkt unter Risikoberücksichtigung entspricht. Dieses Verfahren nimmt somit einen wesentlichen Teil des Grundgedankens der wertorientierten Unternehmensführung, z. B. EVA oder DCF, vorweg.

Beispiel 3.20

Schauen wir uns noch einmal die Kalkulation der FEBAU GmbH in Bezug auf die kalkulatorischen Zinsen an, dann sehen wir, warum die Einbeziehung von kalkulatorischen Zinsen zu einem entnehmbaren Mindestgewinn führt. Wir wollen wiederum annehmen, dass in der betrachteten Abrechnungsperiode nur eine Einheit des Fertigprodukts hergestellt wurde.

---

[6] Wie bereits dargestellt wurde, ist dieser nicht betriebsnotwendige Bereich, der von der Kosten-/Erlösrechnung nicht überwacht wird und sich somit deren Kontrolle entzieht, vom Controlling gesondert, d. h. außerhalb der eigentlichen Kosten-/Erlösrechnung, auf Wirtschaftlichkeit hin zu überwachen.

Kostenart	Kalkulation (Kostenrechnung)	GuV-Rechnung(Finanzbuchhaltung)	
Materialkosten	100	Aufwand	100
Personalkosten	50	Aufwand	50
Sonstige Kosten	50	Aufwand	50
Abschreibungen	50	Aufwand	50
Kalkulatorische Zinsen	20	kein Aufwand	
Summe Kosten	270	Summe Aufwand	250
Preis	270	Ertrag	270
Gewinn	0	Gewinn/Jahresüberschuss	20

Unterstellen wir weiter, dass das Produkt ohne Gewinn weiterverkauft werden soll, so würde das Produkt zu einem Preis von 270 € auf den Markt gebracht.

In der Kostenrechnung wird somit kein Gewinn ausgewiesen. Betrachten wir demgegenüber die Auswirkungen dieses Geschäftsvorfalls auf die GuV-Rechnung in der Finanzbuchhaltung, so zeigt sich, dass dort die Materialkosten, Personalkosten, sonstigen Kosten sowie Abschreibungen zu Aufwand führen. Nur die in den Produktpreis einkalkulierten kalkulatorischen Zinsen stellen keinen Aufwand in der Finanzbuchhaltung dar.[7]

Dies führt bei Betrachtung der GuV-Rechnung dazu, dass am Ende des dargestellten Jahres nach dem Verkauf des produzierten Stückes ein Gewinn (Jahresüberschuss) in Höhe von 20 € übrig bleibt, der als Gegenleistung (Verzinsung) für das im Unternehmen investierte Kapital von den Eigentümern entnommen werden kann.

Kalkulatorische Zinsen bestehen gemäß Abb. 3.11 aus zwei Komponenten,

Berechnung von kalkulatorischen Zinsen

- der Mengenkomponente in Form des im Unternehmen gebundenen betriebsnotwendigen Kapitals und
- der Preiskomponente in Form des Kalkulationszinsfußes.

Die Berechnung der kalkulatorischen Zinsen erfolgt entsprechend Abb. 3.11 durch Multiplikation des im Unternehmen gebundenen, betriebsnotwendigen Kapitals (Mengenkomponente) mit dem Kalkulationszinssatz (Preiskomponente).

---

[7] Vgl. Kapitel 2

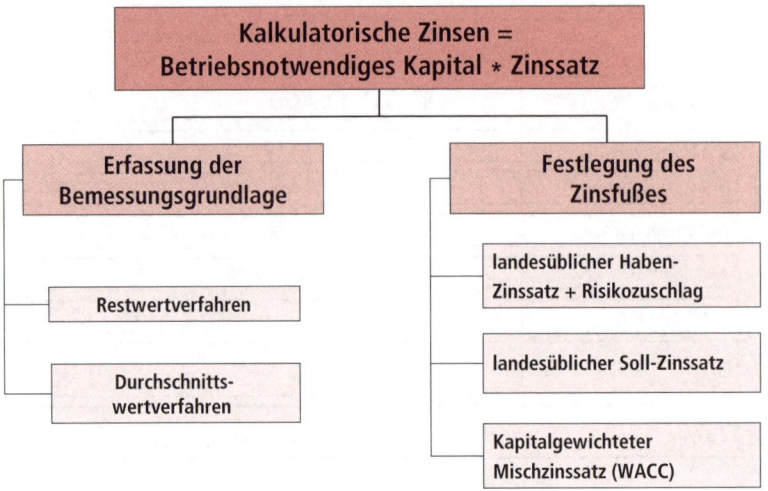

Abbildung 3.11: Berechnungsverfahren kalkulatorischer Zinsen

Wie zu erkennen ist, müssen zur Ermittlung der kalkulatorischen Zinsen drei Bestimmungsgrößen berechnet werden, die auch die prinzipielle **Vorgehensweise** kennzeichnen:

1) Berechnung des betriebsnotwendigen Kapitels (d. h. umgekehrt Eliminierung der nicht-betriebsnotwendigen Gegenstände des Anlage- und Umlaufvermögens),

2) Bestimmung des im Unternehmen gebundenen Geldkapitals sowie

3) Festlegung des anzulegenden Zinssatzes.

Ermittlung des betriebsnotwendigen Kapitals

Zu Beginn stehen wir vor dem Problem, das **betriebsnotwendige Kapital** unseres Unternehmens bestimmen zu müssen. Eine geeignete Datenquelle dafür bietet zunächst die Bilanz; hier würden wir uns vermutlich als Erstes die Passivseite anschauen, da diese die Mittelherkunft widerspiegelt und in Eigenkapital und Fremdkapital gegliedert ist. Somit müsste die Bilanzsumme der Passivseite die Kapitalbindung des Unternehmens wiedergeben. Problematisch bei dieser Vorgehensweise ist jedoch, dass wir auf Basis der Zahlen der Passivseite keine Aussage darüber treffen können, ob das gebundene Kapital tatsächlich betriebsnotwendig ist oder nicht. Darüber hinaus spiegeln die Werte der finanzbuchhalterischen Bilanz lediglich die Buchwerte der Vermögensgegenstände, nicht aber deren tatsächliche Kapitalbindung wider, die nur durch die Bewertung mit Wiederbeschaffungskosten oder Marktzeitwerten sowie auch durch den zusätzlichen Ansatz des in der Regel in der Bilanz nicht erfassten immateriellen Vermögens bestimmt werden kann.

Anpassung der Bewertungsansätze

Hieraus folgt, dass die betriebsnotwendige Kapitalbindung nicht direkt aus der Bilanz ermittelt werden kann. Vielmehr ist eine **interne** (kostenrechnerische) **Bestandsrechnung** (kostenrechnerische Bilanz) notwendig, in der - ähnlich wie bei der Überführung von Aufwendungen und Erträgen in Kosten und Erlöse - das in der bilanziellen Rechnungslegung aufgrund der gesetzlichen Rechnungslegungsvorschriften ausgewiesene Vermögen und Kapital in kostenrechnerische Größen auf der Basis von Wiederbeschaffungskosten/Marktzeitwerten zu überführen ist.[8]

Exkurs Der einfachste Weg zur Bestimmung des eingesetzten Kapitals wäre, die Bewertung des Eigen- und Fremdkapitals durch den Kapitalmarkt vornehmen zu lassen. So kann etwa der Marktwert börsennotierter Aktiengesellschaften direkt aus dem Aktienkurs entnommen werden. Ebenso kann der Marktwert des Fremdkapitals aus dem Markt für Fremdkapital ermittelt werden. Diese Marktbewertung könnte daher auch in die Berechnung der kalkulatorischen Zinsen einbezogen werden, wobei lediglich die nicht betriebsnotwendigen Vermögensteile abzuziehen wären. Bei Unternehmen, deren Gesellschaftsanteile nicht gehandelt werden, wie z. B. GmbH-Anteile, ergibt sich eine solche Möglichkeit kaum. Eventuell liegen Angebote für den Verkauf eines Gesellschafteranteils vor, die herangezogen werden könnten, da der Gesellschafter dann aus den Opportunitätskostenüberlegungen heraus eine Verzinsung dieser Kapitelhöhe erwartet, die er bei einem Verkauf zur Verfügung gehabt hätte. Doch wird dieser Fall bei mittelständischen Unternehmen die Ausnahme sein.

Daher gilt es in den allermeisten Fällen, anstatt des betriebsnotwendigen Kapitals zunächst das betriebsnotwendige Vermögen auf der Aktivseite der die Bilanz ersetzenden internen Bestandsrechnung zu bestimmen. Aufgrund der definitorischen Gleichheit beider Bilanzseiten können wir folgern:

betriebsnotwendiges Vermögen = betriebsnotwendiges Kapital

Zur Berechnung des gebundenen, betriebsnotwendigen Kapitals beginnen wir im ersten Schritt mit dem Anlagevermögen. Wir sehen uns dazu auf der Aktivseite alle Anlagevermögenspositionen der internen Bestandsrechnung an und entscheiden für jedes Anlagegut, ob dieses betriebsnotwendig ist oder nicht. Nur Gegenstände des betriebsnot-

---

[8] Die Abgrenzung von betriebsnotwendigem Vermögen vom übrigen Vermögen bereitet insbesondere in konzernverbundenen Unternehmen enorme Schwierigkeiten, da in der Bilanz einer Konzernmutter betriebsnotwendige Anlagen in eine Tochtergesellschaft ausgelagert sein können. Daher sollte eine Kosten- und Erlösrechnung ebenso wie die Konzernbilanzierung über die juristischen Grenzen des Einzelunternehmens hinaus auf den gesamten Konzern ausgeweitet werden, was aber enorme Ausgestaltungsprobleme mit sich bringt.

wendigen Vermögens, unabhängig davon, ob es sich um Anlage- oder Umlaufvermögen handelt, werden in die Berechnungsgrundlage für die kalkulatorischen Zinsen übernommen.

> **Exkurs** Es soll an dieser Stelle auch darauf hingewiesen werden, dass die interne Bestandsrechnung gegebenenfalls auch um bisher nicht in der Bilanz ausgewiesene immaterielle Werte zu ergänzen ist. So ist ein selbst geschaffener Geschäfts- oder Firmenwert ebenso hinzuzuziehen wie der derivative Geschäfts- oder Firmenwert. In diesem sind dann etwa die Werte der Marken, der Patente, des Standortvorteils, das Know-how der Mitarbeiter, also kurz das Erfolgspotenzial des Unternehmens enthalten. Es ist unschwer zu erkennen, dass dies nicht exakt ermittelt werden kann, weshalb an dieser Stelle auf das Problem der Scheingenauigkeit hinzuweisen ist, die mit diesen Bereinigungen erreicht werden kann.

Nach Bestimmung der betriebsnotwendigen Anlagegüter stellt sich die Frage nach dem Wert, zu dem diese angesetzt werden sollen. Wie wir bereits in Kapitel 3.7.1 erörtert haben, können Anlagegüter zu unterschiedlichen Werten in der Finanzbuchhaltung und der Kostenrechnung geführt werden. Dies liegt an der gesetzlichen Notwendigkeit, die Abbildung des Unternehmens im Jahresabschluss für Zwecke der steuerrechtlichen oder gesellschaftsrechtlichen Gewinnermittlung zu objektivieren. Dabei kann es zum Ausweis von betriebswirtschaftlich als nicht realistisch anzusehenden Werten kommen. Eventuell in der Bilanz vorhandene stille Reserven sind den bilanziellen Buchwerten in der internen (kostenrechnerischen) Bestandsrechnung somit hinzuzurechnen.[9]

Beispiel 3.21
> Mit folgendem Beispiel soll dieser Sachverhalt verdeutlicht werden. Nehmen wir einmal an, dass Sie vor 50 Jahren ein Grundstück in der Innenstadt einer Großstadt zu einem Anschaffungspreis von 50.000 € (= ca. 97.791 DM) erworben haben. Legen Sie nun den

---

[9] Das Fremdkapital, d. h. die Schulden, sind gegebenenfalls auch zu den als tatsächlich anzusetzenden Werten in die Berechnung aufzunehmen. Dazu sind diese ebenfalls auf stille Reserven und stille Lasten hin zu überprüfen. Während bei den Verbindlichkeiten Zeitpunkt und Höhe des Anfalls fest bestimmt sind, bestehen bei den Rückstellungen oft große Einschätzungsspielräume bzw. gesetzlich begrenzte Ansatzhöhen. Insbesondere die Pensionsrückstellungen sind vielfach deutlich zu gering in den Bilanzen angesetzt. Dagegen sind sonstige Rückstellungen aus steuerlichen Überlegungen resultierend in den Bilanzen oft überhöht angesetzt. Beides ist mit Bereinigungsrechnungen theoretisch richtig zu korrigieren.

Wertmaßstab der Bilanz zugrunde, so würden Sie, da das Grundstück normalerweise nicht abgeschrieben wird, von einer Kapitalbindung im heutigen Zeitpunkt in Höhe der Anschaffungskosten von 50.000 € ausgehen (Anschaffungskostenprinzip der Bilanz).

In den letzten 50 Jahren seit der Anschaffung hat sich der Wert von Innenstadtgrundstücken aber verzehnfacht, sodass der Marktwert heute, und damit auch die Wiederbeschaffungskosten, bei 500.000 € liegen. Das heißt, das Grundstück weist eine stille Reserve in Höhe von 450.000 € auf, bei Veräußerung des Grundstücks würden Sie einen Verkaufspreis von 500.000 € erzielen können, den Sie im Sinne der Opportunitätskosten auf dem Kapitalmarkt anlegen können. An diesem vereinfachten Beispiel wird deutlich, dass die tatsächliche Kapitalbindung des Grundstücks zum heutigen Zeitpunkt richtigerweise mit 500.000 € anzusetzen ist.

IFRS In den IFRS hat das Imparitätsprinzip nicht den Stellenwert wie im HGB, sodass die stillen Reserven hier deutlich geringer ausfallen. Auch das Fremdkapital ist oft deutlich „realitätsnäher" ausgewiesen, wenngleich auch hier noch gewisse stille Lasten vorhanden sein können. Insgesamt sind die IFRS aber wesentlich näher an der internen Bestandsrechnung als ein Abschluss nach dem HGB, sodass auf der Basis des nach IFRS ausgewiesenen Vermögens eine bessere Berechnung der kalkulatorischen Zinsen erfolgen kann als auf Basis der HGB-Werte.

Merke Zur Berechnung der kalkulatorischen Zinsen sollten immer die Marktwerte des Eigen- und Fremdkapitals, reduziert um den Anteil des nicht betriebsnotwendigen Vermögens am Gesamtvermögen, herangezogen werden. Da es oft keine Marktbewertung des Eigenkapitals gibt, muss dieses über die Aktivseite der internen Bestandsrechnung hergeleitet werden, was anders als in der Bilanz die Verwendung kalkulatorischer Ansätze, also Marktzeitwerte, tatsächliche Nutzungsdauern und kalkulatorische Abschreibungsverfahren, erfordert.

Fassen wir noch einmal die bisherigen ersten zwei Schritte zusammen:

1. Wir unterteilen die Vermögensgegenstände in betriebsnotwendige und nicht betriebsnotwendige.

2. Anschließend überführen wir die betriebsnotwendigen Werte des Vermögens der Bilanz in eine interne Bestandsrechnung mit neuen, aus den Wiederbeschaffungskosten/Marktzeitwerten abgeleiteten Wertansätzen und ergänzen diese um bisher nicht in der Bilanz ausgewiesene Positionen, wie insbesondere immaterielle Vermögensgegenstände.

Die Auswirkungen der Umbewertungen bezogen auf die einzelnen linear abgeschriebenen Vermögensgegenstände kann man aus folgender Abbildung erkennen:

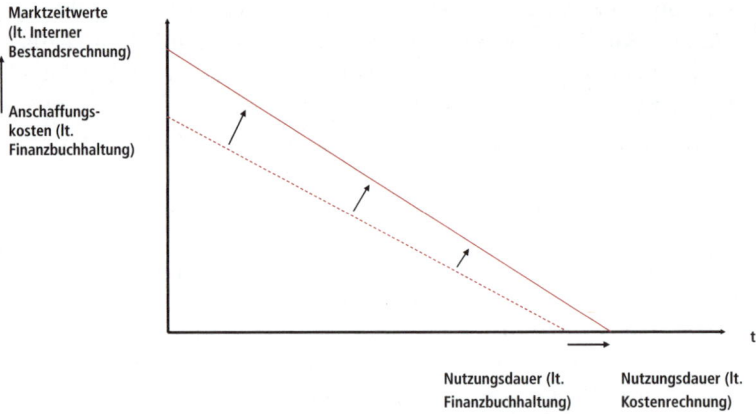

Abbildung 3.12: Umbewertung von Anlagegütern von buchhalterischen Ansätzen auf kostenrechnerischen Ansätze

Wie zu erkennen ist, liegt der finanzbuchhalterische Restbuchwert in jedem der auf der Zeitachse abgetragenen Jahre unter dem neu bewerteten Restbuchwert in der internen Bestandsrechnung.

Nachdem wir nun die Umbewertung auf kostenrechnerische Ansätze vorgenommen haben, müssen wir im letzten Schritt darüber entscheiden, wie hoch die Kapitalbindung für jedes einzelne Anlagegut anzusetzen ist.

Hierzu stehen uns zwei unterschiedliche Modelle zur Verfügung:

- das **Restbuchwertverfahren** oder
- das **Durchschnittsverfahren**.

Beide Verfahren gehen vereinfacht von obigem Modell der linearen Abschreibung eines Vermögensgegenstandes aus.

Durchschnittsverfahren   Das **Durchschnittsverfahren** als das einfachere Verfahren geht von der Frage aus, wie hoch die durchschnittliche Kapitalbindung eines Anlagegutes über die gesamte Nutzungsdauer ist. Die Kapitalbindung kann für abnutzbare Vermögensgegenstände nach obigem Modell linear fallender Restbuchwerte recht einfach nach folgender Formel bestimmt werden:

$$\varnothing \; Kapitalbindung = \frac{A}{2}$$

Formel 3.8

Im Falle eines Restwerts am Ende der Nutzungsdauer:

$$\varnothing \; Kapitalbindung = \frac{A + RW}{2}$$

Formel 3.9

mit

A = Abschreibungsbasis der Anlagegüter (Anschaffungskosten, Wiederbeschaffungskosten, Marktzeitwerte)

RW = Restwert am Ende der Nutzungsdauer

Für nicht abnutzbare Vermögensgegenstände ist die durchschnittliche Kapitalbindung wie folgt zu berechnen:

$$\varnothing \; Kapitalbindung = A$$

Formel 3.10

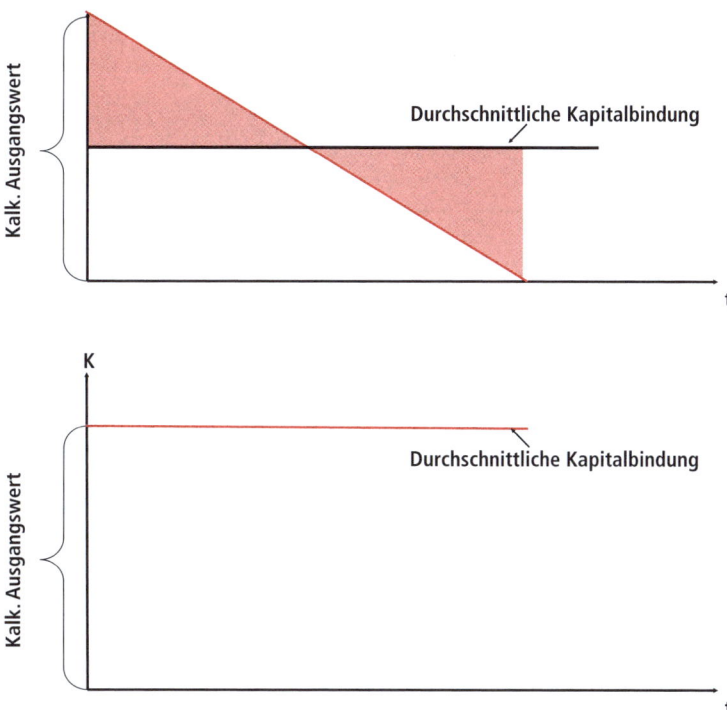

Abbildung 3.13: Berechnung der durchschnittlichen Kapitalbindung eines abnutzbaren bzw. nicht abnutzbaren Vermögensgegenstandes nach dem Durchschnittswertverfahren

Diese Vorgehensweise führt dazu, dass zu Beginn der Nutzungsdauer des Anlagegutes eine zu geringe Kapitalbindung zugrunde gelegt wird, in der zweiten Hälfte der Nutzungsdauer dagegen eine zu hohe (vgl. Abb. 3.13). Über die gesamte Nutzungsdauer gleichen sich jedoch beide Effekte wieder aus (eingefärbte Flächen links und rechts sind gleich groß). Zentraler Vorteil dieses Verfahrens ist einerseits die leichte Berechnungsmethode und andererseits die gleichmäßige Belastung der einzelnen Perioden, weshalb dieses Verfahren in der Literatur überwiegend empfohlen wird.

Restbuchwertverfahrens   Bei der Berechnung der Höhe der Kapitalbindung auf Basis des **Restbuchwertverfahrens** (Abb. 3.14) wird in jeder Abrechnungsperiode (üblicherweise ein Abrechnungsjahr) die tatsächliche Kapitalbindung zugrunde gelegt. Diese errechnet sich aus den Wiederbeschaffungskosten abzüglich der kumulierten kalkulatorischen Abschreibungen. Dies führt dazu, dass die kalkulatorischen Zinsen bezogen auf einen einzelnen Vermögensgegenstand über die Jahre der Nutzung sukzessive sinken.

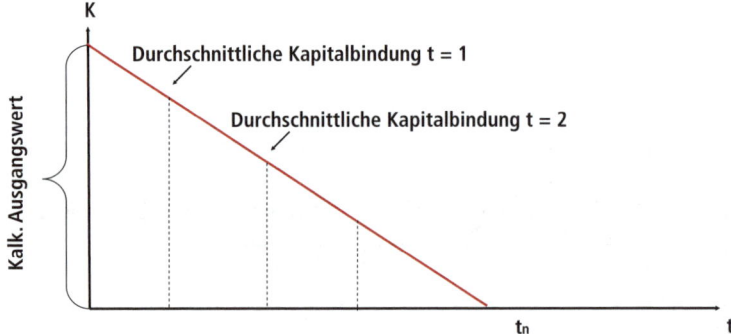

Abbildung 3.14: Berechnung der durchschnittlichen Kapitalbindung eines abnutzbaren bzw. nicht abnutzbaren Vermögensgegenstandes nach dem Restbuchwertverfahren

Auch bei den Vermögensgegenständen des Umlaufvermögens sollte bei der Berechnung der Bemessungsgrundlage zunächst festgestellt werden, ob und in welcher Höhe diese als betriebsnotwendig gelten können. So muss in der Praxis z. B. hinterfragt werden, in welcher Höhe betriebsnotwendige Vorräte bzw. Forderungen gehalten werden müssen. Bei der Berechnung der Kapitalbindung im Umlaufvermögen wird zumeist ein Mittelwert über die Abrechnungsperiode ermittelt. Als Näherungswert erfolgt dies häufig durch den Mittelwert aus Anfangs- und Endbestand gemäß folgender Formel:

$$\text{Durchschnittlicher Bestand an Umlaufvermögen} = \frac{AB + EB}{2}$$

Formel 3.11

$$\text{oder bei monatlichen Aufnahmen} = \frac{AB + \sum_{i=1}^{12} EB_i}{13}$$

Formel 3.12

AB = Anfangsbestand der Periode
EB_i = Endbestand der Periode

Damit ergibt sich für das Restbuchwert- und Durchschnittswertverfahren folgendes Berechnungsschema:

Durchschnittswertverfahren	Restwertverfahren

Anlagevermögen
− nicht betriebsnotwendiges Anlagevermögen
+ evtl. nicht aktivierte Vermögensgegenstände
= betriebsnotwendiges Anlagevermögen
  (a) nicht abnutzbare Teile
     (zu kalk. Ausgangswerten)
  (b) abnutzbare Teile
     (zu halben kalk. Ausgangswerten)
 	
+ betriebsnotwendiges Umlaufvermögen
  (zu kalk. Mittelwerten)
= betriebsnotwendiges Vermögen
= betriebsnotwendiges Kapital
	Anlagevermögen
	− nicht betriebsnotwendiges Anlagevermögen
	+ evtl. nicht aktivierte Vermögensgegenstände
	= betriebsnotwendiges Anlagevermögen
	  (a) nicht abnutzbare Teile
	     (zu kalk. Restbuchwerten)
	  (b) abnutzbare Teile
	     (zu kalk. Restbuchwerten)
	
	+ betriebsnotwendiges Umlaufvermögen
	  (zu kalk. Mittelwerten)
	= betriebsnotwendiges Vermögen
	= betriebsnotwendiges Kapital

Abbildung 3.15: Schema zur Ermittlung des betriebsnotwendigen Kapitals

Nachdem nun die Bemessungsgrundlage, also die betriebsnotwendige Kapitalbindung, errechnet worden ist, ist nun noch die Frage der Verzinsung (Preiskomponente) offen, also der Frage, mit welchem Zinssatz die Bemessungsgrundlage multipliziert werden soll.

Hierbei bieten sich drei Alternativen an:

Festlegung der Bewertungszinssätze

■ Bewertung zum Habenzinssatz plus einem Risikoaufschlag (Eigenkapitalzinssatz),

■ Bewertung zum Sollzinssatz (Fremdkapitalzinssatz),

■ Bewertung mit einem kapitalgewichteten Mischzinssatz (WACC).

Bei der ersten Alternative wird implizit als Prämisse unterstellt, dass das Unternehmen ausschließlich mit Eigenkapital finanziert ist. Hier wird der Habenzinssatz, also der Zinssatz, der für langfristige Anlagen auf dem Kapitalmarkt erzielt werden kann, bei der Berechnung zugrunde gelegt. Darauf wird üblicherweise für die Übernahme des Unternehmerrisikos ein Risikoaufschlag hinzugerechnet.

Bei der Bewertung mit dem Sollzinssatz wird implizit als Prämisse eine vollständige Unternehmensfinanzierung mit Fremdkapital unterstellt.

Weighted Average Cost of Capital (WACC)

Da beide Prämissen der vollständigen Eigen- oder Fremdkapitalfinanzierung als unrealistisch gelten müssen, wird in letzter Zeit zunehmend ein kapitalgewichteter Mischzinsfuß, der so genannte **WACC** (Weighted Average Cost of Capital), zur Bewertung herangezogen.

Dieser berechnet sich gemäß folgender Formel aus dem Eigenkapitalzins (i_E) gewichtet mit der Eigenkapitalquote und dem Fremdkapitalzins (i_F) gewichtet mit der Fremdkapitalquote.

Formel 3.13

$$\text{WACC} = i_{Ek} \cdot \frac{EK}{GK} + i_{FK} \cdot \frac{FK}{GK}$$

mit

WACC = kapitalgewichteter Durchschnittszinssatz (Weighted Average Cost of Capital)
EK   = (Marktwert des) Eigenkapital(s)
FK   = (Marktwert des) Fremdkapital(s)
GK   = (Marktwert des) Gesamtkapital(s)
i_{EK} = Eigenkapitalzinssatz
i_{FK} = Fremdkapitalzinssatz

Der Fremdkapitalzinssatz ist dabei direkt aus der Finanzbuchhaltung zu übernehmen bzw. auf dieser Basis für zukünftige Perioden zu planen. Insbesondere die Berechnung der kalkulatorischen Zinsen ist anfällig für Anwendungsfehler wie z. B. die Doppelerfassung von Zinsen. So ist sicherzustellen, dass die Fremdkapitalzinsen nicht im Rahmen der Übernahme der Grundkosten aus der Finanzbuchhaltung übernommen, und darüber hinaus zusätzlich im Rahmen der Berechnung der kalkulatorischen Zinsen erfasst werden, da dies sonst zu einer Doppelerfassung führen würde.

Bedeutung des Abzugskapitals

Abschließend sei an dieser Stelle auf das Problem des **Abzugskapitals** hingewiesen. Hierbei geht es darum, wie bei der Berechnung des gebundenen Kapitals mit solchem Fremdkapital umzugehen ist, das dem Unternehmen zinslos zur Verfügung steht. Dabei handelt es sich z. B. um Lieferantenverbindlichkeiten oder Kundenanzahlungen.

Einerseits kann argumentiert werden, dass dieses Kapital auch bei der Berechnung der kalkulatorischen Zinsen abgezogen werden muss, da es vom Unternehmen nicht zu verzinsen ist. Andererseits kann angeführt werden, dass die Verzinsung solchen Abzugskapitals implizit in den Faktoreinsatzpreisen enthalten ist und daher nicht einbezogen werden darf. Insofern ist Haberstock zuzustimmen, wenn er schreibt: „Der vorgeschlagenen Berücksichtigung solcher Beträge kann nur zugestimmt werden, wenn die Gefahr einer Doppelerfassung (z. B. durch erhöhte Faktoreinstandspreise) besteht."[10] Allerdings ist die Feststellung, ob und in welchem Umfang die Faktorpreise erhöht sind, in der Praxis außerordentlich schwierig.

---

[10] Haberstock, L.: Kostenrechnung, Berlin 2005, S. 99

> **IFRS** Bei dem Ausweis von Zinsen aus der Aufzinsung von Rückstellungen kommt es im HGB zu dem Problem, dass diese häufig in anderen Aufwandspositionen untergehen und nicht als Zinsen ersichtlich werden. So führt die notwendige Erhöhung von Pensionsrückstellungen oft zu einer Erfassung des Zinsanteils im Personalaufwand. Nach IFRS ist dies explizit untersagt. Hier sind die Aufwendungen aus der Aufzinsung von Rückstellungen dem Zinsaufwand zuzuordnen.

> **Exkurs** Eine Verfeinerung der oben beschriebenen pauschalen kalkulatorischen Zinsberechnungsmethode könnte vorgenommen werden, wenn die Vermögensgegenstände, denen eine eindeutige Fremdkapitalfinanzierung zugeordnet werden kann, aus der Pauschalbewertung herausgenommen und diesen die tatsächlich anfallenden Fremdkapitalzinsen zugeordnet werden. Hierbei kann es sich beispielsweise um Fahrzeuge oder Maschinen handeln, die im Rahmen eines Absatzkredites (z. B. KFZ-Finanzierung) komplett fremdfinanziert werden.

3.7.4 Kalkulatorische Miete und kalkulatorischer Unternehmerlohn

Die Verrechnung von **kalkulatorischer Miete** und **kalkulatorischem Unternehmerlohn** beruhen im Grundsatz auf der gleichen theoretischen Grundlage wie die Verrechnung der kalkulatorischen Zinsen, nämlich dem Opportunitätskostengedanken. Diese werden jeweils verrechnet, wenn ein Gesellschafter seinem Unternehmen kostenlos Ressourcen überlässt, die als Produktionsfaktoren in den Kombinationsprozess eingehen. Dies sind in der Praxis insbesondere Ressourcen in Form von Gebäuden aus dem Privatvermögen, aber häufig gerade in mittelständischen und kleinen Unternehmen auch Patente und Lizenzen, die ein Unternehmen mietfrei/kostenlos nutzen kann, sowie die Einbringung seiner eigenen Arbeitskraft, z. B. als Unternehmensleiter, ohne sich dafür ein Gehalt zu gewähren. Besondere Relevanz besitzt dies bei Einzelgesellschaften und Personengesellschaften. Aufgrund des Selbstkontrahierungsverbots nach § 181 BGB ist es diesen Unternehmen verboten, Verträge zwischen Gesellschafter und Gesellschaft abzuschließen, da Unternehmer und Unternehmen aufgrund der Rechtsform nicht voneinander zu trennen sind. Anders verhält es sich in Kapitalgesellschaften.

Kalkulatorische Miete/Kalkulatorischer Unternehmerlohn

Dort besitzt die Gesellschaft eine eigene Rechtspersönlichkeit und ist selbständig rechtsfähig. Daher kann (und wird zumeist) eine Kapitalgesellschaft Mietverträge und Anstellungsverträge mit dem geschäftsführenden Gesellschafter abschließen. Dies hat zur Folge, dass der Miet- und Gehaltsaufwand ganz normal in der Finanzbuchhaltung und im Rahmen der Grundkosten in der Kostenrechung erfasst wird.

Gründe für die Verrechnung kalkulatorischer Miete/kalkulatorischen Unternehmerlohns

Als Gründe für die Verrechnung kalkulatorischer Miete und kalkulatorischen Unternehmerlohns sei hier zunächst auf die bereits diskutierten Opportunitätskosten hingewiesen, denn der geschäftsführende Gesellschafter hätte ja die Betriebsgebäude an einen fremden Dritten vermieten und damit Mieteinnahmen erzielen können. Zum anderen hätte er als angestellter Geschäftsführer ein reguläres Gehalt verdienen können.

Die Verrechnung dieser beiden kalkulatorischen Kostenarten führt nun zu folgenden Effekten:

- Die Kostenstruktur des beschriebenen Unternehmens wird vergleichbar mit der Kostenstruktur eines Unternehmens, das regulär Betriebsräume anmietet und von einem angestellten Geschäftsführer geleitet wird. Auch innerhalb des Unternehmens können Kostenvergleiche durchgeführt werden, wenn eine Abteilung sonst kostenfrei Räume benutzt, während eine andere Mietkosten zu tragen hat.

- Die Nichtberücksichtigung kalkulatorischer Kosten führt dazu, dass die Unternehmensleistungen tendenziell zu niedrig kalkuliert und gegebenenfalls zu günstig angeboten werden.

- Durch die Einbeziehung kalkulatorischer Kosten in die Kalkulation wird erreicht, dass ein Mindestgewinn in Höhe der kalkulatorischen Kosten in der Finanzbuchhaltung entsteht, der als Äquivalent für die eingebrachten Ressourcen (Arbeitskraft, Betriebsgebäude) entnommen werden kann.

Die kalkulatorische Miete soll in Höhe einer marktüblichen Miete, der kalkulatorische Unternehmerlohn in Höhe eines Geschäftsführergehalts in einem vergleichbaren Unternehmen verrechnet werden.

Exkurs Für spezielle Rechenzwecke des inner- und überbetrieblichen Vergleichs oder Verfahrensvergleichs kann es auch notwendig sein, die Unterschiede zwischen Miete/Leasing und Eigentum eines Vermögensgegenstandes über kalkulatorische Größen zu vereinheitlichen, da eigene Gebäude mit den laufenden Gebäudekosten, den kalkulatorischen Zinsen sowie den Abschreibungen in die Kostenrechnung eingehen und hinsichtlich der Höhe von den Mietaufwendungen bei einer Anmietung von Betriebsräumen abweichen können. Dabei ist auch zu berücksichtigen, dass die Kosten auch abhängig sind vom jeweiligen Standort, sodass hier genau auf den Vergleichszweck abzustellen ist. Letztlich verlangt aber auch diese Problematik nach einer gut ausgestalteten internen Bestandsrechnung, aus der die aktuellen Kosten der eigenen Güter zu entnehmen sind.

3.7.5 Kalkulatorische Wagnisse

Eine weitere wichtige kalkulatorische Kostenart sind die **kalkulatorischen Wagniskosten**. Diese werden zur Abdeckung unternehmerischer Risiken (Wagnisse) in die Kostenrechnung aufgenommen.

Kalkulatorische Wagnisse

Definition Die **kalkulatorischen Wagnisse** können als die Gefahr einer ungeplanten und unvorhergesehenen Zielabweichung definiert werden, die zu außerordentlichen Ertragseinbußen oder Mehraufwendungen führen.

Diese Risiken, die in den Unternehmen in unregelmäßigen Abständen auftreten, können unter bestimmten Voraussetzungen in der Kostenrechnung durch die Verrechnung von kalkulatorischen Wagniskosten abgedeckt werden. Diese Wagniskosten (Wagnisaufschläge) dienen dazu, in einem Unternehmen finanzielle Vorsorge für den Eintritt dieser Risiken zu schaffen. Von daher ähneln sie einerseits den Rückstellungen in der Finanzbuchhaltung, andererseits sind sie vergleichbar mit einer internen Versicherung für mögliche Schadensfälle. Im Falle des Eintritts eines Risikofalles ist durch den Finanzierungseffekt (ähnlich wie bei den Abschreibungen oder Rückstellungen) finanzielle Vorsorge getroffen worden.

Die kalkulatorischen Risiken unterteilt man in das allgemeine Unternehmerrisiko (Unternehmerwagnis) und die so genannten speziellen Risiken (spezielle Wagnisse).

Unternehmerwagnisse

Zu dem **Unternehmerwagnis**, das üblicherweise das ganze Untenehmmen betrifft, zählen beispielsweise das Risiko einer allgemeinen Wirtschaftskrise (Rezession), das Risiko eines Absatzrückgangs für bestimmte Unternehmensleistungen, technischen Fortschritt oder Inflation. Das Unternehmerrisiko ist dadurch gekennzeichnet, dass diese Risiken nur schwer oder gar nicht vorhersehbar sind und nur sporadisch eintreten. Darüber hinaus lässt sich das Unternehmerrisiko nur äußerst schwer finanziell quantifizieren. Dieses Risiko muss ein Unternehmer im Rahmen seiner unternehmerischen Tätigkeit aus den (bisher) erzielten Gewinnen tragen. Eine Risikovorsorge durch kalkulatorische Kosten für das Unternehmerwagnis sollte daher nicht gesondert vorgenommen werden, da dieses Risiko bereits in den Verzinsungserwartungen der Eigen- und Fremdkapitalgeber enthalten sind.

Anders verhält es sich mit den speziellen Risiken, die direkt mit der Erstellung der betrieblichen Leistung verbunden sind. Diese Risiken, die ebenfalls unvorhersehbar eintreten (d. h. in Höhe und zeitlichem Anfall nicht bekannt sind), aber im Unternehmen mit einer gewissen Regelmäßigkeit auftreten, können im Rahmen von kalkulatorischen Wagniskosten berücksichtigt werden. Diese schlagen sich als nicht ausgabenwirksame Kosten in der Kalkulation nieder und führen so zu einem Finanzierungseffekt. Diese angesparten Mittel können verwendet werden, um auftretende Verluste zu kompensieren. Sie wirken damit ähnlich wie Versicherungsleistungen.

Zu den speziellen Einzelrisiken zählen insbesondere

- Beständewagnisse,
- Fertigungswagnisse,
- Forschungs- und Entwicklungswagnisse,
- Vertriebswagnisse sowie
- sonstige Wagnisse.

Beständewagnisse

Unter den **Beständewagnissen** versteht man vor allem Lagerverluste durch Schwund, Diebstahl, Verrottung, Veralten oder Verderb der Lagerprodukte.

Fertigungswagnisse

Fertigungswagnisse umfassen u. a. Gewährleistungskosten, Mehrkosten durch Ausschussproduktion sowie außergewöhnliche Schäden an Produktionsmaschinen.

Forschungs- und Entwicklungswagnisse

Zu den **Forschungs- und Entwicklungswagnissen** zählen die Kosten für fehlgeschlagene Entwicklungsvorhaben. Wenn beispielsweise nur eines von zehn begonnenen Forschungsprojekten tatsächlich zur Marktreife geführt werden kann, sind die Kosten der neun fehlgeschlagenen Projekte kalkulatorische Entwicklungswagniskosten.

Vertriebswagnisse

Die **Vertriebswagnisse** enthalten vor allem Forderungsausfälle gegen Kunden sowie Währungsverluste.

Sonstige Wagnisse umfassen solche Risiken, die in der Natur des speziellen Geschäfts auftreten, so z. B. Bergschäden im Bergbau, Flugzeug-
verluste in der Luftverkehrsindustrie etc.

Die Bemessung der Wagniskosten orientiert sich an den Erfahrungswerten der Vergangenheit. Er wird als so genannter Wagnissatz errechnet
und häufig in Beziehung zu einer Bezugsgröße gesetzt.

Die Forderungsausfälle eines Unternehmens können zum gesamten
Forderungsbestand in Bezug gesetzt werden. Die Lagerverluste können
als Prozentsatz der Lagermenge oder des Lagerwertes ausgedrückt werden. Das Verlustwagnis eines Flugzeugs kann als statistische Absturz-
wahrscheinlichkeit bezogen auf die gesamte Flugzeugflotte berechnet
werden.

Insgesamt handelt es sich bei den kalkulatorischen Wagniskosten
somit um geglättet übernommene Rückstellungen. Eine weitere Ausdehnung über den Rückstellungsbegriff hinaus führt schnell wieder zu
einer Scheingenauigkeit der Rechnung mit der Gefahr, dass sich bei
der Umsetzung theoretische Fehler einschleichen, etwa in der Art, dass
es zu Doppelberücksichtigungen des Risikos in kalkulatorischen Wagniskosten und in kalkulatorischen Zinsen kommt. Gleichwohl können
die Wagniskosten verbunden werden mit dem Risikomanagement des
Unternehmens und somit das Risikocontrolling unterstützen.

Z U S A M M E N F A S S U N G

Die Erfassung der Kosten und Erlöse in einem Unternehmen ist ein
komplexer Prozess, der von den Daten der Finanzbuchhaltung aus-
geht und durch Umformungen (Anderskosten/-erlöse) und Ergänzungen (Zusatzkosten/-erlöse) die in der Kostenrechnung notwendige Grundlage schafft.

Während die Personal- und sonstigen Kosten (aufwandsgleiche
Kosten, Grundkosten) relativ einfach aus der Finanzbuchhaltung
übernommen werden können, ist insbesondere die Ermittlung der
Materialkosten häufig mit Problemen behaftet. Diese resultieren vornehmlich daraus, dass die Roh-, Hilfs- und Betriebsstoffe häufig
nicht unmittelbar verbraucht werden, sondern zunächst zwischengelagert und sukzessive in den Produktionsprozess eingebracht werden.

Bei der Ermittlung der Materialkosten wird konsequent zwischen
der Erhebung des mengenmäßigen Materialverbrauchs (Mengenkomponente) und der Bewertung des Materialverbrauchs (Preiskomponente) getrennt. Die Materialkosten werden anschließend
durch Multiplikation der Mengen und der Preiskomponente ermittelt.

Weiterhin wurde aufgezeigt, dass es in der Kosten- und Leistungsrechnung kalkulatorische Kosten gibt, die es in der Finanzbuchhaltung nicht gibt (kalkulatorische Zusatzkosten) bzw. die dort mit anderen Wertansätzen verrechnet werden (kalkulatorische Anderskosten).

Dies sind

- kalkulatorische Abschreibungen,
- kalkulatorische Zinsen,
- kalkulatorische Miete,
- kalkulatorischer Unternehmerlohn und
- kalkulatorische Wagnisse.

Diese kalkulatorischen Kostenarten dienen in der Praxis dazu, den Ressourcenverbrauch im Unternehmen korrekt abzubilden und damit die Kostenstrukturen und Kalkulationen von Unternehmen mit unterschiedlichen Leitungs- und Eigentumsstrukturen richtiger darzustellen und vergleichbarer zu machen.

Nur durch die korrekte Erfassung des bewerteten Ressourcenverbrauchs kann es in der Praxis gelingen, unternehmerische Entscheidungen auf eine verlässliche Basis zu stellen, wobei häufig zu beobachten ist, dass bei den kalkulatorischen Kosten über das Ziel hinausgeschossen wird und es zu methodischen Fehlern durch Doppelerfassungen kommt.

Z U S A M M E N F A S S U N G

Übungsmaterial

Wiederholungsfragen

Im Folgenden finden Sie zehn Wiederholungsfragen zu den bisher behandelten Lerninhalten. Bitte geben Sie an, ob die getroffenen Aussagen richtig oder falsch sind.

1) Inventurmethode: Verbrauch = AB + Zugang − EB   R F

2) Kalk. Abschreibungen werden in der FIBU als Kosten erfasst.   R F

3) Bei der linearen Abschreibung wird die Nutzungsdauer n auf den Abschreibungsbetrag A verteilt.   R F

4) Degressionsbetrag (D) = Summe der arithmetischen Reihe von 1 + 2 ... + n   R F

5) Bei der aritmetisch degressiven Abschreibung fallen die jährlichen Abschreibungsbeträge stets um den gleichen Prozentsatz p. R F

6) Geometrisch degressive Abschreibung a = RBW * p R F

7) Bei der Leistungsabschreibung entspricht der Wertverzehr der Inanspruchnahme des Vermögensgegenstands. R F

8) Betriebsstoffe gehen als Nebenbestandteil oder untergeordneter Bestandteil in das zu fertigende Produkt ein. R F

9) LoFo = Last in, first out R F

10) Dienstleistungskosten sind pagatorische Kosten. R F

Aufgaben

Aufgabe 3.1: Materialverbrauchsermittlung und -bewertung

In einem chemischen Unternehmen, Luvichem AG, werden für die Herstellung der Produkte Luviquad T und Luviquad U im Monat August folgende Rohstoffmengen des Rohstoffes PVP zu unterschiedlichen Preisen bezogen:

Datum	Menge in kg	Bezugspreis in €/kg
1.8.	1.000	7,60
15.8.	1.500	9,00
17.8.	500	8,80
25.8.	1.000	8,10

Die Luvichem AG verfügt zu Beginn der Periode über keinen Rohstofflagerbestand an PVP.

Im Monat August werden 1.000 Stück des Produktes Luviquad T und 500 Stück des Produktes Luviquad U hergestellt. Laut Produktionsplan werden einschließlich Abfall und unvermeidlichem Ausschuss für Luviquad T 3 kg PVP pro Stück, bei Luviquad U 1,5 kg pro Stück benötigt.

Gemäß den Materialentnahmescheinen wurden am 19.8. 2.000 kg PVP und am 26.8. 1.500 kg PVP vom Rohstofflager entnommen. Lt. Inventur befinden sich am 31.8. noch 300 kg PVP auf dem Lager.

a) Ermitteln Sie zunächst den mengenmäßigen Verbrauch bei Anwendung der Inventurmethode. Bewerten Sie sowohl den Verbrauch als auch den Lagerbestand mit Hilfe des Durchschnittsverfahrens (einfaches gewogenes Mittel).

b) Ermitteln Sie den mengenmäßigen Verbrauch bei Anwendung des Fortschreibungsverfahrens und bewerten Sie diesen mit Hilfe des Verfahrens des gleitenden Durchschnitts.

c) Wie hoch ist die mengenmäßige Inventurdifferenz bei Anwendung des Fortschreibungsverfahrens bei Berücksichtigung der Inventurinformation? Geben Sie mögliche Gründe für diese Differenz an!

d) Welcher Materialverbrauch wäre nach der retrograden Methode zu erwarten gewesen?

Aufgabe 3.2: Verfahren der Materialverbrauchsbewertung

In der XY GmbH werden für einen Rohstoff folgende Materialzugänge und Anschaffungskosten sowie Materialabgänge im Laufe eines Geschäftsjahres aufgezeichnet:

	Einheit	Jan	Feb	Mrz	Apr	Mai	Jun	Jul	Aug	Sep	Okt	Nov	Dez	$\sum$
Anschaffungs-preise	€/ME	10	24	33	17	16	22	23	26	20	19	26	35	
Zugänge Monatsanfang	ME	10	9	4	12	12	10	10	9	10	10	9	5	110

Ein Materialanfangsbestand am Jahresbeginn existierte nicht. Der Materialverbrauch im gesamten Geschäftsjahr betrug 100 Einheiten.

a) Bewerten Sie den Materialverbrauch der XY GmbH mit Hilfe des
- FIFO-Verfahrens,
- LIFO-Verfahrens,
- HIFO-Verfahrens,
- LOFO-Verfahrens.

b) Wie hoch ist der bewertete Lagerbestand bei der Bewertung mit dem FIFO-/LOFO- Verfahren für diesen Einsatzstoff am Jahresende?

c) Welche Auswirkungen haben die unterschiedlichen Bewertungsverfahren auf das Betriebsergebnis des Unternehmens?

Aufgabe 3.3: Lineare Abschreibung

Eine Produktionsmaschine wird für 60.000 € beschafft. Die Nutzungsdauer wird auf zehn Jahre geschätzt.

a) Wie hoch sind die jährlichen Abschreibungsbeträge (Basis: Anschaffungswert) bei linearer Abschreibung? Wie entwickelt sich der Restbuchwert (je Jahr) über die gesamte Nutzungsdauer (bitte rechnerische und grafische Lösung)?

b) Wie hoch sind die jährlichen Abschreibungsbeträge, wenn vom geschätzten Wiederbeschaffungswert abgeschrieben wird, der 20% über dem Anschaffungswert liegen soll?

c) Welche Probleme ergeben sich aus der Perspektive der Kosten- und Erlösrechung,

- wenn der Wiederbeschaffungswert zu niedrig (zu hoch) angesetzt wurde,
- wenn die Nutzungsdauer zu gering (zu hoch) eingeschätzt wurde?

Aufgabe 3.4: Degressive Abschreibung

Eine Maschine hat einen Anschaffungswert von 500.000€, der als Abschreibungsbasis herangezogen wird. Die handelsrechtliche Nutzungsdauer beträgt acht Jahre, der Schrottwert wird auf 25.000 € geschätzt. Die betriebsübliche Nutzungsdauer einer solchen Maschine wird auf zehn Jahre geschätzt.

a) Wie hoch sind die jährlichen Abschreibungsbeträge bei arithmetisch-degressiver Abschreibung; wie entwickelt sich der Restbuchwert (je Jahr) über die gesamte Nutzungsdauer (grafische und mathematische Lösung)?

b) Wie hoch sind die jährlichen Abschreibungsbeträge bei geometrisch-degressiver Abschreibung, wie entwickelt sich der Restbuchwert (je Jahr) über die gesamte Nutzungsdauer (grafische und mathematische Lösung)?

Aufgabe 3.5: Leistungsabschreibung

Ein PKW wird mit einer Gesamtlaufleistung von 200.000 km veranschlagt. Der Anschaffungspreis, der als Basiswert zugrunde gelegt wird, beträgt 68.000€. In der Rechnungsperiode 1 beträgt die Kilometerleistung 25.000 km, in der Rechnungsperiode 2 10.000 km und in der Rechnungsperiode 3 50.000 km. Wie hoch ist der jeweilige Abschreibungsbetrag in den betrachteten Perioden?

Aufgabe 3.6: Kalkulatorische Zinsen

Die K-E-R AG hat ein Gebäude und ein Grundstück angeschafft. Die Anschaffungskosten des Grundstücks betragen 200.000€, der aktuelle Verkehrswert liegt bei dem Doppelten des Buchwerts. Das Gebäude steht mit 100.000 € zu Buche. Das Gebäude beinhaltet jedoch eine stille Reserve von 200.000€. Der kalkulatorische Zinssatz wird mit 10% angenommen. Die handelsrechtliche Nutzungsdauer des Gebäudes beträgt 30 Jahre (lineare Abschreibung). Aus Erfahrungswerten ist bekannt, dass die tatsächliche, durchschnittliche Lebensdauer der Gebäude doppelt so hoch ist.

a) Berechnen Sie die kalkulatorischen Zinsen für das Grundstück und das Gebäude für das 1. bis 5. Jahr nach der Restbuchwertmethode und der Durchschnittswertmethode. Geben Sie auch die gesamte Zinsbelastung für die Jahre 1 bis 5 an. (Hinweis: Der Restbuchwert ist der Restbuchwert am Ende des jeweiligen Jahres.)

b) Erläutern Sie am Beispiel des oben genannten Grundstücks, warum bei der Berechnung der kalkulatorischen Zinsen Wiederbeschaffungskosten in Betracht gezogen werden müssen?

c) Warum werden kalkulatorische Zinsen in der Kostenrechnung angesetzt?

Aufgabe 3.7: Abschreibungen und kalkulatorische Zinsen

In einem Unternehmen sind am 1.1.1990 Grundstücke und Gebäude angeschafft worden. Das Grundstück ist damals zu einem Preis von umgerechnet 1 Mio. € angeschafft worden, die Gebäude, bestehend aus zwei gleichen Einzelgebäuden, hatten zum damaligen Zeitpunkt Anschaffungskosten von umgerechnet 2 Mio. €. In der Finanzbuchhaltung wurden diese Anlagegüter nach dem Anschaffungskostenprinzip aktiviert und abgeschrieben. Lt. AFA-Tabellen galt für Gebäude eine Nutzungsdauer von 30 Jahren, tatsächlich ist aber davon auszugehen, dass die Gebäude doppelt so lange genutzt werden können und danach einen erzielbaren Verkaufspreis von ca. 30% des Anschaffungspreises erzielen können.

Es ist abzusehen, dass der Verkehrswert aufgrund von Wertsteigerungen der betreffenden Anlagegegenstände etwa $1\frac{1}{2}$fach höher liegt als die Anschaffungskosten. Es wird nach der linearen Abschreibungsmethode abgeschrieben.

a) Errechnen Sie den Restbuchwert der Anlagegegenstände am 31.12. 2003 sowohl in der Handelsbilanz als auch in der Kostenrechnung.

b) Erläutern Sie an diesem Beispiel den Unterschied zwischen substanziellem und nominellem Kapitalerhaltungsprinzip.

c) Erläutern Sie an einem Beispiel den Finanzierungseffekt von Abschreibungen. Warum gilt dieser Effekt nur für „verdiente Abschreibungen".

d) Berechnen Sie die kalkulatorischen Zinsen für die Anlagegegenstände für das Jahr 2003 nach dem Restwert- und dem Durchschnittswertprinzip (Kalkulationszinssatz: 10%).

Aufgabe 3.8: Kalkulatorische Wagnisse

In einem Unternehmen sind im Vertriebsbereich in den vergangenen fünf Jahren folgende Wagnisverluste aufgrund von Forderungsausfällen eingetreten:

Jahr	Forderungsausfälle (€/Jahr)	Forderungsbestand am Jahresende (€)
1	10.000	300.000
2	15.000	400.000
3	25.000	1.000.000
4	7.500	250.000
5	11.000	450.000
Summe		

a) Wie hoch soll das Vertriebswagnis im 6. Jahr festgelegt werden, wenn der Forderungsbestand 800.000 € beträgt?

Literatur

Ammann, H. / Müller, S.: IFRS International Financial Reporting Standards - Bilanzierungs-, Steuerungs- und Analysemöglichkeiten, 2. Aufl., Herne/Berlin 2006.

Coenenberg, A. G.: Kostenrechnung und Kostenanalyse, 5. Aufl., Stuttgart 2003, S. 29–56.

Däumler, K. D. / Grabe, J.: Kostenrechnung 1, 9. Aufl., Herne/Berlin 2003, S. 133–206.

Graumann, M.: Kostenrechnung und Kostenmanagement, Wiesbaden 2002, S. 51–80.

Haberstock, L.: Kostenrechnung I, 12. Aufl., Berlin 2005, S. 55–103.

Hummel, S. / Männel, W.: Kostenrechnung 1, 4. Aufl., Wiesbaden 1999, S. 127–187.

Lachnit, L.: Bilanzanalyse, Wiesbaden 2004, S. 15–24 und S. 108–162.

Liessmann, K. (Hrsg.): Gabler Lexikon Controlling und Kostenrechnung, Wiesbaden 1997.

Olfert, S.: Kostenrechnung, 14. Aufl., Ludwigshafen 2005, S. 81–138.

Plinke, W.: Industrielle Kostenrechnung, 7. Aufl., Berlin/Heidelberg 2006, S. 85–98.

Schweitzer, M. / Küpper, H.-U.: Systeme der Kostenrechnung, 8. Aufl., München 2003, S. 76–118.

Seicht, G.: Moderne Kosten- und Leistungsrechnung, 11. Aufl., Wien 2001, S. 73–122.

Kosten- und Erlösstellenrechnung –

Kosten- und Erlöstransparenz und Kosten- und Erlöskontrolle im Unternehmen

4

ÜBERBLICK

Fall | *Die Einführung einer Kostenartenrechnung im letzten Jahr war zwar sehr aufwendig, doch bisher ein voller Erfolg. Aktuell gibt es jedoch wiederum Probleme. Die FEBAU GmbH, die bislang immer ein sehr rentables Unternehmen war, stellt bei Aufstellung des Jahresabschlusses fest, dass im vergangenen Jahr erstmals Verluste im Unternehmen aufgetreten sind.*

Eine nähere Beschäftigung mit den Zahlen des Jahresabschlusses zeigt deutlich die Ursache für diese Abweichungen auf. Während sich die Umsätze des Unternehmens im letzten Jahr wiederum sehr erfreulich gesteigert haben, ist auf der anderen Seite eine enorme Kostensteigerung im Unternehmen zu verzeichnen gewesen. Leider ist aufgrund des bisher vorliegenden Zahlenwerks und des dynamischen Wachstums des Unternehmens in den letzten Jahren nicht mehr zu identifizieren, wo in dem Unternehmen die überproportionalen Kostensteigerungen angefallen sind. Darüber hinaus stellt der Leiter Controlling, Herr Lupenrein, insgesamt eine verschlechterte Kostendisziplin fest, was sich in überhöhten Kosten der einzelnen Abteilungen bemerkbar macht.

Herr Lupenrein vermutet weiter, dass aufgrund dieser Situation auch einige Produkte zu nicht kostendeckenden Preisen verkauft werden. Allerdings kann er mangels einer aussagekräftigen Kalkulation keine Aussagen darüber machen, welche Produkte erfolgreich oder nicht erfolgreich sind.

Um die mangelnde Kostentransparenz und Kostendisziplin in den Griff zu bekommen, schlägt er der Geschäftsführung vor, eine Kostenstellenrechnung im Unternehmen einzuführen. Dies – so führt er aus – wäre gleich der nächste Schritt zur Einführung einer aussagekräftigen Kalkulation für die FEBAU GmbH.

Die Geschäftsführung, die bisher solche Dinge für überflüssig gehalten hatte, erklärt sich vor dem Hintergrund der schwierigen Unternehmenssituation schweren Herzens bereit, die Kostenrechnerin Frau Spargeist für diese Tätigkeiten freizustellen.

Lernziele:

In diesem Kapitel werden Sie lernen,

- zunächst die Bedeutung der Kosten- und Erlösstellenrechnung als Instrument zur Herstellung einer Kosten- und Erlöstransparenz und Kostendisziplin im Unternehmen zu erkennen und zu würdigen,

- den Begriff Kostenstelle, Erlösstelle sowie Kosten- bzw. Erlösstellenrechnung zu definieren und verschiedene Kriterien der Kosten- und Erlösstellengliederung zu unterscheiden,

- einen Betriebsabrechnungsbogen (BAB) aufzustellen sowie die innerbetriebliche Leistungsverrechung vorzunehmen sowie

- Gemeinkostenzuschlagssätze zu berechnen, die eine Grundlage für die Durchführung einer Kalkulation bilden.

4.1 Begriff und Gegenstand der Kosten- und Erlösstellenrechnung

Nachdem wir uns in Kapitel 3 mit der Kostenartenrechnung als Instrument der Erfassung der Kosten in einem Unternehmen beschäftigt haben, geht es im zweiten Schritt der Kostenrechnung (rot unterlegt in Abb. 4.1) in der **Kosten-/Erlösstellenrechnung** darum, die (Gemein-)Kosten des Unternehmens den einzelnen Kosten-/Erlösstellen zuzuordnen. Wir wenden uns damit der Frage zu: „Wo im Unternehmen (in welcher Abteilung) fallen welche Kosten und welche Erlöse an?"

Aus der Grundstruktur der Kosten- und Erlösrechnung wird deutlich, dass nach der Erfassung und Klassifikation der Kosten und Erlöse in der Kosten- und Erlösartenrechnung die jeweiligen Einzelkosten und Einzelerlöse direkt den Kostenträgern zugeordnet werden konnten. Die Gemeinkosten bzw. Gemeinerlöse müssen – um sie den Kosten-/Erlösträgern zurechnen zu können – hingegen über die Kosten- und Erlösstellenrechnung verrechnet werden. Dazu werden im ersten Schritt die Gemeinkosten der Unternehmung den einzelnen Kosten- bzw. Erlösstellen (Abteilungen) zugeordnet. Hierbei unterscheidet man im Rahmen der Kostenstellenrechnung zwischen so genannten Haupt- und Hilfskostenstellen.[1] Danach werden im Rahmen der internen Leistungsverrechnung die Kosten der Hilfskostenstellen auf die Hauptkostenstellen umgelegt. Als letzter Schritt der Kostenstellenrechnung erfolgt die Berechnung von Gemeinkostenzuschlagssätzen oder Verrechnungssät-

Grundstruktur der Kosten- und Erlösrechnung

---

[1] Im Rahmen einer Erlösstellenrechnung ist eine solche Aufteilung in Erlöshilfsstellen und Erlöshauptstellen und deren Verrechnung unüblich.

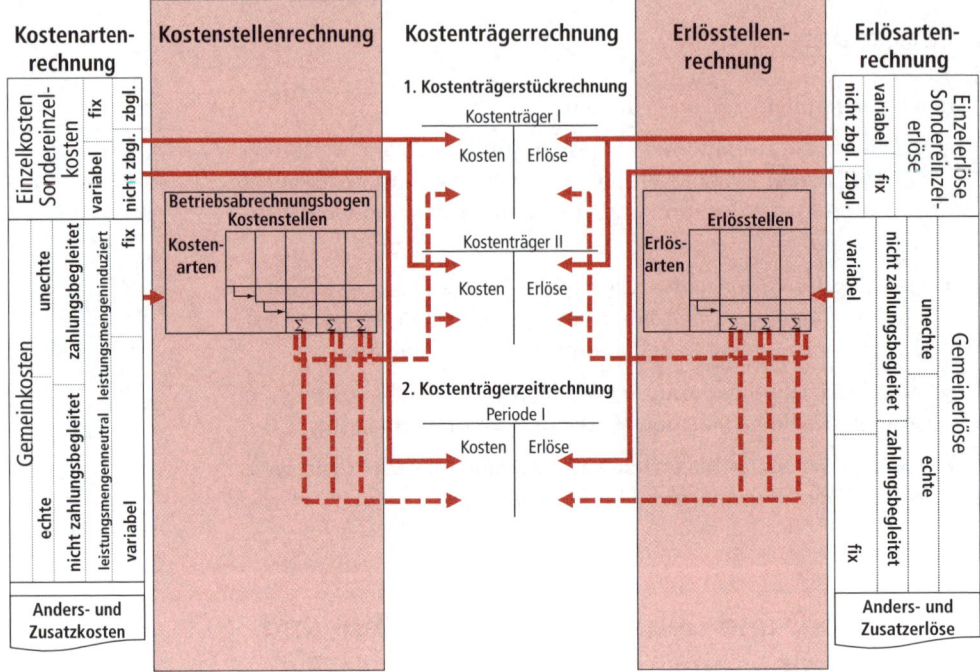

Abbildung 4.1: Grundstruktur der Kosten- und Erlösrechnung

zen, die dazu dienen, die Gemeinkosten der Hauptkostenstellen in die Kalkulation (Kostenträgerrechnung) zu übernehmen.

Halten wir uns noch einmal die in Kapitel 1 definierten Hauptaufgaben

- Ermittlung des Stückerfolgs und
- Ermittlung eines Periodenerfolgs

vor Augen, so erkennen wir unmittelbar die Problemstellung. Die Einzelkosten, die gemäß Definition direkt einzelnen Unternehmensleistungen (Kostenträgern) zugerechnet werden können, stellen für die Ermittlung der Stückkosten kein eigentliches Problem dar. Hier besteht ein offensichtlicher Zusammenhang zwischen den Kosten und den Kostenträgern, sodass diese aus der Kostenartenrechnung direkt den einzelnen Unternehmensleistungen zugeordnet werden können. Man kann sich dies so vorstellen, dass z. B. die Kosten für Materialien (= Einzelkosten) bei der Kalkulation einer bestimmten Unternehmensleistung direkt auf einem Rechenblock oder einem Konto aufgezeichnet werden.

Problem der Gemeinkostenzurechnung Ein Problem in dieser Hinsicht haben wir mit den Gemeinkosten, die gemäß Definition nicht direkt einzelnen Unternehmensleistungen zugeordnet werden können. So stellt sich z. B. die Frage, wie das Gehalt des Geschäftsführers oder die Mietkosten für das Verwaltungsgebäude

(= Gemeinkosten) verursachungsgerecht auf die einzelnen Unternehmensleistungen verteilt werden können. Es ist unmittelbar einleuchtend, dass eine direkte, verursachungsgerechte Zuordnung hier nicht möglich ist.

Um dies dennoch zu verwirklichen, werden die Gemeinkosten entsprechend Abb. 4.1 in die Kostenstellenrechnung übernommen und dort weiterverarbeitet. Wir können also die Kosten-/Erlösstellenrechnung wie folgt definieren:

> **Definition** Die **Kosten-/Erlösstellenrechnung** zeichnet auf, welche Kosten und Erlöse in den einzelnen Teilbereichen (= Kosten-/Erlösstellen) eines Unternehmens innerhalb einer Abrechnungsperiode angefallen sind oder anfallen. Die Kostenstellenrechnung erfasst darüber hinaus die den Produkten bzw. Leistungen eines Unternehmens nicht direkt zurechenbaren Kostenträgergemeinkosten und bereitet diese für die Weiterberechnung auf die Kostenträger auf. Sie stellt damit das Bindeglied zwischen Kostenarten- und Kostenträgerrechnung dar. Die Erlösstellenrechnung erfasst die in einzelnen Teilbereichen erzielten Erlöse des Unternehmens und ermöglicht ebenfalls eine Zurechung auf die Erlösträger.

Kosten-/Erlösstellen = innerbetriebliche Abrechnungseinheiten

Beginnen wollen wir zunächst mit der **Kostenstellenrechnung**, bevor wir später auch die Erlösstellenrechnung erörtern.

Die Kostenstellenrechnung erfüllt im Unternehmen folgende Aufgaben:

Aufgaben der Kostenstellenrechnung

- Herstellung einer Kostentransparenz im Unternehmen,
- Kontrolle und Sicherung der Wirtschaftlichkeit der Kostenstellen,
- Schaffung einer Kosten- und Erlösverantwortlichkeit im Unternehmen,
- Darstellung der Leistungsbeziehungen innerhalb der Unternehmung und
- Ermittlung von Kalkulationssätzen für die Übernahme der Gemeinkosten in die Kalkulation.

Eine der wichtigsten Aufgaben der Kostenstellenrechnung ist die Herstellung einer **Kostentransparenz** im Unternehmen. Nur durch ein entsprechend ausgestaltetes Kostenrechnungssystem ist es in größeren Unternehmenseinheiten möglich, die Entstehung der Kosten im Unternehmen zu erkennen, also der Eingangsfrage dieses Kapitels nachzugehen, wo Kosten in welcher Höhe entstehen. Auf dieser Basis ist es möglich, durch Zeit- oder Betriebsvergleiche Abweichungen zu analy-

Erreichung von Kostentransparenz und Wirtschaftlichkeit

sieren[2] und etwa durch die Verbindung mit Vorgabewerten (Budgets) Plan-Ist-Vergleiche durchzuführen, um eine verhaltenssteuernde Wirkung der Kostenrechnung zu erreichen. Durch Ergreifen entsprechender Maßnahmen kann sodann eine **Sicherung der Wirtschaftlichkeit** in jeder Kostenstelle erreicht werden. So kann etwa durch einen Vergleich der geplanten Kosten (Plankosten) mit den tatsächlichen Kosten (Istkosten), z. B. in einem bestimmten Fertigungsbereich, frühzeitig erkannt werden, ob und wenn ja, wo im Unternehmen eine Überschreitung der geplanten Kosten (Budgetüberschreitungen) auftritt. Es ist zu erkennen, dass es für die Sicherung der Wirtschaftlichkeit der Kostenstellen nicht nur einer Istkostenrechnung bedarf, sondern dass diese um eine Plankostenrechnung zu ergänzen ist.

Sicherung der Wirtschaftlichkeit

Um eine Kostendisziplin im Unternehmen zu erreichen, genügt aber die Kostentransparenz allein nur wenig. Für die Unternehmenssteuerung ist es darüber hinaus wichtig, eine **Kostenverantwortlichkeit** zu schaffen und gegebenenfalls die Einhaltung der Ziele durch ein geeignetes Incentiv-System (Anreizsystem) zu unterstützen. Insofern ist es unumgänglich für jede Kosten-/Erlösstelle einen Kosten- bzw. Erlösverantwortlichen zu benennen, der für die Einhaltung der Kosten- und Erlösziele seiner Kostenstelle verantwortlich ist. Die Übertragung und Delegation von Verantwortlichkeiten ermöglicht eine Delegation von Entscheidungsbefugnissen, die die obersten Leitungsgremien im Unternehmen entlasten.

Erreichung von Kostenverantwortlichkeit

Darüber hinaus dient die Kostenstellenrechnung dazu, im Rahmen der **innerbetrieblichen Leistungsverrechnung** die innerbetrieblichen Leistungsströme zu dokumentieren, diese sichtbar zu machen und die innerbetrieblichen Leistungen verursachungsgerecht auf die Kostenstellen zu verrechnen.

Innerbetriebliche Leistungsverrechnung

Nicht zuletzt ist es die originäre Aufgabe der Kostenstellenrechnung, durch die **Ermittlung von Zuschlags- und Verrechnungssätzen** die Gemeinkosten des Unternehmens so aufzubereiten, dass sie in der Kosten- und Erlösträgerrechnung, insbesondere in der Kalkulation, verrechnet werden können.

Ermittlung von Zuschlags- und Verrechnungssätzen

Beispiel 4.1

In unserem Beispielunternehmen, der FEBAU GmbH, plant der Controller mit der Einführung einer Kostenstellenrechnung Folgendes zu erreichen: Zunächst ist derzeit lediglich bekannt, wie hoch die Gesamtkosten im Unternehmen sind. Durch eine Zurechnung der Gesamtkosten kann er zukünftig erkennen, wie hoch die Kosten der einzelnen Stellen jeweils sind. Wenn er die Kosten der Kostenstellen (= Abteilungen) der letzten Jahre mit den aktuellen Werten vergleicht, kann er im Wege des Zeitvergleichs Anhaltspunkte

---

[2] vgl. Kapitel 1

für Unwirtschaftlichkeiten in den Abteilungen erkennen. Sobald diese erkannt worden sind, können dann entsprechende Gegensteuerungsmaßnahmen ergriffen werden, z. B. Kosteneinsparungen, um den zuletzt festgestellten Kostenanstieg zu bremsen.

Jeder Abteilungsleiter wird – so das Konzept des Controllers – zukünftig für die Kosten in seiner Abteilung verantwortlich sein. Quartalsweise ausgedruckte Kostenstellenberichte oder jederzeit online abrufbare Auswertungen zeigen den Verantwortlichen die aktuellen Kosten in ihren jeweiligen Bereichen auf und dokumentieren Ansatzpunkte für eventuelle Gegensteuerungsmaßnahmen. Keiner soll zukünftig behaupten können, er sei über die Situation in seinem Bereich nicht informiert. Unwirtschaftlichkeiten werden dann nicht mehr toleriert, sondern analysiert und abgestellt. Sollte später einmal eine Plankostenrechnung in der FEBAU GmbH eingeführt sein, können sogar Plan-Ist-Abweichungen durchgeführt werden. Dadurch dass die Abteilungsleiter selbst für die Kosteneinhaltung und damit auch für das Ergebnis des Unternehmens verantwortlich sind, kann sich die Geschäftsführung anderen wichtigen Aufgaben zuwenden, so etwa der Neukundenakquisition oder der strategischen Planung des Unternehmens.

Die **Erlösstellenrechnung** spielt in der Praxis der Kosten- und Erlösrechnung bisher häufig nur eine untergeordnete Rolle. Dies resultiert daraus, dass die Erlöse eines Unternehmens zumeist direkt, also als Einzelerlöse, den Unternehmensleistungen zugerechnet werden können und somit für Zwecke der Kalkulation unproblematisch sind. Im Gegensatz zu den Gemeinkosten existieren in Unternehmen bislang deutlich seltener Gemeinerlöse, die mit Hilfe einer Erlösstellenrechnung verteilt werden müssten.

Aufgaben der Erlösstellenrechnung

So konzentriert sich die Erlösstellenrechnung in der Praxis zumeist darauf, die Erlöse sowie die **Erlösschmälerungen** (Rabatte, Skonti) des Unternehmens differenziert zu erfassen und bestimmten Erlösstellen zuzuordnen. Hierdurch können z. B. die Erlöse bestimmten Produktgruppen, Vertriebsregionen oder Vertriebswegen zugerechnet werden.

Erlösschmälerungen

Sinn einer solchen einfachen Erlösstellenrechnung ist es, die Erlöse zu erfassen und die Erlösstruktur im Unternehmen transparent zu machen.

Beispiel 4.2

In der FEBAU GmbH können zwei Vertriebsregionen unterschieden werden. In diesen Vertriebsregionen werden sowohl Aluminium- und Holz- als auch Kunststofffenster vertrieben. Hieraus könnte folgende Erlösstellenrechnung entwickelt werden:

	Erlösstelle Vertrieb Nord			Erlösstelle Vertrieb Süd			Gesamt
	Holz	Alu	Kunstst.	Holz	Alu	Kunstst.	
Brutto-Verkaufserlöse	150.000 €	50.000 €	50.000 €	100.000 €	150.000 €	250.000 €	750.000 €
– Rabatte	10.000 €	5.000 €	5.000 €	10.000 €	15.000 €	25.000 €	70.000 €
– Skonto	15.000 €	10.000 €	5.000 €	15.000 €	20.000 €	25.000 €	90.000 €
= Summe Erlösschmälerungen	25.000 €	15.000 €	10.000 €	25.000 €	35.000 €	50.000 €	160.000 €
= Netto-Verkaufserlöse	125.000 €	35.000 €	40.000 €	75.000 €	115.000 €	200.000 €	590.000 €

4.2   Kosten-/Erlösstellen als Gegenstand der Kosten- und Erlösstellenrechnung

Nach der übersichtsartigen Darstellung des Prozesses sollten wir uns nun der Kosten- und Erlösstellenrechnung im Detail widmen. Beginnen wollen wir mit der Frage: „Was ist eine Kostenstelle?" Dieser Begriff kann wie folgt definiert werden:

> **Definition**   **Kostenstellen** sind funktional, organisatorisch oder nach anderen Kriterien voneinander abgegrenzte Teilbereiche (Verantwortungsbereiche) des Unternehmens, für die die von Ihnen jeweils verursachten Kosten erfasst, geplant und kontrolliert werden. Sie stellen kostenrechnerisch selbständige Abrechnungseinheiten dar.

Kriterien zur Kostenstellenbildung

Die Art, Genauigkeit und Tiefe der Kostenstelleneinteilung hängt in der Praxis von vielen unternehmensspezifischen Faktoren ab. Hier sind vor allem zu nennen:

- die Betriebsgröße,
- die Komplexität der Leistungserstellung,
- die Branche,
- die Art der Leistungserstellung,

- die Unternehmensorganisation,
- die angestrebte Kalkulationsgenauigkeit,
- der Führungsstil des Unternehmens
- und vieles mehr.

Hieraus resultiert, dass es eine für alle Unternehmen allgemeingültige Kostenstelleneinteilung nicht geben kann, sondern dass es sich hierbei um eine unternehmensindividuelle Struktur handeln muss.

Allerdings haben sich die folgenden Grundsätze und Anforderungen an die Definition und Einteilung von Kostenstellen herausgebildet:

- eindeutige Abgrenzbarkeit der Kostenstellen und eindeutige Erfassbarkeit und Zuordnung der Kosten zu Kostenstellen,
- Möglichkeit der Abbildung der Organisations- und Verantwortungsstruktur sowie einer eindeutigen Verantwortungszuweisung,
- Möglichkeit zur Definition fester Bezugsgrößenzuordnungen sowie
- Beachtung des Grundsatzes der Wirtschaftlichkeit.

Die **Kostenstellenstruktur** sollte eine eindeutige Erfassbarkeit und Zuordnung der Kosten zu Kostenstellen gewährleisten. Das heißt, dass Kostenstellen überschneidungsfrei und eindeutig definiert werden, sodass die Kosten der jeweiligen Kostenstelle zweifelsfrei und eindeutig zugeordnet werden können. Dies ermöglicht, dass die Kostenstellenverantwortlichen tatsächlich die ihnen zugeordneten Kosten beeinflussen können.

Anforderungen an eine Kostenstellenstruktur

Im Grundsatz wird das gesamte Unternehmen also in selbständige kostenrechnerische Abrechungsbereiche unterteilt. Bei der Einteilung der Kostenstellen orientiert man sich in der Praxis häufig an der vorhandenen Organisations- und Verantwortungsstruktur, sodass die Kostenstellenstruktur des Unternehmens in der Regel die Organisationsstruktur des Unternehmens nachbildet. Die feinste mögliche Abgrenzung von selbständigen Abrechnungseinheiten bilden z. B. einzelne Mitarbeiter (etwa Außendienstmitarbeiter) oder einzelne Maschinen in der Fertigung (diese werden häufig auch Kostenplätze genannt).

Für jede dieser Verantwortungseinheiten ist ein Kostenstellenverantwortlicher zu benennen, der für die Kostenentstehung und die Kostenkontrolle in der jeweiligen Kostenstelle verantwortlich ist. Daher gewinnt die bereits angesprochene, eindeutige Erfassung und Zuordnung der Kosten eine besondere Bedeutung, da nur dann die Verantwortungsübernahme gewährleistet werden kann, wenn die Kostenstellenverantwortlichen tatsächlich die ihnen zugeordneten Kosten beeinflussen können. Nur dann, wenn eine kostenstellenverantwortliche Person tatsächlich in der Lage ist, die entstehenden Kosten zu beeinflussen, ist sie auch bereit, hierfür die Verantwortung zu übernehmen.

> **Merke** Ein wichtiges Prinzip der **Kostenstellengliederung** ist, dass die Kosten eines Unternehmens in der Kostenstelle zu erfassen sind, in der diese Kosten direkt – ohne Anwendung eines Umlageschlüssels – zurechenbar sind. Man spricht hier – analog zu den bisher behandelten (Kostenträger-)Einzelkosten – von Kostenstelleneinzelkosten oder primären Kostenstellenkosten (Kostenstelleneinzelkosten-Prinzip).

Bezugsgrößendefinition Hinsichtlich der späteren Weiterverrechnung der Kostenstellenkosten auf die Kostenträger sind eine feste **Bezugsgrößendefinition** und **Bezugsgrößenzuordnung** wichtig. Dies bedeutet, dass für jede Kostenstelle eine Bezugsgröße gefunden werden muss, die ein (möglichst) proportionales Verhältnis zwischen den in einer Kostenstelle anfallenden Kosten und den von der Kostenstelle erstellten Bezugsgrößen (Leistungen) aufweist. Das heißt, je mehr Einheiten der Bezugsgröße in einer Abrechnungsperiode anfallen, desto mehr Gemeinkosten sollten auch entstehen. Als Beispiel seien hier die Maschinenlaufstunden in einem Fertigungsbetrieb genannt. Je mehr Maschinenlaufstunden bei einer Kostenstelle in einer Abrechnungsperiode anfallen, desto mehr Abschreibungen, Wartungs-, Schmierstoff- und eventuell Energiekosten entstehen. Da nicht alle Kostenstellen direkt mit der Erstellung der Kostenträger befasst sind, sondern z. B. für die allgemeine Betriebsbereitschaft notwendig sind, wie etwa die Werksfeuerwehr oder das Gebäudemanagement, müssen die Kosten dieser (Hilfs-)Kostenstellen auf die anderen (Haupt-)Kostenstellen im Rahmen der innerbetrieblichen Leistungsverrechnung überwälzt werden. Die dabei überwälzten Kosten (Umlagen) werden als sekundäre Kosten bezeichnet. Wir werden darauf in Kapitel 4.4 noch zurückkommen.

Grundsatz der Wirtschaftlichkeit Nicht zuletzt muss der **Grundsatz der Wirtschaftlichkeit** bei der Einteilung der Kostenstellen beachtet werden. Zwar steigt die Genauigkeit der Kostenerfassung und Kostenverrechnung mit einer zunehmenden Anzahl der Kostenstellen (feine Kostenstelleneinteilung), andererseits steigen die Kosten der Verarbeitung, Kontierung und Verbuchung überproportional. Hier muss bei der Erstellung einer Kostenstellenstruktur im Einzelfall zwischen dem Nutzen des zusätzlichen Informationsgewinns und den zusätzlichen administrativen Kosten zu deren Erhebung abgewogen werden.

Kostenstellenhierarchie Kostenstellengliederungen in der Praxis weisen zumeist eine hierarchische Struktur auf. Die Kostenstellen sind also pyramidenförmig angeordnet. Man spricht hier von einer **Kostenstellenhierarchie**. Eine einmal entworfene Kostenstellengliederung für ein Unternehmen bleibt in der Regel als feste Struktur über einen längeren Zeitraum hinweg unverändert. Da diese Kostenstellenstruktur sehr stark die Möglichkeiten der

Kostenkontrolle und Kostenverrechnung bestimmt, sollte die Erstellung einer Kostenstellenstruktur im Unternehmen mit viel Überlegung vorgenommen werden.

Abb. 4.2 zeigt ein vereinfachtes Beispiel für eine solche hierarchische Anordnung von Kostenstellen in einem metallverarbeitenden Unternehmen. In der beispielhaft gezeigten Darstellung werden vier verschiedene Hierarchieebenen unterschieden:

- Kostenplätze,

- Kostenstellen,

- Unternehmensbereiche und

- das Gesamtunternehmen.

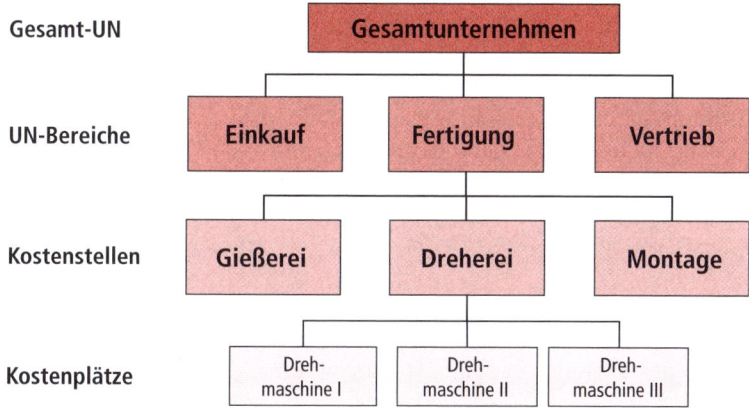

Abbildung 4.2: Beispielhafte Darstellung einer Kostenstellenhierarchie

Zum Zwecke der Unternehmenssteuerung lassen sich die Kostenstellen eines Unternehmens entsprechend der Organisationsstruktur zu Abrechnungsbereichen zusammenfassen. In der Regel bilden die Kostenstellen die unterste Ebene der Abrechnungshierarchie. Je nachdem wie exakt jedoch die Kostenstellenrechnung die Kosten im Unternehmen gliedern möchte, werden teilweise noch so genannte „Kostenplätze" unterteilt. Kostenplätze stellen dabei die elementarsten (kleinsten) Abrechungseinheiten dar, die innerhalb einer Kostenstelle nochmals unterschieden werden können, z. B. einzelne Maschinen, Maschinengruppen in der Fertigung oder einzelne Vertriebsmitarbeiter im Vertriebsbereich. Diese Kostenstellenhierarchie ist dadurch gekennzeichnet, dass sie von den grundlegenden kleinsten Einheiten, den Kostenplätzen, ausgehend die Kosten sukzessive immer weiter zu Kostenstellen zusammenfasst und aggregiert. Diese werden wiederum zu Teilbereichen zusammengefasst. An der Spitze einer solchen Kostenstellenhierarchie steht das Gesamtunternehmen. Dieses umfasst in der Regel eine oder mehrere Kostenstellen, in denen alle Kosten und Erlöse des Unternehmens

Begriff der Kostenstelle (Kostenplatz)/ Kostenstellenhierarchie

zusammengefasst und der Geschäftsführung zugeordnet sind. In dieser obersten Abrechnungsebene spiegelt sich die Gesamtverantwortung der Geschäftsführung für die Kosten und Erlöse des Gesamtunternehmens wider.

Beispiel 4.3

Im obigen Beispiel können die Kosten, die für die einzelnen Drehmaschinen in den einzelnen Kostenplätzen entstehen, im Kostenplatz „Drehmaschinen" als Kostenplatz– bzw. Kostenstelleneinzelkosten erfasst werden. Diese werden in der nächsten Hierarchiestufe aufaddiert und in der Kostenstelle „Dreherei" gesammelt ausgewiesen. Neben den Kosten, die direkt in den einzelnen Kostenplätzen anfallen, entstehen weitere Kosten in der Kostenstelle „Dreherei", z. B. die Kosten des Abteilungsleiters (Meisters) oder sonstige für die Leitung der Abteilung anfallende Kosten (z. B. Abschreibungen für die Computeranlage des Meisters oder die anteilige Miete für das Meisterbüro). Diese Kosten können allerdings nicht unmittelbar den Drehmaschinen zugerechnet werden, sondern nur auf der Ebene der Kostenstelle entsprechend dem Kostenstelleneinzelkosten-Prinzip als Kostenstelleneinzelkosten erfasst werden. Diese grundlegende Vorgehensweise setzt sich über die verschiedenen Ebenen der Kostenstellenhierarchie bis zur Ebene der Gesamtunternehmung fort.

Die gewählte Kostenstellengliederung eines Unternehmens wird in Form eines Kostenstellenplans dokumentiert, anhand dessen die Kontierungen der einzelnen Kostenstellen vorgenommen werden.

Abb. 4.3 zeigt beispielhaft einen Kostenstellenplan für ein produzierendes Unternehmen.

Fragen wir uns nun, nach welchen Kriterien Unternehmen solche Kostenstellen und Abrechnungsbereiche gliedern, so gibt Abb. 4.4 die wichtigsten Gliederungskriterien wieder:

Funktionale Kostenstellengliederung

In der Praxis am häufigsten anzutreffen, insbesondere bei funktional organisierten Unternehmen, ist die **funktionale Gliederung** der Kostenstellen. Hierbei orientiert sich die Abgrenzung an den vorhandenen Funktionsbereichen eines Unternehmens. So werden zumeist Materialkostenstellen (z. B. „Einkauf", „Wareneingang", „Materiallager"), verschiedene Fertigungskostenstellen („Gießerei", „Dreherei", „Montage"), Verwaltungskostenstellen (z. B. „Geschäftsführung", „Controlling", „Buchhaltung") und Vertriebskostenstellen (z. B. „Verkauf", „Marketing") unterschieden. Da zum Zwecke der Herstellungskostenermittlung in der externen Rechnungslegung die Vertriebskosten sowie gegebenenfalls auch die Verwaltungskosten zu separieren sind, ist diese Gliederung weit verbreitet.

Räumlich-geographische Kostenstellengliederung

Daneben ist es ebenso möglich, in Unternehmen eine **räumlich-geographische Gliederung** vorzunehmen. Diese Gliederungsmöglich-

10 Technische Leitung,
    Konstruktion und Entwicklung
100 Technische Leitung
101 Technische Planung
102 Arbeitsvorbereitung
103 Konstruktion und Entwicklung

11 Raumkostenstellen
111 Verwaltungsgebäude
112 Fabrikgebäude
113 Lagergebäude
118 Werksfeuerwehr und Feuerschutz
119 Raumheizung

12 Energiekostenstellen
120 Betriebsleitung Energieversorgung
121 Gasversorgung
122 Stromversorgung
123 ...

13 Transportkostenstellen
130 Leitungsstelle Transportbereich
131 Innerbetrieblicher Transport
132 LKW-Dienst
133 PKW-Dienst

14 Sozialkostenstelle
141 Sozialdienst
142 Kantine
143 Betriebsrat
144 ...

20 Kostenstellen der Betriebshandwerker
200 Betriebsleitung Hilfsbetriebe
201 Betriebsschlosserei
202 Betriebselektriker
203 Betriebsschreinerei

30 Kostenstellen des Einkauf- und Materialbereichs
300 Leitung Einkaufs- und Materialbereich
301 Rohstofflager
302 Lager für fremdbezogene Teile
303 Hilfs- und Betriebsstofflager
304 Ersatzteillager

40 Fertigungsbereich 1
400 Betriebsleistung Fertigung 1
410 Meisterbereich 11
411
...   Fertigungsstellen Meisterbereich 11
419
420 Meisterbereich Fertigung 2
421
...   Fertigungsstellen Meisterbereich 12

50 Fertigungsbereich 2
...

60 Fertigungsbereich 3
...

70 Fertigungsbereich 4
...

80 Kostenstelle der kaufmännischen Verwaltung
800 Kaufmännische Leitung
811 Gesamtplanung
812 Finanzplanung und -kontrolle
821 Finanzbuchhaltung
822 Betriebsabrechnung
823 Datenverarbeitung
824 Personalabteilung
825 Rechtsabteilung

90 Kostenstellen des Verkaufsbereichs
900 Verkaufsleitung
901 Marktforschung
902 Werbung
911
...   Verkaufsabteilung A
919
921
...   Verkaufsabteilung B
929
931
...   Fertigwarenlager
939
941
...   Versandabteilung
949

Abbildung 4.3: Beispiel eines Kostenstellenplans
(entnommen aus: Eisele, W.: Technik des betrieblichen Rechnungswesens, München 1998, S. 660)

keit findet man häufig dort, wo es mehrere funktional gleichartige, aber räumlich getrennte Teilbetriebe (Filialen) gibt, so z. B. in Handelsunternehmen mit Filialstruktur (wie z. B. Warenhäusern) oder in Unternehmen mit mehreren gleichartigen Produktionsstätten. Eine räumlich-geographische Kostenstellengliederung kann auf sinnvolle Art und Weise auch bei international tätigen Unternehmen eingesetzt werden.

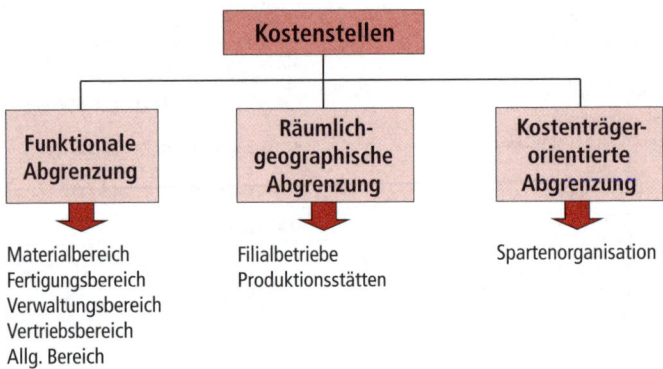

Abbildung 4.4: Gliederungskriterien für Kostenstellen/Abrechnungsbereiche

So könnte man die Kostenstellen in die bearbeiteten Regionen unterteilen, so z. B. Europa, Amerika, Asien.

Kostenträgerorientierte Kostenstellengliederung

Insbesondere in Großunternehmen ist in letzter Zeit zunehmend ein Trend zur Kostenstellengliederung entsprechend den Kostenträgern (Produkte, Leistungen) zu erkennen, der so genannten **kostenträgerorientierten Gliederung**. Diese Art der Kostenstellengliederung korrespondiert mit einer Spartenorganisation im Unternehmen und bietet den Vorteil, dass die Ergebnisverantwortung für eine solche Sparte komplett an die Sparten- oder Geschäftsbereichsverantwortlichen delegiert werden kann.

Bei der Aufstellung einer Kostenstellengliederung können auf unterschiedlichen Gliederungsebenen die oben erwähnten unterschiedlichen Gliederungsprinzipien miteinander kombiniert werden. So könnte beispielsweise auf der 1. Ebene eine regionale Gliederung, auf der zweiten Ebene eine Spartengliederung und auf der dritten Ebene eine funktionale Gliederung vorgenommen werden (vgl. hierzu auch das Beispiel in Abb. 4.2).

Kostenstellen- und Organisations-/ Verantwortungsstrukturen

Welche Art der Kostenstellengliederung letztlich gewählt wird, hängt von der individuellen Organisationsgestaltung und den gewählten unternehmensindividuellen Verantwortungsbereichen im Unternehmen ab. Hieraus ergibt sich, dass die Kostenstellenstruktur in hohem Maße unternehmensindividuell auszugestalten ist; ein generelles, allgemeingültiges Modell einer Kostenstellenstruktur kann es deswegen nicht geben.

> **Merke** **Kostenstellenstrukturen** müssen entsprechend den Organisations- und Verantwortungsstrukturen auf die Bedürfnisse des Unternehmens zugeschnitten werden.

Welche Vorteile bietet diese Art der Kostenstellengliederung? Nun, hierdurch kann zum einen eine Kostentransparenz geschaffen werden, indem durch Vergleich der Istzahlen mit Planzahlen oder vergangenheitsbezogenen Zahlen ersichtlich wird, wo überproportionale Kostenüberschreitungen zu verzeichnen sind bzw. warum Erlösziele nicht eingehalten werden. Zum anderen wird eine Kosten- (und Erlös-) Verantwortlichkeit innerhalb des Unternehmens geschaffen, die zu einer verbesserten Kostendisziplin führt. Letztlich erlaubt eine solche Verantwortungsdelegation von der Unternehmensspitze an untergeordnete Einheiten auch eine Entlastung der Führungsspitze und somit erst die Führung größerer Unternehmensgebilde. Auf dieser Basis haben die Kostenstellenverantwortlichen die in den Kostenstellen anfallenden Kosten und damit die Effizienz der Leistungserstellung zu steuern, ohne dabei für die Erlöse und das Beschäftigungsniveau verantwortlich zu sein (Cost Center). Spezialfall der Kostenstellen (Cost Center) sind die Expense Center, bei denen Kosten durch eine mangelnde Messbarkeit des Outputs nicht als sinnvolle Beurteilungseinheit zu verwenden sind, wie z. B. im Bereich der Forschung und Entwicklung sowie des Marketings, sodass eine Steuerung über Ausgaben und Budgets erfolgen muss. Um die Verantwortung weitergehend von der Unternehmensführung auf die Kostenstellenleiter zu delegieren, müssen den Kostenstellen auch Erlöse zugerechnet werden können.

Zur Herstellung einer Transparenz der Erlösentstehung und der Verantwortungszuweisung in Unternehmen gewinnt die **Erlösstellenrechnung** an Bedeutung. Erlösstellen sind dabei zunächst alle Kostenstellen, die marktbezogene Aktivitäten durchführen. Da der Erfolg des Unternehmens stets nur in Verbindung mit dem Umsystem zu generieren ist, besteht für die Erfassung von Markterlösen der Bedarf einer weiter gehenden Einrichtung von primären Erlösstellen **(Revenue Center)**, um die Erlösentstehung z. B. nach

Kriterien zur Erlösstellenrechnung

- Produktarten und -gruppen,
- Marktsegmenten und regionalen Teilmärkten,
- Kunden und Kundengruppen,
- Absatzwegen und Absatzmethoden sowie
- organisatorischen oder rechnungstechnischen Gesichtspunkten

transparent zu machen. Erst auf dieser Grundlage kann eine fundierte Planung und Steuerung der Markterlöse sowie eine Zuordnung der erlösseitigen Verantwortung erfolgen und so Daten für ein notwendiges Erfolgscontrolling liefern. Ebenso wie die Kostenstellen sind auch die Erlösstellen hierarchisch aufgebaut. Unter Erlösstellen versteht man Folgendes:

> **Definition** **Erlösstellen** sind funktional, organisatorisch oder nach anderen Kriterien voneinander abgegrenzte Teilbereiche (Verantwortungsbereiche) des Unternehmens, für die die von Ihnen jeweils erzielten Erlöse erfasst, geplant und kontrolliert werden. Sie stellen erlösrechnerisch selbständige Abrechnungseinheiten dar.

In Erlösstellen werden die Erlöse des Unternehmens, z. B. entsprechend den verschiedenen Vertriebsabteilungen oder Vertriebswegen, erfasst. Ansonsten gelten auch hier die für die Kostenstellen gemachten Ausführungen analog.

Kosten-/Erlösstellen und Profit-/Investment Center-Konzepte

Die Kosten- und Erlösstellen sind angelehnt an die Organisation hierarchisch zu Kosten- und Erlösbereichen und Segmenten zusammenzufassen, wobei in Abhängigkeit des Delegationsgrades auch **Profit Center** und **Investment Center** bestimmt werden können. Im Profit Center besteht eine Gewinnverantwortung, da sowohl Kosten als auch Erlöse im operativen Bereich frei von der Profit-Center-Leitung gesteuert werden können. Investitions- und Finanzierungsentscheidungen obliegen jedoch weiterhin der Zentrale. Diese letzte Einschränkung ist bei den Investment Centers auch nicht mehr vorhanden, so dass diese vergleichbar mit rechtlich selbständigen Unternehmen zu führen sind, wofür sich Rentabilitäten und Residualgewinne anbieten.

> **IFRS** Nach IAS 14 ist es für börsennotierte Unternehmen notwendig und für die übrigen empfohlen, den Jahresabschluss um eine Segmentberichterstattung zu ergänzen. In dieser sind in aggregierter Form – empfohlen werden bis zu maximal zehn Segmente – innerbetriebliche Informationen über die Unternehmensbereiche zu geben, wobei die Abgrenzung der Segmente in der Regel so zu erfolgen hat, wie das Management das Unternehmen führt. Die anzugebenden Informationen, wie Umsatz, zentrale Aufwands-, Vermögens- und Schuldenpositionen sowie Cashflows, sind nach den Abbildungsregeln der IFRS aufzubereiten, was für eine enge Anlehnung der internen Rechnung an die IFRS spricht. Im Entwurf ED 8, der einen den IAS 14 ersetzenden Standard zum Ziel hat, wird sogar noch weiter gegangen, indem im zu veröffentlichenden Jahresabschluss die Segmentberichterstattung genau so erfolgen soll, wie die interne Darstellung für das Management erfolgt. Der Investor bekommt somit einen Einblick in das Unternehmen aus der Sicht des Managements.

In unserem Beispielunternehmen, der FEBAU GmbH, werden verschiedene Produkte gefertigt und vertrieben: Holzfenster, Kunststofffenster und Aluminiumfenster, die jeweils über einen eigenen Vertrieb wie auch eine eigene Fertigung verfügen. Die jeweiligen Bereiche sind zu Geschäftsbereichen zusammengefasst und werden von einem Geschäftsbereichsleiter geführt. In jedem Geschäftsbereich existieren die Funktionen Einkauf und Materialwirtschaft, Fertigung, Vertrieb und jeweils eine eigene Geschäftsbereichsverwaltung. Die Geschäftsbereiche verfügen darüber hinaus über jeweils zwei Produktionsstätten und Verkaufsregionen (Nord und Süd). Wie kann nun eine mögliche Kosten- und Erlösstellengliederung aussehen?

Beispiel 4.4

Eine mögliche Kostenstellengliederung ist in Abb. 4.5 dargestellt.

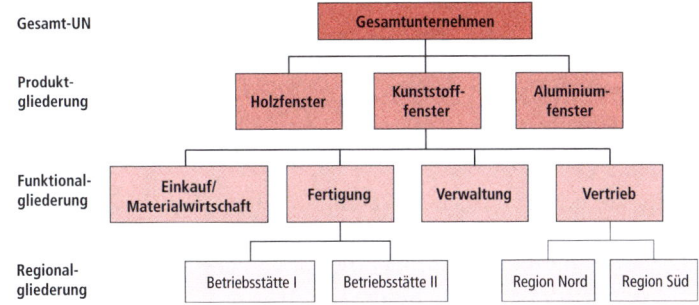

Abbildung 4.5: Beispiel einer Kostenstellengliederung der FEBAU GmbH

Ein Beispiel für eine Erlösstellenhierarchie zeigt Abb. 4.6.

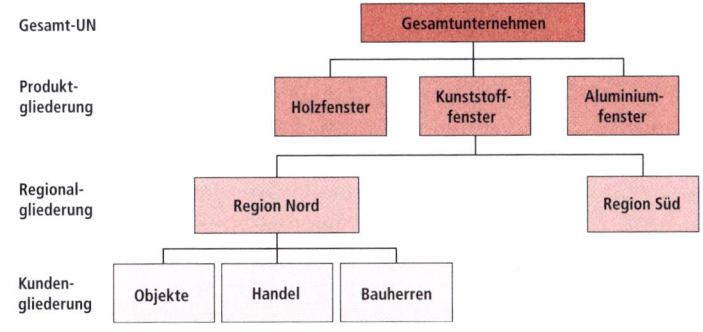

Abbildung 4.6: Beispiel einer Erlösstellengliederung der FEBAU GmbH

Es ist zu erkennen, dass die gewählten Gliederungsschemata mehrere Gliederungskriterien vereinen. Warum ist dies sinnvoll? Die gewählte Gliederung hat den Vorteil, dass es klare und überschneidungsfreie Verantwortungsbereiche gibt, die als Cost Center (z. B. Kostenstelle „Fertigung") oder als Revenue Center (z. B. Erlösstelle „Region Nord") geführt werden können. Darüber hinaus können selbständige Geschäftsbereichsleiter (z. B. für die Sparten Holz-, Kunststoff und Aluminiumfenster) benannt werden, die nicht nur die Kosten in ihrem Bereich zu verantworten haben, sondern auch die entsprechenden Erlöse. Damit wird eine Gesamtgeschäftsbereichs-Verantwortlichkeit geschaffen, Entscheidungen und Verantwortlichkeiten können von der Unternehmensleitung auf die Geschäftsbereichsleiter delegiert werden. So kann die oberste Führungsebene entlastet werden.

4.3 Methodik der Erfassung von Kosten und Erlösen in der Kosten- und Erlösstellenrechnung

Nachdem wir uns im vorigen Abschnitt mit den Möglichkeiten der Einrichtung einer Kostenstellenrechnung befasst haben, soll in diesem Gliederungspunkt auf die Methodik der Erfassung von Kosten und Erlösen in der Kosten-/Erlösstellenrechnung eingegangen werden. Im Grundsatz werden entsprechend der in Abb. 4.1 skizzierten Vorgehensweise im Wesentlichen nur Gemeinkosten (genauer die Kostenträgergemeinkosten) im Rahmen einer Kostenstellenrechnung verarbeitet. Die Einzelkosten und -erlöse des Unternehmens werden dagegen direkt aus der Kosten-/Erlösartenrechnung in die Kosten-/Erlösträgerrechnung übernommen und berühren somit die Kostenstellenrechnung nicht.

Kosten-/Erlöserfassung im Einkreis- und Zweikreissystem

Die Erfassung der Kosten und Erlöse auf Kosten-/Erlösstellen kann in der Praxis – wie bereits im Rahmen der Kostenartenrechnung erwähnt – in enger Verbindung mit der Finanzbuchhaltung auf speziellen Konten im Rahmen des Prinzips der doppelten Buchführung erfolgen (Einkreissystem). Weit verbreitet ist aber auch die Führung der Kosten-/Erlösstellenrechnung in einem gesonderten Rechnungskreis in Form einer tabellarischen (statistischen) Betriebsabrechnung (Zweikreissystem), was aber einer Einheitlichkeit des gesamten Rechnungswesens entgegensteht.

Erfassung von Kostenstelleneinzelkosten

Prinzipiell lassen sich fast alle **Gemeinkosten** des Unternehmens unmittelbar in den einzelnen Kostenstellen als Kostenstelleneinzelkosten erfassen. Das heißt, diese Gemeinkosten können – analog zu den bisher behandelten Kostenträgereinzelkosten – den einzelnen Kostenstellen direkt, d. h. ohne Anwendung einer Schlüsselgröße, zugeordnet werden. Ein gutes Beispiel für solche (Kostenträger-)Gemeinkosten sind die Hilfslöhne und Gehälter der Mitarbeiter. Diese Personalkosten, die bezogen auf die einzelne Produkteinheit Gemeinkosten darstellen, können über die im so genannten Personalstammsatz[3] hinterlegten Kostenstelleninformationen genau derjenigen Kostenstelle als Kostenstelleneinzelkosten zugeordnet werden, in der der betreffende Mitarbeiter arbeitet.

Gleiches gilt für andere Kostenarten. Bestellt ein Kostenstellenverantwortlicher Schmiermittel von einem Lieferanten, so sollte aus der Rechnung hervorgehen, welche Abteilung diese Bestellung veranlasst hat und welche Kostenstelle belastet werden soll. Werden allgemeine Materialien (z. B. Betriebsstoffe) per Materialentnahmeschein aus dem Lager entnommen, so ist aus dem Materialentnahmeschein ersichtlich, welche Kostenstelle zu belasten ist (vgl. Kapitel 3).

Die Abschreibungen für Anlagevermögen in den einzelnen Kostenstellen, z. B. für die Computeranlage in der Buchhaltung oder den Geschäftswagen der Geschäftsführung, sind – ebenso wie die Gehälter – über ein Kostenstellenkennzeichen im so genannten Anlagenstammsatz[4] eindeutig einer bestimmten Kostenstelle zuzuordnen.

Es ist also erkennbar, dass die überwiegende Zahl an Gemeinkosten über solche Vorgänge direkt den einzelnen Kostenstellen zuzuordnen sind.

Trotzdem findet man in der Praxis häufig auch Kosten für Ressourcen vor, die von mehreren Einheiten gemeinsam in Anspruch genommen werden. Diese wären zwar häufig auch mit erheblichem Kostenrechnungsaufwand den einzelnen Kostenstellen als Einzelkosten zuzuordnen, werden aber aufgrund des unvertretbar hohen Aufwands diesen Kostenstellen nicht zugeordnet. Beispiel hierfür sind etwa kleinere für den gesamten Betrieb anfallende Kosten, wie z. B. Büromaterial oder Beiträge für eine allgemeine Haftpflichtversicherung. Diese werden als unechte Kostenstellengemeinkosten bezeichnet.[5] Solche unechten Kostenstellengemeinkosten werden abweichend von obiger Grundregel den einzelnen Kostenstellen zugeschlüsselt (und nicht zugerechnet).

Erfassung von unechten Kostenstellengemeinkosten

Echte Kostenstellengemeinkosten, wie z. B. die Miete für Betriebsgebäude, werden entweder sofort über Verteilungsschlüssel auf die verschiedenen Kostenstellen geschlüsselt oder im Rahmen der innerbetrieblichen Leistungsverrechnung verrechnet.

Innerbetriebliche Leistungen werden mit Hilfe der Verfahren der innerbetrieblichen Leistungsverrechnung auf die diese Leistungen empfangenden Kostenstellen umgelegt, wie in folgendem Kapitel ausgeführt.

---

[3] Der Personalstammsatz umfasst alle Grundinformation zu einem bestimmten Mitarbeiter, wie z. B. Alter, Lohn- bzw. Gehaltsgruppe sowie die Kostenstelle, in der der Mitarbeiter arbeitet.

[4] Der Anlagenstammsatz umfasst alle Grundinformationen zu einem bestimmten Anlagegut, wie z. B. Anschaffungspreis, Abschreibungsverfahren sowie die Kostenstelle, in der die Maschine arbeitet.

[5] Vgl. hierzu analog die unechten (Kostenträger-)Gemeinkosten

Da wir in diesem Kapitel die neuen Begriffe „Kostenstelleneinzelkosten" und „Kostenstellengemeinkosten" zusätzlich zu den bisher verwendeten Begriffen „Einzelkosten" und „Gemeinkosten" eingeführt haben, soll an dieser Stelle noch einmal die relevante Abgrenzung dieser Begriffe diskutiert werden.

Abb. 4.7 zeigt übersichtsartig die relevanten Abgrenzungen.

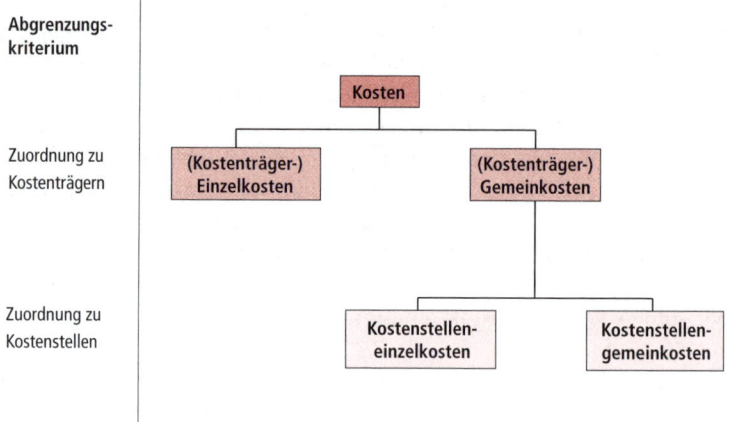

Abbildung 4.7: Begriffsabgrenzung Einzel- und Gemeinkosten

In Kapitel 2 haben wir die Kosten und Erlöse hinsichtlich der Zurechenbarkeit zu einzelnen Produkteinheiten in Einzel- und Gemeinkosten unterschieden. Genauer hätten wir bereits damals von so genannten „Kostenträgereinzelkosten" und „Kostenträgergemeinkosten" sprechen müssen. Abgrenzungskriterium ist hier also die Möglichkeit der direkten Zuordnung zu bestimmten Kostenträgern.

Betrachten wir nun die Kostenträgergemeinkosten näher, so können wir diese wiederum bezüglich der Zurechenbarkeit zu einzelnen Kostenstellen in so genannte Kostenstelleneinzel- und Kostenstellengemeinkosten unterscheiden. Bei der letztgenannten Unterscheidung geht es also darum, ob bestimmte Kosten einer Kostenstelle direkt zuzuordnen sind oder ob diese geschlüsselt werden müssen. Abgrenzungskriterium ist hier also die Möglichkeit der direkten Zuordnung zu einer bestimmten Kostenstelle.

4.4 Kostenstellenabrechnung mit Hilfe des Betriebsabrechnungsbogens

4.4.1 Begriff und Aufbau des Betriebsabrechnungsbogens

Nachdem wir somit in unserem Unternehmen eine Kostenstellenstruktur geschaffen haben, geht es in einem nächsten Schritt darum, die Gemeinkosten, die innerhalb eines bestimmten Abrechnungszeitraums angefallen sind, den einzelnen Kostenstellen richtig zuzuordnen und zu verrechnen. Das Instrument für diese Aufgabe ist im Unternehmen der **Betriebsabrechnungsbogen**. Dieser ermöglicht eine Zuordnung und Verrechnung der im Unternehmen entstandenen Gemeinkosten auf die einzelnen Kostenstellen. Die Vorgehensweise der Betriebsabrechnung in der Kostenstellenrechnung kann gemäß Abb. 4.8 in vier Teilschritte untergliedert werden:

Begriff und Aufbau des Betriebsabrechnungsbogens

- Verteilung der primären Gemeinkosten auf die Kostenstellen nach dem Verursachungsprinzip,
- Innerbetriebliche Leistungsverrechnung,
- Bildung von Kalkulationssätzen für die Hauptkostenstellen,
- Kostenkontrolle.

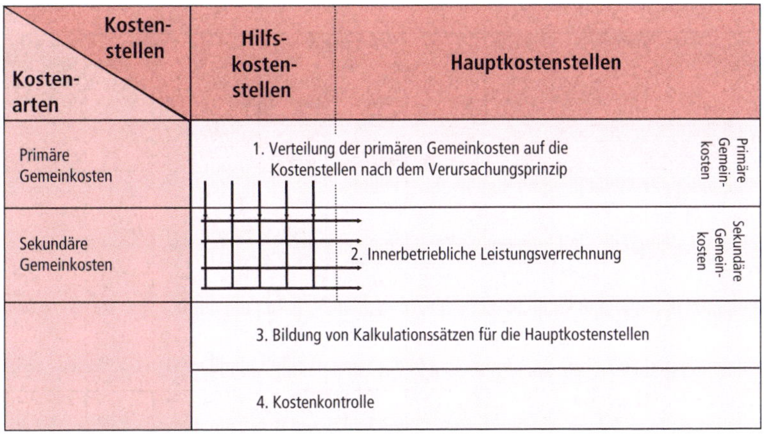

Abbildung 4.8: Vorgehensweise der Betriebsabrechnung
(entnommen aus: Haberstock, L.: Kostenrechnung 1, Berlin 2005, S. 117)

> **Definition** Der **Betriebsabrechnungsbogen** ist ein statistischer Kostensammelbogen, der in seiner Vertikalen die kostenstellenbezogen erfassten Gemeinkostenarten und in seiner Horizontalen die Kostenstellen – zweckmäßigerweise in der Reihenfolge des dominierenden Leistungsflusses – auflistet.

Abb. 4.9 zeigt als Beispiel einen vereinfachten Betriebsabrechnungsbogen eines produzierenden Unternehmens und verdeutlicht die Abrechnungsschritte. In den Betriebsabrechnungsbogen gehen sämtliche Gemeinkostenarten des Unternehmens ein; sie werden nach den oben beschriebenen Verfahren auf die Kostenstellen verteilt. Wie aus dieser Abbildung zu erkennen ist, sind im Betriebsabrechnungsbogen auf der horizontalen Achse spaltenweise alle Kostenstellen des Unternehmens aufgetragen, die im Unternehmen eingerichtet wurden. In unserem Beispiel sind dies die Kostenstellen „Grundstücke und Gebäude", „Stromerzeugung" „Materialwirtschaft", „Arbeitsvorbereitung", „Reparaturabteilung", die „Fertigungskostenstellen A und B" sowie die „Verwaltungs- und die Vertriebskostenstellen". Diese Kostenstellen werden zum Zwecke der gegenseitigen Verrechnung noch einmal in so genannte Haupt- und Hilfskostenstellen eingeteilt.

Kosten-stellen / Kosten-arten	Zahlen der Kosten-arten-Rechnung	Hilfskostenstellen Grundstücke/Gebäude	Hilfskostenstellen Stromer-zeugung	Material-bereich	Fertigungsbereich Hilfs-stelle Arbeits-vor-bereitung	Fertigungsbereich Hilfs-stelle Repara-turabtei-lung	Fertigungsbereich Haupt-stelle A	Fertigungsbereich Haupt-stelle B	Ver-waltungs-bereich	Ver-triebs-bereich
Fertigungs-material	10.000			10.000						
Fertigungs-lohn	6.000						2.000	4.000		
Hilfs-, Betriebsstoffe	2.500	50	80	150	300	320	510	630	240	220
Energie	500	30	60	80	50	40	60	80	50	50
Hilfslöhne	5.000	100	150	300	550	600	900	1.700	300	400
Gehälter	3.000	60	70	170	200	280	650	710	400	450
Abschreibung	1.200	30	40	80	140	160	280	290	90	90
Sonstige	2.000	60	45	115	200	160	390	285	300	445
Summe	14.200	330	445	895	1.440	1.560	2.790	3.695	1.380	1.665
Umlage Grundstücke/Gebäude				33	66	66	33	33	66	33
Umlage Stromerzeugung				89	0	0	89	89	89	89
Summe				1.017	1.506	1.626	2.912	3.817	1.535	1.787
Umlage Arbeitsvorbereitung							502	1.004		
Umlage Reparaturabteilung							813	813		
Summe				1.017			4.227	5.634	1.535	1.787

Abbildung 4.9: Beispiel eines Betriebsabrechnungsbogens (Werte in Tsd. €)
(in Anlehnung an: Olfert, K.: Kostenrechnung, Ludwigshafen 2005, S. 162)

Hauptkostenstellen sind solche Abteilungen (Kostenstellen), die direkt an der Erstellung der Unternehmensleistungen (z. B. der Produkte oder der Dienstleistungen) beteiligt sind. Üblicherweise werden in der Praxis folgende Hauptkostenstellen unterschieden:

Hauptkostenstellen

- Materialkostenstelle(n),
- Fertigungskostenstelle(n),
- Verwaltungskostenstelle(n),
- Vertriebskostenstelle(n).

Die in diesen Kostenstellen entstehenden Kosten zeichnen sich dadurch aus, dass sie direkt den Unternehmensleistungen zugerechnet werden können bzw. zugerechnet werden müssen.

Hilfskostenstellen dagegen sind solche Kostenstellen, die unternehmensinterne Güter- und Dienstleistungen erstellen, die von anderen Abteilungen (Kostenstellen) des Unternehmens in Anspruch genommen bzw. verbraucht werden. Hierzu zählen u. a. die eigene Energieerzeugung, die eigene Reparaturabteilung, die Kostenstelle „Grundstücke und Gebäude" sowie beispielsweise die Kantine. Die in diesen Abteilungen entstehenden Kosten werden mit Hilfe der internen Leistungsverrechung, auf die wir noch zu sprechen kommen werden, auf die anderen Kostenstellen des Unternehmens umgelegt.

Hilfskostenstellen

In der vertikalen Richtung enthält der Betriebsabrechnungsbogen zeilenweise die Gemeinkostenarten des Unternehmens. Die Gemeinkosten eines Unternehmens können in so genannte primäre und sekundäre Gemeinkosten unterschieden werden. **Primäre Gemeinkosten** sind solche Gemeinkosten, die den einzelnen Haupt- und Hilfskostenstellen im ersten Schritt als Kostenstelleneinzelkosten zugeordnet oder als Kostenstellengemeinkosten zugeschlüsselt werden. Beispiele für primäre Gemeinkosten sind, wie Abb. 4.9 zeigt, Hilfs- und Betriebsstoffe, Energie, Gehälter, Hilfslöhne oder Abschreibungen. Spalte eins weist die Gesamtgemeinkosten laut Kostenartenrechnung aus. Es ist zu erkennen, dass in der betrachteten Abrechungsperiode insgesamt Gemeinkosten von 14,2 Mio. € angefallen sind, die auf die einzelnen Kostenstellen verteilt werden.

primäre Gemeinkosten

Im Folgenden ein Beispiel für die Kostenerfassung bei primären Gemeinkosten:

In unserem Beispiel-Betriebsabrechnungsbogen wurden für die Kostenstelle „Grundstücke und Gebäude" unter den Hilfs- und Betriebsstoffen Putz- und Reinigungsmittel verbraucht. Diese wurden mit Rechnung vom 10.6. geliefert. Auf dieser Rechung wurde ein Kontierungsvermerk für das interne Rechnungswesen angebracht, der die Kostenstelle „Grundstücke und Gebäude" als Bestel-

Beispiel 4.5

ler und Verbraucher der Reinigungsmittel ausweist. Aufgrund dieser Kontierung werden diese Kosten für Putz- und Reinigungsmittel der Kostenstelle zugeordnet. In ähnlicher Weise würde vorgegangen, wenn das Reinigungsmittel in großen Mengen beschafft und auf Lager genommen worden wäre. Hierbei hätte der Materialentnahmeschein die Kostenstelle „Grundstücke und Gebäude" als Empfänger und Verbraucher ausweisen müssen, was jedoch eine Lagerbuchhaltung bedingt.

In unserem Beispiel-Betriebsabrechnungsbogen entfallen davon z. B. Gemeinkosten in Höhe von 330.000 € auf die Kostenstelle „Grundstücke und Gebäude", Gemeinkosten in Höhe von 445.000 € auf die Kostenstelle „Stromerzeugung" und auf die Kostenstelle „Material" Gemeinkosten in Höhe von 895.000 €. Diese lassen sich wiederum pro Kostenstelle nochmals in verschiedene Gemeinkostenarten unterteilen.

Die Zuordnung der Gemeinkosten zu den jeweiligen Kostenstellen kann beispielsweise über entsprechende Kostenstellenkontierungen auf den Rechnungen bzw. Materialentnahmescheinen vorgenommen werden.

Merke   Die Summe der Gemeinkosten der einzelnen Hauptkostenstellen muss den gesamten Gemeinkosten der Kostenartenrechnung (Spalte 1) entsprechen!

Beispiel 4.6   Die erstmalige Aufstellung eines vereinfachten Betriebsabrechnungsbogens bei der FEBAU GmbH hat den folgenden Kurz-Betriebsabrechnungsbogen ergeben, wobei FM für Fertigungsmaterial-Einzelkosten, FL für Fertigungslöhne-Einzelkosten und HK für Herstellkosten steht:

				FM	FL	HK des Umsatzes		
Zuschlagsgrundlage				1.000.000	900.000	2.919.275	2.919.275	
Kostenstellen		Gebäude-management	Reparaturen	Material	Fertigung	Verwaltung	Vertrieb	Summe
Kostenarten	Summe							
Hilfs- und Betriebsstoffe	87.500	1.000	1.000	10.000	65.000	3.000	7.500	
Energiekosten	210.000	70.000	30.000	25.000	85.000	0	0	
Hilfslöhne	337.600	20.000	32.000	81.600	163.200	13.600	27.200	
Bürokosten	120.000	0	0	0	0	80.000	40.000	
Raumkosten	155.000	5.000	15.000	45.000	65.000	25.000	0	
Kalk. Wagnisse	220.000	10.000	12.000	55.000	55.000	44.000	44.000	
Kalk. Abschreibungen	237.500	32.500	10.000	30.000	135.000	20.000	10.000	
Summe	1.367.600	138.500	100.000	246.600	568.200	185.600	128.700	138.500
Umlage Gebäudemanagement		↳	13.850	27.700	69.250	13.850	13.850	138.500
Umlage Reparatur			↳	12.650	94.875	3.163	3.163	113.850
Summe				286.950	732.325	202.613	145.713	1.367.600

Abbildung 4.10: Betriebsabrechnungsbogen der FEBAU GmbH

4.4.2 Verfahren der innerbetrieblichen Leistungsverrechnung

4.4.2.1 Interne Leistungsverflechtungen als Problem der innerbetrieblichen Leistungsverrechnung

Nach der Einrichtung der Kosten- und Erlösstellen im Unternehmen und in den Rechnungswesensystemen besteht die Hauptproblematik der Kostenstellenrechnung in der **Zuordnung der (produktbezogenen) Gemeinkosten auf die Hauptkostenstellen**, die trotz aller instrumenteller Unterstützung auf vielen Annahmen beruht und damit letztlich in weiten Teilen willkürlich bleiben muss.[6]

Nachdem die Gemeinkosten unseres Unternehmens im ersten Schritt der Kostenstellenrechnung den einzelnen Kostenstellen möglichst verursachungsgerecht zugeordnet wurden, stellt sich nun konkret die Frage, wie die Kosten der Hilfskostenstellen zu behandeln sind. Letztendlich sind diese Kosten ja nur deswegen aufgewandt worden, um interne Dienstleistungen für andere Kostenstellen zu erbringen. Wenn wir nun eine möglichst zutreffende, sprich verursachungsgerechte, Verteilung der Gemeinkosten auf die Kostenstellen erreichen wollen, müssen wir also die Kosten der Hilfskostenstellen den einzelnen Kostenstellen zurechnen, die diese Leistungen erhalten bzw. verbraucht haben. Diesen Prozess der Kostenumlage nennen wir die **interne Leistungsverrechnung**. Die hieraus entstehenden Umlagekosten nennt man **sekundäre Gemeinkosten** (in unserem Beispiel-Betriebsabrechnungsbogen fett gedruckt).

Sekundäre Gemeinkosten

Zum Zwecke der Leistungsverrechnung bilden wir so genannte Verrechnungssätze. Solche Verrechnungssätze werden errechnet, in dem die gesamten Gemeinkosten einer Kostenstelle durch eine Bezugsgröße geteilt werden. Die allgemeine Formel für die Bildung solcher Verrechnungssätze lautet:

$$q = \frac{\sum GK_{Kst}}{\sum BG_{Kst}}$$

Formel 4.1

mit

q = Verrechnungssatz
GK_{Kst} = Gemeinkosten der Kostenstelle
BG_{Kst} = Bezugsgröße der Kostenstelle

Bei der Wahl der Bezugsgröße ist darauf zu achten, dass diese Bezugsgröße in einem proportionalen Verhältnis zur Entstehung der Gemeinkosten steht.

---

[6] Wir werden auf dieses Problem im Rahmen der Ausführungen zur Teilkostenrechnung noch zu sprechen kommen (vgl. Kap. 6).

Beispiel 4.7

Am Einfachsten sind solche internen Verrechnungssätze am Beispiel der Kostenstelle „Gebäudemanagement" im obigen BAB der FEBAU GmbH zu erklären (vgl. Abb. 4.10). Wir stellen uns vor, die interne Aufgabe dieser Kostenstelle besteht darin, den anderen Kostenstellen funktionsfähige und saubere Betriebsräumlichkeiten zur Verfügung zu stellen. In der Kostenstelle „Gebäudemanagement" sind daher alle entsprechenden Gemeinkosten gesammelt, so z. B. die Abschreibungen und Instandhaltungsaufwendungen für die Gebäude, der Verbrauch an Reinigungsmitteln, die Löhne des Wach- und Reinigungspersonals wie auch das Gehalt des Hausmeisters, insgesamt – wie in Abb. 4.10 dargestellt – 138.500 €. Wie würden Sie nun diese Kosten behandeln? Es scheint einleuchtend, dass diese Kosten von den Kostenstellen getragen werden müssen, die diese Kosten verursacht haben.

So liegt es nahe, einen Umlage- oder Verrechnungssatz der Gestalt zu bilden, dass man die gesamten Gemeinkosten der Kostenstelle „Gebäudemanagement" durch eine Bezugsgröße, z. B. die gesamte Nutzfläche des Unternehmens laut Grundriss, teilt.

Wir wissen aus den Grundrissen unseres Unternehmens, dass die gesamte Nutzfläche des Unternehmens 10.000 qm beträgt. Teilt man nun die gesamten Gemeinkosten durch die Nutzfläche, so ergibt sich folgender Verrechnungssatz:

Formel 4.2

$$q = \frac{\sum GK_{Kst}}{\sum BG_{Kst.}} = \frac{138.500\,\text{€}}{10.000\,\text{qm}} = 13,85\,\text{€/qm}$$

Dieser Verrechnungssatz von 13,85 €/qm kann als interne Miete für die Nutzung der Betriebsräume aufgefasst werden.

Nun wird nur noch die Nutzfläche der einzelnen Abteilungen (Kostenstellen) benötigt, und es ist ein Leichtes, die Kosten der Kostenstelle „Gebäudemanagement" den einzelnen Abteilungen anhand deren Nutzfläche nahezu verursachungsgerecht zuzuordnen. Diejenigen Abteilungen, die eine große Fläche benötigen, müssen hohe interne Mietkosten tragen, diejenigen, die nur wenig Fläche in Anspruch nehmen, entsprechend weniger.

Die Aufstellung der Nutzflächen der einzelnen Abteilungen ergab folgende Aufteilung der Nutzflächen:

		Gebäude-management	Reparatur	Material	Fertigung	Verwaltung	Vertrieb
Schlüssel für Gebäudemanagement	qm		1000	2000	5000	1000	1000

So muss beispielsweise die Abteilung Materialwirtschaft 27.700 € Miete tragen (2.000 qm Nutzfläche × 13,85 €/qm Verrechnungssatz (interne Miete)).

Diese Verrechnung der internen Miete sorgt für eine Entlastung in der Kostenstelle „Gebäudemanagement", sodass nach durchgeführter Verrechnung die Kostenstelle „Gebäudemanagement" vollständig entlastet ist, also keine Kosten mehr aufweist (vgl. letzte Zeile unseres Beispiel-Betriebsabrechnungsbogens).

Es zeigt sich an diesem Beispiel auch, dass die Kostenstellenverantwortlichen bestrebt sein sollten, den Flächenverbrauch ihrer Kostenstelle zu minimieren, um die Kosten einzusparen und somit wirtschaftlich mit den Ressourcen umzugehen.

Allerdings wird auch deutlich, dass die Zurechnung über Bezugsgrößen stets eine subjektive Entscheidung ist. Es könnte argumentiert werden, dass die mit Teppichboden versehenen Räumlichkeiten der Verwaltung einen erheblich höheren Reinigungs- und Instandhaltungsaufwand verursachen als etwa Flächen in einer Lagerhalle. Dagegen müssten die Heizkosten eher nach Volumen und nötiger Temperatur zugerechnet werden. Die Kosten des Wachpersonals könnten nach dem Wert der zu bewachenden Gegenstände verrechnet werden usw. Bei der Bestimmung von Bezugsgrößen kann es somit nicht ein „Richtig" oder „Falsch" im Sinne einer objektiven Zurechnung geben; vielmehr sind plausible Zusammenhänge zu finden, auf die man sich als Basis für die Verrechung einigen kann.

Leider ist die interne Leistungsverrechnung in der Praxis häufig nicht so einfach wie in obigem Beispiel dargestellt. Dort sind wir davon ausgegangen, dass eine Hilfskostenstelle lediglich Leistungen an andere Kostenstellen abgibt, aber keine Leistungen von anderen Kostenstellen empfängt. Hierbei liegt ein einseitiger, gleichgerichteter Leistungsfluss vor. In der Praxis findet man dagegen sehr häufig eine Struktur der internen Dienstleistungen vor, die wechselseitige **Leistungsbeziehungen** (**Leistungsverflechtungen**) aufweisen. So könnte etwa eine Kostenstelle „Reparatur" ebenfalls Reparaturen an den Gebäuden vornehmen, selber aber auch mit den Werkstätten Räumlichkeiten in Gebäuden nutzen.

Problematik wechselseitiger Leistungsbedingungen

Abb. 4.11 zeigt das Prinzip einseitiger wie auch wechselseitiger Leistungsbeziehungen.

Während einseitige Leistungsbeziehungen in der internen Leistungsverrechnung nur wenige Probleme bereiten, verursachen die in der Praxis zumeist anzutreffenden wechselseitigen Leistungsbeziehungen bei der Bestimmung der Gesamtkosten einer Kostenstelle Probleme. Da die Gesamtkosten einer Hilfskostenstelle, die wir zur Berechnung der Verrechnungssätze brauchen (vgl. Beispiel Abb. 4.10), aus primären und sekundären Gemeinkosten bestehen, sind diese im Rahmen einer inner-

Einseitige Leistungsbeziehungen

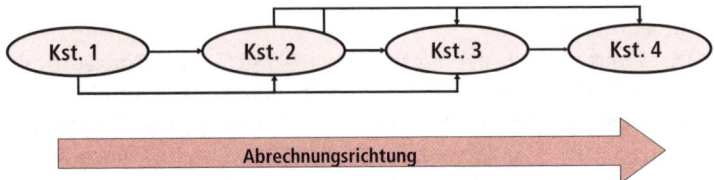

Wechselseitige (gegenläufige) Leistungsbeziehungen

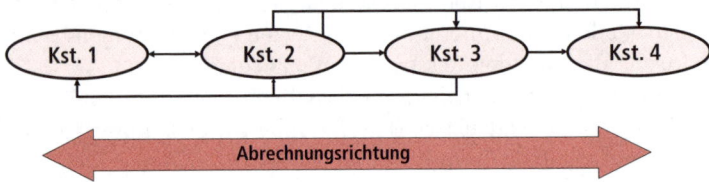

Abbildung 4.11: Struktur einseitiger und wechselseitiger Leistungsverflechtungen

betrieblichen Leistungsverrechnung erst dann bestimmbar, wenn die Verrechnungssätze der vorgelagerten Kostenstellen bekannt sind. Diese hängen jedoch wiederum von den Verrechnungssätzen der nachgelagerten Kostenstelle ab. Insofern liegt hier ein Zirkelschluss vor, der es entweder notwendig macht, Vereinfachungen vorzunehmen (wie beim Anbau- und Stufenleiterverfahren) oder alle Verrechnungssätze gleichzeitig zu bestimmen (wie beim Gleichungsverfahren).

Bei der Berechnung von Verrechnungssätzen werden in der Praxis vor allem folgende grundlegende Verfahren angewendet:

- das Anbauverfahren (oder Blockumlageverfahren),
- das Stufenleiterverfahren oder
- das Gleichungsverfahren sowie
- sonstige Verfahren.

4.4.2.2 Anbauverfahren (Blockumlageverfahren)

Anbauverfahren Das Anbauverfahren löst das geschilderte Problem der wechselseitigen Leistungsbeziehungen unter den Hilfskostenstellen dadurch, dass diese bei der innerbetrieblichen Leistungsverrechnung vollständig unberücksichtigt bleiben. Dies führt dazu, dass die Verrechnungssätze für die Hauptkostenstellen auch sämtliche Kosten enthalten, die aus internen Leistungslieferungen unter den Hilfskostenstellen entstehen. Wegen dieser Nichtberücksichtigung der internen Leistungsverrechnungen unter den Hilfskostenstellen sind die errechneten Verrechnungssätze nur Näherungswerte und entsprechend ungenau.

> **Definition** Beim **Anbauverfahren** werden die Kosten der Hilfs-
> kostenstellen mit Hilfe von geeigneten Umlage-
> schlüsseln **nur** auf die Hauptkostenstellen verrechnet. Eventuelle
> Leistungsbeziehungen zwischen den Hilfskostenstellen werden bei
> diesen Verfahren vernachlässigt.

Die Vorgehensweise des Anbauverfahrens ist in Abb. 4.12 schematisch
dargestellt:

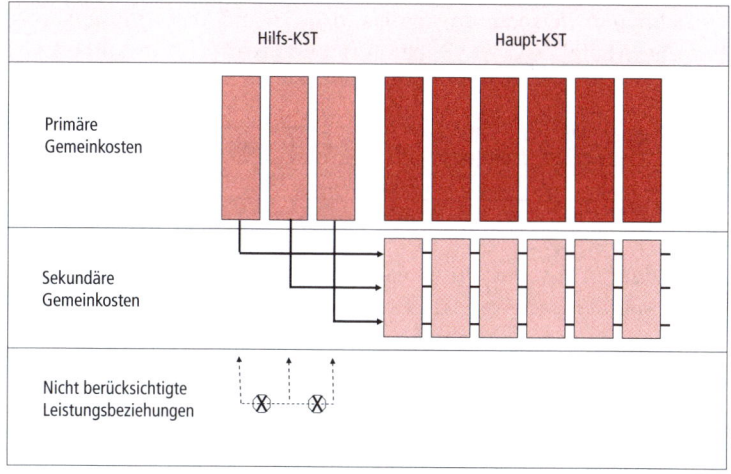

Abbildung 4.12: Abrechnungsstruktur des Anbauverfahrens

Die Verrechnungssätze im Anbauverfahren errechnen sich wie folgt:

$$q_{Kst.} = \frac{PGK_{Kst.}}{Leistungsabgabe_{Kst.} \text{ an Hauptkostenstellen}}$$

Formel 4.3

mit

$q_{Kst.}$ = Verrechnungssatz der Kostenstelle
$PGK_{Kst.}$ = Primäre Gemeinkosten der Kostenstelle

Das nachfolgende Beispiel soll diesen Zusammenhang verdeutlichen:

> Bei der FEBAU GmbH sind für die oben betrachtete Abrechnungs-
> periode die im BAB aufgeführten Zahlen sowie die unten stehen-
> den Umlageschlüsselgrößen ermittelt worden. Es existieren in die-
> sem Unternehmen zwei Hilfskostenstellen, „Gebäudemanagement"

Beispiel 4.8

und „Reparaturabteilung", sowie die Hauptkostenstellen „Material", „Fertigung", „Verwaltung" und „Vertrieb". Die Kostenstelle „Gebäudemanagement" verwaltet die insgesamt 10.000 qm Nutzfläche des Unternehmens, wovon 1.000 qm von der Hilfskostenstelle „Reparatur" und weitere 9.000 qm von den Hauptkostenstellen genutzt werden. Die Reparaturkostenstelle hat in der angegebenen Periode 2.000 Reparaturstunden geleistet, davon 200 Reparaturstunden an die Hilfskostenstelle „Gebäudemanagement" und 1.800 Reparaturstunden an die Hauptkostenstellen. Für diese Leistungen sind gemäß BAB (Abb. 4.10) primäre Gemeinkosten in Höhe von 138.500 € und 100.000 € entstanden.

Für die allgemeinen Hilfskostenstellen werden nun die innerbetrieblichen Verrechnungspreise (q_{Raum} = qm-Verrechnungspreis (interne Miete), $q_{Rep.}$ = Reparaturstundenverrechnungspreis) gesucht.

		Gebäude-management	Reparatur	Material	Fertigung	Verwaltung	Vertrieb	Summe
Schlüssel für Gebäudemanagement	qm		1.000	2.000	5.000	1.000	1.000	10.000
Schlüssel für Reparaturen	h	200		200	1.500	50	50	2.000

Nach dem Anbauverfahren würden sich die Verrechnungssätze unter Vernachlässigung der Leistungsbeziehungen untereinander nach der oben angegebenen Formel wie folgt errechnen:

$$q_{Raum} = \frac{138.500\,€}{9000\,qm} = 15,39\,€/qm$$

$$q_{Rep.} = \frac{100.000\,€}{1800\,h} = 55,56\,€/h$$

Aus den ermittelten Verrechnungssätzen ergeben sich für den obigen BAB folgende Umlagen für das Gebäudemanagement und die Reparaturabteilung:

				FM	FL	HK des Umsatzes	
Zuschlagsgrundlage				1.000.000	900.000	2.919.275	2.919.275

Kostenstellen Kostenarten	Summe	Gebäude-management	Reparaturen	Material	Fertigung	Verwaltung	Vertrieb	Summe
Hilfs- und Betriebsstoffe	87.500	1.000	1.000	10.000	65.000	3.000	7.500	
Energiekosten	210.000	70.000	30.000	25.000	85.000	0	0	
Hilfslöhne	337.600	20.000	32.000	81.600	163.200	13.600	27.200	
Bürokosten	120.000	0	0	0	0	80.000	40.000	
Raumkosten	155.000	5.000	15.000	45.000	65.000	25.000	0	
Kalk. Wagnisse	220.000	10.000	12.000	55.000	55.000	44.000	44.000	
Kalk. Abschreibungen	237.500	32.500	10.000	30.000	135.000	20.000	10.000	
Summe	1.367.600	138.500	100.000	246.600	568.200	185.600	128.700	138.500
Umlage Gebäudemanagement		↳		30.778	76.944	15.389	15.389	138.500
Umlage Reparatur			↳	11.111	83.333	2.778	2.778	100.000
Summe				288.489	728.478	203.767	146.867	1.367.600

Abbildung 4.13: BAB inkl. Umlagen beim Anbauverfahren

4.4.2.3 Stufenleiterverfahren

Ebenfalls einen Näherungswert liefert das Stufenleiterverfahren. Bei diesem Verfahren werden im Gegensatz zum Anbauverfahren lediglich die rückbezüglichen Leistungsströme unter den Hilfskostenstellen (also die Leistungsströme, die im BAB von rechts nach links verlaufen) bei der Errechnung der Verrechnungssätze außer Acht gelassen. Hierbei werden die Kostenstellen im Betriebsabrechnungsbogen von links nach rechts, beginnend mit der ersten Kostenstelle, abgerechnet. Die Gesamtkosten der zweiten Kostenstelle bestehen nun aus den primären Gemeinkosten der Kostenstelle sowie den durch die Umlage der ersten Kostenstelle entstandenen sekundären Gemeinkosten, sodass im Betriebsabrechnungsbogen ein stufenförmiges Abrechnungsbild entsteht (vgl. Abb. 4.14). Lieferströme unter den Hilfskostenstellen, die von rechts nach links verlaufen, bleiben dabei unberücksichtigt.

Stufenleiterverfahren

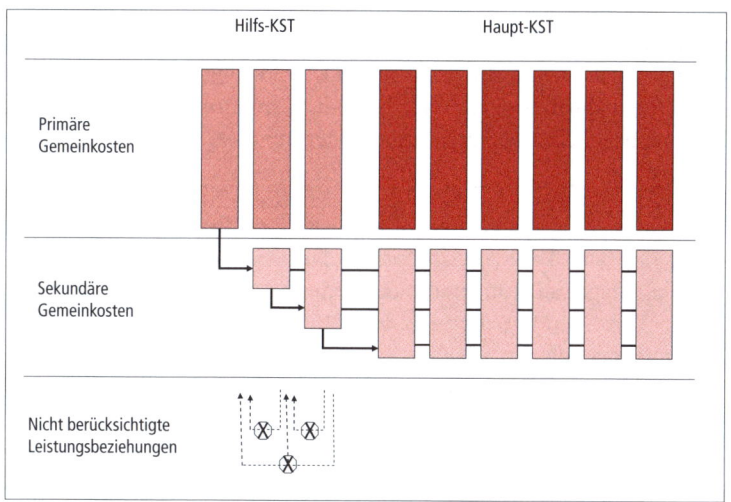

Abbildung 4.14: Abrechnungsstruktur des Stufenleiterverfahrens

> **Definition** Beim **Stufenleiterverfahren** werden die Hilfskostenstellen möglichst so angeordnet, dass ihre Leistungen nur an nachfolgende Kostenstellen abgegeben werden, sodass die Leistungsströme mit Hilfe der Umlageschlüssel über Stufen nur in eine Richtung auf Hilfs- und Hauptkostenstellen verrechnet werden. Ein Teil möglicher Beziehung zwischen den Hilfskostenstellen wird somit vernachlässigt.

Die Verrechnungssätze im Stufenleiterverfahren errechnen sich wie folgt:

Formel 4.4

$$q_{Kst.} = \frac{PGK_{Kst.} + SGK_{Kst.}}{\text{Leistungsabgabe}_{Kst.} \text{ an nachgelagerte Kst.}}$$

Abb. 4.14 zeigt schematisch die Vorgehensweise beim Stufenleiterverfahren. Bei der Anwendung des Stufenleiterverfahrens ist es nicht gleichgültig, in welcher Reihenfolge die Hilfskostenstellen abgerechnet werden.

Merke Grundsätzlich sollte beim **Stufenleiterverfahren** diejenige Kostenstelle, die wertmäßig die geringsten Kosten von anderen Hilfskostenstellen bezieht, als erste abgerechnet werden, dann die Kostenstelle, die am zweitwenigsten bezieht, und so weiter.

Hierdurch können wir sicherstellen, dass nur der geringstmögliche Wert der Rückbezüge unberücksichtigt bleibt. Je besser diese Aufteilung gelingt, desto geringer werden der Verrechungsfehler und damit die Ungenauigkeit der Verrechungssätze ausfallen.

Beispiel 4.9

In unserem obigen Beispiel sollte nach einer überschlägigen Rechnung als erste Hilfskostenstelle zunächst die Raumkostenstelle (Gebäudemanagement) abgerechnet werden.

Der Verrechungssatz nach dem Stufenleiterverfahren errechnet sich nun wie folgt:

$$q_{Raum} = \frac{138.500\,€}{10.000\,qm} = 13,85\,€/qm, \quad q_{Rep.} = \frac{113.850\,€}{1800\,h} = 63,25\,€/h$$

Nach dem Stufenleiterverfahren ergibt sich damit folgender BAB:

				FM	FL	HK des Umsatzes	
Zuschlagsgrundlage				1.000.000	900.000	2.919.275	2.919.275

Kostenstellen / Kostenarten	Summe	Gebäude-management	Reparaturen	Material	Fertigung	Verwaltung	Vertrieb	Summe
Hilfs- und Betriebsstoffe	87.500	1.000	1.000	10.000	65.000	3.000	7.500	
Energiekosten	210.000	70.000	30.000	25.000	85.000	0	0	
Hilfslöhne	337.600	20.000	32.000	81.600	163.200	13.600	27.200	
Bürokosten	120.000	0	0	0	0	80.000	40.000	
Raumkosten	155.000	5.000	15.000	45.000	65.000	25.000	0	
Kalk. Wagnisse	220.000	10.000	12.000	55.000	55.000	44.000	44.000	
Kalk. Abschreibungen	237.500	32.500	10.000	30.000	135.000	20.000	10.000	
Summe	1.367.600	138.500	100.000	246.600	568.200	185.600	128.700	
Umlage Gebäudemanagement		↳	13.850	27.700	69.250	13.850	13.850	138.500
Umlage Reparatur			↳	12.650	94.875	3.163	3.163	113.850
Summe				286.950	732.325	202.613	145.713	1.367.600

Abbildung 4.15: BAB inkl. Umlagen nach dem Stufenleiterverfahren

4.4.2.4 Gleichungsverfahren

Während wir mit dem Anbau- und Stufenleiterverfahren lediglich Nähe- Gleichungsverfahren rungslösungen für die zu bestimmenden Verrechnungspreise errechnen konnten, stellt das Gleichungsverfahren die mathematisch exakte Lösung des Verrechnungspreisproblems dar. Das Gleichungsverfahren ermittelt simultan sämtliche Verrechnungspreise einschließlich der innerbetrieblichen Leistungsbeziehung mit Hilfe eines Systems von n-Gleichungen mit n-Unbekannten.

Abb. 4.27 zeigt schematisch die Vorgehensweise des Gleichungsverfahrens.

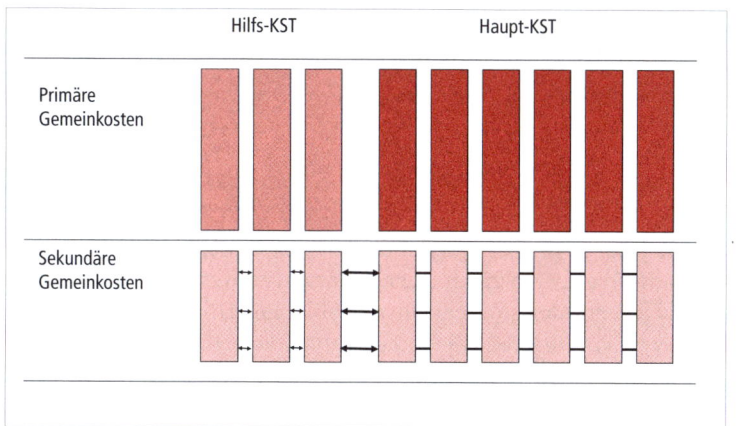

Abbildung 4.16: Abrechnungsstruktur des Gleichungsverfahrens

> **Definition** Beim **Gleichungsverfahren** werden alle Leistungsbeziehungen im Rahmen eines n-dimensionalen mathematischen Gleichungssystems gelöst. Die Verrechnungspreise werden dabei „simultan" und nicht nacheinander berechnet. Das Gleichungsverfahren wie auch iterative Verfahren sind die Basis der meisten in der Praxis eingesetzten ERP-Systeme (SAP, Oracle, Navision).

Die Aufstellung dieser Gleichungen folgt dem einfachen Prinzip, dass die gesamten Kosten einer Hilfskostenstelle durch die erbrachten, mit Preisen bewerteten Leistungen weitergegeben werden. Die Grundgleichung lautet also:

$$Input = Output$$

Formel 4.5

Der Kosteninput einer Hilfskostenstelle setzt sich aus den primären und den sekundären Gemeinkosten zusammen, sodass **Formel 4.5** wie folgt erweitert werden kann:

Formel 4.6
$$PGK + SGK = \text{erbrachte Leistung} * q_n$$

PGK = primäre Gemeinkosten
SGK = sekundäre Gemeinkosten

Während die primären Gemeinkosten einer Hilfskostenstelle dem Betriebsabrechnungsbogen direkt entnommen werden können, setzen sich die sekundären Gemeinkosten aus den bezogenen Leistungen anderer Hilfskostenstellen multipliziert mit den Verrechnungspreisen für diese Leistung zusammen. **Formel 4.6** kann somit wie folgt umgeformt werden:

Formel 4.7
$$PGK + \text{bezogene Leistung} * q_i = \text{erbrachte Leistung} * q_n$$

bzw.

Formel 4.8
$$PGK_n + m_{i,n} * q_i = m_n * q_n$$

Stellt man für jede abzurechnende Hilfskostenstelle eine solche Gleichung auf, so erhält man ein Gleichungssystem mit n-Gleichungen und n-Unbekannten, das sich bekanntermaßen mit Hilfe von Algorithmen zur Lösung von linearen Gleichungssystemen (z. B. Gauß-Algorithmus, Matrizenrechnung) zu lösen ist.

Die allgemeine Formel für ein solches Gleichungssystem, in der davon ausgegangen wird, dass auch die Hilfskostenstellen untereinander Leistungen austauschen, lautet:

Formel 4.9
$$PGK_1 + m_{1,1} * q_i + m_{2,1} * q_2 + m_{3,1} * q_3 + \ldots + m_{n,1} * q_n = m_1 * q_1$$
$$PGK_2 + m_{1,2} * q_i + m_{2,2} * q_2 + m_{3,2} * q_3 + \ldots + m_{n,2} * q_n = m_2 * q_2$$
$$\vdots$$
$$PGK_n + m_{1,n} * q_i + m_{2,n} * q_2 + m_{3,n} * q_3 + \ldots + m_{i,n} * q_n = m_n * q_n$$

PGK_n = primäre Gemeinkosten der Kostenstelle n
$m_{i,n}$ = Anzahl der gelieferten Einheiten von Kostenstelle i an Kostenstelle n
q_i = Verrechnungssatz pro Leistungseinheit der Kostenstelle i
q_n = Verrechnungssatz pro Leistungseinheit der Kostenstelle n
m_n = Anzahl der gelieferten Einheiten der Kostennstelle n

Im Gegensatz zum Stufenleiterverfahren ist es beim mathematischen Verfahren unerheblich, in welcher Reihenfolge die Kostenstellen verrechnet werden und wie sie miteinander verflochten sind. Es führt stets zu einem exakten Ergebnis. Die innerhalb des Unternehmens von den Hilfskostenstellen gelieferten Leistungen werden nun mit den errechneten Verrechnungspreisen bewertet und den empfangenden Hauptkostenstellen über die als geeignet eingeschätzten Schlüssel belastet.

Das nachfolgende Beispiel zeigt die Aufstellung des Gleichungssystems und die Lösung für unsere FEBAU:

Beispiel 4.10

Das Grundprinzip des geschilderten Gleichungsverfahrens lässt sich am einfachsten am Beispiel von zwei Hilfskostenstellen mit wechselseitigem Leistungsbezug darstellen, da die Lösung keinen Gauß-Algorithmus erfordert, sondern relativ einfach mit Hilfe des Subtraktions- oder Einsetzungsverfahrens zu lösen ist.

Sehen wir uns obiges Beispiel an. Die aufzustellenden Gleichungen für die Kostenstelle „Gebäudemanagement und Reparatur" lauten wie folgt:

Input = Output

Kst. Reparatur: $\quad 100.000\,€ + 1.000\,qm * q_{Raum} =$
$$2.000\,h * q_{Rep.} \quad (1)$$

Kst. Gebäudemanagement: $\quad 138.500\,€ + 200\,h * q_{Rep.} =$
$$10.000\,qm * q_{Raum} \quad (2)$$

Eine Auflösung der Gleichung der Kostenstelle „Reparatur" nach q_{rep} ergibt:

$$\left(\frac{100.000\,€ + 1.000\,qm * q_{Raum}}{2.000\,h} \right) = q_{Rep.}$$

Eingesetzt in (1) ergibt:

$$138.500\,€ + 200\,h * \left(\frac{100.000\,€ + 1.000\,qm * q_{Raum}}{2.000\,h} \right) =$$
$$10.000\,qm * q_{Raum} \quad (3)$$

Dies ergibt für q_{Raum} folgenden Wert:

$$q_{Raum} = 15\,€/qm$$

Das heißt, der exakte Verrechnungssatz für die interne Miete beträgt 15 €/qm.

Setzen wir diesen Wert in die Gleichung (2) ein, so ergibt sich für $q_{Rep.}$ folgender Wert:

$$q_{Rep.} = 57,50\,€/h$$

Der exakte Verrechnungspreis für die Reparaturstunde beträgt 57,50 €/h.

Die Umsetzung und Umlage dieser Verrechnungspreise ergibt den unten aufgeführten BAB:

Kostenstellen		Gebäude-management	Reparaturen	Material	Fertigung	Verwaltung	Vertrieb	Summe
Zuschlagsgrundlage				**FM** 1.000.000	**FL** 900.000	**HK des Umsatzes** 2.919.275	2.919.275	

Kostenarten	Summe	Gebäude-management	Reparaturen	Material	Fertigung	Verwaltung	Vertrieb	Summe
Hilfs- und Betriebsstoffe	87.500	1.000	1.000	10.000	65.000	3.000	7.500	
Energiekosten	210.000	70.000	30.000	25.000	85.000	0	0	
Hilfslöhne	337.600	20.000	32.000	81.600	163.200	13.600	27.200	
Bürokosten	120.000	0	0	0	0	80.000	40.000	
Raumkosten	155.000	5.000	15.000	45.000	65.000	25.000	0	
Kalk. Wagnisse	220.000	10.000	12.000	55.000	55.000	44.000	44.000	
Kalk. Abschreibungen	237.500	32.500	10.000	30.000	135.000	20.000	10.000	
Summe	**1.367.600**	**138.500**	**100.000**	**246.600**	**568.200**	**185.600**	**128.700**	**135.000**
Umlage Gebäudemanagement		↳		30.000	75.000	15.000	15.000	135.000
Umlage Reparatur			↳	11.500	86.250	2.875	2.875	103.500
Summe				**288.100**	**729.450**	**203.475**	**146.575**	**1.367.600**

Abbildung 4.17: BAB inkl. Umlagen nach dem Gleichungsverfahren

Bisweilen kommt es vor, dass Hilfskostenstellen einen Teil ihrer Leistungen selbst verbrauchen, somit die erstellte Leistung nicht komplett weiterverrechnen können. Auch in diesem Fall lässt sich dies in den geschilderten Verfahren recht einfach berücksichtigen. Solche selbst verbrauchten Leistungseinheiten bleiben bei der Ermittlung der Verrechnungssätze im Anbau- und Stufenleiterverfahren im Zähler unberücksichtigt. Beim Gleichungsverfahren reduziert sich die Menge der abgegebenen Leistungseinheiten (erbrachten Leistungen) auf der rechten Seite der Ausgangsgleichung entsprechend.

4.4.2.5   Sonstige Verfahren

Neben den bereits beschriebenen Verfahren der innerbetrieblichen Leistungsverrechnung existiert noch eine weitere Anzahl an Verfahren und Mischformen, von denen im Folgenden einige nur aus Gründen der Vollständigkeit kurz erörtert werden sollen.

Gutschrift-/
Lastschriftverfahren

Bei dem **Gutschrift-/Lastschriftverfahren** werden die Einzel- und die Gemeinkosten den empfangenden Kostenstellen in Rechnung gestellt. Da die leistende Kostenstelle mit den Gemeinkosten belastet wurde, muss hier eine Entlastung oder Gutschrift erfolgen. Be- und Entlastungen heben sich immer auf und werden auf der Basis von – aus der Vorperiode bekannten – Verrechnungspreisen berechnet. Diese Verfahrensart, die wie das mathematische Gleichungsverfahren zu den Kostenstellenausgleichsverfahren gehört, kommt immer dann zur Anwendung, wenn komplexe Beziehungen der Kostenstellen untereinander vorliegen. Die nachfolgende Tabelle verdeutlicht die Struktur des Verfahrens, wobei in diesem Beispiel davon ausgegangen wird, dass die Kostenstelle „Strom" auch Leistungen erhält (vgl. Abb. 4.18).

Ergeben sich nach Abschluss des Verfahrens für die einzelnen Hilfskostenstellen positive oder negative Differenzen, so sind diese mittels eines festgelegten Schlüssels über eine Deckungsumlage auf die Haupt-

Kostenarten / Kostenstellen	Strom	Reparatur	Material	Fertigung	Verwaltung	Vertrieb
Gutschrift-/Lastschriftverfahren						
Summe der Primärkosten	1400	2100	5600	42000	2800	4200
Umlage Strom	-2500	500	300	500	700	500
Umlage Reparatur	100	-2000	500	800	500	100
Umlage Material	1200	800	-5000	2000	250	750
Umlage Fertigung	1500	1500	2000	-8000	1000	2000
Umlage Vertrieb	250	250	500	500	500	-2000
Summe nach Umlage	1950	3150	3900	37800	5750	5550
Anteilige Deckungsumlage auf die Endkostenstellen			375	3637	553	534
Summe nach Deckungsumlage			4275	41437	6303	6084

Abbildung 4.18: Struktur der Leistungsverrechnung mit dem Gutschrift-/Lastschriftverfahren

kostenstellen zu verteilen. Im vorstehenden Beispiel werden die Beträge der Kostenstellen „Strom" und „Reparatur" anteilig auf die Hauptkostenstellen umgelegt.

Beim **iterativen Verfahren** werden die Kosten der Kostenstellen (Hilfs- und Hauptkostenstellen) gemäß den abgegebenen und empfangenen Leistungen nacheinander verrechnet. Hierbei wird im Prinzip wie bei dem Stufenleiterverfahren vorgegangen, nur dass dieses Verfahren mehrfach durchlaufen wird und die einzelnen Kostenstellen immer wieder mit Kosten belastet und entlastet werden. Folgendes Beispiel verdeutlicht die Vorgehensweise: *Iteratives Verfahren*

Kostenstellen

	Strom	Reparatur	Fuhrpark	Material	Fertigung
	35,0	40,0	30,0	100,0	200,0
	→	5,0	5,0	10,0	15,0
Summe 1		45,0	35,0	110,0	215,0
	5,0	←	10,0	20,0	10,0
Summe 2	5,0		45,0	130,0	225,0
	5,0	5,0	←	20,0	15,0
Summe 3	10,0	5,0		150,0	240,0
	→	1,4	1,4	2,8	4,2
Summe 4		6,4	1,4	152,8	244,2
	0,7	←		1,4	2,8	1,4

Abbildung 4.19: Struktur der Leistungsverrechnung mit dem iterativen Verfahren

Die sekundären Gemeinkosten der Reparaturstelle werden wieder der Kostenstelle „Strom" belastet und weiter verteilt. Die so zu verteilenden Beträge werden mit jedem Durchlauf kleiner, sodass diese Belastung und Entlastung so lange durchgeführt wird, bis ein vorher definierter Schwellenwert (hier 0,7 für Strom) unterschritten und die gewünschte Genauigkeit erreicht wird.

Beim **Kostenträgerverfahren** wird die innerbetriebliche Leistung als Absatzleistung behandelt. Damit ist gemeint, dass sie exakt so verbucht *Kostenträgerverfahren* wird, als handelte es sich um ein zu verkaufendes Gut, ein normaler Kostenträger. Die Realisierung diese Verfahrens kann über eine Erweiterung des BAB erfolgen; hierzu wird der BAB für jeden Innenauftrag um eine Kostenträgerstelle erweitert, auf der dann die primären Kosten direkt erfasst und die empfangenen Kosten von anderen Kostenstellen mit Hilfe von Zuschlagssätzen verbucht werden können. Dieses Verfahren findet Anwendung insbesondere bei aktivierungsfähigen, innerbetrieblichen Großaufträgen, der Herstellung von teuren Maschinen sowie Großreparaturen und bietet deutlich mehr Informationen bei einer hohen Genauigkeit.

4.4.3 Bildung von Gemeinkostensätzen für die Hauptkostenstellen

Berechnung von Gemein-kostenzuschlagssätzen

Dritter Schritt der Betriebsabrechnung ist die Berechnung von **Gemeinkostenzuschlagssätzen**. Diese dienen dazu, die Gemeinkosten der Hauptkostenstellen für die Weiterverrechnung auf die einzelnen Kostenträger aufzubereiten. Gesucht sind somit nach der innerbetrieblichen Leistungsverrechnung Schlüsselgrößen, die eine möglichst verursachungsgerechte Zurechnung der in den Hauptkostenstellen angesammelten Gemeinkosten auf die Kostenträger erlaubt.

Die Berechnung der Gemeinkostenzuschlagssätze erfolgt in der Regel durch folgendes einfaches Grundschema:

Formel 4.11

$$GKZS_{Kst.} = \frac{\sum GK_{Kst.}}{\sum EK_{Kst.}}$$

mit

$GKZS_{Kst.}$ = Gemeinkostenzuschlagsatz für Kst.
$GK_{Kst.}$ = Gemeinkosten der Kostenstelle
$EK_{Kst.}$ = Einzelkosten der Kostenstelle.

Lediglich für die Hauptkostenstellen „Verwaltung" und „Vertrieb" wird die obige Formel verändert, da in diesen Kostenstellen in der Regel statt einzelnen Einzelkosten besser die gesamten Herstellkosten als Bezugsgrundlage einzusetzen sind. Für die Verwaltungs- und Vertriebsgemeinkosten werden die Zuschlagssätze wie folgt berechnet:

Formel 4.12

$$GKZS_{Verw.} = \frac{\sum GK_{Verw.}}{\sum HK} \quad bzw. \quad GKZS_{Vertr.} = \frac{\sum GK_{Vertr.}}{\sum HK}$$

mit

$GKZS_{Verw.}$ = Verwaltungsgemeinkostenzuschlagssatz
$GKZS_{Vertr.}$ = Vertriebsgemeinkostenzuschlagssatz
HK = Herstellkosten
$GK_{Verw.}$ = Gemeinkosten Kostenstelle Verwaltung
$GK_{Vertr.}$ = Gemeinkosten Kostenstelle Vertrieb

Die Berechnung der wichtigsten Gemeinkostenzuschlagssätze ist nochmals in Abb. 4.20 zusammengefasst.

1.) Materialgemeinkosten-zuschlagssatz $= \dfrac{\text{Materialgemeinkosten}}{\text{Materialeinzelkosten}} \cdot 100$

2.) Fertigungsgemeinkosten-zuschlagssatz $= \dfrac{\text{Fertigungsgemeinkosten}}{\text{Fertigungseinzelkosten (Fertigungslöhne)}} \cdot 100$

3.) Vertriebsgemeinkosten-zuschlagssatz $= \dfrac{\text{Vertriebsgemeinkosten}}{\text{Herstellkosten}} \cdot 100$

4.) Verwaltungsgemeinkosten-zuschlagssatz $= \dfrac{\text{Verwaltungsgemeinkosten}}{\text{Herstellkosten}} \cdot 100$

Abbildung 4.20: Bildung von Gemeinkostenzuschlagssätzen

Für unser Beispiel der FEBAU GmbH ergeben sich für die Hauptkostenstellen folgende Zuschlagssätze nach den entsprechenden Berechnungen. Zuerst sind hier die Herstellkosten des Umsatzes zu ermitteln, wobei von Bedeutung ist, ob es Bestandsveränderungen gegeben hat oder nicht. Denn um die Herstellkosten der Umsätze zu berechnen, sind diese noch um einen eventuellen Minderbestand an fertigen oder unfertigen Erzeugnissen zu erhöhen, da sie umsatzwirksam geworden sind, bzw. um einen Mehrbestand zu reduzieren, da sie nicht umsatzwirksam sind.

Beispiel 4.11

Ermittlung der Herstellkosten des Umsatzes	
Fertigungsmaterial	1.000.000
+ Materialgemeinkosten	286.950
+ Fertigungslöhne	900.000
+ Fertigungsgemeinkosten	732.325
= *Herstellkosten der Erzeugung*	2.919.275
+ Minderbestand	0
- Mehrbestand	0
= **Herstellkosten des Umsatzes**	2.919.275

Ist dies erfolgt, kann mit der Berechnung der Zuschlagssätze für den Material- und Fertigungsbereich begonnen werden. Für die Zuschlagssätze des Verwaltungs- und Vertriebsbereiches können nun die Herstellkosten des Umsatzes als Zuschlagssatzbasis verwendet werden.

	FM	FL	HK des Umsatzes	
Zuschlagsgrundlage	1.000.000	900.000	2.919.275	2.919.275

Kostenstellen / Kostenarten	*Summe*	Gebäude-management	Reparaturen	Material	Fertigung	Verwaltung	Vertrieb	Summe
Hilfs- und Betriebsstoffe	87.500	1.000	1.000	10.000	65.000	3.000	7.500	
Energiekosten	210.000	70.000	30.000	25.000	85.000	0	0	
Hilfslöhne	337.600	20.000	32.000	81.600	163.200	13.600	27.200	
Bürokosten	120.000	0	0	0	0	80.000	40.000	
Raumkosten	155.000	5.000	15.000	45.000	65.000	25.000	0	
Kalk. Wagnisse	220.000	10.000	12.000	55.000	55.000	44.000	44.000	
Kalk. Abschreibungen	237.500	32.500	10.000	30.000	135.000	20.000	10.000	
Summe	1.367.600	138.500	100.000	246.600	568.200	185.600	128.700	138.500
Umlage Gebäudemanagement		↳	13.850	27.700	69.250	13.850	13.850	138.500
Umlage Reparatur			↳	12.650	94.875	3.163	3.163	113.850
Summe				286.950	732.325	202.613	145.713	1.367.600

Ermittlung der IST-Zuschlagsätze	286.950	732.325	202.613	145.713
	1.000.000	900.000	2.919.275	2.919.275
IST-Zuschläge	28,70%	81,37%	6,94%	4,99%

Abbildung 4.21: Bildung von Gemeinkostenzuschlagssätzen

4.4.4 Kostenkontrolle

Kostenkontrolle mit Hilfe des Betriebsabrechnungsbogens

Der letzte Schritt der Betriebsabrechnung in der Kostenstellenrechnung besteht in der **Kostenkontrolle**.

Wie eingangs bereits erwähnt, dient die Kostenstellenrechnung u. a. dazu, die Struktur der Gemeinkostenentstehung transparent zu gestalten und die Kostenstellenverantwortlichen zu einem verantwortlichen Umgang mit den Unternehmensressourcen zu motivieren. Das Instrument hierzu bildet der so genannte Kostenstellenbericht, der den Kostenstellenverantwortlichen in monatlichem, quartalsweisem oder halbjährlichem Rhythmus vorgelegt wird. Natürlich können diese Berichte auch online mit modernen ERP-Systemen abgerufen werden. Dieser Bericht enthält in der Regel die Istkosten der Abrechungsperiode/die Kosten der Vorperiode und gegebenenfalls auch bei Vorliegen einer Plankostenrechnung einen Vergleich mit den Planzahlen (Budget) für die jeweilige Kostenstelle. Die Abb. 4.22 zeigt ein Praxisbeispiel einer solchen Kostenstellenauswertung.

Aus diesem Bericht kann der Kostenstellenleiter die Kostenstruktur und Kostenentwicklung in seiner Kostenstelle erkennen und – sofern notwendig – frühzeitig Gegensteuerungsmaßnahmen einleiten.

Eine zweite Möglichkeit der Kostenkontrolle ist der Vergleich mit der Normalkostenrechnung. Hierbei werden die ermittelten Istzuschlagssätze mit den durchschnittlichen (Normal-)Zuschlagssätzen aus zurückliegenden Abrechnungsperioden verglichen. Aus der Differenz der Zuschlagssätze lassen sich in Prozent oder absolut die Über- bzw. Unterdeckungen der Gemeinkosten erkennen.

Mardat 500M
Toys & More GmbH

Kostenstellenauswertung
nach Kostenstellengruppe, Kostenstelle, Kostengruppe und Kostenart
von Januar bis Dezember

Seite 1 von 1
Datum: 31.07.00

Kostenstelle/ gruppe	Kostenart/ gruppe	Ist-Periode	Soll-Periode	Abw.	Abw. in %	Ist-Kum	Soll-Kum	Abw.	Abw. in %	Ges.ergebnis
sonstige Kosten										
Kst 4011										
	sonstige EDV-Kosten									
	sonstige Kosten	-200	-12.000	11.800	98	-200	-12.000	-11.800	98	4
	sonst. Kosten	-600	-12.000	11.400	95	-600	-12.000	11.400	96	12
	Summe sonstige EDV-Kost	-800	-24.000	23.200	-87	-800	-24.000	25.200	-87	16
	sonstige Bürokosten									
	sonst. Kosten	-1.000	-9.000	8.000	89	-1.000	-9.000	8.000	89	20
	Summe sonstige Bürokosten	-1.000	-9.000	8.000	-89	-1.000	-9.000	8.000	-89	20
Summe Kat 4711		-1.800	-33.000	31.200	-86	-1.800	-33.000	-31.200	-95	36
Kat 47 12										
	sonstige EDV-Kosten									
	sonstige Kosten	-800	-12.000	11.200	93	-800	-12.000	11.200	93	16
	sonst. Kosten	-1.400	-12.000	10.600	88	-1.400	-12.000	10.600	88	28
	Summe sonstige EDV-Kost.	-2.200	-24.000	21.800	-81	-2.200	-24.000	21.800	-91	44
	sonstige Bürokosten									
	sonst. Kosten	-1.000	-12.000	11.000	92	-1.000	-12.000	11.000	92	20
	Summe sonstige Bürokosten	-1.000	-12.000	11.000	92	-1.000	-12.000	11.000	-92	20
Summe Kat 4712		-8.200	-36.000	32.800	-81	-3.200	-36.000	32.800	-91	64
Summe sonstige Kosten		-6.000	-69.000	64.000	-83	-5.000	-69.000	64.000	-93	100
Gesamtkosten		-6.000	-69.000	64.000	-83	-5.000	-69.000	64.000	-93	100

Abbildung 4.22: Beispiel Kostenstellenbericht

Beispiel 4.12

Im Beispiel der Betriebsabrechung der FEBAU GmbH ergeben sich auf Basis des Gleichungsverfahrens folgende Über- bzw. Unterdeckungen:

Kostenstellen								
Zuschlagsgrundlage				**FM** 1.000.000	**FL** 900.000	**HK des Umsatzes** 2.919.275	2.919.275	
Kostenarten	Summe	Gebäude-management	Reparaturen	Material	Fertigung	Verwaltung	Vertrieb	Summe
Hilfs- und Betriebsstoffe	87.500	1.000	1.000	10.000	65.000	3.000	7.500	
Energiekosten	210.000	70.000	30.000	25.000	85.000	0	0	
Hilfslöhne	337.600	20.000	32.000	81.600	163.200	13.600	27.200	
Bürokosten	120.000	0	0	0	0	80.000	40.000	
Raumkosten	155.000	5.000	15.000	45.000	65.000	25.000	0	
Kalk. Wagnisse	220.000	12.000	12.000	55.000	55.000	44.000	44.000	
Kalk. Abschreibungen	237.500	32.500	10.000	30.000	135.000	20.000	10.000	
Summe	1.367.600	138.500	100.000	246.600	568.200	185.600	128.700	
Umlage Gebäudemanagement		↳		30.000	75.000	15.000	15.000	135.000
Umlage Reparatur			↳	11.500	86.250	2.875	2.875	103.500
Summe				288.100	729.450	203.475	146.575	1.367.600
				288.100	729.450	203.475	146.575	
Ermittlung der IST-Zuschlagsätze				1.000.000	900.000	2.919.275	2.919.275	
IST-Zuschläge				28,81%	81,05%	6,97%	5,02%	
Normal-Gemeinkostenzuschlagsätze				25,00%	80,00%	8,00%	5,00%	
Normalgemeinkosten				250.000	720.000	233.542	145.964	
Über-/ Unterdeckung				-38.100	-9.450	30.067	-611	

Abbildung 4.23: Kostenkontrolle mit Hilfe des BAB

Aus dem obigen BAB der FEBAU GmbH lassen sich die Möglichkeiten der Kostenkontrolle erkennen. So erhalten zukünftig alle Abteilungsleiter einen Kostenstellenbericht, d. h. eine Übersicht über die Kosten, die in der letzten Abrechnungsperiode (in diesem Fall dem letzten Monat) in ihrem Verantwortungsbereich entstanden sind. Dies entspricht jeweils der Spalte für die einzelnen Kostenstellen. Zum anderen sind die Abweichungen zur Normalkostenrechnung dargestellt. So zeigt sich, dass bei den Kostenstellen „Material" und „Fertigung" im Vergleich zum Durchschnitt der letzten Abrechnungsmonate eine Abweichung von 3,81 % (Material) und 1,05 % (Fertigung) sowie 0,02 % (Vertrieb) auf die prozentualen Zuschlagssätze zu verzeichnen war. In absoluten Werten sind gegenüber den Vormonaten Unterdeckungen von 38.100 €, 9.450 € sowie 611 € aufgetreten. Insbesondere in der Materialwirtschaft scheint hier also dringender Handlungsbedarf zu bestehen.

Die Verwaltungskostenstelle dagegen liegt im Berichtsmonat besser als im Vergleichszeitraum der Vormonate. Auf die genauen Möglichkeiten der Kontrolle und Abweichungsanalysen werden wir in Kapitel 9 tiefer eingehen.

ZUSAMMENFASSUNG

Kostenstellen sind Abrechnungseinheiten innerhalb eines Unternehmens, denen die Gemeinkosten als primäre Kostenstelleneinzelkosten sowie teilweise auch die Einzelkosten zugerechnet werden. Im Betriebsabrechnungsbogen werden die Kosten der einzelnen Kostenstellen aufgezeigt sowie die innerbetriebliche Leistungsverrechnung durchgeführt. Die Kostenstellenrechnung hat insgesamt zwei Ziele:

Zum einen soll durch die Einrichtung einer Kostenstellenrechnung in einem Unternehmen die Kostentransparenz gestärkt werden. Dies bedeutet, dass im Unternehmen transparent wird, in welchen Kostenstellen welche Kosten angefallen sind. Durch die Einrichtung einer Kostenstellenrechnung kann also durch Vergleich der Istwerte mit geplanten Sollvorgaben, Vergangenheitswerten oder überbetrieblichen Vergleichswerten analysiert werden, wo gegebenenfalls Kostenüberschreitungen angefallen sind. Diese Kostentransparenz ist auch schon in mittelständischen Unternehmen von großer Bedeutung. Darüber hinaus kann durch Benennung eines Kostenstellenverantwortlichen Kosten- und zum Teil auch Erlösverantwortung an untergeordnete Hierarchieebenen delegiert werden. Diese sind in der Folge dafür verantwortlich, die vorgegebenen Kosten- oder Erlöszielsetzungen zu erreichen.

Zum anderen erfüllt die Kostenstellenrechnung durch die Bildung der Gemeinkostenverrechnungssätze eine wichtige Transferfunktion zur Verrechnung der Gemeinkosten auf die Kostenträger (Produkte, Dienstleistungen). Dabei konnte gezeigt werden, dass eine objektive Zuordnung nicht möglich ist. Vielmehr sind plausible Bezugsgrößen zu wählen, wohl wissend, dass oft auch alternativ andere Bezugsgrößen ebenso als richtig eingeschätzt werden können.

Im folgenden Kapitel werden wir nun kennen lernen, wie die errechneten Gemeinkostenverrechnungssätze zur Kalkulation verwendet werden und welche alternativen Verfahren zur Kalkulation existieren. Die Erlösstellenrechnung verfolgt analoge Ziele, ist aber aufgrund der geringen Gemeinerlöse in der Regel einfacher als die Kostenbetrachtung zu bewältigen.

ZUSAMMENFASSUNG

Übungsmaterial

Wiederholungsfragen

Im Folgenden finden Sie zehn Wiederholungsfragen zu den bisher behandelten Lerninhalten. Bitte geben Sie an, ob die getroffenen Aussagen richtig oder falsch sind.

1) In der Kostenstellenrechnung erfolgt eine Zurechnung von Kostenarten auf Kostenträger. $\boxed{R}$ $\boxed{F}$

2) Kostenstellen sind selbständige Abrechnungseinheiten der KLR. $\boxed{R}$ $\boxed{F}$

3) Kostenstelleneinteilung unterliegt nicht dem Prinzip der Wirtschaftlichkeit. $\boxed{R}$ $\boxed{F}$

4) Funktionale Abgrenzung von Kostenstellen bedeutet: Die KST werden nach Haupt- und Hilfskostenstellen untergliedert. $\boxed{R}$ $\boxed{F}$

5) Mittels der innerbetrieblichen Leistungsverrechnung wird der zwischen KST bestehenden Leistungsaustausch abgerechnet. $\boxed{R}$ $\boxed{F}$

6) Der BAB dient nur zur Verrechnung primärer Gemeinkosten. $\boxed{R}$ $\boxed{F}$

7) Hilfskostenstellen werden stets auf Hauptkostenstellen verrechnet. $\boxed{R}$ $\boxed{F}$

8) Kalkulationssätze sind das Bindeglied zwischen Kostenstellenrechnung und Kostenträgerrechnung. $\boxed{R}$ $\boxed{F}$

9) Der Fertigungsgemeinkostenzuschlagssatz errechnet sich: $Z_{Fert.} = \frac{GK_{Fert.}}{\sum HK}$ $\boxed{R}$ $\boxed{F}$

10) Erlösstellen sammeln die in marktorientierten Abteilungen anfallenden Erlöse des Unternehmens. $\boxed{R}$ $\boxed{F}$

Aufgaben

Aufgabe 4.1: Kostenstellenrechnung

Kostenstellen können nach Funktionen und nach der Art der Abrechnung untergliedert werden. Welche Kostenstellen können nach Funktionen und welche nach der Art der Abrechnung unterschieden werden? Charakterisieren Sie diese Kostenstellen ausführlich.

Aufgabe 4.2: Kostenstellenrechnung (BAB)

Für die nachstehenden Angaben ist nach bereits durchgeführter Verteilung der primären Gemeinkosten der „Rest"-BAB aufzustellen. Anschließend sind die Kalkulationssätze zu ermitteln.

Kostenstelle	Primäre Gemeinkosten (€)	Stromverbrauch (kWh)	Wasserverbrauch (cbm)	Verbrauch Reparatur-Std. (Std.)
Strom	2.800,--	-	60	-
Wasser	1.200,--	-	-	-
Reparatur	800,--	1.000	100	-
Material	3.000,--	2.000	100	20
Meisterbüro	2.000,--	500	-	-
Fertigung I	8.000,--	4.000	400	120
Fertigung II	11.000,--	3.000	400	-
Verwaltung	4.500,--	1.800	50	18
Vertrieb	2.500,--	2.000	90	62

a) Die Kostenstellen sind für das Stufenleiterverfahren in eine zweckmäßige Reihenfolge zu ordnen.

b) Die Umlage der Hilfskostenstellen erfolgt nach den obigen Verbrauchsmengen.

c) Die Umlage des Meisterbüros erfolgt im Verhältnis 1:2 auf Fertigung I und II.

d) Folgende Bezugsgrößen (Zuschlagsgrundlagen) gelten für die Hauptkostenstellen:

Material:	18.000 € Materialeinzelkosten
Fertigung I:	800 Akkordstunden
Fertigung II:	670 Akkordstunden
Verwaltung:	83.000 € Herstellkosten
Vertrieb:	83.000 € Herstellkosten

(entnommen aus: Haberstock, L.: Kostenrechnung 1, Berlin 2005, S. 231–232)

Aufgabe 4.3: Kostenstellenrechnung (BAB)

Für ein Unternehmen der Metall verarbeitenden Industrie sind folgende Daten bekannt:

Kostenstelle	Primäre Gemeinkosten (€)	Wasserverbrauch (qbm)	Reparaturstunden-Verbrauch (Std.)
Wasser	3.500	--	500
Reparatur	36.000	1.500	500
Material	72.500	2.000	--
Arbeitsvorbereitung	12.000	--	--
Dreherei	120.000	4.000	1.250
Gießerei	150.000	2.000	750
Verwaltung und Vertrieb	30.000	1.500	--

Die Kosten der Arbeitsvorbereitung werden im Verhältnis 4:1 auf die Fertigungshauptkostenstellen („Dreherei", „Gießerei") umgelegt. Die Umlage der Hilfskostenstellen erfolgt nach den obigen Schlüsselzahlen.

Aufgaben:

a) Nehmen Sie eine innerbetriebliche Leistungsverrechnung mit Hilfe des Stufenleiterverfahrens vor. Die Kostenstellen sind dazu in eine zweckmäßige Reihenfolge zu ordnen.

b) Errechnen Sie zum Vergleich die Verrechnungssätze nach dem Gleichungsverfahren und nehmen Sie eine innerbetriebliche Leistungsverrechnung vor. Wie beurteilen Sie die Ergebnisse der verschiedenen Verfahren?

c) Warum führt das Stufenleiterverfahren zu ungenauen Ergebnissen? Wann würden das Stufenleiterverfahren und das Gleichungsverfahren zu gleichen Ergebnissen führen?

Aufgabe 4.4: Kostenstellenrechnung (BAB)

Für einen Industriebetrieb haben sich nach einer bereits durchgeführten, direkten Verrechnung der primären Gemeinkosten folgende Kosten für die einzelnen Kostenstellen ergeben. Im Anschluss daran muss nun in einem folgenden Schritt die innerbetriebliche Leistungsverrechnung durchgeführt sowie der BAB abgeschlossen werden.

(Werte in €)

Kostenstellen / Kostenarten	Summe	Strom-erzeugung	Reparatur	Material	Fertigung I	Fertigung II	Verwal-tung	Vertrieb
Primäre Gemeinkosten	540.000	54.000	27.000	108.000	174.000	150.000	15.000	12.000

Für die Verteilung der sekundären Gemeinkosten liegen folgende Angaben vor:

Kostenstelle	Stromverbrauch (kwh)	Reparaturstunden-Verbrauch (Std.)
Stromerzeugung	–,–	1.000
Reparatur	6.000	–,–
Material	1.500	–,–
Fertigung I	1.500	600
Fertigung II	2.500	400
Verwaltung	250	–,–
Vertrieb	250	–,–

a) Errechnen Sie zunächst im Rahmen der innerbetrieblichen Leistungsverrechnung die Verrechnungssätze mit Hilfe des Anbau-, des Stufenleiter- wie auch des Gleichungsverfahrens. Rechnen Sie dabei die Hilfskostenstellen beim Stufenleiterverfahren in der oben vorgegebenen Reihenfolge ab.

b) Nehmen Sie anschließend die innerbetriebliche Leistungsverrechnung mit Hilfe des Gleichungsverfahrens vor.

c) Wie beurteilen Sie die Ergebnisse der verschiedenen Verfahren? Warum führen das Anbau- und das Stufenleiterverfahren zu ungenauen Ergebnissen?

d) Ermitteln Sie die Gemeinkostenzuschlagssätze, wenn folgende weitere Angaben gelten:

- Fertigungsmaterial: 143.100 €
- Fertigungseinzellöhne der Fertigungskostenstelle I: 591.000 €
- gesamte Maschinenlaufzeit in der Fertigungskostenstelle II pro Periode: 11.000 Std.

Aufgabe 4.5: Kostenstellenrechnung (BAB); Übergang zur Kostenträgerstückrechnung (Kalkulation)

Nach Durchführung der innerbetrieblichen Leistungsverrechnung erhalten Sie am Jahresende in Ihrem erstellten BAB folgende Endergebnisse:

Kostenarten	Kosten	Material	Fertigung	Verwaltung	Vertrieb
insgesamt	270.750,--	30.000, --	180.000, --	40.500, --	21.250, --

Materialeinzelkosten: 480.000 €,
Fertigungseinzelkosten: 120.000 €.

Es gab in der betrachteten Periode keine Bestandsveränderungen.

a) Ermitteln Sie die gesamten Herstellkosten und die Selbstkosten des Unternehmens.

b) Berechnen Sie die Kalkulationssätze.

Literatur

Ammann, H. / Müller, S.: IFRS International Financial Reporting Standards – Bilanzierungs-, Steuerungs- und Analysemöglichkeiten, 2. Aufl., Herne/Berlin 2006.

Coenenberg, A. G.: Kostenrechnung und Kostenanalyse, 5. Aufl., Stuttgart 2003, S. 74–90.

Däumler, K. D. / Grabe, J.: Kostenrechnung 1, 9. Aufl., Herne/Berlin 2003, S. 225–302.

Eisele, W.: Technik des betrieblichen Rechnungswesens, 6. Aufl., München 1998.

Ewert, R. / Wagenhofer, A.: Interne Unternehmensrechnung, Heidelberg 2000.

Graumann, M.: Kostenrechung und Kostenmanagement, Wiesbaden 2002, S. 81–100.

Haberstock, L.: Kostenrechnung I, 12. Aufl., Berlin 2005, S. 189–249.

Hummel, S. / Männel, W.: Kostenrechnung 1, 4. Aufl., Wiesbaden 1999, S. 189–252.

Kaplan, R. S. / Cooper, R.: Cost & Effect, Boston, MA, 1998.

Liessmann, K. (Hrsg.): Gabler Lexikon Controlling und Kostenrechnung, Wiesbaden 1997.

Olfert, S.: Kostenrechnung, 14. Aufl., Ludwigshafen 2005, S. 139–177.

Plinke, W.: Industrielle Kostenrechnung, 7. Aufl., Berlin-Heidelberg 2006, S. 85–98.

Seicht, G.: Moderne Kosten- und Leistungsrechnung, 10. Aufl., Wien 1999, S. 123–155.

Schweitzer, M. / Küpper, H.-U.: Systeme der Kostenrechnung, 8. Aufl., München 2003, S. 119–154.

Zimmermann, G.: Kostenrechnung, 7. Aufl., München-Wien 1998, S. 67–99.

Kosten- und Erlösträgerrechnung –
Kalkulation und kurzfristige Erfolgsrechnung

5

ÜBERBLICK

Fall | *Die Konzeption und die Einführung der Kostenstellenrechnung in der FEBAU GmbH hat in den letzten Monaten zwar eine erhebliche Mehrarbeit für die Mitarbeiter im Rechnungswesen erbracht, aber die Arbeit war letztlich von Erfolg gekrönt. Das Kostenrechnungssystem steht, und die ersten Kostenstellenberichte können verteilt werden. Gerade als der Controller glaubt, nach langer Zeit wieder einmal „Luft holen zu können", erreicht ihn die nächste Hiobsbotschaft: Die Gewinne, die das Unternehmen in den letzten Jahren mit großer Regelmäßigkeit erwirtschaftet hat, schwinden, im letzten Quartal sind sogar Verluste zu verzeichnen gewesen. Diese Nachricht bedeutet ein Alarmsignal für die Geschäftsführung. Sofort wird eiligst eine Arbeitsgruppe unter Vorsitz des Controllers eingesetzt, die die Ursachen für die Ergebnismisere analysieren soll.*

Nach einigen durchgearbeiteten Nächten stocken die Arbeiten. Die Gruppe stellt fest, dass trotz des eingeführten Kostenrechnungssystems immer noch keine Transparenz hinsichtlich des Unternehmenserfolgs vorhanden ist. Die Arbeitsgruppe vermutet, dass einige der Produkte nicht kostendeckend verkauft werden, allerdings ist es mit dem vorliegenden Zahlenmaterial nicht möglich, herauszufinden, welche Produkte dem Unternehmen Gewinn erbringen und welche Verlust erwirtschaften.

Zugleich sieht sich der Controller die Kalkulation der Produkte an und stellt fest, dass die bisherige Kalkulation – geprägt durch den mittelständischen Charakter des Unternehmens – nur sehr grob und ungenau ist. Die vorhandene Preisliste ist zum einen schon einige Jahre alt und – wie Eingeweihte zu wissen glauben – vor einigen Jahren lediglich von der Konkurrenz abgeschrieben worden.

Die Geschäftsführung erkennt darüber hinaus, dass bei einer monatlichen Erfolgsrechnung die prekäre Lage des Unternehmens wesentlich früher erkannt worden wäre und schon früher Gegenmaßnahmen hätten ergriffen werden können.

Trotz – oder gerade wegen – der prekären Lage beschließt die Geschäftsführung, mit Hochdruck auch den dritten Schritt der Kostenrechnung in Angriff zu nehmen – die Kosten- und Erlösträgerrechnung.

Wie immer wird der Leiter „Controlling" beauftragt, sich darum zu kümmern.

Lernziele:

In diesem Kapitel werden Sie lernen,

- zunächst den Begriff der Kostenträger und Erlösträger zu definieren und verschiedene Kosten-/Erlösträgerarten zu unterscheiden,

- die Systematik der verschiedenen Kalkulationsmethoden zu unterscheiden und diese Methoden zur Aufstellung einer Kalkulation (und damit zur kostenorientierten Preisbestimmung) einzusetzen (Kosten-Erlösträgerstückrechnung) sowie

- eine kurzfristige Erfolgsrechnung vorzunehmen, die Ihnen die Erfolgsbeiträge der unterschiedlichen Kosten-/Erlösträger aufzeigt.

5.1 Grundlagen der Kosten- und Erlösträgerrechnung

5.1.1 Begriff und Gegenstand der Kosten- und Erlösträgerrechnung

Nach der Kostenartenrechnung in Kapitel 3 und der Kostenstellenrechnung in Kapitel 4 folgt mit der Kosten- und Erlösträgerrechnung in diesem Kapitel die letzte Stufe der Kosten- und Erlösrechnung.

Die Abb. 5.1 zeigt im Überblick die Stellung der Kosten- und Erlösträgerrechnung im Gesamtzusammenhang der Kosten- und Erlösrechnung. Der Gegenstand dieses Kapitels ist rot unterlegt.

Nachdem aus der Kostenarten- und Kostenstellenrechnung bekannt ist, welche Kosten wo im Unternehmen angefallen sind, werden in der Kostenträgerrechnung die Kosten des Unternehmens einzelnen Kostenträgern, wir sagen zunächst einmal vereinfachend den Produkten, zugerechnet. Die Frage lautet somit: „Welche Kosten hat ein Kostenträger (Produkt) verursacht?" Im Rahmen der Kosten- und Erlösträgerrechnung werden nun diese Kosten den entsprechenden Erlösen gegenübergestellt, um schlussendlich den kalkulatorischen Erfolg (Gewinn/Verlust) pro Kostenträger zu ermitteln.

Hier schließt sich der Kreis zu den in Kapitel 1 definierten Grundaufgaben der Kosten- und Erlösrechnung. Dort wurde das grundsätzliche Ziel der Kosten- und Erlösrechnung in der Ermittlung der Stückkosten (Stückerfolge) der Unternehmensleistungen bzw. der Erfolgsbeiträge (Gewinn-/Verlustbeiträge) der Produktarten beschrieben.

Wir können die Kosten- und Erlösträgerrechnung wie folgt definieren:

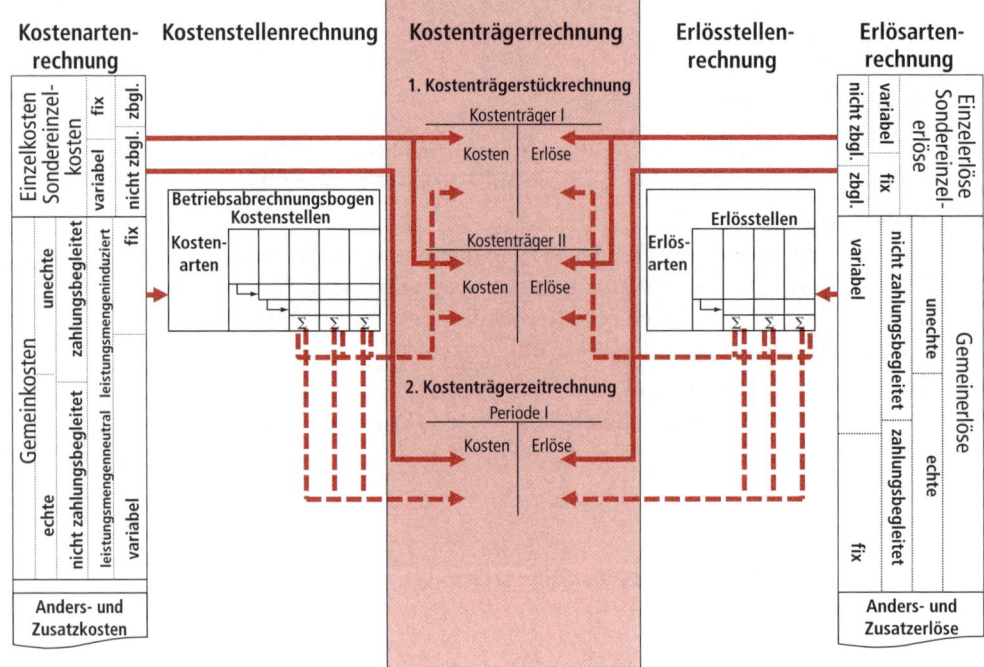

Abbildung 5.1: Abrechnungssystem der Kostenrechnung

Definition Die **Kosten-/Erlösträgerrechnung** bildet die letzte Stufe der Betriebsabrechnung. Sie dient der Verteilung der in einem Unternehmen angefallenen Kosten und Erlöse auf die einzelnen „Kosten- und Erlösträger". Dabei werden die Einzelkosten/Einzelerlöse direkt aus der Kosten-/Erlösartenrechnung in die Kosten-/Erlösträgerrechnung und die Gemeinkosten/Gemeinerlöse aus der Kosten-/Erlösstellenrechnung in die Kosten-/Erlösträgerrechnung übernommen.

Kosten-/Erlösträgerstück-rechnung und Kosten-/ Erlösträgerzeitrechnung

Im Rahmen der Kosten-/Erlösträgerrechnung unterscheidet man gemäß Abb. 5.2

■ die so genannte Kosten-/Erlösträgerstückrechnung (auch Kalkulation genannt) sowie

■ die Kosten-/Erlösträgerzeitrechnung (auch kurzfristige Erfolgsrechnung oder Periodenerfolgsrechnung genannt), die dann zur kalkulatorischen Ergebnisrechnung ausgebaut wird.

Die **Kosten-/Erlösträgerstückrechnung** (Kalkulation) ermittelt die Kosten und Erlöse, die für eine **einzelne Einheit eines Kostenträgers** (z. B.

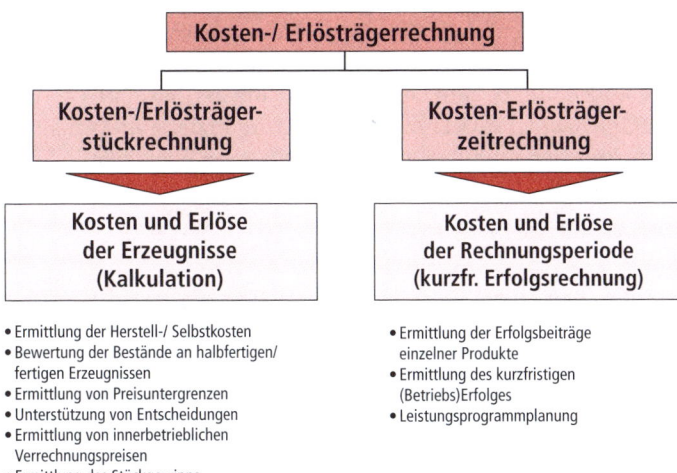

Abbildung 5.2: Teilgebiete der Kosten-/Erlösträgerrechnung

eines Produkts) angefallen sind. Die **Kosten-/Erlösträgerzeitrechnung** (kurzfristige Erfolgsrechnung) dagegen erhebt die **gesamten Kosten** und Erlöse, die innerhalb einer bestimmten Abrechnungsperiode **für alle in dieser Periode hergestellten und verkauften Produkteinheiten** angefallen sind.

Beispiel 5.1

Verdeutlicht werden soll dieser Zusammenhang am Beispiel des Automobilherstellers FORD.

Die Fa. FORD stellt verschiedene Autotypen her, so z. B. den Ford Ka, Ford Fiesta, Ford Mondeo wie auch sonstige Typen.

Die Kostenträgerstückrechnung gibt nun Auskunft darüber, welche Kosten für Materialbereitstellung, die Fertigung, den Vertrieb sowie anteilige Verwaltungskosten für einen einzigen Ford Ka angefallen sind. Die Erlösträgerstückrechnung erfasst den für einen Ford Ka bezahlten Preis.

Die Kostenträgerzeitrechnung dagegen notiert alle oben genannten Kosten, die innerhalb einer Abrechnungsperiode, also z. B. innerhalb des letzten Monats, für alle in dieser Periode produzierten und verkauften Automobile des Typs Ka entstanden sind. Diesen Kosten werden die Erlöse aller Ford Ka gegenübergestellt, die innerhalb der gleichen Rechnungsperiode erzielt wurden.

Aus den Rechenwerken ist entweder der Erfolg (Gewinn/Verlust) des Ford Ka pro Stück (Kostenträgerstückrechnung) oder der Erfolg (Gewinn/Verlust) des PKW-Modells „Ford Ka" in einer Abrechnungsperiode (Kostenträgerzeitrechnung) zu erkennen.

Wie leicht zu ersehen ist, hängen beide Kostenträgerrechnungen unmittelbar zusammen. Wenn bekannt ist, wie hoch die Kosten pro Stück unseres Endprodukts sind, und darüber hinaus bekannt ist, welche Stückzahlen in einer Abrechnungsperiode produziert und verkauft wurden, so lassen sich unmittelbar die Gesamtkosten für die Periode durch Multiplikation der Stückkosten mit der Stückzahl errechnen. Gleiches gilt auch umgekehrt.

5.1.2 Kosten- und Erlösträger als Gegenstand der Kosten- und Erlösträgerrechnung

Kostenträger Bevor wir uns mit der Kostenträgerrechung näher beschäftigen, sollen zunächst die Begriffe „Kostenträger" bzw. „ Erlösträger" bestimmt werden.

> **Definition** **Kostenträger** sind jene betrieblichen Leistungen, die den Güter- und Leistungsverzehr im Unternehmen ausgelöst haben. Dies sind in der Regel die vom Unternehmen hergestellten Güter oder Dienstleistungen.

Nun könnte man auf die Idee kommen, die Kosten den einzelnen Produkten, z. B. entsprechend den Umsätzen oder den Gewinnen, willkürlich zuzuordnen. Dies würde aber dem Verursachungsprinzip als einem zentralen Grundsatz der Kostenrechnung, widersprechen.

> **Merke** Als Grundregel ist festzuhalten, dass die Kostenträger nach dem Verursachungsprinzip die durch sie „verursachten" Kosten tragen müssen!

Arten von Kostenträgern Was sind nun Kostenträger bzw. was lässt sich in Unternehmen als Kostenträger definieren?

Grundsätzlich muss unternehmensspezifisch festgelegt werden, was das primäre Informationsinteresse des Unternehmens ist, d. h. welche Informationen für die zielorientierte Steuerung des Unternehmens erhoben werden sollen. Erst danach kann festgelegt werden, welche Bezugsobjekte als Kostenträger zu definieren sind. In der Praxis werden häufig folgende Kostenträger definiert:

- Endprodukte oder -produktgruppen,
- Dienstleistungen,
- Aufträge oder
- Kunden.

Zunächst einmal werden in den meisten Unternehmen, die gleichartige Massen- oder Großserienprodukte herstellen, die **Endprodukte als Kostenträger** definiert. Für diese Kostenträger werden alle Kosten (Einzel- und Gemeinkosten) erfasst, die durch die Materialbeschaffung und -logistik, die Herstellung, den Vertrieb sowie die Verwaltung angefallen sind. Daneben können auch **Produktgruppen als Kostenträger** definiert werden, sofern die unterschiedlichen Produkte innerhalb der Produktgruppe ähnliche oder gleiche Kosten verursachen.

Produkte als Kostenträger

In Dienstleistungsunternehmen können die einzelnen **Dienstleistungen als Kostenträger** definiert werden. So können z. B. in einem Friseursalon verschiedene Damen- und Herrenhaarschnitte als Kostenträger definiert werden. In einem Beratungsunternehmen können z. B. Beratungsprojekte oder Beratungsstunden als Kostenträger definiert werden. Der Steuerberater könnte beispielsweise verschiedene Arten von Steuererklärungen als Kostenträger bestimmen. Gemeinsam ist allen diesen Kostenträgern, dass auf einem entsprechenden Kostenträgerkonto alle für diese Produkte oder Dienstleistungen entstehenden Kosten erfasst werden.

Dienstleistungen als Kostenträger

In Wirtschaftsbereichen, in denen individuelle Produkte, Projekte oder sonstige Dienstleistungen geplant und/bzw. hergestellt werden, werden üblicherweise einzelne **Aufträge als Kostenträger** definiert, so z. B. im Einzelmaschinenbau, in der Bauwirtschaft oder auch in Beratungsunternehmen (Beratungsprojekte).

Aufträge als Kostenträger

Möchte ein Unternehmen ermitteln, welche Kosten zur Bedienung eines bestimmten Kunden angefallen sind, können auch beispielsweise **Kunden als Kostenträger** definiert werden, z. B. in einer Kundenerfolgsrechnung.

Kunden als Kostenträger

Daneben können auch innerbetriebliche Leistungen, Zwischenprodukte wie auch eine Vielzahl anderer Objekte als Kostenträger definiert werden.

Analog zu den Kostenträgern sind im Unternehmen ebenso Erlösträger zu definieren.

> **Definition** **Erlösträger** sind jene betrieblichen Leistungen, die eine Güter- und Leistungsentstehung ausgelöst haben. Auf diesen Erlösträgern werden die Erlöse gesammelt, die durch die betrieblichen Leistungen entstanden sind. In der Praxis stimmen wegen der notwendigen Erfolgsermittlung Erlös- und Kostenträger häufig überein, es können bei Detailbetrachtungen aber auch z. B. Prozesse als Kostenträger definiert werden, denen Erlöse nicht zwangsläufig direkt zugerechnet werden können.

Beispiel 5.2

Die FEBAU GmbH hat einen Auftrag zur Lieferung der Fenster für ein großes Verwaltungsgebäude erhalten. Dieser Auftrag wird bei der FEBAU GmbH als Kostenträger definiert. Auf diesem Kostenträger-konto werden nun alle anfallenden Einzel- und Gemeinkosten von der Planung, dem Vertrieb bis zur Endfertigung gesammelt. Am Ende der Bauzeit kann nun durch die Kosten- und Erlösträgerrechnung festgestellt werden, ob die ursprünglich geplanten Kosten eingehalten wurden, die ausgehandelten Erlöse (Preise) die Kosten gedeckt haben und der Auftrag sogar mit Gewinn abgewickelt wurde.

Folgende Übersicht stellt mögliche Klassifikationsmerkmale der Kostenträger nochmals zusammen:

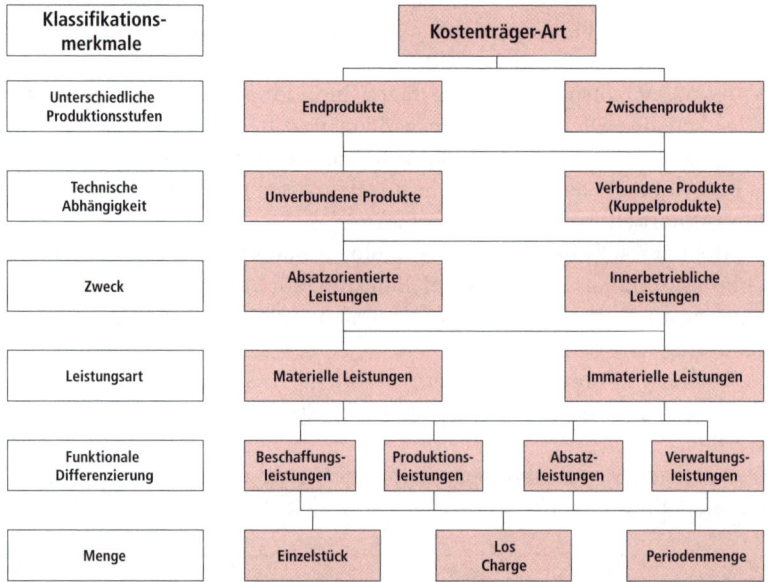

Abbildung 5.3: Klassifikationsmerkmale von Kosten-/Erlösträgern
(leicht verändert übernommen aus: Schweitzer, M., Küpper, H-U.: Systeme der Kosten- und Erlösrechnung, München 2003, S. 158)

5.2 Kosten- und Erlösträgerstückrechnung – Wie kalkuliere ich Preise und den Erfolg meiner Produkte?

5.2.1 Allgemeine Grundlagen und Aufgaben der Kostenträgerstückrechnung

Betrachten wir im Folgenden zunächst die Kostenträgerstückrechnung näher. Diese dient dazu, die Frage zu beantworten: „Welche Kosten sind für die einzelnen Kostenträger entstanden?"

Kostenträgerstückrechnung = Kalkulation

> **Definition** Die **Kostenträgerstückrechnung** ermittelt die Kosten, die für die Materialbereitstellung, die Herstellung, den Vertrieb sowie die Verwaltung einer einzelnen Kostenträgereinheit angefallen sind. Man bezeichnet diese stückbezogenen Rechnungen üblicherweise auch als Kalkulation.

Wie Abb. 5.2 zeigt, ist es ein zentrales Ziel der Kalkulation, die Herstell- bzw. Selbstkosten von Produkten, Aufträgen oder Dienstleistungen zu bestimmen.

Kostenträgerstückrechnung (Kalkulation)

Diese Frage ist nicht nur für Kostenrechner interessant, sondern z. B. auch für Marketing- und Vertriebsmitarbeiter, denn Kalkulationen bilden eine wichtige Grundlage bei der Bestimmung der Preise für die Leistungen des Unternehmens, der Preislistengestaltung oder für die Gewährung von Preisnachlässen in Verhandlungen mit den Kunden.

Ebenso können hiermit alternative Produktionsverfahren verglichen werden. Auch die Stückgewinne sind für die Bestimmung des optimalen Produktionsprogramms, d. h. der Frage, welche Produkte in welcher Anzahl erstellt und angeboten werden sollen, heranzuziehen.

Darüber hinaus können mit Hilfe der Kalkulation auch Informationen hinsichtlich der Herstell- bzw. Herstellungskosten für die Bewertung der unfertigen und fertigen Erzeugnisse in der Bilanz berechnet werden. Für die Verrechnung innerbetrieblicher Leistungen innerhalb eines Unternehmens oder einer Unternehmensgruppe können interne Verrechnungspreise aus der Kostenträgerstückrechnung ermittelt werden.[1]

---

[1] Letztlich haben wir bei der Verrechnungssatzermittlung in der innerbetrieblichen Leistungsverrechnung in Kapitel 4 nichts anderes gemacht, als eine einfache Divisionskalkulation für innerbetriebliche Leistungen (Kostenträger) zu errechnen.

Zeitbezug der Kalkulation   Die Kalkulation kann hinsichtlich des Zeitbezugs unterschieden werden nach

- der Vorkalkulation,
- der Zwischenkalkulation (auch mitlaufende Kalkulation genannt) und
- der Nachkalkulation.

Vorkalkulation   Eine **Vorkalkulation** wird erstellt, um Preise für bereits existierende oder neue Unternehmensleistungen (Produkte/Dienstleistungen/Aufträge) für einen zukünftigen Zeitraum festzusetzen. Bei dieser Art der Kalkulation werden die zukünftig für eine Unternehmensleistung zu erwartenden Kosten geschätzt und diese Plankosten der Vorkalkulation zugrunde gelegt (Anwendung einer Plankostenrechnung).

Nachkalkulation   Demgegenüber wird die **Nachkalkulation** nach Abschluss der Herstellung und dem Verkauf der Unternehmensleistungen durchgeführt. Hierbei werden die tatsächlich realisierten Istkosten (Istkostenrechnung) den geplanten Kosten (Plankostenrechnung) sowie den tatsächlich realisierten Istpreisen für die Leistung gegenübergestellt.

Der Vergleich der Ist- mit den Plankosten hat den Zweck, die Plan-Ist-Abweichungen bei den Kosten zu analysieren und hieraus für zukünftige Kalkulationen zu lernen (Plan-Ist-Vergleich). Der Vergleich der Istkosten mit den Istpreisen wird deshalb durchgeführt, um zu erkennen, ob die betreffende Leistung mit Gewinn oder Verlust verkauft werden konnte. Insbesondere wenn Verluste angefallen sind, ergeben sich hieraus wertvolle Hinweise auf die zukünftige Preisgestaltung und gegebenenfalls auch auf die Notwendigkeit von Kosteneinsparungen bei der Herstellung/Verwertung einer Unternehmensleistung.

Zwischenkalkulation   Die **Zwischenkalkulation** (auch mitlaufende Kalkulation) gewinnt insbesondere bei langfristigen Produktionsaufträgen, wie z. B. im Großschiffbau oder bei lang laufenden Bauprojekten, an Bedeutung. Bei der Zwischenkalkulation geht es darum, während der Laufzeit eines solchen Projekts in regelmäßigen Abständen zu überprüfen, ob die für das Projekt geplanten Kosten (Plankosten) tatsächlich auch eingehalten werden. Diese regelmäßige Kontrolle dient dazu, frühzeitig Hinweise auf Kostenüberschreitungen zu erlangen und entsprechend rechtzeitig Gegensteuerungsmaßnahmen initiieren zu können. Zwischenkalkulationen sind somit ein wichtiges Steuerungsinstrument im Rahmen des Projektmanagements und Controllings.

Beispiel 5.3   Die FEBAU GmbH hat die Ausschreibung zum Bau eines größeren Verwaltungsgebäudes erhalten. Vor der Angebotsabgabe werden die Planer beauftragt, auf Basis der von den Bauingenieuren und Architekten erstellten Baupläne die Kosten für die Fensterausstattung des Verwaltungsgebäudes zu planen (Vorkalkulation). Auf Basis dieser

Vorkalkulation wird dem Bauherrn ein Angebot mit einem Gesamtpreis für das Gebäude unterbreitet. Schon in dieser Phase weist die Kostenrechnung diesem Auftrag ein Kostenträgerkonto zu, auf dem alle mit diesem Auftrag in Zusammenhang stehenden Kosten (z. B. in dieser Phase die Planungskosten, d. h. Gehälter der Ingenieure, Reisekosten zu den Planungssitzungen beim Bauherrn usw.) gesammelt werden.

Nach Ablauf der Ausschreibungsfrist und der Prüfung der verschiedenen Angebote werden die günstigsten Anbieter noch einmal zu einer Nachverhandlung über den Preis eingeladen. In diesen Verhandlungen entscheidet die Geschäftsleitung auf Basis der vorliegenden Vorkalkulation, ob und in welchem Umfang noch Nachlässe auf den Preis eingeräumt werden können.

Die FEBAU GmbH erhält den besagten Auftrag zu einem Festpreis. Ab diesem Zeitpunkt wird während der gesamten Bauausführung in monatlichem Rhythmus ein Abgleich der geplanten und der tatsächlich angefallenen Kosten und erbrachten Leistungen durchgeführt (Zwischenkalkulation), festgestellte Kosten- und Leistungsabweichungen werden mit den entsprechenden Verantwortlichen besprochen und kurzfristig einzuleitende Gegensteuerungsmaßnahmen veranlasst.

Nach der Bauzeit von über einem Jahr ist das Verwaltungsgebäude fertig gestellt und dem Auftraggeber übergeben. Im Anschluss daran wird überprüft, ob der vom Bauherrn gezahlte Preis die angefallenen Gesamtkosten (Istkosten) gedeckt hat oder ob dieses Bauprojekt mit einem Verlust geendet hat. Sollte dies der Fall gewesen sein, gilt es nun, entsprechende Schlussfolgerungen aus diesem Projekt hinsichtlich der Verkaufspreise, der Leistungserstellung und der Kosten für zukünftige Projekte zu ziehen.

IFRS Die mitlaufende Kalkulation ist auch bei langfristiger Leistungserstellung nach IAS 11 vorgesehen, damit die Unternehmen die Kostenentwicklung mit dem Baufortschritt vergleichen können. Dies ist notwendig, um die Teilgewinnrealisation über die **Percentage-of-Completion-Methode** bei der Bilanzierung noch laufender Leistungserstellungsprozesse anwenden zu können.

5.2.2 Kalkulationsverfahren

5.2.2.1 Übersicht

Kriterien zur Auswahl von Kakulationsverfahren

Wie kommen wir nun zu einer entsprechenden Kalkulation und welches Kalkulationsverfahren ist dabei zu wählen?

In der betrieblichen Praxis werden unterschiedlichste Kalkulationsverfahren eingesetzt. Die Auswahl des „richtigen" Verfahrens muss sich dabei an einer Vielzahl von Rahmenbedingungen und Kriterien orientieren. Hier sind vor allem zu nennen:

- die **Anzahl und Unterschiedlichkeit der Produkte**
  Die Anzahl und die Unterschiedlichkeit der Produkte haben einen starken Einfluss auf die Wahl des Kalkulationsverfahrens. So hängt die Wahl des Kalkulationsverfahrens davon ab, ob es sich um ein Einproduktunternehmen, in denen nur ein homogenes Gut hergestellt wird (z. B. Strom, bestimmte Grundstoffe), handelt oder ob in dem Unternehmen verschiedene Sorten eines Gutes hergestellt werden (z. B. Brauereien mit unterschiedlichen Biersorten (Sortenfertigung)). Wiederum andere Kalkulationsverfahren sind bei Mehrproduktunternehmen (unterschiedliche Produkte) anzuwenden.

- die **Anzahl der Fertigungsstufen**
  Ebenso hat die Anzahl der Fertigungsstufen Auswirkungen auf die Art der Kalkulation. Hier ist zu hinterfragen, ob die Unternehmensleistungen in einem einfachen, einstufigen Verfahren hergestellt werden oder ob es sich um einen komplexen mehrstufigen Prozess handelt.

- den **Auf- bzw. Ausbau der Kostenrechnung**
  Wichtigen Einfluss auf das anzuwendende Kalkulationsverfahren hat auch der Stand der Kostenrechnung im Unternehmen. Existiert eine ausgebaute Kostenrechnung, sind im Vergleich zu nicht vorhandenen oder rudimentären Kostenrechnungssystemen genauere Verfahren einsetzbar.

- das Vorliegen von **Mengengefällen** in den Fertigungsstufen
  Gibt es in den betrachteten Unternehmen ein Mengengefälle innerhalb der verschiedenen Fertigungsstufen, so muss ein entsprechendes Verfahren angewandt werden, das in der Lage ist, dieses Mengengefälle in der Kalkulation zu berücksichtigen. Mengengefälle in der Fertigung können in der Praxis z. B. technisch begründet durch Veredelungsprozesse, Schwund, Ausschussproduktion oder Verschnitt entstehen. Zudem können etwa durch den Verkauf von unfertigen Produkten Mengengefälle auftreten. So wird z. B. ein Automobilhersteller mehr Motoren fertigen als komplette Wagen, da die Motoren auch als Ersatzteile verkauft werden.

Arten von Kalkulationsverfahren

Die oben genannten Einflussfaktoren bestimmen die Anwendbarkeit der zu behandelnden Kalkulationsverfahren wesentlich. Grundsätzlich unterscheiden wir die Kalkulationsverfahren in folgende grundlegende **Kalkulationstypen**:

- ■ die Divisionskalkulation,
- ■ die Zuschlagskalkulation sowie
- ■ die Kalkulation von Kuppelprodukten (Kuppelkalkulationen).[2]

Daneben existieren noch weitere daraus abgeleitete Kalkulationsformen, wie z.B. die Äquivalenzziffernkalkulation, die Bezugsgrößen- bzw. Verrechnungssatzkalkulation.

Einen Überblick über die verschiedenen Arten der Kalkulation gibt Abb. 5.4:

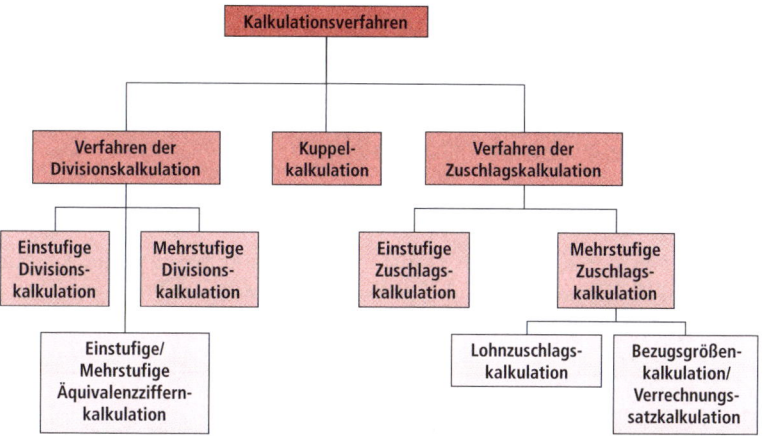

Abbildung 5.4: Übersicht Kalkulationsverfahren

5.2.2.2 Divisionskalkulation

Die einfachsten Verfahren der Kalkulation sind die Divisionskalkulationsverfahren. Ihr Grundprinzip kann wie folgt beschrieben werden:

Grundprinzip der Divisionskalkulation

> **Definition** Das **Grundprinzip der Divisionskalkulationsverfahren** besteht darin, dass die Kosten in einer Periode durch die gesamte, während dieser Zeit hergestellte Leistungsmenge dividiert werden, um zu den Stückkosten zu gelangen.

---

[2] wird aus Platzgründen in diesem Lehrbuch nicht behandelt.

> **Merke** Da wir bei der Erhebung der Gesamtkosten des Unternehmens normalerweise die Kosten der unterschiedlichen Kostenträger (Produkte) nicht unterscheiden können, sind Divisionskalkulationsverfahren im Grundsatz nur bei Einproduktunternehmen einsetzbar, in denen ein homogenes Gut hergestellt wird. Sie finden Anwendung z. B. in der Grundstoffindustrie, etwa bei der Erzeugung von Kies und Wasser, in der Stromerzeugung oder überall dort, wo gleichartige (homogene) Güter produziert werden, z. B. bei der Herstellung von Rohzucker.

Je nachdem, ob die Erstellung der Unternehmensleistung in einer oder mehreren Produktionsstufen erfolgt und die Kosten des Unternehmens nach den verschiedenen Kostenstellen differenziert erfasst werden, können die Divisionskalkulationen in ein- und mehrstufige Verfahren unterteilt werden.

Einstufige Divisionskalkulationsverfahren

Einstufige Divisionskalkulation
Im Rahmen der einstufigen Divisionskalkulation werden die Kosten einer Unternehmung nur in ihrer Gesamtheit, das heißt für das Gesamtunternehmen undifferenziert, erfasst. Die Vorgehensweise ist wie folgt:

> **Definition** Bei der **einstufigen Divisionskalkulation** werden die Gesamtkosten einer Unternehmung in einer Periode durch die gesamte, während dieser Zeit produzierte Menge dividiert.

In mathematischer Form ergibt sich folgende Formel für die Divisionskalkulation:

Formel 5.1
$$k = \frac{K}{x}$$

mit

K = Gesamtkosten
x = Ausbringungsmenge
k = Kosten pro Stück

Zur Erläuterung der Grundprinzipien der Kalkulation sehen wir uns dazu zunächst folgendes einfache Beispiel an:

Beispiel 5.4

Um die Einführung einer Kostenträgerrechnung für die FEBAU GmbH zu unterstützen, versucht der Controller zunächst einmal ein einfaches Kalkulationsmodell zu entwerfen. Dazu geht er von der Herstellung nur eines einzigen homogenen Gutes, also eines angenommenen „Normalfensters" in der Größe 1 m × 1 m, aus.

Als Erstes fragt er sich, ob er auch eine Kalkulation durchführen kann, ohne dass eine Kostenrechnung bei der FEBAU GmbH eingeführt werden muss. So schaut er in die GuV-Rechnung des Unternehmens und stellt die folgende Aufstellung über die Gesamtkosten zusammen:

Materialkosten	49.000 €
Löhne	30.000 €
Gehälter	2.000 €
Abschreibungen	9.000 €
Sonst. Kosten	6.500 €

Weiterhin trifft er folgende Annahmen:

Die Fertigungsmenge in der betrachteten Periode beträgt 1000 Stück des Endprodukts „Normalfenster".

Nahe liegend wäre es, zunächst eine **einstufige Divisionskalkulation** vorzunehmen und die Kosten des Unternehmens aufzuaddieren und durch die hergestellte Stückzahl zu teilen. Dies ergäbe Selbstkosten pro Stück:

$$k = \frac{96.500\,€}{1.000\,St.} = 96,50\,€/St.$$

Hinsichtlich der Einsetzbarkeit dieses Verfahrens sind folgende Vor- und Nachteile festzuhalten:

Vorteil:

Vor- und Nachteile der einstufigen Difisionskalkulation

- Die einstufige Divisionskalkulation ist ein ausgesprochen einfaches Verfahren der Kalkulation. Es stellt nur geringe Anforderungen an das Rechnungswesen eines Unternehmens und kann – wie gesehen – auch dann eingesetzt werden, wenn im Unternehmen keine Kostenrechnung, insbesondere keine Kostenstellenrechnung, existiert. Allein die Kenntnis der Gesamtkosten des Unternehmens reicht aus, um dieses Verfahren anwenden zu können.

Allerdings hat dieses Verfahren auch einige Nachteile:

Nachteile:

- Die Anwendbarkeit der einstufigen Divisionskalkulation ist auf einfache, einstufige Produktionsverfahren beschränkt. Bei mehrstufigen Produktionsverfahren, bei denen ein Produkt in mehreren Produktionsstufen bearbeitet wird, kann das einstufige Verfahren nur dann angewendet werden, wenn es sich um nicht lagerfähige Güter handelt. Existieren dagegen Zwischenlager an fertigen und unfertigen Gütern mit unterschiedlich hohen, periodenspezifischen Lagerbeständen, so führt die einstufige Divisionskalkulation zu falschen Ergebnissen und sollte daher nicht angewandt werden.

- Darüber hinaus ist es bei der einstufigen Divisionskalkulation nur möglich, die Selbstkosten der Leistungen zu bestimmen, Herstellkosten dagegen können nicht berechnet werden, da die Gesamtkosten aufgrund der fehlenden Kostenstellenrechnung nicht in Material- und Fertigungskosten auf der einen Seite und Verwaltungs- und Vertriebskosten auf der anderen Seite unterschieden werden können.

Zusammenfassend ist festzustellen, dass die einstufige Divisionskalkulation nur rudimentäre, äußerst ungenaue Kalkulationen liefert, die nur unter den sehr engen oben genannten Rahmenbedingungen zuverlässige Ergebnisse erbringt.

Mehrstufige Divisionskalkulation

Mehrstufige Divisionskalkulation   Wird eine homogene Leistung eines Unternehmens (Einproduktunternehmen) in einem mehrstufigen Fertigungsprozess erbracht, der auch Zwischenlager beinhalten kann, so kann die Kalkulation mit Hilfe einer mehrstufigen Divisionskalkulation erstellt werden.

Für die Durchführung mehrstufiger Kalkulationen muss in den Unternehmen zwingend eine Kostenstellenrechnung eingeführt werden. Hierdurch ist es möglich, die Gesamtkosten des Unternehmens auf die verschiedenen Kostenstellen aufzuteilen. Denn nur durch die Kostenstellenrechnung ist es möglich, in Materialkosten, Fertigungskosten sowie Verwaltungskosten und Vertriebskosten zu unterscheiden.

Die mehrstufige Divisionskalkulation berechnet nun für jede Kostenstelle die Gesamtkosten pro Kostenstelle und teilt diese Gesamtkosten durch die in der jeweiligen Periode in der Kostenstelle produzierten Stückzahlen.

> **Merke**   Die **mehrstufige Divisionskalkulation** geht im Gegensatz zur einstufigen Divisionskalkulation kostenstellenweise vor. Die gesamten Kosten einer Unternehmung in einer Periode werden nach Betriebsabteilungen (Kostenstellen) getrennt und durch die gesamten, während dieser Zeit in den einzelnen Kostenstellen produzierten bzw. abgesetzten Mengen dividiert.

Bei der **addierenden Divisionskalkulation** ergeben sich die gesamten Stückkosten durch die Summierung der Stückkosten pro Kostenstelle. Durch unterschiedlich hohe gefertigte Stückzahlen in den einzelnen Produktionsstufen können hierbei auch Zwischenlager an unfertigen Erzeugnissen in der Produktion berücksichtigt werden. *Addierende Divisionskalkulation*

Für die mehrstufige addierende Divisionskalkulation ergibt sich folgende Vorgehensweise:

1. Berechnung der Stückkosten pro Stufe mit folgender Formel: *Vorgehensweise*

$$k_{Kst.} = \frac{K_{Kst.}}{x_{Kst.}}$$

Formel 5.2

2. Addition der Stückkosten pro Kostenstelle

Die Berechnung der Gesamtkosten in der mehrstufigen addierenden Divisionskalkulation ergibt sich nach folgender Formel:

$$k = \frac{K_{Kst.\ 1}}{x_{Kst.\ 1}} + \frac{K_{Kst.\ 2}}{x_{Kst.\ 2}} + \frac{K_{Kst.\ 3}}{x_{Kst.\ 3}} + \ldots + \frac{K_{Kst.\ n}}{x_{Kst.\ n}} + \frac{K_{Kst.Verw./Vertr.}}{x_a}$$

Formel 5.3

mit

$K_{Kst.\ n}$ = Gesamtkosten der Kostenstelle n

$K_{Kst.\ Verw./Vertr.}$ = Gesamtkosten der Kostenstellen „Verwaltung" und „Vertrieb"

$x_{Kst.\ n}$ = Gesamtausbringungsmenge der Kostenstelle n

x_a = abgesetzte Menge

Merke Bei der Anwendung aller mehrstufigen Divisionskalkulationsverfahren ist darauf zu achten, dass zumindest die Vertriebskosten lediglich durch die abgesetzten Produkteinheiten geteilt werden dürfen, da sonst die ermittelten Werte nicht für die Bestandsbewertung der Rechnungslegung herangezogen werden dürfen. Je nach Anwendung des Wahlrechts des § 255 HGB können auch Verwaltungskosten oder/und alle Gemeinkosten aus der Bestandsbewertung ausgeschlossen werden, was durch die Division nur der abgesetzten Stücke erreicht wird. Auch bei der Kosten- und Erlösrechnung gilt häufig diese Konvention, ohne dass dies gesetzlich fixiert ist.

In einem zweiten Schritt zur Einführung einer Kostenträgerrechnung überlegt unser Controller, wie sich die Kalkulation des Standardfensters verändern würde, wenn die eingeführte Kostenstellenrechnung funktionsfähig wäre. Bisher konnte die FEBAU GmbH *Beispiel 5.5* erst drei Kostenstellen, nämlich „Fertigung", „Lackierung" sowie „Verwaltung und Vertrieb", differenziert betrachten und eine entsprechende Kostenstellenauswertung erstellen. Dabei ergab sich folgende Verteilung der Kosten auf die Kostenstellen, wobei die FEBAU GmbH die Verwaltungskosten nicht in die handelsrechtlichen Herstellungskosten einbezogen haben möchte:

	Gesamt	Fertigung	Lackierung	Verwaltung/ Vertrieb
Materialkosten	49.000 €	39.000 €	10.000 €	
Lohnkosten	30.000 €	10.000 €	15.000 €	5.000 €
Gehaltskosten	2.000 €	500 €	500 €	1.000 €
Abschreibungen	9.000 €	5.000 €	3.000 €	1.000 €
Sonst. Kosten	6.500 €	4.000 €	1.500 €	1.000 €
= Gesamtkosten	96.500 €	58.500 €	30.000 €	8.000 €

Nach wie vor werden bei der FEBAU GmbH 1000 Standardfenster in der Größe 1 m × 1 m produziert. Allerdings sind in der betrachteten Abrechnungsperiode lediglich 500 Stück abgesetzt worden. Nun kalkuliert der Controller für die einzelnen Stufen wie folgt:

	Fertigung	Lackierung	Verwaltung/ Vertrieb
= Gesamtkosten	58.500 €	30.000 €	8.000 €
Stückzahl	1000	1000	500
Kst. - Kosten /Stück.	58,50 €	30 €	16 €

Die Herstellkosten pro Stück der produzierten, aber noch nicht lackierten Fenster (Herstellkosten der unfertigen Erzeugnisse: hk_{UE}) betragen nun

$$hk_{UE} = 58,50 \, € \qquad \text{(1. Stufe)}$$

die Herstellkosten der gefertigten, aber noch nicht verkauften Fenster (Herstellkosten der fertigen Erzeugnisse: hk_{FE})

$$hk_{FE} = 58,50 \, € + 30 = 88,50 \, € \qquad \text{(2. Stufe)}$$

und die Selbstkosten (k) der verkauften Fenster

$$k = 58,50 \, € + 30 \, € + 16 \, € = 104,50 \, € \qquad \text{(3. Stufe)}$$

Durch die einfache Unterteilung in Kostenstellen ist es nun möglich, die Herstellkosten der verschiedenen Stufen sowie die Selbstkosten zu unterscheiden. Da in der betreffenden Periode 1000 Stück Fenster gefertigt, aber nur 500 Stück verkauft wurden, ist ein Lagerbestand an fertigen Fenstern entstanden. Wie ist dieser Lagerbestand nun, z. B. für Bilanzierungszwecke, zu bewerten? Der Controller bewertet den Lagerbestand an fertigen Erzeugnissen wie folgt:

$$LB_{FE} = 500\,St. * 88{,}50\,\text{€}/St. = 44.250\,\text{€}$$

da die Verwaltungs- und Vertriebskosten nicht mit in die Bewertung der auf Lager liegenden Fenster einbezogen werden dürfen.

Neben der oben beschriebenen addierenden Divisionskalkulation existiert auch noch das Verfahren der so genannten **durchwälzenden Divisionskalkulation**. Im Unterschied zu der oben beschriebenen Methode werden bei diesem Verfahren die Kosten jeder einzelnen Fertigungsstufe nicht gesondert berechnet und anschließend addiert, sondern die Kosten jeder Vorstufe werden jeweils direkt in die Kosten der nachgelagerten Stufe als Kosten für die wieder eingesetzten Zwischenprodukte eingesetzt. Diese Methode ist besonderes geeignet, um Ausschuss und Schwundprozesse während des Fertigungsprozesses in die Kalkulation einfließen zu lassen. *(Durchwälzende Divisionskalkulation)*

Die Berechnung der Kosten der Leistungseinheit erfolgt nach folgender Formel: *(Vorgehensweise)*

1. Stufe: $\quad k_{Kst.1} = \dfrac{HK_{Kst.1}}{x_{Kst.1}}$ **Formel 5.7**

2. Stufe: $\quad k_{Kst.2} = \dfrac{m_{1,2} * k_{Kst.1} + HK_{Kst.2}}{x_{Kst.2}}$ **Formel 5.8**

3. Stufe: $\quad k_{Kst.3} = \dfrac{m_{2,3} * k_{Kst.2} + HK_{Kst.3}}{x_{Kst.3}}$ **Formel 5.9**

n-te Stufe: $\quad k_{Kst.n} = \dfrac{m_{n-1,n} * k_{Kst.n-1} + HK_{Kst.n}}{x_{Kst.n}}$ **Formel 5.10**

mit

$m_{n-1;n}$ = von der Vorstufe weiterverarbeitete Leistungsmenge in Stufe n
$HK_{Kst.n}$ = Herstellkosten in der Stufe n (Stufenkosten)
$k_{Kst.n}$ = kumulierte Stückherstellkosten auf der Stufe n (inkl. Herstellkosten der Vorstufen)

Die Verwaltungs- und Vertriebskosten werden in diesem Verfahren genau wie in der mehrstufigen addierenden Divisionskalkulation berücksichtigt.

> **Merke** Bei der durchwälzenden Divisionskalkulation ist im Gegensatz zur addierenden Divisionskalkulation die Addition der Herstellkosten der Vorstufe nicht mehr notwendig, da diese im Rahmen des Verfahrens bereits berücksichtigt wurden.

Beispiel 5.6

Bei näherer Analyse des Betriebsablaufs in der Fertigung stellt der Controller der FEBAU GmbH fest, dass es in der Fertigung des Unternehmens teilweise erhebliche Mengengefälle durch Ausschuss gibt. In der Fertigung kommt es immer einmal zu Brüchen von Fenstern oder der Produktion mit falschen Maßen, in der Lackierung zu Fehlfarben. Diese Fenster können nur noch entsorgt werden.

Nach Rücksprache mit dem Betriebsleiter wird eine Zusatzanalyse erstellt, die erfasst, wie viel Ausschuss in den zwei Fertigungsstufen produziert wird.

Die Analyse ergab folgende Ausschusszahlen:

■ Von 1000 in Fertigungsstufe 1 produzierten Fenstern sind lediglich 900 fehlerfrei und weiterverarbeitbar.

■ Von 900 fehlerfreien Stück aus Stufe 1 können lediglich 800 Stück an den Vertrieb übergeben werden.

Alle übrigen Daten bleiben gleich.

Unter Anwendung der durchwälzenden Kalkulation errechnet der Controller nun unter Berücksichtigung des Mengengefälles (Ausschusses) folgende Herstell- und Selbstkosten:

	Fertigung	Lackierung	Verwaltung/Vertrieb
Input aus Vorstufe (Stück)	1000	900	500
Input aus Vorstufe	--	58.500 €	55.312,5 €
Stufenkosten	58.500 €	30.000 €	8.000 €
Summe Kosten	58.500 €	88.500 €	63.312,5 €
Stufenoutput (Stück)	900	800	500
Kst. - Kosten/Stück	65 €	110,63 €	126,63 €

Der Controller erkennt das erwartete Ergebnis. Durch die Ausschussproduktion bei der FEBAU GmbH verteuern sich die hergestellten Einheiten, da die Kosten der Ausschussproduktion auf die verbleibenden fehlerfreien Fenster umgelegt werden muss.

Als Vor- und Nachteile beider mehrstufiger Divisionskalkulationsverfahren sind folgende zu nennen:

Vor- und Nachteile der mehrstufigen Divisionskalkulationsverfahren

Vorteile:

■ Mehrstufige Divisionsverfahren sind genauer als einstufige Verfahren.

■ Mehrstufige Divisionskalkulationsverfahren sind einsetzbar auch bei veränderlichen Beständen an fertigen und unfertigen Erzeugnissen.

- Mehrstufige Divisionskalkulationen erlauben neben der Errechnung der Selbstkosten auch die differenzierte Berechnung von Herstellkosten auf den verschiedenen Stufen des Fertigungsprozesses.

Nachteile:

- Voraussetzung für die Anwendung der mehrstufigen Divisionskalkulation ist das Vorhandensein einer Kostenstellenrechnung.

- Mehrstufige Divisionskalkulationsverfahren sind grundsätzlich nur für Einproduktunternehmen anwendbar.[3]

5.2.2.3 Äquivalenzziffernverfahren

Wie in Gliederungspunkt 5.2.2.2 beschrieben, eignen sich die Divisionskalkulationen nur für die Kalkulation von Einproduktunternehmen, da aufgrund fehlender Kosteninformationen keine Aufteilung der Gesamtkosten auf die verschiedenen Kostenträger vorgenommen werden kann.

Für fertigungstechnisch und kostenmäßig ähnliche Produkte bietet jedoch die Äquivalenzziffernkalkulation die Möglichkeit einer einfachen Kalkulation.

Äquivalenzziffernverfahren als Sonderform der Divisionskalkulation

> **Definition** Die **Äquivalenzziffernkalkulation** ist eine Sonderform der Divisionskalkulation. Sie wird vornehmlich bei artähnlichen Produkten (Sorten) angewendet. Typische Beispiele für solche Sortenfertigung sind beispielsweise Brauereien, Blechwalzwerke, Spinnereien etc.

Bei diesem Verfahren macht man sich zunutze, dass sich die Struktur der Kostenentstehung der unterschiedlichen Sorten durch fertigungstechnisch ähnliche Prozesse vergleichsweise ähnlich darstellt. Im Grundsatz basiert das Verfahren auf der Annahme, dass die Kosten der unterschiedlichen Sorten eines Produkts in einem bestimmten, feststehenden Verhältnis zueinander stehen. Dieses Verhältnis wird durch die so genannte Äquivalenzziffer ausgedrückt.

Ein besonderes Problem bei der Anwendung dieses Kalkulationsverfahrens ist die Bestimmung der Äquivalenzziffern. Durch diese Äquivalenzziffern wird der unterschiedliche Kostenanfall der Sorten entsprechend bestimmter Verhältniszahlen auf die Sorten umgerechnet. So heißt beispielsweise eine Äquivalenzziffer von 0,9, dass die Herstellung und Verwertung betreffender Sorten 90 % der Kosten einer bestimm-

---

[3] Neben diesen Grundtypen der Divisionskalkulation unterscheiden Schweitzer/Küpper noch sog. mehrfache Divisionskalkulationen, die auch eine Kalkulation unterschiedlicher Produkte erlauben (vgl. Schweitzer/Küpper, 2003; S. 161 ff.)

ten zugrunde gelegten Norm- oder Einheitssorte verursacht. Können wir also die Kosten der Einheitssorte durch eine Divisionskalkulation bestimmen, ist es uns möglich, die Kosten der anderen unterschiedlichen Sorten zu berechnen.

Vorgehensweise

Die Äquivalenzziffernkalkulation berechnet dazu zunächst die Kosten einer bestimmten Einheitssorte. Die unterschiedlichen Kosten der einzelnen Sorten werden dann im Verhältnis zu dieser Einheitssorte errechnet. Die Vorgehensweise der Äquivalenzziffernkalkulation lässt sich in folgende fünf Schritte unterteilen:

1. Bestimmung einer Sorte als Einheitssorte.

2. Bestimmung der Äquivalenzziffern der einzelnen Sorten, die den unterschiedlichen Kostenanfall der Sorten widerspiegeln.

3. Multiplikation der Produktionsmengen aller Sorten mit den jeweiligen Äquivalenzziffern, um eine einheitliche Bezugsgrundlage zu haben; hierdurch werden die Kostenunterschiede zwischen den Sorten in unterschiedlich hohe (fiktive) Ausbringungsmengen umgerechnet.

4. Division der Kosten der Gesamtproduktion durch die ermittelten Mengeneinheiten der Einheitssorte.

5. Multiplikation der Kosten der Einheitssorte mit den Äquivalenzziffern der anderen Sorten, um die Kosten je Sorte zu ermitteln.

Beispiel 5.7

Für die FEBAU GmbH überlegt der Controller, dieses Verfahren für verschiedene Standardfenstergrößen anzuwenden. Bisher wurden die Selbstkosten lediglich für das Standardfenster A in der Größe 1 m × 1 m berechnet. Daneben stellt die FEBAU GmbH auch Standardfenster B in der Größe 0,5 m × 0,5 m und C in der Größe 1,5 m × 1,5 m her. Durch eine interne Arbeitsgruppe wurde ermittelt, dass das Standardfenster B nur ca. 80 % der Kosten des Standardfensters A erfordert. Das Standardfenster C verursacht dagegen ca. 140 % der Kosten des Fensters A.

Es wurde festgelegt, dass das Standardfenster A die Einheitssorte darstellt.

Die Multiplikation der Produktionsmengen der drei Fenstertypen mit den Äquivalenzziffern ergab folgende Mengen der Einheitssorte für die drei Fenstertypen:

Typ A: 333 Stück ∗ 1,0 (ÄZ) = 333,0
Typ B: 333 Stück ∗ 0,8 (ÄZ) = 266,4
Typ C: 333 Stück ∗ 1,4 (ÄZ) = 466,2

Hieraus ist folgende Berechnung der Kosten pro Einheitssorte abzuleiten:

$$k = \frac{K}{x_{\text{Einheitssorte}}} = \frac{96.500}{1065,6} = 90,56 \,\text{€/St.}$$

Formel 5.11

mit

$x_{\text{Einheitssorte}}$ = Ausbringungsmenge Einheitssorte.

Unter Anwendung des Äquivalenzziffernverfahrens errechnet der Controller für diese verschiedenen Größen (= Sorten) folgende Selbstkosten:

	Standardfenster A	Standardfenster B	Standardfenster C
Produktionsmenge (Stück)	333	333	333
Äquivalenzziffern	1	0,8	1,4
Anzahl Einheitssorte	333	266,4	466,2
Gesamtkosten	30.156 €	24.125 €	42.219 €
= Selbstkosten	90,56 €	72,45 €	126,78 €

Das Äquivalenzziffernverfahren ist sowohl in einer einstufigen als auch in einer mehrstufigen Form anwendbar. Bei der mehrstufigen Kalkulation wird das oben geschilderte Grundprinzip für jede einzelne Fertigungsstufe angewandt und die Kosten werden pro Fertigungsstufe und Sorte (wie bei der addierenden Divisionskalkulation) aufaddiert.

5.2.2.4 Zuschlagskalkulationen

Neben den oben geschilderten Verfahren ist es allerdings auch möglich, die Kosten einer Unternehmensleistung auch noch auf eine andere Weise zu berechnen. Wir machen uns dazu das im Rahmen des BAB bereits erarbeitete Grundprinzip der Gemeinkostenzuschlagssätze zu Nutze.

Grundprinzip der Zuschlagskalkulation

> **Merke** **Das Grundprinzip der Zuschlagskalkulation** besteht darin, dass die Selbstkosten der Leistungseinheit bzw. eines Auftrags dadurch ermittelt werden, dass die spezifischen Einzelkosten den Kostenträgern direkt zugerechnet und die Gemeinkosten der Kostenstellen über Gemeinkostenzuschlagssätze aus dem Betriebsabrechnungsbogen in die Kalkulation der Kostenträger übernommen werden.

Zwingend notwendig für die Durchführung ist also eine Trennung der Kosten in Einzel- und Gemeinkosten in der Kostenartenrechnung. Die Einzelkosten eines Produkts bzw. einer Dienstleistung sind in der Regel der Kostenartenrechnung direkt zu entnehmen, die Gemeinkosten wer-

den über die in der Kostestellenrechnung ermittelten Gemeinkostenzuschlagssätze auf die Kostenträger überwälzt.

Die Zuschlagskalkulationen können in einstufige und mehrstufige
Verfahren unterschieden werden. Zuschlagskalkulationen sind besonders geeignet, um eine differenzierte Kalkulation in Mehrproduktunternehmen durchzuführen.

Einstufige Zuschlagskalkulation

**Einstufige
Zuschlagskalkulation** Wie bei der einstufigen Divisionskalkulation, die wir im Rahmen des
Gliederungspunkts 5.2.2.2 bereits kennen gelernt haben, erfordert die
einstufige Zuschlagskalkulation keine Kostenstellenrechnung und ist
damit auch für kleinere Unternehmen ohne eine ausgebaute Kostenrechnung geeignet.

Bei diesem Verfahren werden die Gesamtkosten des Unternehmens in
Einzelkosten und Gemeinkosten unterteilt. Hieraus wird im Anschluss
nur ein einziger Gemeinkostenzuschlagssatz errechnet, der die gesamten
Gemeinkosten des Unternehmens beinhaltet und mit dem die gesamten
Gemeinkosten des Unternehmens auf die Kostenträger verrechnet wer-
den.

Definition **Einstufige Zuschlagskalkulation**

Die einstufige (summarische) Zuschlagskalkulation verzichtet auf
eine Kostenstellenrechnung und verrechnet die gesamten Gemeinkosten als einen Block mit Hilfe eines einzigen Gemeinkostenzu-
schlags auf die Kostenträger.

Vorgehensweise Unter den oben genannten Annahmen über die Einzel- und Gemeinkosten eines Unternehmens ließe sich im ersten Kalkulationsschritt nun
folgender prozentualer **Gemeinkostenzuschlagssatz** errechnen:

Formel 5.12
$$GKZS = \frac{\sum GK}{\sum EK} * 100 \quad [\text{in } \%]$$

mit

GKZS = Gemeinkostenzuschlagssatz
GK   = Gemeinkosten des Unternehmens
EK   = Einzelkosten des Unternehmens

Mit diesem Gemeinkostenzuschlagssatz (GKZS) werden in einem zweiten Schritt die Selbstkosten unserer Produkte des in Abb. 5.5 dargestellten, einfachen Kalkulationsschemas kalkuliert.

Als Bezugsbasis für die Errechnung der GKZS können die Lohnkosten, die Materialkosten und auch die Lohn- und Materialkosten gewählt werden. Entsprechend spricht man von Lohnzuschlags-, Materialzuschlags- oder Lohn- und Materialzuschlagskalkulationen.

Grundstruktur der einstufigen Zuschlagskalkulation

	Einzelkosten	[Summe Einzelkosten/Stück]
+	Gemeinkosten	[Summe Einzelkosten/Stück * GKZS (in %)]
=	Selbstkosten	

Abbildung 5.5: Grundschema der einstufigen Zuschlagskalkulation

Ein typisches Beispiel einer einstufigen Kalkulation ist die Kalkulation in Einzelhandelsunternehmen. Hier wird auf die Wareneinstandskosten (z. B. die Einkaufspreise (= Einzelkosten)) ein bestimmter Zuschlag aufgeschlagen, der die Gemeinkosten des Unternehmens (und häufig auch den Gewinn) abdecken soll.

Dieses einfache Prinzip der einstufigen Zuschlagskalkulation kann an folgendem Beispiel verdeutlicht werden:

Beispiel 5.8

Bei der Analyse der bisher durchgeführten Kalkulationen der FEBAU GmbH stellt der Controller fest, dass die Kalkulationen für das Standardfenster 1 m × 1 m zwar schön und gut sind, dass aber das Unternehmen eine Vielzahl von unterschiedlichen Fenstern und Türen fertigt, die vermutlich mit sehr unterschiedlichen Kosten hergestellt werden. Er hat in einschlägigen Kostenrechnungslehrbüchern über einfache Zuschlagskalkulationen gelesen, die eine einfache und schnelle Kalkulation erlauben. Um hier zunächst zu einer schnellen Lösung zu kommen, beschließt er, zunächst einmal diese einfache Zuschlagskalkulation durchzuführen.

Hierzu greift er auf die ursprüngliche Kalkulation zurück, die er bereits bei der einfachen Divisionskalkulation angewandt hat. Bei der Analyse der Kostenarten stellt er fest, dass die Materialkosten komplett Einzelkosten (49.000 €) sind und die restlichen Kosten komplett als Gemeinkosten (47.500 €) anzusehen sind.

Hieraus errechnet er folgenden einfachen Gemeinkostenzuschlagssatz für die FEBAU GmbH:

$$\text{GKZS} = \frac{\sum \text{GK}}{\sum \text{EK}} * 100$$

Formel 5.13

$$\text{GKZS} = \frac{47.500}{49.000} * 100 = 96{,}9\,\%$$

Nachdem dieser Gemeinkostenzuschlagssatz bekannt ist, kalkuliert der Controller für drei verschiedene Produkte, Normalfenster, Türen sowie Dachschrägenfenster, folgende Kosten:

	Fenster	Türen	Dachschrägen-fenster
Materialkosten (Einzelkosten)	39,00 €	49,00 €	59,00 €
+ Gemeinkosten (Zuschlag: 96,9%)	37,79 €	47,48 €	57,17 €
= Selbstkosten	76,79 €	96,48 €	116,17 €

Auf den ersten Blick sieht dieses Ergebnis aus Sicht des Controllers bereits ganz akzeptabel aus; die aufwendigen Produkte sind deutlich teurer als die einfachen Fenster. Hier scheint sich der unterschiedliche Aufwand auch entsprechend in der Kalkulation niederzuschlagen.

Bei einem Gespräch mit dem Vertriebsleiter und der Geschäftsführung werden jedoch Bedenken laut. So weist der Geschäftsführer, Herr Weitsicht, darauf hin, dass wiederum nur die gesamten Stückkosten errechnet werden könnten und die Wirtschaftsprüfer schon bei der letzten Prüfung des Jahresabschlusses eine aussagefähige Kostenrechnung angemahnt hätten, die die genauere Berechnung von Herstell- bzw. Herstellungskosten erlaubt.

Der Vertriebsleiter weist darüber hinaus darauf hin, dass es einen neuen Trend auf dem Markt gebe, nur noch unlackierte Fenster zu liefern, die anschließend vom Bauherrn selbst lackiert würden. Diese müssten doch eigentlich wesentlich billiger herzustellen sein, weil der komplette Arbeitsschritt „Lackierung" entfalle. Dies sei aber aus der dargestellten Kalkulation nicht erkennbar.

Der Controller wird daraufhin beauftragt, eine mehrstufige Zuschlagskalkulation zu entwickeln, die die gestellten Anforderungen berücksichtigt.

Vor- und Nachteile der einstufigen Zuschlagskalkulation

Die Anwendung der einstufigen Zuschlagskalkulation weist folgende Vor- und Nachteile auf:

Vorteile:

- Einfache Kalkulation ohne Kostenrechnung, daher besonders geeignet für kleinere Unternehmen.

Nachteile:

- Sehr grobe und undifferenzierte Kalkulation, da alle Produkte mit dem gleichen Gemeinkostenzuschlagssatz kalkuliert werden. Dies kann zu einer ungenauen und nicht verursachungsgerechten Verteilung der Gemeinkosten führen.

■ Wie bei der einstufigen Divisionskalkulation ist auch hier keine Errechnung von Herstellkosten möglich. Damit ist – ebenso wie bei der einstufigen Divisionskalkulation – dieses Verfahren nur dann fehlerfrei einzusetzen, wenn keine Veränderung des Lagerbestandes an fertigen und unfertigen Erzeugnissen vorliegt oder die erstellten Produkte nicht lagerfähig sind (z. B. Strom oder Dienstleistungen).

Mehrstufige Zuschlagskalkulation

Insbesondere der Kritikpunkt der Ungenauigkeit des einstufigen Verfahrens hat zur Weiterentwicklung der Zuschlagskalkulation in Richtung einer **mehrstufigen Zuschlagskalkulation** geführt. Mehrstufige Zuschlagskalkulation

Stellen wir uns nun vor, das beschriebene Unternehmen verfüge über eine entsprechend differenzierte Kostenrechnung und könne somit die Kosten für die einzelnen Kostenstellen unterscheiden, die die Grundlage für die Anwendung der mehrstufigen Zuschlagskalkulation bilden.

> **Definition** Das Verfahren der **mehrstufigen (differenzierenden) Zuschlagskalkulation** errechnet für jede Kostenstelle des Unternehmens einen separaten Gemeinkostenzuschlagssatz bezogen auf die jeweiligen Kostenstelleneinzelkosten. Anschließend werden die Gemeinkosten mit Hilfe der Gemeinkostenzuschlagssätze entsprechend der Inanspruchnahme der verschiedenen Kostenstellen auf die einzelnen Kostenträger verteilt.

Unter Anwendung des oben beschriebenen Grundprinzips der Zuschlagskalkulation ergibt sich folgende Vorgehensweise in zwei Schritten: Vorgehensweise

1. Im ersten Schritt werden aus den in der Kostenstellenrechnung ermittelten Einzel- und Gemeinkosten für jede Hauptkostenstelle separate Gemeinkostenzuschlagssätze errechnet. Wie wir im vorherigen Gliederungspunkt bereits abgeleitet haben, berechnen sich die Gemeinkostenzuschlagssätze nun grundsätzlich wie folgt:

$$GKZS_{Kst.n} = \frac{\sum GK_{Kst.n}}{\sum EK_{Kst.n}} * 100 \quad [\text{in \%}]$$

Formel 5.14

mit

$GKZS_{Kst.n}$ = Gemeinkostenzuschlagssatz der Kostenstelle n
$GK_{Kst.n}$ = Gemeinkosten der Kostenstelle n
$EK_{Kst.n}$ = Einzelkosten der Kostenstelle n

2. Im zweiten Schritt werden die Einzelkosten direkt aus der Kostenartenrechnung in die Kalkulation übernommen. Hierbei handelt es sich zumeist um die direkten Materialeinzelkosten (z. B. das in ein Produkt eingebaute Material), die Fertigungseinzelkosten (z. B. der direkt in das Produkt eingeflossene Fertigungslohn) sowie die Vertriebseinzelkosten (z. B. Umsatzprovisionen). Anschließend werden die in der Kostenstellenrechnung ermittelten Gemeinkostenzuschlagssätze pro Kostenstelle als prozentuale Zuschläge (Material-, Fertigungs-, Verwaltungs- und Vertriebsgemeinkostenzuschlagssatz) über das in Abb. 5.6 dargestellte Kalkulationsschema in die Kostenträgerkalkulation übernommen. Die Sondereinzelkosten der Fertigung (z. B. Sonderwerkzeuge) und die Sondereinzelkosten des Vertriebs (z. B. Frachten oder die Kosten von Sonderverpackungen) werden durch die Stückzahlen geteilt und als Stückkosten in die Kalkulation übernommen.

Grundstruktur der mehrstufigen Zuschlagskalkulation

Materialeinzelkosten (MEK)
+ Materialgemeinkosten (MGK-Zuschlag) (MGKZS)

= **Materialkosten (1)**

+ Fertigungseinzelkosten (FEK)
  (Lohneinzelkosten)
+ Fertigungsgemeinkosten (FGK-Zuschlag) (FGKZS)
+ Sondereinzelkosten der Fertigung (SEK$_{Fert.}$)

= **Fertigungskosten (2)**

= **Herstellkosten (1+2)**

+ Verwaltungsgemeinkosten (Verw.GK-Zuschlag) (Verw.GKZS)

+ Vertriebseinzelkosten (EK$_{Vertr.}$)
+ Vertriebsgemeinkosten (Vertr.GK-Zuschlag) (Vertr.GKZS)
+ Sondereinzelkosten des Vertriebs (SEK$_{Vertr.}$)

= **Selbstkosten (K)**

Abbildung 5.6: Kalkulationsschema in der Zuschlagskalkulation

In einer mathematischen Schreibweise ergibt sich folgende Formel für die Bezugsgrößenkalkulation des Kostenträgers (Produkts) i:

Formel 5.15

$$k_i = [MEK_i * (1 + MGKZS) + \sum_{j=1}^{m} FEK_{ij} * (1 + FGKZS_j) + SEK_{Fert.}]$$
$$* (1 + Verw.GKZS + Vertr.GKZS) + SEK_{Vertr.i} + EK_{Vertr.i}$$

mit: Index j = Nr. der Fertigungskostenstelle

Bei diesem Kalkulationsverfahren werden den einzelnen Produkten nur die Einzel- und Gemeinkosten derjenigen Kostenstellen zugerechnet, die das betreffende Produkt auch in Anspruch genommen hat. Die Kosten der Kostenstellen, die das Produkt nicht durchlaufen hat, werden dem Produkt somit nicht zugerechnet. Wird also ein Produkt nur in einer (von mehreren) Kostenstellen bearbeitet, so hat dieses Produkt auch nur die Kosten dieser in Anspruch genommenen Kostenstelle zu tragen.

Als Vorteile und Nachteile des Verfahrens sind zu nennen:

Vorteile:

■ Die mehrstufige Zuschlagskalkulation ist in Mehrproduktunternehmen einsetzbar.

■ Die mehrstufige Zuschlagskalkulation erlaubt eine differenzierte Kalkulation in Mehrproduktunternehmen, insbesondere dann, wenn die unterschiedlichen Kostenträger die Ressourcen (z. B. die einzelnen Fertigungskostenstellen) sehr unterschiedlich in Anspruch nehmen.

Nachteile:

■ Die mehrstufige Zuschlagskalkulation erfordert eine ausgebaute Kostenstellenrechnung, um die spezifischen Kosten der einzelnen Kostenstellen und kostenstellenspezifische Gemeinkostenzuschlagssätze zu bestimmen.

■ Die Verrechnung kann durch Prämissen bei der Wahl der Bezugsgrößen sehr ungenau werden, worauf im folgenden Kapitel eingegangen wird.

Vor- und Nachteile der mehrstufigen Zuschlagskalkulation

Beispiel 5.9

Um die Anforderungen der Geschäftsführung zu erfüllen, begibt sich der Controller daran, eine mehrstufige Zuschlagskalkulation zu erstellen. Hierbei greift er auf die folgenden Daten der Kostenstellenrechnung zurück. Nach wie vor geht er davon aus, dass die Materialkosten jeweils Einzelkosten darstellen und die restlichen Kosten Gemeinkosten sind.

So ergeben sich für die Fertigungskostenstelle, die Kostenstelle „Lackierung" wie auch die Verwaltungs- und Vertriebskostenstelle folgende Gemeinkostenzuschlagssätze:

	Gesamt	Fertigung	Lackierung	Verwaltung/ Vertrieb
Einzelkosten (Materialkosten)	49.000 €	39.000 €	10.000 €	
Gemeinkosten	47.500 €	19.500 €	20.000 €	8.000 €
= Gesamtkosten	96.500 €	58.500 €	30.000 €	8.000 €
Herstellkosten				88.500 €
GKZS		50 %	200 %	9 %

Für die drei betrachteten Produkte resultiert daraus folgende Kalkulation:

	Fenster	Türen	Dachschrägen-fenster
Einzelkosten Fertigung	29,00 €	39,00 €	49,00 €
+ Fertigungsgemeinkostenzuschlag (50 %)	14,50 €	19,50 €	24,50 €
= Herstellkosten unfertige (unlackierte) Erzeugnisse	43,50 €	58,50 €	73,50 €
+ Einzelkosten Lackierung	10,00 €	10,00 €	10,00 €
+ Lackierungsgemeinkosten (200 %)	20,00 €	20,00 €	20,00 €
= Herstellkosten fertige Erzeugnisse	73,50 €	88,50 €	103,50 €
+ Verwaltungs-/Vertriebsgemeinkosten (9 %)	6,62 €	7,97 €	9,32 €
= Selbstkosten	80,12 €	96,47 €	112,82 €

Gegenüber der bisher durchgeführten einstufigen Zuschlagskalkulation zeigt sich, dass die einfachen Fenster tatsächlich höhere Selbstkosten aufweisen, die Dachschrägenfenster dagegen in der einstufigen Kalkulation zu teuer kalkuliert wurden.

Darüber hinaus ist aus der Kalkulation zu erkennen, dass die unlackierten Produkte, da sie die Fertigungsstufe „Lackierung" nicht durchlaufen, deutlich geringere Herstellkosten aufweisen. Auch den Anforderungen des Wirtschaftsprüfers wird Genüge getan, da die Herstellkosten, bestehend aus den Kostenstellen „Fertigung" und „Lackierung", der einzelnen Produkte nun transparenter errechnet werden können.

Verrechnungssatzkalkulation/Bezugsgrößenkalkulation

Verrechnungssatz-/Bezugsgrößenkalkulations als Weiterentwicklung der Zuschlagskalkulation

Die oben beschriebene Zuschlagskalkulation ist ein weit verbreitetes Verfahren der Kalkulation in Mehrproduktunternehmen. Allerdings weist auch diese Art der Kalkulation einen gravierenden Nachteil auf, nämlich die einheitliche und unflexible Wahl der Bezugsgrößen.

Die zentrale Bezugsgröße der Zuschlagskalkulation zur Verteilung der Gemeinkosten auf die verschiedenen Kostenträger sind die Einzelkosten der jeweiligen Kostenstelle. Durch dieses starre System der Gemeinkostenzuschlagssätze werden die Gemeinkosten entsprechend den Einzelkosten auf die Kostenträger verteilt. Dies bedeutet, dass die Kostenträger, die hohe Einzelkosten aufweisen, auch einen entsprechend hohen Anteil an Gemeinkosten zu tragen haben. Es ist jedoch fraglich, ob diese Verteilung in jedem Falle verursachungsgerecht ist, wie an folgendem Beispiel zu erkennen ist:

Beispiel 5.10

Sehen wir uns als Beispiel die Kosten für die Lagerung von Einsatzstoffen unseres Beispielunternehmens an. Diese sind normalerweise in den Materialkosten enthalten und werden in der Zuschlagskalkulation mit Hilfe des Materialgemeinkostenzuschlags auf Basis der Materialeinzelkosten auf die Produkte umgelegt. Dies würde bedeuten, dass die Produkte, die hohe Materialeinzelkosten aufweisen, auch einen großen Anteil der Lagergemeinkosten tragen müssen. Ist dies gerechtfertigt?

Im Lager unseres Fensterbauunternehmens sind sowohl die Beschläge verpackt in Kartons mit den Maßen von 20 × 30 × 10 cm im Wert von 500 € als auch Kanthölzer zur Produktion mit den Maßen von 400 × 20 × 10 cm im Wert von 10 € gelagert. Entsprechend diesen unterschiedlichen Materialwerten würde der einzelne Fensterbeschlag bei einem angenommenen Gemeinkostenzuschlagssatz von 10 % genau 50 € der Lagerkosten tragen, das Holz dagegen nur 1 €. Wäre diese Aufteilung der Lagergemeinkosten verursachungsgerecht? Um dieser Frage nachzugehen, schauen wir uns die Kostenbestandteile der Lagergemeinkosten einmal genauer an. So bestehen die Lagergemeinkosten u. a. aus der Lagermiete, der Abschreibung für die Lagerregale sowie den Zinsen auf das gebundene Kapital.

Wäre es nun gerechtfertigt, wenn die Fensterbeschläge einen großen Anteil der Lagermiete oder der Abschreibungen tragen müssten? Sicherlich nicht, da die Beschläge im Vergleich zu den Kanthölzern nur einen kleinen Teil der Lagerfläche beanspruchen. Das Holz muss zunächst nur einen kleinen Teil der Lagerkosten tragen, was ebenfalls sicher nicht dem Verbrauch der Lagerressourcen entspricht. Wie gezeigt, kann also die Verteilung der Gemeinkosten anhand der Einzelkosten zu einer nicht verursachungsgerechten Verteilung der Gemeinkosten führen.

Andererseits wäre die Verteilung der Zinsen auf das gebundene Kapital anhand der Materialeinzelkosten durchaus gerechtfertigt. Materialien, die einen hohen Wert haben, binden mehr Kapital als Materialien, die nur einen geringen Wert haben.

Wie aus dem geschilderten Beispiel deutlich wird, ist die Verteilung der Gemeinkosten anhand der Einzelkosten – wie in der Zuschlagskalkulation praktiziert – nicht in jedem Falle verursachungsgerecht, sondern teilweise willkürlich.

Eine Verbesserung der Kostenzuordnung im Vergleich zum Zuschlagsverfahren kann durch die Anwendung der **Bezugsgrößen-** oder **Verrechnungssatzkalkulation** erreicht werden. Bei der Bezugsgrößenkalkulation werden im Gegensatz zur Zuschlagssatzkalkulation nicht mehr die jeweiligen Einzelkosten als festgelegte Bezugsgrößen verwendet, sondern es werden für jede Kostenstelle individuelle Bezugsgrößen

Bezugsgrößenwahl in der Verrechnungssatz-/ Bezugsgrößenkalkulation festgelegt, die die Kostenverursachung bestmöglich widerspiegeln. Als **Bezugsgrößen** eignen sich insbesondere Mengengrößen, wie z. B. Bearbeitungs- bzw. Akkordzeiten, Maschinenlaufzeiten, Rüstzeiten oder Gewichte. Anhand dieser Bezugsgrößen werden die (Gemein-)Kosten der Kostenstellen auf die einzelnen Produkte verteilt.

Um dieses Verfahren anwenden zu können, müssen zunächst die Kosten der betreffenden Kostenstelle dahingehend analysiert werden, welche **Kostentreiber** die Entstehung der Kosten in dieser Kostenstelle beeinflussen. Die gefundenen wesentlichen Kostentreiber werden dann als Bezugsgrößen zur Verteilung der Gemeinkosten herangezogen. Idealerweise stehen diese Bezugsgrößen in einer proportionalen Beziehung zur Entstehung der betreffenden Gemeinkosten, d. h. je mehr Einheiten der Bezugsgröße in einer Abrechnungsperiode entstehen, desto höher sollten auch die jeweiligen Gemeinkosten sein. So bestimmt beispielsweise die Anzahl der Maschinenlaufstunden wesentlich die Höhe der maschinenabhängigen Kosten einer Kostenstelle (z. B. Wartungskosten, Abschreibungen, Schmiermittel, Energieaufnahme).

Bei einer feinen Einteilung der Bezugsgrößen (Kostentreiber) kann es vorkommen, dass in einer Kostenstelle nicht nur eine Bezugsgröße zum Einsatz kommt, sondern mehrere Bezugsgrößen zugleich. Dann ist ein Teil der Kosten einer Kostenstelle nach einer bestimmten Bezugsgröße (Kostentreiber) zu verteilen, ein anderer Teil dagegen nach einer anderen Bezugsgröße (Kostentreiber). In unserem obigen Beispiel könnte man also die Kosten, die vom Kostentreiber „Raumverbrauch" abhängen (Lagermiete und Abschreibungen auf Lagereinrichtung), anhand der Bezugsgröße „qm-Inanspruchnahme" verteilen, die Kapitalbindungskosten dagegen anhand der Bezugsgröße „Materialwert" („Materialeinzelkosten"). Dies sollte zu einer wesentlich genaueren und verursachungsgerechteren Verteilung der Gemeinkosten führen.

Vorgehensweise   Die Kalkulation anhand des Bezugsgrößenverfahrens erfolgt in fünf Schritten, die teilweise an die Divisionskalkulation erinnern.

1. Festlegung der Kostentreiber und Bezugsgrößen pro Kostenstelle,

2. Erfassung der Gemeinkosten der Kostenstellen in Hinblick auf die Kostentreiber,

3. Erhebung der gesamten Anzahl der Bezugsgrößeneinheiten in einer Abrechnungsperiode,

4. Errechnung eines Verrechnungssatzes durch Division der bezugsgrößenspezifischen (Gemein-)Kosten durch die gesamte Anzahl der Bezugsgrößeneinheiten (BG) – z. B. Kosten pro Maschinenlaufstunde – nach folgender Formel:

Formel 5.16
$$q_{ij} = \frac{\sum GK_{ij}}{\sum BG_{ij}}$$

mit

q_{ij} = Verrechnungssatz für die Bezugsgröße in der Kostenstelle j

BG_{ij} = Anzahl der Bezugsgrößeneinheiten i in Kostenstelle j
GK_{ij} = bezugsgrößenspezifische Gemeinkosten in Kostenstelle j

5. Multiplikation der zur Produktion der verschiedenen Produkte notwendigen Bezugsgrößeneinheiten mit den Kosten pro Bezugsgrößeneinheit entsprechend dem in Abb. 5.10 dargestellten Kalkulationsschemas nach folgender Formel:

$$k = b_{ij} * q_{ij}$$

Formel 5.17

mit

b_{ij} = Anzahl der Bezugsgrößeneinheiten pro Ausbringungseinheit

Grundstruktur der Bezugsgrößenkalkulation

Materialkosten
Anzahl d. Bezugsgrößeneinheit (Stück x) $*$ $\dfrac{\textit{Gesamtkosten}}{\Sigma\ \textit{Bezugsgrößeneinheit/Periode}}$
= Materialkosten (1)

+ Fertigungskosten
Anzahl d. Bezugsgrößeneinheit (Stück x) $*$ $\dfrac{\textit{Gesamtkosten}}{\Sigma\ \textit{Bezugsgrößeneinheit/Periode}}$
+ Sondereinzelkosten der Fertigung

= Fertigungskosten (2)

= Herstellkosten (1+2)

+ Verwaltungsgemeinkosten (Verw.GK-Zuschlag)

+ Vertriebseinzelkosten
+ Vertriebsgemeinkosten (Vertr.GK-Zuschlag)
+ Sondereinzelkosten des Vertriebs

= Selbstkosten

Abbildung 5.7: Kalkulationsschema der Bezugsgrößenkalkulation

In einer mathematischen Schreibweise ergibt sich folgende Formel für die Bezugsgrößenkalkulation:

$$k_i = [MEK_j * (1 + MGKZS) + \sum_{j=1}^{m} b_{ij} * q_{ij} + SEK_{Fert.i}] \\ * (1 + Verw.GKZS + Vertr.GKZS) + SEK_{Vertr.j} + EK_{Vertr.j}$$

Formel 5.18

mit

Index j = Nr. der Fertigungskostenstelle

Beispiel 5.11

Schauen wir uns noch einmal unser Kalkulationsbeispiel in der FEBAU GmbH an:

Bei der Analyse der Fertigungskosten wird festgestellt, dass ein Teil der Fertigungskosten durch das Ausmaß der Inanspruchnahme der Maschinenkapazität beeinflusst wird, d. h. je länger ein Produkt auf einer Maschine produziert wird, desto mehr Kosten entstehen. Ein anderer Teil dagegen wird durch die eingesetzte Mitarbeiterzahl beeinflusst. Hieraus kann man ableiten, dass ein Teil der Kosten von der Anzahl der geleisteten Lohnstunden abhängig ist (lohnstundenabhängige Kosten) und ein anderer Teil von der Anzahl der Maschinenlaufstunden (maschinenlaufzeitabhängige Kosten).

In einer Analyse mit dem Betriebsleiter kommt der Controller zu der Erkenntnis, dass die Gemeinkosten zu ca. 60 % (= 11.700 €) lohnabhängig und zu 40 % (= 7.800 €) maschinenabhängig sind. In der betrachteten Abrechnungsperiode sind in dieser Kostenstelle insgesamt 390 Lohnstunden angefallen. Die Maschinenlaufzeiten betrugen 156 Stunden.

Die Herstellung einer Einheit des normalen Fensters benötigt eine Fertigungszeit auf den Maschinen von 4,7 Minuten und 17,5 Minuten Arbeitszeit der Fertigungsmitarbeiter. Für eine Tür fallen 9,4 Maschinenminuten und 23,4 Minuten Arbeitszeit sowie für ein Dachflächenfenster 14,0 Maschinenminuten und 29,3 Lohnminuten an.

Aus diesen Angaben erstellt der Controller der FEBAU GmbH folgende neue Kalkulation für die drei Fenster- und Türentypen:

Die Stundensätze berechnen sich wie folgt:

Formel 5.19 Maschinenabhängige Kosten:

$$q_L = \frac{\sum GK_{Lohn.}}{\sum BG_{Lohn.}} = \frac{7.800\,€}{156\,h} = 50\,€/h$$

Formel 5.20 Lohnabhängige Kosten:

$$q_M = \frac{\sum GK_{Masch.}}{\sum BG_{Masch.}} = \frac{11.700\,€}{390\,h} = 30\,€/h$$

Das heißt, die Bearbeitung eines Produktes in der Fertigung durch einen Fertigungsmitarbeiter kostet 50 €/h, eine Bearbeitungsstunde durch eine Fertigungsmaschine 30 €/h.

Da wir wissen, welche Fertigungszeiten die unterschiedlichen Fenstertypen in Anspruch nehmen, können die Fertigungskosten gemäß folgender Tabellen leicht errechnet werden:

	Fenster	Türen	Dachflächen-fenster
Benötigte Lohnminuten	17,5	23,4	29,3
Lohnstundensatz	30 €	30 €	30 €
Lohnabhängige Kosten K_L	8,75 €	11,70 €	14,65 €

	Fenster	Türen	Dachflächen-fenster
Benötigte Maschinenminuten	4,7	9,4	14,0
Maschinenstundensatz	50 €	50 €	50 €
Maschinenabhängige Kosten K_M	3,92 €	7,83 €	11,67 €

Fügen wir die errechneten Werte für die lohn- und maschinenabhängigen Kosten in das Kalkulationsschema ein, so ergibt sich die
folgende Bezugsgrößenkalkulation:

	Fenster	Türen	Dachflächen-fenster
Einzelkosten Fertigung	29,00 €	39,00 €	49,00 €
+ Maschinenabhängige Gemeinkosten (Bearbeitungszeit * Maschinenminutensatz)	3,92 €	7,83 €	11,67 €
+ Lohnabhängige Gemeinkosten (Bearbeitungszeit * Lohnminutensatz)	8,75 €	11,70 €	14,65 €
= Herstellkosten unfertige (unlackierte) Erzeugnisse	41,67 €	58,53 €	75,32 €
+ Einzelkosten Lackierung	10,00 €	10,00 €	10,00 €
+ Lackierungsgemeinkosten (200 %)	20,00 €	20,00 €	20,00 €
= Herstellkosten fertige Erzeugnisse	71,67 €	88,53 €	105,32 €
+ Verwaltungs-/Vertriebsgemeinkosten (Zuschlag: 9%)	6,45 €	7,97 €	9,48 €
= Selbstkosten	78,12 €	96,50 €	114,80 €

Verglichen mit der Kalkulation nach der Zuschlagssatzkalkulation,
ist wiederum eine leichte Veränderung der Herstell- und Selbstkosten zu erkennen.

Vorteil:

■ Im Vergleich zur Zuschlagskalkulation ist die Bezugsgrößenkalkulation in der Lage, die Kosten entsprechend der Inanspruchnahme
der Kapazitäten verursachungsgerechter auf die verschiedenen
Unternehmensleistungen aufzuteilen. Sie ist damit exakter als die
Zuschlagskalkulation mit festen Bezugsgrößen.

Vor- und Nachteile der Verrechnungssatz/Bezugsgrößenkalkulation

Nachteile:

■ Im Vergleich zur Zuschlagskalkulation ist zur Anwendung der Bezugsgrößenkalkulation ein höherer Informationsbedarf festzustellen.
Dies macht das Verfahren der Bezugsgrößenkalkulation aufwendiger.

■ Es wird eine Scheingenauigkeit produziert, da letztlich immer noch
häufig keine genaue Kausalbeziehung zwischen Gemeinkostenhöhe
und Bezugsgröße auszumachen ist.

Maschinenstundensatzrechnung als Spezialfall der Verrechnungssatzkalkulation

Einen Sonderfall der Verrechnungssatzkalkulation stellt die **Maschinenstundensatzkalkulation** dar. Es handelt sich hier im Grundsatz um
eine Anwendung der Prinzipien der Verrechnungssatzkalkulation auf
einzelne Kostenplätze (Maschinen, Arbeitsplätze), weshalb diese teilweise auch als Platzkostenrechnung bezeichnet wird. Diese Differenzierung bietet sich dann an, wenn einzelne Kostenträger die Bearbeitungs-

*Maschinenstundensatz-
kalkulation als Spezialfall
der Verrechnungs-
kalkulation*

maschinen (Kostenplätze) einer Kostenstelle unterschiedlich stark in Anspruch nehmen.

Nach herkömmlicher Kostenstellenbildung, bei der mehrere Maschinen zu einer Kostenstelle gehören, bleibt hinsichtlich der Gemeinkostenverrechnung nur die Möglichkeit, die Gemeinkosten aller Maschinen gleichmäßig (= durchschnittlich) auf alle Kostenträger zu verteilen. Die damit verbundene Ungenauigkeit ist offensichtlich, insbesondere wenn sich die Kostenstrukturen der Maschinen grundlegend unterscheiden.

Wenn innerhalb der Produktion in einer Kostenstelle verschiedenartige Maschinen eingesetzt werden, kann – bezogen auf diese einzelne Kostenstelle – die Verwendung eines einzigen Stellenzuschlags zu ungenauen Ergebnissen führen, weil für die einzelnen Maschinen differierende Kostenstrukturen gelten. Während z. B. eine wenig automatisierte Anlage oder ein Handarbeitsplatz niedrige Abschreibungen und hohe Stromkosten aufweist, kann an einem modernen Automaten der Anteil der Abschreibungen gegenüber den laufenden Betriebskosten sehr hoch sein. Deshalb ist es zur Erzielung einer möglichst genauen Kalkulation vielfach üblich, zur Kalkulation bis auf einzelne Maschinen als **Kosten**-

Vorgehensweise **plätze** hinunterzubrechen. Alle Kosten, wie z. B.

- Abschreibungen,
- Zins,
- Strom,
- Werkzeug,
- Reparatur und
- Instandhaltung,

die von der Laufzeit einer Maschine abhängig sind, werden dann über einen Maschinenstunden- oder Maschinenminutensatz berücksichtigt. Danach addiert man die periodischen Beträge dieser Kostenarten und dividiert sie durch die tatsächliche oder geplante Laufzeit der Anlage in der Periode. Auf diesem Weg erhält man einen Maschinenstundensatz, der die anteiligen maschinenabhängigen Gemeinkosten je Maschinenstunde angibt.

Zur Durchführung der Kalkulation ermittelt man, wie lange die einzelnen Produkteinheiten von den Maschinen bearbeitet werden, und multipliziert ihre Stückzeiten mit den Maschinensätzen. Die Gemeinkosten, die nicht von den Maschinenlaufzeiten abhängig sind, werden über andere Zuschlagssätze entsprechend dem üblichen Vorgehen der Zuschlagsrechnung erfasst.

Auch bei der FEBAU GmbH gibt es ein CNC-gesteuertes Holz-bearbeitungszentrum, in dem die Kanthölzer vollautomatisch, verschnittoptimiert zugeschnitten und gefräst werden. Für dieses Bearbeitungszentrum wird eine entsprechende Maschinenstunden-satzrechnung erstellt. Die Basisdaten zeigt die folgende Aufstellung:

Beispiel 5.12

Ausgangsdaten Holzbearbeitungszentrum	
Anschaffungspreis	500.000 €
Wiederbeschaffungspreis	600.000 €
Wirtschaftliche Nutzungsdauer	8 Jahre
Kalkulatorischer Zinssatz	7,5 %
Instandhaltung pro Jahr	2 % des WBW
Flächenbedarf	20 qm
Interne Miete	14,1 €/qm/Monat
Stromaufnahme	15kw
Strompreis	0,18 €/kwh
Kosten für Werkzeuge	5000 €
sonstige Restgemeinkosten	4000 €
Arbeitsstunden pro Jahr	1.500 h

Abbildung 5.8: Prämissen der Maschinensatzrechnung

Ausgehend von diesen Basisdaten wird, bezogen auf eine Maschi-nenleistung von 1.500 Stunden, der Maschinenstundensatz des Holzbearbeitungszentrums wie folgt berechnet:

Kalkulation Maschinenstundensatz	Gesamt	Kosten/ Maschinenstunde
Kalkulatorische Abschreibung	75.000 €	50,00 €
Kalkulatorische Zinsen (Durchschnittswertverfahren)	22.500 €	15,00 €
Instandhaltungskosten	12.000 €	8,00 €
Raumkosten	3.384 €	2,26 €
Werkzeugkosten	5.000 €	3,33 €
Stromkosten	4.050 €	2,70 €
Sonstige Restgemeinkosten	4.000 €	2,67 €
Gesamtkosten Holzberarbeitungszentrum	125.934 €	83,96 €

Abbildung 5.9: Errechnung des Maschinenstundensatzes

Der Maschinenstundensatz für das Holzbearbeitungszentrum be-trägt, wie oben hergeleitet, 81,26 €/h. Dies bedeutet, dass jedes Fens-ter, das in diesem Bearbeitungszentrum bearbeitet wird, pro Fer-tigungsstunde (oder Fertigungsminute) 81,26 € (1,35 €) angelastet bekommt.

5.2.2.5 Auswahl des Kalkulationsverfahrens

Die Qualität der Kalkulation hängt von der korrekten Auswahl und Anwendung des richtigen Kalkulationsverfahrens ab, ohne jedoch für sich in Anspruch nehmen zu können, jemals korrekt zu sein. Es verbleibt immer eine gewisse Portion Willkür bei der Zurechnung der Gemeinkosten auf die Kostenträger.

Die Abb. 5.10 zeigt noch einmal in einer Übersicht die Anwendbarkeit der verschiedenen Verfahren in Abhängigkeit vom Fertigungsverfahren.

Gestrichelte Linien = bedingte Eignung
Normale Linien = gute Eignung

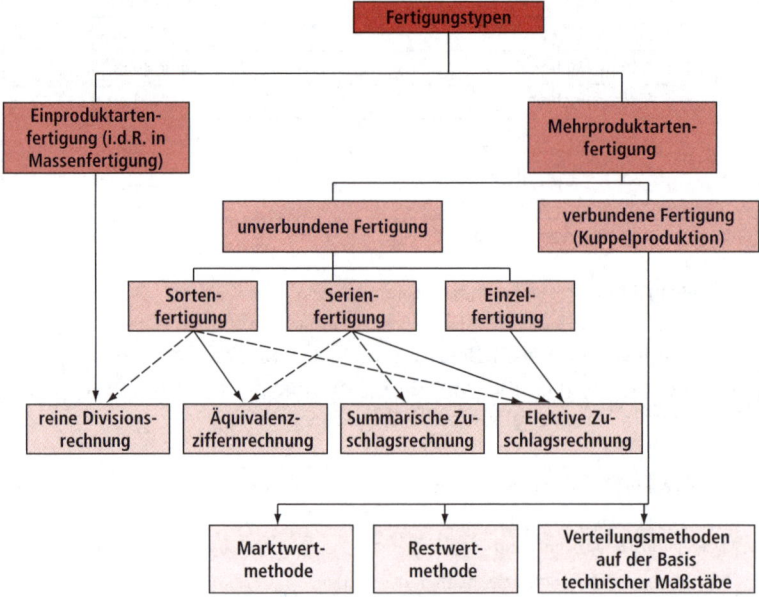

Abbildung 5.10: von Fertigungs- und Kalkulationsverfahren
(entnommen aus: Freidank, C.C.: Kostenrechnung, 2001, S. 149)

Letztlich muss vor dem Hintergrund der Wirtschaftlichkeit und des erwarteten Nutzens der Informationen entschieden werden, welches der vorgestellten Verfahren für die Kalkulation zur Anwendung kommen soll.

Abb. 5.11 zeigt zur Verdeutlichung noch ein Kalkulationsbeispiel aus der Praxis:

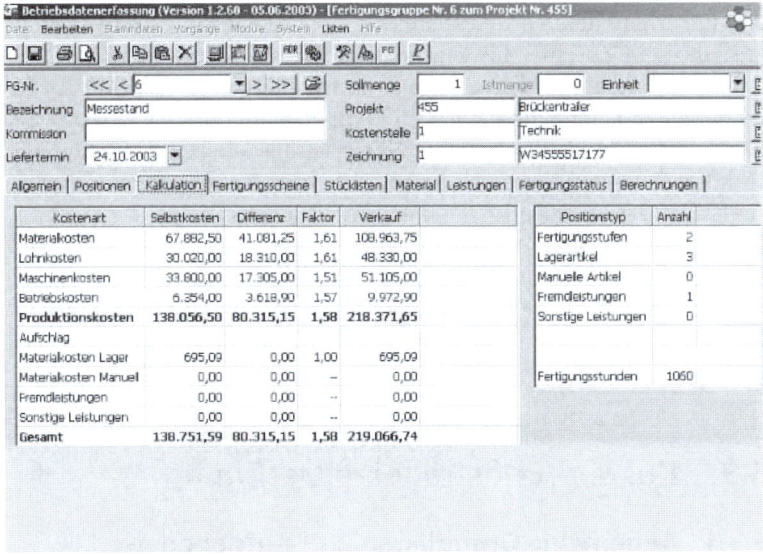

Abbildung 5.11: Kalkulation (Quelle: www.krutec.de vom 24.5.2006)

5.2.3 Verkaufspreiskalkulation

Nach der Berechnung der Selbstkosten der Unternehmensleistungen mit Hilfe eines der dargestellten Kalkulationsverfahren stellt sich im nächsten Schritt die Aufgabe, den Verkaufspreis zu berechnen. Dies ist vergleichsweise einfach durch die Anwendung des folgenden **Verkaufspreiskalkulationsschemas** möglich (s. Abb. 5.12).

Ermittlung des Verkaufspreises mit Hilfe der Verkaufspreiskalkulation

> **Selbstkosten**
> + Gewinnzuschlag (in %)
>
> = Netto-Barverkaufspreis
> + Kundenskonto (in %)   [im Hundert]
>
> = Netto-Zielverkaufspreis
> + Kundenrabatte (in%)   [im Hundert]
>
> = Brutto-Zielverkaufspreis (exkl. MWSt.)
> + Umsatzsteuer (in %)
>
> = Brutto-Zielverkaufspreis (inkl. MWSt.)

Grundstruktur der Verkaufspreiskalkulation

Abbildung 5.12: Verkaufspreiskalkulation
(in Anlehnung an: Graumann, M.: Kostenrechnung und Kostenmanagement, Wiesbaden 2002, S. 127)

Auf die ermittelten Selbstkostenpreise sind nacheinander der Gewinnzuschlag, ein Zuschlag für gegebenenfalls einzuräumende Skonti und Rabatte sowie die jeweils gültige Umsatzsteuer aufzuschlagen.[4] Dabei ist darauf zu achten, dass der Kunde die Rabatte und das Skonto vom Brutto-Zielverkaufspreis abzieht. Daher ist hier eine so genannte „Im-Hundert-Rechnung" vorzunehmen (d. h. der Netto-Zielverkaufspreis stellt 97% dar, der zu errechnende Brutto-Zielverkaufspreis 100%).

Umgekehrt kann durch einen Vergleich der Selbstkosten der Unternehmensleistungen mit den dafür zu erzielenden Markterlösen (Preisen) erkannt werden, ob die Unternehmensleistungen zu marktfähigen Konditionen hergestellt und welche Leistungen mit Gewinn oder Verlust verkauft werden können.

5.3 Kosten-/Erlösträgerzeitrechnung

5.3.1 Allgemeine Grundlagen und Aufgaben der Kosten-/Erlösträgerzeitrechnung

Ermittlung des kurzfristigen Betriebserfolgs mit Hilfe der Kostenträgerzeitrechnung

Neben der Kalkulation der Kosten pro Ausbringungseinheit ist es für die betriebliche Praxis ebenso wichtig, in regelmäßigen Abständen aktuell über die Erfolgssituation des Unternehmens informiert zu werden. Während die **GuV-Rechnung** des externen Rechnungswesens regelmäßig nur einmal jährlich (bei börsennotierten Unternehmen auch quartalsweise) erstellt wird, wird mit Hilfe der Kostenträgerzeitrechnung in der Kosten- und Erlösrechnung (häufig auch **kurzfristige Erfolgsrechnung** oder **Periodenerfolgsrechnung** genannt) ein Instrument zur Verfügung gestellt, das es den Unternehmen erlaubt, den Erfolg auch in kürzeren Zeitabständen zu ermitteln und zu kontrollieren. Dies erfolgt in der Praxis in Abhängigkeit davon, wie gut das Rechnungswesen ausgebaut ist, und zwar in einem halbjährlichen, quartalsweisen oder monatlichen Rhythmus. Interessant sind solche Informationen vor allem, um im Falle von negativen Abweichungen frühzeitig entsprechende Gegensteuerungsmaßnahmen ergreifen zu können.

Kurzfristige Erfolgsrechnung; Periodenerfolgsrechnung

Wie bereits zu Beginn dieses Hauptkapitels erläutert, werden in einer Kostenträgerzeitrechnung alle Kosten des Unternehmens erfasst, die für die Herstellung und Leistungsverwertung eines Kostenträgers in einer Abrechnungsperiode entstanden sind. Diese werden den gesamten Erlösen des Unternehmens aus der Erlösträgerrechnung gegenübergestellt, um den Erfolg des Unternehmens in einer abgelaufenen Abrechnungsperiode zu ermitteln.

Wir können also definieren:

---

[4] Mit dem Target Costing wird in Kap. 10 dieses Lehrbuchs eine andere Art der marktorientierten Kalkulation vorgestellt.

> **Definition** Die **Kosten-/Erlösträgerzeitrechnung (kurzfristige Erfolgsrechnung, Periodenergebnisrechnung)** stellt den gesamten Kosten die gesamten Erlöse einer Abrechnungsperiode gegenüber und ermittelt so den kurzfristigen Betriebserfolg des Unternehmens.

Unterscheiden wir weiter die Kosten und Erlöse der unterschiedlichen Produkte, so können wir nicht nur den Gesamterfolg des Unternehmens errechnen, sondern auch die Erfolgsbeiträge jeder einzelnen Kostenträgerart in der betreffenden Periode bestimmen.

Dies sei am Beispiel der folgenden prinzipiellen Darstellung einer kurzfristigen Erfolgsrechnung erläutert.

Grundstruktur der Kosten-/Erlösträgerzeitrechnung

Periodenergebnisrechnung (Periodenerfolg)						
Monat: Juli		Dim.	Produkt A	Produkt B	Produkt C	Σ
1	Erlös	€	33.910	16.820	13.570	64.300
2	– Materialkosten	€	13.300	4.100	5.600	23.000
3	– Personalkosten	€	6.400	4.740	2.360	13.500
4	– Sonstige Kosten	€	11.950	6.150	5.300	23.400
5	= Gewinn	€	2.260	1.830	310	4.400

Abbildung 5.13: Vereinfachte Kosten-/Erlösträgerzeitrechnung
(in Anlehnung an: Hummel, M.; Männel, M.: Kostenrechnung 1, Wiesbaden 1999, S. 36)

In dieser Abbildung ist zu erkennen, dass den Kosten der einzelnen Kosten- bzw. Erlösträger die jeweiligen Erlöse gegenübergestellt werden. Hieraus können neben dem Gesamtgewinn der Periode (Summenspalte) auch die Beiträge errechnet werden, die die einzelnen Kostenträger zum Gesamtgewinn der jeweiligen Periode beitragen (rot). In unserem Beispiel zeigt sich, dass Produkt A einen Gewinn von 2.260 €, Produkt B einen Gewinn von 1.830 € und Produkt C einen Gewinn von 310 € erwirtschaftet. Wozu dient nun diese Information?

Die Kosten- und Erlösträgerzeitrechnung erfüllt folgende grundlegende Aufgaben:

■ Gegenüber einer einfachen Gewinn- und Verlustrechnung, die nur den Gesamterfolg einer Periode errechnet, gibt die Kostenträgerzeitrechnung weitere wichtige Informationen für die Unternehmensverantwortlichen, indem sie den Gesamtgewinn der Periode in Teilgewinnbeiträge der einzelnen Produkte oder einzelner Produktgruppen

Aufgaben der Kosten-/Erlösträgerzeitrechnung

aufteilt und so eine zusätzliche Transparenz über erfolgreiche und weniger erfolgreiche Produkte vermittelt (**Erfolgstransparenz**).

■ Aus einer Kostenträgerzeitrechnung können erste Rückschlüsse gezogen werden, welche Produkte im Produktions- und Leistungsprogramm des Unternehmens verbleiben und welche Produkte als Verlustbringer aus dem Leistungsprogramm herausgenommen werden sollten (**Leistungsprogrammgestaltung**). Weiterhin können aus der Kostenträgerzeitrechnung Hinweise entnommen werden, was das erfolgreichste Produkt mit der höchsten Gewinnmarge ist. Dieses könnte dann beispielsweise über Marketingmaßnahmen stärker gefördert werden, damit es einen höheren Anteil an der gesamten Leistungserstellung des Unternehmens erlangt und somit den Gewinn insgesamt erhöht.

Erlösträgerzeitrechnung als zweite Komponente

Zur Erstellung der Kosten-/Erlösträgerzeitrechnung benötigen wir neben den Kosten auch die Erlöse der einzelnen Kostenträger. Diese entnehmen wir der gesonderten Erlösträgerrechnung. Unter Leistungen oder Erlösen verstehen wir – wie schon in Kapitel 2 erläutert – den bewerteten Output des betrieblichen Kombinationsprozesses. Die Erlöse setzen sich zusammen aus

■ den abgesetzten Mengen der einzelnen Kostenträger multipliziert mit den Absatzpreisen, dem Umsatz ($U = p * x$), sowie

■ den zu Herstellkosten bewerteten Lagerzugangs- bzw. -abgangsmengen an fertigen und unfertigen Erzeugnissen ($\Delta LB = (x_p - x_A) * HK$), mit
x_p = produzierte Menge
LB = Lagerbestand
x_A = abgesetzte Menge.

In der Leistungs- oder Erlösrechnung werden die Erlöse eines Unternehmens erfasst und den einzelnen Erlösträgern (= Kostenträger) zugeordnet. Dies erfolgt, indem die abgesetzten Mengen wie auch die Zu- oder Abgänge der Lagerbestände erfasst und mit den Absatzpreisen bzw. Herstellkosten bewertet werden.[5] Ziel der Erlösträgerrechnung ist es, die Höhe der Erlöse und deren mengen- und wertmäßige Zusammensetzung zu dokumentieren und transparent zu machen.

Die Erfassung und Zuordnung der Erlöse zu den einzelnen Erlös- bzw. Kostenträgern bereitet Unternehmen in der Praxis zumeist im Gegensatz zur Zuordnung der Kosten nur geringe Probleme, da diese als Einzelerlöse zumeist den Kostenträgern eindeutig zuzuordnen sind. Hierbei wird üblicherweise nach Brutto- und Nettoerlösen (letztere nach Boni, Skonti und Rabatten) unterschieden.

---

[5] Hier sei wiederum auf die Preis- und Mengenkomponente auch bei den Erlösen hingewiesen.

5.3.2 Verfahren der Kosten-/Erlösträgerzeitrechnung

Wird die Kostenartenrechnung mit der Erlösträgerrechnung zusammengeführt, so lässt sich dieses Konstrukt zu einer **kalkulatorischen Erfolgsrechnung** ausbauen.

Eine solche Erfolgsrechnung wird im Normalfall im monatlichen bzw. quartalsweisen Rhythmus erstellt, und sie erlaubt so, im Gegensatz zu finanzbuchhalterischen Ergebnisrechnungen, eine kurzfristige unterjährige Steuerung des Unternehmens. Die kalkulatorische Erfolgsrechnung kann – in Anlehnung an § 275 HGB – nach folgenden Verfahren durchgeführt werden:

Vorgehensweisen der Umsatzkosten-/ Gesamtkostenverfahren

- Umsatzkostenverfahren,
- Gesamtkostenverfahren.

Abb. 5.14 zeigt schematisch die unterschiedlichen Vorgehensweisen.

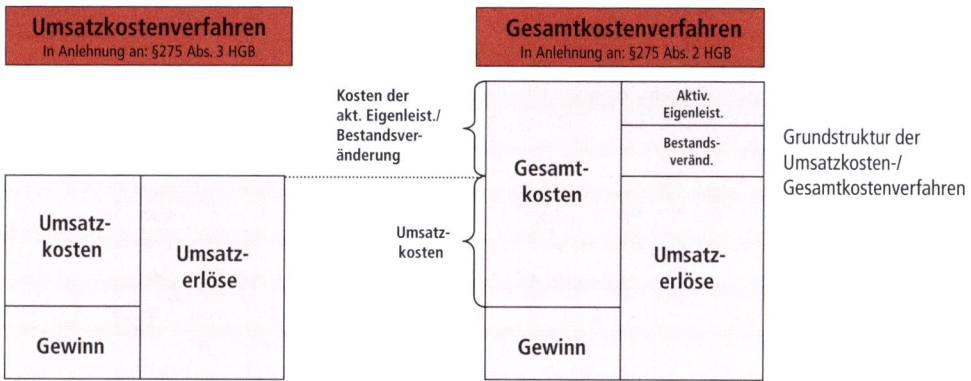

Grundstruktur der Umsatzkosten-/ Gesamtkostenverfahren

Abbildung 5.14: Grundstruktur des Umsatz- und Gesamtkostenverfahrens

5.3.2.1 Umsatzkostenverfahren

Beim **Umsatzkostenverfahren** wird von den gesamten Umsatzerlösen der verkauften Leistungen einer Periode ausgegangen. Diesen Umsatzerlösen werden dann die Kosten gegenübergestellt, die für das Erbringen genau dieser Leistungen, inkl. der Vertriebs- und Verwaltungskosten, in der jeweiligen Periode angefallen sind (Umsatzkosten). Sind die Umsatzerlöse höher als die so genannten Umsatzkosten, erzielt das Unternehmen in der betreffenden Periode Gewinn. Sind die Umsatzkosten höher als die Umsatzerlöse, erzielt das Unternehmen Verlust. Formelmäßig ausgedrückt ergibt sich:

Umsatzkostenverfahren

$$G = U - K_{abg.}$$

Formel 5.21

mit

G = Gewinn

U = Umsatz

$K_{abg.}$ = Kosten der abgesetzten Einheiten

Grundstruktur des Umsatzkostenverfahrens

Die Grundstruktur einer Kostenträgerzeitrechung auf Basis des Umsatzkostenverfahrens für verschiedene Produkte zeigt Abb. 5.15.

Zeile		Produkt A	Produkt B	Produkt C
1	Netto-Verkaufserlöse			
2	Herstellkosten der abgesetzten Erzeugnisse			
3	+ Vertriebsgemeinkosten			
4	+ Verwaltungsgemeinkosten			
5	= Selbstkosten der abgesetzten Erzeugnisse ((2) + (3) + (4))			
6	= Betriebsergebnis ((1) – (4))			

Abbildung 5.15: Grundstruktur einer Kostenträgerzeitrechung auf Basis des Umsatzkostenverfahrens

Die Abb. 5.16 zeigt die Umsetzung dieser Darstellung bei dem Unternehmen MAN im Geschäftsjahr 2004.

	Anhang	2004	2003
Umsatzerlöse	(1)	**14.947**	**13.546**
Umsatzkosten		- 12.125	- 11.067
Bruttoergebnis vom Umsatz		**2.822**	**2.479**
Sonstige betriebliche Erträge	(2)	270	407
Vertriebskosten		- 958	- 959
Allgemeine Verwaltungskosten		- 611	- 571
Sonstige betriebliche Aufwendungen	(3)	- 892	- 922
Ergebnis von assoziierten Unternehmen		1	1
Sonstiges Beteiligungsergebnis	(4)	- 8	8
Zinsergebnis Finanzdienstleistungen	(5)	- 51	- 60
Operatives Ergebnis		573	383
Zinsergebnis industrielles Geschäft	(5)	- 120	- 122
Ergebnis vor Steuern		**453**	**261**
Ertragssteuern	(6)	- 130	- 69
Ergebnis nach Steuern ausgeschiedener Geschäftsbereiche		-	43
Jahresüberschuss		**323**	**235**
Anteile Konzernfremder		- 15	- 8
Jahresüberschuss nach Anteilen Konzernfremder		**308**	**227**

Abbildung 5.16: Gewinn- und Verlustrechnung auf Basis des Umsatzkostenverfahrens bei MAN (Quelle: Geschäftsbericht 2004, S. 94)

5.3.2.2 Gesamtkostenverfahren

Beim **Gesamtkostenverfahren** sind die gesamten Kosten, die in einer Periode in einem Unternehmen entstanden sind, Ausgangspunkt der Berechnung. Diesen Kosten werden zunächst die Umsatzerlöse gegenübergestellt. Wie man am schematischen Beispiel von Abb. 5.14 erkennt, würden sich die Gesamtkosten und die gesamten Umsatzerlöse gegeneinander aufheben; es würde kein Gewinn erzielt. Wo liegt nun der Ergebnisunterschied zum Umsatzkostenverfahren?

In unserem obigen schematischen Beispiel hat das Unternehmen mehr produziert als verkauft und einen Teil der Produkte nicht veräußert, sondern eingelagert und einen anderen Teil der produzierten Güter zur Nutzung im eigenen Betrieb vorgesehen. Für diese produzierten, aber nicht verkauften Produkteinheiten sind im Unternehmen zwar Kosten (Sollseite) angefallen, allerdings (da sie nicht verkauft wurden) keine Umsatzerlöse. Um hier nicht „Äpfel mit Birnen zu vergleichen" oder besser gesagt, die Kosten aller produzierten Güter nur den Umsatzerlösen der verkauften Güter gegenüberzustellen, muss ein Ausgleich in der Rechnung geschaffen werden. Diesen Ausgleich bilden die so genannten **Bestandsveränderungen** sowie die **aktivierten Eigenleistungen**. Diese werden als Ergänzung der Umsatzerlöse auf der Habenseite erfasst, wenn der Lagerbestand an fertigen und unfertigen Erzeugnissen sowie die Eigenleistungen in der betreffenden Periode gestiegen sind. Durch diese Handhabung werden Kosten neutralisiert, die nicht für die Erzielung der abgesetzten Leistungen benötigt wurden. Kommt es zu einem Lagerabbau, wird dieser als Kosten auf der Sollseite erfasst, denen dann erhöhte Umsatzerlöse gegenüberstehen.[6] Der Posten der Bestandserhöhungen bildet somit einen Gegenposten zu den Kosten, die bei der Herstellung dieser Güter entstanden sind. In Abb. 5.14 sehen wir den Posten „Bestandsveränderung" auf der rechten Seite unseres T-Kontos.

Mathematisch ausgedrückt ergibt sich folgende Formel:

$$G = U +/- BV + \text{akt. EL.} - K_{ges.}$$

Formel 5.22

mit

BV   = Bestandsveränderung
akt. EL. = aktivierte Eigenleistung
$K_{ges.}$ = gesamte Periodenkosten

Die Grundstruktur der Kostenträgerzeitrechnung auf Basis des Gesamtkostenverfahrens ist Abb. 5.17 zu entnehmen. Es ist deutlich zu erkennen, dass die Bestandsveränderungen hier eine bedeutende Rolle spielen.

---

[6] Negative aktivierte Eigenleistungen kann es nicht geben, da hier nur der Zugang an selbstgenutzten Vermögensgegenständen erfasst wird.

Gesamtkostenverfahren

Bedeutung der Bestandsveränderungen in Gesamtkostenverfahren

Grundstruktur des Gesamtkostenverfahrens

Zeile		Produkt A	Produkt B	Produkt C
1	Netto-Verkaufserlöse			
2	+ Mehrbestand			
3	− Minderbestand			
4	= Gesamtleistung ((1) + (2) + (3))			
5	Material (Materialeinzelkosten)			
6	+ Materialgemeinkosten (Zuschlag 20%)			
7	= Materialkosten ((5) + (6))			
8	Fertigungslöhne (Fertigungseinzelkosten)			
9	+ Fertigungsgemeinkosten (Zuschlag 50%)			
10	= Fertigungskosten ((8) + (9))			
11	= Herstellkosten der Erzeugung ((7) + (10))			
12	+ Vertriebsgemeinkosten (Zuschlag: 10%)			
13	+ Verwaltungsgemeinkosten (Zuschlag: 10%)			
14	= Selbstkosten der Erzeugung ((11) + (12) + (13))			
15	= Betriebsergebnis ((4) − (14))			

Abbildung 5.17: Struktur einer kurzfristigen Erfolgsrechnung nach dem Gesamtkostenverfahren

Auch hier soll ein Beispiel aus der Praxis die Relevanz verdeutlichen (s. Abb. 5.18).

Angaben in TEuro	2003	2004
1. Umsatzerlöse	416.153	428.448
2. Erhöhung/Verminderung des Bestands an fertigen und unfertigen Erzeugnissen	- 360	46
3. Andere aktivierte Eigenleistungen	1.642	1.479
4. Sonstige betriebliche Erträge	20.813	20.957
5. Materialaufwand	- 162.714	- 162.830
6. Rohergebnis	**275.534**	**288.100**
7. Personalaufwand	- 119.531	- 124.336
8. Abschreibung auf immaterielle Vermögensgegenstände des Anlagevermögens und Sachanlagen[1]	- 42.860	- 44.273
9. Sonstige betriebliche Aufwendungen	- 97.900	- 103.565
10. Ergebnis der betrieblichen Tätigkeit (EBIT)	**15.243**	**15.926**
11. Finanzergebnis	- 2.008	- 1.718
12. Ergebnis vor Steuern (EBT)	**13.235**	**14.208**
13. Steuern vom Einkommen und vom Ertrag	- 7.218	- 10.693
14. Sonstige Steuern	- 2.384	- 2.346
15. Ergebnis nach Steuern	**3.633**	**1.169**
16. Anderen Gesellschaftern zustehendes Ergebnis	- 1.386	- 925
17. Periodenergebnis	**2.247**	**244**

Abbildung 5.18: Gewinn- und Verlustrechnung auf Basis des Gesamtkostenverfahrens bei CeWe-Color (Quelle: Geschäftsbericht 2004, S. 40)

Betrachten wir ein einfaches Unternehmen, welches nur ein Produkt herstellt. In der betreffenden Periode sind $x_p = 100$ Stück dieses Produktes zu Herstellkosten von HK = 50 €/Stück produziert worden. Aus Vereinfachungsgründen sind dabei keine Verwaltungs- und Vertriebskosten angefallen. Das Unternehmen kann in der betreffenden Periode $x_A = 50$ Stück des Produktes zu p = 100 €/Stück verkaufen.

Beispiel 5.13

Wie kann nun der Gewinn der Periode errechnet werden?

Nach dem **Umsatzkostenverfahren** errechnen wir zunächst die Umsatzerlöse in Höhe von 5.000 € (50 Stück ∗ p = 100 €/Stück). Diesen Umsatzerlösen würden die Kosten für die Herstellung der verkauften Menge in Höhe von 2.500 € (50 Stück ∗ p = 50 €/Stück) gegenübergestellt. Es ergibt sich:

Umsatzerlöse	5.000 €
./. Umsatzkosten (Herstellkosten)	2.500 €
= Gewinn	2.500 €

Nach dem **Gesamtkostenverfahren** beginnen wir bei den Gesamtkosten. Wie hoch wären die Gesamtkosten? Nun, die Gesamtkosten der Periode wären 100 produzierte Stück (denn dafür sind Kosten angefallen) multipliziert mit 50 €/Stück (Herstellkosten/Stück) ergibt 5.000 € Gesamtkosten.

Diesen Gesamtkosten würden wir nun zunächst die Umsatzerlöse von nach wie vor 5.000 € gegenüberstellen und kämen zu dem Schluss, dass das Unternehmen nach dem Gesamtkostenverfahren einen Gewinn von 0 € erzielen würde.

Umsatzerlöse	5.000 €
./. Gesamtkosten (Herstellkosten)	5.000 €
= Gewinn (falsch ermittelt)	0 €

Dieses Ergebnis regt zum Nachdenken an; denn es kann ja nicht sein, dass wir bei gleicher Ausgangslage zu unterschiedlichen Gewinnen kommen, je nachdem, welches Verfahren zur Gewinnermittlung wir einsetzen. Die Lösung unseres Problems liegt in der Lagerbestandsveränderung. Dadurch dass zwar 100 Stück produziert wurden, aber nur 50 Stück am Markt abgesetzt werden konnten, ist ein Lagerbestand von 50 Stück entstanden, für die Kosten der Herstellung angefallen sind. Diese sind aber in der letzten Rechnung nicht berücksichtigt worden.

Die Gesamtkostenrechnung muss diese Lagerbestandsveränderungen nun berücksichtigen, indem sie als Bestandsveränderungen in die Rechnung aufgenommen werden.

Umsatzerlöse	5.000 €
+ Bestandsveränderungen (Bestandserhöhungen)	+ 2.500 €
./. Gesamtkosten (Herstellkosten)	− 5.000 €
= Gewinn (richtig ermittelt)	2.500 €

Die Position der Bestandsveränderungen neutralisiert also die Kosten, die für die produzierten, aber nicht abgesetzten Produkteinheiten entstanden sind.

Im Folgejahr wird der Lagerbestand abgebaut, die Produktionsmenge wie auch die Herstellkosten entsprechen denen der Vorperiode. Die Kostenträgerzeitrechnung sieht nun wie folgt aus:

Umsatzkostenverfahren

Umsatzerlöse	15.000 €
(150 Stück × 100 €/Stück)	
./. Umsatzkosten (Herstellkosten)	7.500 €
(150 Stück × 50 €/Stück)	
= Gewinn	7.500 €

Gesamtkostenverfahren

Umsatzerlöse	15.000 €
(150 Stück × 100 €/Stück)	
− Bestandsveränderungen (Bestandsverminderungen)	− 2.500 €
(50 Stück × 50 €/Stück)	
./. Gesamtkosten (Herstellkosten)	− 5.000 €
(100 Stück × 50 €/Stück)	
= Gewinn	7.500 €

Nach diesem vereinfachten Beispiel soll die Handhabung des Umsatz- und Gesamtkostenverfahrens am Beispiel der FEBAU GmbH eingehender erläutert werden:

Beispiel 5.14

In unserem Beispielunternehmen, der FEBAU GmbH, werden drei unterschiedliche Fenstertypen, A, B und C, produziert. In der letzten Abrechnungsperiode sind in der Kostenrechung die in der nachfolgenden Tabelle dargestellten Daten erhoben worden. Wie im Rahmen der näheren Analyse der Zahlen zu erkennen ist, ist von Produkt A mehr abgesetzt als hergestellt worden, d. h. es hat ein Lagerbestandsabbau stattgefunden. Bei Produkt B verhält es sich umgekehrt, dort ist der Lagerbestand erhöht worden, und bei Produkt C entspricht die Produktionsmenge genau der Absatzmenge.

Der Controller des Unternehmens stellt diese Informationen nun zu folgender Kostenträgerzeitrechnung zusammen, um den Erfolgsbeitrag (Gewinn oder Verlust) für die einzelnen Produkte zu ermitteln.

Nach der Gesamtrechnung ergäbe sich folgende Aufstellung:

	Produkt A	Produkt B	Produkt C
Netto-Verkaufserlöse	1.225.000 €	1.212.750 €	1.071.000 €
+ Mehrbestand an fertigen/unfertigen Erzeugnissen		115.500 €	
– Minderbestand an fertigen/unfertigen Erzeugnissen	97.500 €		
= Gesamtleistung	1.127.500 €	1.327.750 €	1.071.000 €
– Fertigungseinzelkosten (Materialeinzelkosten)	300.000 €	525.000 €	360.000 €
– Materialgemeinkosten (Zuschlag: 20%)	60.000 €	105.000 €	72.000 €
= Materialkosten	360.000 €	630.000 €	432.000 €
– Fertigungslöhne (Fertigungseinzelkosten)	150.000 €	350.000 €	180.000 €
– Fertigungsgemeinkosten (Zuschlag: 50%)	75.000 €	175.000 €	90.000 €
= Fertigungskosten	225.000 €	525.000 €	270.000 €
= Herstellkosten der Erzeugung	585.000 €	1.155.000 €	702.000 €
+ Vertriebsgemeinkosten (Zuschlagsatz: 10%)	58.500 €	115.500 €	70.200 €
+ Verwaltungsgemeinkosten (Zuschlagsatz: 10%)	58.500 €	115.500 €	70.200 €
= Selbstkosten der Erzeugung	702.000 €	1.386.000 €	824.400 €
= Betriebsergebnis	425.500 €	- 58.250 €	228.600 €

Abbildung 5.19: Kostenträgerzeitrechung (kurzfristige Erfolgsrechnung) nach dem Gesamtkostenverfahren

Danach erstellt der Controller zur Kontrolle noch einmal auf der gleichen Datenbasis die folgende kurzfristige Erfolgsrechnung nach dem Umsatzkostenverfahren.

	Produkt A	Produkt B	Produkt C
Netto-Verkaufserlöse	1.225.000 €	1.212.750 €	1.071.000 €
– Herstellkosten der abgesetzten Erzeugnisse (des Umsatzes)	682.500 €	1.040.000 €	702.000 €
– Vertriebsgemeinkosten (Zuschlagsatz: 10%)	58.500 €	115.500 €	70.200 €
– Verwaltungsgemeinkosten (Zuschlagsatz: 10%)	58.500 €	115.500 €	70.200 €
= Selbstkosten der abgesetzten Erzeugnisse (des Umsatzes)	799.500 €	1.271.000 €	824.400 €
= Betriebsergebnis	425.500 €	- 58.250 €	228.600 €

Abbildung 5.20: Kostenträgerzeitrechnung (kurzfristige Erfolgsrechnung) nach dem Umsatzkostenverfahren

Wie aus obiger Rechnung zu erkennen ist, stellt sich Fenstertyp B als Verlustbringer dar. In der nachfolgenden Geschäftsführungssitzung, in der dieses Ergebnis präsentiert wird, wird eine Arbeitsgruppe eingesetzt, die Maßnahmen erarbeiten soll, um das Produkt zukünftig gewinnbringend zu verkaufen. Sollten diese Maßnahmen nicht Erfolg versprechend sein, muss auch darüber beraten werden, ob dieses Produkt nicht aus dem Leistungsprogramm eliminiert werden kann.

Umsatzkostenverfahren/ Gesamtkostenverfahren

Grundsätzlich kann eine Erfolgsrechnung somit unter dem Blickwinkel der produzierten oder abgesetzten Leistung erfolgen. Eine Betrachtung der abgesetzten Leistung führt zum **Umsatzkostenverfahren**, bei dem den verkauften Einheiten die ihnen zuzurechnenden Kosten gegenübergestellt werden. Dies ermöglicht zwar auf höheren Ebenen eine genaue Aufspaltung des Erfolges in verschiedene Produkte, Produktgruppen, Bereiche sowie Segmente und verdeutlicht die Kostenstruktur nach Funktionsbereichen, gibt aber keinen Aufschluss über die gesamte Periodenleistung des Unternehmens. Steht dagegen die produzierte Leistung im Mittelpunkt, so führt dies zum **Gesamtkostenverfahren,** bei dem durch den Ausweis der gesamten Kosten die Kostenstruktur für tiefere Analysen deutlich wird. Für Kosten- und Erlösanalysen der einzelnen Kosten- und Erlösarten werden aber keine Informationen generiert. Um den Unterschied zwischen den abgesetzten und den produzierten Leistungen der Periode zu gewährleisten, muss eine Bestandsveränderungsposition, in welcher die bewerteten Lageränderungen erfasst werden, sowie die Position der anderen aktivierten Eigenleistungen in das Rechenschema eingeführt werden. Zwischen dem Umsatz- und dem Gesamtkostenverfahren entstehen so keine Ergebnisunterschiede.

IFRS   Für die Erstellung der Gewinn- und Verlustrechnung geben die IFRS im Gegensatz zum HGB kein festes Gliederungsschema vor. Daher kann sowohl das Gesamtkosten- als auch das international üblichere und im Konzernfall auch einfachere Umsatzkostenverfahren eingesetzt werden.

Z U S A M M E N F A S S U N G

Zutreffende Kalkulationen der Unternehmensleistungen sind heutzutage unabdingbar, um langfristig im sich verschärfenden Wettbewerb zu bestehen. Dabei geht es vorrangig darum, die Kosten des Unternehmens möglichst richtig, d. h. verursachungsgerecht, auf die verschiedenen Produkte zu verteilen. Hierzu bietet die

Kostenrechnung mit den Divisions-, Äquivalenzziffern-, Zuschlags- und Bezugsgrößenkalkulationen einen umfangreichen Werkzeugkasten, der es auch kleineren Unternehmen erlaubt, genauere Preise für ihre Produkte zu kalkulieren und damit das Spannungsfeld zwischen dem Wettbewerb auf dem Markt und den betrieblichen Kosten zu beherrschen.

Der Überblick über verlust- oder gewinnbringende Produkte aus der Kalkulation und der kurzfristigen Erfolgsrechnung gibt dem Unternehmer klare Hinweise darauf, wie er sein Unternehmen und das Leistungsprogramm gestalten muss, um dauerhaft erfolgreich zu sein.

Wegen dieses Spannungsfeldes zwischen Markt und Kostensituation des Unternehmens sind Kalkulationsfragen nicht nur interessant aus der Sicht der Kostenrechnung, sondern insbesondere auch sehr relevant für die Mitarbeiter im Vertrieb, die sich in Kundengesprächen häufig mit immer neuen Forderungen nach Preisnachlässen und Sonderwünschen konfrontiert sehen. Daher ist ein Mindestmaß an Verständnis der Kostenrechung auch von diesem Personenkreis notwendig, um in solchen Situationen sachgerechte Argumente zu haben und betriebswirtschaftlich sinnvolle Entscheidungen zu fällen.

Es soll aber auch darauf hingewiesen werden, dass in diesem Lehrbuch lediglich die kostenrechnerische Logik dargestellt wird. In einer unternehmerischen Entscheidungssituation müssen immer auch andere unternehmerische Entscheidungskriterien herangezogen werden.

So kann es durchaus im Rahmen der Unternehmensstrategie sinnvoll sein, zunächst mit nicht kostendeckenden Preisen in den Wettbewerb zu gehen, um Kunden zu gewinnen und Wettbewerber auszuschalten bzw. abzuschrecken. Exemplarisch sei hier der Handel genannt, der mit Sonderangeboten im Rahmen einer Mischkalkulation gewinn- und verlustbringende Artikel kombiniert.

Kurzum, in einer Entscheidungssituation gibt die Kostenrechnung sicherlich wichtige Hinweise über die Preisgestaltung und Erfolgssituation von Produkten. Eine sachgerechte Entscheidung erfordert jedoch auch die Berücksichtigung weiterer qualitativer Entscheidungskriterien, kann aber mit der Kostenrechnung abgesichert werden, und diese sorgt letztendlich dafür, dass die Geschäftsführung über die Konsequenzen ihres Handeln informiert ist.

Z U S A M M E N F A S S U N G

Übungsmaterial

Wiederholungsfragen

Im Folgenden finden Sie zehn Wiederholungsfragen zu den bisher behandelten Lerninhalten. Bitte geben Sie an, ob die getroffenen Aussagen richtig oder falsch sind.

1) Die Selbstkosten werden bei den Verfahren der Zuschlagskalkulation durch direkte Verteilung der Gemeinkosten ermittelt. ⬚R ⬚F

2) Selbstkosten = Einzelkosten − prozentualer Gemeinkostenzuschlag. ⬚R ⬚F

3) Lohnzuschlagskalkulation sowie Bezugsgrößenkalkulation sind Verfahren der mehrstufigen Zuschlagskalkulation. ⬚R ⬚F

4) Vertriebsgemeinkostenzuschlagssatz =
$$\frac{\text{Vertriebsgemeinkosten}}{\text{Selbstkosten}}$$ ⬚R ⬚F

5) Selbstkosten = Herstellkosten − Verwaltungsgemeinkosten − Vertriebsgemeinkosten + Sondereinzelkosten des Vertriebs ⬚R ⬚F

6) Bezugsgrößen sollten eine nicht-lineare Beziehung zu GK haben. ⬚R ⬚F

7) Divisionskalkulationsverfahren sind bei Massenfertigung sinnvoll. ⬚R ⬚F

8) § 275 HGB schreibt zwingend vor, wie das Umsatzkosten- bzw. Gesamtkostenverfahren in der KER durchzuführen ist. ⬚R ⬚F

9) Das Gesamtkostenverfahren differenziert nach Kostenstellen. ⬚R ⬚F

Aufgaben

Aufgabe 5.1: Kostenstellenrechnung (BAB); Übergang zur Kostenträgerstückrechnung (Kalkulation)

Nach Durchführung der innerbetrieblichen Leistungsverrechnung erhalten Sie am Jahresende in Ihrem erstellten BAB folgende Endergebnisse:

Kostenarten	Kosten	Material	Fertigung	Verwaltung	Vertrieb
insgesamt	315.950 €	45.000 €	200.000 €	38.700 €	32.250 €

Darüber hinaus fielen in der Abrechnungsperiode folgende Kosten an:

Materialeinzelkosten: 300.000 €
Fertigungseinzelkosten: 100.000 €

a) Ermitteln Sie die gesamten Herstellkosten und die Selbstkosten des Unternehmens.

b) Berechnen Sie die Kalkulationssätze.

c) Nachdem die „Kostenstellenrechnung" die Kalkulationssätze ermittelt hat, werden diese der Kostenträgerstückrechnung (= Kalkulation) zur Verfügung gestellt. Ermitteln Sie im Rahmen der Kostenträgerstückrechnung die Selbstkosten des Erzeugnisses X (Materialeinzelkosten = 21 €, Lohnkosten je Stück = 75 €).

d) Kalkulieren Sie mit Hilfe der in c) dieser Aufgabenstellung ermittelten Kalkulationssätze ein Erzeugnis Y, dessen Materialeinzelkosten 2 € und Fertigungseinzelkosten (= Fertigungslöhne) ebenfalls 2 € betragen.

Aufgabe 5.2: Kostenträgerstückrechnung; einstufige Divisionskalkulation

Die Einprodukt GmbH stellt nur eine einzige, nicht lagerfähige Produktart her. Hierfür sind in der betrachteten Abrechnungsperiode Gesamtkosten i. H. von 7.200.000 € angefallen sind. Die Ausbringungsmenge in der betrachteten Periode beträgt 100.000 Stück

a) Wie hoch sind die Selbstkosten je Stück (= Stückkosten)?

Aufgabe 5.3: Kostenträgerstückrechnung; zweistufige Divisionskalkulation

Die ABC GmbH stellt 20.000 Einheiten eines Produktes her. Die Kosten setzen sich folgendermaßen zusammen:

Herstellkosten: 750.000 €
Verwaltungskosten: 45.000 €
Vertriebskosten: 30.000 €

a) Wie hoch sind die Herstellkosten und Selbstkosten pro Einheit, wenn alle Produkte verkauft wurden?

b) In welcher Höhe fallen Herstellkosten und Selbstkosten pro Einheit an, wenn nur 15.000 Produkte verkauft werden konnten?

Aufgabe 5.4: Mehrstufige addierende Divisionskalkulation

Die Materialkosten eines Erzeugnisses betragen 50 € pro Stück. Die Produktion vollzieht sich in zwei Stufen. In der ersten Stufe werden 750 Stück Halbfabrikate bei Fertigungskosten von 15.000 € hergestellt. In der zweiten Fertigungsstufe werden bei 40.000 € Fertigungskosten

500 Stück Halbfertigfabrikate zu Endprodukten verarbeitet. Die Absatzmenge beträgt 200 Stück. An Verwaltungs- und Vertriebskosten entstehen 20.000 €.

Ermitteln Sie die Herstellkosten des Halbfertigfabrikats, die Herstellkosten des Fertigerzeugnisses und die Selbstkosten der abgesetzten Erzeugnisse.

Aufgabe 5.5: Mehrstufige durchwälzende Divisionskalkulation

Das Unternehmen XYZ GmbH stellt ein Produkt in zwei Produktionsstufen her. In den einzelnen Stufen sind dabei folgende Kosten angefallen:

Stufe 1: 74.700,– €
Stufe 2: 76.750,– €

Hinzu kommen Verwaltungs- und Vertriebskosten der Periode in Höhe von 75.000 €.

Hinweis: Die Bestände in den Zwischenlägern sind nach dem gewichteten Durchschnittskostenprinzip zu bewerten. Dieser Wertansatz ist auch als Herstellkosten des Inputs der nächsten Stufe anzusetzen.

Produktionsstufe 1

Aus dem Materiallager werden für die Produktionsstufe 1 zur Produktion 6.000 kg des Einsatzstoffes entnommen und eingesetzt. Der Wert des Einsatzstoffes beträgt 0,55 €/kg.

Der Output dieser Stufe beträgt 5.200 kg. Dieser wird in das Halbfabrikatlager der Produktionsstufe 1 eingebracht. Dort sind aus der Vorperiode bereits 2.800 kg zu einem Wert von 14,– €/kg als Anfangsbestand vorhanden.

Produktionsstufe 2

In der Produktionsstufe 2 werden 5.000 kg des Halbfabrikats der Stufe 1 eingesetzt.

Die Ausbringung beträgt 30.000 Stück des Endproduktes, die in das Fertigfabrikatlager eingebracht werden. Im Lager der Produktionsstufe 2 sind bereits 10.000 Stück des Endproduktes zum Preis von 3,– €/Stück als Anfangsbestand eingelagert.

Es werden in der abzurechnenden Periode 30.000 Stück des Produktes verkauft.

a) Errechnen Sie die Selbstkosten und die Herstellkosten pro Stück des Produktes!

b) Wie hoch ist der bewertete Lagerbestand der Produktionsstufe 1 und der Produktionsstufe 2? Geben Sie an, wie Sie den Lagerbestand bewertet haben.

Als Hilfe verwenden Sie folgendes Lösungsschema:

Bezeichnung	Dimension	Stufe 1	Stufe 2	Verwaltungs-/ Vertriebskosten
Kosten d. Stufe	€			
Materialeinsatz	Kg/Stück			
Materialeinsatz	€			
Gesamtkosten	€			
Output	Kg/Stück			
Herstell- / Selbstkosten	€/kg €/Stück			

Lagerbuchführung

Bezeichnung	Stufe 1		Stufe 2	
	kg	€	Stück	€
Anfangsbestand				
Zugang				
Bewertung Lager-bestand (Stück)				
Abgang				
Endbestand				

Aufgabe 5.6: Äquivalenzziffernkalkulation

In einem Blechwalzwerk werden drei Blechsorten A (0,5 mm), B (1 mm) und C (2 mm), in folgenden Mengen hergestellt: Blechsorte A = 2.000 lfm., Blechsorte B = 4.000 lfm. und Blechsorte C = 3.000 lfm. Für die Verteilung der in der betrachteten Periode entstandenen Kosten gelten folgende Äquivalenzziffern:

Kosten €/Periode		Äquivalenzziffern		
		A	B	C
Materialkosten:	172.000	0,5	1,0	1,2
Fertigungskosten:	332.500	0,8	1,0	1,3
Verwaltungs- und Vertriebs-kosten:	18.000	1,0	1,0	1,0

a) Bestimmen Sie mit Hilfe der Äquivalenzziffernmethode die auf eine Produkteinheit (lfm.) entfallenden Materialkosten, Fertigungskosten, Herstellkosten, Verwaltungs- und Vertriebskosten, Selbstkosten.

b) Wie hoch ist der Brutto-Verkaufs-Preis (inkl. MwSt), wenn Sie bei jeder Sorte

- 10 % Gewinn
- 3 % Skonto
- 16 % MwSt.

einkalkulieren müssen.

c) Welche Probleme bereitet die Anwendung der Äquivalenzziffernkalkulation in der Praxis?

Aufgabe 5.7: Einstufige Zuschlagskalkulation

Die Kostenträgereinzelkosten eines Textilhandels betragen insgesamt 1.500.000 €. Die gesamten Gemeinkosten belaufen sich auf 450.000 €. Die Herrenjacken haben einen jeweiligen Einstandspreis von 100 €; bei den Damenmänteln liegt der Einstandspreis je Mantel bei 10.000 €.

a) Wie hoch ist der Gemeinkostenzuschlagssatz?

b) Wie hoch sind die Selbstkosten je Herrenjacke und je Damenmantel?

Aufgabe 5.8: Mehrstufige Zuschlagskalkulation

Die MAG Maschinenbau AG stellt am Ende einer Abrechnungesperiode im Rahmen der Betriebsabrechnung einen Betriebsabrechnungsbogen mit folgenden Endergebnissen auf:

Material	Fertigung 1 (Fräsen)	Fertigung 2 (Drehen)	Fertigung 3 (Montage)	Verwaltung/Vertrieb
15.000	26.000	40.000	20.000	15.000

Darüber hinaus sind als Einzelkosten sind in der betrachteten Periode folgende Kosten angefallen:

Kostenstelle Fräsen:	25.000 €,
Kostenstelle Drehen:	25.000 €,
Kostenstelle Montage:	25.000 €.

Die Materialeinzelkosten der betrachteten Periode betrugen 100.000 €.

In der MAG AG werden verschiedene Erzeugnisse hergestellt und montiert.

Das Erzeugnis X, ein einfaches Maschinenersatzteil, wird in der Kostenstelle Drehen bearbeitet und anschließend in der Kostenstelle Montage montiert. Dabei fallen Materialkosten in Höhe von 10 €/Stück an. Die Fertigungslohnkosten in der Kostenstelle Drehen betragen 12,50 €/

Stück. In der Kostenstelle Montage fallen darüber hinaus noch zusätzliche Lohnkosten von 7,50 €/Stück an.

Der Kunde fragt darüber hinaus an, was ausschließlich das Drehen des Werkstücks kosten würde, wenn er selbst die Montage in seinem Werk vornehmen würde.

Weitere Kostenstellen der MAG AG werden von diesem Teil nicht in Anspruch genommen. Die produzierten und die abgesetzten Mengen stimmen überein, d. h. Lagerbestandsveränderungen entstehen nicht.

a) Ermitteln Sie die Stückkosten (= Selbstkosten) für das Erzeugnis X bei Montage beim Kunden bzw. Montage bei der MAG auf Basis der einstufigen Zuschlagskalkulation (Vollkostenbetrachtung).

b) Ermitteln Sie die Stückkosten für das Erzeugnis X auf Basis der mehrstufigen Lohnzuschlagskalkulation, wenn die Montage durch die MAG AG vorgenommen wird.

c) Ermitteln Sie die Stückkosten für das Erzeugnis X auf Basis der mehrstufigen Lohnzuschlagskalkulation, wenn die Montage durch den Kunden vorgenommen wird.

d) Ermitteln Sie die Stückkosten für das Erzeugnis X auf Basis der mehrstufigen Maschinenstundensatzkalkulation (Vollkostenbetrachtung). Gehen Sie bei Ihrer Berechnung davon aus, dass die maschinenabhängigen Gemeinkosten der Fertigungskostenstelle 2 bei einer Gesamtleistung von 500 h bei 30.000 € und die lohnabhängigen Gemeinkosten bei einer Gesamtfertigungszeit von 700 h bei 10.000 € liegen. Die Maschinenlaufzeit für Erzeugnis X liegt derzeit bei 15 Minuten. Die personalbedingte Fertigungszeit beträgt 10 Minuten. Würden sich die Stückkosten verändern, wenn die Maschinenminuten für die Produktion des Erzeugnisses X zukünftig halbiert werden könnten?

Aufgabe 5.9:

Ein Maschinenbauunternehmen beteiligt sich an einer Ausschreibung für die Lieferung von 5.000 Drehmaschinen.

Aus den Abteilungen „Kostenrechnung" und „Produktionsplanung" liegen die folgenden Kalkulations- und Produktionsdaten vor (vgl. Tabelle):

BAB	Material-kostenstelle I	Material-kostenstelle II	Fertigungs-kostenstelle I	Verwaltungs-kostenstelle	Vertriebs-kostenstelle
Kalkulationssätze	35% auf Fert.material	5,5 € pro kg	400% auf Fertig.lohn	8,50%	10,50%
Produktionsdaten pro Drehmaschine	Fert.material 12.000 €	Materialmenge: 1500 kg	Fertig.lohn: 1.200 €		

Die Fertigungskostenstelle I wird über eine Maschinenstundensatzkalkulation (nach Maschinenminuten) mit den vorliegenden Daten abgerechnet.

a) Kalkulieren Sie die Selbstkosten je Antriebsaggregat
b) Kalkulieren Sie darüber hinaus den Angebotspreis je Antriebsaggregat. Hierbei ist zu berücksichtigen, dass 5 % Gewinn und 3 % Skonto sowie 16 % MwSt. im Bruttopreis enthalten sein sollen.

Literatur

Ammann, H. / Müller, S.: IFRS International Financial Reporting Standards – Bilanzierungs-, Steuerungs- und Analysemöglichkeiten, 2. Aufl., Herne/Berlin 2006, S. 82–84 und S. 115–195.

Coenenberg, A. G.: Jahresabschluss und Jahresabschlussanalyse, 20. Aufl., Landsberg am Lech 2005.

Coenenberg, A. G.: Kostenrechnung und Kostenanalyse, 5. Aufl., Stuttgart 2003, S. 73–96.

Däumler, K. D. / Grabe, J.: Kostenrechnung 1, 9. Aufl., Herne/Berlin 2003, S. 303–392.

Freidank, C. C.: Kostenrechnung, München/Wien 2001, S. 195–231; S. 269–277.

Graumann, M.: Kostenrechnung und Kostenmanagement, Wiesbaden 2002, S. 101–132.

Haberstock, L.: Kostenrechnung I, 12. Aufl., Berlin 2005, S. 143–170.

Heinhold, M.: Kosten- und Erfolgsrechnung in Fallbeispielen, Stuttgart 1998, S. 287–359.

Hummel, S. / Männel, W.: Kostenrechnung 1, 4. Aufl., Wiesbaden 1999, S. 253–326.

Lachnit, L. / Isemann, R.: Controlling, Skript BA, Oldenburg 2006, Kapitel 4.

Müller, S.: Management-Rechnungswesen, Wiesbaden 2003, S. 295–320.

Olfert, S.: Kostenrechnung, 14. Aufl., Ludwigshafen 2005, S. 139–177.

Plinke, W.: Industrielle Kostenrechnung, 7. Aufl., Berlin/Heidelberg 2006, S. 99–136; S. 149–160; S. 233–269.

Schweitzer, M. / Küpper, H.-U.: Systeme der Kostenrechnung, 8. Aufl., München 2003, S. 155–203.

Seicht, G.: Moderne Kosten- und Leistungsrechnung, 11. Aufl., Wien 2001, S. 123–180.

Kosten- und Erlösrechnungssysteme auf Teilkostenbasis –

Einsatz der Kosten- und Erlösrechnung zur Verbesserung der Entscheidungsqualität im Unternehmen

6

ÜBERBLICK

Fall | Die FEBAU GmbH hat ihre Geschäftsfelder ausgedehnt und ihren Kundenkreis auf ganz Europa erweitert. Diese Expansionen führten dazu, dass das Unternehmen Rekordgewinne im internationalen Markt erwirtschaftete. Doch plötzlich stellen sich Probleme mit dem Absatz hochwertiger Kunststofffenster ein. Die Geschäftsführung – vertreten durch Frau Dr. Durchblick und Herrn Weitsicht – diskutiert die Gründe für diesen Absatzrückgang. Der Vertriebsleiter Herr Krause beklagt sich über die zu hohen Preise und sieht diese als Hauptgrund für den Absatzrückgang. Erschwerend sei, dass das niederländische Unternehmen WENIG-GULDEN mit Niedrigpreisen die eigene Kundschaft abwirbt; es sei also dringend notwendig, schnell einen weiteren Marktanteilsaufbau dieses Unternehmens zu unterbinden und mit aggressiven Preisen vom Markt zu drängen, um die alte Marktposition wieder zu erreichen.

Die Produktion ist bisher nur zu 70 % ausgelastet, und es wird erwartet, dass dieser Anteil eher noch durch den Absatzeinbruch abnimmt. An Vollauslastung kann derzeit nicht gedacht werden.

Die Geschäftleitung kommt, da die Stilllegung des Produktionsbereiches nicht in Frage kommt (soziale Härten und Auseinandersetzungen mit der Gewerkschaft wären die Folge), zu der Überzeugung, mit aggressiven Preisen die eigenen Marktanteile zu halten und das konkurrierende Unternehmen binnen weniger Wochen des Preiskampfes zurückzudrängen. Anschließend, so glaubt man, könnten wieder „normale" Preise am Markt durchgesetzt werden.

In den verschiedenen Unternehmensbereichen – so überlegt man – werden daher alle Kosten, die durch die Leistungserstellung und den Absatz **direkt** entstehen, einer genauen Prüfung unterzogen, um festzustellen, wie hoch ein Preis sein muss, um genau diese Kosten zu decken. Dieser Preis würde dann zwar keinen vollen Beitrag zur Deckung der Gemeinkosten leisten, aber auch keine zusätzlichen Kosten verursachen, und es wäre somit möglich festzustellen, ob dieser ermittelte Preis dann geeignet ist, den Mitbewerber vom Markt zu drängen.

Die Kostenrechnerin, Frau Spargeist, hat schon lange auf einen solchen Moment gewartet und führt aus:

„Für eine solche Betrachtung könnten wir die Kosten in variable und fixe Bestandteile aufspalten und so ganz genau ermitteln, welche Kosten durch die Fertigung der Fenster entstehen, diese dann den Kostenträgern direkt zuordnen und so sehen, zu welchen Konditionen wir die Produkte im Kunststofffensterbereich anbieten können.

Auf diese Art und Weise bekämen wir dann endlich unsere produktbezogenen Deckungsbeiträge, die wir dann nicht nur für die Preisuntergrenzen, sondern auch für die Break-Even-Analyse und die Ermittlung des optimalen Produktionsprogramms bei Vollauslastung sowie Kapazitätsengpässen heranziehen können."

Der Leiter des Rechnungswesens ist sich des Aufwandes einer solchen kostenrechnerischen Aktion bewusst, möchte diese Arbeit *vermeiden und gibt zu bedenken, dass die Kosten pro Produkt doch schon aus der Kostenträgerrechnung bekannt seien und eine weitere Detaillierung nur unnötige Arbeit verursache.*

Die Geschäftsleitung folgt – trotz der Bedenken des Rechnungswesenleiters – der Kostenrechnerin und entscheidet sich für eine detaillierte Analyse der Kosten.

Liegt die Geschäftsleitung richtig? Sind die zu erwartenden Daten wirklich universell einsetzbar?

Lernziele:

In diesem Kapitel werden Sie lernen,

- den Unterschied zwischen einer Voll- und Teilkostenrechnung zu erkennen,

- das Verfahren des Direct Costing anzuwenden,

- das Direct Costing zur stufenweisen Fixkostendeckungsrechnung weiterzuentwickeln,

- das Grundprinzip der Break-Even-Analyse zu verstehen,

- die Bedeutung des relativen Deckungsbeitrags zu erkennen,

- die Ermittlung eines optimalen Produktionsprogramms zu unterstützen.

6.1 Grundstruktur der Teilkosten- und Deckungsbeitragsrechnung

6.1.1 Probleme der Vollkostenrechnung

Die klassischen Grundvarianten der Kostenrechnung, nämlich die Vollkostenrechnungen auf Istkostenbasis, wurden in den bisherigen Ausführungen der Kapitel 3 bis 5 betrachtet. Folgende Merkmale lassen sich der Vollkostenrechnung zuordnen:

- Eine **differenzierte Betrachtung** in **beschäftigungsfixe** (unabhängige) und **beschäftigungsvariable** (abhängige) Kosten zum Zwecke der verursachungsgerechten Kostenzuordnung unterbleibt sowohl in der Kostenarten- und Kostenstellen- als auch der Kostenträgerrechnung.
  Beschäftigungsfixe und -variable Kosten

- Die gesamten **Kosten** einer Abrechnungsperiode, die in der Kostenartenrechnung erfasst wurden, werden direkt oder indirekt über die Kostenstellenrechnung auf die Kostenträger der gleichen Periode verteilt (Kostenermittlung und Kostenüberwachung nach Kostenarten,

-stellen und -trägern). Dabei werden – wie gezeigt – einige Prämissen bezüglich der Zurechnung der Gemeinkosten auf die Kostenträger unterstellt. Eine objektiv richtige Zuordnung aller Kosten auf die Kostenträger ist aber in der Regel nicht möglich.

■ Mit Hilfe der Kalkulationsverfahren, wie z. B.

– Äquivalenzziffernrechnung,
– Zuschlagskalkulation,
– Divisionskalkulation und
– Kuppelproduktkalkulation

Selbstkosten und Herstellkosten

wurden bisher die **vollen Selbstkosten und Herstellkosten** pro betrieblicher Erzeugniseinheit auf der Grundlage der Prämissen bei der Kostenzurechnung ermittelt (Vollkostenkalkulation). Dies kann sowohl für Preis- als auch Kostenentscheidungen erfolgen.

Eine Bereitstellung von **Informationen** für die **Bestandsbewertung** in der kurzfristigen Erfolgsrechnung sowie für den handels- und steuerrechtlichen Jahresabschluss ist möglich.

Schwachpunkte der Vollkostenrechnung

Allerdings weist die Vollkostenrechnung auch gravierende Schwachpunkte auf, die insbesondere bei der Ableitung von Handlungsempfehlungen in Entscheidungssituationen zu erheblichen Problemen führen können. Grundlegend resultieren diese Probleme daraus, dass in der Kostenartenrechnung der Vollkostenrechnung keine Aufteilung der Kosten in variable und fixe Kostenbestandteile vorgenommen wird. Dies führt dazu, dass in der Vollkostenrechnung in erheblichem Umfang

■ Fixkosten proportionalisiert und

■ Gemeinkosten willkürlich auf die Kostenträger geschlüsselt werden.

Schlüsselung von Gemeinkosten

Unter Schlüsselung der Gemeinkosten versteht man, dass Kosten, die gemeinsam für verschiedene Arten von Kostenträgern, z. B. verschiedene Produkte, anfallen (Gemeinkosten), mittels Zuschlag- oder Verrechnungssätzen den einzelnen Kostenträgern zugerechnet werden. Diese Schlüsselung beruht dabei auf Verursachungsannahmen.

Angesichts der Tatsache, dass moderne Unternehmenstätigkeit auf weit reichenden Infrastrukturen, und daher auf hohen Gemeinkosten, beruht, sind so ermittelte Vollkosten je Kostenträger höchst problematisch.

Zurechnung von Verwaltungskosten

Ein gutes Beispiel für die Gemeinkostenschlüsselung ist die in der Vollkostenrechung vorgenommene Zurechnung der Verwaltungsgemeinkosten. Betrachten wir z. B. die Kosten der Geschäftsführung, so wird unmittelbar einsichtig, dass diese Kosten nur außerordentlich schwer den einzelnen Kostenträgern verursachungsgerecht zuzuordnen sind. So müsste für eine verursachungsgerechte Verteilung beispielsweise ermittelt werden, wie häufig und intensiv sich die Geschäftsführung mit einzelnen Produkten beschäftigt hat (im Beispiel der FEBAU GmbH mit einzelnen Fenstertypen). Es ist zu erkennen, dass die durch die Vollkostenrechnung vorgenommene Schlüsselung anhand der Herstellkosten nur zu einer ungenauen, da willkürlichen, Verteilung der Geschäftsführungskosten führen kann. Es kann an Beispielen gezeigt werden, dass eine solche falsche Zuordnung in der Folge Auswirkungen auf die Preisgestaltung haben kann und hierdurch unter Umständen falsche (zu hohe oder zu niedrige) Preise kalkuliert werden. Abhilfe kann hier die Prozesskostenrechnung (Kapitel 7) bieten.

Als weiterer Problembereich ist die Proportionalisierung der Fixkosten zu nennen. Dies bedeutet, dass bei der Errechnung der Selbstkosten in der Vollkostenrechnung implizit unterstellt wird, dass die Fixkosten mit zunehmender Ausbringungsmenge erst entstehen. Tatsächlich ist es jedoch – wie wir bereits in Kapitel 2 erläutert haben – so, dass sich die Unternehmenskosten aus variablen und fixen Kostenbestandteilen zusammensetzen, die jeweils unterschiedlich auf Veränderungen bei den Ausbringungsmengen reagieren. Insbesondere Fixkosten entstehen in voller Höhe – selbst bei einer Ausbringungsmenge von „Null".

Proportionalisierung von Fixkosten

Beispiel 6.1

Die FEBAU GmbH bietet ein selbst produziertes Ersatzteil an. Die bisherige Kalkulation auf Basis der eingeführten Vollkostenrechnung ergibt für dieses Ersatzteil Selbstkosten bei einer Ausbringungsmenge von 600 Stück in Höhe von 4,50 €/Stück. Unter Vollkostengesichtspunkten würde dies heißen, dass

1. mit jeder produzierten Einheit des Ersatzteils die Gesamtkosten der FEBAU GmbH um 4,50 € steigen und

2. bei einem Verkaufspreis von 5 €/St. mit jeder verkauften Einheit ein Gewinn von 0,50 €/St. entsteht.

Dies würde bedeuten, dass Unternehmen, die Produkte zu einem Preis über Selbstkosten anbieten keinen Verlust erleiden können, was in der Praxis (leider) nicht gegeben ist.

Tatsächlich stellt der Controller der FEBAU GmbH fest, dass die 4,50 €/St. aus 3 €/St. variablen Stückkosten und 1,50 €/St. fixen Stückkosten (900 € Fixkosten geteilt durch die Ausbringungsmenge von 600 Stück) bestehen. Das heißt, dass Kosten in Höhe von 900 € unabhängig von der Ausbringungsmenge anfallen, sogar dann, wenn kein Stück gefertigt wird. Schauen wir uns diesen Sachverhalt in einem Kostendiagramm an, so ergibt sich folgendes Bild:

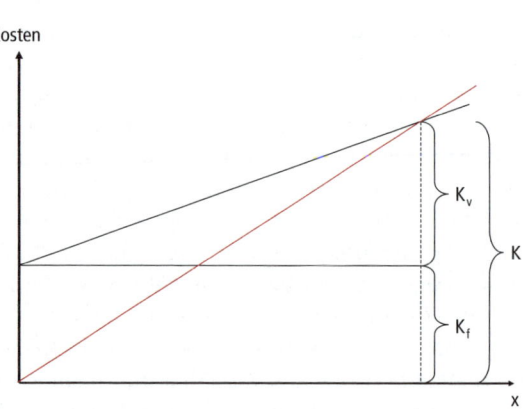

Abbildung 6.1: Vollkostenproblematik und Preisfindung bei sinkenden Absätzen

Hierbei stellt die rote Linie den Kostenverlauf bei Anwendung der Vollkostenrechnung dar, die schwarzen Linien den Kostenverlauf bei Trennung der Kosten in variable (K_v) und fixe (K_f) Teile. Es sollte aus den Erläuterungen in Kapitel 2 deutlich geworden sein, dass der Verlauf der roten Linie nicht den wahren Kostenverlauf darstellt. Andererseits wird auch deutlich, dass die Kosten (inkl. der Fixkosten) hier proportional, d. h. mit immer der gleichen Steigung (in unserem Beispiel um 4,50 €), steigen.

Umgekehrt bedeutet dies auch, dass die Fixkosten, die in ihrer Höhe unabhängig von der Beschäftigung in einer Abrechnungsperiode anfallen, entsprechend der ausgebrachten Leistungsmenge verteilt werden, sodass die Fixkosten pro Stück bei steigender Ausbringungsmenge sinken und bei zurückgehender Ausbringungsmenge steigen. Es handelt sich hierbei um den bereits in Kapitel 2 behandelten Fixkostendegressionseffekt.

Willkürliche Schlüsselung von Kosten

Die Anwendung der Vollkostenrechnung führt wegen dieser willkürlichen Schlüsselung der Gemeinkosten sowie der Proportionalisierung von Fixkosten häufig zu falschen Entscheidungen. Begründet wird dieses Vorgehen oftmals damit, dass alle Kosten eines Unternehmens durch die Herstellung der Produkte/Leistungen hervorgerufen werden und daher auch alle angefallenen Kosten auf die entsprechenden Träger zu verteilen sind. Dies ist insoweit richtig, als dass die Produkte die durch sie verursachten Kosten tatsächlich tragen müssen und die durch die Kalkulation ermittelten Preise diese Kosten auch decken müssen. Andererseits ist dies wiederum falsch, weil diese Beziehung als Rechtfertigung für die Verrechnung herangezogen wird, aber für eine Zurechnung von fixen Kosten auf die Kostenträger eine direkte Kausalität zwischen fixen Kosten und der Produktion bestimmter Kostenträger nicht gegeben ist; die fixen Kosten fallen unabhängig davon an, ob, was und wie viel produziert wird.

Variable Kosten sind eine Funktion der produzierten Menge und fixe Kosten durch den Zeitablauf begründet.

Mathematisch betrachtet sind also die variablen Kosten eine Funktion der produzierten Menge (x) und die fixen Kosten nur durch den Zeitablauf der Periode begründet und daher eine Funktion der Zeit (t):

$$K_v = f(x)$$
$$K_f = f(t)$$

Formel 6.1

Die Gleichungen zeigen, dass durch eine Verrechnung von fixen Kosten auf die Kostenträger aus zeitbezogenen Kosten stückbezogene Kosten werden, was zu einer falschen Bestimmung der Stückkosten führen kann.

Ebenfalls ist die Kostenkontrolle problematisch, da die unterschiedlichen Verhaltensweisen von fixen und variablen Kosten im Falle von Beschäftigungsänderungen nicht berücksichtigt werden. In den nachfolgend beschriebenen Bereichen der Vollkostenrechnung werden weitere Probleme aufgezeigt:

Kostenkontrolle

- Preispolitik,
- Beschaffung,
- Absatz,
- Bestandsbewertung,
- Erfolgsausweis.

6.1.1.1 Preispolitik

Kennzeichnend für eine vollkostenbasierte Kostenträgerstückrechnung ist, dass die ausbringungsmengenunabhängigen Fixkosten auf die im Abrechnungszeitraum erstellten Produkte und Leistungen verrechnet werden. Dies führt dazu, dass sich die Stückkosten des Einzelprodukts bzw. der einzelnen Leistung wegen des Fixkostendegressionseffektes (siehe Kapitel 2) bei einer Erhöhung der Ausbringungsmenge sinken und bei einer Verringerung der Ausbringungsmenge steigen.

Fixkostendegressionseffekt

Eine Preisbestimmung auf Vollkostenbasis ist problematisch, da

- bei rückläufiger Konjunktur und nicht ausgelasteter Produktion pro Mengeneinheit infolge der steigenden Belastung der Kostenträger durch Fixkosten der Unternehmensführung höhere Selbstkosten signalisiert werden, die diese dazu veranlassen könnte, höhere Preise zu fordern, als der Markt bereit ist zu zahlen. Dies führt somit zu sinkendem Absatz, was die Krise weiter verschärft (aus dem Markt kalkulieren).

Kalkulation aus dem Markt

- bei steigender Konjunktur und voll ausgelasteter Produktion es zur gegenläufigen Entwicklung aufgrund der sinkenden Fixkostenbelastung pro Stück kommt. Die dann unter Umständen zu niedrig ange-

Nichtausschöpfung von Gewinnmargen

setzten Preise vermögen nicht solche ausreichenden Gewinne abzuschöpfen, dass die nächste Konjunkturschwäche überstanden werden kann.

Folgendes Beispiel soll diese Problematik bei fallender und steigender Konjunktur verdeutlichen:

Zeit	Variable Kosten in € pro Stück	Fixe Kosten in €	Absatz in Stück	Vollkosten-basierte Preise in €
Jahr 1	10		20	110
Jahr 2	10	2000	10	210
Jahr 3	10		5	410

Zeit	Variable Kosten in € pro Stück	Fixe Kosten in €	Absatz in Stück	Vollkosten-basierte Preise in €
Jahr 1	10		5	410
Jahr 2	10	2000	10	210
Jahr 3	10		20	110

Abbildung 6.2: Vollkostenproblematik und Preisfindung bei sinkenden und steigenden Absätzen

6.1.1.2 Beschaffung

Kostenvergleich als Entscheidungsgrundlage für Make-or-Buy

Die Entscheidung, ob ein Teil, ein Produkt oder eine Leistung in Eigenfertigung hergestellt oder von einem Lieferanten beschafft wird, ist häufig die Folge eines Kostenvergleichs. Erfolgt dieser auf der Basis der Vollkostenrechnung, so führt – unterstellt, dass die Kapazitäten für eine Eigenproduktion ausreichen und nicht anderweitig genutzt werden können – eine solche Berechnung zu falschen Ergebnissen. Entscheidungsrelevant sind dann nur die variablen Kosten der Eigenfertigung, da die im Unternehmen existenten Fixkosten auch anfallen, wenn das Teil fremdbeschafft wird. Das heißt, liegen die Fremdbeschaffungskosten eines Produktes oder einer Leistung höher als die variablen Kosten der Eigenherstellung, so sollte dieses Produkt oder diese Leistung selbst produziert werden.

Aus der Tabelle in Abb. 6.3 wird deutlich, dass die Eigenherstellung des Produktes – bewertet mit Vollkosten – 150 € teurer ist als das Kaufteil und auf der Basis dieser Daten zugekauft werden sollte. Bei Betrachtung mit Teilkosten jedoch würde dieser Teil selbst hergestellt, da der Kostenvorteil 100 € beträgt.

	Variable Kosten in € pro Stück	Fixe Kosten in € pro Stück	Benötigte Menge	Kosten in Summe eig. Herstellung	Preis Kaufteil	Preis Kaufteil in € Summe	Differenz
Vollkosten-ansatz	12	5	50	850	14	700	-150
Teilkosten-ansatz	12		50	600	14	700	100

Abbildung 6.3: Vollkostenproblematik und Beschaffung

6.1.1.3 Absatz

Ist ein Unternehmen nicht voll ausgelastet und kann dieses Unternehmen einen Zusatzauftrag annehmen, der aber die Vollkosten nicht trägt, so würde eine reine Vollkostenbetrachtung zur Ablehnung des Auftrages führen. Eine Analyse nach Teilkosten wird dagegen zu der Entscheidung führen, den Auftrag anzunehmen, sofern der Erlös größer als die variablen Kosten ist und der Auftrag zusätzliche Beiträge zur Fixkostendeckung erbringt. Allerdings ist dabei immer zu prüfen, ob der Zusatzauftrag unter Listenpreis bei Bekanntwerden zu Verärgerung und Abwanderung von Stammkunden führen könnte, sodass die Gewinne zukünftiger Perioden niedriger ausfallen. Dieses Beispiel belegt die Notwendigkeit, die Kostenrechnung nicht isoliert zu betrachten, sondern in ein Controllingsystem zu integrieren, welches auch einen längerfristigen Fokus hat.

Vollkostenbetrachtung bei Unterbeschäftigung

Fixkostendeckung

	Variable Kosten in € pro Stück	Fixe Kosten in € pro Stück	Absatz in Stück	Vollkosten-basierte Preise in €	Preis für den Zusatzauftrag pro Stück in €	Beitrag zur Deckung der Fixkosten
Zusatzauftrag	12	5	1	17	16	4

Abbildung 6.4: Vollkostenproblematik und Absatz

6.1.1.4 Bestandsbewertung

Ein weiterer Problembereich kann bei der Bewertung von Halb- und Fertigprodukten entstehen, weil die Fixkosten wiederum auf die einzelnen Kostenträger (Erzeugnisse) verrechnet werden und somit in die Bestandsbewertung einfließen. Als Beispiel können wir die Kalkulationsdaten verwenden, wie in Abb. 6.5 zu sehen sind.

Wie die Tabelle in Abb. 6.5 zeigt, variieren die Herstellkosten pro Stück um 1 €, je nachdem ob zu Vollkosten oder Teilkosten bewertet wird. Vom Gesetz werden zur Unterteilung der Voll- und Teilkosten jedoch nicht die variablen und fixen Kosten, sondern die Einzel- und Gemeinkosten benannt. Dabei sind die Einzelkosten für Material und Fertigung sowie die Sonderkosten der Fertigung anzusetzen. Zusätzlich dürfen in die Bestandsbewertung auch angemessene Teile der notwendigen Fertigungs- und Materialgemeinkosten sowie der fertigungsbezogenen Abschreibungen einbezogen werden. Dabei dürfen nach § 255,

Ansatz von Einzelkosten aus dem Material-, Fertigungsbereich sowie Teile aus dem Verwaltungskostenbereich

	Summe	Herstellkosten pro Stück Vollkosten	Herstellkosten pro Stück Teilkosten
Absatz Stk.	15.000	4	3
Produktion Stk.	20.000	80.000 € / 20.000 Stk. = 4 €/Stk.	60.000 €/ 20.000 Stk. = 3 €/Stk.
Varible Kosten in €	60.000		
Fixe Kosten in €	20.000		
Vertriebs- und Verwaltungskosten in €	40.000		
Preis pro Stk. in €	10		

Abbildung 6.5: Vollkostenproblematik und Bewertung

Abs. 2 HGB, auch die Kosten der allgemeinen Verwaltung sowie Aufwendungen für soziale Einrichtungen des Betriebs, für freiwillige soziale Leistungen und für betriebliche Altersversorgung enthalten sein. Mit

Ansatzverbot von Vertriebskosten

einem Ansatzverbot sind alle Vertriebskosten belegt, sodass diese auf keinen Fall in die Herstellungskosten einfließen dürfen.

> **IFRS**   Nach den IFRS hat die Bestimmung der Herstellungskosten stets zu Vollkosten zu erfolgen, d. h. neben den Einzelkosten sind auch die fertigungsbezogenen Gemeinkosten inklusive der Verwaltungskosten mit einzubeziehen. Für Vertriebskosten besteht ebenfalls ein Ansatzverbot.

Wird jetzt auf der Basis der vorgenannten Daten und unter der Prämisse, dass die Gemeinkosten den fixen Kosten und die Einzelkosten den variablen Kosten entsprechen, eine Bestandsbewertung durchgeführt, so ergibt sich für die Lagerbestandsveränderungen folgende Berechnung:

Formel 6.2   Lagerbestandswert = (Produktion – Absatz) × Herstellkosten pro Stück

Teilkosten: $(20000 \text{ Stk} - 15000 \text{ Stk}) \times 3\,€ = 15000\,€$

Vollkosten: $(20000 \text{ Stk} - 15000 \text{ Stk}) \times 4\,€ = 20000\,€$

Ergebnisauswirkung der Ansatzunterschiede

Die nachfolgenden zwei Tabellen geben Aufschluss darüber, inwieweit die unterschiedlichen Wertansätze sich auf das Ergebnis (Gesamt- und Umsatzkostenverfahren) auswirken. Der Unterschiedsbetrag zwischen Voll- und Teilkostenansatz entspricht der jeweiligen Veränderung der im Halb- und Fertigprodukt enthaltenen Fixkosten, wobei das Verfahren nach Gesamt- bzw. nach Umsatzkosten gleiche Ergebnisse liefert (siehe Kapitel 5).

> **Merke** Die Aktivierung von Fixkosten (= Gemeinkosten) bewirkt, dass eine Bestandserhöhung bei Vollkostenansatz zu einem höheren Ergebnis und eine Bestandsminderung bei Vollkostenansatz zu einem geringeren Ergebnis führt.

Gesamtkosten-verfahren	Vollkosten-ansatz	Teilkosten-ansatz	Differenz
Umsatz	150.000	150.000	0
Bestandsver-änderungen	20.000	15.000	5.000
Herstellkosten	80.000	80.000	0
Vertriebskosten	40.000	40.000	0
Summe Kosten	120.000	120.000	0
Gewinn	50.000	45.000	5.000

Abbildung 6.6: Vollkostenproblematik und Bewertung Gesamtkostenverfahren

Umsatzkosten-verfahren	Vollkosten-ansatz	Teilkosten-ansatz	Differenz
Umsatz	150.000	150.000	0
Herstellkosten	60.000	45.000	15.000
Fixe Kosten		20.000	
Vertriebskosten	40.000	40.000	0
Summe Kosten	100.000	105.000	-5.000
Gewinn	50.000	45.000	5.000

Abbildung 6.7: Vollkostenproblematik und Bewertung Umsatzkostenverfahren

6.1.1.5 Erfolgsausweis

Diese Auswirkungen können sich Unternehmen auch zu Nutze machen, wenn es darum geht, den Erfolgsausweis in der Ergebnisrechnung unternehmenspolitisch zu gestalten. Sind zum Beispiel in einem Unternehmen der Absatz und die damit verbundenen Erträge sowie der Gewinn rückläufig und das Unternehmen möchte aus Gründen der Bilanzkontinuität dennoch einen gleich hohen Erfolg ausweisen, so kann dieses Ziel über eine Erhöhung der Produktionsmenge erreicht werden. Voraussetzung ist hierfür, dass die Bestände zu Herstellungskosten auf Vollkostenbasis bewertet werden und somit jenen Teil der Fix-(Gemein-)kosten enthalten, der nicht durch die verkauften Produkte gedeckt wurde. Zudem ist bei diesem Gedankenspiel auch zu unterstellen, dass die Kapazitäten dafür vorhanden sind, das Management für die kom-

Beeinflussung des Erfolgsausweises durch Produktionsmengenvariierung

mende Periode einen deutlichen Absatzanstieg erwartet, um den Lagerbestand wieder abzubauen und die Adressaten des Jahresabschlusses die Bestandserhöhungen nicht als kritisch einschätzen.

Um die Differenzmenge zu berechnen, die notwendig ist, um den Gewinnausfall zu kompensieren, bedarf es der Kalkulation des Gewinnunterschiedes sowie der Berechnung der Lagerbestandswerte und der Herstellkosten. Der Vergleich der Spalten „Jahr 2" und „Jahr 2 neu" in der nachstehenden Tabelle zeigt die Unterschiede. Es ist zu erkennen, dass der Gewinnausweis nur um den kalkulatorischen Buchgewinn *Kalkulatorischer* *Buchgewinn* verändert wurde, der durch die Erhöhung der Produktionsmenge um 10.667 Stück und die Bewertung der Bestandsveränderung auf Vollkostenbasis entstanden ist. Diese Veränderung resultiert daher, dass im Rahmen der Vollkostenrechnung rein zeitabhängige Werteverzehre der Periode – mit Hilfe der Bestandsbewertungen – aktiviert wurden und damit der Gewinnausweis positiv beeinflusst wurde. Durch die Aktivierung werden diese Werteverzehre in nachgelagerte Perioden verschoben.

	Jahr 1	Jahr 2	Jahr 2 neu	
Produktionsmenge	20.000	16.000	26.667	→ Absatzmenge + Lagerbestandsveränderung
Absatzmenge (Stk)	20.000	16.000	16.000	Zur Berechnung ist folgendes Gleichungssystem zu lösen:
Bestandsver-änderungen (Stk.)	0	0	10.667	→ $X \cdot (K_{flix} \div (\text{Absatzmenge} + X)$ = Gewinndifferenz
Fixkosten	40.000	40.000	40.000	$X \cdot (40.000€ \div (16.000 + X)$ = 16.000€ |÷40.000
Variable Kosten	4	4	4	$X \cdot (1 + X)$ = 0,4 |·(16.000 + X)
Vertriebskosten pro Stück	2	2	2	X = 0,4 ·(16.000 + X)
Absatzpreis (€)	10	10	10	X = 12.800 + 0,4 X
Herstellungskosten (€)	6,00	6,50	5,50	X = 6.400 + 0,4 X
				X = 10.666,$\overline{6}$
				→ Herstellungskosten$_{Stk}$ = K_{var_Stk} + (K_{flix} ÷ Produktionsmenge)
Gesamtkosten-verfahren (Angaben in €)				Herstellungskosten$_{Stk}$ = 4€ + (40.000€ ÷ 26.667)
				Herstellungskosten$_{Stk}$ = 4€ + 1,50€
Umsatz (€)	200.000	160.000	160.000	
Bestandsver-änderungen (€)	0	0	58.667	→ Bestandsveränderung = Herstellungskosten$_{Stk}$ · Lagerbestandsveränderung
Herstellkosten (€)	120.000	104.000	146.667	→ Herstellungskosten = Produktionsmenge · Herstellungskosten$_{Stk}$
Vertriebskosten (€)	40.000	32.000	32.000	
Gewinn (€)	40.000	24.000	40.000	

Abbildung 6.8: Vollkostenproblematik und Erfolgsausweis
(in Anlehnung an: Lausberg, F.-W., Entscheidungsorientierte Kostenrechnung, Skript, Helmut-Schmidt-Universität Hamburg 2006, S. 227)

Wo liegt hier das Problem? Wenn man berücksichtigt, dass Gewinne eigentlich nur durch auf dem Absatzmarkt erzielte Erlöse entstehen sollten, und hier schon allein durch die Produktion, so ist dieser Tatbestand zu kritisieren und entspricht auch nicht dem „Prinzip der kaufmännischen Vorsicht". Des Weiteren ist die Aktivierung der Fix-(Gemein-) *Aktivierung von Fixkosten* kosten, die unter Umständen zeitraumbezogene Aufwendungen auf spätere Rechnungsperioden verlagert, auch mit dem Realisationsprinzip nicht in Einklang zu bringen. In der externen Rechnungslegung ist durch das Niederstwertprinzip, welches auch nach den IFRS gilt, aber sichergestellt, dass die Unternehmensführung hier keine Werte ansetzen darf, die in Zukunft nicht zu realisieren sind, wobei natürlich stets Ermessensspielräume bleiben.

Zusammenfassend kann festgehalten werden, dass

- eine Schlüsselung von Kosten, die für mehrere Kostenträger angefallen sind, zu Zuordnungsproblemen führen muss und die Zuordnung der Fixkosten in Abhängigkeit von der produzierten Menge zu einer Fixkostenproportionalisierung führt, der jegliche Kausalität fehlt.

- eine Bewertung der Verbrauchsmengen aufgrund von Preisschwankungen problematisch ist.

- die Ermittlung der Stückkosten saisonalen Einflüssen und Kalenderspezifika (Feiertage, Monatslänge) unterliegt.

Die oben aufgeführten Problembereiche haben zu der Entwicklung der Prozesskostenrechnung (siehe Kapitel 7) geführt, welche die Problematik der undifferenzierten Verteilung der Gemeinkosten auf die Kostenträger über Zuschlagssätze durch prozessorientierte Betrachtungen verbessert, zu der Plankostenrechnung (siehe Kapitel 9), die die zu erwartenden zukünftigen Entwicklungen in die Betrachtungen mit einbezieht, und zu der Entwicklung der Teilkostenrechnungen, die für bestimmte Rechenzwecke bessere Antworten zu geben vermag, da als irrelevant klassifizierte Kostengrößen hierbei nicht berücksichtigt werden.

Prozesskostenrechnung

6.1.2 Merkmale und Grundstrukturen der Teilkosten- und Deckungsbeitragsrechnungen

Hauptmerkmal der Teilkostenrechnungen ist somit, dass auf eine vollständige Verrechnung aller Kosten auf die Kostenträger verzichtet wird und so die beschriebenen Mängel der Vollkostenrechnung für bestimmte Rechenzwecke umgangen werden können. Sie versuchen, dem **Verursachungsprinzip** in der Kostenzuordnung besser zu entsprechen als Vollkostenrechnungen, indem nur die Teile der Kosten auf die Kostenträger verrechnet werden, bei denen ein hinreichend eindeutiger Verursachungszusammenhang vorliegt (vgl. Kapitel 2). Damit sollen die Kosteninformationen an Zuverlässigkeit und Entscheidungsrelevanz gewinnen.

Verursachungsprinzip = Zuordnung von Kosten auf Kostenträger nur gemäß eindeutiger Kausalität

> **Merke** **Teilkostenrechnungen** entsprechen dem Verursachungsprinzip in der Kostenzuordnung besser, weil sie nur die Teile der Kosten auf die Kostenträger verrechnen, bei denen ein Verursachungszusammenhang vorliegt.

Als Basis für die Kostenverteilung kommen die Kategorisierungen

- **variable und fixe Kosten** sowie
- **Einzel- und Gemeinkosten**

in Betracht.

Abbildung 6.9 zeigt die entsprechende Ausdifferenzierung der Teilkostenrechnungssysteme.

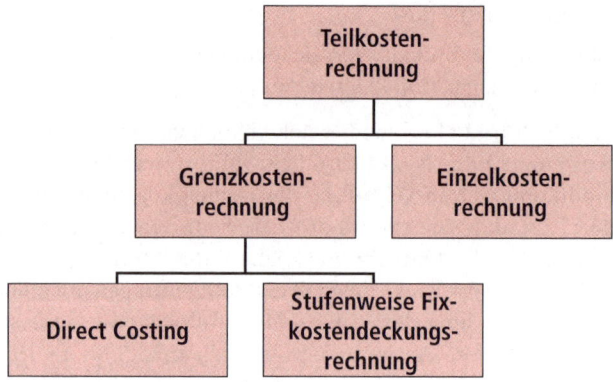

Abbildung 6.9: Übersicht Teilkostenrechnungen

Grenzkosten- und Einzelkostenrechnung
Im ersten Fall werden dem Kostenträger nur die variablen Kosten zugeordnet; es entsteht die so genannte **Grenzkostenrechnung** oder Deckungsbeitragsrechnung (Variable Costing, Direct Costing, Marginal Costing oder stufenweise Fixkostendeckungsrechnung). Im zweiten Fall werden dem Kostenträger nur die Einzelkosten belastet; es entsteht die so genannte **Einzelkostenrechnung**.

Aufspaltung der Kosten in fix und variable sowie Einzel- und Gemeinkosten
Um Teilkostenrechnungen verwirklichen zu können, muss demnach eine Aufspaltung der Kosten nach variablen und fixen Kosten bzw. nach Einzel- und Gemeinkosten im Rechenwerk (Kostenartenrechung) organisiert werden.

Beschäftigungsproportionale Kosten
Die Untergliederung der Kostenarten in Abhängigkeit von der Beschäftigung führt dazu, den einzelnen Kostenträgern (Endprodukten) nur die beschäftigungsproportionalen Kosten zuzurechnen, wobei die proportionalen Beziehungen zwischen Kosten und Beschäftigungsgrad als Rechtfertigung für deren Zurechnung gilt. Beschäftigungsfixe Kosten werden als periodenbezogene Größe interpretiert und müssen von den zusammengefassten Bruttoerfolgsbeiträgen aller Endprodukte gedeckt werden, wenn für die Periode zumindest gesamtunternehmensbezogen Vollkostendeckung angestrebt wird.

In Abhängigkeit von dieser Klassifizierung sind beispielsweise Gehälter, Mieten, Gebäudeeinrichtung oder Versicherungen als eindeutig fixe Kosten zu klassifizieren, Fertigungsmaterial und Fertigungslöhne stellen dagegen eindeutig variable Kosten dar. Diese bereiten häufig einen nicht so hohen Ermittlungsaufwand in der Kosten- und Erlösrechnung.

Des Weiteren ist der Betrachtungszeitraum von entscheidender Bedeutung, da davon auszugehen ist, dass langfristig alle Fixkosten auch wieder in variable Kosten überführt werden können. Dies lässt sich am Beispiel von Gehaltskosten verdeutlichen; betrachtet man eine Monatsperiode, so sind die Gehaltskosten fix, da durch vertragliche Regelungen und zum Teil gesetzliche Kündigungsfristen ein Mitarbeiter oder eine Mitarbeiterin in der Regel länger als einen Monat an das Unternehmen gebunden ist. Betrachtet man im Gegensatz dazu eine Jahresperiode, so könnten die Gehaltskosten als variabel angesehen werden, da sie in diesem Zeitraum durchaus veränderbar bzw. abbaubar sind.

Fixkosten können langfristig wieder variabel werden.

Zudem existieren in der Regel auch **Mischkosten**, die sowohl fixe als auch variable Bestandteile aufweisen, deren Höhe aber im Einzelnen analysiert werden muss. Beispiele für Mischkosten sind Betriebsstoffe, Hilfslöhne, Instandhaltungskosten, Energiekosten, Büromaterial, Post oder Telefon.

Mischkosten enthalten sowohl fixe als auch variable Bestandteile.

Zusätzlich zu dem Problem der gerechten und periodengenauen Verteilung der Gemeinkosten auf die einzelnen Kostenstellen wird deutlich, dass die Ermittlung der fixen und variablen Kosten ein weiteres Kernproblem ohne eindeutigen Lösungsweg darstellt. Es bestehen diverse Ansätze zur Lösung dieses Problems: Hierbei gilt der generelle Grundsatz, je mehr Aufwand zur genauen Erfassung der Kosten betrieben wird, desto höher ist die Qualität der Ergebnisse. Zu berücksichtigen ist jedoch, dass ein erhöhter Aufwand zur genauen Kostenerfassung auch gleichzeitig die Kosten für die detaillierte Analyse steigert.

Problem der Ermittlung der fixen und variablen Kosten

Um die Genauigkeit der Teilkostenrechnung nicht zu beeinträchtigen, müssen die angesprochenen Mischkosten in ihre jeweiligen proportionalen und fixen Kostenanteile aufgespalten werden. Zur Aufspaltung der Kosten werden dabei im Wesentlichen drei verschiedene Methoden angewendet:

Kostenauflösungsverfahren

- die mathematische,
- die grafische und
- die buchtechnische Methode.

6.1.2.1 Mathematisches Kostenauflösungsverfahren

Für das Verfahren der **mathematischen Kostenauflösung** ist charakteristisch, dass Gesamtkosten in Grenz- und Residualkosten aufgeteilt werden. Diese Aufteilung ist auf Eugen Schmalenbach[1] zurückzuführen, und bei linearen Kostenverläufen sind die Grenzkosten den variablen Kosten sowie die Residualkosten den Gemeinkosten gleichzusetzen. Es ist die älteste Methode der Kostenauflösungsverfahren. Hierbei werden die Istwerte von zwei Perioden, z.B. zwei Monaten, verglichen und

Bei linearen Kostenverläufen entsprechen die Grenzkosten den variablen Kosten und die Residualkosten den Gemeinkosten.

---

[1] Schmalenbach, E.: Selbstkostenrechnung, 1919, S. 294 ff.

die Unterschiede ermittelt. Die Mehrkosten einer Kostenart haben hierbei einen proportionalen Charakter, worauf sich dann die proportionalen Kosten für jede Beschäftigungssituation des Unternehmens in Form einer linearen Funktion berechnen lassen.

Für verschiedene Beschäftigungsgrade werden so die angefallenen Gesamtkosten möglichst preisbereinigt ermittelt und auf dieser Basis mathematisch die Kostenfunktion bestimmt. Hierbei kommt folgende Formel zum Einsatz:

Formel 6.3

$$\frac{K_2 - K_1}{X_2 - X_1} = \frac{dK}{dX} = k'$$

mit:

K_1 = Gesamtkosten bei Ausbringungsmenge X1
K_2 = Gesamtkosten bei Ausbringungsmenge X2
k' = Proportionale Stückkosten
K_f = Fixe Gesamtkosten

Die fixen Kosten können im Weiteren durch die Subtraktion der variablen Kosten von den gesamten Kosten bestimmt werden:

Formel 6.4

$$K_{f1} = K_1 - k'X_1$$
$$K_{f2} = K_2 - k'X_2$$

Diese Vorgehensweise ist natürlich nicht ganz unproblematisch, da die beiden Datenpunkte zur Berechnung der variablen und fixen Kostenanteile durch Zufallsschwankungen oder saisonale Einflüsse geprägt sein können.

Zur Veranschaulichung wird folgendes Beispiel herangezogen, in dem deutlich wird, wie über die Bestimmung der proportionalen Kosten die fixen Kosten bestimmt werden können:

Beispiel 6.2

Die FEBAU GmbH hat im September und Oktober – diese Monate sind bewusst gewählt worden, da sie nicht durch Ferienzeiten oder besondere Kostenschwankungen geprägt waren – folgende Daten für die Herstellung der Kunststoffprofile ihrer hochwertigen Kunststofffenster ermittelt:

Monat	Hergestellte Menge Profile	Differenz	Kosten	Differenz	Proportionale Kosten €/Stk.	Proportionale Kosten €	Fixe Kosten €
September	500		47.000			30.000	17.000
		100		6.000	60		
Oktober	600		53.000			36.000	17.000

Abbildung 6.10: Mathematisches Kostenauflösungsverfahren

Die FEBAU GmbH hat im Oktober 100 Teile mehr produziert als im September. Die Kostendifferenz zwischen diesen beiden Monaten beträgt 6.000 €. Um jetzt den variablen und den fixen Kostenanteil zu ermitteln, ist nur die Kostendifferenz der beiden Monate durch die erhöhte Anzahl der Profile zu teilen; es ergeben sich die variablen (proportionalen) Stückkosten von 60 €. Auf der Basis dieser Stückkosten können dann die variablen Kosten durch Multiplikation der geleisteten Mengen mit dem Stückkostensatz berechnet werden.

Einschränkend ist anzumerken, dass die notwendige Ceterisparibus-Bedingung (d. h. alle weiteren Rahmenbedingungen bleiben unverändert) hierbei in der Regel nicht zu erfüllen ist, da es z. B. zu Qualitätsänderungen in der Zeit gekommen sein kann.

6.1.2.2 Buchtechnisches Kostenauflösungsverfahren

Wie das mathematische Verfahren, so basiert auch das **buchtechnische Verfahren** auf tatsächlichen Istwerten. Beim buchtechnischen Verfahren wird jedoch das Verhalten jeder Kostenart in Bezug zur Beschäftigung gesetzt und durch Beobachtung mittels statistischer Verfahren und Expertenerfahrungen aus der Vergangenheit beschrieben. Häufig wird diese Vorgehensweise durch grafische Analysen unterstützt und die Trennung der fixen und variablen Kosten mit Hilfe einer Regressionsgeraden vollzogen.

Das buchtechnische Verfahren setzt das Verhalten jeder Kostenart in Bezug zur Beschäftigung.

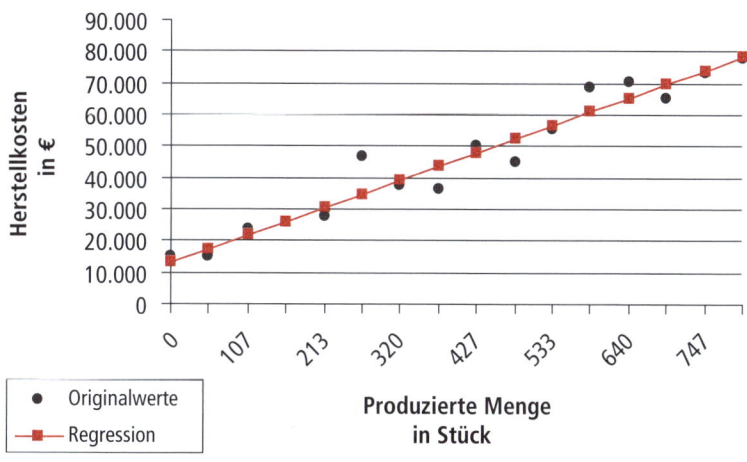

Abbildung 6.11: Buchtechnisches Kostenauflösungsverfahren

Als statistische Methode wird zur Bestimmung der Geraden häufig die Methode der kleinsten Quadrate angewendet; d. h. die Gerade wird so an die vorhandenen Punkte der Originalwerte angepasst, dass die Summe der quadrierten Abweichungen zwischen Originalwerten und Gerade ein Minimum ist. Dort wo die Gerade die Y-Achse schneidet, können dann die fixen Kosten abgelesen werden.

6.1.2.3 Planmäßiges Kostenauflösungsverfahren

Die Auflösung von Plankosten geschieht zweckmäßigerweise nicht auf der Basis von Istwerten, sondern hier werden zur Analyse Plandaten herangezogen und die technisch-wirtschaftliche Abhängigkeit der Kosten von der Ausbringungsmenge analysiert und beschrieben. Das **planmäßige Kostenauflösungsverfahren** – auch **analytische Kostenauflösung** genannt – stellt also fest, inwieweit eine Abhängigkeit zwischen Plankosten und zukünftiger Beschäftigung gegeben sein wird. Erforderlich ist hierbei die Kenntnis der technischen Abhängigkeit zwischen den im Unternehmen eingesetzten Faktoren der Einsatz- und Ausbringungsmengen. Somit muss für jede Abteilung (Kostenstelle) eine Kostenfunktion ermittelt werden, wobei die bewerteten Faktoreinsatzmengen zu den Kosten führen. Ausgehend von diesen Analysen kann bei einem vorgegebenen Beschäftigungsgrad die Kostenhöhe dann bei jeder Beschäftigung bestimmt werden. Als fixe Kosten werden solche Kosten angesehen, die auch dann noch gerechtfertigt sind, wenn die Beschäftigung dieser Kostenstellen sich null nähert. Diese Kosten sind demnach weitestgehend dispositionsbestimmt und spielen besonders im Lohnkostenbereich eine große Rolle, da dort die Betrachtung, ob eine Kostenart fix oder variabel ist, sich in einem Zeitraum von sechs Monaten aufgrund der unterschiedlichen Kündigungsfristen durchaus ändern kann.

Diese Zerlegung der Kosten in variable und fixe Bestandteile unterstellt, dass damit die zentralen, bezüglich der Kostenentscheidungen relevanten Einflüsse der Teilkostenrechnung abgedeckt sind. Jedoch ist das Netz der **Kosteneinflussgrößen** weit komplexer, wie Abb. 6.12 exemplarisch verdeutlicht.

Eine reine Teilkostenrechnung reicht für die Unterstützung von Führungsentscheidungen jedoch nicht aus, da zum einen in dieser Form wesentliche Teile der Kosten (Fixkosten bzw. Gemeinkosten) unberücksichtigt bleiben, zum anderen, da kalkulatorische Erfolgsaussagen fehlen. Diese Lücke wird geschlossen, indem die Teilkostenrechnung durch Einbeziehung der Erlöse zur **Deckungsbeitragsrechnung** erweitert wird. Der Deckungsbeitrag kann dabei wie folgt definiert werden:

Planmäßiges Kostenauflösungsverfahren = analytische Kostenauflösung

Nutzung der technischen Abhängigkeit der Einsatz- und Ausbringungsmengenfaktoren

Kosteneinflussgrößen

> **Definition** Der Deckungsbeitrag ergibt sich aus der Gegenüberstellung der Erlöse und der variablen Kosten (im Falle der Deckungsbeitragsrechnung) bzw. der Einzelkosten (im Falle der Einzelkostenrechnung).

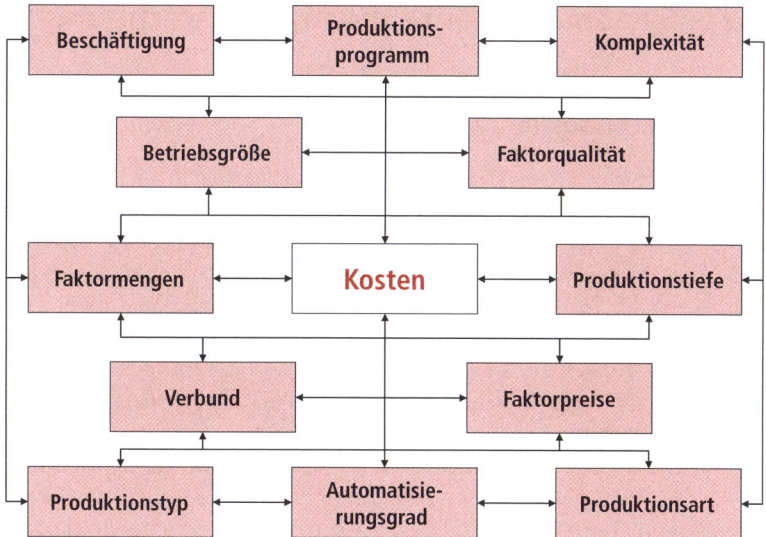

Abbildung 6.12: Kosteneinflussgrößen
(Abbildung in Anlehnung an: Lachnit, L., Isemann, R.: Controlling, Oldenburg 2004, S. 97)

Im Prinzip ist der Deckungsbeitrag wie folgt konzipiert:

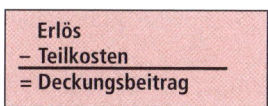

Abbildung 6.13: Deckungsbeitrag

Der Deckungsbeitrag gibt den Betrag an, um den sich das Betriebsergebnis eines Unternehmens in Abhängigkeit von der Ausbringungsmenge des Unternehmens (im Falle der Deckungsbeitragsrechnung) bzw. von bestimmten Entscheidungen (im Falle der Einzelkostenrechnung) verändert. Definition des Deckungsbeitrages

Der Deckungsbeitrag ist der kalkulatorische Erfolg der betreffenden Kostenträger bei Teilkostenansatz. Die in den Teilkosten nicht erfassten Fix- oder Gemeinkosten müssen durch die Summe der erzielten Deckungsbeiträge abgedeckt werden, damit ein positives Betriebsergebnis des Gesamtunternehmens oder der betrachteten Rechenausschnitte entsteht.

Aus der Betrachtung dieser Zusammenhänge gewinnt man einen tief gehenden Einblick in die Kosten-, Leistungs- und Erfolgsentstehung im Unternehmen, differenziert nach verschiedensten Bezugsgrößen, wie z. B. Produkten, Produktgruppen oder Regionen.

6.2 Systeme der Deckungsbeitragsrechnung

6.2.1 Vorgehensweise bei der Deckungsbeitragsrechnung

Nachdem im vorherigen Kapitel die Trennung der Kosten in die Bestandteile **fix und variabel** erfolgte, wird nun die weitere Aufbereitung der kostenrechnerischen Daten beschrieben, um die Grundlage für die Systeme der Teilkostenrechnungen zu schaffen. Die systematische Vorgehensweise der Teilkostenrechnung unterscheidet sich dabei nicht von der Vorgehensweise, die wir bereits im Rahmen der Vollkostenrechnung kennen gelernt haben. Beginnend bei der Kostenartenrechnung über eine Kostenstellenrechnung endet auch die Teilkostenrechnung mit der Kostenträgerrechnung.

Kostenarten in der Teilkostenrechnung

Generell wird in der Teilkostenrechnung der gleiche Kostenartenplan wie in der Vollkostenrechnung zur Einteilung von Kosten verwendet. Ein wesentlicher Unterschied bezüglich der Kostenartenrechnung auf Teilkostenbasis besteht jedoch in der zusätzlichen Klassifikation in fixe und variable Kostenarten. Treten Arten von Mischkosten auf, so müssen diese, wie beschrieben, vorerst durch Methoden der Kostenauflösung in ihre fixen und proportionalen Bestandteile aufgelöst werden, bevor sie zugewiesen werden können.

Differenzierung der Kostenarten in fixe und variable Kosten innerhalb der Deckungsbeitragsrechnung

Der Kostenartenplan der FEBAU GmbH bleibt demnach in seiner Gliederung gleich, wird aber um die Differenzierung in fixe und variable Kosten ergänzt.

Kostenstellen in der Teilkostenrechnung

Die Kostenstellenrechnung erfüllt währenddessen in den Systemen der Teilkostenrechnungen die gleichen Funktionen wie in den anderen Kostenrechnungssystemen auf Vollkostenbasis, nämlich die der bereichsbezogenen Kostenkontrolle. Zu Beginn der Kostenstellenrechnung werden die Einzelkosten den entsprechenden Kostenstellen zugeordnet, wie zum Beispiel die Materialeinzelkosten der Materialstelle und die Produktionslöhne der Fertigung. In einem zweiten Schritt werden für die einzelnen Kostenarten die fixen und variablen Anteile der Gemeinkosten ausgewiesen und den einzelnen Kostenstellen zugeordnet. Im Anschluss an die differenzierte Ausweisung der fixen und variablen Kosten kann dann mit der innerbetrieblichen Leistungsverrechnung begonnen werden, die nach den gleichen Grundprinzipien der Vollkostenrechnung durchgeführt wird (vgl. Kapitel 4). Das Ergebnis liefert dann die Datenbasis zur Berechnung der Zuschlagssätze für die Kalkulation – differenziert nach fixen und variablen Bestandteilen. Der variable Teil der Gemeinkosten (unechte Gemeinkosten) wird im nächsten Schritt den Produkten in der Kostenträgerrechnung zugeordnet, der fixe Teil wird in den Fixkostenblock übernommen.

Betriebsabrechnungsbogen auf Teilkostenbasis

Abb. 6.14 zeigt einen **Betriebsabrechnungsbogen** (BAB) differenziert nach fixen und variablen Kosten. Aus diesem BAB können nun die Daten für die weiteren kostenrechnerischen Analysen extrahiert werden und

Zuschlagsgrundlage		FM 200.000				FL 90.000			HK des Umsatzes 341.575			341.575		

Kostenstellen

Kostenarten	Summe	Allgemein Gesamt	Anteil variable	Anteil fix	Material Gesamt	Anteil variable	Anteil fix	Fertigung Profile Gesamt	Anteil variable	Anteil fix	Verwaltung Gesamt	Anteil variable	Anteil fix	Vertrieb Gesamt	Anteil variable	Anteil fix
Hilfs- und Betriebsstoffe	8.000,00 €	200	80	120	800	560	240	6.000	3.300	2.700	400	120	280	600	180	420
Energiekosten	18.000,00 €	10.000	4.000	6.000	1.500	1.050	450	6.500	3.575	2.925	0	0	0	0	0	0
Hilfslöhne	34.000,00 €	5.440	2.176	3.264	8.160	5.712	2.448	16.320	8.976	7.344	1.360	408	952	2.720	816	1.904
Kalk. Wagnisse	22.000,00 €	2.200	880	1.320	5.500	3.850	1.650	5.500	3.025	2.475	4.400	1.320	3.080	4.400	1.320	3.080
Raumkosten	14.000,00 €	2.000	800	1.200	3.500	2.450	1.050	6.500	3.575	2.925	2.000	600	1.400	0	0	0
Bürokosten	12.000,00 €	0	0	0	0	0	0	0	0	0	8.000	2.400	5.600	4.000	1.200	2.800
Kalk. Abschreibungen	25.000,00 €	4.500	1.800	2.700	3.500	2.450	1.050	13.000	7.150	5.850	2.500	750	1.750	1.500	450	1.050
Summe	133.000,00 €	24.340	9.736	14.604	22.960	16.072	6.888	53.820	29.601	24.219	18.660	5.598	13.062	13.220	3.966	9.254
Umlage allg. Kostenstelle	→				3.651	2.556	1.095	6.085	3.347	2.738	8.519	2.556	5.963	6.085	1.826	4.260
Summe					26.611	18.628	7.983	59.905	32.948	26.957	27.179	8.154	19.025	19.305	5.792	13.514

Ermittlung der IST-Zuschlagssätze

	Material			Fertigung Profile			Verwaltung			Vertrieb		
	26.611	18.628	7.983	59.905	32.948	26.957	27.179	8.154	19.025	19.305	5.792	13.514
Zuschlagsgrundlage	200.000	200.000	200.000	90.000	90.000	90.000	341.575	341.575	341.575	341.575	341.575	341.575
IST-Zuschlagssätze	13,31%	9,31%	3,99%	66,56%	36,61%	29,95%	7,96%	2,39%	5,57%	5,65%	1,70%	3,96%

Abbildung 6.14: Betriebsabrechnungsbogen mit variablen Kosten

so z. B. die variablen Kosten für das Direct Costing sowie die Zuschlags-sätze für die variablen Kosten im Rahmen der Kalkulation bereitgestellt werden.

6.2.2 Deckungsbeitragsrechnung (Direct Costing)

6.2.2.1 Das Verfahren der Deckungsbeitragsrechnung

Die Deckungsbeitragsrechnung, auch Direct Costing oder Variable Costing genannt, ist eine Systemvariante der Teilkostenrechnung und hat ihren Ursprung in den USA der 1930er Jahre. Sie beruht auf der Erkennt-nis, dass es kurzfristig sinnvoll sein kann, bei Unterbeschäftigung auf die Deckung der Vollkosten zu verzichten und an Stelle einer Stilllegung des Unternehmens besser eine teilweise Deckung der fixen Kosten zu errei-

Belastung der Kostenträger nur mit den variablen Kosten

chen. Die Kostenträger werden nur mit den variablen, d. h. den bei Mehr-produktion unmittelbar durch diese Träger verursachten Mehrkosten, belastet. Dies ist natürlich nur dann sinnvoll, wenn erkennbar ist, dass in naher Zukunft wieder Vollbeschäftigung eintreten wird (z. B. wenn Kaufentscheidungen der Kunden nur aufgeschoben sind). Ein generel-les Problem ist, dass unter Umständen die Preise des Unternehmens leiden (man spricht auch von einer Flächenbrandwirkung) und ein so genannter „Last-Minute-Effekt" eintritt, der das Preisniveau insgesamt senkt und so auch in Zukunft kaum höhere Margen erwarten lässt.

Beispiel 6.3

> Das bedeutet für die FEBAU GmbH, dass mit der Konzentration auf die Deckung der variablen Kosten, um den Konkurrenten aus dem Markt zu drängen, beachtet werden muss, dass die „Kampfpreise" die bestehenden Kunden nicht verärgern und auf lange Sicht letzt-endlich nicht zu einem Umsatzrückgang führen.

Erster Schritt: Nettopreisermittlung

Zweiter Schritt: Nettoerlösermittlung durch Multiplikation mit den Mengen

Dritter Schritt: Subtraktion der variablen Kosten von den Erlösen und Ermittlung der Stück- und Gesamtdeckungsbeiträge

Um die Deckungsbeitragsrechnung umzusetzen, wird in einem ersten Schritt für jedes einzelne Produkt einer Unternehmung der Nettopreis ermittelt, indem von dem Bruttopreis der Rabatt und die gezogenen Skonti abgezogen werden. Diese Nettopreise je Produkteinheit wer-den dann im zweiten Schritt mit den tatsächlichen Absatzmengen je Produktart multipliziert, woraus sich die Summen der Nettoerlöse der einzelnen Produkte ergeben. Im nächsten Schritt kommen nun die varia-blen Kosten je Produktart zum Abzug, woraus sich dann der Deckungs-beitrag je Produktart ergibt. Hierbei ist zwischen einem **Stückdeckungs-beitrag** und einem **Gesamtdeckungsbeitrag** zu unterscheiden.

Das heißt, dass sich der Deckungsbeitrag der Deckungsbeitragsrech-nung wie folgt errechnet:

Stückdeckungsbeitrag:		Gesamtdeckungsbeitrag:	
	Nettopreis (p)		Nettoumsatz pro Produktart (U)
./.	variable Stückkosten (k_v)	./.	gesamte variable Kosten pro Produktart (K_v)
=	Stückdeckungsbeitrag (db)	=	Gesamtdeckungsbeitrag pro Produktart (DB).

Der Deckungsbeitrag stellt den Betrag dar, den ein Produkt bzw. eine Produktart zur Deckung der Fixkosten beiträgt. Dabei zeigt der Stückdeckungsbeitrag die Veränderung des Betriebsergebnisses an, die bei einer Veränderung der Ausbringungsmenge um eine Einheit einer Produktart eintritt, der Gesamtdeckungsbeitrag dagegen zeigt den Beitrag einer Produktart am Betriebsergebnis eines Unternehmens. Es ist zu erkennen, dass die Deckungsbeitragsrechnung eine Veränderungsrechnung darstellt.

Diese Deckungsbeiträge werden nun im vierten Schritt zum Gesamtdeckungsbeitrag der Unternehmung zusammengefasst und von diesem dann die Fixkosten in einem Block abgezogen. Es ergibt sich somit am Ende der Rechnung ein kalkulatorischer Periodenerfolg.

Vierter Schritt: Ermittlung des Unternehmensgesamtdeckungsbeitrages und Subtraktion der Fixkosten

> **Merke** Bei der **Deckungsbeitragsrechnung** werden die Fixkosten in einer Summe von den Deckungsbeiträgen abgezogen.

Nachfolgend ist die Rechenstruktur für eine einstufige Deckungsbeitragsrechnung für die FEBAU GmbH exemplarisch wiedergegeben:

Beispiel 6.4

		Kunststofffenster									Summe		
		Quadratisch			Rechteckig								
		100 x 100			100 x 200			300 x 200					
		Stück (€)	Menge	Gesamt (€)	Stück (€)	Menge	Gesamt (€)	Stück (€)	Menge	Gesamt (€)	Menge Gesamt	Gesamt (€)	Durchschnitt pro Stück (€)
Erlöse	+	500	300	150.000	500	350	175.000	650	150	97.500	800	422.500	528,13
Variable Kosten in €	–	135	300	40.500	165	350	57.750	260	150	39.000	800	137.250	171,56
Deckungsbeitrag absolut	=	365		109.500	335		117.250	390		58.500	800	285.250	356,56
Deckungsbeitrag relativ in Bezug zum Erlös	=	73,0%			67,0%			60,0%				67,5%	
Fixe Kosten der Periode	/											265.000	331,25
Ergebnis der Periode	=											20.250	25,31

Abbildung 6.15: Beispiel für einstufiges Direct Costing

Die Abbildung zeigt, dass bei der FEBAU GmbH in dem betrachteten Zeitraum das quadratische Fenster einen Stückdeckungsbeitrag von 365 €, das rechteckige Fenster einen Stückdeckungsbeitrag von 335 € bzw. 390 € erzielt. Die Deckungsbeiträge der Produkte sind 109.500 € (quadratisches Fenster), 117.250 € bzw. 58.500 € (rechteckiges Fenster). Der Gesamtdeckungsbeitrag beläuft sich auf 285.250 €. Subtrahiert man von diesem Deckungsbeitrag den Fixkostenblock von 265.000 €, so verbleibt ein Betriebsergebnis der Periode von 20.250 €. Es ist zusammenfassend zu konstatieren, dass

- alle Produkte einen positiven Deckungsbeitrag erwirtschaften,

- das Produkt „rechteckiges Fenster 300 × 200" den geringsten Deckungsbeitrag liefert,

- in diesem Verfahren die fixen Kosten in einem Block bei der periodischen Betrachtung in Abzug gebracht werden, um das Periodenergebnis zu ermitteln, und das Ergebnis für diese Produkte positiv ist.

6.2.2.2 Kritische Würdigung

Kritikpunkte an der Deckungsbeitragsrechnung beziehen sich vorwiegend auf die engen Prämissen dieses Verfahrens. So sind folgende Kritikpunkte zu nennen:

- Einteilung der Kosten nur nach ihrer Beschäftigungsabhängigkeit.
- Kurzfristig fixe Kosten (z. B. Fertigungszeitlöhne) werden als variable Kosten behandelt.
- Variable Kosten werden mit proportionalen Kosten gleichgesetzt.
- Ein proportionaler Verlauf der Verkaufserlöse wird unterstellt.

Darüber hinaus unterstellt das Modell der Deckungsbeitragsrechnung immer das Vorhandensein ausreichender Kapazitäten. Generell kann gesagt werden, dass, wenn in Zeiten nicht ausgelasteter Kapazitäten ein Unternehmen auf volle Kostendeckung besteht und Aufträge mit Preisen unterhalb der vollen Selbstkosten ablehnt, der Erfolg für die laufende Periode des Unternehmens verschlechtert wird, da die unabhängig von der Produktion anfallenden fixen Kosten dann nur auf weniger Produkte verteilt werden können und somit der Mengendegressionseffekt nicht ausgenutzt wird. Werden aber mit Hilfe des „Direct Costing" die Deckungsbeiträge ermittelt und im gleichen Schritt Preisuntergrenzen für variable Selbstkosten im Unternehmen festgelegt, so erbringt jedes Produkt, dessen Preis über den variablen Stückkosten liegt, einen Beitrag zur Deckung der unvermeidbaren Kosten und eventuell zur Erzielung eines Gewinns.

Es ist aber zu konstatieren, dass die Deckungsbeitragsrechnung in der hier beschriebenen Form zwar ein sehr einfaches Verfahren ist, aber aufgrund der Vernachlässigung der Fixkosten – Verrechnung in nur einer Summe – nur beschränkt einsatzfähig ist.

Das Direct Costing ist ein einfaches Verfahren, aber vernachlässigt die Fixkosten.

Ein weiterer Aspekt ist, dass die Fixkosten, die einen erheblichen Anteil an den Gesamtkosten der Unternehmen in der Praxis ausmachen (im obigen Beispiel der FEBAU GmbH machen die Fixkosten ca. 2/3 der Gesamtkosten aus), bei der einfachen Deckungsbeitragsrechnung nicht analysiert werden und damit vollkommen unkontrolliert bleiben. Diese Kritikpunkte haben zur Entwicklung der mehrstufigen Fixkostendeckungsrechnung geführt, die im Folgenden behandelt wird.

6.2.3 Stufenweise Fixkostendeckungsrechnung

6.2.3.1 Das Verfahren der Stufenweisen Fixkostendeckungsrechnung

Sowohl die Vollkostenrechnung als auch die Teilkostenrechnung haben in bestimmten Bereichen Schwächen, wie z. B. beim Direct Costing die Vernachlässigung der Fixkosten. Um diese Schwächen zu reduzieren, kommt in der Mehrzahl der Unternehmen eine kombinierte Form aus beiden Systemen zur Anwendung.

Fixkostendeckungsrechnung

Im Gegensatz zum Direct Costing, bei dem die Fixkosten als ein Block verrechnet werden, erfolgt in der Fixkostendeckungsrechnung ihre Zuordnung nach unterschiedlichen Verrechnungsstufen (z. B. Produkten, Produktgruppen, Segmenten). Der Vorteil dieser Methode liegt darin, dass erkennbar wird, welche Produkte, Produktgruppen oder Segmente das Ergebnis verbessern bzw. verschlechtern. Darüber hinaus kann ermittelt werden, ob bzw. in welchem Umfang sich das Betriebsergebnis kurzfristig verändert, wenn bestimmte Produkte oder Produktgruppen aus dem Produktions- und Absatzprogramm entfernt werden.

Verrechnung der Fixkosten auf verschieden Ebenen

Für die Fixkostendeckungsrechnung ist aber eine Differenzierung der Fixkosten notwendig; sie kann wie folgt im Rahmen der Kostenartenrechnung durchgeführt werden:

■ **Produktfixkosten** sind Kosten, die durch Entwicklung, Fertigung und Vertrieb einer bestimmten Erzeugnisart verursacht werden; sie lassen sich nicht einer einzelnen Einheit eines Erzeugnisses zurechnen, sondern nur einer Gesamtzahl von Produkten einer Erzeugnisart in einer Periode, wie z. B. Entwicklungskosten.

■ **Produktgruppenfixkosten** sind wiederum Kosten, die nur einer Gruppe von Erzeugnissen zuzuordnen sind. Forschungs- und Entwicklungskosten für mehrere zusammenhängende Produkte (z. B. Dieselmotoren in der Automobilproduktion) und Kosten für Spezialmaschinen, die nur für eine bestimmte Erzeugnisgruppe anfallen, sind hier zu nennen.

- **Kostenstellenfixkosten** sind Kosten, die in einer bestimmten Kostenstelle entstehen. Sie sind also nicht erzeugnis- oder erzeugnisgruppenorientiert, wie z. B. das Gehalt eines Meisters.

- **Bereichsfixkosten** sind Kosten, die einem Kostenstellenbereich als einer Gruppe von Kostenstellen zuzuordnen sind, z. B. fixe Kosten für die Verwaltung eines Unternehmensbereiches.

- **Unternehmensfixkosten** sind Kosten, die anderen Stufen nicht zugerechnet werden können, z. B. Kosten der Unternehmensleitung.

Bildung der Fixkostenverrechnungsebenen unternehmensindividuell

Die Einteilung der verschiedenen Fixkostenschichten kann unternehmensindividuell nach unterschiedlichen Kriterien vorgenommen werden. Häufig wird die mehrstufige Fixkostendeckungsrechnung entsprechend der Organisations- und Verantwortungsstruktur eingerichtet (vgl. hierzu auch die Ausführungen im Rahmen der Kostenstellenstruktur des Unternehmens in Kapitel 4).

Besondere Bedeutung gewinnt diese Art der Abrechung in diversifizierten Konzernen. Die monatliche Berichterstattung erfolgt dort häufig in Form einer mehrstufigen Fixkostendeckungsrechnung, die die Erfolgsbeiträge verschiedener Unternehmenseinheiten deutlich erkennen lässt.

Vorgehensweise bei der Fixkostendeckungsrechnung

Diese Vorgehensweise lässt sich noch einmal in folgenden fünf Schritten zusammenfassen:

1. Festlegung der Rechnungsperiode

2. Kostenrechnerische Gliederung der Unternehmung in eine zweckmäßige Hierarchie

3. Gliederung des Fixkostenblocks in Fixkostenschichten (nach obiger Hierarchiestruktur)

4. Erfassung der Fixkosten als Einzelkosten in den jeweiligen Fixkostenschichten

5. Ermittlung von Deckungsbeiträgen auf jeder Hierarchiestufe

Nachfolgend ist die Rechenstruktur anhand eines Beispiels für eine stufenweise Fixkostendeckungsrechnung exemplarisch wiedergegeben.

Beispiel 6.5

Durch die Analyse der fixen Kosten konnte für die FEBAU GmbH festgestellt werden, welchen Produkten/Produktgruppen bestimmte Fixkosten im Rahmen der Produktion anzulasten sind. Es wurde ermittelt, dass die Dachfenster auf Grund ihrer komplizierten Mechanik extreme Vorrüstkosten der Maschinen im Verhältnis zur Ausbringungsmenge verursachen und daher mit erhöhten Erzeugnisgruppen- und Kostenstellenfixkosten zu belasten sind. Durch die detaillierte Analyse ist es möglich, aufzuzeigen, dass die Dachfenster zwar die variablen Kosten, die Erzeugnis- und die Erzeugnisgruppenfixkosten decken, aber darüber hinaus keinen großen Beitrag zur Deckung der übrigen Fixkosten leisten können. Die Kostenrechnerin Frau Spargeist schlägt daher eine Mengenerhöhung und einen verstärkten Absatz nach Russland und China vor, um das Problem zu beseitigen.

Weiterhin verdeutlicht Abb. 6.16, in welcher Höhe mit welchen Produkten, Produktgruppen oder Bereichen zur Deckung der fixen Kosten bzw. zur Entstehung des Gesamtergebnisses beigetragen wurde. Hier zeigt sich, dass die Dachfenster der kleinen Größe auf Grund von Qualitätsmängeln extreme Erlösschmälerungen hinnehmen mussten und dazu noch höhere variable Kosten in der Fertigung hatten. Die Geschäftsführung diskutiert, inwieweit dieses Produkt völlig aus dem Sortiment genommen werden sollte. Der Vertriebsleiter gibt aber zu bedenken, dass ohne ein Dachfenster dieser Größe das Unternehmen sich gleich vom Markt verabschieden könne. Als Konsequenz dieser Analyse wird versucht, die Qualität in den nächsten Wochen zu steigern und die Produktion zu straffen. Die nächste Kalkulation auf Stückbasis wird die ersten Erfolge – siehe Abb. 6.17 in Beispiel 6.7 – zeigen.

				FEBAU GmbH				
	Unternehmensbereich Fenster						U-Bereich Türen	
	Kunststofffenster				Kunststoffdachfenster		Kunststofftüren	
	Doppelverglasung		Dreifachverglasung		Dreifachverglasung		Schallgedämmt	
	Größe 100x100	Größe 100x200	Größe 100x200	Größe 300x200	Größe 80x60	Größe 60x40	Größe 205x100	Größe 205x85
Bruttoerlöse	156.000	175.000	183.000	104.500	125.000	100.000	80.000	120.000
− Erlösschmälerungen	6.000	7.000	8.000	7.000	4.000	10.000	3.000	5.000
= Nettoerlöse	150.000	168.000	175.000	97.500	121.000	90.000	77.000	115.000
− Variable Fertigungskosten	34.000	70.000	45.000	28.000	31.000	65.000	29.000	75.000
= Zwischenergebnis	116.000	98.000	130.000	69.500	90.000	25.000	48.000	40.000
− Variable Vertriebskosten	6.500	26.000	12.750	11.000	23.000	26.000	13.000	20.000
= Deckungsbeitrag 1	109.500	72.000	117.250	58.500	67.000	-1.000	35.000	20.000
− Erzeugnisfixe Kosten	28.500	13.500	43.500	53.500	14.500	13.000	11.300	13.500
Entwicklungskosten	8.500	8.500	8.500	8.500	8.500	8.500	8.500	8.500
Spezialwerkzeuge	20.000	5.000	35.000	45.000	6.000	4.500	2.800	5.000
= Deckungsbeitrag 2	81.000	58.500	73.750	5.000	52.500	-14.000	23.700	6.500
= Erzeugnisgruppenerlöse	139.500		78.750		38.500		30.200	
− Erzeugnisgruppenfixkosten	55.000		45.000		33.000		18.000	
= Deckungsbeitrag 3 Erzeugnisgruppe	84.500		33.750		5.500		12.200	
	39,43%		57,14%		85,71%		59,60%	
= Kostenstellenbeitrag	118.250				5.500		12.200	
− Kostenstellenfixkosten	20.000				5.000		6.000	
= Deckungsbeitrag 4 Kostenstelle	98.250				500		6.200	
	16,91%	16,91%	16,91%	16,91%	90,91%	90,91%	49,18%	49,18%
= Bereichserlöse	98.750						6.200	
− Bereichsfixkosten	55.000						2.000	
= Deckungsbeitrag 5 U-Bereich	43.750						4.200	
	55,70%	55,70%	55,70%	55,70%	55,70%	55,70%	32,26%	32,26%
= Unternehmenserlöse	47.950							
− Unternehmensfixkosten	25.000							
	52,14%	52,14%	52,14%	52,14%	52,14%	52,14%	52,14%	52,14%
= Nettoergebnis	22.950							

Abbildung 6.16: Beispiel für stufenweise Fixkostendeckungsrechnung

Die Informationen einer solchen Deckungsbeitragsrechnung sind hilfreich für kurzfristige Programmentscheidungen, da in diesem Zeitho-

Entscheidungshilfe bei Programmdiversifikationen

285

rizont z. B. Fixkosten nicht abgebaut oder Gemeinkosten nicht durch Organisationsmaßnahmen verändert werden können. Sobald jedoch längerfristige Preis-, Programm- oder Bewertungsentscheidungen getroffen werden müssen, sind Vollkosteninformationen unentbehrlich, denn auf lange Sicht müssen zur Erfolgserzielung alle Kosten gedeckt werden.

Auch im Umweltmanagement sind Deckungsbeitragsrechnungen anzutreffen, wie das nachfolgende Beispiel belegt:

Beispiel 6.6 Die folgende Tabelle zeigt eine umweltbezogene mehrstufige Deckungsbeitragsrechnung.

Umweltorientierte mehrstufige Deckungsbeitragsrechnung

	Produktgruppe 1		Produktgruppe 2	
	Produkt A	Produkt B	Produkt C	Produkt D
Nettoerlöse	325.600	1.582.900	4.582.500	645.200
Produktkosten				
Weißblech	42.100	198.500	115.450	15.630
Aluminium	16.500	84.300	675.800	108.450
Kupfer	3.400	16.000	129.300	17.160
Kunststoffe	22.100	145.000	415.600	76.840
Holz	0	0	56.000	9.200
Zukauf -Halbfabrikate	0	88.000	852.600	101.360
Strom, Gas	5.800	31.000	46.520	6.320
Wasser, Abwasser	6.300	36.400	34.000	4.210
Abfallentsorgung	4.600	23.880	54.920	6.220
DSD -Gebühren	2.900	11.950	26.780	3.150
Summe	103.700	635.030	2.406.970	348.540
(ökologischer) DB I	221.900	947.870	2.175.530	296.660
Produktgruppenkosten		0		0
Transportverpackungen		6.500		0
Maschinenbezogene Hilfsst.		2.740		1.950
Umlage KSt. Trockenkabine		125.300		0
Entsorgung (Sonderabfall)		6.000		1.500
Umlage KSt. Abgasreinigung		0		180.500
Summe		140.540		183.950
(ökologischer) DB II		1.029.230		2.288.240
./. nicht zurechenbarer Umweltkostenblock		0		311.500
(ökologischer) DB III		0		3.005.970

Der Begriff „Teilkostenrechnung" bezieht sich in diesem Zusammenhang nicht darauf, dass nur ein Teil der Kosten, nämlich die Umweltkosten, in die Rechnung einbezogen werden, sondern zielt vielmehr auf das Prinzip ab, nur die zurechenbaren Kosten auf die Kalkulationsobjekte zu verteilen. Da in der umweltorientierten mehrstufigen Deckungsbeitragsrechnung nur die Umweltkosten berücksichtigt werden, kann auch kein Betriebsergebnis ermittelt werden.

Die umweltorientierte Differenzierung der Kosten- und Leistungsrechnung verhilft zu Informationen über betriebsspezifische Zusammenhänge und Abhängigkeiten zwischen Kosten und Erlösen, Stoff- und Energieflüssen sowie Umweltschutzmaßnahmen. Bei einer Erweiterung um Instrumente wie beispielsweise Öko- und Prozessbilanzen, die Auskünfte über die betrieblichen Stoff- und Energieflüsse geben, wird in Verbindung mit den Kosten und Erlösen aus ökologischer und ökonomischer Sicht ein zielgerichtetes Handeln ermöglicht.

(Quelle: Funke, M./ Stoltenberg, U.: Die mehrstufige Deckungsbeitragsrechnung im Rahmen eines Ökocontrolling-Systems in: http://www.sup-im-net.de/presse/artikel/oeko-con.htm#3)

Betrachtet man die Kostenträgerstückrechnung innerhalb der stufenweisen Fixkostendeckungsrechnung, die zur Kalkulation von Stückpreisen und/oder zur Ermittlung von Selbstkosten herangezogen wird, so kann die Kalkulation **retrograd** oder **progressiv** erfolgen.

Progressive Kalkulationen gehen von den Kosten aus, die die einzelnen Produkte verursacht haben. Diese werden ermittelt und aufsummiert, um die Herstell- und Selbstkosten zu errechnen. Üblicherweise geht die Kalkulation in der Vollkostenrechnung, wie wir sie in Kapitel 5 kennen gelernt haben, in dieser Weise vor.

Progressive Kalkulation = Summierung der Kosten zur Ermittlung der Herstellkosten

Retrograde Rechnungen dagegen wählen den Marktpreis als Ausgangspunkt und ziehen von diesem sukzessive die Kosten der Produkte ab, um die Gewinnspanne zu ermitteln. Üblicherweise gehen Deckungsbeitragsrechnungen nach diesem Prinzip vor.

In der **retrograden Rechnung** (Rückwärtsrechnung) werden von dem Nettoerlös je Produkteinheit die variablen Stückkosten subtrahiert und man erhält den Stückdeckungsbeitrag I. Anschließend werden, im Gegensatz zur reinen Teilkostenrechnung, noch Ebene für Ebene die Fixkostenanteile in die Kalkulation mit eingebracht. Die Anteile der Fixkosten können unter Zuhilfenahme von Prozentsätzen oder aber Mengenanteilen berechnet werden. Nach Abzug der variablen und fixen Kosten ergibt sich der Nettogewinn je Produkteinheit. Durch Multiplikation der Stückgewinne mit der jeweiligen Absatzmenge und der Kumulation der

Retrograde Kalkulation = Nettoerlös minus variable Stückkosten minus Fixkostenanteile

Produkte ergibt sich der kalkulatorische Periodenerfolg, wie nachfolgendes Beispiel verdeutlichen soll:

Beispiel 6.7

Aus der Abb. 6.17 wird deutlich, dass die Produkte der Dachfensterserie zwar noch nicht erfolgreich im Sinne eines nennenswerten Beitrags zur Deckung der Bereichs- und Unternehmensfixkosten sind, doch schon eine deutliche Verbesserung eingetreten ist. Dennoch ist hier weiter zu überlegen, ob noch stärker wirkende kostensenkende Maßnahmen oder Erlössteigerungen für eine Verbesserung sorgen können.

Mit der progressiven Methode werden zu den variablen Stückkosten die Fixkostenanteile addiert, die z. B. ebenfalls aus der Kostenträgerzeitrechnung abgeleitet werden können. Aus dieser Kalkulation ergeben sich dann die gesamten Stückkosten. Die Differenz zwischen Stückkosten und Erlös kann dann als Stückgewinn ausgewiesen werden. Die progressive Stückkostenrechnung ist geeignet, um die Kalkulation von Selbstkosten im Rahmen der Vorkalkulation zu ermöglichen, z. B. für Produkte, die sich in ihrer Art schon im Sortiment des Unternehmens befinden.

	FEBAU GmbH						U-Bereich Türen	
	Unternehmensbereich Fenster						Terrassentüren	
	Kunststofffenster				Kunststoffdachfenster		Schallgedämmt	
	Doppelverglasung		Dreifachverglasung		Dreifachverglasung			
	Größe 100x100	Größe 100x200	Größe 100x200	Größe 300x200	Größe 80x60	Größe 60x40	Einfach-Variante	Luxus-Variante
Bruttoerlöse	520	438	523	697	250	367	533	1.200
− Erlösschmälerungen	20	18	23	47	10	17	20	50
= Nettoerlöse	500	420	500	650	240	350	513	1.150
− Variable Fertigungskosten	113	175	129	187	78	183	193	750
= Zwischenergebnis	387	245	371	463	163	167	320	400
− Variable Vertriebskosten	22	65	36	73	58	87	87	200
= Stückdeckungsbeitrag 1	365	180	335	390	105	80	233	200
− Erzeugnisfixe Kosten	95	34	124	357	36	43	75	135
Entwicklungskosten	28	21	24	57	21	28	57	85
Spezialwerkzeuge	67	13	100	300	15	15	19	50
= Stückdeckungsbeitrag 2	270,00	146,25	210,71	33,33	68,75	36,67	158,00	65,00
Anteil Erzeugnisgruppenfixkosten am Stückdeckungsbeitrag 2	39,43%		57,14%		85,71%		59,60%	
− Erzeugnisgruppenfixkosten	106,45	57,66	120,41	19,05	58,93	31,43	94,17	38,74
= Stückdeckungsbeitrag 3	163,55	88,59	90,31	14,29	9,82	5,24	63,83	26,26
Anteil Kostenstellenfixkosten am Stückdeckungsbeitrag 3	16,91%				90,91%		49,18%	
− Kostenstellenfixkosten	27,66	14,98	15,27	2,42	8,93	4,76	31,39	12,91
= Stückdeckungsbeitrag 4	135,89	73,61	75,03	11,87	0,89	0,48	32,44	13,34
Anteil Bereichsfixkosten am Stückdeckungsbeitrag 4	55,70%						32,26%	
− Bereichsfixkosten	75,68	41,00	41,79	6,61	0,50	0,27	10,46	4,30
= Stückdeckungsbeitrag 5	60,20	32,61	33,24	5,26	0,40	0,21	21,97	9,04
Anteil Unternehmensfixkosten am Stückdeckungsbeitrag 5	52,14%							
− Unternehmensfixkosten	31,39	17,00	17,33	2,74	0,21	0,11	11,46	4,71
= Nettoergebnis je Produkt	28,81	15,61	15,91	2,52	0,19	0,10	10,52	4,33
Menge	300,00	400,00	350,00	150,00	400,00	300,00	150,00	100,00
Nettoergebnis je Produktart	8644,38	6243,16	5568,67	377,54	75,73	30,29	1577,56	432,66
Kalkulatorischer Erfolg	22.950							

Abbildung 6.17: Retrograde Kostenträgerstückrechnung in der Fixkostendeckungsrechnung

6.2.3.2 Kritische Würdigung

In der Fixkostendeckungsrechnung ist die Verbindung der Teil- und Vollkosten in einem System weitestgehend erfolgreich umgesetzt worden. Sie stellt heutzutage eine bedeutende Variante innerhalb der Teilkostenrechnungssysteme dar, die die Möglichkeit schafft, Teil- und Vollkosteninformationen in einem Arbeitsgang zu vermitteln. Dies ist besonders für die innerbetriebliche Leistungsverrechnung und die Kostenträgerstückrechnung von Bedeutung.

Zusätzlich ist mit diesem System eine Unterstützung der bilanzpolitischen Entscheidungsfindung bei dem Bewertungsproblem von Halb- und Fertigerzeugnissen innerhalb des Jahresabschlusses zum Ende einer Periode möglich, da die aktivierungsfähigen bzw. aktivierungspflichtigen Material- und Fertigungsgemeinkosten aus den entsprechenden Fix- bzw. Gemeinkostenschichten abgelesen werden können. *(Entscheidungsunterstützung bei Bewertungsproblemen)*

Weiterhin ist durch die Fixkostendeckungsrechnung die Ermittlung der Selbstkosten eines gefertigten Produktes bis zum Bruttopreis möglich.

Auf der Basis der stufenweisen Verrechnung von Fixkosten gewinnt die Unternehmensleitung weitere Informationen für ihre Entscheidungsprozesse; insbesondere ist hier die Beantwortung folgender Fragen zu nennen:

■ **Absatzpolitik**

Welche Maßnahmen sind zu ergreifen, um bestimmte Produkte, Produktgruppen erfolgreicher zu machen?

■ **Investitionspolitik**

Welche Produktionsmengen sollten erweitert und welche vielleicht im Umfang reduziert werden?

Für Entscheidungen über Stilllegungen oder Produkteinstellungen sind jedoch weitere Informationen bezüglich der Abbaubarkeit von Fixkosten zu ermitteln; hier kann die stufenweise Fixkostendeckungsrechnung nur Ansatzpunkte für tiefer gehende Analysen bieten.

6.3 Einzelkostenrechnung

6.3.1 Grundsachverhalte

Die relative Einzelkosten- und Deckungsbeitragsrechnung, deren Entwicklung und Verbreitung von Riebel ausging, stellt die konsequenteste Umsetzung des Grundgedankens der Teilkostenrechnung dar. Sie folgt der Überlegung, dass Kosten stets nur in Bezug auf eine bestimmte Bezugsbasis, seien es nun Produkte, Produktgruppen, Prozesse, Stellen oder Perioden, als Einzelkosten definiert werden können. Somit gibt es nicht nur die produktbezogenen Einzelkosten, sondern auch rela- *(Kosten sind nur in Bezug auf eine einzige Bezugsbasis Einzelkosten.)*

Relative Einzelkosten

tiv zu anderen Bezugsgrundlagen bestimmte Einzelkosten. Man spricht daher von relativen Einzelkosten, da der Begriff bei der Anwendung auf konkrete Fälle näher mit der Bezeichnung des Bezugsobjektes und/oder der Bezugsperiode gekennzeichnet werden muss. So können Reparaturkosten einer bestimmten Kostenstelle direkt zugeordnet werden, sind bezogen auf diese also Einzelkosten, während eine Zurechnung auf Produkte und auch eventuell Perioden nicht direkt möglich ist. Auftragseinzelkosten, wie bezogene Leistungen, können einem konkreten Auftrag nur direkt zugerechnet werden. Die Kosten für die Versicherung einer nur von dieser Produktgruppe genutzten Fertigungshalle sind Produktgruppen-Einzelkosten in dem konkreten Zeitraum der Versicherungslaufzeit, für die die Prämie gilt.

> **Merke**   **Einzelkosten** sind in Bezug auf ein Bezugsobjekt stets relativ zu bestimmen.

Vermeidung von Gemeinkostenschlüsselung

Bei der Zurechenbarkeit der Einzelkosten auf die Bezugsobjekte lässt Riebel nur eine zweifelsfreie direkte Erfassung oder eine auf der Basis einer realtheoretischen Kostenfunktion eindeutig mögliche Zuordnung zu. Damit wird sichergestellt, dass sämtliche Kosten sich auch nur einer Bezugsgröße zurechnen lassen. Gleichzeitig wird eine Schlüsselung der Gemeinkosten (siehe auch Kapitel 3.1) vermieden, was etwa Folgen für die variablen echten Gemeinkosten hat. Dabei handelt es sich z. B. um den Kraftstoffverbrauch, der zwar von der Beschäftigung eines LKW abhängt, aber eben auch z. B. von dem Einsatzgebiet. So verursachen 100 km Fahrstrecke auf der Autobahn weniger Kraftstoffkosten als die gleiche Fahrstrecke innerorts. Dagegen fallen bei überwiegender Nutzung von Autobahnen höhere Mautgebühren an als bei Auslieferungsfahrten auf anderen Straßen. Somit ist die Beschäftigung zwar eine Einflussgröße der Kraftstoffkosten, diese somit variabel, doch existieren noch andere Einflussgrößen, die die Beziehung nicht mehr eindeutig erscheinen lassen. Es wird daher von mehrdimensionalen Kostenfunktionen gesprochen, die oft auftreten, wenn die Intensität der Nutzung technisch bedingt nichtlineare Kostenverläufe verursacht und bei der Zurechnung somit von Durchschnittswerten ausgegangen werden müsste. Ebensolche Probleme der letztlich nicht objektiv möglichen Kostenzurechnung liegen bei der Kuppelproduktion vor.

> **Merke**   Bei der **Einzelkostenrechnung** ist auf jegliche Schlüsselung zu verzichten, sodass nur direkt zurechenbare Größen als Einzelkosten/ -leistungen der Bezugsobjekte Verwendung finden dürfen.

Zudem ist zu bedenken, dass die Kosten- und Erlösrechnung ihr primäres Ziel in der Unterstützung unternehmerischer Entscheidungen hat. Dies bedingt aber, dass die Entscheidungen und die damit ausgelösten Kostenströme Betrachtungsgegenstand sein müssen. Viele der in der Kosten- und Erlösrechnung generierten Informationen sind zwar geeignet und notwendig für die Planungs-, Steuerungs- und Kontrollaufgaben, doch fehlt häufig die Verbindung zu den getroffenen und zu treffenden Entscheidungen. Daher betrachtet Riebel die betrieblichen Entscheidungen als Quellen der Kosten und Erlöse und somit letztlich des Erfolgs des Unternehmens. Er postuliert das Identitätsprinzip, nach dem Kosten und Erlöse auf konkrete Entscheidungen zurückgeführt werden können. Dies ist eine Umkehrung des üblicherweise verwendeten Relevanzprinzips, nach dem ausgehend von der betrachteten Entscheidung über die Realisationsmaßnahmen die einzelnen Wirkungen dieser Entscheidungen abgeschätzt werden. Nach dem Identitätsprinzip werden dagegen nur die Kosten und Leistungen einander gegenübergestellt, die durch die identische Entscheidung verursacht wurden (vgl. Kap. 2.4).

Identitätsprinzip = Vergleich von Kosten und Erlösen, denen die gleiche betriebliche Entscheidung zugeordnet werden kann

---

Merke   Die Kosten und Leistungen sind nach dem **Identitätsprinzip** den betrieblichen Entscheidungen zuzurechnen.

Damit eine komplette direkte Erfassung der Kosten und Erlöse nach dem Identitätsprinzip möglich wird, müssen die geeigneten Bezugsgrößen bestimmt werden, die wiederum in Hierarchien nach den Rechenzwecken einzuordnen sind. Nach dem Identitätsprinzip ist das primär die an das Organisationssystem angelehnte Bezugsgrößenhierarchie auf Entscheidungsebene, z. B. von der Unternehmensführung als Ganzer über Bereichsleitungen auf Stellenleitungen oder über Produktgruppenleitungen auf Produktmanager. Je nach Rechenzweck sind auch andere Bezugsgrößenhierarchien vorstellbar, wie insbesondere periodenbezogene Betrachtungen, wobei stets gilt, dass die Kosten oder Erlöse möglichst auf der jeweils untersten Hierarchieebene als Einzelkosten/-erlöse zu erfassen sind. Somit ergäbe sich etwa bei einer zeitbezogenen Betrachtung die Abfolge

Aufbau einer Bezugsgrößenhierarchie

- Tageseinzelkosten, die nur die Kosten enthalten, die direkt einem Tag zugerechnet werden können, wie z. B. die bezogenen Leistungen eines Subunternehmers,

Zeitbezogene Bezugsgrößenhierarchie

- Monatseinzelkosten, die alle in den Monat fallenden Tageseinzelkosten sowie die dem Monat direkt zurechenbaren Kosten enthalten, wie z. B. Mieten mit monatlicher Kündigungsfrist,

- Quartalseinzelkosten, wie z. B. Gehälter mit Kündigungsfrist von sechs Wochen zu Quartalsende sowie

■ Jahreseinzelkosten, wie z. B. Versicherungsbeiträge mit jährlicher Kündbarkeit.

Überjährlich anfallende Kosten werden, soweit die mehrjährige Nutzbarkeit feststeht, in einer überjährigen Zeitablaufrechnung erfasst und als Gemeinkosten geschlossener Perioden berücksichtigt. Ist die Nutzungsdauer nicht bestimmt, so werden diese nach Riebel als Gemeinkosten offener Perioden erfasst.

Erfolgt eine Berücksichtigung von Einzelkosten/-erlösen auf einer bestimmten Hierarchieebene, so stellen diese Kosten/Erlöse auf den darunter liegenden Hierarchiestufen dann Gemeinkosten/-erlöse dar, da sie dort nicht direkt zurechenbar sind. So sind etwa die Kosten einer Werbekampagne auf Produktgruppenebene als Einzelkosten zu erfassen, für die einzelnen Produkte der Produktgruppe aber nur über eine in der Einzelkostenrechnung verbotenen Schlüsselung zurechenbar und somit als Gemeinkosten zu behandeln.

> **Merke** Sämtliche Kosten sollten als (relative) Einzelkosten der **Bezugsgrößen**, die in der Hierarchie betrieblicher Bezugsobjekte möglichst weit unten stehen, erfasst und ausgewiesen werden.

Differenzierung der Einzelkostenrechnung in eine Grund- und Auswertungsrechnung

Die relative Einzelkosten- und Deckungsbeitragsrechnung wird gegliedert in eine Grundrechnung der Erlöse, Kosten und Potenziale, die als vieldimensionale, zeitlich fortschreitende Datengrundlage konzipiert ist, und in Auswertungsrechnungen, die in Abhängigkeit von dem verfolgten Rechenzweck mit den jeweils relevanten Daten der Grundrechnung beschickt werden.

6.3.2 Grundrechnungen

Die Grundrechnung stellt den Datenpool für alle mit der relativen Einzelkosten- und Deckungsbeitragsrechnung zu beantwortenden Fragestellungen dar. Der Aufbau ist bezogen auf die Kosten als kombinierte Kostenarten-, Kostenstellen- und Kostenträgerrechnung ver-

Aufbau in Form einer kombinierten Kostenarten-, Kostenstellen- und Kostenträgerrechnung

gleichbar mit einem Betriebsabrechnungsbogen vorstellbar und technisch aufgrund des hohen Datenvolumens nur mit modernen Datenbanksystemen umzusetzen. Die Kosten auf Ist- und Sollbasis sind zunächst entsprechend ihrer Bezugsgrößen bei der Kostenzurechnung zu gliedern und um weitere für die Rechenzwecke relevante Attribute zu erweitern. So sind etwa zeitlicher Anfall, Auszahlungswirksamkeit und Weiteres zu vermerken, sodass für alle Entscheidungstatbestände des Unternehmens die relevanten Kosten ermittelt werden können. Bei der Klassifikation darf es nicht zu einer Schlüsselung von echten Gemeinkosten kommen, da diese nicht objektiv durchführbar ist.

In der Grundrechnung der Erlöse sind die Erlöse, Erlösschmälerungen und Erlösberichtigungen ebenfalls in einer vieldimensionalen Form nach den interessierenden Merkmalen des Absatzes zu kategorisieren, sodass eine differenzierte Umsatzstatistik entsteht. So erlauben z.B. die Attribute „Artikelgruppen", „Artikel", „Aufträge", „Verkaufsgebiete", „Verkaufsbezirke", „Kundengruppen" und „Kunden" eine differenzierte Auswertung in Form von jeder sachbezogenen Bezugsgrößenhierarchie. Dabei gilt auf der Leistungsseite, dass die Leistungen stets dort zu erfassen sind, wo sie auf der niedrigsten Hierarchiestufe direkt als Einzelleistungen zurechenbar sind. Für die jeweils darüber liegenden Hierarchiestufen sind die Leistungen dann ebenfalls Einzelleistungen, für niedrigere Hierarchiestufen Gemeinleistungen. Dies ist insbesondere relevant für Leistungsverbunde, wo mehrere Leistungen zu einem Paket zusammengefasst werden, wie etwa bei Pauschalreisen, Produktfinanzierungen oder kombinierten Kauf- und Wartungsverträgen. Auf eine Schlüsselung dieser Leistungen auf die Bestandteile ist zu verzichten, da diese ebenfalls nicht objektiv durchgeführt werden kann.

Erfassung der Leistungen auf der tiefsten Hierarchiestufe

Schließlich sind zur Fundierung betrieblicher Entscheidungen auch die Potenziale relevant, die in einer Grundrechnung einerseits als Bestände und andererseits als Inanspruchnahme an personellen, sachlichen und finanziellen Nutzenpotenzialen abzubilden sind, wobei auch hier eine zeitlich fortschreitende Datenbasis auf Ist- und geplanter Sollbasis anzustreben ist.

Potenziale

In Abbildung 6.18 ist eine Grundrechnung der relativen Einzelkostenrechnung nach einem Beispiel von Riebel dargestellt. Es wird deutlich, dass die Kosten jeweils nur bei der relevanten Bezugsgröße erfasst werden, wobei sowohl die Kostenstellen und Kostenträger als auch der zeitliche Aspekt durch die Unterteilung in Periodeneinzel- und Periodengemeinkosten sowie die Frage der Ausgabenferne Berücksichtigung finden. So wird deutlich, dass etwa die Ausgangsfrachten in diesem Unternehmen nicht eindeutig den Produkten zugerechnet werden können und daher bei der Vertriebskostenstelle erfasst werden. Dagegen sind die Packstoffe direkt den Produkten zurechenbar. Die Werbekosten (Zeile 22) sind dagegen zum Teil den Produktgruppen, zum Teil den Vertriebsstellen und schlussendlich den sonstigen Kostenstellen einzeln zurechenbar. Die so ermittelten Gesamtkosten stellen auf die Kostenstellen und Kostenträger bezogen die relativen Einzelkosten dar.

> **Merke** Die Gesamtkosten, -leistungen und -potenziale sind umfassend nach zweckabhängigen Merkmalen in einer **Grundrechnung** zu gliedern.

Die folgende Tabelle ist im Original um 90° gedreht abgebildet. Die linke Spalte (Kostenkategorien und Kostenarten) ist durch verschachtelte Klammern nach den Kategorien *variable Kosten* (absatzbedingte variable Kosten / erzeugungsbed. Kosten), *kurzfristig nichtvariable Kosten*, *Periodengemeinkosten* (kurzfristig gemein / periodenferne gemein-ausgaben-aus...), *Periodeneinzelkosten* und *ausgabennahe Kosten* gegliedert.

Nr.	Kostenkategorien und Kostenarten	I P_A	II P_B	III P_C	IV V_A	V V_B	VI U	VII Σ	VIII a_1	IX a_2	X a_3	XI a_4	XIII a_5	XIV Gr. a	XV Prod.gruppe b insges.	XVI eigene Produkte Σ	XVII ah	XVIII bh	XIX Kostenträger insges.	XX Gesamtsumme
1	Provisionen								22	25	8	71	30		261	417	57	73	547	547
2	Umsatzsteuer								28	32	11	92	39		410	612	18	22	652	652
3	Σ umsatzabhängige Kosten								50	57	19	163	69		671	1029	75	95	1199	1199
4	Ausgangsfrachten				288			288												288
5	K. d. Auftragsabwicklung				29	41		70												70
6	v. mehr Fakt. abhängig (Σ)				317	41		358												358
7	Σ absatzbed. variable K.				317	41		358	50	57	19	163	69		671	1029	75	95	1199	1557
8	Rohstoffe (Wareneinsatz*)								304	440	66	1471	737		3725	6743	1297	1508	9548	9548
9	Packstoffe								22	17		54	31		396	520			520	520
10	Σ								326	457	66	1525	768		4121	7263	1297	1508	10068	10068
11	Σ				317	41		358	376	514	85	1688	837		4792	8292	1372	1603	11267	11625
12	Energie, Betriebsstoffe	19	169	42	44	73	40	387												387
13	Büromaterial				41	52	36	129												129
14	Reisespesen				59	86	37	182												182
15	Porti, Telefongebühren				92	132	64	288												288
16	Löhne, einschl. Sozialabgaben	431	1167	526	28	34	46	2232												2232
17	Gehälter, einschl. Sozialabgaben	56	137	38	197	202	201	831												831
18	Steuern, Beitr., Gebühren						241	241												241
19	Σ	506	1473	606	461	579	665	4290												4290
20	Σ	506	1473	606	778	620	665	4648	376	514	85	1688	837		4792	8292	1372	1603	11267	15915
21	Fremdreparaturen	62	169	64	8	12	20	335												335
22	Werbekosten				40	55	30	125						101	75	176			176	301
23	Beratungs- und Prüfungskosten		22			17	42	81						33		33			33	114
24	Σ	62	191	64	48	84	92	541						134	75	209			209	750
25	Σ	568	1664	670	826	704	757	5189	376	514	85	1688	837	134	4867	8501	1372	1603	11476	16665
26	Abschreibungen	118	111	34	57	70	52	442												442
27	Rückstellungen						20	20												20
28	Σ	118	111	34	57	70	72	462												462
29	Gesamtkosten	686	1775	704	883	774	829	5651	376	514	85	1688	837	134	4867	8501	1372	1603	11476	17127
30	Σ Periodengemeinkosten	180	302	98	105	154	164	1003						134	75	209			209	1212
31	Periodeneinzel- und -gemeinkosten	568	1664	670	509	663	757	4831						134	75	209			209	5040

* ausgabennahe, kurzfristig nicht variable

Zurechnungsobjekte (Bezugsgrößen): Kostenstellen (Produktionsstellen P_A, P_B, P_C; Vertriebsstellen V_A, V_B; Sonstige U) und Kostenträger (Produktgruppe a: a_1–a_5, Gr. a; Produktgruppe b insges.; eigene Produkte; Handelsware-Artikelgruppe ah, bh).

Abbildung 6.18: Beispiel einer Grundrechnung der relativen Einzelkostenrechnung (Quelle: Riebel, P.: Einzelkosten und Deckungsbeitragsrechnung, Wiesbaden 1994, S. 167)

6.3.3 Auswertungsrechnungen

In klar definierten **Auswertungsrechnungen** werden je nach verfolgtem Rechenzweck bestimmte Größen aus den Grundrechnungen extrahiert. Dabei bietet die Definition der zu extrahierenden Größen bereits eine Orientierung für die Aussagefähigkeit der bestimmten Rechnung. Werden etwa nur die kurzfristig veränderbaren Größen betrachtet, so sind die Ergebnisse anders zu interpretieren, als wenn die Auszahlungswirksamkeit im Zentrum der Rechung steht. Auch in der relativen Einzelkostenrechnung nach Riebel werden Deckungsbeiträge errechnet, die sich allerdings von den Deckungsbeiträgen in Deckungsbeitragsrechnungen unterscheiden. Durch die strikte Orientierung an den Einzelkosten ist es für die meisten Rechenzwecke nötig, die Kostenrechnung durch die Einbeziehung der den gleichen Entscheidungen zuzurechnenden Erlöse zu einer Deckungsbeitragsrechnung zu erweitern.

Zuordnung von Einzelerlösen zu den Einzelkosten zur Bestimmung von entscheidungsbezogenen Deckungsbeiträgen

Im Rahmen der relativen Einzelkostenrechnung ist der Deckungsbeitrag definiert als eine durch eine bestimmte Entscheidung ausgelöste Änderung des Erfolges. Dieser Deckungsbeitrag ist somit der Überschuss, der den dem sachlich und zeitlich abgegrenzten Bezugsobjekt zugeordneten Einzelleistungen direkt über die Einzelkosten als Deckungsbeitrag zugerechnet werden kann. Dieser trägt zur Deckung der übrigen, bei dieser Betrachtung als Gemeinkosten zu interpretierenden Kosten und schließlich zum Gewinn des Unternehmens bei.

Definition des Deckungsbeitrags in der relativen Einzelkostenrechnung

Der **Deckungsbeitrag der Einzelkostenrechnung** errechnet sich somit wie folgt:

Gesamtdeckungsbeitrag:

Formel 6.5

$$
\begin{array}{ll}
 & \text{Erlös in Abhängigkeit von einer Entscheidung (U}_{\text{Ent.}}) \\
./. & \text{zurechenbare Einzelkosten (EK}_{\text{Ent.}}) \\
\hline
= & \text{Deckungsbeitrag der Entscheidung (DB}_{\text{Ent.}})
\end{array}
$$

Die Auswertungsrechnungen können durch die Orientierung an den Einzelkosten jedoch nicht alle Rechenzwecke der Kostenrechnung zufrieden stellend lösen. So sind etwa die Kalkulation und Preisbildung von einzelnen Produkten nicht möglich. Hier führt die strikte Verhinderung einer nicht objektiv möglichen Schlüsselung somit zu dem Ergebnis, dass diesbezügliche Entscheidungen nicht ausreichend unterstützt werden können. Ähnlich verhält es sich mit den Abschreibungen, Zinsen und Vor- sowie Nachleistungen von Produkten, die ebenfalls in der relativen Einzelkostenrechnung nicht geschlüsselt werden und somit aus der Betrachtung herausfallen, obwohl unter bestimmten Prämissen eine Zurechnung zur besseren Fundierung von Entscheidungen erfolgen könnte. Riebel schlägt zur Verringerung des Problems vor, kosten-, aufwands- und auszahlungsorientierte Deckungsbudgets vorzugeben.

Kalkulation und Preisfindung von Einzelprodukten, durch die Auswertungsrechnung nicht unterstützt

> **Merke** In **Auswertungsrechnungen** sind für betriebliche Entscheidungstatbestände relative Deckungsbeiträge und für Kontrollzwecke geeignete Kennzahlen zu ermitteln.
>
> Für die nicht den Produkten und Aufträgen zurechenbaren Kosten und für den Erfolg einer Periode können Deckungsbudgets bestimmt werden, welche den Unternehmensbereichen (bzw. -abteilungen) vorgegeben werden können.

6.3.4 Umsetzung der relativen Einzelkosten- und Deckungsbeitragsrechnung

Enterprise Resource Planning System

Die Umsetzung der relativen Einzelkosten- und Deckungsbeitragsrechnung ist durch die Entwicklungen der **ERP-Systeme** (Enterprise Resource Planning System) inzwischen möglich. Die in Abb. 6.19 abgebildete Struktur eines solchen ERP-Systems soll diesen Sachverhalt verdeutlichen und die Ermittlung der erforderlichen Daten aus allen betriebswirtschaftlichen Systemen aufzeigen.

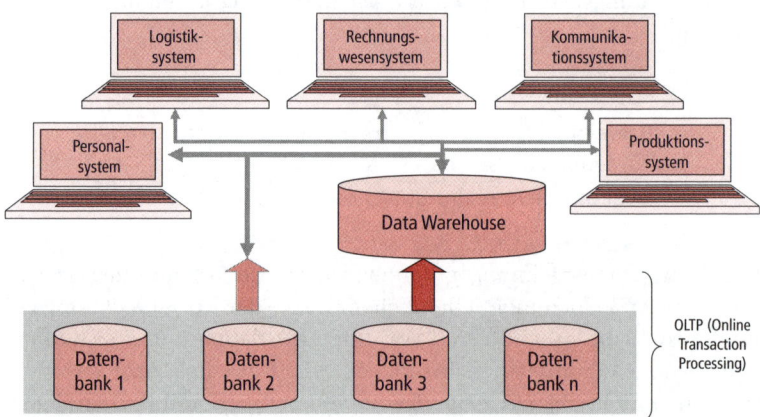

Integrierte betriebswirtschaftliche Abrechnungs-und Dispositionssysteme

Abbildung 6.19: ERP-System mit Ansätzen für Auswertungsrechnungen

OLTP = transaktionsorientierte Datenverarbeitung

In dem Beispiel wird die Datenbereitstellung noch per **OLTP (Online Transaction Processing)** realisiert, d. h.

- es werden überwiegend aktuelle Daten verarbeitet,
- der Datenbestand unterliegt einer hohen Änderungsfrequenz,
- die Verarbeitung der Daten erfolgt transaktionsgesteuert,
- es existiert eine relativ statische Anwendungsstruktur,

- es werden nur geringe Datenmengen pro Operation verarbeitet,

- es existieren viele I/O's (Inputs/Outputs),

- es bestehen hohe Datensicherungs- und Ausfallsicherheitsanforderungen.

Moderne **MIS-Systeme (Management-Informations-Systeme)** speichern und verarbeiten betriebswirtschaftliche Basisdaten entsprechend dem Grundprinzip der Einzelkostenrechnung in Bezug auf bestimmte Entscheidungsträger. Hierdurch entsteht ein „**n-dimensionaler**" Datenwürfel, der es erlaubt, auf die Daten nach unterschiedlichen Kriterien in unterschiedlicher Zusammensetzung zuzugreifen und diese auszuwerten. Hierdurch können die Daten mittels **OLAP-Technologien (Online Analytical Processing)** flexibel in Bezug auf bestimmte Entscheidungsebenen zusammengestellt und analysiert werden.

> Management-Informations-System

> OLAP = analyseabhängige, dynamische und multidimensionale Datenverarbeitung

Abb. 6.20 zeigt ein Beispiel für die Anwendung dieses Prinzips in einem dreidimensionalen Würfel. Mit Hilfe des dargestellten Datenwürfels können die gespeicherten Umsätze hinsichtlich der Entscheidungskriterien

- Sparte,

- Region und

- Kundengruppe

mittels einer so genannten **Slice-und-Dice-Technik** flexibel ausgewertet werden. Es kann sogar analysiert werden, welcher Umsatz eine Sparte mit einer Kundengruppe in einer Region getätigt hat.

Folgende Struktur eines solchen ERP-Systems soll diesen Sachverhalt verdeutlichen und die Ermittlung der erforderlichen Daten aus allen betriebswirtschaftlichen Systemen aufzeigen:

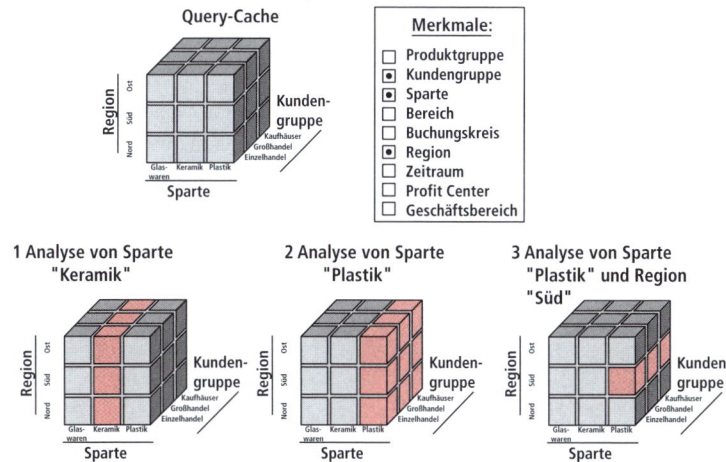

Abbildung 6.20: Beispiel OLAP-Technologie

Existiert eine **DV-Architektur** im Sinne eines **Data-Warehouses**, welches die Daten eines Unternehmens zeit- und transaktionsinvariant speichert, so ist mit Hilfe von OLAP-Technologie sowie **Data-Mining** die Umsetzung der doch sehr aufwendigen Rechnungen möglich und es können – wie beschrieben – vielfältige Auswertungen vorgenommen werden. Abbildung 6.21 soll diese Struktur nochmals verdeutlichen.

Data-Warehouse zur zeit- und transaktionsinvarianten Speicherung von Daten

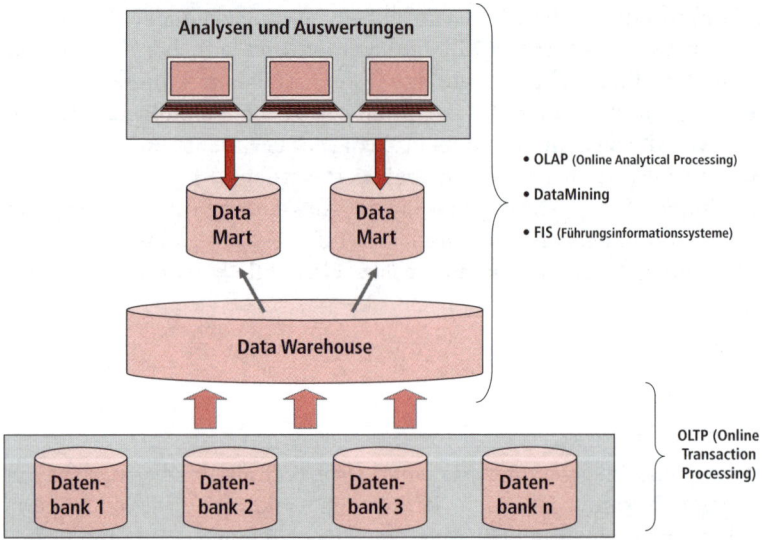

Abbildung 6.21: DV-Architektur eines Data-Warehouse mit Ansätzen für Auswertungsrechnungen

Hierbei ist mit OLAP (Online Analytical Processing)

- die Aufbereitung und Verdichtung von Daten (vergangene, aktuelle und prognostizierte),
- eine analyseabhängige Verarbeitung,
- eine dynamische Anwendungsstruktur, bei der große Datenmengen mit hoher Sensibilität pro Operation verarbeitet werden, sowie
- die multidimensionale Darstellung der Daten gemeint,

um den Anforderungen der verursachungsgerechten Darstellung der relativen Einzelkosten- und Deckungsbeitragsrechnung gerecht zu werden.

6.3.5 Kritische Würdigung

Die relative Einzel- und Deckungsbeitragsrechnung stellt eine konsequente Ausgestaltung der Teilkostenrechnung dar. Die stärkere Berücksichtigung der leistungsseitigen Betrachtung und die Entwicklungen der mehrdimensionalen und mehrstufigen Deckungsbeitragsrechnung bieten gute Ansatzpunkte zur Fundierung von Entscheidungen bei der absatzorientierten Steuerung des Unternehmens. Allerdings existieren etwa mit der Grenzplankostenrechnung, soweit diese ebenfalls konsequent Kostenstellen-Kostenträger-orientiert ausgestaltet ist, vergleichbare oder sogar geeignetere Instrumente zur Unterstützung unternehmerischer Entscheidungen, auf die noch einzugehen sein wird.

6.4 Entscheidungsunterstützung durch Teilkosten- und Deckungsbeitragsrechnungen

6.4.1 Break-Even-Analyse

Eine zentrale Verwendung der Teilkosten- und Deckungsbeitragsrechnung besteht in der **Break-Even-Analyse**, auch als Gewinnschwellen- und Nutzschwellenanalyse bezeichnet.

Break-Even-Punkt = Gewinnschwelle

> **Definition** Bei der **Break-Even-Analyse** werden die Gesamterlöse den Gesamtkosten gegenübergestellt und es wird die so genannte Nutzschwelle ermittelt.
>
> Die Break-Even-Analyse dient der Bestimmung des Break-Even-Punktes. Dieser kennzeichnet diejenige Absatzmenge, bei der die gesamten Kosten durch die Gesamterlöse gedeckt werden, das Unternehmen somit die **Gewinnschwelle** erreicht.

Der Sinn einer solchen Analyse besteht darin, sich einen Überblick über die Rentabilität des Unternehmens und seiner Produkte zu verschaffen. Bei dieser Analyse werden die Gesamtkosten dem Gesamterlös gegenübergestellt. Das Management kann durch die Break-Even-Analyse eine schnelle Antwort auf verschiedene Fragen finden, wie z. B.:

- Ab welcher Umsatzhöhe wird Gewinn erzielt bzw. ab welchem Beschäftigungsgrad gerät das Unternehmen in die Verlustzone?
- Wie verändert sich der erzielbare Gewinn durch Absatzschwankungen?
- Wie sind diese Zusammenhänge für das Unternehmen als Ganzes sowie für die verschiedenen Produkte und Produktgruppen zu sehen?
- Wo liegen bei den einzelnen Produkten bzw. Produktgruppen die wichtigsten Ansatzpunkte für rentabilitätssteigernde Maßnahmen?

Auch im Rahmen der Break-Even-Analyse wird zwischen variablen und fixen Kosten unterschieden.

Bei der Bestimmung des Break-Even-Punktes werden die Gesamtkosten mit den Gesamterlösen konfrontiert. Die Gesamterlösfunktion lautet:

Formel 6.6

$$\text{Gesamterlös} = \text{Stückerlös} * \text{Menge (Stückzahl)}$$
$$E(x) \qquad = e * x$$

Die Gesamtkostenfunktion lautet:

Formel 6.7

$$\text{Gesamtkosten} = \text{variable Kosten } (K_v) + \text{fixe Kosten } (K_f)$$
$$K(x) \qquad = K_v + K_f$$
$$K(x) \qquad = k_v * x + K_f$$

Setzt man diese beiden Funktionen gleich, so erhält man

Formel 6.8

$$e * x = k_v * x + k_f$$

Beispiel 6.8

Break-Even-Analyse für ein Einproduktunternehmen

Nehmen wir nochmals das Beispiel der Fensterproduktion der FEBAU GmbH aus Abb. 6.15. Bei der Produktion der „quadratischen Fenster" ist es für die Unternehmensleitung wichtig, zu wissen, ab welcher Menge die Gewinnzone erreicht wird. Die variablen Kosten der Fenster betragen 135 €, die fixen Kosten belaufen sich auf ca. 60.000 € in der Abrechnungsperiode, wobei in diesem Betrag alle Fixkosten bis zu den Unternehmensfixkostenanteilen berücksichtigt sind. Die zu erzielenden Erlöse belaufen sich auf 500 € pro Fenster.

Mithin ergeben sich folgende Werte:

$$500 \,€ * x = 135 \,€ * x + 60.000 \,€ \qquad \text{I} - (135 \,€ * x)$$
$$365 \,€ * x = 60.000 \,€ \qquad\qquad\qquad \text{I} : (365 \,€)$$
$$x = 165 \text{ (gerundet)}$$

Ab einer Verkaufsmenge von 165 Fenstern sind die Kosten und die Erlöse also genau gleich, d. h. der Break-Even-Punkt liegt bei 165 Fenstern. Grafisch kann der Break-Even-Punkt wie folgt dargestellt werden:

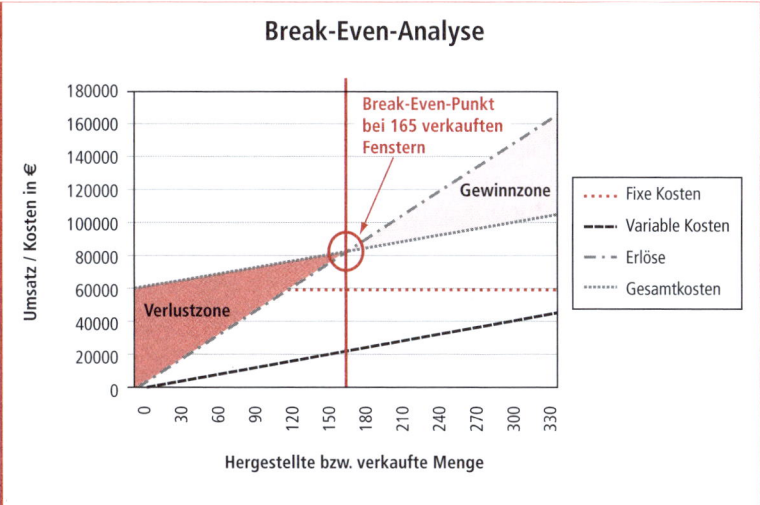

Abbildung 6.22: Break-Even-Punkt

Aus der Grafik kann nun abgelesen werden, wie hoch der Gewinn/ Verlust bei einer entsprechenden Verkaufsmenge ist. Die Geschäftsführerin der FEBAU GmbH stellt fest, dass die Produktion der quadratischen Fenster zurzeit auch eine Absatzschwankung von 30 % überstehen könnte, ohne dass das Produkt in die Verlustzone gerät. Der Produktionsmanager geht davon aus, dass die maximale Produktion dieser Fenstersorte (Kapazitätsgrenze) bei 330 Einheiten liegt, und verdeutlicht, dass dieses Produkt ohne Kapazitätserweiterung über 330 Einheiten hinaus nicht produziert werden kann.

Die **Break-Even-Analyse beim Zweiproduktunternehmen** erfolgt, indem die von beiden Produkten verursachten Kosten mit den Erlösen aus beiden Produkten gleichgesetzt werden bzw. die fixen Kosten der Periode beider Produkte dem gesamten Deckungsbeitrag aus beiden Produkten gleichgesetzt werden.

Break-Even-Analyse beim Zweiproduktunternehmen

$$K_1 + K_2 = E_1 + E_2$$ **Formel 6.9**

$$K_f + k_{v1} * x_1 + k_{v2} * x_2 = e_1 * x_1 + e_2 * x_2$$ **Formel 6.10**

$$DB = K_f$$ **Formel 6.11**

$$db_1 * x_1 + db_2 * x_2 = K_f$$ **Formel 6.12**

Kritische Absatzmenge   Im Gegensatz zum Einproduktunternehmen, bei dem die Gewinnschwelle zu einer kritischen Absatzmenge im Schnittpunkt der Kosten- und Erlöskurve führt, liegt beim Zweiproduktunternehmen die kritische Absatzmenge auf einer Geraden (gestrichelte Linie). Diese besteht aus vielen Punkten, die Linearkombinationen der mit ihren Deckungsbeiträgen pro Stück gewichteten Produktmengen darstellen. Abbildung 6.23 verdeutlicht diesen Zusammenhang.

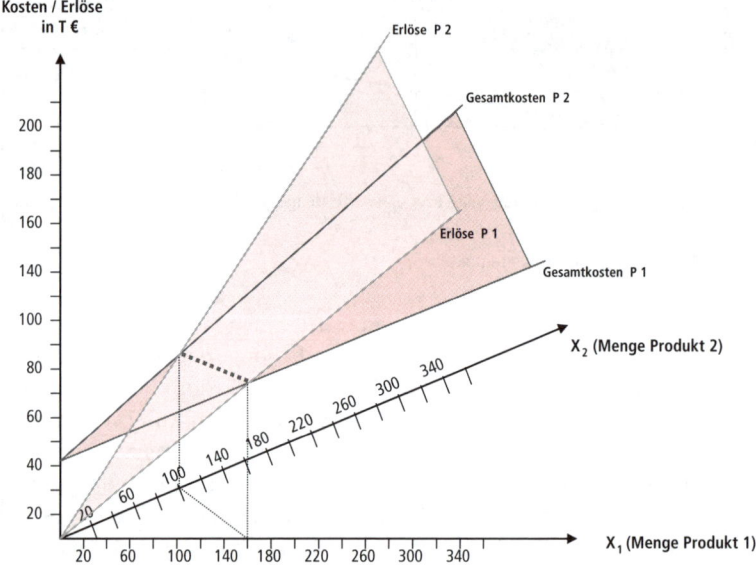

Abbildung 6.23: Break-Even-Analyse bei Mehrproduktunternehmen
(in Anlehnung an: Schweitzer, Küpper: Systeme der Kosten- und Erlösrechnungen, München 2003, S. 495)

Noch mehr Kombinationsmöglichkeiten ergeben sich, wenn drei oder mehr Produkte von Unternehmen angeboten werden. Bei Mehrproduktunternehmen lässt sich keine Gewinnschwellenmenge für alle einzelnen Produkte berechnen, sondern hier geht man in der Praxis vom Gesamtdeckungsbeitrag für alle Produkte zusammen aus.

Break-Even-Analyse bei Mehrproduktunternehmen   Insgesamt bietet es sich bei Mehrproduktunternehmen deshalb an, für jede einzelne Produktart eine eigene Gewinnschwellenanalyse durchzuführen. Diese Vorgehensweise setzt allerdings voraus, dass die insgesamt anfallenden fixen Kosten den einzelnen Produktarten zugeordnet werden können.

6.4.2   Optimales Produktions- und Absatzprogramm

Eine weitere zentrale Anwendung der Teilkosten- und Deckungsbeitragsrechnung besteht darin, Informationen für Entscheidungen über das **optimale Produktions- und Absatzprogramm** zu liefern. Die grundsätzliche Entscheidungsregel bei der Optimierung des Produktions- und Absatzprogramms lautet, dass alle Produkte, die einen positiven Deckungsbeitrag (DBI) aufweisen, einen Beitrag zur Deckung der Fixkosten leisten und daher im Produktions- und Absatzprogramm verbleiben sollen. Solange der Betrieb nicht voll ausgelastet ist, d. h. Unterbeschäftigung besteht, hat das optimale Produktionsprogramm eher eine untergeordnete Bedeutung, da jedes nachgefragte Produkt mit positivem Deckungsbeitrag produziert wird. Sobald mehr Aufträge vorliegen, als bedient werden können, wird mit Hilfe der Teilkosten- und Deckungsbeitragsrechnung die Berechnung des optimalen Produktionsprogramms unterstützt, um z. B. einen maximalen Gewinn zu erzielen. Dabei wird versucht, die zur Verfügung stehenden Engpasseinheiten so zu verteilen, dass die Summe des Gewinns aller hergestellten Produkte das Gewinnmaximum bildet.

Produkte mit einem positiven Deckungsbeitrag leisten einen Beitrag zur Deckung der Fixkosten.

Die Ergebnisse der Planung sind mittel- und kurzfristige Programmpläne, aus denen entsprechende Funktionsbereichsplanungen abzuleiten sind. Dies betrifft in erster Linie die Absatz-, Produktions-, Beschaffungs- und die dazugehörige Lagerplanung. Diese unter Einsatz computergestützter Modelle integrierte Produktprogrammplanung sollte mit der gesamtunternehmensbezogenen Ergebnis- und Finanzplanung sowie der strategischen Planung verknüpft werden.

Alle Produkte mit einem positiven Deckungsbeitrag sollten bei unbeschränkter Kapazität produziert werden.

Ziel der **operativen Programmplanung** ist ein ergebnis- bzw. deckungsbeitragsoptimales Produktionsprogramm. Als Entscheidungsbasis dienen die Deckungsbeiträge je Produkt und Markt, die jedoch unter den folgenden Nebenbedingungen betrachtet werden müssen:

Restriktionen bei der Aufstellung des Produktionsprogramms

■ Absatzbereich

Im Absatzbereich sind sowohl Restriktionen je Produktart in Bezug auf die Höchstmengen und Mindestmengen nach Märkten zu beachten, aber auch Produktabhängigkeiten (Verbundeffekte) zu berücksichtigen.

■ Produktionsbereich

Hier sind die Produktdurchlaufzeiten je Arbeitsvorgang und je Kapazitätsträger sowie die Produktionszeitangebote zu berücksichtigen. Des Weiteren sind auch Produktionsabhängigkeiten in Bezug auf Reihenfolgen, Rüstvorgänge und Zwischenlagermöglichkeiten zu sehen.

■ Beschaffungsbereich

Beschaffungshöchstmengen und Beschaffungsmindestmengen je Materialart und Anbieter sind ebenso zu eruieren wie der Materialverbrauch je Produkt;

Auf dieser Basis ist die Erarbeitung von Programmalternativen, d. h. im Hinblick auf die Art- und Mengenkombination, möglich.

Wenn ein Unternehmen in seinem Umfeld keinen Produktions-, Beschaffungs- oder Absatzengpass aufweist, dann orientiert sich die Programmentscheidung allein an den absoluten Stückdeckungsbeiträgen, wie an folgendem Beispiel deutlich wird:

Absoluter Stückdeckungsbeitrag

Beispiel 6.9

Die FEBAU GmbH produziert in Polen vier verschiedene Standard-fenstersorten, die unterschiedliche Deckungsbeiträge erwirtschaf-ten. Es ist nun sinnvoll, die Produkte intensiv zu produzieren, die die höchsten Deckungsbeiträge aufweisen. Produkte mit einem negativen Deckungsbeitrag sollten nicht mehr weiterproduziert wer-den, es sei denn, dass diese Produkte mit den anderen Produkten z. B. eine Absatzverbundenheit aufweisen. Für einen Fensterbauer kann es etwa notwendig sein, Haustüren mit im Programm zu haben, da Bauherren sich in der Regel Komplettangebote für alle Türen und Fenster geben lassen. Denkbar ist allerdings, bei Produkten mit nega-tivem Deckungsbeitrag und vorliegendem Verbund zu anderen Pro-dukten über einen Fremdbezug (Outsourcing) nachzudenken. Für diese Fenster, A, B, C und D, liegen folgende Informationen aus dem abgelaufenen Monat vor:

	Fenster				
	A	B	C	D	Gesamt
Produktions-/Absatzmenge	3.400	5.000	2.000	500	
Verkaufspreis (€/Stück)	900	500	1.300	600	
Variable Kosten (€/Stück)	600	400	900	700	
Deckungsbeitrag (€/Stück)	300	100	400	−100	
Deckungsbeitrag (€)	1.020.000	500.000	800.000	−50.000	2.270.000
Fixkosten (€)					1.550.000
Gewinn (€)					720.000

Abbildung 6.24: Geplantes Produktionsprogramm ohne Engpass, Teil 1 (Ausgangslage)

Der Controller hat nun gemeinsam mit dem Produktionsleiter und dem Vertriebsleiter eine Programmoptimierung durchgeführt. Hier-zu sind zunächst die Absatz- und Beschaffungshöchstmengen zu bestimmen, die bei gleich bleibender Kostenstruktur möglich sind. In dem Beispiel sind keine Beschaffungsengpässe zu erwarten, aber es gelten folgende Absatzhöchstmengen für die Produkte

Fenster A 3.400 Stk.
Fenster B 8.000 Stk.
Fenster C 2.100 Stk.
Fenster D 900 Stk.

Das Unternehmen maximiert nunmehr den Gewinn durch folgende Maßnahmen:

■ Fenster D wird aufgrund des negativen Deckungsbeitrags nicht mehr hergestellt, da es noch nicht einmal die variablen Kosten (z. B. die direkten Lohn- und Materialkosten der Fertigung zu decken vermag). Es liegt keine Absatzverbundenheit mit einem anderen der hergestellten Produkte vor.

- Die Fenster A, B, und C werden bis zu der jeweiligen Absatz-höchstmenge produziert.

Folgendes Programm ergibt sich:

	Fenster				
	A	B	C	D	Gesamt
Absatzhöchstmenge	3.400	8.000	2.100	900	
Optimale Menge	3.400	8.000	2.100	0	
Deckungsbeitrag (€/Stück)	300	100	400	0	
Deckungsbeitrag (€)	1.020.000	800.000	840.000	0	2.660.000
Fixkosten (€)					1.550.000
Gewinn (€)					1.110.000

Abbildung 6.25: Optimales Produktionsprogramm ohne Engpass, Teil 2

Wie aus der Tabelle zu erkennen ist, kann der Gewinn durch die neue Ausrichtung der Produktion und Mengenumstellung gegenüber der Ausgangssituation um über 50 % gesteigert werden.

Im Beispiel unterliegen die Produkte nur Absatzbeschränkungen. Auch Produktionsbeschränkungen können in der beschriebenen Form berücksichtigt werden, wenn sie sich jeweils auf eine einzelne Produktart beziehen und keine verbundene Leistungserstellung vorliegt. Als Obergrenze gilt dann für jede Produktart der kleinere Wert aus Absatz- und Produktionsbeschränkung.

Häufig sind in produzierenden Unternehmen Fertigungsengpässe bei gemeinsam genutzten Ressourcen anzutreffen, beispielsweise wenn verschiedene Produkte dieselben Maschinen, Anlagen, Materialien und Personen beanspruchen oder aber die Produktion den gleichen Platz in den Produktionsgebäuden benötigt. Dann richtet sich die Bestimmung des optimalen Programms nicht allein nach den Stückdeckungsbeiträgen, sondern eine Orientierung an den absoluten Deckungsbeiträgen würde sogar zu suboptimalen Ergebnissen führen. Zusätzlich ist in diesem Fall zu berücksichtigen, in welchem Umfang jedes Produkt einen Engpassfaktor in Anspruch nimmt. Im Engpassfall ist das Produktions- und Abstzprogramm mit Hilfe der so genannten relativen Deckungsbeiträge (DB$_{rel.}$) zu optimieren. Deshalb sind in einem solchen Fall für alle Produkte die relativen Deckungsbeiträge je Engpasseinheit zu ermitteln. Die knappe Kapazität wird dann in der Reihenfolge abnehmender relativer Deckungsbeiträge im Engpass verplant.

Der relative Deckungsbeitrag, der zur Beurteilung bei Existenz von Engpässen herangezogen werden muss, setzt den Stückdeckungsbeitrag ins Verhältnis zum Ressourceneinsatz des knappen Engpassfaktors. Der relative Deckungsbeitrag errechnet sich wie folgt:

Fertigungsengpässe

Relativer Deckungsbeitrag = Deckungsbeitrag bezogen auf eine Engpasseinheit

Formel 6.13

$$DB_{rel.} = \frac{\text{Stückdeckungsbeitrag (db)}}{\text{Input des Engpassfaktors pro Stück (Einheit/Stück)}}$$

Mit Hilfe des Optimierungskriteriums „relativer Deckungsbeitrag" werden nicht mehr die absoluten Stückdeckungsbeiträge optimiert, sondern es erfolgt eine Optimierung der Stückdeckungsbeiträge in Hinblick auf die dazu einzusetzenden Mengen des Engpassfaktors. Hierdurch wird eine gewinnoptimale Verwendung der knappen Ressourcen gewährleistet.

Ablauf der Produktions- und Absatzprogramm-optimierung

Eine Optimierung des Produktions- und Absatzprogramms mit Hilfe der relativen Deckungsbeiträge erfolgt in folgenden fünf Schritten:

1. Ermittlung des Engpassfaktors

2. Ermittlung der relativen Deckungsbeiträge

3. Erstellung einer Rangordnung der Vorteilhaftigkeit anhand der relativen Deckungsbeiträge

4. Sukzessive Aufnahme der Produktarten in das optimale Produktionsprogramm bis zur Kapazitätsgrenze des Engpassfaktors

5. Errechnung des Betriebsergebnisses des optimierten Produktions- und Absatzprogramms

Beispiel 6.10

Nachfolgendes Beispiel der Fensterproduktion der FEBAU GmbH Polen verdeutlicht den Sachverhalt bei einem Engpass in der Produktion. Vier Produkte erzielen folgende Stückdeckungsbeiträge und beanspruchen drei Maschinen in unterschiedlicher Intensität entsprechend folgender Aufstellung:

	Spezialfenster			
Angaben pro Stück	**A**	**B**	**C**	**D**
Erlöse in €	900	420	560	170
Variable Kosten in €	850	320	400	120
Deckungsbeitrag in €	50	100	160	50
Beanspruchung Maschine 1 in Min.	70	30	50	40
Beanspruchung Maschine 2 in Min.	60	30	60	20
Beanspruchung Maschine 3 in Min.	80	20	40	50

Abbildung 6.26: Optimales Produktionsprogramm mit einem Engpass (Ausgangsdaten I: Produktbezogene Daten)

Engpass Maschine 1	200.000
Engpass Maschine 2	210.000
Engpass Maschine 3	140.000

Abbildung 6.27: Optimales Produktionsprogramm mit einem Engpass (Ausgangsdaten II: Kapazitäten der Maschinen)

1. Ermittlung des Engpassfaktors

Die maximale Absatzmenge pro Produktart ist 1000 Stück. Daher wird in einem ersten Schritt berechnet, an welcher Maschine ein Engpass auftritt. Dies geschieht durch Ermittlung der Kapazitätsbeanspruchung der Maschinen durch die einzelnen Produkte. Es ist zu erkennen, dass der Engpassfaktor bei vorgegebenem Produktionsprogramm bei der Maschine C auftritt; es können nicht alle abzusetzenden Erzeugnisse hergestellt werden.

	Fenster					Max.	
	A	B	C	D	Summe	Kapazität	Differenz
Beanspruchung Maschine 1	70.000	30.000	50.000	40.000	190.000	200.000	10.000
Beanspruchung Maschine 2	60.000	30.000	60.000	20.000	170.000	210.000	40.000
Beanspruchung Maschine 3	80.000	20.000	40.000	50.000	190.000	140.000	-50.000

Abbildung 6.28: Ermittlung der Kapazitätsbelastungen der Maschinen durch die Produkte

2. Ermittlung der relativen Deckungsbeiträge

Im folgenden Schritt ermittelt der Controller dann bezogen auf den Engpass den relativen Deckungsbeitrag der einzelnen Produkte und bestimmt anhand des relativen Deckungsbeitrags die Reihenfolge, in der die Produkte in das Produktionsprogramm aufgenommen werden sollen. Die nachfolgende Abbildung zeigt diesen Rechenschritt bei einer maximalen Absatzmenge von 1.000 Stück pro Fenstersorte A bis D.

	Fenster			
	A	B	C	D
Deckungsbeitrag in €/Stk.	50	100	160	50
Belastung im Engpass Maschine 3 in Minuten	80	20	40	50
Relativer Deckungsbeitrag bezogen auf Maschine 3	0,625	5	4	1
Rangfolge der Produkte nach relativem DB	4	1	2	3

Abbildung 6.29: Ermittlung der relativen Deckungsbeiträge der Produkte und die Rangfolge

3. Erstellung einer Rangordnung der Vorteilhaftigkeit anhand der relativen Deckungsbeiträge

Aufgrund der bisherigen Berechungen des Controllers ergibt sich, dass das Produkt mit dem höchsten relativen Deckungsbeitrag als erstes in das Produktionsprogramm aufgenommen werden soll, dann das Produkt mit dem zweithöchsten Deckungsbeitrag usw.

4. Sukzessive Aufnahme der Produktarten in das optimale Produktionsprogramm bis zur Kapazitätsgrenze des Engpassfaktors

Im vierten Schritt muss jetzt ermittelt werden, inwieweit die Kapazität der Maschine 3 durch die einzelnen Produkte bis zum Engpass belastet wird und in welcher Anzahl die einzelnen Produkte hergestellt werden können. Hierbei wird zunächst das Produkt mit dem höchsten relativen Deckungsbeitrag in maximaler Menge – sofern möglich – hergestellt; ist dann noch Kapazität bis zum Engpass frei, wird das Produkt mit dem zweithöchsten relativen Deckungsbeitrag hergestellt usw. Die folgende Abbildung gibt Aufschluss über diese Berechnungen:

	Fenster				Kapazitäten			
	A	B	C	D	Summe Verbrauchte Kapazität	Rest	Mögliche Anzahl bis zur Kapazitätsgrenze	Produkt
Beanspruchung Maschine 3 in Min.		20.000			20.000	120.000	1.000	B
Beanspruchung Maschine 3 in Min.			40.000		60.000	80.000	1.000	C
Beanspruchung Maschine 3 in Min.				50.000	110.000	30.000	1.000	D
Beanspruchung Maschine 3 in Min.	80.000				190.000	-50.000	375	A

Abbildung 6.30: Optimales Produktionsprogramm mit einem Engpass (Ergebnis)

Es wird deutlich, dass von den Produkten B, C, und D die jeweils maximale Menge von 1.000 Stück hergestellt werden kann und im Anschluss daran bis zur Kapazitätsgrenze von 140.000 Einheiten der Maschine 3 noch 375 Stück von Produkt A.

Im letzten Schritt ermittelt der Controller nun das Betriebsergebnis der optimierten Deckungsbeitragsrechnung.

Merke Bei der Berechnung des Betriebsergebnisses ist darauf zu achten, dass nunmehr die optimal zu produzierenden Mengen mit dem absoluten Stückdeckungsbeitrag multipliziert werden müssen, keinesfalls mit dem relativen Deckungsbeitrag. Dieser dient nur zur Errechnung der Produktionsreihenfolge.

Bei mehreren Engpasssituationen reicht als Kriterium ein relativer DB nicht mehr aus, vielmehr kommt es zur kombinierten Betrachtung unterschiedlicher relativer Deckungsbeiträge. Wechselseitige Engpasswirkungen erfordern eine simultane Festlegung der Kapazitätsengpässe und der gewinnmaximalen Produktionsmenge. Hierfür sind Methoden der linearen Programmierung nötig, d. h. die Maximierung einer Zielfunktion unter gleichzeitiger Einhaltung von Nebenbedingungen.

Interdependente multidimensionale Engpässe

Folgendes Beispiel verdeutlicht die Vorgehensweise bei zwei Engpässen:

Beispiel 6.11

Wir schauen uns dazu die Fensterproduktion der FEBAU GmbH mit zwei Produkten und zwei Engpässen noch einmal genauer an:

Engpass Montagebereich (M): 6.000 Min.
Engpass Stanzerei (ST): 3.000 Min.

sowie die folgenden Rahmenbedingungen:

Produkt	Fensterprofil Aluminium (AF)	Fensterprofil Kunststoff (AF)
Stückdeckungsbeitrag in €	10	15
Belastung Montage in Min.	4	5
Belastung Stanzerei in Min.	3	2
Absatzhöchstmenge X	10	15

Formel 6.14

Geht man davon aus, dass der erzielbare Deckungsbeitrag maximiert werden soll, so können die folgenden Gleichungen zur Lösung des Problems aufgestellt werden:

$$DB = 10 * X_{AF} + 15 * X_{KF} = Max!$$

$$4 * X_{AF} + 5 * X_{KF} \leq 6000 \text{Min.}$$
$$3 * X_{AF} + 2 * X_{KF} \leq 3000 \text{Min.}$$
$$X_{AF} \leq 500 \text{Stück}$$
$$X_{KF} \leq 1000 \text{Stück}$$

Nichtnegativitätsbedingungen:

$$X_{AF} \geq 0 \text{ Stück}$$
$$X_{KF} \geq 0 \text{ Stück}$$

Als Lösung ergibt sich:

$$X_{AF} = 250 \text{ Stück}$$
$$X_{KF} = 1000 \text{ Stück}$$

Formel 6.15

Ausgangsgleichung:

$$DB = 10 * X_{AF} + 15 * X_{KF} = Max!$$
$$DB = 10 * 250 + 15 * 1000 = 17500$$

Der maximale Deckungsbeitrag beläuft sich somit auf **17.500 €**.

Merke   Die Alternativenbeurteilung im Rahmen der **Produktions- und Absatzprogrammplanung** kann mit Hilfe verschiedener Entscheidungskriterien und Entscheidungsverfahren in Abhängigkeit von unterschiedlichen Entscheidungssituationen stattfinden:

■ **Entscheidungskriterium bei Unterbeschäftigung**, d. h. ohne Engpass, ist ein positiver Deckungsbeitrag je Produkt. Produkte mit positiven Deckungsbeiträgen sollten im Leistungsprogramm enthalten sein, Produkte mit negativem Deckungsbeitrag sollten eliminiert oder nicht aufgenommen werden, soweit Unabhängigkeit besteht.

■ **Entscheidungskriterium bei einem Engpass** ist der relative Deckungsbeitrag je Produkt, der als Stückdeckungsbeitrag je Engpassmaßeinheit ermittelt wird.

■ **Entscheidungskriterium bei mehreren Engpässen** erfolgt unter Einsatz von Simulationsverfahren und linearer Programmierung.

6.4.3 Preisunter- und Preisobergrenzen

Die Nutzung der Teilkostenrechnungen erschließt uns auch das Gebiet der **Preisgrenzenbestimmung**. Hierbei geht es darum, im Absatzbereich die Untergrenze des Preises zu bestimmen, bei dem es gerade noch wirtschaftlich sinnvoll ist, die Unternehmensleistungen auf dem Markt anzubieten. Diese Frage stellt sich beispielsweise immer dann, wenn Zusatzaufträge zu schlechten Konditionen zur Disposition stehen oder in Verhandlungen mit Kunden über Rabatte diskutiert wird. Im Beschaffungsbereich stellt sich die Aufgabe gerade umgekehrt. Hier ist zu fragen, welcher gerade noch wirtschaftlich vertretbare Preis für Einsatzfaktoren (Material, Lohnkosten etc.) bezahlt werden kann.

Bestimmung des tiefsten Angebotspreises

Bestimmung des maximal zu akzeptierenden Beschaffungspreises

> **Definition** Allgemein formuliert gibt bei diesen Fragen die **Preisuntergrenze (Preisobergrenze)** den Preis an, bei dessen Unterschreitung (Überschreitung) Absatz- (Beschaffungs-) Aktivitäten im Hinblick auf die Ziele des Unternehmens getätigt oder nicht mehr durchgeführt werden.

Preisober- und -untergenzen

Die Höhe der Preisunter- bzw. Preisobergrenze hängt entscheidend von den Rahmenbedingungen der Entscheidung ab. Hierzu zählen

- die Entscheidungssituation,
- die Entscheidungsproblematik,
- die Zielvorstellung,
- die Alternativen
  - zur Produktion,
  - zum Absatz und
  - zur Beschaffung.

Abbildung 6.31 gibt einen Überblick über die verschiedenen Arten von Preisgrenzen

Aus der Tabelle in Abb. 6.31 wird deutlich, dass z. B. das Klassifikationsmerkmal „Unternehmensziel" die beiden zentralen Unternehmensziele „Erfolg" und „Liquidität" in die Betrachtung der Preisgrenzenbestimmung einbringt; greift man den Liquiditätsaspekt heraus, wird die Preisuntergrenze gezielt unter Finanzierungs- bzw. Liquiditätsgesichtspunkten analysiert. Dies wird häufig in Krisensituationen getan, um in erster Linie die Zahlungsbereitschaft zu sichern. Hierbei werden dann nur die zahlungswirksamen variablen Stückkosten betrachtet und Größen wie Abschreibungen dürfen nicht mit in die Berechnungen einfließen.

Klassifikationsmerkmale

Klassifikationsmerkmal	Preisgrenzen (PG)
Beschaffungs- und Absatzgüter	Preisuntergrenze
	Preisobergrenze
Unternehmungsziel	Erfolgswirtschaftliche PG
	Liquiditätswirksame PG
Fristigkeit des Entscheidungsproblems	Statische PG
	Dynamische PG
Art des Produktionsprogramms	PG für Einproduktfertigung
	PG für Mehrproduktfertigung
Umfang der Produktionsmenge	PG für gesamte Produktionsmenge
	PG für Zusatzauftrag
Veränderlichkeit der Kapazität	PG bei (un-)veränderlicher Kapazität
Nutzungsdauer der Gebrauchsgüter	PG mit bekannter ND
	PG mit unbekannter ND
Lagerbildung	PG mit/ohne Lagerbildung
Produktionsverbundenheit	PG mit/ohne Produktionsverbundenheit
Angebots- bzw. Nachfragefunktion	PG bei fixierten Preis/Menge
	PG bei Preis-/Mengenanpassung

Abbildung 6.31: Klassifikation von Preisgrenzen
(leicht verändert übernommen von: Schweitzer, M./Küpper, H.-U.: Systeme der Kosten- und Erlösrechnung, München 2003, S. 488)

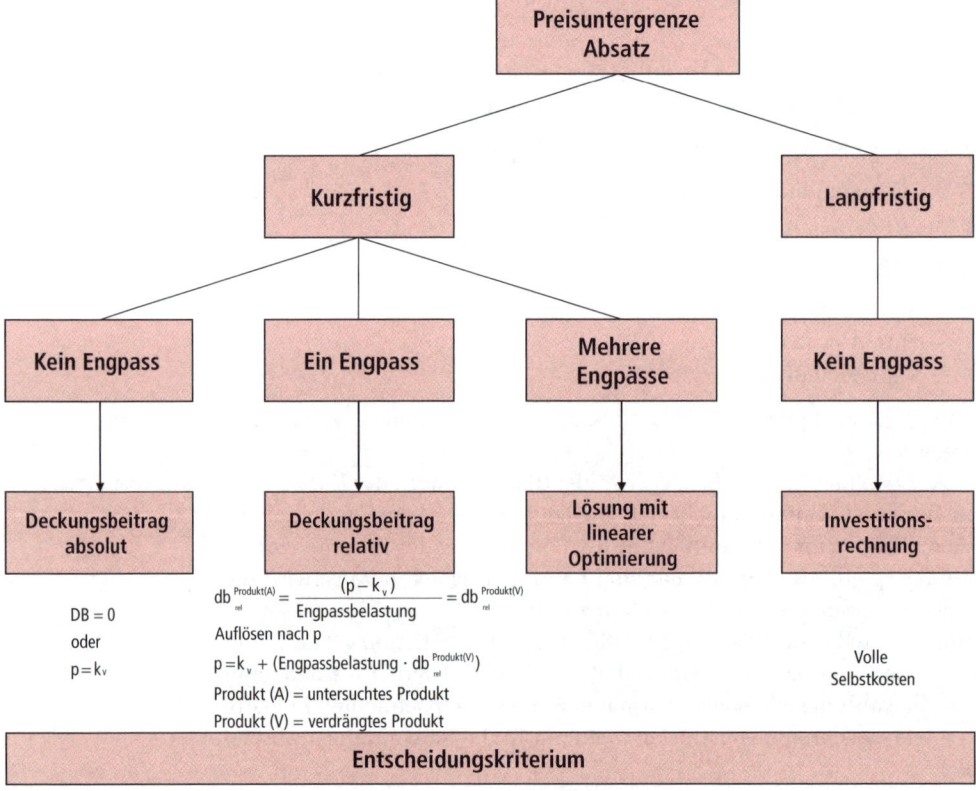

Abbildung 6.32: Entscheidungskriterien bei Fristigkeiten im Rahmen der Absatzpreisgrenzen

Des Weiteren kann im Rahmen der Preisgrenzen auch eine Differenzierung nach der Fristigkeit des Entscheidungsproblems durchgeführt werden (s. Abb. 6.32).

Im einfachsten Fall können wir uns das bei der Erarbeitung der Produktionsprogrammplanung erarbeitete Entscheidungskriterium zu Nutze machen. Wenn wir davon ausgehen, dass nur Produkte mit einem positiven Deckungsbeitrag im Produktionsprogramm zu belassen sind, so kann für die Preisuntergrenze Folgendes abgeleitet werden:

Bestimmung der Preisuntergrenze bei Produkten mit positiven DB

Wenn gelten soll, dass

$$db = p - k_v \overset{!}{=} 0$$

Formel 6.16

dann kann durch Umformung als Kriterium für die Preisuntergrenze abgeleitet werden:

$$p_{min.} = k_v$$

Formel 6.17

Die Preisuntergrenze, zumindest in einer kurzfristigen Betrachtungsweise, liegt somit genau auf Höhe der variablen Stückkosten.

Wie das umgesetzt auf die Situation bei Vorliegen eines Engpasses aussieht, soll nachfolgendes Beispiel der FEBAU GmbH verdeutlichen:

Wir greifen hier wieder auf die Daten aus dem Beispiel für das optimale Produktionsprogramm bei einem Engpass zurück:

Beispiel 6.12

	Fenster			
	A	B	C	D
Erlöse (€)	900	420	560	170
Variable Kosten (€)	850	320	400	120
Deckungsbeitrag in €/Stk.	50	100	160	50
Belastung im Engpass Maschine 3 in Minuten	80	20	40	50
Relativer Deckungsbeitrag bezogen auf Maschine 3 in €/Min.	0,625	5	4	1
Rangfolge der Produkte nach relativem DB	4	1	2	3
Maximaler Absatz	1.000	1.000	1.000	1.000

Abbildung 6.33: Absatzpreisgrenze bei einem Engpass

Die Produkte B, C und D werden in ihren Maximalmengen hergestellt und abgesetzt. Das Produkt A würde erst hergestellt, wenn der Preis dieses Fensters so weit steigt, dass die jeweils eigenen Stückkosten und die Opportunitätskosten von Produkt D (d. h. die entgangenen relativen Deckungsbeiträge des Produkts D von der Engpassmaschine) gedeckt werden, da die Erhöhung der Menge von Produkt A automatisch eine Reduzierung der Menge von Produkt D zur Folge hat.

Gemäß der Formel aus Abb. 6.32 ergibt sich

Formel 6.18

$$p^{Produkt(A)} = k_v^{Produkt(A)} + (Engpassbelastung^{Produkt(A)} \cdot db_{rel}^{Produkt(D)})$$

$$p^{Produkt(A)} = 850\,€/Stk + (80\,Min/Stk \cdot 1\,€/Min) = 930\,€/Stk$$

$$db_{rel}^{Produkt(D)} = \text{Relativer Deckungsbeitrag}$$

$$p = \text{Preis}$$

Produkt A = untersuchtes Produkt
Produkt D = verdrängtes Produkt

Aus dieser Berechnung folgt, dass, wenn der Preis des Produktes A auf 930 €/Stk. steigt, das Produkt D durch das Produkt A ersetzt würde. Die Preisuntergrenze läge jetzt bei 930 €/Stk. Weiterhin wäre jetzt interessant zu erfahren, wie weit der Preis des Produktes D sinken darf, dass es gerade noch nicht durch Produkt A ersetzt würde? Folgende Berechnung gibt hier Aufschluss:

Formel 6.19

$$p^{Produkt(D)} = k_v^{Produkt(D)} + (Engpassbelastung^{Produkt(D)} \cdot db_{rel}^{Produkt(A)})$$

$$p^{Produkt(A)} = 120\,€/Stk + (50\,MinStk \cdot 0,625\,€/Min) = 151,25\,€/Stk$$

Produkt A = untersuchtes Produkt
Produkt D = verdrängtes Produkt

Gemäß der Berechnung darf der Preis des Produktes D auf 151,25 €/Stk. fallen, um noch nicht durch das Produkt A ersetzt zu werden.

Preisuntergrenzenbetrachtung nur kurzfristig aufgrund der fehlenden Abbaubarkeit von Fixkosten

Es muss an dieser Stelle explizit darauf hingewiesen werden, dass die abgeleiteten Preisuntergrenzen nur in einer kurzfristigen Betrachtungsweise, d. h. solange es nicht möglich ist, die Fixkosten zu verändern, Gültigkeit beanspruchen können. Betrachtet man dagegen die Langfristperspektive, so müssen die Produkte selbstverständlich alle durch sie verursachten Kosten, also auch die fixen Kosten, tragen. Somit stellen in einer langfristigen Betrachtungsweise die Selbstkosten der Produkte die Preisuntergrenze für die Unternehmensleistungen dar.

Ein Produkt, das dauerhaft nur einen Preis in Höhe der variablen Stückkosten erzielt, lässt auch dauerhaft die Fixkosten ungedeckt und verursacht Verluste.

Die Ausführungen zu den Absatzpreisuntergrenzen sind auf die Beschaffungsbereiche von z. B.

- Material und
- Personal

übertragbar, da die Verfahren zur Bestimmung ebenfalls eingesetzt werden können. Bei dieser Aufgabenstellung geht es darum, um wie viel die Kosten für die Einsatzgüter steigen dürfen, damit deren Beschaffung noch wirtschaftlich sinnvoll bleibt. Der Lösungsweg ist ähnlich wie bei dem obigen Preisuntergrenzenbeispiel. Die Kosten für die Einsatzstoffe dürfen so weit steigen, bis das Produkt keinen positiven Deckungsbeitrag mehr zu erzielen vermag.

Merke Die Alternativenbeurteilung im Rahmen der **Preisuntergrenzen-/Preisobergrenzenbestimmung** kann mit Hilfe verschiedener Entscheidungskriterien und Entscheidungsverfahren in Abhängigkeit von unterschiedlichen Entscheidungssituationen stattfinden:

Preisuntergrenze
Entscheidungskriterium in kurzfristiger Betrachtung:

$$p_{min.} = k_v \text{ (Preisuntergrenze = variable Stückkosten)}$$

Formel 6.20

Entscheidungskriterium in langfristiger Betrachtung:

$$p_{min.} = k \text{ (Preisuntergrenze = Selbstkosten (volle Stückkosten))}$$

Formel 6.21

Preisobergrenze
Entscheidungskriterium: Die variablen Stückkosten können steigen, bis das Produkt keinen positiven Deckungsbeitrag mehr aufweist.

6.4.4 Eigenfertigung versus Fremdbezug

Besondere Bedeutung kommt in der aktuellen Unternehmenspraxis der Frage des Outsourcings bzw. der Frage des Fremdbezugs von Leistungen zu. In Unternehmen stellt sich immer wieder die Frage, ob Produkte oder Leistungen in Eigenregie selbst hergestellt oder von einem externen Zulieferer bezogen werden sollen.

„Make or Buy" Entscheidungen

Um eine solche Entscheidung treffen zu können, bedarf es einer ganzen Reihe von Überlegungen, die nicht nur von den einzusparenden Kosten abhängig sind. Hier sind vor allem die folgenden Kriterien zu berücksichtigen:

Outsourcing = Auslagerung von betrieblichen Funktionen an Dritte

- die aus der Entscheidung resultierende Abhängigkeit von den Lieferanten,
- die möglicherweise unterschiedliche Zuverlässigkeit von Lieferanten in Bezug auf Qualität, Verschwiegenheit und Termintreue,
- bei Eigenfertigung: beträchtliche Kapitalbindung, die zu finanzieren ist,
- die Schaffung beträchtlicher und unter Umständen schwer abbaubarer Personalverpflichtungen.

Weiterhin ist es so, dass die Frage nach der Möglichkeit des Outsourcings sich nicht nur dem Produktionsbereich eines Unternehmens, sondern auch allen anderen Unternehmensbereichen stellt, wie folgende Abbildung für einige Gebiete beispielhaft aufzeigt:

Bereich	Beispiele
Beschaffung	**Personal:** Einstellungen über eigenes Personalbüro oder Personalberatungsgesellschaft? **Anlagegüter:** Eigenherstellung oder Kauf (Miete, Leasing) von Anlagengegenständen, Werkzeugen und Teilen?
Fertigung	**Forschung und Entwicklung:** Eigene Forschungs- und Entwicklungsabteilung oder Kauf von Patenten und Lizenzen? **Produktion:** Eigenfertigung von Einzelteilen und Baugruppen oder reine Montagefertigung? Eigener Wartungs- und Reparaturdienst oder Vergabe von Lohnaufträgen?
Absatz	**Marketing:** Eigene Werbeabteilung oder Inanspruchnahme einer Agentur? **Distribution:** Eigene Verkaufsorganisation oder Verkauf über Groß- und/oder Einzelhandel? **Service:** Eigener Kundendienst oder Kundendienst über Fachhandel?
Finanzen	**Zahlungsabwicklung:** Eigenes Mahn- und Inkassowesen oder Einschaltung einer Factoringgesellschaft? **Buchführung:** Eigenständige Erstellung von Buchhaltung und Jahresabschluss oder Dienstleistung über Steuerberater?
Allgemeine Verwaltung	Eigene EDV-Abteilung oder Vergabe an externes Rechenzentrum? Eigene Kantine oder Bezug von Großküchenessen? Eigene Organisationsabteilung oder Einschaltung externer Organisationsberater?

Abbildung 6.34: Outsourcing-Bereiche

Um die Entscheidung zwischen Eigenfertigung und Fremdfertigung unter Kostengesichtspunkten treffen zu können, kann das gleiche Instrumentarium wie schon bei der Preisgrenzenbestimmung und dem optimalen Produktionsprogramm eingesetzt werden. Folgende Grafik gibt hier einen Überblick:

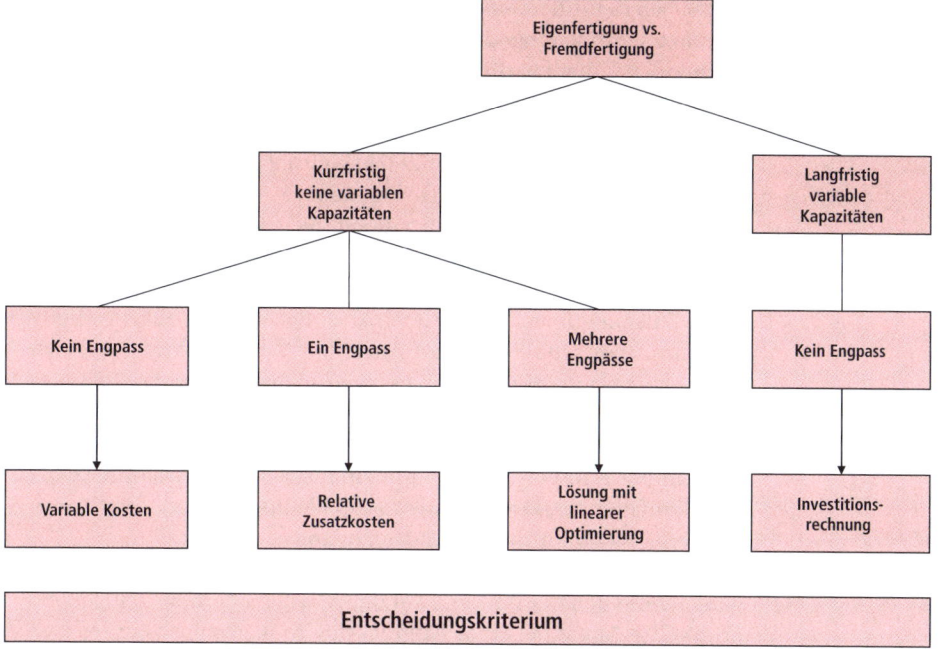

Abbildung 6.35: Eigenfertigung versus Fremdbezug

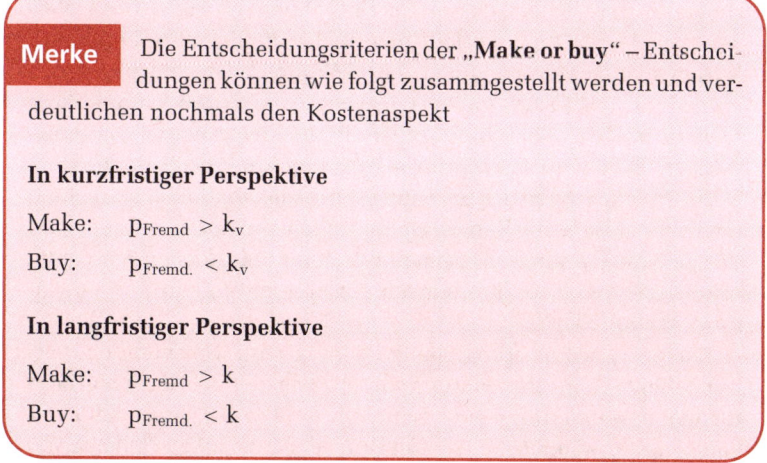

Merke Die Entscheidungsriterien der „**Make or buy**" – Entscheidungen können wie folgt zusammgestellt werden und verdeutlichen nochmals den Kostenaspekt

In kurzfristiger Perspektive

Make: $p_{Fremd} > k_v$

Buy: $p_{Fremd.} < k_v$

In langfristiger Perspektive

Make: $p_{Fremd} > k$

Buy: $p_{Fremd.} < k$

Abbildung 6.36: Entscheidungskriterien „Make or buy" - Entscheidungen

Zusammenfassung und Einordnung der Entscheidungen in die Unternehmenspolitik

Wir haben in den bisherigen Ausführungen Entscheidungsregeln für verschiedene unternehmerische Entscheidungssituationen abgeleitet. Neben der differenzierten Betrachtung dieser Entscheidungsregeln hinsichtlich lang- oder kurzfristiger Perspektiven soll hier vor allem noch einmal explizit auf die Notwendigkeit einer ganzheitlichen Entscheidungsperspektive hingewiesen werden.

In der Unternehmenspraxis müssen solche Entscheidungen immer unter Berücksichtigung anderer Unternehmensinteressen sowie der Entscheidungskonsequenzen für andere Unternehmensbereiche durchgeführt werden. Hierbei müssen neben unternehmensstrategischen Aspekten auch die Auswirkungen beispielsweise auf den Marketing-, Beschaffungs-, Produktions- oder Finanzbereich bei einer Entscheidungsfindung berücksichtigt werden. Eine isolierte kostenrechnerische Sichtweise kann bei Vernachlässigung dieser Perspektiven nur zu suboptimalen Entscheidungsergebnissen führen.

So kann es unter marktstrategischen Gesichtspunkten unter Umständen sinnvoll sein, temporär nicht (voll-)kostendeckende Preise auf dem Markt zu verlangen, um Wettbewerber zu verdrängen oder eine Markteintrittsbarriere aufzubauen.

Ebenfalls ist bei den referierten Preisuntergrenzenentscheidungen immer auch die Wirkung auf den Markt zu berücksichtigen. So erhöht die Annahme eines Auftrags auf Teilkostenbasis unter dem Marktpreis zwar den Gewinn, allerdings ist dabei immer zu prüfen, ob der Zusatzauftrag unter Listenpreis bei Bekanntwerden zu Verärgerung und Abwanderung von Stammkunden führen könnte, sodass die Gewinne zukünftiger Perioden dann niedriger ausfallen. Ein generelles Problem ist, dass unter Umständen die Preise des Unternehmens leiden (man spricht hier auch von einer Flächenbrand-Wirkung) und ein so genannter „Last-Minute-Effekt" eintritt, der das Preisniveau insgesamt senkt und so auch in Zukunft kaum höhere Margen erwarten lässt. Eine weitere Preisuntergrenze ist die Preisuntergrenze unter Finanzierungs- bzw. Liquiditätsgesichtspunkten. Diese Preisuntergrenze wird häufig in Krisensituationen betrachtet, um in erster Linie die Zahlungsbereitschaft zu sichern. Hierbei werden nur die zahlungswirksamen variablen Stückkosten betrachtet und Größen wie Abschreibungen dürfen nicht mit in die Berechnungen einfließen.

Bei der Leistungsprogrammgestaltung sind vornehmlich **Verbundeffekte** in die Betrachtung einzubeziehen. Eine **Absatzverbundenheit** besteht etwa, wenn mehrere Produkte nur gemeinsam verkauft werden können. So werden Drucker häufig unter Selbstkosten verkauft, um dann an den Druckerpatronen den Gewinn zu generieren. Hier ist sofort ersichtlich, dass die Produktion der Drucker nicht isoliert betrachtet werden darf, da eine Einstellung des Druckerverkaufs auch die gewinnträchtigen Druckerpatronen mittelfristig unverkäuflich werden lässt.

Weiterhin können **Imageeffekte** dafür sorgen, dass auch Produkte (Referenzprodukte) mit einem negativen Deckungsbeitrag entgegen unseren Entscheidungsregeln im Produktionsprogramm behalten werden.

Auch bei einer Optimierung des Produktions- und Absatzprogramms ist generell eine Abstimmung mit dem Marketing sowie dem Beschaffungsbereich erforderlich, um zu prüfen, ob eine Abhängigkeit der Produkte vorliegt. Grundsätzlich ist zudem zu analysieren, ob der Engpass durch Erweiterung der Produktion, **Outsourcing** oder Zukauf von Teilen/Produkten behoben werden kann oder ob die Eliminierung von Produkten negative Auswirkungen auf die Bezugspreise der im Produktionsprogramm verbleibenden Produkte hat (z. B. durch Nichtausnutzung von Mengenrabatten).

Übungsmaterial

Wiederholungsfragen

Im Folgenden finden Sie Wiederholungsfragen zu den in diesem Kapitel behandelten Lerninhalten, die Sie auch unter Rückgriff auf die einzelnen Textpassagen lösen sollten.

1. Mit welchen Verfahren können Sie die fixen von den variablen Kosten trennen?

2. Welche Nachteile der Vollkostenrechnung führten zur Entwicklung der Teilkostenrechnungssysteme?

3. Definieren Sie den Begriff „Deckungsbeitrag".

4. Skizzieren Sie den Grundaufbau des Direct Costing.

5. Worin besteht der Unterschied zwischen dem Direct Costing und der stufenweisen Deckungsbeitragsrechnung?

6. Erläutern Sie den Begriff der relativen Einzelkostenrechnung.

7. Wie berechnet man die Gewinnschwelle bei einem Einproduktunternehmen?

8. Definieren Sie den Begriff „relativer Deckungsbeitrag".

9. Wozu wird der relative Deckungsbeitrag benötigt?

10. Beschreiben Sie die Grenzen der Teilkostenrechnung unter Benennung der dabei verwendeten Prämissen.

Aufgaben

Aufgabe 6.1: Mehrstufige Deckungsbeitragsrechnung

Gegeben sind folgende Rahmendaten für eine mehrstufige Deckungsbeitragsrechnung eines Unternehmens. Es hat acht verschiedene Erzeugnisarten mit den dazugehörigen Erlösen und variablen Kosten. Weiterhin finden Sie in den Tabellen noch Angaben über fixe Kosten auf verschiedenen Ebenen.

Erzeugnisart	Bruttoerlös	Erlös-schmälerungen	Variable Fertigungskosten	Variable Vertriebskosten
A	3.000 €	120 €	1.600 €	480 €
B	3.200 €	140 €	1.400 €	520 €
C	4.400 €	160 €	1.420 €	460 €
D	3.000 €	140 €	1.200 €	500 €
E	2.000 €	80 €	620 €	460 €
F	2.200 €	100 €	1.100 €	520 €
G	1.600 €	60 €	580 €	260 €
H	2.400 €	100 €	1.500 €	400 €

Entwicklungskosten pro Erzeugnisart	170 €

Kosten für Spezialwerkzeuge pro Erzeugnisart	
A	80 €
B	100 €
C	600 €
D	280 €
E	120 €
F	90 €
G	56 €
H	100 €

Fixe Kosten für Maschine 1 (Produkte A und B)	360 €
Fixe Kosten für Maschine 2 (Produkte C und D)	900 €
Fixe Kosten für Maschine 3 (Produkte E und F)	660 €
Fixe Kosten für Maschine 4 (Produkte G und H)	360 €

Fixe Kosten Kostenstelle 1 (Produkte A bis D)	400 €
Fixe Kosten Kostenstelle 2 (Produkte E und F)	200 €
Fixe Kosten Kostenstelle 3 (Produkte G und F)	120 €

Fixe Kosten Kostenbereich I (Kostenstelle 1 und 2)	1.060 €
Fixe Kosten Kostenbereich II (Kostenstelle 3)	40 €

Fixe Kosten für Unternehmensleitung	500 €

Führen Sie eine mehrstufige Deckungsbeitragsrechnung durch und ermitteln Sie

- die Nettoerlöse,
- das Bruttoergebnis und
- die Deckungsbeiträge (1–5)

Nutzen Sie dabei folgendes Berechnungsschema:

	A	B	C	D	E	F	G	H

Aufgabe 6.2: Optimales Produktionsprogramm

Gegeben sind folgende Rahmendaten einer Produktion von Klimageräten:

	Klimageräte			
	A	B	C	D
Erlöse	500	1.000	1.200	800
Variable Kosten	200	600	900	300
Deckungsbeitrag	300	400	300	500
Beanspruchung Gießerei in Min.	70	30	50	40
Beanspruchung Löterei in Min.	60	30	60	20
Beanspruchung Montage in Min.	80	20	40	50

Engpass Gießerei in Min.	60.000
Engpass Löterei in Min.	60.000
Engpass Montage in Min.	60.000

	Klimageräte			
	A	B	C	D
Maximaler Absatz	200	500	400	300

Erstellen Sie auf der Basis dieser Daten das optimale Produktionsprogramm, sodass der Gesamtdeckungsbeitrag aller Produkte maximiert wird?

Aufgabe 6.3: Break-Even-Berechnung

Ein Unternehmen fertigt ein Produkt der Unterhaltungselektronik und verursacht in einer Periode fixe Kosten in Höhe von 15.000 €. Die variablen Kosten für dieses Gerät betragen

Material	55,75 €
Fertigung	60,75 €
Sondereinzelkosten der Fertigung	12,00 €

Es fallen Verwaltungsgemeinkosten in Höhe von 67,95 € an. Es können Erlöse in Höhe von 215,00 € pro Stück erzielt werden.

Berechnen Sie den Break-Even-Punkt des Produktes und stellen Sie diesen graphisch dar.

Literatur

Coenenberg, A. G.: Kostenrechnung und Kostenanalyse, 5. Aufl., Landsberg a.L. 2003, S. 261–273.

Freidank, C.-C.: Kostenrechnung, 7. Aufl., München 2003, Teil 4–5.

Horngren, C. T. / Bhimani, A. / Datar, S. / Foster, G.: Management and Cost Accounting Third Edition, 2005.

Kilger, W. / Pampel, J. / Vikas, K.: Flexible Plankostenrechnung und Deckungsbeitragsrechnung, 11. Aufl., Wiesbaden 2002, S. 74–77.

Lachnit, L.: Kostenrechnung, Oldenburg 2006.

Lachnit, L. / Isemann, R.: Controlling, Oldenburg 2004, Kap. 5.2 und 5.3.

Riebel, P.: Einzelkosten- und Deckungsbeitragsrechnung, 7. Aufl., Wiesbaden 1994.

Schmalenbach, E.: Selbstkostenrechnung, in: Zeitschrift für handelswissenschaftliche Forschung (13) 1919, S. 257–299.

Schmidt, A.: Kostenrechnung, 4. Aufl. 2005, Stuttgart.

Schweitzer, M. / Küpper, H. U.: Systeme der Kosten- und Erlösrechnung, 8. Aufl., München 2003, Kap. 3.

Prozesskostenrechnung

7

ÜBERBLICK

Fall

Der internationale Wettbewerbsdruck sorgt dafür, dass die Geschäftsführung der FEBAU GmbH sich wieder mit einer neuen Situation auseinander setzen muss. Das Unternehmen, das wieder „schwarze Zahlen" schrieb, droht wiederum in die Verlustzone zu geraten. Die Geschäftsführung – vertreten durch Frau Dr. Durchblick und Herrn Weitblick – diskutiert die Gründe für die Lageverschlechterung des Unternehmens.

Der Vertrieb beklagt sich über die zu hohen Kosten in verschiedenen Unternehmensbereichen, die Arbeitsvorbereitung und Produktion über ungünstige Gemeinkostenzuschlagssätze und über die ungenügende Kostentransparenz. Der kaufmännische Leiter stellt zudem fest, dass immer noch Aufträge zu nicht kostendeckenden Preisen akquiriert werden, und ist der Ansicht, dass eine große Anzahl proportionalisierter Fixkosten einfach nur ungerecht seien und mit dem Verursachungsprinzip nichts mehr zu tun hätten. Im Übrigen sei man in einigen Unternehmensbereichen schon bei Gemeinkostenzuschlagssätzen von 300 % angekommen.

Obwohl die grundlegenden Daten über die Erlöse und Gesamtkosten (Materialkosten, Personalkosten, Sachkosten, Zinsen etc.) des Unternehmens aus der Finanzbuchhaltung und den Basissystemen der Kostenrechnung zu entnehmen sind, können jedoch, nach Auskunft des Leiters Rechnungswesen, keine genaueren Gemeinkostenzuschlagssätze ermittelt werden, da es nur ungenügende Informationen über die Abläufe und die damit verbundenen prozessbezogenen Kosten gibt. Somit ist auch nicht klar, welche Prozesse letztendlich welche Kosten verursachen und welche Produkte eventuell mit Verlust verkauft werden.

Die Geschäftsführung beschließt, ab sofort die Kosten- und Erlösrechnung aussagefähiger zu gestalten, indem eine Prozesskostenrechnung integriert wird, um das Informationsdefizit zu beseitigen.

In dieser Situation meldet sich die Kostenrechnerin Frau Spargeist wieder zu Wort und erläutert, dass man doch ohnehin gerade die Geschäftsprozesse neu strukturieren möchte und ein Beratungsunternehmen mit der Analyse beauftragt habe. Diese Ergebnisse könnten doch die Grundlage für die gerechtere Verteilung der Gemeinkosten werden. Hat sie Recht? Sind die Ergebnisse wirklich so wertvoll, dass sie in der Prozesskostenrechnung ihren Niederschlag finden können?

> ## Lernziele:
>
> Nach Bearbeitung dieses Kapitels sollen Sie
>
> - die traditionellen Kostenrechnungssysteme von der Prozesskostenrechnung abgrenzen und die Unterschiede erklären können,
> - die Grundzüge der Prozesskostenrechnung kennen sowie Einsatzgebiete, Funktionsweise und Effekte der Prozesskostenrechnung verdeutlicht bekommen haben,
> - den Unterschied zwischen leistungsmengeninduzierten und leistungsmengenneutralen Kosten/Prozessen verstehen.

7.1 Entstehung der Prozesskostenrechnung

Die Prozesskostenrechnung hat ihre Wurzeln vor allem in den USA. Dort wurde 1985 das so genannte **Activity Based Costing** von Robert S. Kaplan, Robin Cooper und Thomas H. Johnson geprägt und entwickelt. In den USA, wo die Kostenrechnung nicht die Detailliertheit wie in Deutschland mit der **Grenzkostenrechnung** erreicht hat, wurde man sich darüber bewusst, dass es nicht als verursachungsgerecht bezeichnet werden kann, die Gemeinkosten stückzahlbezogen auf die Kostenträger zu verteilen. Im deutschsprachigen Raum haben Horváth und Mayer nur wenige Jahre später (1989) dieses Activity Based Costing weitestgehend für die deutschen Kostenrechnungszwecke angepasst, sodass das Activity Based Costing heute nicht mehr eins zu eins mit der Prozesskostenrechnung gleichzusetzen ist.

Activity Based Costing ist die amerikanische Vorversion der deutschen Prozesskostenrechnung (PKR).

Die hauptsächlichen Ursachen für die Einführung des Activity Based Costing bzw. der Prozesskostenrechnung waren der drastische Anstieg der Gemeinkosten sowie die Differenzierungsmängel traditioneller Kostenrechnungssysteme; es wurde immer schwieriger, die entstandenen Kosten den Kostenträgern verursachungsgemäß zuzuordnen. Während die direkt zurechenbaren Kosteneinflüsse, wie z. B. die Lohnkosten in der Produktion, durch den gestiegenen Automatisierungsgrad stetig sanken, stiegen die Gemeinkosten in den indirekten Bereichen wie z. B. der Verwaltung, Forschung und Entwicklung stark.

Entstehungsgrund für die PKR sind die explodierenden Gemeinkosten.

Der Grund für dieses Zuordnungsproblem ist vor allem, dass die heutigen **Vollkostenrechnungssysteme** ursprünglich für die Verteilung der damals größten Kostenblöcke „Arbeit" und „Material" entwickelt worden waren. Viele der als Fixkosten klassifizierten Gemeinkostenbestandteile werden dabei als unabhängig von der Beschäftigung betrachtet, aber bei genauerer Analyse ist erkennbar, dass ein anscheinend verhältnismäßig großer Teil dieser indirekten Kosten einen direkten Kostenträger-/Produktbezug hat. Abb. 7.1 soll die Veränderung der Kostenstrukturen von 1960 bis heute verdeutlichen.

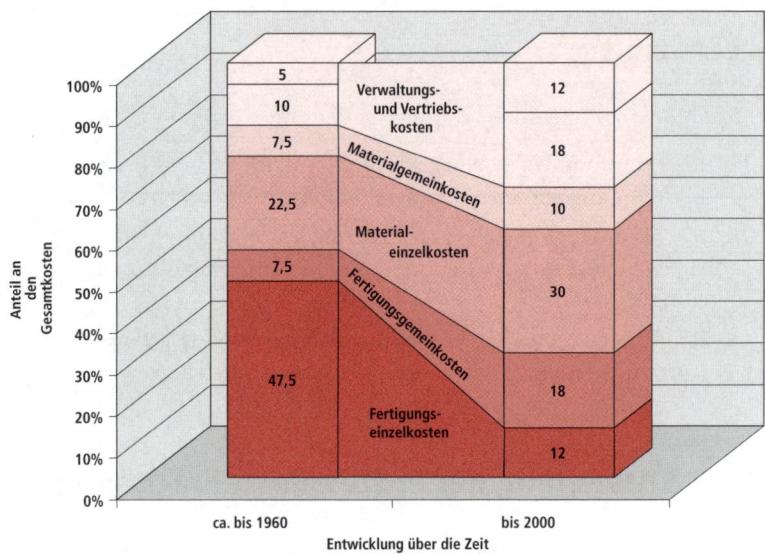

Abbildung 7.1: Veränderung der Gemeinkostenanteile
(in Anlehnung an: Remmer, D.: Einführen der Prozesskostenrechnung, Stuttgart 2005, S. 10, und Dr. Leidig, Bundesverband Druck e.V. (Hrsg.), Infoseminar PKR, Universität Wuppertal, Skript S. 10)

Der Anstieg der Gemeinkosten im Zeitverlauf ist beispielsweise zu erklären aus der Veränderung der Unternehmensumwelt, der Unternehmensorganisation wie auch den sonstigen Rahmenbedingungen, z. B.:

Veränderungen in Produktion, Beschaffung, Absatz und Unternehmensstruktur als Grund für den Anstieg der Gemeinkosten

- Veränderungen in Produktion und Logistik,
  - CAD, CAE, CAQ bis zum CAI,
  - Total-Quality-Management-Konzeptionen,
  - Just in Time, Kanban;
- Veränderungen in den Nachfrageverhältnissen,
  - Kunden geben sich immer seltener mit den Standardleistungen eines Unternehmens zufrieden,
  - erhöhte Variantenvielfalt und Lieferflexibilität als Argumente zur höheren Kundenbindung;
- Veränderungen in Wettbewerb und Strategie,
  - steigender Wettbewerbsdruck durch die Internationalisierung der Unternehmen und Globalisierung der Märkte;
- Veränderungen in den Unternehmen,
  - Globalisierung,
  - steigende Komplexität durch differenzierte Konzernbildung,
  - umfangreichere Fertigungsstufen,
  - Steigerung der Kapitalintensität.

Aus diesen Veränderungen ergibt sich ein Wandel von einer starren, auf **Kostendegression** zielenden Produktionstechnologie hin zu einer flexiblen, aber auch durch eine von hoher Komplexität gekennzeichneten Produktionsweise. Gemeinsam mit einem verschärften Wettbewerb auf den Märkten resultieren neue Anforderungen an die Kostenrechnung zur verursachungsgerechten Abbildung der Kosten. Kurzum, es wird ein Kostenrechnungssystem benötigt, das es erlaubt, die Gemeinkosten des Unternehmens verursachungsgerechter zu verrechnen, als es mit herkömmlichen Kosten- und Erlösrechnungsverfahren bisher möglich ist.

Wandel in der Produktionstechnologie und -weise

Mit Hilfe der **Prozesskostenrechnung** versucht man, oben genanntes Problem zu lösen. Sie ist kein eigenständiges Kostenrechnungssystem, sondern vielmehr eine Form der Kombination von Ist- und Plankostenrechnung auf der Basis von Vollkosten. Sie dient als Verfahren zur Planung, Steuerung und Verrechnung von Unternehmensprozessen und deren Kosten. Die Gemeinkosten der indirekten Unternehmensbereiche werden dabei nicht, wie bei den bisher im Rahmen der Vollkostenrechnung kennen gelernten Verfahren üblich, per Verteilungsschlüssel auf die Kostenträger umgelegt, sondern auf Basis der unternehmensinternen Prozesse erfasst und verrechnet. Auf diese Art und Weise – der verursachungsgerechten Aufteilung auf die Kostenträger – versucht man, den bislang starren Fixkostenblock genauer zu durchleuchten und zumindest gedanklich eine gewisse Variabilisierung bestimmter Gemeinkosten zu erreichen. Die Prozesskostenrechnung bietet eine Möglichkeit, die Gemeinkosten der Unternehmen entsprechend der **Ressourceninanspruchnahme** der Unternehmensprozesse zu verteilen.

PKR ist kein eigenes Kostenrechnungssystem, sondern dient der Planung, Steuerung und Verrechnung von Kosten der Unternehmensprozesse auf Vollkostenbasis.

Verrechnung der Kosten gemäß der Ressourceninanspruchnahme

Warum ist es in einem 3-Sterne-Restaurant teurer als in einem Bistro?

Wenn man den Gast als „Kostentreiber" definiert, verursacht er in der getränkeorientierten Gaststätte einen Personalaufwand in Höhe von 1/30 Mitarbeiter (kalkulatorischer Vollzeitmitarbeiter), in einer speisenorientierten Gaststätte (Bistro, einfaches Restaurant) in Höhe von 1/20 Mitarbeiter. In einem 3-Sterne-Restaurants beträgt das Verhältnis von Gästen zu Mitarbeitern hingegen zwei zu eins; der Arbeitsaufwand ist also zehnmal so hoch wie in einem Bistro oder einem einfachen Restaurant.

Ein 3-Sterne-Restaurant mit 80 Sitzplätzen hat z.B. üblicherweise einen Geschäftsführer („directeur"), einen „premier maître d'hotel", mindestens zwei „maître d'hotels", von denen jeder einen „chef de rang" (Kellner)) anleitet, die von einem oder zwei „commis" assistiert werden. Außerdem gibt es zwei „sommeliers" (Weinkell-

Beispiel 7.1

ner)), einen Barmann, einen Kassierer, einen Toiletten-Service und jemand am Empfang. Die Küchenbrigade besteht aus 14 bis 20 Mitarbeitern, so dem „chef", einem „sous chef", vier „chefs de parties" und acht „junior chefs".

Vergleiche Tony Knox: Restaurants, Cafes, Bistros. The definitions, http://www. abseits.de/abccosting.htm vom 10.05.2006.

7.2 Definition und Zielsetzung der Prozesskostenrechnung

> **Definition** **Prozesskostenrechnung**
>
> Die Prozesskostenrechnung kann definiert werden als ein System der Kostenrechnung, in welchem die Gemeinkosten systematisch auf dahinterliegende Vorgänge (Aktivitäten/Prozesse) über Bezugsgrößen verrechnet werden. Diese stellen wiederum Maßausdrücke für die Vorgangs- (Aktivitäten-/Prozess-)Mengen dar. Die Prozesskostenrechnung ist eine Rechnung auf Vollkostenbasis.

Neu ist der Kerngedanke der Prozesskostenrechnung, die Gemeinkosten nicht mehr über wenige undifferenzierte **Zuschlagsschlüssel** auf die Kostenträger (Produkte, Leistungen) zu schlüsseln, sondern gemäß der tatsächlichen Inanspruchnahme der Prozesse in den Stellen auf die Kalkulationsobjekte zu verteilen. Im Unterschied zu den herkömmlichen Verfahren stehen bei der Prozesskostenrechnung die betrieblichen Prozesse im Vordergrund. Unter **Prozess** ist hierbei üblicherweise eine Abfolge sich wiederholender (repetitiver) Tätigkeiten zu verstehen, die in unterschiedlichen Abteilungen eines Unternehmens zur Ausführung bestimmter Aufgaben notwendig sind. Bei der Prozesskostenrechnung werden die Prozesse der (indirekten) Gemeinkostenbereiche in sachlich zusammengehörige, kostenstellenübergreifende Prozessketten strukturiert. Für die Prozesskostenrechnung bieten sich besonders stark standardisierte Abläufe mit einem hohen Wiederholungsgrad an. Dagegen sind innovative, mit hohem Entscheidungsspielraum versehene Prozesse für den Einsatz der Prozesskostenrechnung eher ungeeignet. Als Zielsetzungen der Prozesskostenrechnung sind zu nennen:

Ein Prozess ist die Abfolge von repetitiven Tätigkeiten.

Ziele der PKR

- die verursachungsgerechtere Kostenermittlung für Dienstleistungen und Produkte sowie der Kostenoptimierung, was wiederum zu einer prozessorientierten, verursachungsgemäß verbesserten und einheitlichen Kalkulation führt,

■ Erhöhung der **Transparenz** in den **Gemeinkostenbereichen** hinsicht-lich der bestehenden Aktivitäten und ihrer Kapazitäts- und Ressour-ceninanspruchnahme,

Transparenz in den Gemeinkostenbereichen

■ das permanente **Gemeinkostenmanagement** sowie eine gestiegene Kostenverantwortlichkeit zur gezielten Kostenbeeinflussung der Ge-meinkostenbereiche,

Gemeinkostenmanagement

■ die Optimierung der **Prozessstruktur**, z. B. durch

Optimale Prozesse

   – Prozessreduktion, wobei Prozesse, beispielsweise durch Verringe-rung der Lieferantenanzahl, eingestaucht werden,

   – Prozessverknüpfung; hierbei werden Prozesse zusammengefasst, um den Einsatz der Ressourcen effizienter zu gestalten,

   – Prozesseliminierung; dies wird vor allem durch das Outsourcing von Leistungen herbeigeführt;

■ Ermöglichung einer strategieorientierten Gestaltung des Produkt-mixes durch die Bestimmung von Allokations-, Degressions- und Komplexitätseffekten,

■ Qualitätsverbesserungen, Zeitoptimierung wie auch Effizienzverbes-serung der Prozesse.

In Abgrenzung zur differenzierten Teilkostenrechnung kann des Weite-ren eine Einteilung der Kosten im Rahmen der Prozesskostenrechnung wie in Abb. 7.2 vorgenommen werden.

	Einzelaktivitäten Management	Unterstützende, repetitive Aktivitäten z.B. Logistik, Einkauf	Direkter Leistungsprozess Produktion
Ebene der Teilkosten-rechnung	**Fixe Kosten** Von der Beschäftigung unabhängig wie z.B. Mieten, Gehälter, Zinsen		**Variable Kosten** Beschäftigungsabhängig wie z.B. Material, Energie
	Managementkosten Abteilungsbezogen Gesamtunternehmensbezogen	Datenverarbeitung Sachbearbeiter Büromaterial	Fertigungsmaterial Rohstoffverbrauch
Ebene der Prozess-kosten-rechnung	**Leistungsmengen-neutrale Kosten** vom Tätigkeitsvolumen in der Kostenstelle unabhängig (Managen, Pförtner, ...)	**Leistungsmengeninduzierte Kosten** vom Tätigkeitsvolumen in der Kostenstelle abhängig (Einlagern, Bestellanfragen, Beratungen, ...)	

Einsatzgebiet der
Prozesskostenrechnung

Abbildung 7.2: Ansatzpunkte und Reichweite der Prozesskostenrechnung (in Anlehnung an: Preißner, A.: Praxiswissen Controlling, 2003, S. 117)

Aus der Abbildung ist erkennbar, dass bei Durchführung einer prozessorientierten Kostenrechnung fixe Kosten durchaus auch zu den **leistungsmengeninduzierten Kosten (lmi)** zählen können. Dagegen sind nach dieser Abgrenzung **leistungsmengenneutrale Kosten (lmn)** immer fixe Kosten. Ebenfalls wird deutlich, dass die Prozesskostenrechnung ihr typisches Einsatzgebiet im indirekten Leistungsbereich hat und nur in geringem Umfang in den Produktionsbereich hineingreift.

Definition von leistungsmengeninduzierten und leistungsmengenneutralen Kosten

Um die Prozesskostenrechnung in das Unternehmen integrieren zu können, sind zunächst einige Begriffsabgrenzungen und eine Erläuterung der Komponenten der Prozesskostenrechnung notwendig.

7.3 Komponenten der Prozesskostenrechnung

Ein **Prozess** ist eine Folge von logisch zusammenhängenden Aktivitäten; er ist durch verschiedene Merkmale identifizierbar.

Definition „Prozess"

- Bei einem Prozess wird durch einen bestimmten Input eine messbare Wertschöpfung, also ein messbarer Output, hervorgebracht.
- Ein Prozess hat einen klaren Anfangs- und Endpunkt, wie z. B. die Bestellung eines Zukaufteils.
- Ein Prozess wird auf ein bestimmtes Ziel fokussiert, z. B. die Beschaffung des Zukaufteils.
- Für Prozesse können Durchlauf- und Bearbeitungszeiten berechnet werden (z. B. Anfragen verfassen: 15 Minuten, Bestellung fertigen und versenden: 5 Minuten, Auftragsbestätigung zuordnen: 2 Minuten).
- Die maßgeblichen Einflussfaktoren auf die Kosten eines Prozesses (Kostentreiber (Cost Driver)) sind definierbar, wie z. B. Bestellpositionen, Anfragekomplexität und interner Abstimmungsaufwand.
- Prozesse können nach Merkmalen wie Kosten, Zeit oder Qualität bewertet werden, d. h. Bewertung der Bearbeitungszeit des Sachbearbeiters durch Gehalt und Prozessdauer.

Des Weiteren können Prozesse im Hinblick auf den Kundenvorteil und das Unternehmensentwicklungspotenzial differenziert werden, wie Abb. 7.3 verdeutlicht.

Prozessmodell

Ein **Prozessmodell** zur Beschreibung eines Prozesses besteht aus den folgenden vier Hierarchiestufen:

1. **Aktivitäten,**
2. **Teilprozesse,**
3. **Hauptprozesse,**
4. **Geschäftsprozesse.**

Abb. 7.4 verdeutlicht den Zusammenhang zwischen den einzelnen Stufen des Prozessmodells und der Verzahnung mit der Kostenrechnung im

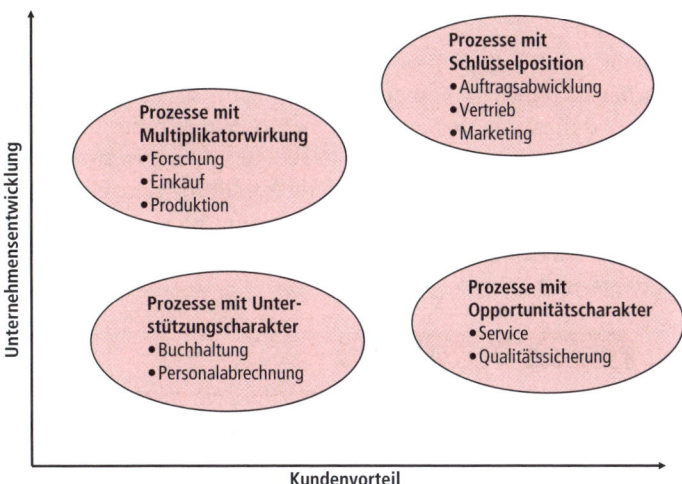

Abbildung 7.3: Prozessdifferenzierung nach Kundenvorteil und Unternehmensentwicklung

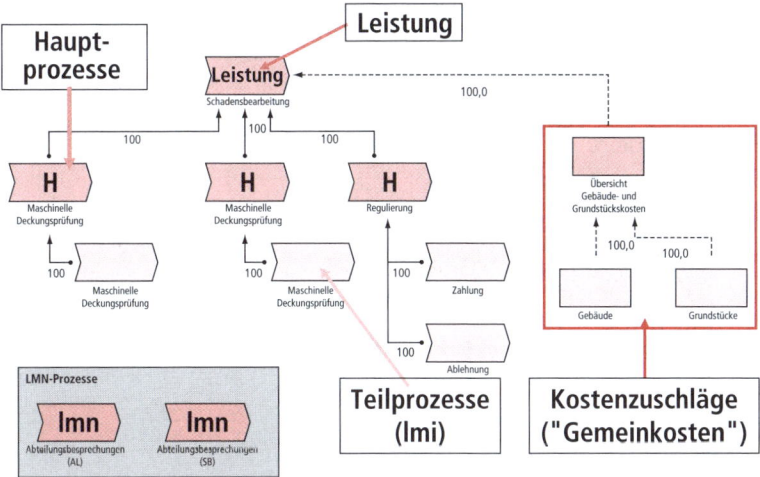

Abbildung 7.4: Prozessmodell des Geschäftsprozesses „Schadenbearbeitung" in einer Versicherung (Abbildung von BOC GmbH, Berlin, Prozesskostenrechnung mit ADONIS®)

Sinne der Gemeinkosten. In diesem Fall setzt sich der Geschäftsprozess „Schadenbearbeitung" aus den drei Hauptprozessen „maschinelle und materielle Deckungsprüfung" sowie der „Regulierung" zusammen, die wiederum in verschiedene lmi-Teilprozesse untergliedert sind. Ebenso sind auch hier lmn-Prozesse, wie z. B. Abteilungsleitung zu finden und in die Betrachtung integriert. Auf Geschäftsprozessebene wird in diesem Fall auch noch ein traditioneller Gemeinkostenzuschlag für die Gebäudekosten erhoben, und es entsteht eine Kombination der Prozesskostenrechnung mit der Kostenstellenrechnung.

1. Aktivitäten

Aktivitäten = kleinste, nicht mehr teilbare Arbeitseinheit, die Ressourcen verbraucht

Aktivitäten, auch **Tätigkeiten** oder Vorgänge genannt, sind innerhalb eines Arbeitsablaufes und einer Kostenstelle die kleinsten, nicht mehr weiter unterteilbaren, aber in sich geschlossenen Teile, die den Verbrauch von Ressourcen bewirken. Sie stehen in der **Prozesshierarchie** auf der untersten Stufe. Die nachfolgende Abbildung zeigt ein Praxisbeispiel einer Aktivitätenliste in einem Prozess der Bezugsrechtsänderung in einer Versicherung, wobei hier die Aktivitäten mit den ermittelten Zeiten dargestellt sind:

Ergebnisse pro Aktivität

	Prozess	Aktivität	Anzahl	Bearbeitungszeit
1.	Bezugsrechtsänderung			00:000:00:14:11
1.1.		Partner im Partnersystem suchen (GP Bezugsrechtsänderung)	0,99027	00:000:00:00:59
1.2.		Neuen Namen im System eintragen (GP Bezugsrechtsänderung)	0,99027	00:000:00:01:29
1.3.		Vertrag prüfen (GP Bezugsrechtsänderung)	0,99027	00:000:00:01:29
1.4.		Gläubiger festlegen (GP Bezugsrechtsänderung)	0,29638	00:000:00:00:09
1.5.		Änderungsantrag prüfen (GP Bezugsrechtsänderung)	1	00:000:00:03:00
1.6.		Vermittler informieren (GP Bezugsrechtsänderung)	0,00973	00:000:00:00:09
1.7.		Polizzenanhang schreiben (SP Korrespondenz (Polizzenschreibung))	0,99027	00:000:00:05:56
1.8.		Anhang versenden (SP Korrespondenz (Polizzenschreibung))	0,99027	00:000:00:00:59
	Summe			00:000:00:14:11

Gesamt-Prozessergebnisse

Wartezeit	Liegezeit	Transportzeit	Durchlaufzeit	Personalkosten	Kosten
00:000:00:00:00	00:000:01:58:50	00:000:07:55:20	00:001:02:07:22	4,729037	150,6062
00:000:00:00:00	00:000:00:00:00	00:000:00:00:00		0,33009	49,5135
00:000:00:00:00	00:000:00:00:00	00:000:00:00:00		0,495135	39,6108
00:000:00:00:00	00:000:00:00:00	00:000:00:00:00		0,495135	9,9027
00:000:00:00:00	00:000:00:00:00	00:000:00:00:00		0,049397	1,4819
00:000:00:00:00	00:000:00:00:00	00:000:00:00:00		1	20
00:000:00:00:00	00:000:00:00:00	00:000:00:00:00		0,04865	0,3892
00:000:00:00:00	00:000:00:00:00	00:000:00:00:00		1,98054	9,9027
00:000:00:00:00	00:000:01:58:50	00:000:07:55:20		0,33009	19,8054
00:000:00:00:00	00:000:01:58:50	00:000:07:55:20		4,729037	150,6062

Abbildung 7.5: Aktivitätenliste eines Prozesses (Abbildung von BOC GmbH, Berlin, Prozesskostenrechnung mit ADONIS®)

2. Teilprozesse

Teilprozess = Zusammenfassung von Aktivitäten einer Kostenstelle

Teilprozesse stehen in der Rangordnung des Prozessmodells über den Aktivitäten. Sie entstehen durch die Zusammenfassung von Arbeitsvorgängen, die aus bestimmten zusammenhängenden Aktivitäten einer Kostenstelle bestehen. Sie sind auf bestimmte Kostenstellen bezogen und bilden daher die Verbindung zwischen Hauptprozessen, die kostenstellenübergreifend stattfinden, und den Kostenstellen (s. Abb. 7.6). Sie verbrauchen ebenfalls Ressourcen und werden durch Ergebnisse beendet, die zahlenmäßig und wertmäßig erfasst werden können. In der Prozesskostenrechnung wird von sich wiederholenden Vorgängen ausgegangen. Das Beispiel in Abb. 7.6 zeigt die Auflistung der Personalkosten eines Teilprozesses und ihre stück- und periodengemäße Zuordnung.

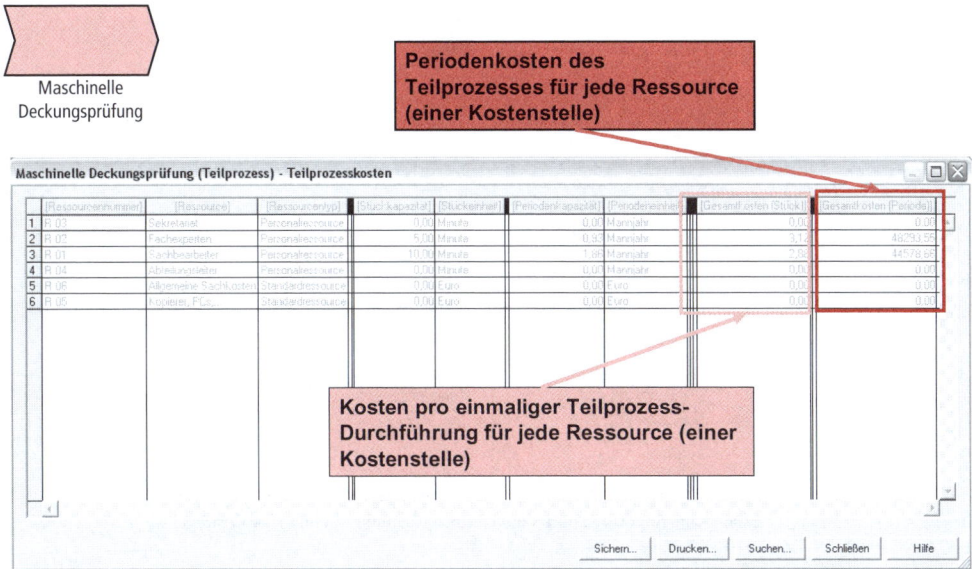

Abbildung 7.6: Teilprozess „Maschinelle Deckungsprüfung" in dem Geschäftsprozess „Schadenbearbeitung" (Abbildung von BOC GmbH, Berlin, Prozesskostenrechnung mit ADONIS®)

Die Teilprozesse gliedern sich in **leistungsmengeninduzierte (lmi)** Teilprozesse sowie **leistungsmengenneutrale (lmn)** Teilprozesse. Den leistungsmengeninduzierten (lmi) Teilprozessen sind so genannte leistungsmengeninduzierte (lmi) Prozesskosten zuzuordnen, deren Höhe sich proportional zur Anzahl der in Anspruch genommenen **Kostentreibereinheiten** verhält (prozessvariable Kosten). Das heißt, je mehr Einheiten des Kostentreibers in Anspruch genommen werden (z. B. Anzahl der Buchungen, Anzahl der Versandpositionen), desto höher sollten auch die entsprechenden Prozesskosten sein. Leistungsmengenneutrale (lmn) Teilprozesse erzeugen dagegen prozessfixe Kosten, die unabhängig von der Anzahl eines Kostentreibers sind.

Leistngsmengenneutrale/ leistungsmengeninduzierte Teilprozesse/Prozesskosten

3. Hauptprozesse

Hauptprozesse sind eine kostenstellenübergreifende Zusammenfassung von Teilprozessen. Sie entstehen durch die Aggregation von Teilprozessen, die sachlich und logisch zusammengehören. Alle Aktivitäten eines Hauptprozesses unterliegen denselben Kosteneinflussfaktoren (Cost Driver).

Abb. 7.7 verdeutlicht den Zusammenhang zwischen Hauptprozess und Teilprozessen sowie die Abhängigkeiten bis zur Kostenart des Hauptprozesses „Materielle Deckungsprüfung".

Hauptprozess = Zusammenfassung von Teilprozessen, die sachlich und logisch denselben Cost Driver unterliegen

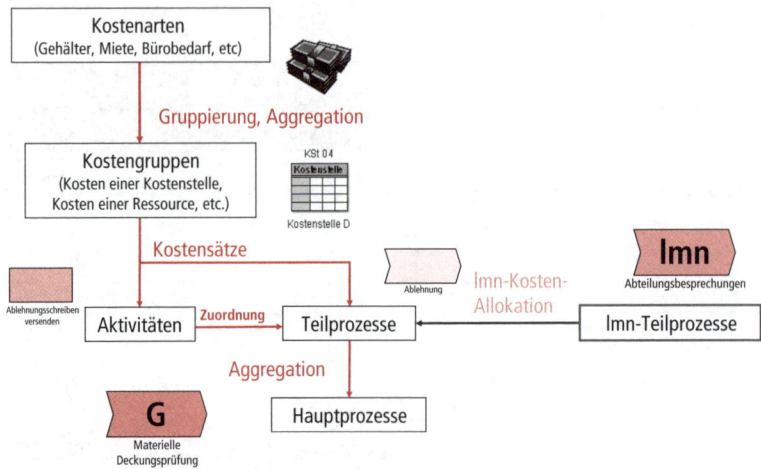

Abbildung 7.7: Hauptprozess in dem Geschäftsprozess „Schadenbearbeitung" (Abbildung von BOC GmbH, Berlin, Prozesskostenrechnung mit ADONIS®)

4. Geschäftsprozesse

Geschäftsprozesse stellen die Kernfunktionalität eines Unternehmens dar. Durch die Zusammenfassung von Hauptprozessen erhält man **Geschäftsprozesse**. Sie sind die oberste Ebene des Prozessmodells und stellen die Kernaufgabenfelder eines Unternehmens dar.

Die Modellstruktur der Prozesskostenrechnung wird in Abb. 7.8 aufgezeigt.

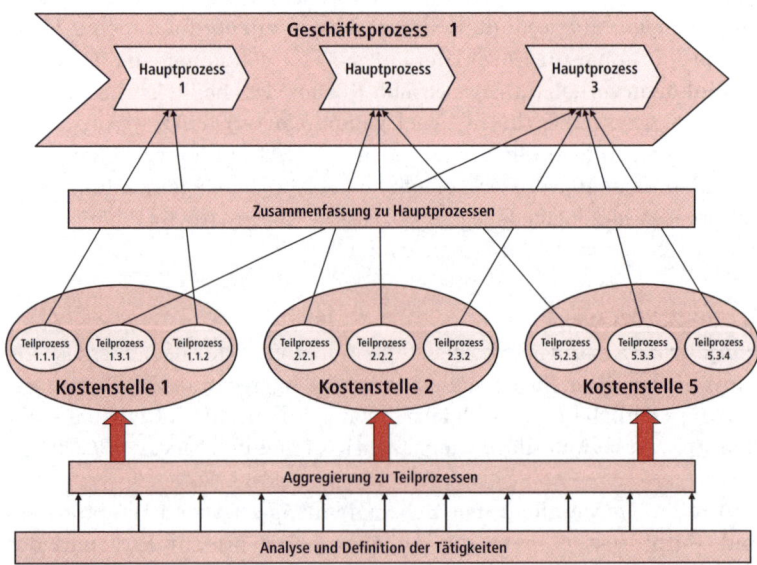

Abbildung 7.8: Struktur des Geschäftsprozesses

7.4 Integration der Prozesskostenrechnung in das betriebliche Kostenrechnungssystem

Zunächst gilt es, allgemeine Grundsatzentscheidungen über Ziele und Umfang der Prozesskostenrechnung im Unternehmen zu treffen, bevor mit der Einführung der Prozesskostenrechnung in einem Unternehmen begonnen werden kann. Mögliche Ziele können sein:

Ziele der PKR

- die Senkung von Kosten,
- eine höhere **Transparenz** der Gemeinkostenbereiche,
- verursachungsgerechte Produktkalkulation und/oder
- die Aufdeckung von nicht wertschöpfenden Aktivitäten.

Diese Ziele bilden schließlich die Basis für alle weiteren Entscheidungen bezüglich des Umfangs der Einführung, welcher im Wesentlichen von wirtschaftlichen Kriterien abhängt. Je nach Umfang wird zwischen einer

- fallweisen Prozesskostenrechnung und
- einer kontinuierlichen Prozesskostenrechnung

unterschieden.

Die **fallweise Prozesskostenrechnung** wird meist nur für einen bestimmten Prozess durchgeführt, um aus den Ergebnissen strategische Entscheidungen ableiten zu können.

Durchführungsarten der PKR: fallweise oder kontinuierlich

Die **kontinuierliche Prozesskostenrechnung** bildet einen anderen Ansatzpunkt; ihre Einführung ist im Gegensatz zu der fallweisen Prozesskostenrechnung wesentlich aufwendiger, weil

- neben bisherigen Kosten- und Erlösdaten auch kontinuierlich Leistungsdaten in Form von Kostentreibern erhoben werden müssen;
- zur Umsetzung in der Regel die Anschaffung eines speziellen Softwarepakets oder eine entsprechende Erweiterung und
- eine Integration in das Rechnungswesen sowohl inhaltlich als auch DV-technisch notwendig ist.

Die kontinuierliche Prozesskostenrechnung kann auf zwei verschiedene Arten durchgeführt werden: einerseits parallel zur bereits bestehenden operativen Kostenrechnung im Unternehmen, was Alternativrechnungen ermöglicht und sich vor allem zur Prozessbewertung und zur strategischen Entscheidungsfindung eignet; andererseits besteht die Möglichkeit der direkten Einbindung in das Kostenrechnungssystem, die die operative Prozesskostenrechnung bildet.

Letzteres ist als Idealzustand anzustreben, in dem die Prozesskalkulation in den gesamten operativen Wertefluss integriert wird und beispielsweise über moderne Softwaresysteme, wie das Controlling Modul des SAP-R/3 Programms, abgewickelt werden kann. In diesem Fall werden die Prozesse und die für diese ermittelten Prozesskostensätze als Schlüsselgröße für die innerbetriebliche Leistungsverrechnung von Hilfs- auf

Hauptkostenstellen sowie von den Kostenstellen auf die Kostenträger verwendet.

Sind diese grundsätzlichen Überlegungen abgeschlossen, kann mit der Einführung der Prozesskostenrechnung im Unternehmen begonnen werden, wobei dies in der Regel in folgenden Schritten erfolgt:

Schritte der PKR: Tätigkeits-, Teilprozess- und Hauptprozessanalyse

- Tätigkeitsanalyse
- Teilprozessanalyse
- Hauptprozessanalyse

Bei dem insbesondere für Dienstleistungsunternehmen interessanten Activity Based Costing kann der Prozess auch umgekehrt werden, indem ausgehend von den erstellten Leistungen rückwärts alle mit deren Erstellung befassten Prozesse identifiziert werden. So ist auf schnelle Art eine pragmatische Ausrichtung der Kosten- und Leistungsrechnung auf die Prozesse zu erreichen.

7.4.1 Tätigkeitsanalyse

Tätigkeitsanalyse Im ersten Schritt der Einführung der Prozesskostenrechnung muss eine **Tätigkeitsanalyse** in allen von der Einführung der Prozesskostenrechnung betroffenen Kostenstellen durchgeführt werden. Ziel der Tätigkeitsanalyse ist es, den Ablauf des Geschehens in den einzelnen Kostenstellen zu ermitteln und häufig grafisch durch den Einsatz moderner Modellierungstools (ADONIS, ARIS, Flow-Chart) zu beschreiben. Durch diese Analyse wird zunächst festgestellt, welche Tätigkeiten (Aktivitäten) in einer Kostenstelle ausgeführt werden, und anschließend werden ihre Ressourcenverbräuche ermittelt und bewertet. Die Aufnahme der Tätigkeiten in den Kostenstellen kann durch Beobachtungsverfahren, Selbstaufschreibungen, Multimomentaufnahmen oder Fragebögen vorgenommen werden. Beispiele für solche Aktivitäten könnten im Beschaffungsbereich das Heraussuchen von Lieferanten, die Ausschreibung von Bestellungen und Anfragen etc. sein. Abb. 7.9 zeigt beispielhaft die Teilprozesse im Hauptprozess „Beschaffung" in verschiedenen Kostenstellen.

7.4.2 Teilprozessanalyse

Teilprozessanalyse Den zweiten Schritt der Einführung der Prozesskostenrechnung bildet die **Teilprozessanalyse**. Hier werden Aktivitäten, die sich zum Beispiel in Ablauf, Struktur, Zeitbeanspruchung, Zielrichtung oder Aufwand ähneln, zu Aktivitätenketten zusammengefasst. Diese Ketten homogener Aktivitäten innerhalb einer Kostenstelle werden als Teilprozesse festgelegt. Neben dem Hauptziel der Teilprozessanalyse, Tätigkeiten zu Teilprozessen zusammenzufassen, werden durch die Teilprozessanalyse weitere relevante Daten ermittelt, die im Folgenden näher

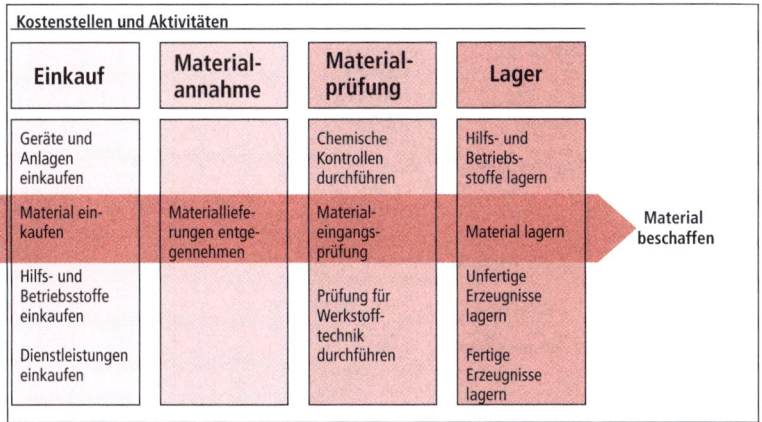

Abbildung 7.9: Teilprozesse des Hauptprozesses „Materialbeschaffung"
(in Anlehnung an: Coenenberg, A.G.: Kostenrechnung und Kostenanalyse, 5. Aufl., Landsberg am Lech 2005, S. 214)

erläutert werden. Im Rahmen der Teilprozessanalyse können diese aus Abb. 7.9 bekannten Aktivitäten zu einem Teilprozess „Bestellabwicklung" zusammengefasst werden. Neben solchen Leistungsmengeninduzierten Kosten entstehen in jeder Kostenstelle auch Teilprozesse, die leistungsmengenneutral sind, so. z. B. der Prozess „Leitung der Abteilung".

7.4.2.1 Bestimmung des Leistungs-Outputs und des Kundennutzens

Durch die Teilprozessanalyse sollen interne und externe Abnehmer der Leistungsarten festgehalten und der **Leistungs-Output** einer Kostenstelle aufgezeigt werden. Diese Leistungsartenermittlung erfolgt im Hinblick auf repetitive und nicht **repetitive Tätigkeiten**, wobei bei den repetitiven **Leistungsarten** auch die Leistungsmengen zu erfassen sind. Nichtrepetitive Tätigkeiten verhalten sich mengenfix, während repetitive Tätigkeiten sich mengenvariabel gestalten (s. Abb. 7.10).

Repetitive und nicht repetitive Leistungsarten

Auf der Basis der Zuordnung von internen und externen Abnehmern werden die Teilprozesse auf ihre wertschöpfenden Eigenschaften untersucht. Teilprozesse, die weder die Kundenzufriedenheit noch den internen Ablauf verbessern, haben keinen Einfluss auf die Produktaktualität und können daher in vielen Fällen eingespart werden. In diesem Zusammenhang kann die Prozesskostenrechnung auch als ein Instrument des Qualitätsmanagements genutzt werden.

Teilprozess	Leistungsmenge/Kostentreiber
Bestellung	Anzahl • Angebote • Bestellungen • Lieferanten • Stammdaten
Lagereingänge	Anzahl • Zugänge • Prüfungen • Verpackungen
Rechnungseingang	Anzahl • Rechnungen • Rechnungspositionen • Kunden
Produktionsplanung	Anzahl • Fertigungsaufträge • Produktionsstufen

Abbildung 7.10: Repetitive Leistungsarten

7.4.2.2 Bestimmung von Kostentreibern und Kostentreibermengen

Kostentreiber =
Haupteinflussgrößen der
Kostenentstehung des
Teilprozesses

Durch die Teilprozessanalyse werden des Weiteren **Kostentreiber** und **Kostentreibermengen** definiert. Die Kostentreiber stellen die Haupteinflussfaktoren der Kostenentstehung und der Kostenentwicklung des Teilprozesses in den Gemeinkostenbereichen dar und repräsentieren die eigentliche Bezugsgröße für die Verrechnung der angefallenen Gemeinkosten. Daher sollten die Kostentreibermengen in einem direkten Zusammenhang mit der Höhe der Gemeinkosten stehen. Das heißt, je höher die Anzahl der Kostentreibermengen, desto höher die Gemeinkosten des Teilprozesses der Kostenstelle. Bei den Kostentreibern handelt es sich somit um prozessbezogene Maßgrößen, die für jeden einzelnen Prozess bestimmt werden. Es ist zu beachten, dass Kostentreiber nur für leistungsmengeninduzierte Teilprozesse von Bedeutung sind. Vom Leistungsvolumen unabhängige, d. h. leistungsmengenneutrale, Prozesse, sind zwar auch tiefer auf ihre Wirtschaftlichkeit hin zu analysieren, doch fällt dies nicht in den Bereich der Prozesskostenrechnung.

Festlegung der
Kostentreiber

Die der Kostentreiber gilt als einer der wichtigsten Ansatzpunkte der Prozesskostenrechnung, da die Qualität der verursachergerechten Kostenzuordnung maßgeblich von der Bestimmung der Kostentreiber abhängig ist. Sie wird beeinflusst durch

- die spezifische Unternehmenssituation,
- die geforderte Genauigkeit der Rechnung; dabei gilt: je höher die geforderte Genauigkeit, desto mehr Kostentreiber werden benötigt;
- die Unterschiedlichkeit der Produkte und der Prozesse im Hinblick auf Menge und Komplexität,
- die Anzahl der unterschiedlichen Produktmengen,
- die Unterschiede zwischen den Bezugsobjekten.

Im Anschluss an die Bestimmung der Kostentreiber der leistungsmengeninduzierten Teilprozesse können die Kostentreibermengen bestimmt werden. Die Kostentreibermenge bzw. Prozessmenge bezeichnet die zu einer Prozessgröße gehörende messbare Leistung. Prozessmengen gelten als Schlüsselgrößen, da über sie der Verbrauch an Ressourcen und die Verursachung von Kosten bestimmt werden.

Bestimmung der Kostentreibermengen

Die folgende Tabelle zeigt ein Beispiel der Ergebnisse einer Teilprozessanalyse in der Kostenstelle „Verkauf Standardfenster" der FEBAU GmbH:

Beispiel 7.2

Teilprozess	Kostentreiber	Menge
Angebots-erstellung Standardfenster	Anzahl Angebots-positionen	10.000
Auftrags-annahme	Anzahl der Auftrags-positionen	2.000
Prüfen und Angebots-bestätigung	Anzahl Angebots-positionen	2.000
Zwischensumme		
Leiten Abteilung	--,--	

Abbildung 7.11: Ermittlung Kostentreiber und Kostentreibermengen

---

Da innerhalb einer Kostenstelle unterschiedliche leistungsmengeninduzierte Teilprozesse erfolgen, sind meist auch viele unterschiedliche Kostentreiber innerhalb einer Kostenstelle zu unterscheiden.

7.4.2.3 Erfassung und Zuordnung von Ressourcen und Kosten

Im nächsten Schritt der Teilprozessanalyse erfolgt die Zuordnung von Ressourcen sowie der Kostenstellenkosten zu den einzelnen Teilprozessen. Hierdurch erfolgt auch eine Zuordnung der Ressourcen der Kostenstellen zu den Teilprozessen. Diese Zuordnung der Kosten erfolgt in der Praxis üblicherweise über die Zuordnung von Zeit- und Mitarbeiteranteilen in Form von Personenjahren oder Mitarbeiterstellen. Auch die Sachkosten werden entsprechend diesen Mitarbeiteranteilen (Mitarbeiterpersonenjahre) näherungsweise auf die Teilprozesse verteilt.

Zuordnung von Ressourcen der Kostenstellen zu Teilprozessen

Prozesskostenbasierte Kostenstellenrechnung

Ziel dieser Vorgehensweise ist die Zuordnung der kompletten Kostenstellenkosten auf die einzelnen Teilprozesse. Diese Zuordnung wird auch als **Prozesskostenstellenrechnung** bezeichnet, da hier hauptsächlich eine Umgliederung der Kostenstellenkosten auf die neu definierten Teilprozesse erfolgt. So ist aus dem Beispiel die Zuordnung der Mitarbeiterressourcen zu den einzelnen Teilprozessen zu erkennen. Anhand der Kennzahl „Personenjahre pro Teilprozess" werden nun die gesamten Gemeinkosten der Kostenstellen auf die Teilprozesse verteilt. Hierbei ist erneut zwischen leistungsmengeninduzierten und leistungsmengenneutralen Prozessen zu unterscheiden, nur dass bei den leistungsmengenneutralen Prozessen kein direkter Bezug zwischen den Kostentreibern und den Kosten hergestellt werden kann.

Verteilung der Gemeinkosten

Proportionale Verteilung der lmn-Teilprozesskosten

Häufig werden die lmn-Teilprozesse proportional zu den Prozesskosten der **lmi-Teilprozesse** umgelegt, was eine proportionale Aufteilung der Kosten der lmn-Prozesse auf die lmi-Prozesse bedeutet. Eine Trennung zwischen lmi- und Gesamt-Teilprozesskosten erscheint sinnvoll, da hierdurch eine höhere Kosten- und **Leistungstransparenz** geschaffen wird.

Beispiel 7.3

Die Abbildung verdeutlicht die Umsetzung der Teilprozessanalyse und die Verwendung von Daten aus der Kostenstelle der FEBAU GmbH:

Teilprozess	Kostentreiber	Menge	Mitarbeiter	Kosten lmi
Angebots-erstellung Standardfenster	Anzahl Angebots-positionen	10.000	5	500.000
Auftrags-annahme	Anzahl der Auftrags-positionen	2.000	2	200.000
Prüfen und Angebots-bestätigung	Anzahl Angebots-positionen	2.000	1	100.000
Zwischensumme			8	
Leiten Abteilung	--,--		1	120.000
Summe			9	920.000

Abbildung 7.12: Ermittlung der Kosten pro Teilprozess mit den Daten aus der Kostenstelle

Die Kosten der Abteilungsleitung sind nur aus Darstellungsgründen in der Spalte lmi-Kosten aufgeführt und gehören zu den lmn-Kosten. Die Kostenstellenkosten sind damit auf die Teilprozesse umgelegt.

7.4.2.4 Teilprozesskostensätze

Nachdem wir im vorangegangenen Schritt die Zuordnung von Mengen und Kosten auf die einzelnen Teilprozesse aufgeteilt haben, lassen sich im Weiteren die Teilprozesskostensätze berechnen.

Der **Teilprozesskostensatz** drückt aus, welche Kosten bei einmaliger Durchführung eines Teilprozesses anfallen. Zur Ermittlung des Teilprozesskostensatzes werden die lmi-Teilprozesskosten durch die Teilprozessmengen dividiert. Es ergibt sich folgende Formel:

Teilprozesskostensatz

$$lmi - \text{Teilprozesskostensatz} = \frac{lmi - \text{Teilprozesskosten}}{\text{Teilprozessmenge}}$$

Formel 7.1

Die Teilprozesskosten sind die Kosten, die in einer Periode für einen Teilprozess anfallen und sowohl in Form von Istkosten als auch von Plankosten berechnet werden. Die Teilprozessmenge hingegen bezieht sich auf die Summe aller Kostentreibermengen in einer Periode.

Im Anschluss werden die leistungsmengenneutralen (lmn) Prozesskosten mittels einer Umlage auf die lmi-Teilprozesse verteilt. Für den Umlagensatz wird folgende Formel aufgestellt:

$$\text{Umlagesatz(lmn) je Prozess} = \frac{\text{Prozesskosten(lmn)}}{\text{Prozesskosten(lmi)}} * \text{Prozesskostensatz}$$

Formel 7.2

Aus diesen beiden Teilergebnissen kann schließlich der **Gesamtprozesskostensatz** gebildet werden.

$$\text{Gesamtprozesskostensatz} = \text{Prozesskosten(lmi)} + \text{Umlagesatz(lmn)}$$

Formel 7.3

Dieser drückt die Kosten aus, die für eine Einheit des Kostentreibers im Unternehmen anfallen.

So ergäben sich im obigen Beispiel für die Teilprozesse die in Abb. 7.4 aufgeführten Prozesskostensätze der FEBAU GmbH

Das Beispiel zeigt die Berechnung der Teilprozesskostensätze. Dazu wurden die aufgeführten Kostentreibermengen für eine bestimmte Periode erhoben.

Beispiel 7.4

Teilprozess	Kostentreiber	Menge	Mitarbeiter	Kosten lmi	lmi-Prozess-kostensatz	lmn-Kosten (Abteilungs-leitung)	lmn-Prozess-kostensatz	Teilprozess-kosten (Summe)	Teilprozess-kostensatz (Summe)
Angebots-erstellung Standardfenster	Anzahl Angebots-positionen	10.000	5	500.000	50,0	75.000	7,5	575.000	57,5
Auftrags-annahme	Anzahl der Auftrags-positionen	2.000	2	200.000	100,0	30.000	15,0	230.000	115,0
Prüfen und Angebots-bestätigung	Anzahl Angebots-positionen	2.000	1	100.000	50,0	15.000	7,5	115.000	57,5
Zwischensumme			8						
Leiten Abteilung	--,--		1	120.000		--,--			
Summe		14.000	9	920.000		120.000			

Abbildung 7.13: Ermittlung der Teilprozesskostensätze

7.4.3 Hauptprozessanalyse

Zusammenfassung von Teilprozessen zu Hauptprozessen

Die **Hauptprozessanalyse** gilt als der schwierigste Teil bei der Einführung der Prozesskostenrechnung in einem Unternehmen. In diesem Analyseteil werden durch die Zusammenfassung von logisch zusammenhängenden Teilprozessen zu einem geschlossenen Aufgabenkomplex Hauptprozesse gebildet, die im Gegensatz zu den Teilprozessen auch kostenstellenübergreifend sein können (Hauptprozessverdichtung). Die Abhängigkeit von den gleichen Kostentreibern bzw. eine hohe Korrelation der einzelnen Kostentreiber ist für das Zusammenfassen von Teilprozessen zu Hauptprozessen Voraussetzung.

Verdichtung der Teilprozesse zu Hauptprozessen

Die Gründe für die Verdichtung von Teilprozessen zu Hauptprozessen liegen vor allem

- in der besseren Übersicht über die Kostenstruktur, die durch diesen Schritt generiert wird, und
- in der Kostenverrechnung, denn durch die Zusammenfassung wird auch die Zahl der Kostentreiber reduziert.

Weiterhin ist zu beachten, dass bei der Zusammenfassung von Teilprozessen zu kostenstellenübergreifenden Hauptprozessen

- eine **Prozesshierarchie** entsteht,
- aufgezeigt wird, welche Teilprozesse notwendig sind, um einen bestimmten Hauptprozess zu erfüllen,
- die **Funktionsbezogenheit** und die **Produktbezogenheit** zu beachten ist,
- die Bezugsgrößen innerhalb eines Hauptprozesses, welche in der Prozesskette vom Beschaffungs- zum Absatzmarkt wechseln, zueinander in Beziehung zu setzen sind und
- die bedeutendsten Material- und Informationsflüsse berücksichtigt werden sollen.

7.4.3.1 Kostenzuordnung

Für einen Hauptprozess sind zwei Arten von Maßgrößen von Bedeutung. Die erste Maßgröße bildet dabei die Anzahl der Kostentreiber der Teilprozesse. Als zweite Maßgröße ist die Anzahl der Hauptprozesse pro Produkt zu berücksichtigen.

Wenn der Kostentreiber des Hauptprozesses nicht gleichzeitig Kostentreiber eines zugeordneten Teilprozesses ist, dann muss für diesen Kostentreiber die Mengen- und Kostenzuordnung im Hauptprozess neu erfolgen. Normalerweise ist es jedoch möglich, die Bestimmung von Hauptprozessmengen und -kosten an den Kostentreibermengen der Teilprozesse zu orientieren. Die Zurechnung erfolgt dabei anteilig und richtet sich nach dem Umfang, mit welchem der Teilprozess in den Hauptprozess einfließt. Diese Vorgehensweise berücksichtigt, dass Teilprozesse nicht immer vollständig nur einem einzelnen Hauptprozess zuzuordnen sind, sondern sich auch anteilig auf mehrere Hauptprozesse erstrecken können. Es ist auch möglich, dass ein Teilprozess in einem Hauptprozess mehrmals durchlaufen werden muss. So kann etwa bei dem Hauptprozess „Warenannahme" mit dem Kostentreiber „liefernde LKW" der Teilprozess „stichprobenartige Kontrolle" mehrfach erforderlich sein.

> Bestimmung von Hauptprozessmengen und -kosten

Die Berechnung der **leistungsmengeninduzierten Hauptprozesskosten** erfolgt schließlich nach folgender Formel:

> lmi-Hauptprozesskosten

$$\text{Hauptprozesskosten(lmi)} =$$

$$\sum_{i=1}^{n} \text{lmi-Teilprozesskosten}_i * \text{Zuordnungsanteil}_i$$

> **Formel 7.4**

für

n = Anzahl zugehöriger Teilprozesse
i = jeweiliger Teilprozess

Die Berechnung der gesamten Hauptprozesskosten erfolgt nach

$$\text{Gesamte\_Hauptprozesskosten} =$$

$$\sum_{i=1}^{n} \text{gesamte Teilprozesskosten}_i * \text{Zuordnungsanteil}_i$$

> **Formel 7.5**

für

n = Anzahl zugehöriger Teilprozesse
i = jeweiliger Teilprozess

Beispiel 7.5

So ergeben sich für den Hauptprozess „Auslands-Auftrags-Abwicklung" unter Zuhilfenahme der Daten aus den Teilprozessen der Verkaufsabteilung und einigen Ergänzungen folgende Ergebnisse für die FEBAU GmbH:

Hauptprozess "Auslands-Auftrags-Abwicklung"	Anteil am Hauptprozess	Menge	Kosten lmi	lmn-Kosten (Abteilungs-leitung)	Teilprozess-kosten (Summe)	Teilprozess-kostensatz (Summe)	Zugeordneter Anteil auf den Hauptprozess
Angebots-erstellung Standardfenster	20%	10.000	500.000	75.000	575.000	57,5	115.000
Auftrags-annahme	25%	2.000	200.000	30.000	230.000	115,0	57.500
Prüfen und Angebots-bestätigung	25%	2.000	100.000	15.000	115.000	57,5	28.750
Auslandspapiere erstellen	100%	500	40.000	5.000	45.000	90,0	45.000
Versand Ausland	100%	500	10.000	3.750	13.750	27,5	13.750
Summe Auslands-auftragsabwicklung							260.000

Abbildung 7.14: Ermittlung der Hauptprozesskostensätze

Das Beispiel zeigt die Berechnung der Hauptprozesskosten. Dazu wurden die aufgeführten Teilprozesskosten mit ihren jeweiligen Anteilen an dem Hauptprozess für eine bestimmte Periode erhoben.

Die Summe aller Kosten der Kostenstellen ist gleich der Summe aller Hauptprozesskosten.

Generell ist zu beachten, dass die Kostensumme aller Hauptprozesse mit der Kostensumme aller untersuchten Kostenstellen übereinstimmen muss. Es gilt somit folgende Formel:

Formel 7.6

$$\sum_{h=1}^{m} \left(\sum_{i=1}^{n} \text{gesamte\_Teilprozesskosten}_{i,h} * \text{Zuordnungsanteil}_{i,h} \right) = \sum_{k=1}^{u} \text{Kostenstellenkosten}_{k}$$

für

m = Gesamtzahl der Hauptprozesse h
n = Anzahl der zum Hauptprozess h zugehörigen Teilprozesse i
u = Anzahl der zum Untersuchungsbereich zugehörigen Kostenstellen k

7.4.3.2 Hauptprozesskostensätze

Die Bildung der **Hauptprozesskostensätze** erfolgt analog zur Bildung der Teilprozesskostensätze.

Dabei gelten wiederum folgende Formeln:

$$\text{Hauptprozesskostensatz(lmi)} = \frac{\text{Prozesskosten(lmi)}}{\text{Geplante Prozessmenge}}$$

Formel 7.7

Umlagesatz(lmn) je Hauptprozess =

Formel 7.8

$$\frac{\text{Prozesskosten(lmn)}}{\text{Prozesskosten(lmi)}} * \text{Prozesskostensatz}$$

Gesamtprozesskostensatz =

Formel 7.8a

Prozesskosten(lmi) + Umlagesatz(lmn)

Mit der Bildung der Hauptprozesskostensätze ist die Hauptprozessanalyse beendet. Dies ist gleichbedeutend damit, dass die Analysephasen zur Einführung der Prozesskosten abgeschlossen sind. Als Ergebnis ist eine transparente Prozesshierarchie sowie ein Hauptprozesskatalog entstanden.

7.5 Nutzen der Prozesskostenrechnung

Neben der verursachungsgerechten **Kostenzurechnung** zu den Stellen und Leistungen, womit die Voraussetzungen für Kalkulationssätze, Preisbildung und Preisbeurteilung geschaffen werden, liefern Prozesskostensätze als Kennzahlen somit auch Daten in die prozessorientierte Zeitrechnung. Sie

Prozessorientierte Zeitrechnung

- verbessern die **Kostenkontrolle,**
- bieten Grundlagen für **Kostenvergleiche,**
- zeigen **Rationalisierungsmöglichkeiten** auf und
- dienen der **Steuerung** des Unternehmens.

Bereits während der Tätigkeitsanalyse zur Ermittlung der Prozessketten können Schwachstellen in der Prozessstruktur erkannt werden, die zu unnötig hohen Kosten führen bzw. die Leistungen hemmen. Die Prozesskostenrechnung wird dabei zum integralen Bestandteil des **Business Process Reengineering**, wobei dort entwickelte und eingesetzte **Wertschöpfungskettenanalysen** die Tätigkeitsanalysen sinnvoll ergänzen können. Zur Entscheidung über Rationalisierungsmaßnahmen können die ermittelten Prozesskostensätze herangezogen werden, da diese auch die Funktion von Kennzahlen übernehmen und Grundlage des Benchmarking sein können.

PKR ist Bestandteil des Business Process Reengineerings.

Aus der Prozesskostenrechnung können somit **Standards-of-Performance** für die Kostenplanung und -kontrolle abgeleitet werden. Auch für **Soll-Ist-Vergleiche**, **Benchmarking** und **Wirtschaftlichkeitsanalysen** können die Kosten der Prozessketten eingesetzt werden. Neben den zeit-

PKR unterstützt Benchmarking, Soll-Ist-Vergleiche und Wirtschaftlichkeitsanalysen.

lichen bzw. innerbetrieblichen Vergleichen lassen sich die Prozessketten auch für überbetriebliche Vergleiche einsetzen. Vor diesem Hintergrund wird von Prozessoptimierung oder Business Reengineering gesprochen, um die Prozessketten mit dem Ziel der Kostensenkung bzw. der Leistungssteigerung zu straffen oder zu vereinfachen.

Beispiel 7.6

Unternehmensprozesse beherrschende Prozesskosten
Nicht nur Großbanken brauchen Prozesskosten!

Prozesskosten und darauf basierende Stückkosten bekommen durch die aktuell angespannte Gesamtsituation im Finanzdienstleistungssektor neue Impulse. Margendruck, aber auch die Suche nach einer möglichst transparenten und verursachungsgerechten Kostendarstellung sind typische Beispiele für die Einführung einer Prozess- und Stückkostenrechnung.

Wir als MICHEL-INSTITUT GmbH haben seit vielen Jahren Erfahrungen mit dem Aufbau und der Einführung von prozessorientierten Steuerungssystemen. Waren es bisher oft Großbanken, sind es heute immer mehr kleinere und spezialisierte Finanzdienstleister, welche dieses ergänzende Controlling-Instrument einführen.

Transparente Prozesskosten am Beispiel

Im aktuellen Projektbeispiel wollte die auftraggebende Bank (150 Mitarbeiter) nach der Eingliederung in einen Versicherungskonzern ihre tatsächlichen Leistungserstellungskosten für ausgewählte Produktgruppen der Bank aufzeigen.

KK-Konto, Direktvertrieb, mit Depot, Lombard und Karte

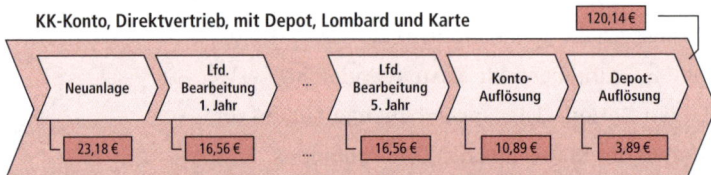

Konsequentes Projektmanagement, enger Kontakt mit dem Management und ein aufgeschlossenes Projektteam des Kunden führte zu einer überschaubaren Gesamtlaufzeit des Projektes. Nach weniger als 6 Monaten konnte die Prozesskostenrechung in den produktiven Betrieb übernommen werden.

Quelle: © MICHEL-INSTITUT Unternehmensberatung GmbH 2005

Prozesskostenoptimierung Eine effektive Prozesskettenkonstruktion führt aus ablauftechnischen und organisationsoptimierten Gründen dann fast zwangsläufig zu einem geringeren Prozesskostensatz pro Prozessdurchführung.

Durch das Aufzeigen der für die Produkterstellung nötigen Prozesse kann die produktbezogene Erfolgsrechnung, die bisher sinnvoll nur die direkt zurechenbaren variablen Kosten aufwies, erweitert werden um die leistungsmengeninduzierten Gemeinkosten der Periode, die aufgrund von Prozessüberlegungen zwar indirekt, aber auf plausibler Basis zurechenbar sind.

7.6 Prozesskostenrechnung in der Kostenstellenrechnung

Das nachfolgende Beispiel soll die Verwendung der Prozesskostenrechnung in der **innerbetrieblichen Leistungsverrechnung** verdeutlichen. Wie eingangs beschrieben, will die Geschäftsleitung für mehr Kostentransparenz sorgen und den Produkten die Kosten verursachungsgerechter zuordnen. Hierzu sei zunächst einmal ein Blick auf einen **Ausschnitt** des herkömmlichen BAB geworfen:

Prozesskostenbasierte innerbetriebliche Leistungsverrechnung

| Kostenart | Σ | Vorkostenstellen | | Endkostenstellen | | |
| | | Hilfskostenstellen | | | Hauptkosten-stellen | Hauptkosten-stellen |
		Wareneinkauf	Waren-annahme	Lager	Produktion Spezial-Fenster	Produktion Einfach-Fenster
Materialkosten	8.290.000	90.000	600.000	1.600.000	1.000.000	5.000.000
Personalkosten	5.510.000	50.000	300.000	360.000	800.000	4.000.000
Primäre Kosten		140.000	900.000	1.960.000	1.800.000	9.000.000
Summe der Hilfskostenstellen			3.000.000			
Umlageschlüssel = 9.000.000/1.800.000					1	5
Stellenumlage nach Schlüssel Primärkostenverhältnis					500.000	2.500.000
Gesamtkosten					2.300.000	11.500.000

Abbildung 7.15: Ausschnitt aus dem Betriebsabrechnungsbogen mit Blockumlage

Aus dem **Betriebsabrechnungsbogen** (BAB) geht hervor, dass die FEBAU GmbH die Hauptkostenstellen der Produktion mit den Beträgen der Hilfskostenstellen gemäß dem Verhältnis der Primärkostenhöhe belastet. Diese Belastung geschieht völlig unabhängig von der tatsächlichen Kostenverursachung innerhalb der Wareneinkaufs-, Warenannahme- und Lagerkostenstellen durch die Herstellung der betreffenden Produkte, da diese bisher nicht näher untersucht wurde. Es wurde vereinfachend unterstellt, dass es einen proportionalen Zusammenhang zwischen den Primärkosten der Produktion und den Hilfskostenstellenkosten gibt. Die Geschäftsleitung vermutet jedoch nun, dass das Waren-

BAB

handling für die Spezialfenster, die eine besonders veredelte Oberfläche haben und sehr empfindlich sind, auch extrem hohe Kosten verursacht.

Betrachtet man die aufgeführten Hilfskostenstellen, so wird deutlich, dass aus Prozesssicht die dort verrichteten Tätigkeiten zu einem Hauptprozess „Beschaffung" zusammengefasst werden können. Dieser Hauptprozess „Beschaffung" besteht aus den Teilprozessen

- Bestellung abwickeln,
- Entladung der bestellten Ware und
- Lagerung der bestellten Ware.

Zuordnung von Kosten auf die Aktivitäten und Teilprozesse im Rahmen des BAB

Zunächst wird geprüft, welche Kosten in den einzelnen Kostenstellen anfallen und durch welche Vorgänge sie verursacht werden. Für alle Kostenstellen werden Personal- und Sachkosten ermittelt und den Aktivitäten und Teilprozessen zugeordnet.

Sehr schnell können für alle Teilprozesse die leistungsmengenneutralen Kosten ermittelt werden; es handelt sich in allen Prozessen um die Abteilungsleitung. Diese leistungsmengenneutralen Kosten werden in einem späteren Schritt proportional zu den leistungsmengeninduzierten Kosten auf die Einzelprozesse verteilt.

Die Analyse der leistungsmengeninduzierten Kosten gestaltet sich etwas schwieriger, da hier sowohl eine klare Leistungsabhängigkeit als auch ein gemeinsamer Kostentreiber gefunden werden muss.

Es zeigt sich, dass die Warenannahme zehn Mitarbeiter benötigt, um die extrem empfindlichen Fensterscheiben zu entladen und mit einem Spezialgabelstapler in das Lager zu bringen. Diese Scheiben haben ein hohes Gewicht, sind sehr aufwendig verpackt und werden auf Paletten angeliefert. Für die Warenannahme und die Einlagerung kann somit als Kostentreiber die Anzahl der gelieferten Paletten identifiziert werden. Die folgende Datenlage ergibt sich für die Teilprozesse „Warenannahme" und „Lager":

Warenannahme								
Tätigkeiten	Anzahl der Mitarbeiter	Personal- und Sachkosten (in €) lmi-Prozess	Kostentreiber	Anzahl der Kostentreiber	Prozesskostensatz in € lmi	Anteilige Leitungskosten lmn-Prozess	Prozesskostensatz in € lmn	Prozesskostensatz in € Gesamt
Spezialfensterscheiben entladen	10	500.000	Anzahl der gelieferten Paletten	4.000	125,00	100.000	25,00	150,00
Einfachfensterscheiben entladen	6	250.000	Anzahl der gelieferten Paletten	8.000	31,25	50.000	6,25	37,50
Zwischensumme	16	750.000						
Leitung und Verwaltung der Warenannahme	2	150.000						
Gesamtsumme	18	900.000						

Abbildung 7.16: Ermittlung der Prozesskostensätze „Warenannahme"

Lager								
Tätigkeiten	Anzahl der Mitarbeiter	Personal- und Sachkosten (in €) lmi-Prozess	Kostentreiber	Anzahl der Kosten-treiber	Prozess-kostensatz in € lmi	Anteilige Leitungs-kosten lmn-Prozess	Prozess-kostensatz in € lmn	Prozess-kostensatz in € Gesamt
Spezialfensterscheiben einlagern	10	650.000	Anzahl der gelieferten Paletten	4.000	162,5	57.777,8	14,4	176,9
Einfachfensterscheiben einlagern	20	1.150.000	Anzahl der gelieferten Paletten	8.000	143,8	102.222,2	12,8	156,5
Zwischensumme	30	1.800.000						
Leitung des Lagers	2	160.000						
Gesamtsumme	32	1.960.000						

Abbildung 7.17: Ermittlung der Prozesskostensätze „Lager"

Für den Teilprozess „Wareneinkauf" kann als Kostentreiber die Anzahl der Bestellungen ermittelt werden. Die Personalkosten bilden auch hier den größten Block der leistungsmengeninduzierten Kosten. Im Gegensatz zu den anderen beiden Teilprozessen ist die Bestellabwicklung der Spezialfenster bei weitem nicht so kostenintensiv wie das Warenhandling. Hier zeigt sich, dass die Bearbeitung der doppelt so hohen Bestellanzahl der Einfachfensterscheiben auch ein entsprechendes Kostenvolumen verursacht und die Spezialscheiben einfach in der normalen Bestellroutine mitlaufen. Des Weiteren wird die Bestellung von Fensterscheiben bei der FEBAU GmbH zentral für alle Unternehmen und Produktionsstätten durchgeführt, was zu dieser deutlich erhöhten Anzahl an Einzelbestellungen führt. Folgende Informationen können zusammengefasst werden:

Wareneinkauf								
Tätigkeiten	Anzahl der Mitarbeiter	Personal- und Sachkosten (in €) lmi-Prozess	Kostentreiber	Anzahl der Kosten-treiber	Prozess-kostensatz in € lmi	Anteilige Leitungs-kosten lmn-Prozess	Prozess-kostensatz in € lmn	Prozess-kostensatz in € Gesamt
Spezialfensterscheiben bestellen	0,5	30.000	Anzahl der Bestellungen	1.000	30	12.000	12	42
Einfachfensterscheiben bestellen	1,5	70.000	Anzahl der Bestellungen	2.000	35	28.000	14	49
Zwischensumme	2	100.000						
Leitung und Verwaltung des Wareneinkaufs	0,5	40.000						
Gesamtsumme	2,5	140.000						

Abbildung 7.18: Ermittlung der Prozesskostensätze „Wareneinkauf"

In einem nächsten Schritt werden jetzt die Hauptprozesskosten für die Beschaffungsvorgänge der Spezialfensterscheiben und der Einfachfensterscheiben zusammengefasst und in der nachfolgenden Tabelle wiedergegeben:

Ermittlung des Hauptprozesskostensatzes

		Spezialscheiben			Einfachscheiben		
	Prozess-kostensatz	Menge	Leistungs-mengenin-duzierte Kosten	Prozess-kostensatz	Menge	Leistungs-mengen-induzierte Kosten
Teilprozesse						
Wareneinkauf	42,00	1,00	42,00	49,00	1,00	49,00
Warenannahme	150,00	4,00	600,00	37,50	4,00	150,00
Lager	176,94	4,00	707,78	156,53	4,00	626,11
Summe pro Hauptprozess			**1.349,78**			**825,11**

Abbildung 7.19: Ermittlung des Hauptprozesskostensatzes „Beschaffung"

Durchführung der innerbetrieblichen Leistungsverrechnung auf Prozesskostenbasis

Nachdem nun alle Daten für die Berechnung der Hauptprozesskosten vorliegen und festgestellt wurde, dass dieser Hauptprozess aufgrund der Bestellungen für die Spezialfensterscheiben 1.000-mal und für die Einfachfensterscheiben 2.000-mal durchgeführt werden muss, können diese Informationen jetzt wieder in den Betriebsabrechnungsbogen auf Prozesskostenbasis zurückfließen. Es zeigt sich, dass die prozesskostengemäße Verteilung der Hilfskostenstellenkosten zu einer deutlich höheren Belastung der Produktionskostenstelle „Spezialfenster" führt.

		Vorkostenstellen			Endkostenstellen	
			Hilfskostenstellen		Hauptkosten-stellen	Hauptkosten-stellen
Kostenart	Σ	Wareneinkauf WE	Warenannahme WA	Lager LA	Produktion Spezialfenster	Produktion Einfachfenster
Einzelkosten	8.290.000	90.000	600.000	1.600.000	1.000.000	5.000.000
Gemeinkosten	5.510.000	50.000	300.000	360.000	800.000	4.000.000
Primäre Kosten		140.000	900.000	1.960.000	1.800.000	9.000.000
Prozessmenge "Spezialfenster"		1.000	4.000	4.000		
Teilprozesskostensätze "Spezialfenster"		42,00	150,00	176,94		
Prozesskosten "Spezialfenster"		42.000,00	600.000,00	707.777,78		
Prozessmenge "Einfachfenster"		2.000	8.000	8.000		
Teilprozesskostensätze "Einfachfenster"		49,00	37,50	156,53		
Prozesskosten "Einfach-Fenster"		98.000,00	300.000,00	1.252.222,22		
Summe der Prozesskosten		140.000	900.000	1.960.000	1.349.778	1.650.222
Gesamtkosten					3.149.778	10.650.222

Abbildung 7.20: Betriebsabrechnungsbogen auf Prozesskostenbasis

Darüber hinaus kann die Prozesskostenrechnung die **Gemeinkostenbereiche** steuern. Ein besonderes Problem der Steuerung von Gemeinkostenbereichen ist, dass sich die Kapazitäten dieser Stellen bei einem Rückgang der Beschäftigung nicht automatisch anpassen, sondern einer aktiven **Managemententscheidung** (z. B. durch Mitarbeiterfrei- bzw. -umsetzung) zur Anpassung der Kapazitäten bedürfen. Oftmals ist es jedoch so, dass sich die Beschäftigung schleichend reduziert und entsprechende Anpassungen der Kapazität jedoch unterbleiben. Hier ist über die Prozesskostensätze ein einfaches und wirkungsvolles Kontrollinstrument gegeben, da folgender Zusammenhang gilt:

$$\text{Prozesskostensatz} = \frac{\text{Prozesskosten}}{\text{Prozessmengen}} = \frac{\text{Input}}{\text{Output}} = \frac{1}{\text{Produktivität}} \qquad \textbf{Formel 7.9}$$

Dies bedeutet, dass die Prozesskostensätze genau den Kehrwert der **Produktivität** darstellen. Mithin weist ein steigender Prozesskostensatz, z. B. aufgrund sinkender Prozessmengen bei gleichen Prozesskosten, auf eine nachlassende Produktivität hin. So können durch eine permanente Beobachtung der Prozesskostensätze Hinweise auf Unwirtschaftlichkeiten und nachlassende Produktivität in den Teilprozessen ermittelt werden. Produktivität

Um hier entsprechende Verantwortlichkeiten für den Kostenanfall innerhalb eines Prozesses zu etablieren, wird in der Praxis empfohlen, neben den Kostenstellenleitern auch **Prozessverantwortliche (process owner)** zu benennen, die die Kosten eines bestimmten Prozesses zu verantworten haben. Prozessverantwortliche

In weiteren Schritten kann nun eine differenzierte Analyse der Kosten für die Spezialfenster-Kalkulation erfolgen. In jedem Fall hat die FEBAU GmbH durch diese Form der innerbetrieblichen Leistungsverrechnung auf Prozesskostenbasis die tatsächliche Kostenstruktur besser abgebildet und eine erste Grundlage für die Kalkulation auf Prozesskostenbasis gelegt.

7.7 Kalkulation mit der Prozesskostenrechnung

Eine Geschäftsprozessanalyse führt in der Regel nicht zu einer vollständigen Erfassung aller betrieblichen Tätigkeiten und somit – in letzter Konsequenz – auch nicht zu einer 100-prozentigen Ablösung der Gemeinkostenzuschlagssätze in der Kalkulation in einem Unternehmen. Dies resultiert u. a. daraus, dass z. B. Prozesse in Forschungs- und Entwicklungsabteilungen, der allgemeinen Verwaltung und im Vertrieb sehr unterschiedlich sein können, ihre Kostentreiber nur sehr schwer zu erfassen sind und die Trennung von lmi- und lmn-Prozessen nur mit

Kombination von prozesskostenbasierter Kalkulation und klassischer Zuschlagskalkulation
erhöhtem Aufwand bzw. gar nicht durchführbar ist. Für diese Bereiche sind dann Mischformen zwischen Zuschlagssätzen und **Prozesskostenkalkulationssätzen** in der Kalkulation anzuwenden.

Im Rahmen der **prozesskostenbasierten Kalkulation** werden die Kosten der im Prozessmodell erfassten Kostenstellen in Abhängigkeit von der Inanspruchnahme durch die Kostenträger kalkuliert. Benötigt ein Kostenträger für seine Erstellung einen Haupt- oder Teilprozess, so wird er mit den entsprechenden Prozesskostensätzen belastet.

Betrachten wir wieder die FEBAU GmbH, so war es das Ziel der Unternehmensleitung, mehr Kostentransparenz im Unternehmen und in der Kalkulation zu schaffen. Besonderes Augenmerk lag auf der Prozessanalyse der Material-, Fertigungs- und Vertriebsbereiche zwecks Überprüfung der Gemeinkosten und der daraus resultierenden Zuschlagssätze. Ständiger Streitpunkt war die Kalkulation der Terrassenschiebetüren, da das Unternehmen hier zwei Varianten fertigt:

- die hochwertige Luxusvariante mit Beschlägen aus Edelstahl, welche zudem eine Goldfolien-Oberfläche zur Reduktion von UV-Strahlen hat, für die „betuchten" Kunden,

- die Einfachvariante mit Billigbeschlägen aus Fernost und einfachen Profilen und Schienen, die in den Baumärkten – so günstig wie irgend möglich – angeboten werden soll, als Massenprodukt.

Die Geschäftsführerin Frau Dr. Durchblick, die für die Vertriebsschiene „Baumärkte" zuständig ist, vermutet schon lange, dass die Gemeinkostenansätze für das Baumarktprodukt nicht den tatsächlichen Gegebenheiten entsprechen und die FEBAU GmbH ihre Produkt deutlich günstiger anbieten könnte.

Betrachten wir auch hier zunächst die klassische Zuschlagskalkulation dieser beiden Produkte.

	Terrassenschiebetür	
	Luxusmodell	**Einfachvariante**
Materialeinzelkosten	240 €	180 €
Fertigungseinzelkosten	220 €	220 €
Materialgemeinkosten	25,00%	25,00%
Fertigungsgemeinkosten	50,00%	50,00%
Sondereinzelkosten der Fertigung	24 €	16 €
Sondereinzelkosten des Vertriebs	20 €	28 €
Verwaltungsgemeinkosten	10,00%	10,00%
Vertriebsgemeinkosten	30,00%	30,00%

Abbildung 7.21: Rahmendaten für die Zuschlagskalkulation

Die Kalkulation der Produkte auf Basis der Einzel- und Gemeinkosten mit dem Verfahren der Zuschlagskalkulation ergibt dann folgende Werte:

	Terrassenschiebetür	
	Luxusmodell	Einfachvariante
Materialeinzelkosten	240 €	180 €
+ **Materialgemeinkosten**	**60 €**	**45 €**
= *Materialkosten*	*300 €*	*225 €*
+ Fertigungseinzelkosten	220 €	220 €
+ **Fertigungsgemeinkosten**	**110 €**	**110 €**
+ Sondereinzelkosten der Fertigung	24 €	16 €
= *Fertigungskosten*	*354 €*	*346 €*
Herstellkosten	**654 €**	**571 €**
+ Verwaltungsgemeinkosten	65 €	57 €
+ **Vertriebsgemeinkosten**	**196 €**	**171 €**
+ Sondereinzelkosten des Vertriebs	20 €	28 €
Selbstkosten pro Stück	**936 €**	**827 €**

Abbildung 7.22: Traditionelle Zuschlagskalkulation

Es zeigen sich zwar deutliche Unterschiede im Materialkostenbereich, doch sind die Fertigungskosten selbst für beide Produkte fast gleich. Der Unterschied in den Selbstkosten resultiert nur aus der Verwendung der hochwertigeren Materialien.

Die Geschäftsprozessanalyse führte nun zu den in Abb. 7.23 gezeigten Prozesskostensätzen für den Material-, Fertigungs- und Vertriebsbereich.

	Terrassenschiebetür	
	Luxusmodell	Einfachvariante
Materialprozesskostensatz	68 €	16 €
Fertigungsprozesskostensatz	136 €	40 €
Vertriebsprozesskostensatz	150 €	95 €
Sondereinzelkosten der Fertigung	24 €	16 €
Sondereinzelkosten des Vertriebs	20 €	28 €

Abbildung 7.23: Prozesskostensätze für die Zuschlagskalkulation

Für alle drei Bereiche war es möglich, entsprechende Prozesskostensätze zu ermitteln, jedoch ist auch hier eine Rest-Kostengröße über einen geringen Zuschlagssatz zu berücksichtigen.

	Terrassenschiebetür	
	Luxusmodell	Einfachvariante
Materialgemeinkosten	5,00%	5,00%
Fertigungsgemeinkosten	10,00%	10,00%
Vertriebsgemeinkosten	10,00%	10,00%

Abbildung 7.24: Zusätzliche Gemeinkostenzuschlagssätze

Verwendet man nun das klassische Kalkulationsschema der Zuschlagskalkulation und ergänzt dies um die Komponenten der Prozesskostenrechnung, ergibt Abb. 7.25.

	Terrassenschiebetür	
	Luxusmodell	**Einfachvariante**
Materialeinzelkosten	240 €	180 €
+ **Materialprozesskostensatz**	**68 €**	**16 €**
+ Materialgemeinkosten	12 €	9 €
= *Materialkosten*	*320 €*	*205 €*
+ Fertigungseinzelkosten	220 €	220 €
+ **Fertigungsprozesskostensatz**	**136 €**	**40 €**
+ Fertigungsgemeinkosten	22 €	22 €
+ Sondereinzelkosten der Fertigung	24 €	16 €
= *Fertigungskosten*	*402 €*	*298 €*
Herstellkosten	722 €	503 €
+ Verwaltungsgemeinkosten	72 €	50 €
+ **Vertriebsprozesskostensatz**	**150 €**	**95 €**
+ Vertriebsgemeinkosten	72 €	50 €
+ Sondereinzelkosten des Vertriebs	20 €	28 €
Selbstkosten	**1.036 €**	**727 €**

Abbildung 7.25: Kalkulation mit Prozesskostensätzen

Aus der Gegenüberstellung der Selbstkosten der beiden Produkte wird deutlich, dass das Luxusmodell aufgrund des größeren Bereitstellungsaufwandes der hochwertigen Materialien und der komplexen Fertigung (z. B. besonders schonende Behandlung von veredelten Oberflächen und komplizierter Mechanik) auch mit entsprechend höheren Material- und Fertigungskosten über die Prozesskostensätze belastet wird. Auch die Betrachtung der Vertriebskosten spiegelt die Realität nun deutlich besser wider, da die Luxusvariante im Direktvertrieb, mit eigenen Außendienstmitarbeitenden im Fachhandel vertrieben wird, während die Einfachvariante, die günstiger ist, über Handelsvertretungen verkauft wird.

Weitere Effekte können anhand dieses Beispiels verdeutlicht werden.

7.7.1 Allokationseffekt

Der **Allokationseffekt** beschreibt zunächst die Differenz zwischen der Gemeinkostenverrechnung bei der Zuschlagskalkulation und der **Gemeinkostenverrechnung** bei prozessorientierter Kalkulation. Bei der traditionellen Zuschlagskalkulation wird der Gemeinkostenzuschlag am Wert der Bezugsgröße (z. B. Materialeinzelkosten) orientiert, allerdings ist der Aufwand für z. B. Beschaffung und Lagerung zumeist nicht abhängig von der wertmäßigen Höhe der Stückkosten (vgl. Kap. 5), sondern wird wesentlich durch die zur Abwicklung erforderlichen Prozesse bestimmt. Deshalb werden bei der prozessorientierten Kalkulation die Gemeinkosten entsprechend der nachvollziehbaren Beanspruchung betrieblicher Ressourcen über Prozesskostensätze verrechnet, wie Abb. 7.26 zeigt:

Der Allokationseffekt bewirkt bei der FEBAU GmbH Folgendes: Bei der Zuschlagskalkulation würde aufgrund der Materialeinzelkosten auf das Luxusmodell 60 € (= 25 %) und das einfache Modell 45 € Gemeinkosten verrechnet. Wendet man dagegen die Prozesskostenrechnung an, so hätte das Luxusmodell 80 € und das preiswerte Modell lediglich 25 €

Allokationseffekt = Aufzeigen der Differenz zwischen wertmäßiger Bezugsgröße und nachvollziehbarer Beanspruchung betrieblicher Ressourcen

Terrassen-schiebetür	Material-einzelkosten	Materialgemeinkosten-verrechnung		Prozessorientierte Kalkulation	Rest über Zuschlagssatz	Summe	Differenz= Allokationseffekt	
							Absolut	in %
		Zuschlagssatz	25,00%	Prozesskostensatz	5,00%			
Luxus-modell	240 €		60,00 €	68 €	12,00 €	80,00 €	20,00	33,33%
Einfach-variante	180 €		45,00 €	16 €	9,00 €	25,00 €	-20,00	-44,44%

Abbildung 7.26: Allokationseffekt

zu tragen. Das Luxusmodell müsste mit zusätzlichen Gemeinkosten in Höhe von 20 € belastet werden, um die tatsächliche Inanspruchnahme der betrieblichen Ressourcen im Materialbereich zutreffender widerzuspiegeln. Die Einfachvariante hingegen wird mit 20 € zu viel belastet, die es gar nicht verursacht hat.

7.7.2 Degressionseffekt

Der **Degressionseffekt** bezeichnet die Differenz zwischen der Verrechnung von vorgangsfixen Kosten bei der Zuschlagskalkulation und der prozessorientierten Kalkulation. Vorgangsfixe Kosten sind zum Beispiel die Kosten für Angebotsbearbeitung oder für Bestellungen. Die Kosten fallen hier für die Durchführung der einzelnen Vorgänge an, unabhängig von der Stückzahl, die beispielsweise in einem Auftrag oder einer Bestellung enthalten ist. Eine Erhöhung der Stückzahl hat z. B. keinen Einfluss auf die Höhe der Kosten für ein Angebot. Aus diesem Grundsatz ist abzuleiten, dass die Kosten pro Stück mit steigender Auftragsmenge sinken, sich also degressiv verhalten.

Degressionseffekt = Aufzeigen des Unterschiedes zwischen prozessbasierter Kalkulation und der Verrechnung vorgangsfixer Kosten

In der Prozesskostenrechnung wird der Degressionseffekt bei sämtlichen vorgangsfixen Kosten mit berücksichtigt. Das bedeutet, dass für größere Stückzahlen im Verhältnis zu geringeren Stückzahlen niedrigere Kosten kalkuliert werden, da diese die betrieblichen Ressourcen eines Unternehmens weniger belasten. Durch diese Kalkulation können die Unternehmen Anreize für Kunden schaffen, in großen Mengen zu ordern, um so Größendegressionseffekte auszunutzen. Bei der Zuschlagskalkulation hingegen wird dieser Zusammenhang nicht berücksichtigt und es wird von konstanten Stückkosten ausgegangen.

Unter Berücksichtigung des Degressionseffektes lässt sich schließlich auch eine Formel zur Berechnung von Mindestauftragsgrößen aufstellen:

$$\text{Mindestauftragsgröße} = \frac{\text{Prozesskostensatz}}{\text{Zuschlagssatz in Euro pro Stück}}$$

Formel 7.10

355

Die Auftragsbearbeitung bei der FEBAU GmbH verursacht immer die gleichen Kosten; diese hängen nicht von der Anzahl der Fenster pro Auftrag ab. Bei steigender Anzahl pro Auftrag sinken somit die Auftragskosten pro Stück.

Stückzahl pro Auftrag Einfach- variante		Vertriebsgemeinkosten- verrechnung Einfach- variante		Prozessorientierte Kalkulation	Rest über Zuschlagssatz	Summe pro Stück	Differenz= Degressionseffekt	
		Zuschlagskalkulation					Absolut	in %
	30%	Zuschlagssatz	pro Stück	Prozesskostensatz	10,00%			
1	171 €		171	95 €	50,30 €	145,30 €	-26,00	-15,18%
5	857 €		171	95 €	251,50 €	69,30 €	-102,00	-59,54%
25	4.283 €		171	95 €	1.257,50 €	54,10 €	-117,20	-68,42%

Abbildung 7.27: Degressionseffekt

Die Abbildung zeigt, dass zum einen die Prozessanalyse des Vertriebsbereichs selbst schon zu einer Reduktion der Vertriebsgemeinkosten der Einfachvariante führt (Reduktion von 171 € auf 145,30 €), und weiterhin werden die Vertriebskosten von Aufträgen mit großer Stückzahl in der Zuschlagskalkulation proportionalisiert zu hoch ausgewiesen. Im Rahmen der prozessorientierten Betrachtung werden Aufträge mit geringer Stückzahl mit höheren Vertriebskosten pro Stück belastet als Aufträge mit hohen Stückzahlen. Für Kunden besteht damit (bei der Zuschlagskalkulation) kein Anlass, das Produkt in größeren Mengen zu bestellen; bei der prozessorientierten Kalkulation ist dieser Anreiz gegeben, da die Produkte dann auch mit dem kalkulierten niedrigeren Preis angeboten werden können. Hieraus können beispielsweise Spielräume für die Gewährung von Mengenrabatten abgeleitet werden.

7.7.3 Komplexitätseffekt

Komplexitätseffekt = Berücksichtigung, dass Produkte hoher Komplexität auch höhere Gemeinkosten (Materialhandling, vielschichtigere Fertigung) bei ihrer Erstellung verursachen

Die Differenz zwischen der Gemeinkostenverrechnung bei komplexen Produkten bei der Zuschlagskalkulation und der prozessorientierten Kalkulation stellt den letzten isolierbaren Effekt der Prozesskostenrechnung dar.

Die Zuschlagskalkulation macht keinen Unterschied zwischen komplexen und weniger komplexen Produkten. Die prozessorientierte Kalkulation berücksichtigt hingegen, dass für Produkte hoher Komplexität höhere Gemeinkosten bei der Erstellung anfallen als bei der Produktion von einfacheren Standardprodukten. Unter **Produktkomplexität** ist zu verstehen, dass ein Produkt aus vielen Einzelteilen (Eigenteile, Zukaufteile) besteht. Deshalb entsteht bei der Herstellung solcher Produkte ein höherer Bedarf an Gemeinkosten verursachenden Prozessen (z. B. Materialdisposition, Fertigungssteuerung, Spezialwerkzeuge usw.) als bei einfacheren Produkten.

In der folgenden Abbildung ist das Produkt „Einfachvariante" ein Standardprodukt mit geringer Komplexität und das Produkt „Luxusmodell" ein Spezialprodukt mit hoher Komplexität, welches, aus Sicht der Prozesskostenrechnung, in Abhängigkeit des Materialhandlings und der aufwendigeren Produktion auch höhere Prozesskosten verursacht.

Terrassen-schiebetür	Fertigungs-einzelkosten	Fertigungsgemein-kostenverrechnung						Differenz=Komplexitätseffekt	
		Zuschlagskalkulation		Prozessorientierte Kalkulation	Rest über Zuschlagssatz	Summe	Absolut	in %
		Zuschlagssatz		Prozesskostensatz	10,00%			
Luxus-modell	220 €	50,00%	110,00 €	136 €	22,00 €	158,00 €	48,00	43,64%
Einfach-variante	220 €	50,00%	110,00 €	40 €	22,00 €	62,00 €	-48,00	-43,64%

Abbildung 7.28: Komplexitätseffekt

Es zeigt sich, dass die Fertigungskosten für das Standardprodukt „Einfachvariante" mit der Zuschlagskalkulation zu hoch berechnet werden. Die Fertigungskosten des Spezialproduktes „Luxusmodell" werden zu niedrig ausgewiesen, sodass ohne die prozessorientierte Kalkulation diese Transparenz nicht hätte gezeigt werden können.

Durch die prozessorientierte Kalkulation erlangt man somit neue Erkenntnisse zur Unterstützung von Entscheidungen über die Produktpolitik, Preispolitik sowie Eigenfertigung oder Fremdbezug.

7.8 Prozesskostenbasierte Deckungsbeitragsrechnung

Wie in Kapitel 6 beschrieben, werden im Rahmen der **Deckungsbeitragsrechnungen** von den Erlösen zuerst die variablen Kosten in Abzug gebracht. Anschließend wird je nach Ausdifferenzierung entweder nur ein Fixkostenbetrag (Direct Costing) oder aber im Fall der Fixkostendeckungsrechnung Fixkostenbeträge auf unterschiedlichen Ebenen vom Deckungsbeitrag 1 abgezogen.

Nehmen wir nochmals das Beispiel der Terrassentüren (vgl. Abb. 7.22) und betrachten eine Deckungsbeitragsrechnung für diese Produkte ohne Prozesskostenbestandteile. Wir benötigen dazu die Einzel-, Gemeinkosten und die Erlöse pro Produkt sowie die abgesetzten Mengen (s. Abb. 7.29 und 7.30).

Es zeigt sich, dass das Luxusmodell auf allen Ebenen einen höheren Deckungsbeitrag erzielt als die Einfachvariante.

Werden Prozesskostensätze verwendet, so stellt sich die Deckungsbeitragsrechnung wie in der folgenden Tabelle abgebildet dar. Bis zum Deckungsbeitrag II ist die Luxusvariante dem Einfachmodell überlegen; Prozesskostenrechnung und Deckungsbeitragsrechnung

	Luxusmodell		Einfachvariante	
	Terrassenschiebetür			
Menge in Stück	750		750	
Stückerlöse		1.200 €		1.000 €
Erlöse	900.000 €		750.000 €	
− Materialeinzelkosten	180.000 €		135.000 €	
− Fertigungseinzelkosten	165.000 €		165.000 €	
− Sondereinzelkosten der Fertigung	18.000 €		12.000 €	
− Sondereinzelkosten des Vertriebs	15.000 €		21.000 €	
= **Deckungsbeitrag I**		522.000 €	>	417.000 €
− Materialgemeinkosten	45.000 €		33.750 €	
− Fertigungsgemeinkosten	82.500 €		82.500 €	
= **Deckungsbeitrag II nach Herstellungsgemeinkosten**		394.500 €	>	300.750 €
− Verwaltungsgemeinkosten	49.050 €		42.825 €	
− Vertriebsgemeinkosten	147.150 €		128.475 €	
= **Deckungsbeitrag III nach Verwaltungs- u. Vertriebskosten**		198.300 €	>	129.450 €
− Bereichsfixe und unternehmensfixe Kosten		216.750 €		
= **Deckungsbeitrag IV Bereichs- u. Unternehmensfixkosten**		111.000 €		

Abbildung 7.29: Deckungsbeitragsrechnung traditionell mit gleicher Stückzahl

	Luxusmodell		Einfachvariante	
	Terrassenschiebetür			
Menge	750		750	
Stückerlöse		1.200 €		1.000 €
Erlöse	900.000 €		750.000 €	
− Materialeinzelkosten	180.000 €		135.000 €	
− Fertigungseinzelkosten	165.000 €		165.000 €	
− Sondereinzelkosten der Fertigung	18.000 €		12.000 €	
− Sondereinzelkosten des Vertriebs	15.000 €		21.000 €	
= **Deckungsbeitrag I Einzelkosten**		522.000 €	>	417.000 €
− Materialgemeinkosten	9.000 €		6.750 €	
− Fertigungsgemeinkosten	16.500 €		16.500 €	
− Verwaltungsgemeinkosten	54.150 €		37.725 €	
− Vertriebsgemeinkosten	54.150 €		37.725 €	
= **Deckungsbeitrag II nach Gemeinkostenkosten**		388.200 €	>	318.300 €
− Materialprozesskostensatz	51.000 €		12.000 €	
− Fertigungsprozesskostensatz	102.000 €		30.000 €	
− Vertriebsprozesskostensatz	112.500 €		71.250 €	
= **Deckungsbeitrag III nach Prozesskosten**		122.700 €	<	205.050 €
− Bereichsfixe und unternehmensfixe Kosten		216.750 €		
= **Deckungsbeitrag IV Bereichs- u. Unternehmensfixkosten**		111.000 €		

Abbildung 7.30: Deckungsbeitragsrechnung mit Prozesskostensätzen mit gleicher Stückzahl

werden aber die Prozesskostensätze berücksichtigt und die Luxusvariante auch mit den erhöhten Material- und Fertigungskosten aufgrund der Produktkomplexität und des Verarbeitungsaufwands belastet, so zeigt sich, dass die Einfachvariante in höherem Maße zur Deckung der Bereichs- und Unternehmensfixkosten beiträgt (s. Abb. 7.30).

Bei dieser Deckungsbeitragsrechnung wurde noch keine **Losgrößen-/ Auftragsgrößenberücksichtigung** integriert, d. h. es ist doch sehr wahrscheinlich, dass die Prozesskosten nicht für jedes Einzelprodukt anfallen, sondern immer für eine Menge von Produkten, wie z. B. Einrüsten der Maschine oder Ähnliches. Hier wird besonders der Degressionseffekt bei dem Massenprodukt „Einfachvariante" greifen. Wird die Los-/ Auftragsgröße berücksichtigt, und in der Realität wird dies der Normalfall sein, fällt der Unterschied, wie nachfolgend dargestellt, noch größer aus.

PKR-basierte Deckungsbeitragsrechnung und Losgrößenproblematik

Der Deckungsbeitrag der Einfachvariante ist vor der Berücksichtigung der Gemeinkosten aus Verwaltung/Vertrieb und den Restgemeinkosten aus Material und Fertigung aufgrund der Menge für dieses Produkt etwas größer als für die Luxusvariante; nach den proportionalisierten Gemeinkosten ist er wieder etwas kleiner, um dann nach verursachungsgerechten prozessbasierten Kosten wieder über den Betrag der Luxusvariante zu steigen.

	Terrassenschiebetür			
	Luxusmodell		Einfachvariante	
Losgröße / Auftragsgröße	3		150	
Menge	1.500		3.000	
Stückerlöse	1.200 €		1.000 €	
Erlöse	1.800.000 €		3.000.000 €	
− Materialeinzelkosten	360.000 €		540.000 €	
− Fertigungseinzelkosten	330.000 €		660.000 €	
− Sondereinzelkosten der Fertigung	36.000 €		48.000 €	
− Sondereinzelkosten des Vertriebs	30.000 €		84.000 €	
= Deckungsbeitrag I Einzelkosten		1.044.000 €	<	1.668.000 €
− Materialgemeinkosten	18.000 €		27.000 €	
− Fertigungsgemeinkosten	33.000 €		66.000 €	
− Verwaltungsgemeinkosten	87.900 €		134.212 €	
− Vertriebsgemeinkosten	87.900 €		134.212 €	
= Deckungsbeitrag II nach Gemeinkostenkosten		817.200 €	<	1.306.576 €
− Materialprozesskostensatz	34.000 €		320 €	
− Fertigungsprozesskostensatz	68.000 €		800 €	
− Vertriebsprozesskostensatz	75.000 €		1.900 €	
= Deckungsbeitrag III nach Prozesskosten		640.200 €	<	1.303.556 €
− Bereichsfixe und unternehmensfixe Kosten	867.000 €			
= Deckungsbeitrag IV Bereichs- u. Unternehmensfixkosten	1.070.268 €			

Abbildung 7.31: Deckungsbeitragsrechnung mit Prozesskostensätzen und Losgrößen

Diese Schwankungen sind dadurch zu erklären, dass die variablen Kosten der Einfachvariante pro Stück ebenso gering sind wie der Erlös, aber durch die Menge wieder ausgeglichen werden und dadurch der Deckungsbeitrag nach variablen Kosten für beide Produkte fast gleich ist. Ebenfalls sind die Restgemeinkosten, die über proportionalisierte Zuschlagssätze ihren Niederschlag finden, durch die Gesamthöhe der Material- und Fertigungskosten bei der Einfachvariante höher, sodass hier ein Vorteil für die Luxusvariante entsteht. Nach Berücksichtigung der Prozesskosten, bei der die tatsächliche Inanspruchnahme der Kostenstellen in die Betrachtung mit einbezogen wird, kommt der Degressionseffekt bei der Einfachvariante zum Tragen.

7.9 Kritische Würdigung der Prozesskostenrechnung

Mit der Anwendung der Prozesskostenrechnung sind viele positive Aspekte verbunden. Es soll jedoch darauf hingewiesen werden, dass die Prozesskostenrechnung auch Nachteile mit sich bringen kann. Vor allem aus Sicht der Praxis besteht der Nachteil in dem hohen Aufwand, den die Einführung der Prozesskostenrechnung aufgrund

- der erforderlichen aufwendigen (Kosten und Zeit) Geschäftsprozessanalyse,
- der häufig schwierigen Bestimmung der Kostentreiber oder
- der Implementation der prozessorientierten Denkweise

mit sich bringt.

Dieser Nachteil wird häufig jedoch durch die erhöhte Transparenz, welche durch die Prozesskostenrechnung erreicht werden kann, gerechtfertigt. Gerade die erhöhte Transparenz der Prozesskostenrechnung kann sich bei der Einführung der Prozesskostenrechnung jedoch als Problem herausstellen, da mit den aufgedeckten Vorgängen plötzlich die Leistungen einzelner Mitarbeiter messbar werden, was zu gewissen Widerständen führen kann. Aus Gründen der Wirtschaftlichkeit sind jedoch Prozesse, die weder den Kundennutzen noch die internen Abläufe verbessern, zu vermeiden. Ebenso können über den Vergleich der Prozesskostensätze mit anderen Unternehmen oder Abteilungen mit dem Benchmarking Unwirtschaftlichkeiten aufgedeckt werden, die abzustellen sind. Letztlich erhöht dies die Wirtschaftlichkeit der ganzen Unternehmung.

Zudem besteht bei der Prozesskostenrechnung die Gefahr, sich in zu detaillierten Tätigkeitsanalysen zu verrennen. Hier ist es somit besonders wichtig, die Wirtschaftlichkeit der Rechnung nicht aus den Augen zu verlieren und im Zweifel besser auf ein pragmatisches System zu setzen, als an der zu hohen Komplexität der Rechnung zu scheitern. So hat etwa Lachnit (1999) einen überzeugenden pragmatischen Ansatz für die Einführung der Prozesskostenrechnung in der öffentlichen Verwaltung vorgeschlagen.

Einer der größten Kritikpunkte an der Prozesskostenrechnung ergibt sich dort, wo auch sie auf ihre natürlichen Grenzen der Verwirklichung stößt. Dies trifft im besonderen Ausmaß auf die Verteilung der Gemeinkosten zu. Denn da es sich bei der Prozesskostenrechnung um eine Vollkostenrechnung handelt, müssen sämtliche Prozesse verrechnet werden, auch solche die sich leistungsmengenneutral verhalten. So werden Gemeinkosten letztlich weiterhin über Schlüssel verteilt, und Fixkosten werden proportional zugeordnet.

Übungsmaterial

Wiederholungsfragen

Im Folgenden finden Sie Wiederholungsfragen zu den in diesem Kapitel behandelten Lerninhalten, die Sie auch unter Rückgriff auf die einzelnen Textpassagen lösen sollten.

1. Welcher Tatbestand führte zur Entwicklung der Prozesskostenrechnung?
2. Wie werden im Rahmen der Prozesskostenrechnung die Gemeinkosten auf die Kostenträger verrechnet?
3. Definieren Sie den Begriff „Aktivität".
4. Definieren Sie den Begriff „Prozess".
5. Woraus besteht ein Geschäftsprozess?
6. Kann die Prozesskostenrechnung auch im Betriebsabrechnungsbogen Verwendung finden und wenn ja, wie?
7. Erläutern Sie den Begriff „Allokationseffekt".
8. Erläutern Sie den Begriff „Degressionseffekt".
9. Erläutern Sie den Begriff „Komplexitätseffekt".
10. Wozu und wie wird der Prozesskostensatz berechnet?

Aufgaben

Aufgabe 7.1:

Gegeben sind die nachfolgenden Rahmendaten für die Prozesskostenrechnung eines Unternehmens. Es hat drei verschiedene Erzeugnisse mit den dazugehörigen Kosten. Weiterhin finden Sie in den Tabellen noch Angaben über Gemein- und Prozesskosten sowie sonstige Informationen.

Erstellen Sie eine Selbstkostenkalkulation auf traditionelle und prozesskostenbasierte Weise.

Ein Unternehmen fertigt drei Arten von Maschinen.
Typ A "Bohrmaschinen für den Fachhandel"
Typ B "Bohrmaschinen für die Baumärkte" und Typ "C" für Exclusiv-Werkzeugkataloge
Das Produkt A hat eine erheblich höhere Produktkomplexität als das Produkt B
Das Produkt "C" ist mit "A" identisch, hat aber eine verchromte Oberfläche.
Folgende Daten und Kosten wurden erhoben:

	Maschine A	Maschine B	Maschine C
Fertigungsmaterial	1.200 €	1.000 €	1.500 €
Fertigungslöhne	1.000 €	1.200 €	1.250 €
Materialgemeinkosten Zuschlagssatz	25,00%	25,00%	25,00%
Fertigungsgemeinkosten Zuschlagssatz	50,00%	50,00%	50,00%
Sondereinzelkosten der Fertigung	120 €	80 €	150 €
Sondereinzelkosten des Vertriebs	100 €	140 €	125 €
Verwaltungsgemeinkosten Zuschlagssatz	10,00%	10,00%	10,00%
Vertriebsgemeinkosten Zuschlagssatz	30,00%	30,00%	30,00%

Daten für die Prozesskostensätze

	Maschine A	Maschine B	Maschine C
Materialprozesskostensatz	300 €	60 €	380 €
Fertigungsprozesskostensatz	455 €	275 €	650 €
Vertriebsprozesskostensatz	800 €	325 €	905 €

Für die Kalkulation auf Prozesskostenbasis fallen zusätzlich folgende Zuschlagssätze an,
die nicht über Prozesskostensätze abgefangen werden können:

	Maschine A	Maschine B	Maschine C
Materialgemeinkosten Zuschlagssatz	5,00%	5,00%	5,00%
Fertigungsgemeinkosten Zuschlagssatz	10,00%	10,00%	10,00%
Vertriebsgemeinkosten Zuschlagssatz	10,00%	10,00%	10,00%

Aufgabe 7.2:

Welche der folgenden Aussagen über die Systeme der Kostenrechnung
sind Ihrer Meinung nach zutreffend? Begründen Sie kurz Ihre Antwort!
Kreuzen Sie die von Ihnen für richtig erachteten Aussagen in den dafür
vorgesehenen Feldern an!

a) Die Prozesskostenrechnung wurde entwickelt, um die Einzelkosten
transparenter zu gestalten.

ja nein weil: . . . .

b) Die Nutzung der Prozesskostenrechnung beschränkt sich nur auf die
verursachungsgerechte Kostenzurechnung zu den Stellen und Leistungen.

ja nein weil: . . . .

c) Der Prozesskostensatz ist identisch mit der Produktivität.

ja nein weil: . . . .

d) Der Degressionseffekt bezeichnet die Differenz zwischen der Verrechnung von vorgangsfixen Kosten bei der Zuschlagskalkulation und der
prozessorientierten Kalkulation.

ja nein weil: . . . .

e) Ein Vorteil der Prozesskostenrechnung ist die einfache Einführung
und die nur geringen Kosten für die Durchführung.

ja nein weil: . . . .

f) In der Prozesskostenrechnung werden leistungsmengeninduzierte (lmi) Teilprozesse sowie leistungsmengenneutrale (lmn) Teilprozesse unterschieden.

☐ ja ☐ nein weil: ....

Literatur

Bohlmann, B./Coners, A.: Prozessbasierte Kostensenkung in der Logistik (nachhaltige Wirkungen durch Time-Driven Acitivity-Based Costing), in: Logistik Inside, 05/2004,
http://www.logistik-inside.de/fm/2248/horvath.pdf, 18.11.2005.

Burger, A.: Kostenmanagement, 3. Aufl., München 1999.

Coners, A. / Hardt, G. von der: Time-Driven Activity-Based Costing: Motivation und Anwendungsperspektiven, in: Controlling & Management, 02/2004, S. 108–118,
http://www.horvath-partners.com/hp3//media/DIR_200376/
DIR_1143975/1088591495462xE_ZfCM_2004_Time-Driven~
Activity-Based~Costing_Coners-von~der~Hardt.pdf, 18.11.2005.

Ewert, R. / Wagenhofer, A.: Interne Unternehmensrechnung, 6. Aufl., Berlin u. a.O. 2005.

Franz, K.-P. / Kajüter, P.: Kostenmanagement (Wertsteigerung durch systematische Kostensteuerung), 2. Aufl., Stuttgart 2002.

Franz, K.-P.: Die Prozesskostenrechnung – Darstellung und Vergleich mit der Plankosten- und Deckungsbeitragsrechnung, in: Finanz- und Rechnungswesen als Führungsinstrument: Herbert Vorbaum zum 65. Geburtstag, hrsg. von Dieter Ahlert, Wiesbaden 1990, S. 109–136.

Freidank, C.-C.: Kostenrechnung, 7. Aufl., Teil 4–5.

Hoitsch, H-J. / Lingnau, V.: Kosten- und Erlösrechnung (eine controllingorientierte Einführung), 5. Auflage, Berlin 2004.

Janssen, R. / Dieler, C. / Reising, A.: Einsatz der Prozesskostenrechnung für optimales Outsourcing logistischer Prozesse, in: Logistik-Jahrbuch 2002, S. 221–228.

Lachnit, L.: Prozeßorientiert erweiterte Kosten- und Leistungsrechnung für die öffentliche Verwaltung, in: krp, 1999, S. 44–51.

Lachnit, L. / Isemann, R.: Controlling, Skript für den BA-Studiengang Business Administration in KMU, Oldenburg 2004.

Matuschke, R.: Grundlagen der Kosten- und Leistungsrechnung (Erkenntnisse und Erfahrungen aus der Einführungspraxis), in: Neues Verwaltungsmanagement, 04/2004, S. 1–36,
http://www.horvath-partners.com/hp3//media/
DIR_200376/DIR_1143975/1122311025688xE_NV_2004-04_
Grundlagen~der~Kosten-und~Leistungsrechnung_Matuschke.pdf,
18.11.2005.

Olfert, K.: Kostenrechnung, 14. Aufl., Ludwigshafen 2005.

Remer, D.: Einführen der Prozesskostenrechnung (Grundlagen, Methodik, Einführung und Anwendung der verursachungsgerechten Gemeinkostenzurechnung), 2. Aufl., Stuttgart 2005.

Schönit, W.-O. / Binder, B. / Piotrowski, P.: Dampf für die Bahn (Prozesskostenrechnung), in: Logistik heute, 05/2002, S. 28–29.

Schweitzer, M. / Küpper, H. U.: Systeme der Kostenrechnung, München 2005, Kap. 3.

Verein Deutscher Ingenieure (Hrsg.): Prozessorientierte Kostenanalyse in der innerbetrieblichen Logistik, VDI 4405, Blatt 1, Entwurf, in: VDI-Handbuch Materialfluss und Fördertechnik, Band 8, Juni 2001.

Verein Deutscher Ingenieure (Hrsg.): Prozessorientierte Kostenanalyse in der innerbetrieblichen Logistik, Beispiel, VDI 4405, Blatt 1, Entwurf, in: VDI-Handbuch Materialfluss und Fördertechnik, Band 8, März 2001.

Datenbeschaffung in der Kosten- und Erlösrechnung

8

ÜBERBLICK

Fall

Die Geschäftsführung der FEBAU GmbH muss sich wieder mit einer neuen Situation auseinander setzen. Obwohl die grundlegenden Daten über die Erlöse und Gesamtkosten (Materialkosten, Personalkosten, Sachkosten, Zinsen etc.) des Unternehmens aus der Finanzbuchhaltung und den Basissystemen der Kostenrechnung zu entnehmen sind, die Geschäftsprozesse mit den leistungsmengeninduzierten und leistungsmengenneutralen Kosten inzwischen alle definiert wurden, können jedoch nach Auskunft des Leiters „Rechnungswesen" keine genaueren Aussagen über die Entwicklung der Kosten und Leistungen in dem Unternehmen gemacht werden. Er verwendet die Metapher, dass das Unternehmen mit Vollgas auf der Autobahn fährt, die Unternehmensleitung zur Steuerung aber nur in den Rückspiegel guckt. Dieser Rückspiegel sei, so führt er im Bild bleibend fort, nun zwar durch die bisherige Ausgestaltung der Kostenrechnung vergrößert und geputzt, doch es sei immer noch nicht geregelt, wie aus den gewonnenen Istdaten der einzelnen Abteilungen und weiteren Informationen Plandaten generiert werden können.

Die Kostenrechnerin, Frau Spargeist, ist jetzt auch mit ihrem Latein am Ende, aber der Controller Herr Lupenrein, der auch DV-technisch sehr versiert ist, hat in einer gemeinsamen „Brainstorming-Sitzung", die von der Unternehmensführung eilig einberufen wurde, einen Lösungsansatz entwickelt, den die beiden Geschäftsführer interessiert verfolgen.

Er schlägt vor, die Kosten- und Erlösrechnungssysteme auf ihren Datenbedarf hin zu durchleuchten und dann in den anderen Unternehmensführungssystemen zu schauen, ob die benötigten Daten dort vorhanden sind. Sind diese vorhanden, so sind sie mit der Datenbank der Kosten- und Erlösrechnung zu verbinden, fehlen sie, so sind sie zu generieren.

Er sagt: „Die Istdaten müssten wir durch die Untersuchung schnell in den Griff bekommen, schwieriger sieht es da schon mit den Plandaten aus. Hier kommen wir ohne Prognostik, die wir situations- und zeitraumabhängig gestalten, nicht mehr aus. Die zentrale Komponente, die wir zu bestimmen haben, ist der Absatz; wenn wir den mit Hilfe von Absatzeinflussgrößen bestimmt haben, können wir die meisten anderen Komponenten der Planung ableiten. Natürlich brauchen wir auch Informationen über

- *die Preisentwicklungen im Beschaffungssektor und Absatzbereich,*
- *die Gestaltung der Produktionsprogramme,*
- *detaillierte Stücklisten und Arbeitspläne und*

wenn wir darüber hinaus statistische Verfahren, wie z. B. multiple Regression zur Bestimmung von Umsätzen einsetzen wollen, brauchen wir sogar noch volkswirtschaftliche Daten – wo wir die herbekommen, weiß ich aber auch nicht."

Des Weiteren schlägt er vor, die Absatz-/Umsatzpläne und die anderen Unternehmensteilpläne der Personalabteilung, des Logistikbereiches und der Produktion zu integrieren und daraus die relevanten Daten für die KLR abzuleiten.

Die Geschäftsführung bildet sofort eine Datenbeschaffungs- und planungsgruppe, der die Kostenrechnerin, der Controller und der Anwendungsinformatiker der IT-Abteilung als feste Teammitglieder zugeordnet werden. Bei Bedarf können die drei Personen weitere Mitglieder des Unternehmens dazuholen.

Hat die Geschäftsführung die richtigen Maßnahmen eingeleitet, um das Problem anzugehen?

Lernziele:

In diesem Kapitel werden Sie lernen,

- zu erkennen, für welche Prognosegegenstände welche Prognoseverfahren geeignet sind,
- zwischen qualitativen und quantitativen Prognoseverfahren zu unterscheiden,
- innerhalb der quantitativen Prognoseverfahren zwischen Zeitreihenverfahren und kausalen Verfahren zu differenzieren,
- Zeitreihen in ihre Bestandteile zu zerlegen,
- das Relevanzbaumverfahren anzuwenden,
- die Unterschiede der Umsatzprognose zwischen Unternehmen mit Massen- und mit Einzelfertigung aufzuzeigen sowie
- das Konzept der iterativ-multiplen Regressionsprognose zu verstehen und anzuwenden.

8.1 Istdatenbeschaffung

Ein Großteil der Informationen, die für die Kosten- und Erlösrechnung beschafft werden müssen, sind direkt aus der Finanzbuchhaltung schon als Grundkosten ableitbar (siehe Kapitel 1 und 2). Die kalkulatorischen Kosten, die benötigt werden, sind differenzierter zu betrachten; auch hier sind die Verfahren der Bestimmung bereits erörtert worden und können aus der Kostenartenrechnung übernommen werden. Aus der Kostenstellenrechnung können die meisten Entstehungsorte der Kosten mit ihren Kostenverursachern benannt werden. Auch sind aus der Kostenträgerstückrechnung und der Kostenträgerzeitrechnung weitere Informationen über Kalkulationssätze und produktbezogene Ergebnisse berechenbar. Sofern noch prozessbezogene Kosten mit in die **Daten-**

Ableitung der Istkosten und Isterlösen nach Art, Entstehung und Grund

beschaffung einbezogen werden sollen, liefert hier die Prozesskostenrechnung die leistungsmengeninduzierten und leistungsmengenneutralen Kosten für weitergehende Berechnungen und Analysen.

Die Istdatenseite ist mit diesen Systemvoraussetzungen gut abgedeckt, die Beschaffung der Planwerte in der Plankostenrechnung dagegen wird durch die Systeme in der beschriebenen Form nicht oder nur in geringem Umfang abgedeckt.

Abbildung 8.1 gibt zusammenfassend einen Überblick über die Istkosten:

8.2   Plandatenbeschaffung

Eine fundierte und wirkungsvolle Kostenrechnung benötigt neben einer ausdifferenzierten Istkostenrechnung auch die Planungskomponente, um die zentralen Sachverhalte der Kostenentwicklung abbilden zu können und somit ein zielorientiertes, abgestimmtes Handeln aller Beteiligter zu ermöglichen. Wie in den vorherigen Kapiteln zur Plankostenrechnung gezeigt, ist die Beschäftigung in den Kostenstellen und den Unternehmen die zentrale Größe. Ausgangspunkt und Grundlage jeder **Unternehmensplanung** bildet somit die Ermittlung des Umsatzes wie auch der **Betriebsleistung**. Sobald diese grundlegenden Informationen zuverlässig ermittelt worden sind, können die notwendige Produktionsmenge, die Beschaffungsmengen, notwendige Investitionen und deren Kosten zuverlässig errechnet werden. In der Praxis wie auch in der betriebswirtschaftlichen Literatur wird der Prognose von Absatzmengen und den daraus resultierenden Umsatzerlösen häufig zu wenig Bedeutung beigemessen; sie werden eher durch pragmatische Schätzungen als durch wissenschaftliche Prognosemethoden fundiert. Empirische Untersuchungen haben gezeigt, dass in den Unternehmen Absatzprognosen zum großen Teil mit

> **Umsatz und Betriebsleistung bilden die Grundlage der Unternehmensplanung.**

- subjektiven Verfahren, wie z. B.
  - Umsatzschätzungen durch den Vertrieb und deren Kumulation (**Sales-Force-Composite**),
  - Bewertungen durch das Management,
  - Kunden- und Lieferantenbefragungen,
- einfachen statistischen Methoden, wie z. B.
  - **gleitende Durchschnitte**,
  - **exponentielle Glättung** oder
- mittels historischer Analogien

abgeleitet werden.

Es ist allerdings äußerst problematisch, auf einer derartigen einfach hergeleiteten, methodisch nicht umfänglich abgesicherten Datenbasis ein Planungssystem aufzubauen, das konkrete Aussagen über zukünftige

Kostenart	System	Datenbasis	Zuordnung	Verteilungsschlüssel	Abhängig von
Lohnkosten • Fertigungslohn • Hilfskostenstellen	Personalsystem	Lohnscheine/ BDE-Zeiten	Arbeitspläne Kostenstellenplan	Arbeitsstunden	Produzierten Leistungen
Materialkosten • Mengen • Preise	Produktionsplanungssystem Beschaffungssystem	Materialscheine Bestellungen	Stücklisten		Produzierten Leistungen
Energiekosten • Räume • Maschinen • Fahrzeuge	Beschaffungssystem Anlagenverwaltung Anlagenverwaltung	Rechnungen Rechnungen Rechnungen	Kostenstellenplan Kostenstellenplan	Kubikmeter Stromzähler Gefahrene KM	Produzierten Leistungen
Gehälter	Personalabrechnung	BDE-Zeiten	Kostenstellenplan	Zeitabrechnung	Produzierten Leistungen
Raumkosten • Mieten	Beschaffungssystem / Immobilienverwaltung	Rechnungen	Kostenstellenplan	Quadratmeter	Produzierten Leistungen
Abschreibungen • bilanziell • kalkulatorisch	Finanz- /Anlagenbuchhaltung Instandhaltungssystem	Anschaffungswerte	Kostenstellenplan	Nutzungsintensität	Produzierten Leistungen
Finanzierungskosten	Finanzbuchhaltung / Vorgabe Eigenkapitalgeber	Zinsaufwendungen Protokoll Gesellschafterversammlung	Kostenstellenplan	Gebundene Werte	Investitionen
Kalkulatorische Wagnisse	Finanzbuchhaltung, betriebliche Statistik	Geglättete Rückstellungen	Kostenträgerplan	Verursachungsbezogen, Werte	Produzierten Leistungen
Kalkulatorischer Unternehmerlohn	Vorgabe Unternehmensführung	Protokoll Gesellschafterversammlung	Kostenträgerplan	Verursachungsbezogen, Werte	Produzierten Leistungen

Erlösart	System	Datenbasis	Zuordnung	Verteilungsschlüssel	Abhängig von
Erlöse • Erlöse Brutto • Erlösschmälerungen • Skonti • Rabatte	Finanzbuchhaltung Vertriebssystem	Rechnungen	Erlösträgerplan / Erlösstellenplan	Produzierten Leistungen	Abgesetzten Leistungen

Abbildung 8.1: Datenbasis und Zusammenhänge der Istkostenrechnung

- Kosten,

- Erfolge sowie

- die darunter liegenden Vorgänge

liefern soll.

Hier fällt dem Controlling bzw. der Planungsgruppe die Aufgabe zu, die Unternehmensführung durch Abbau dieser Prognosedefizite zu unterstützen, indem sie die konzeptionelle und instrumentelle Ausgestaltung leistungsfähiger betrieblicher Prognosesysteme übernimmt, die informatorische Integration dieser Systeme in das Gesamtunternehmen schafft und bei Einsatz und Weiterentwicklung dieser Systeme berät.

8.2.1 Prognosesysteme

Eine **Prognose** ist im Folgenden definiert durch die Merkmale:

Prognose ist die objektive, gedankliche, mit Risiken behaftete Beschreibung zukünftiger Ereignisse.

- Sie trifft eine genaue Aussage über ein bzw. mehrere zukünftige Ereignisse/Werte.

- Aufgrund der Zukunftsbezogenheit ist sie auch immer mit Risiken behaftet.

- Sie sollte grundsätzlich objektiv, nachvollziehbar und überprüfbar sein.

- Sie beinhaltet die Auflistung der vollständigen Daten und Spezifikationen, von denen das Eintreffen eines prognostizierten Ereignisses/Wertes abhängig gemacht wird.

- Sie basiert auf der Analyse von Vergangenheitsdaten, wobei unterstellt wird, dass die der Zeitreihe zu Grunde gelegten Prämissen auch für die Zukunft Gültigkeit besitzen (Zeitstabilitätshypothese).

Grundsätzlich lassen sich die **Prognosemethoden** einteilen wie in Abb. 8.2 dargestellt.

Weiterhin können wir die Prognosemethoden auch in informelle und formelle Verfahren unterteilen. Während man unter informellen Verfahren vor allem intuitive, stark heuristisch geprägte Vorgehensweisen versteht, liegt bei den formellen Verfahren eine systematische und damit in gleichen oder veränderten Situationen unmittelbare oder nach Anpassungen nachvollziehbare Vorgehensweise vor.

Qualitative und quantitative Prognoseverfahren

Die in der obigen Abbildung gewählte Klassifizierung besteht in der Unterscheidung zwischen qualitativen und quantitativen Verfahren, wobei die quantitativen Verfahren in Zeitreihenprognosen und kausale Prognosen differenziert werden können.

Aufgrund der Vielfalt der qualitativen und quantitativen Methoden werden im Folgenden einige, aus unserer Sicht wichtige Verfahren herausgegriffen und zunächst tabellarisch erläutert. Hierbei wird besonderes Augenmerk auf eine Kurzbeschreibung, die Anwendungsbereiche sowie die zur Prognose benötigte Datenbasis gelegt. Die Eignung

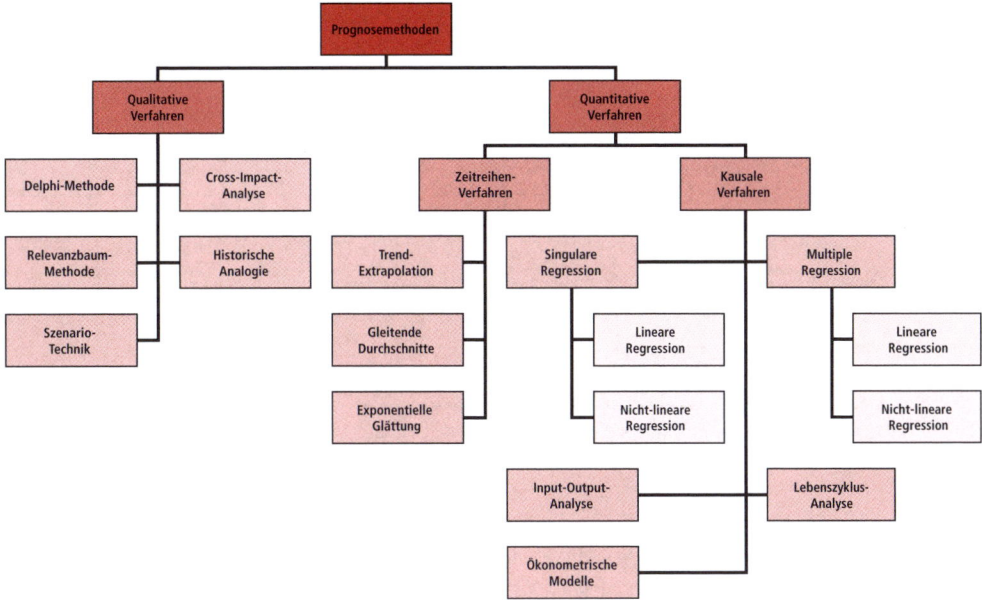

Abbildung 8.2: Klassifikation von zentralen Prognosemethoden

für die verschiedenen Prognosezeiträume ist ebenfalls mit angegeben, hängt aber auch vom jeweiligen Prognosegegenstand und der Erfahrung des Anwenders ab.

Im weiteren Verlauf der Ausführungen werden einige relevante Verfahren zudem noch näher erörtert, und ihre Leistungsfähigkeit wird an Beispielen aufgezeigt.

8.2.2 Qualitative Prognosemethoden

Qualitative Verfahren eignen sich für Prognosegegenstände, bei denen wegen der globalen oder unscharfen Kontur des Problemfeldes ein unmittelbarer quantitativer Zugang ausscheidet und stattdessen die subjektive Beurteilung in den Mittelpunkt rückt bzw. für deren Lösung die benötigten quantitativen Daten nicht erhältlich oder aus Gründen der Wirtschaftlichkeit nicht beschaffbar sind.

Abbildung 8.3 gibt einen ersten Überblick über die verschiedenen qualitativen Prognoseverfahren.

Grundlage dieser Verfahren ist die Heranziehung von internen oder externen Experten, die ihre Einschätzungen äußern, abstimmen und im Anschluss gegebenenfalls mit indirekten Methoden, wie z. B. **Skalierungsverfahren**, quantitativ konkretisieren. Bei diesen Verfahren stellen die Menschen den wesentlichen Faktor der Prognose dar.

Grundlage vieler qualitativer Prognoseverfahren ist die Integration von Expertenwissen

Methode	Beschreibung	Anwendungsbereiche	Informationsbasis	Erkennung von Trendwenden	Genauigkeit für Zeitraum		
Qualitative Prognoseverfahren					kurz	mittel	lang
Delphi-Methode	Schriftliche Befragung mehrerer Experten zur Einschätzung über künftige qualitative und quantitative Entwicklungen; Befragung erfolgt stufenweise in mehreren Durchgängen mit kontinuierlicher Übernahme der Prognoseergebnisse vorangegangener Stufen.	Langfristige Voraussage von Absatzmöglichkeiten und Marktpotenzialen für neue Produkte, langfristige Prognose technologischer Entwicklungen etc.	Notwendige Fixierung der Fragenkomplexe, Zusammenfassung der Befragungsergebnisse und erneute Verteilung durch einen Koordinator.	0 bis +	0 bis +	+ bis +	0 bis +
Szenariotechnik	Gedankliche Analyse und Beschreibung einer künftigen qualitativen und quantitativen Entwicklung in Form einzelner Teilentwicklungen, aus denen sich ein zukünftiger Zustand (Szenario) insgesamt ergibt; systematische Behandlung von alternativen Entwicklungsmöglichkeiten der technischen Durchführung.	Prognose langfristiger politischer, gesamtwirtschaftlicher, technologischer oder auf Teilmärkte bezogener Entwicklungen im Hinblick auf Chancen und Risiken.	Sicherung und Zusammenstellung allen verfügbaren Materials über den zu prognostizierenden Sachverhalt durch Experten, evtl. mit Verwendung von Informationen über vergangene analoge Problemstellungen (historische Analyse).	–	–	–	–
Relevanzbaum-Methode	Von einem definierten Ziel oder Programm ausgehende retrograde Ableitung von Lösungsmöglichkeiten und detaillierten Lösungsprogrammen über mehrere Stufen hinweg. Einzelne „Pfade" innerhalb des Baumes ermöglichen ein „Durchspielen" der Relevanz von Maßnahmen im Hinblick auf die Zielsetzung; auf diese Weise wird Prognose der Zielrealistik und Maßnahmenrelevanz möglich.	Ableitung und Prognose von Teilzielen und Strategien z.B. zur langfristigen Entwicklung von Distributionssystemen, Planung von Forschungs- und Entwicklungsprogrammen etc.	Genaue Definition des Ziels oder Zielprogramms, Kenntnis der erforderlichen „Ebenen" des Relevanzbaums.	–	0	0	0
Historische Analogie	Vergleichende Analyse und Prognose einer zukünftigen Entwicklung von Produkten einer zukünftigen Entwicklung von Produkten und Technologien; Analogieschluss zu vergangenen Entwicklungsproblemen.	Langfristige Prognose von Produktumsatzentwicklungen, Vorhersage von Gewinnentwicklungen für Neu-Produkte.	Mehrjährige Information über den Analogvorgang.	– bis 0	– bis 0	–	–

Abbildung 8.3: Merkmale qualitativer Prognosemethoden (in Anlehnung an Horváth P., Controlling, 2003, S. 408)

„n.a." = nicht anwendbar, „– –" = sehr gering, „–" = gering, „0" = mittel, „+" = hoch, „++" = sehr hoch

Für die Ermittlung von Plandaten für kostenrechnerische Belange im Rahmen der operativen Unternehmensführung sind qualitative Prognoseverfahren weniger geeignet, weil sie konkrete numerische Informationen nur bedingt zur Verfügung stellen und ihr Planungshorizont eher langfristiger Natur ist.

Dennoch soll hier ein Verfahren herausgegriffen werden, das zwar einerseits nicht zu den „echten" Prognoseverfahren gehört, weil es eigentlich auf einer bestehenden Prognose aufsetzt, andererseits aber für die Praxis und das Kapitel „Kostenmanagement" einige Relevanz besitzt.

8.2.3 Relevanzbaumverfahren

Die **Relevanzbaummethode** berücksichtigt unterschiedliche Situationen und Entwicklungen bei der Erstellung von Prognosewerten und stellt diese vergleichend in einem Baumschema gegenüber. Es wird hierunter das Prinzip der Suche nach retrograden Ableitungen von Lösungsmöglichkeiten mit Einbeziehung von mehrstufigen und detaillierten Ergebnissen verstanden. Die einzelnen Pfade innerhalb des Relevanzbaumes stellen hierbei gedanklich die Äste der einzelnen Stufen bis zur Zielsetzung dar. Die Bestimmung der Relevanz wird hierbei durch einzelne Teilziele dargestellt, die zur Ermittlung des Gesamtziels notwendig sind. Die Klassifikation sowie die Aggregation komplexer Indikatoren werden hierbei in Betracht gezogen. Der Relevanzbaum beruht mathematisch betrachtet auf der Boole'schen Algebra.

Im Mittelpunkt dieses Verfahrens steht die Fragestellung, „Was wäre, wenn", d.h. es werden die Lösungsmöglichkeiten in alle möglichen Richtungen für ein Problem analysiert und beschrieben.

Ein typisches Beispiel für die Anwendung der Relevanzbaummethode ist die Prognose der Folgen

- einer Änderung des Marktpreises eines Produkts,

- der Veränderung von Produktionsabläufen oder

- der Einführung von Total-Quality-Managementsystemen (TQM).

Die verschiedenen Lösungsmöglichkeiten werden mit Hilfe von verschiedenen Bewertungskriterien analysiert, um so den optimalen Lösungsweg zu ermitteln.

Wie viele Ebenen ein Relevanzbaum hat, hängt von der Komplexität des Problems ab, weil für jedes Teilproblem eine Ebene verwendet wird. Auf den verschiedenen Ebenen können je nach Art des Problems quantifizierbare oder qualitative Informationen vorhanden sein.

Gestartet wird mit dem Aufbau eines **Entscheidungsbaums** am Ursprung, der stets das Grundproblem mit all seinen Lösungsmöglichkeiten darstellt. Dieser kann zugleich auch der erste Entscheidungsknoten

Aufbau des Entscheidungsbaumes mit den Entscheidungsknoten

sein. An jedem Entscheidungsknoten wird eine Entscheidung bezüglich einer Entscheidungsvariablen getroffen.

Man differenziert innerhalb der Relevanzbaummethode verschiedene Verfahren, die sich im Aufbau des Entscheidungsbaums unterscheiden:

■ **Vollenumeration**
Innerhalb dieses Verfahrens werden alle möglichen Ausprägungen (Äste) des Relevanzbaumes parallel durchdacht und beschrieben; daher wird es nur bei einer überschaubaren Anzahl von Lösungsmöglichkeiten angewendet.

■ **Dynamische Planungsrechnung**
Wie Vollenumeration, aber hier werden Teillösungen oder Äste aussortiert, die zu keiner vorhersehbaren besseren Lösung beitragen.

■ **Begrenzte Enumeration**
Hier werden die Äste des Relevanzbaumes sequenziell aufgebaut und erst dann abgebrochen, wenn erkennbar wird, dass ein Ast keine bessere Lösung bietet.

■ **Branch-and-bound-Verfahren**
Hierbei werden die sequenzielle und die parallele Vorgehensweise gemischt und ein Ast erst abgebrochen, wenn erkennbar ist, dass diese Teillösung nicht optimal ist.

Dieses Verfahren wird häufig mit anderen Verfahren (qualitativen und quantitativen) kombiniert, wie zum Beispiel der Szenario-Technik oder der Delphi-Methode. Folgendes Beispiel aus dem Bereich des Qualitätsmanagements nach der Methode „branch-and-bound" soll dieses Verfahren verdeutlichen:

Beispiel 8.1

Die FEBAU GmbH möchte ihre Produkte qualitätsmäßig verbessern. Im Rahmen einer Brainstorming-Sitzung wurde festgestellt, dass ihr dazu drei verschiedene Möglichkeiten der Qualitätsverbesserung zur Verfügung stehen, die in der nachstehenden Tabelle nebst ihren Kosten und dem Entscheidungskriterium „Fehlervermeidung" aufgelistet sind:

Der Geschäftsleitung steht aber nur ein Budget von 200.000 € zur Verfügung, und es ist die Frage zu klären: „Mit welchen Kombinationen erreicht die FEBAU GmbH die größtmögliche Fehlerreduzierung?"

Ziel ist es, die Anwendung der Qualitätsmaßnahmen so zu kombinieren, dass die Anzahl der zukünftigen Fehler im Leistungserstellungsprozess minimiert und das zur Verfügung stehende Budget möglichst wenig in Anspruch genommen wird. Dies ist in diesem Fall das Grundproblem der FEBAU GmbH. An jedem Entscheidungsknoten ist die Frage zu klären: „Soll die jeweilige Qualitätsmaßnahme eingesetzt werden oder nicht?" Die Entscheidungsvariablen sind in unserem Beispiel nur „ja" und „nein", und daraus ergeben sich folglich für einen Entscheidungsknoten immer zwei Äste. Nach jeder Entscheidung muss berechnet werden, wie viel Budget noch zur Verfügung steht und wie viele Fehler noch maximal reduziert werden können.

Weiterhin ist aus der Abb. 8.4 abzuleiten, dass die minimale Budgetgröße für eine Entscheidung 75.000 € beträgt, da mindestens 75.000 € für die Maßnahme „Fehlerverhütung" in der Logistik aufgewendet werden müssen. Mit einer geringeren Summe kann keine Qualitätsmaßnahme mehr durchgeführt werden.

Qualitätsaktion	Kosten	Fehlervermeidung
Fehlerverhütung in der Produktion	85.000	2.200
Fehlerverhütung in der Logistik	75.000	2.000
Externe Fehlerverhütung beim Zulieferer	115.000	3.400
Summe	275.000	7.600

Abbildung 8.4: Rahmendaten Relevanzbaum

Am ersten Entscheidungsknoten (U wie Ursprung) steht noch das gesamte für dieses Projekt eingeplante Budget von 200.000 € zur Verfügung. Die Anzahl der möglichen Fehlerreduzierungen liegt hier noch bei dem Maximum von 7.600.

Die erste Frage, die beantwortet werden muss, ist:

„Soll mit der Qualitätsmaßnahme in der Produktion begonnen werden?"

Die möglichen Antworten „ja" und „ nein" stellen jeweils einen Ast des Entscheidungsbaumes dar, an dessen Ende sich wieder ein neuer Entscheidungsknoten befindet. Die „Nein"-Entscheidung (1) hat zur Folge, dass die FEBAU GmbH noch die gesamten finanziellen Mittel zur Verfügung hat, allerdings müssen wir von der maximalen Anzahl der möglichen Fehlerreduzierungen (7.600) nun 2.200 nicht genutztes Fehlerbeseitigungspotenzial abziehen. Daraus folgt eine Anzahl möglicher Fehlerreduzierungen von 5.400.

Bei einer „Ja"-Entscheidung (2) stehen 85.000 € weniger zur Verfügung, also nur noch 115.000 €. Allerdings besteht noch die maximale Anzahl möglicher Fehlerreduzierungen.

Bei der Darstellung des Relevanzbaumes in Abb. 8.5 wird die Anzahl möglicher Fehlerreduzierungen mit **FR** abgekürzt, das noch zur Verfügung stehende Budget mit **B**. Diese Vorgehensweise wird jetzt für jeden im Entscheidungsbaum befindlichen Knoten durchgeführt und die optimale Lösung so ermittelt. Im Entscheidungsknoten (4) wird das minimale Budget von 75.000 € unterschritten und daher können dort nur noch „Nein"-Entscheidungen getroffen werden. Der Entscheidungsknoten (7) stellt für dieses Entscheidungsproblem das Optimum dar, da dort die meisten Fehler reduziert werden können. Auch die Weiterverfolgung des Knotens (1) muss nicht durchgeführt werden, da dort die mögliche Fehlerreduktion schon geringer ist als am Knoten (7). Das Maximum der Qualitätssicherung kann demnach durch die Qualitätssicherungsmaßnahmen in der Produktion und bei den externen Partnern erreicht werden.

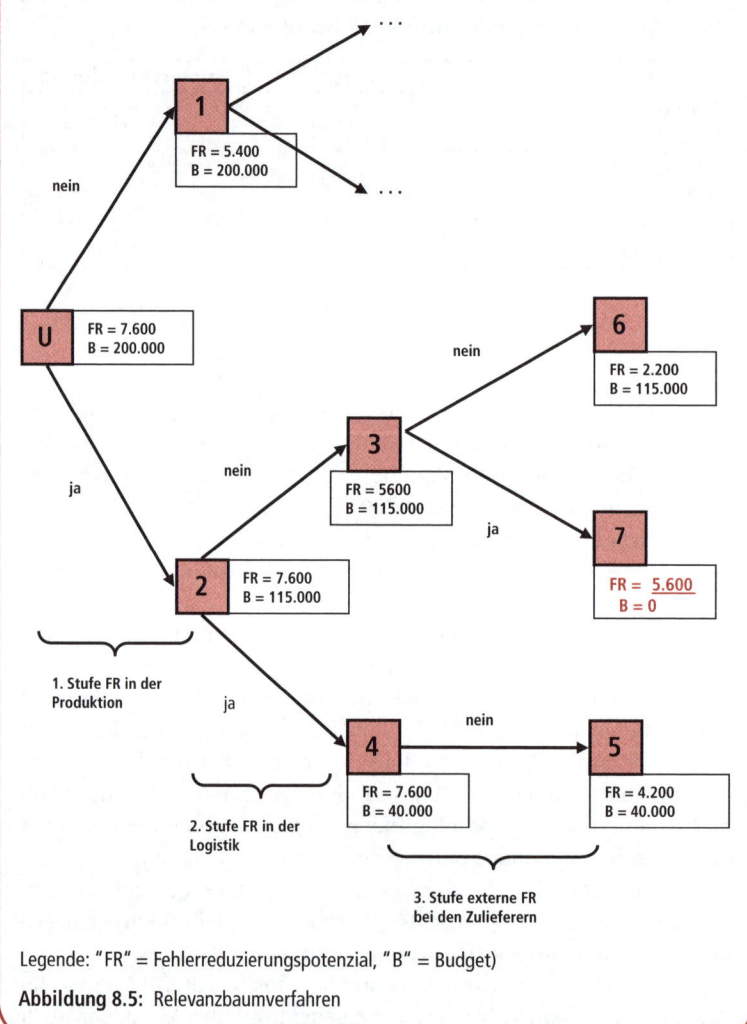

Legende: "FR" = Fehlerreduzierungspotenzial, "B" = Budget)

Abbildung 8.5: Relevanzbaumverfahren

8.2.4 Quantitative Prognosemethoden

Bei quantitativen Methoden spielen Funktionen, Tatsachen, Wissen und Informationen die dominante Rolle. Somit kommen häufig in erster Linie **quantitative Prognoseverfahren** für die Prognose von Plankosten oder die sie bestimmenden Faktoren in Frage.

Grundsätzlich projizieren quantitative Prognoseverfahren die in der Vergangenheit aufgetretenen Werte und Kausalzusammenhänge von Variablen mit der Prämisse auf die Zukunft, dass die in der Vergangenheit festgestellten Gesetzmäßigkeiten in Datenreihen und Abhängigkeiten auch für die Zukunft maßgeblich sind. Dabei werden zum einen Verfahren eingesetzt, die die Prognosegröße nur in eine Beziehung zur Zeit setzen (Zeitreihenverfahren, Abb. 8.6).

Quantitative Prognoseverfahren projizieren Vergangenheitswerte in die Zukunft

Des Weiteren kommen Verfahren zum Einsatz, die den Einfluss einer bzw. mehrerer unabhängiger Variablen auf die Prognosegröße berücksichtigen und ihren Zusammenhang in eine lineare, nichtlineare oder modellmäßige Funktion bringen (kausale Verfahren, Abb. 8.7).

Aus den Klassifikationen der Prognosemethoden wird deutlich, dass es eine Vielzahl von Methoden zur Erstellung von Prognosen gibt, die unterschiedliche Anforderungen stellen und Merkmale aufweisen, die wiederum auch als Auswahlkriterien herangezogen werden können. Dies sind:

Merkmale und Auswahlkriterien von Prognoseverfahren

■ **Datenmaterial**

Bei dem Datenmaterial sind

- die Verfügbarkeit,
- die Zugänglichkeit des Materials sowie
- der Datenbedarf der verwendeten Verfahren in qualitativer wie auch in quantitativer Hinsicht

ein Auswahlkriterium.

■ **Anwendbarkeit des Verfahrens/Vorkenntnisse des Anwenders**

Die Anwendbarkeit einer Prognosemethode hängt ganz entscheidend davon ab,

- inwieweit der Anwender Erfahrungen mit der Erstellung von Prognosen hat,
- wie hoch die Komplexität der Methode ist,
- wie die Anwenderfreundlichkeit des Verfahrens gestaltet ist,
- in welcher Weise die softwaretechnische Unterstützung erfolgte und
- in welchem Maß mathematisch-statistisches Hintergrundwissen erforderlich ist.

■ **Prognosegenauigkeit**

Soll mit der Prognose ein Intervall eines zukünftigen Ereignisses oder eine Punktschätzung erstellt werden, so ist das entsprechende Verfahren auszuwählen.

| Methode | Beschreibung | Quantitative Prognoseverfahren: „Zeitreihenverfahren" | | Erkennung von Trend- wenden | Genauigkeit für Zeitraum | | |
		Anwendungsbereiche	Informationsbasis		kurz	mittel	lang
Einfache Trend-extrapo-lation	Zerlegung einer Zeitreihe in Komponen-ten: Fortschreibung (Projizierung) des sich ergebenden Trends in die Zukunft.	Lagerbestandsgrößen oder Um-satzprognosen bei relativ stabiler Umwelt.	Eine Reihe von Daten der zu extrapo-lierenden Größe aus der Vergangenheit (Zeitliche „Tiefe" je nach Anwendungs-gebiet).	–	0 bis +	–	–
Methode der gleitenden Durchschnitte	Jeder „Datenpunkt" einer Zeitreihe glei-tender Durchschnitte ist das arithmeti-sche oder gewichtete Mittel einer Anzahl von „Werten" dieser Basis-Zeitreihe; durch geeignete Auswahl der Anzahl von „ge-mittelten Punkten" lassen sich saisonale Schwankungen eliminieren.	Wie einfache Trendextrapolation, jedoch bei zunehmend instabiler Umwelt.	Wie bei einfacher Trendextrapolation, zusätzliche Spezifikation des gleiten-den Durchschnitts.	–	0	0	–
Methode der exponen-tiellen Glättung	Vergleichbar zur Methode der gleitenden Durchschnitte, jedoch stärkere Gewich-tung von Daten der „jüngeren" oder „äl-teren" Vergangenheit; je nachdem in wie weit ein Ausgleich früherer Prognosefehler (Schwankungen) entstehen soll.	Wie gleitende Durchschnitte, jedoch bei relativ starken Schwankungen.	Wie bei Methode der gleitenden Durch-schnitte, zusätzlich Spezifizierung des Gewichtungsfaktors.	–	0 bis ++	– bis +	–

Legende: "n.a." = nicht anwendbar, "– –" = sehr gering, "–" = gering, "0" = mittel, "+" = hoch, "++" = sehr hoch

Abbildung 8.6: Merkmale ausgewählter quantitativer Prognosemethoden (in Anlehnung an Horváth P., Controlling, 10. Aufl., München 2006, S. 410)

Methode	Beschreibung	Anwendungsbereiche	Informationsbasis	Erkennung von Trendwenden	Genauigkeit für Zeitraum		
					kurz	mittel	lang
Einfache Regression	Zwischen dem zu prognostizierende Wert und einer kausalen Größe wird eine mathematische Beziehung aufgebaut. Die Ableitung des zu prognostizierenden Werts erfolgt durch die Prognose der kausalen Größe und Anwendung der mathematischen Beziehung. Die mathematische Beziehung kann linear oder nicht-linear sein.	Prognose von Umsatzgrößen etc. unter Verwendung z. B. einer volkswirtschaftlichen Schlüsselgröße als kausale Größe.	Eine Reihe von vergangenen Daten des zu prognostizierenden Werts und der kausalen Größe (zeitliche Tiefe mehrere Jahre, vierteljährliche Erfassung, Monatswerte).	++	+ bis ++	+ bis ++	gering
Multiple Regression	Gleiches Prinzip wie bei der einfachen Regression nur werden hier mehrere kausale Größen verwendet. Die mathematische Beziehung kann auch hier linear oder nicht-linear sein.	Prognose von Marktentwicklungen (Umsatz, Marktvolumen), die von mehreren Einflussfaktoren abhängig sind.	Wie einfache Regression aber mit entsprechenden Daten für alle kausalen Größen.	++	+ bis ++	+ bis ++	–
Ökonometrische Modelle	System von interdependenten Regressionsgleichungen, die den zu untersuchenden Bereich (z. B. bestimmter Wirtschaftssektor) gemeinschaftlich beschreiben. Meist simultane Schätzung aller kausalen Größen.	Prognose von Marktentwicklungen, vor allem zusammenhängende Makrogrößen (Konsumausgaben, Investitionsvolumen etc.).	Wie multiple Regression aber für alle Gleichungen, zunehmende zeitliche „Tiefe" der Daten notwendig.	++	+ bis ++	+ bis ++	–
Input-Output-Analyse	Analyse und Prognose des "Flusses" von Gütern oder Dienstleistungen zwischen verschiedenen Wirtschaftszweigen oder zwischen einzelnen Unternehmungen und ihren Märkten.	Prognose des Umsatzes für verschiedene industrielle Sektoren (z. B. Branchen) und deren Sub-Sektoren.	Langjährige Kenntnis der Daten und Zusammenhänge von Input-Output-Verhältnissen zwischen den untersuchten Sektoren.	0	n.a.	+ bis ++	+ bis ++
Lebenszyklus-Analyse	Analyse und Prognose des Wachstums einzelner Produkte, Produktgruppen oder Produktmärkte auf der Grundlage der vergangenen Umsatz-/Absatzentwicklung auf dem Markt. Idealtypischer Verlauf in Form einer S-Kurve.	Prognose der Absatzentwicklung von Einzelprodukten oder Produktmärkten.	Mindestens einjährige Kenntnis der bisherigen Absatz-(bzw. Umsatz-)entwicklung oder der entsprechenden Entwicklung eines vergleichbaren Produktes oder Produktmarktes.	– bis 0	–	– bis 0	0 bis +

Legende: "n.a." = nicht anwendbar, "– –" = sehr gering, "–" = gering, "0" = mittel, "+" = hoch, "++" = sehr hoch

Abbildung 8.7: Merkmale ausgewählter quantitativer Prognosemethoden
(in Anlehnung an Horváth P., Controlling, 10. Aufl., München 2006, S. 410)

Ebenfalls ist zu entscheiden, ob die Ergebnisse der Prognose mit Hilfe einer Testprognose verifiziert werden sollen, um so das gewählte Verfahren abzusichern.

■ Prognosekosten

Die Höhe der Prognosekosten hängt in erheblichem Maße von

– der gewünschten Genauigkeit,
– den Vorkenntnissen des Anwenders,
– der Verfügbarkeit und dem Aufbereitungsaufwand der Daten, wie z. B. Durchführungen von Befragungen, Datenanalysen etc., und
– der in die Prognose involvierten Personen, wie z. B. eigene Mitarbeiter, Berater, Experten und Wissenschaftler, ab.

Abstimmung der Prognosesysteme auf Marktgegebenheiten und Leistungserstellung

Weiterhin ist bei der Konzipierung von Systemen zur Prognose der Kosten bzw. der sie bestimmenden Einflussfaktoren zu beachten, dass höchst unterschiedliche betriebliche Typmuster hinsichtlich Marktbeziehung und Leistungserstellung existieren. So ist es z. B. unerlässlich, zwischen Unternehmen

■ mit einem Absatz der mengenbezogen ist, wie z. B. marktbezogene Massen-, Sorten- und Großserienfertigung, Mengendienstleistungen, Handel usw.,

■ mit standardisierbaren Dienstleistungen, wie z. B. öffentlicher Dienst, Steuerberater/Wirtschaftsprüfer, Teilbereiche des Handwerks und

■ mit Individualabsatz, wie z. B. auftragsbezogene Einzel- und Kleinserienfertigung, Dienstleistungsgroßaufträge usw.

zu unterscheiden, da sie völlig verschiedenartige Prognoseprobleme aufwerfen und mithin auch unterschiedlich gestaltete Prognosesysteme benötigen.

Aus den bisherigen Ausführungen wird deutlich, dass zur Bestimmung der Kosten eines Unternehmens der Absatz bzw. Umsatz oder die Gesamtleistung eine zentrale Rolle spielen. Daher wird in den nachfolgenden Abschnitten auf die Umsatzprognose und die daraus abzuleitenden relevanten Kosteninformationen eingegangen. Die folgenden Ausführungen beziehen sich zunächst einmal auf Unternehmen mit Mengenleistungstätigkeit (Massenfertigung) und standardisierbare Dienstleistungen.

8.3 Umsatzprognose

Die Grundlage für Entscheidungen hinsichtlich der einzusetzenden Methode der Umsatzprognose bilden in erster Linie die vielfältigen Informationen über die Strukturen von Leistungsprogramm, Marktgegebenheiten sowie Prognosen über die Wirkungen des Einsatzes absatzpolitischer Instrumente.

Grundsätzlich ist aber bei **Umsatzprognosen** zu berücksichtigen, dass zwischen Vorhersagen und tatsächlichen Umsätzen in der Regel Verwerfungen auftreten. Sofern dazu Erfahrungswerte für zurückliegende Perioden vorliegen, können die zunächst abgeleiteten Prognosewerte mit Hilfe der durchschnittlichen Abweichungsgegebenheiten um einen oberen und unteren Korridor ergänzt und z. B. für **Risikoanalysen** oder Erfolgs-, Finanz- und Bilanzplanungsrechnungen zur Verfügung gestellt werden. Ob ein Umsatz an der Ober- oder Untergrenze erwartet werden kann, ist dann anhand des aktuellen wirtschaftlichen Rahmenszenarios zu beurteilen.

Erweiterung der Einzelprognose um Bandbreiten zur Risikominimierung

8.3.1 Umsatzprognose mit Zeitreihenverfahren

Beginnen wollen wir den Bereich der Umsatzprognose mit den Zeitreihenverfahren. Hierzu ist zunächst eine Begriffsdefinition nötig:

> **Definition** Eine **Zeitreihe** ist eine zweidimensionale Betrachtung und Darstellung, bei der es zu einer Gegenüberstellung der Untersuchungsvariablen mit der Zeit kommt.

Somit kann die Entwicklung der Datenreihe im zeitlichen Verlauf analysiert werden.

Besteht die Zeitreihe zu jedem Zeitpunkt nur aus der Beobachtung einer einzigen Zufallsvariablen, ist sie univariabel. Beinhaltet sie mehrere, die alle zu aufeinander folgenden Zeitpunkten beobachtet wurden, ist sie multivariabel. Werden zur Erstellung einer Prognose Zeitreihenverfahren angewandt, so kann die Prognose anhand der Vergangenheitswerte der betreffenden Zeitreihe, z. B. des Absatzes, in Bezug zur Zeit abgeleitet werden.

Das zentrale Problem der Zeitreihenprognose ist

Probleme der Zeitreihe

- die Aufbereitung der Vergangenheitswerte der Zeitreihe (Datenanalyse),
- die Wahl des dem Datenmaterial adäquaten Prognoseverfahrens und
- die Gültigkeit des aus der Vergangenheit abgeleiteten Datenmusters in der Prognoseperiode (**Strukturkonstanz**).

8.3.1.1 Datenanalyse[1]

Im Rahmen der **Datenanalyse** einer Zeitreihe ist es notwendig, einzelne Einflussgrößen zu identifizieren, wie z. B.

Eine Zeitreihe kann aus Trendkomponente, Konjunkturkomponente und Saisonkomponente bestehen.

---

[1] Die Datenanalyse ist gleichermaßen bei den kausalen Verfahren und den qualitativen Verfahren ein entscheidender Punkt.

- die **Trendkomponente**,

- die **Konjunkturkomponente**,

- die **Saisonkomponente** sowie

- häufig auch einen nicht erklärbaren Rest, der als **Restkomponente** bezeichnet wird.

Die Zusammenhänge der Zeitreihe, die im weiteren Verlauf detailliert beschrieben werden, verdeutlicht die nachfolgende Grafik.

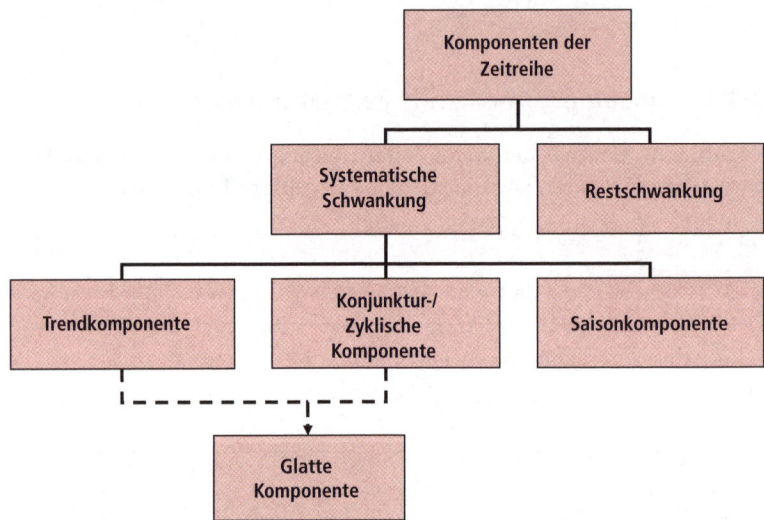

Abbildung 8.8: Komponenten der Zeitreihe

Trendkomponente

Trend = funktionale Beschreibung der Entwicklung einer Zeitreihe

Der **Trend** beschreibt die langfristige Entwicklung des durchschnittlichen Niveaus der Zeitreihe. Hierbei können folgende Einzelkomponenten differenziert werden:

- Wachstum,

- Schrumpfung und

- Stagnation.

Der ermittelte Trend einer Zeitreihe kann als mathematische Funktion in linearer, gedämpfter oder exponentieller Form vorliegen. Als Datenbasis treten je nach Prognosegegenstand die Daten als Tages-, Monats-, Quartals- und Jahreswerte auf. Im folgenden Beispiel wurden Quartalswerte als Datenbasis gewählt und ein linearer Trend mit Hilfe der **Methode der kleinsten Quadrate** eingezeichnet.

Verfügbares Einkommen

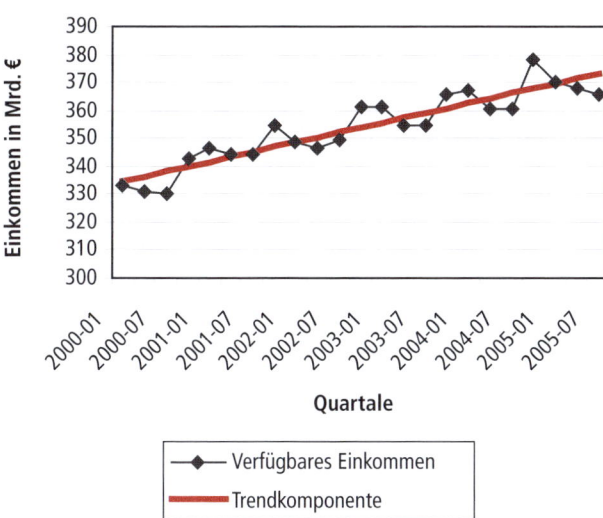

Abbildung 8.9: Verfügbares Einkommen
(Quelle: Statistisches Bundesamt, 01.2006 (Halbjahreswerte)

Konjunkturkomponente

Die **Konjunkturkomponente** stellt Schwankungen um die durch den Trend vorgegebene Entwicklungsrichtung dar. Konjunkturzyklen zeichnen sich dadurch aus, dass im Normalfall die zeitliche Ausdehnung der einzelnen Zyklen nicht gleich ist. Derartige Schwankungen ergeben sich durch die wirtschaftlichen Entwicklungen der übergeordneten nationalen Volkswirtschaft bzw. Weltwirtschaft.

> **Konjunkturschwankungen ergeben sich durch Entwicklungen der natiotnonalen und internationalen Wirtschaft und sind nur schwer zu erfassen.**

Nach Kobelt/Steinhausen ist es schwierig, statistische Verfahren zu entwickeln, mit deren Hilfe man die zyklische Komponente eindeutig aus einer Zeitreihe wie z. B. der Umsatzentwicklung eines einzelnen Unternehmens herausfiltern kann, da sie in Abhängigkeit vom Konjunkturverlauf unsystematisch in Amplitudenhöhe und -länge ist. Daher werden Trend- und Konjunkturkomponente bei kurz- und mittelfristigen Analysen zu einer so genannten **glatten Komponente** zusammengefasst.

Saisonkomponente

Unter der **Saisonkomponente** werden die wiederkehrenden Schwankungen, die nach natürlichen, institutionellen und kalenderbedingten Schwankungen unterteilt werden können, verstanden. Die einzelnen Perioden der Saisonkomponenten sind von gleicher Länge. Auch innerhalb eines Monats können zyklische Schwankungen auftreten, wie z. B.

> **Saisonschwankungen sind zyklische Bewegungen einer Zeitreihe unterschiedlicher Kausalität.**

das Buchungsvolumen bei Banken, in Industrieunternehmen usw. Die folgende Grafik gibt einen Überblick:

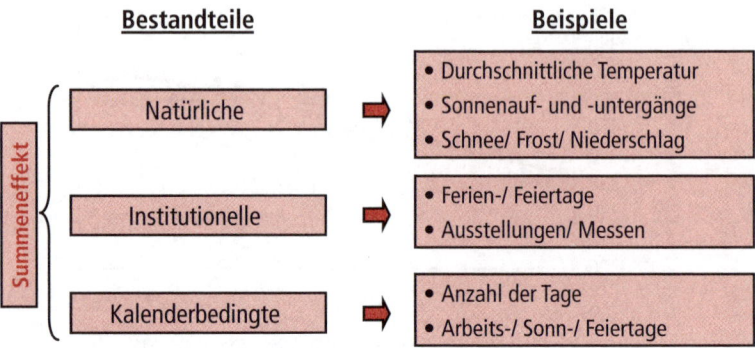

Abbildung 8.10: Bestandteile der Saisonkomponente

Restkomponente

Restschwankungen sind unsystematisch und weisen keine Struktur auf.

Die Betrachtung der irregulären Komponente oder auch **Restkomponente** (Störgröße) wird in vielen Fällen vernachlässigt, vor allem dann, wenn diese Größe im Verhältnis eine eher untergeordnete Position einnimmt. Ist sie aber inhaltlich oder größenmäßig von Bedeutung, so ist die Betrachtung der Restkomponente dagegen unerlässlich, da sie zur Beurteilung der Qualität einer Zeitreihenzerlegung dann jedoch eine entscheidende Rolle spielt. Die Restkomponente sollte keine strukturellen Einflüsse aufweisen, sondern nur noch unsystematische Störungen, wie sie z. B. durch

- den Wechsel der Rechtsform eines Unternehmens,
- die Änderung des Produktsortiments,
- die Umgestaltung des Herstellungsverfahrens oder
- schwer wiegende personelle Umbesetzungen

hervorgerufen werden.

Verknüpfung der Komponenten

Die Komponenten einer Zeitreihe können miteinander in additiver, multiplikativer oder in Kombination beider Arten verbunden sein.

Da die beschriebenen Komponenten zwar nicht zwangsläufig alle gleichzeitig, aber wenn, dann häufig in Kombination auftreten können, ist die Verknüpfung auf zwei Arten möglich:

- **Additives Grundmodell**
  Diese Variante bietet sich an, wenn sich die einzelnen Komponenten nicht gegenseitig beeinflussen.

- **Multiplikative Verknüpfung**
  Dieses Verfahren bietet sich an, wenn festgestellt wird, dass proportional zum Trend oder zur glatten Komponente auch die Schwankungsausschläge der Saisonkomponente zu- bzw. abnehmen.

Des Weiteren existieren auch Mischformen der additiven und multiplikativen Verknüpfung.

Die Grafik fasst die Merkmale der Zeitreihe nochmals zusammen:

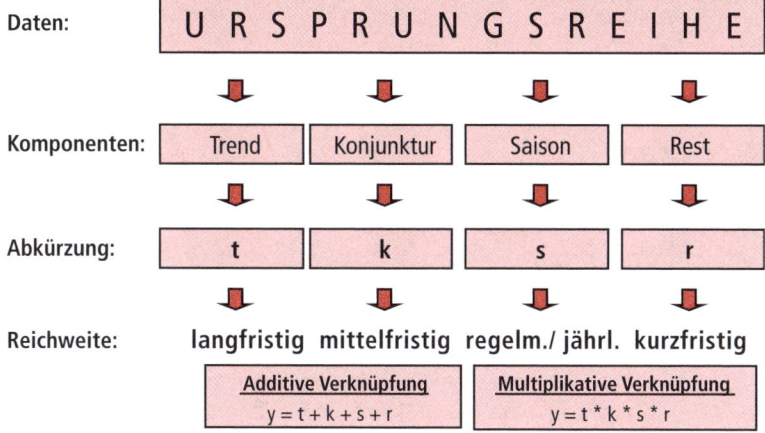

Abbildung 8.11: Merkmale einer Zeitreihe

Die Analyse dieser Regelmäßigkeiten ist jedoch keine Beschreibung der Ursachen dieser Schwankungen; es werden nur die einzelnen Bewegungskomponenten sichtbar gemacht. Hat man diese Komponenten durch eine Zerlegung der Zeitreihe entdeckt, so kann jedem Zeitpunkt ein Wert für die jeweiligen Komponenten zugeordnet und die Prognose somit schrittweise aufgebaut werden.

8.3.1.2 Analyse der FEBAU GmbH Umsätze

Um die beschriebenen Komponenten einer Zeitreihe herauszufiltern und zu bestimmen, können entweder wie gezeigt Funktionen linearer oder exponentieller Form angewendet oder aber so genannte Glättungsfilter eingesetzt werden, wie z. B.

- **einfacher gleitender Durchschnitt,**
- **gewichteter gleitender Durchschnitt,**
- **gleitende Durchschnitte höherer Ordnung**
- **exponentielles Glätten**

Einige dieser Verfahren werden im Folgenden zur Datenanalyse und Prognose der Umsätze bei der FEBAU GmbH herangezogen. Betrachten wir hierfür zunächst die Originalumsätze der Terrassentüren mit den Varianten „Luxus" und „Einfach". Die Abb. 8.12 verdeutlicht, dass die Umsätze der FEBAU GmbH für die beiden Terrassentürenprodukte einen leichten Trend und wohl auch eine Saisonstruktur aufweisen. Inwieweit auch eine Restkomponente vorhanden ist, kann nur mit der grafischen Darstellung noch nicht ermittelt werden.

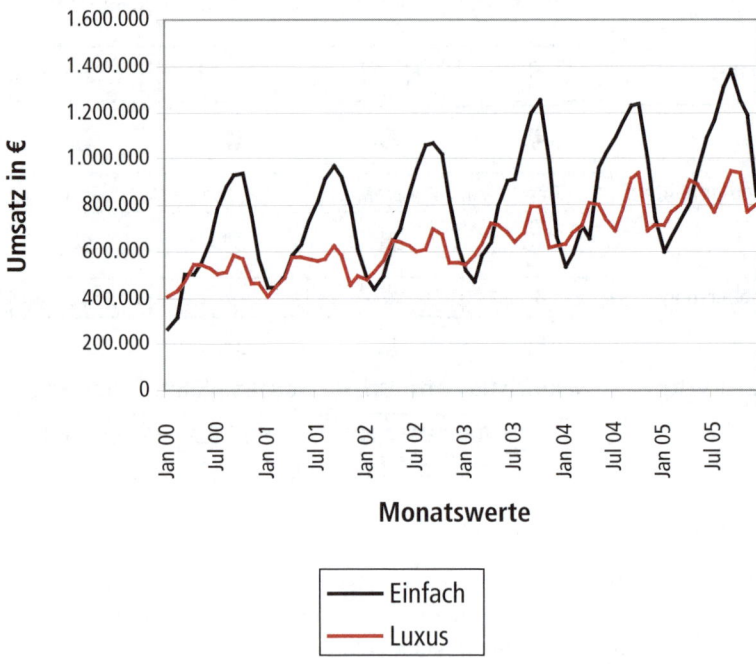

Abbildung 8.12: Originalumsätze Terrassentüren

Um die Komponenten dieser Zeitreihe nun näher zu bestimmen, d. h. den Trend, die Saison und die Restkomponente aufzuzeigen, soll zunächst die Ermittlung des Trends erfolgen.

Ermittlung des Trends durch den gleitenden 12-Monats-Durchschnitt

Hierzu wird – am Beispiel der Einfachvariante – auf der Basis der Originalumsätze ein gleitender 12-Monats-Durchschnitt gebildet, der dem mittleren Wert zugeordnet werden soll. Der gleitende 12-Monats-Durchschnitt wird deshalb gewählt, weil die Umsatzstruktur der Einfachvariante über Jahre hinweg eine relativ konstante und vor allem auch sachlogisch begründbare – nämlich der Baubranche angepasste – Saison aufweist.

Es ergeben sich unter Einbeziehung der Daten von Januar 00 bis Dezember 04 die Daten in Abb. 8.13 für die Einfachvariante der Terrassentür.

Aus Abb. 8.13 wird deutlich, dass bei der Berechnung des Zwölferdurchschnittes am Anfang der Zeitreihe sowie am Ende der Zeitreihe sechs Werte verloren gehen, da wir es hier mit einem zentrierten Durchschnitt zu tun haben. Ebenfalls stehen für die trendbereinigten Werte am Anfang und Ende für jeweils sechs Perioden keine Werte zur Verfügung, da zur Berechnung die gleitenden Durchschnitte erforderlich wären.

Monat	Original-werte	Gl. 12er-Durch-schnitt	Trend-bereinigte Werte	Monat	Original-werte	Gl. 12er-Durch-schnitt	Trend-bereinigte Werte	Monat	Original-werte	Gl. 12er-Durch-schnitt	Trend-bereinigte Werte
					Umsätze der Einfach-Variante der Terrassentür						
Jan 00	268.732			Jan 02	486.433	724.251	-237.818	Jan 04	530.282	888.063	-357.781
Feb 00	315.089			Feb 02	439.979	735.706	-295.727	Feb 04	592.148	898.920	-306.772
Mrz 00	497.615			Mrz 02	491.310	745.685	-254.375	Mrz 04	714.130	903.667	-189.537
Apr 00	500.103			Apr 02	641.896	753.604	-111.708	Apr 04	657.892	904.205	-246.313
Mai 00	548.295			Mai 02	694.729	758.655	-63.926	Mai 04	961.719	903.561	58.158
Jun 00	642.875			Jun 02	847.817	760.234	87.584	Jun 04	1.026.936	907.385	119.551
Jul 00	784.538	642.940	141.598	Jul 02	952.298	762.074	190.225	Jul 04	1.092.780		
Aug 00	881.220	655.540	225.681	Aug 02	1.057.803	764.813	292.990	Aug 04	1.159.258		
Sep 00	932.238	660.647	271.591	Sep 02	1.063.092	769.760	293.332	Sep 04	1.226.373		
Okt 00	936.900	663.840	273.060	Okt 02	1.017.531	773.100	244.431	Okt 04	1.232.505		
Nov 00	753.267	670.762	82.505	Nov 02	818.095	777.064	41.031	Nov 04	990.934		
Dez 00	567.775	677.643	-109.868	Dez 02	616.639	783.840	-167.201	Dez 04	746.916		
Jan 01	442.000	682.536	-240.536	Jan 03	520.958	784.690	-263.733	Jan 05	596.983		
Feb 01	444.210	685.428	-241.218	Feb 03	471.206	783.914	-312.708	Feb 05	666.631		
Mrz 01	491.074	688.259	-197.184	Mrz 03	578.798	790.197	-211.399	Mrz 05	736.961		
Apr 01	583.262	689.152	-105.889	Apr 03	634.574	805.420	-170.847	Apr 05	807.977		
Mai 01	631.269	690.162	-58.893	Mai 03	797.183	822.223	-25.040	Mai 05	947.353		
Jun 01	725.058	693.320	31.738	Jun 03	907.991	831.029	76.962	Jun 05	1.088.102		
Jul 01	819.769	696.806	122.963	Jul 03	912.531	833.241	79.290	Jul 05	1.161.889		
Aug 01	915.408	698.481	216.927	Aug 03	1.078.934	838.669	240.265	Aug 05	1.305.075		
Sep 01	965.985	698.314	267.670	Sep 03	1.192.762	849.347	343.415	Sep 05	1.380.632		
Okt 01	924.585	700.767	223.818	Okt 03	1.253.213	855.958	397.255	Okt 05	1.248.782		
Nov 01	789.827	705.854	83.972	Nov 03	985.679	863.785	121.894	Nov 05	1.185.302		
Dez 01	607.005	713.614	-106.608	Dez 03	660.405	875.597	-215.191	Dez 05	840.867		

Abbildung 8.13: Tabelle der Originalumsätze, Zwölferdurchschnitte und trendbereinigte Werte der Einfachvariante

Grafisch ergibt sich das Bild der Terrassentürenumsätze in Abb. 8.14:

Trendbereinigte Umsätze

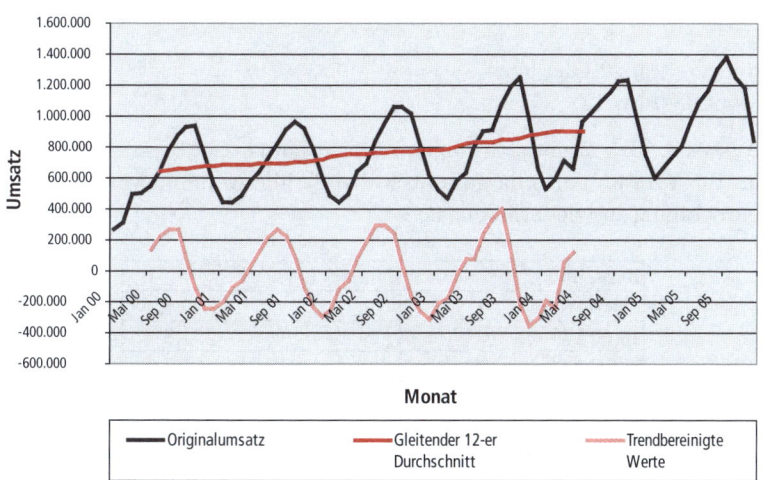

Abbildung 8.14: Grafik der Originalumsätze, 12er-Durchschnitte und trendbereinigten Werte der Einfachvariante

Die Ermittlung des **Zwölferdurchschnittes** erfolgt mit der Formel

Formel 8.1

$$\overline{Y_7} = \frac{\frac{1}{2} \cdot Y_1 + Y_2 + Y_3 + Y_4 + Y_5 + Y_6 + Y_7 + Y_8 + Y_9 + Y_{10} + Y_{11} + Y_{12} + \frac{1}{2} \cdot Y_{13}}{12}$$

Es ist erkennbar, dass die trendbereinigten Werte nur noch um den Nullpunkt schwanken und keinen Trend mehr beinhalten sowie die gewünschte Saison aufzeigen.

In einem nächsten Schritt wird nun die Saisonkomponente bestimmt. Unterstellt man, dass die Umsätze der FEBAU GmbH einer über die Zeit sehr stabilen Saisonstruktur unterliegen (die Grafik belegt diese These), kann wie in unserem Fall mit einer additiven Verknüpfung gearbeitet werden. Da wir die glatte Komponente (Trend und Konjunktur) mit dem gleitenden 12-Monats-Durchschnitt eliminiert haben, bleiben nunmehr Saison- und Restkomponente übrig. In unserem Fall ist also davon auszugehen, dass Rest- und Saisonkomponente vorhanden sind und nun mit Hilfe der **Phasendurchschnittsmethode** die Zeitreihe von der Restschwankung zu befreien ist. Hierbei wird für jede Periode (im Beispiel: Monat) der Durchschnitt (D_p) der Abweichungen von den trendbereinigten Werten gebildet. Für unser Beispiel ergeben sich die folgenden zwölf Monatswerte:

Bereinigung der Restschwankung mit der Phasendurchschnittsmethode

Formel 8.2

$$D_{Monat} = \frac{1}{n} \cdot \sum_{i=1}^{n} Monatswert_{(Monat,\ i)}$$

Für:

n = Anzahl der Jahre
Monat = 1 bis 12

Aus Abb. 8.13 ergibt sich für den Monat Januar die Berechnung, wie in Abb. 8.15 und 8.16 dargestellt, wobei für alle weiteren Monate diese Berechnung zu wiederholen ist.

Berechnung für	Januar
Jan 01	-240.536
Jan 02	-237.818
Jan 03	-263.733
Jan 04	-357.781
Summe	-1.099.867
Durchschnitt	-274.967

Abbildung 8.15: Tabelle des Monatsdurchschnittswertes der Einfachvariante für Januar

	Summe der Trendbereinigten Monatswerte	Durchschnitt der Monatswerte Summe I / 12	Korrektur um die Irreguläre Komponente
	I	II	II - Durchschnitt von II
Jan	-1.099.867	-274.967	-275.751
Feb	-1.156.425	-289.106	-289.890
Mrz	-852.496	-213.124	-213.908
Apr	-634.757	-158.689	-159.473
Mai	-89.700	-22.425	-23.209
Jun	315.835	78.959	78.175
Jul	534.075	133.519	132.735
Aug	975.863	243.966	243.182
Sep	1.176.008	294.002	293.218
Okt	1.138.564	284.641	283.857
Nov	329.403	82.351	81.567
Dez	-598.869	-149.717	-150.501
Summe		9.408	0
Durchschnitt		784	

Abbildung 8.16: Tabelle der Monatsdurchschnittswerte der Einfachvariante

Die Summe der Werte ist in unserem konkreten Fall nur durch 4 zu teilen, da auf Grund des gleitenden Durchschnitts nur jeweils vier Jahreswerte der einzelnen Monate zur Verfügung stehen.

Die zwölf berechneten Monatsdurchschnittswerte sollten sich in der Summe zu null aufaddieren, da eine jährliche Saisonstruktur über das Jahr gesehen sich wieder aufhebt; ist dies nicht der Fall, so sind die berechneten Werte um den Mittelwert wie folgt zu korrigieren:

$$\overline{D} = \frac{1}{12} \times \sum D_p \quad \text{und erhält}$$

$$S_p = D_p - \overline{D}$$

Formel 8.3

mit

$\overline{D}$ = Korrekturfaktor der Durchschnittswerte
D_p = Periodendurchschnitt
S_p = Saisonveränderungszahl

Durch diese Korrektur (im Beispiel um den Wert 784) werden die **Saisonveränderungszahlen** bestimmt, mit denen nun saisonbereinigte Zeitreihenwerte ermitteln werden können, indem diese von den Originalwerten in Abzug gebracht werden. Durch dieses Verfahren sind nach der Berechnung wieder saisonbereinigte Daten für den ganzen Zeitraum verfügbar.

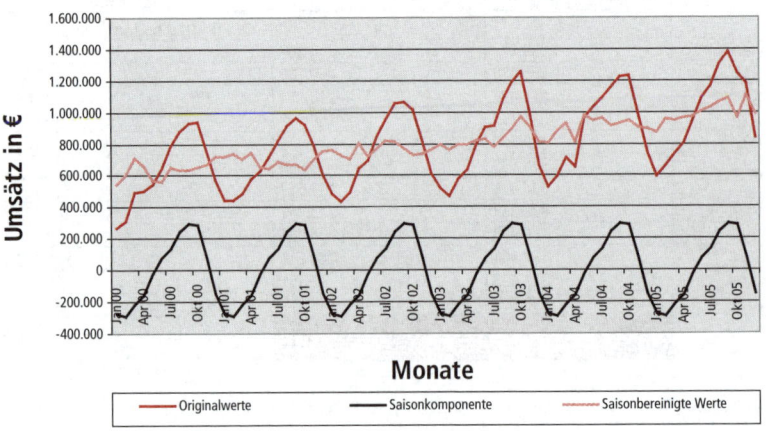

Abbildung 8.17: Tabelle der saisonbereinigten Umsätze und Monatsdurchschnittswerte der Einfachvariante

Die bereinigten Werte sind jetzt nochmals um die Restschwankung zu korrigieren. In Abb. 8.18 sind die Daten zusammengefasst dargestellt. Es sind dies der Originalumsatz, der Zwölferdurchschnitt, die Saisonschwankung und die Restschwankung.

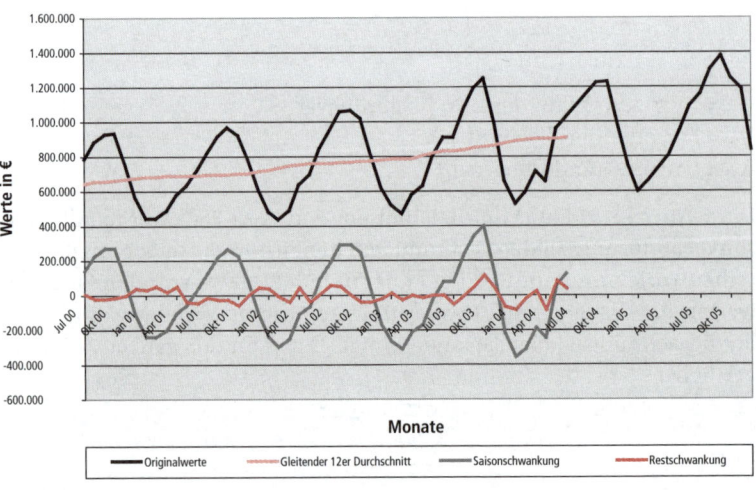

Abbildung 8.18: Übersicht der Zeitreihenanalyse der Einfachvariante

8.3.1.3 Umsatzprognose der FEBAU GmbH

Für prognostische Zwecke können wir nun in einem nächsten Schritt ein Prognoseverfahren auswählen, um für die FEBAU GmbH eine Umsatzprognose mit einem Zeitreihenverfahren durchzuführen.

Die Analyse der Daten hat gezeigt, dass die Umsatzstruktur der Einfachvariante einen Trend, eine Saison und auch eine Restkomponente aufweist. Es scheint nun ratsam, die Prognose der Umsätze nicht mit Hilfe der Originalwerte durchzuführen, sondern mit den zerlegten Komponenten. Wir werden hierzu zunächst auf der Basis der saisonbereinigten Daten und des gleitenden Zwölferdurchschnittes eine Trendschätzung mit der Methode der kleinsten Quadrate durchführen und anschließend die erhaltenen Werte mit aus der Saisonkomponentenstruktur ermittelten **Saisonfaktoren** überformen.

Die Gleichungen, nach der die Steigung und der **Achsenabschnitt** einer **Regressionsgeraden** aus einer Menge von Datenpunkten mit der Methode der kleinsten Quadrate berechnet werden, lauten wie folgt:

$$y = bx + a$$

Formel 8.4

und für

$$b = \frac{\sum\limits_{i=1}^{N}(x_i - \bar{x})(y_i - \bar{y})}{\sum\limits_{i=1}^{N}(x_i - \bar{x})^2} = \frac{n\sum\limits_{i=1}^{N}x_iy_i - \sum\limits_{i=1}^{N}x_i\sum\limits_{i=1}^{N}y_i}{n\sum\limits_{i=1}^{N}x_i^2 - \left(\sum\limits_{i=1}^{N}x_i\right)^2}$$

$$a = \bar{y} - b\bar{x} = \frac{\sum\limits_{i=1}^{N}x_i^2\sum\limits_{i=1}^{N}y_i - \sum\limits_{i=1}^{N}x_i\sum\limits_{i=1}^{N}x_iy_i}{n\sum\limits_{i=1}^{N}x_i^2 - (\sum\limits_{i=1}^{N}x_i)^2}$$

Die Prognose erstellen wir für den Zeitraum Januar bis Dezember 2005, um auch entsprechende Abweichungsanalysen durchführen zu können und das Verfahren zu verifizieren. Im Anschluss daran könnte dann im Echtfall eine Prognose für das Jahr 2006 erfolgen.

Der Trend wird auf der Basis saisonbereinigter Daten berechnet und anschließend mit der additiven Saisonkomponente, die im Rahmen der Datenanalyse ermittelt wurde, überformt und die endgültige Prognose erstellt.

Erstellung der Prognose durch Bestimmung der Steigung, des Achsenabschnitts und der Saisonüberformung

Für den Monat Januar 05 (es ist der 61. Monat in der Zeitreihe) ergibt sich:

Achsen-   Steigung ∗ Monat +   Saison-   = Prognosewert
abschnitt   komponente

Januar = 592.850 +   5.711 ∗   61   − 275.751 =   665.461

Es ergeben sich für den gesamten Prognosezeitraum die Daten in der folgenden Tabelle:

Monat	Originalwerte	Trend auf der Basis von saisonbereinigten Werte						
		Achsen-parameter 592.849,51	Steigung 5.710,85					
		Trend	Saison-komponente	Prognose	Abweichung	Absolute Abweichung	Relative Abweichung
Jan 05	596.983	941.211	-275.751	665.461	-68.478	68.478	0,11
Feb 05	666.631	946.922	-289.890	657.032	9.599	9.599	0,01
Mrz 05	736.961	952.633	-213.908	738.725	-1.765	1.765	0,00
Apr 05	807.977	958.344	-159.473	798.871	9.106	9.106	0,01
Mai 05	947.353	964.055	-23.209	940.846	6.507	6.507	0,01
Jun 05	1.088.102	969.766	78.175	1.047.940	40.162	40.162	0,04
Jul 05	1.161.889	975.477	132.735	1.108.211	53.678	53.678	0,05
Aug 05	1.305.075	981.187	243.182	1.224.369	80.706	80.706	0,06
Sep 05	1.380.632	986.898	293.218	1.280.116	100.516	100.516	0,07
Okt 05	1.248.782	992.609	283.857	1.276.466	-27.685	27.685	0,02
Nov 05	1.185.302	998.320	81.567	1.079.887	105.415	105.415	0,09
Dez 05	840.867	1.004.031	-150.501	853.530	-12.662	12.662	0,02
Durchschnittliche Abweichung						43.023	0,04

Abbildung 8.19: Zeitreihenprognose mit additiver Saisonkomponente (Trendbasis saisonbereinigte Werte)

Die erstellte Prognose für den Zeitraum Januar bis Dezember 2005 hat ein sehr gutes Ergebnis hervorgebracht. Eine Abweichung von weniger als 10% über einen Prognosezeitraum von zwölf Monaten ist ein akzeptabler Wert. Grafisch sieht die Prognose aus wie in Abb. 8.20.
Wird als Datenbasis für den Trend der gleitende 12-Monats-Durchschnitt verwendet, ergeben sich die Daten in Abb. 8.21.

Es zeigt sich, dass die Verwendung eines hohen **Glättungsfaktors** mit anschließender **Saisonüberformung** in diesem Beispiel ein gleich gutes Ergebnis erzielt.

Diese Auswertungen mit Zeitreihenverfahren lassen sich noch beliebig ausdehnen, an dieser Stelle muss aber auf die Fachliteratur verwiesen werden. Ansätze sind etwa:

■ **Gewichtete gleitende Durchschnitte**
Hierbei werden den einzelnen, in die Berechnung einfließenden, Werten Gewichte zugeordnet, um z. B. die in der jüngeren Vergangenheit liegenden Daten stärker zu berücksichtigen.

■ **Exponentielle Glättung**
Das Modell der exponentiellen Glättung (Exponential Smoothing) ist sowohl zur Glättung von Zeitreihen als auch für kurzfristige Vorher-

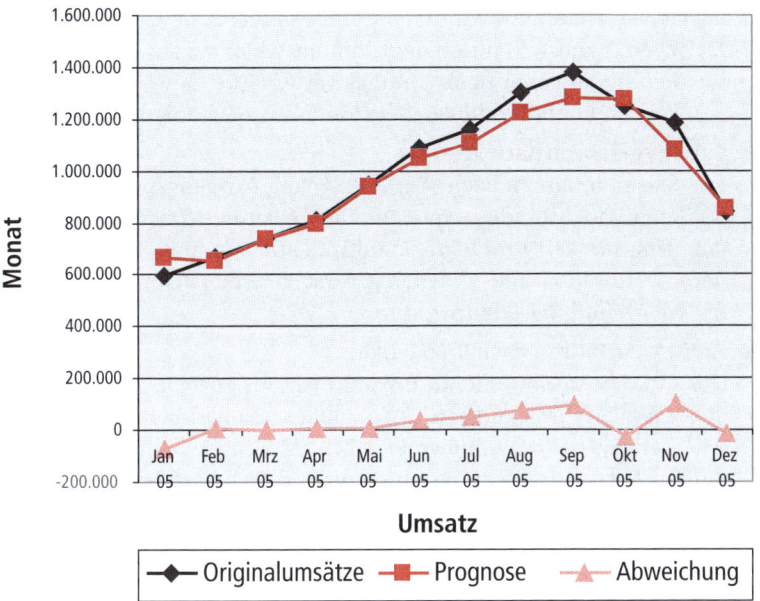

Abbildung 8.20: Zeitreihenprognose mit additiver Saisonkomponente (Trendbasis saisonbereinigte Daten)

Monat	Originalwerte	Trend auf der Basis von 12-er Durchschnitten					
		Achsen-parameter	Steigung				
		592.849,51	5.710,85				
		Trend	Saison-komponente	Prognose	Abweichung	Absolute Abweichung	Relative Abweichung
Jan 05	596.983	936.784	-275.751	661.033	-64.050	64.050	0,10
Feb 05	666.631	942.387	-289.890	652.497	14.134	14.134	0,02
Mrz 05	736.961	947.990	-213.908	734.082	2.879	2.879	0,00
Apr 05	807.977	953.593	-159.473	794.120	13.857	13.857	0,02
Mai 05	947.353	959.196	-23.209	935.987	11.366	11.366	0,01
Jun 05	1.088.102	964.799	78.175	1.042.974	45.128	45.128	0,04
Jul 05	1.161.889	970.402	132.735	1.103.137	58.752	58.752	0,05
Aug 05	1.305.075	976.006	243.182	1.219.187	85.888	85.888	0,07
Sep 05	1.380.632	981.609	293.218	1.274.827	105.805	105.805	0,08
Okt 05	1.248.782	987.212	283.857	1.271.069	-22.287	22.287	0,02
Nov 05	1.185.302	992.815	81.567	1.074.382	110.920	110.920	0,10
Dez 05	840.867	998.418	-150.501	847.917	-7.049	7.049	0,01
		Durchschnittliche Abweichung				**45.176,33**	**0,04**

Abbildung 8.21: Zeitreihenprognose mit additiver Saisonkomponente (Trendbasis Zwölferdurchschnitt)

393

sagen (bei Zeitreihen mit saisonaler Komponente über längstens eine Periode) verwendbar. Durch die Einführung eines rekursiven linearen Filters (Glättungsfaktors) wird eine mehr oder weniger starke Anglei-chung der geglätteten Kurve an die tatsächliche Entwicklung gewähr-leistet. Der Glättungsfaktor ist ein frei wählbarer Gewichtungsfaktor zwischen 0 und 1. Tendiert der Glättungsfaktor gegen den Wert 1, so werden die jüngeren Beobachtungswerte stärker gewichtet. Es kön-nen konstante und trendbehaftete Modelle unterschieden werden.

■ **Saisonverfahren nach Winters**

Das Saisonverfahren nach Winters ist vom Ausgangspunkt her eine Weiterentwicklung der exponentiellen Glättung. Das dort verwen-dete Trendmodell wird hierbei multiplikativ mit einer Saisonkompo-nente verbunden und verwendet verschiedene Glättungsparameter für Trend- und Saisonanpassung.

■ **ARIMA-Verfahren nach Box/Jenkins**

Der ARIMA-Ansatz geht auf Box und Jenkins zurück, ist ein autore-gressives Verfahren und berücksichtigt insgesamt drei Komponenten: AR (Autoregressive), I (Integrated), MA (Moving Average). Beim Box-Jenkins-Verfahren ist zu beachten, dass dieses Verfahren häufig für kurzfristige Prognosen verwendet wird. Zeitreihenmodelle, die eine glatte bzw. Trendkomponente beinhalten, werden mit drei ganzzahli-gen Werten, p, d, q, beschrieben, kurz ARIMA-(p, d, q)-Modell, wobei p den Grad der Autoregression, d den Grad der Differenzierung und q die Ordnung des gleitenden Durchschnitts angibt und die Summe der Einzelwerte nicht größer als 1 wird.[2]

8.3.1.4 Kritik an den Zeitreihenverfahren

Obwohl die erzielten Ergebnisse auf der Basis der Zeitreihenverfahren sehr gut waren, gibt es jedoch einige Punkte, die bei der Verwendung von Zeitreihenverfahren als Prognoseinstrument berücksichtigt werden müssen:

■ Alle verfügbaren Merkmale der Zeitreihe gehen in die Prognose ein.

■ Die Berücksichtigung des Prognosefehlers erfolgt im Falle von expo-nentieller Glättung über Gewichtungsfaktoren.

■ Im Fall der exponentiellen Glättung gehen alle historischen Merk-male mit exponential fallendem Einfluss in die Prognose ein; je älter die Werte, desto geringer ihr Einfluss auf die Prognose.

■ Nur wenige Merkmale werden benötigt.

■ Die Anwendbarkeit ist einfach und lässt sich mit Tabellenkalkula-tionsprogrammen ohne große Vorkenntnisse durchführen.

---

[2] Vergleiche auch zu diesen Ausführungen: Schira, J.: Statistische Methoden der VWL und BWL, 2. Aufl., München 2005, und Mertens, P./Rässler, S.: Progno-serechnung, 6. Aufl., Heidelberg 2005.

- Eine Prognose ist nur für die erste Folgeperiode möglich, es sei denn, es wird eine lineare Funktion zur Zeit gebildet (wie bei der FEBAU).

- Keine explizite Berücksichtigung von Einflussfaktoren.

- Die Bestimmung von Glättungsparametern wie Alpha ist häufig willkürlich.

- Die Prognose steht und fällt mit der Aufbereitung der Vergangenheitswerte der Zeitreihe (Datenaufbereitung) und der Wahl der dem Datenmaterial adäquaten Prognosemethode und der Gültigkeit des aus der Vergangenheit abgeleiteten Datenmusters in der Prognoseperiode (Strukturkonstanz).

Die größten Probleme sind der letztgenannte Punkt und die fehlende Möglichkeit, Einflussfaktoren in die Erstellung der Prognose zu integrieren.

8.3.2 Umsatzprognose mit kausalen Verfahren

8.3.2.1 Grundüberlegungen

Im Gegensatz zu Zeitreihenverfahren finden bei **kausalen Verfahren** mindestens zwei Datenreihen Eingang in das Prognosemodell. Dies sind zum einen die Datenreihe des Prognosegegenstandes (z. B. Umsatz), zum anderen die Reihe(n) der erklärenden **Einflussgröße(n)**. Durch die Verwendung von einer oder mehreren relevanten Einflussgrößen berücksichtigen kausale Verfahren dafür aber auch die sich daraus ergebenden Wirkungen auf den Prognosegegenstand.

Kausale Verfahren verwenden mindestens zwei Datenreihen, die in einem Zusammenhang stehen.

Wie schon bei den Zeitreihenverfahren beschrieben, ist auch bei der Auswahl von kausalen Prognoseverfahren die Beachtung folgender Kriterien wichtig:

- Aufbereitung und Aufbereitungsmöglichkeiten der Datenreihen (dies betrifft sowohl den Prognosegegenstand als auch die Einflussgrößen),

- Verlaufsmuster der Zeitreihe des Prognosegegenstandes,

- Vorhersage-Zeithorizont,

- Länge der verfügbaren Datenreihen,

- Daten-, Zeit- und Kostenbedarf der Prognosemethode,

- Schwierigkeit der Verfahrensanwendung,

- getestete fallbezogene Prognosegenauigkeit der Methode via Kontrollprognosen,

- Prognostizierbarkeit der Einflussgröße.

Die Frage nach den besten Prognoseverfahren zur Umsatzprognose findet in der Fachliteratur auch für Unternehmen mit Mengenabsatz keine eindeutige Antwort, sodass sich diese Frage nur fallweise realitätsnah unter Bezug auf konkrete Unternehmensdaten durch Prognosetestläufe für die Vergangenheit klären lässt. Dabei ist aufgrund der ständigen Veränderung des Umfeldes eigentlich keine theoretisch fundierte Aussage darüber zulässig, ob eine Prognosemethode, die in der Vergangenheit nur geringe Abweichungen zwischen den Ist- und den Prognosewerten zu verzeichnen hatte, auch in der Zukunft ähnlich gut abschneiden wird. Dies macht auch die Schwierigkeit deutlich, in der Prognostiker stecken: Es sind in den meisten Fällen verschiedene Durchläufe von Prognoseerstellungsprozessen notwendig, um ein geeignetes Verfahren zu finden und eine entsprechende Genauigkeit mit Hilfe der Verfahren zu erreichen, ohne sicher sein zu können, dass dieses auch für zukünftige Prognoseprobleme geeignet sein wird. Hinzu kommt, dass gerade die Verwendung von kausalen Verfahren häufig zu einer Gläubigkeit der verwendeten Funktionen und der kritiklosen Übernahme der Ergebnisse führt. Besonders aber bei der Anwendung von kausalen Verfahren ist die stetige Hinterfragung der Ergebnisse wichtig, um durch mathematische Scheingenauigkeit die betriebswirtschaftliche Relevanz nicht zu verlieren.

Bestimmung der Einflussfaktoren auf den Prognosegegenstand

Voraussetzung für die Anwendung kausaler Prognoseverfahren ist, dass die zentralen Einflussfaktoren auf den Prognosegegenstand festgestellt und deren Wirkungen auf den Prognosegegenstand in Funktionsform erfasst werden können. Als Instrumentarium für die **Einflussgrößenanalyse** stehen bei Mengendatengegebenheiten **Korrelationsrechnungen** und für die Bestimmung der Prognosefunktionen **Regressionsrechnungen** zur Verfügung.

Die Zahl der Größen, die den Umsatz eines Unternehmens beeinflussen können, ist im Prinzip sehr groß. Welche Größen relevant sind, variiert von Unternehmen zu Unternehmen, z. B.

- in Abhängigkeit von der Art der erstellten Produkte und Dienstleistungen,
- mit der Branchenzugehörigkeit,
- je nach den Konkurrenzverhältnissen,
- je nach Tätigkeitsgebiet des Unternehmens (national und/oder international) und
- mit den Abhängigkeiten innerhalb eines Konzerns.

Dennoch kann für Unternehmen – auch allgemeingültig – eine Reihe von Größen bestimmt werden, die einen entsprechenden Einfluss auf den Umsatz ausüben, insbesondere

- betriebswirtschaftliche Daten wie z. B.
  - Anzahl der Verkaufsstellen,
  - Anzahl der Vertriebsmitarbeiter,
  - Artikelpreis,
  - relative Preiswürdigkeit,
  - Werbeaufwand,

- Sortimentsbreite oder
- Reklamationsquote,

■ Branchendaten wie z. B.

- branchenspezifische Auftragseingänge,
- Marktentwicklungspotenziale,
- Marktanteile,

■ volkswirtschaftliche Daten (national/international) wie z. B.

- Zinssätze,
- freiverfügbares Einkommen,
- Bruttosozialprodukt,
- Sparquote,
- Konjunkturerwartungen,
- Baugenehmigungen,
- Auftragseingänge anderer Branchen,
- Konjunkturerwartungen.

Die Beschaffung der Daten ist Dank des Internets sowie der kostenlos oder kostenpflichtig angebotenen Datenbanken heute im Prinzip nur noch ein untergeordnetes Problem. Allerdings ist die Qualität insbesondere der Branchendaten stark schwankend, da die staatlichen Statistiken die Daten oft nur sehr grob erfassen und die Branchenverbände dies nur in sehr unterschiedlicher Weise durch eigene Datenbanken kompensieren. Hier bietet es sich für Unternehmen eventuell an, über freiwillige **Benchmarking-Verbunde** anonymisiert Branchen oder auch unternehmensinterne betriebswirtschaftliche Daten auszutauschen, um eine größere und genauere Datenbasis zu bekommen.

Datenbeschaffung über Datenbanken, Internet, Verbände und staatliche Stellen

8.3.2.2 Korrelations- und Regressionsberechnungen

Um einen Zusammenhang zwischen den Einflussgrößen (unabhängige Variable) und den betrieblichen Umsätzen (abhängige Variable) festzustellen, reicht die gedankliche Durchdringung und Begründung nicht aus; hier sind statistische Analysen durchzuführen, die den gedanklich und betriebswirtschaftlich vorweggenommenen Zusammenhang, man spricht von einer Kausalität, auch mathematisch beweisen.

Zusammenhang von Korrelation und Bestimmtheitsmaß

Es ist durch **Korrelationsrechnungen** abzuklären, ob die Einflüsse auch von statistisch signifikantem Einfluss auf den Prognosegegenstand sind. Hierfür wird häufig der Korrelationskoeffizient nach Pearson bzw. das **Bestimmtheitsmaß** verwendet.

Es ergibt sich für den **Korrelationskoeffizienten nach Pearson**:

$$r = \frac{\sum\limits_{i=1}^{N}(x_i - \bar{x}) \cdot (y_i - \bar{y})}{\sqrt{\sum\limits_{i=1}^{N}(x_i - \bar{x})^2 \cdot \sum\limits_{i=1}^{N}(y_i - \bar{y})^2}} = \frac{\sum\limits_{i=1}^{N} x_i \cdot y_i - n \cdot \bar{x} \cdot \bar{y}}{\sqrt{\left(\sum\limits_{i=1}^{N}(x_i^2 - n\bar{x}^2) \cdot \sum\limits_{i=1}^{N}(y_i^2 - n\bar{y}^2)\right)}}$$

Formel 8.5

und für das Bestimmtheitsmaß bei linearer Regression:

Formel 8.6 $$B = r^2$$

also das Quadrat des Korrelationskoeffizienten. Der Korrelationskoeffizient zeigt an, ob und wie stark eine statistische Tendenz der kausalen Beziehung der vorliegenden Beobachtungen gegeben ist. Diese Tendenz kann sowohl positiver als auch negativer Natur sein, und sein Wert schwankt je nach Zusammenhang zwischen

Formel 8.7 $$-1 \leq r \leq 1.$$

Für $r = 0$ liegt kein statistischer Zusammenhang vor, bei Werten nahe +/−1 ist dieser gegeben. Die nachfolgende Grafik gibt einen Überblick über verschiedene Arten von Korrelationen. Dabei ist die unabhängige Variable auf der X-Achse, die abhängige auf der Y-Achse dargestellt. Wie die untere rechte Abbildung zeigt, kann der statistische Zusammenhang auch nichtlinearer Natur sein; auf diese Arten von Zusammenhängen soll aber im weiteren Text nicht eingegangen werden, da die Behandlung nichtlinearer Funktionen mathematisch aufwendig und komplex ist.

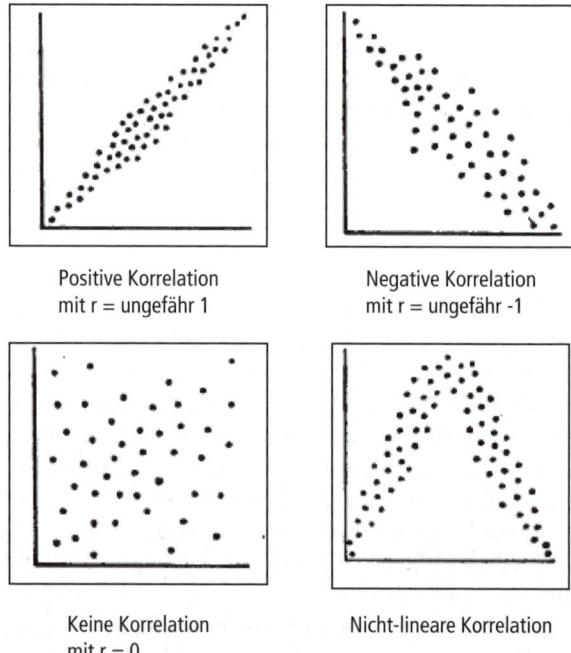

Positive Korrelation
mit r = ungefähr 1

Negative Korrelation
mit r = ungefähr -1

Keine Korrelation
mit r = 0

Nicht-lineare Korrelation

Abbildung 8.22: Arten der Korrelation

Das Bestimmtheitsmaß als so genanntes „Gütemaß" der Korrelation verdeutlicht, inwieweit es gelungen ist, durch eine vorhandene Menge von Wertepaaren eine Regressionsgerade zu legen, d.h. je größer das Bestimmtheitsmaß ist (es nimmt wie der positive Korrelationskoeffizient Werte zwischen 0 und 1 an), desto besser ist die Anpassung der Regressionsgeraden an Wertepaare.

Werden nun mit statistischen Methoden Korrelationsrechnungen durchgeführt, so sollte dies nicht nur für einzelne Einflussgrößen erfolgen, sondern für eine größere Menge von vermuteten und betriebswirtschaftlich begründbaren Variablen. Mit Hilfe der eingangs beschriebenen EDV-Systeme können derartige Berechnungen komfortabel und auch für Nichtstatistiker problemlos erledigt werden. Nun kann es aber durchaus vorkommen, dass diese Berechnungen keine nennenswerten Zusammenhänge aufzeigen. Dies kann verschiedene Ursachen haben:

Probleme bei der Berechnung von Korrelationen auf unterschiedlichen Zeitebenen

- Die eigenen Umsatzdaten sind durch Saisonstrukturen, Trends und Restschwankungen überformt und weisen dadurch nicht die Struktur zur Einflussgröße auf. Hier kann die Datenanalyse (siehe Kapitel 8.3.1.1) Abhilfe schaffen.

- Der Zusammenhang der Datenpaare liegt nicht auf der gleichen zeitlichen Ebene. Manche Zusammenhänge bestehen annähernd zeitgleich mit der Umsatzentwicklung, andere mit verschieden großem zeitlichen Vor- oder Nachlauf (**Time-lag-** bzw. **Time-lead-Effekte**). Um die zeitlichen Wirkungszusammenhänge zu klären, müssen die Korrelationen zwischen den Zeitreihen der Prognosegrößen und denen der Einflussgrößen zeitversetzt berechnet werden. Als Beispiel kann hier wieder unsere FEBAU GmbH dienen. Wird angenommen, dass der Umsatz unserer Fensterbaufirma auch von den Auftragseingängen der Architekten abhängt, so ist es sicherlich nicht verwunderlich, dass ein Ansteigen dieser volkswirtschaftlichen Größe nicht im gleichen Monat auch zu einem Anstieg der Umsätze führt. Vielmehr wird es so sein, dass Auftragseingänge erst über Baugenehmigungsverfahren, Planungsverfahren, Bestellungen und Auftragsbestätigungen deutlich zeitverlagert zu Umsätzen in der Fensterbranche führen.

- Die letzte Möglichkeit ist, dass die beiden Variablen tatsächlich keinen Zusammenhang aufweisen.

Besonders der Fall, dass die unabhängige Variable die abhängige Variable Umsatz erst zeitversetzt später berührt, ist ein Glücksfall für die Prognose, da dann die unabhängige Variable bereits als Istwert beobachtet werden kann. Ansonsten verlagert sich das Problem der Prognose über Korrelationen auf die wieder auf Zeitreihen gestützte Prognose der unabhängigen Variablen, wobei dann jedoch häufig auf andere Prognosen zurückgegriffen werden kann. So liegen insbesondere für volkswirtschaftliche Daten Prognosen vor, die jedoch bei aller Professionalität ihrer Entstehung dennoch Prognosefehler in sich tragen. Sind die berechneten Korrelationen hinreichend hoch – ein Wert von größer ±0,70 wird hier als signifikant hoch angesehen – und reicht der zeitliche Vorlauf vor dem Umsatzzeitpunkt für die Datenbeschaffung, Datenaufbereitung und Prognoseumsetzung aus, so handelt es sich um Einflussgrößen, die im Rahmen einer Umsatzprognose benutzt werden können.

Die Erstellung der Umsatzprognose mit kausalen Verfahren kann dann auf verschiedene Arten erfolgen:

Singulare Regression = nur eine Einflussgröße wird verwendet

■ **Singulare Regression**

Es wird aus der Menge der Daten diejenige Einflussgröße ausgewählt,

– die den höchsten Korrelationskoeffizienten aufweist,
– die, sofern durchgeführt, die besten Ergebnisse im Kontrollzeitraum erbracht hat und
– die gemessen am Prognosezeitraum genügend Vorlauf bietet, den gesamten Planungszeitraum abzudecken.

Die Vorteile dieser Methode sind die schnelle Erstellung und die damit auch einhergehenden geringen Kosten der Prognose sowie die geringe Komplexität.

Ein Nachteil ist die Abhängigkeit von nur einer Einflussgröße in der Hinsicht, dass bei Veränderungen in der Strukturkonstanz die Prognose in Bezug auf Fehler sehr anfällig ist und zu unbrauchbaren Ergebnissen führen kann.

Simultan-multiple Regression = Erstellung einer Regressionsfunktion mit mehreren Einflussgrößen

■ **Simultan-multiple Regression**

Bei diesem Verfahren wird aus den relevanten Einflussgrößen-Zeitreihen und der Umsatzreihe eine einzige Regressionsfunktion abgeleitet, die z. B. bei linearem Verlauf folgende Gestalt annimmt:

Formel 8.8

$$y = a + e_1 x_1 + e_2 x_2 + e_3 x_3 + \ldots + e_n x_n$$

für:

a = Konstante
e_n = Faktor der Einflussgröße x_n
x_n = Einflussgröße

Die Regressionsfunktion kann auch aus multiplikativen Verknüpfungen bestehen oder nichtlineare Funktionsbeziehungen beinhalten. Grundsätzlich ist dieses Verfahren aber – wie auch empirische Resultate belegen – sehr fehleranfällig, da es partielle Strukturbrüche nicht auffangen kann und zu Extremausschlägen neigt. Beispielsweise kann eine einzelne Einflussgröße nicht aus der Gesamtgleichung herausgenommen werden, ohne dass das Modell neu gerechnet werden muss, wenn bei dieser Größe Strukturbrüche erkennbar werden.

■ **Iterativ-multiple Regression**

Bei dieser von Lachnit[3] entwickelten Prognosemethode werden zunächst für die verschiedenen aus der Korrelationsanalyse ermittelten prognosetauglichen Einflussgrößen

- singuläre Regressionen abgeleitet,
- auf der Basis dieser Regressionen Einzelumsatzprognosen erstellt und
- dann in einem zweiten Schritt durch arithmetische Mittelung zur multiplen Umsatzprognose verdichtet.

Iterativ-multiple Regression = Erstellung von mehreren Einzelregressionsfunktionen mit anschließender arithmetischer Mittelwertbildung

Das iterativ-multiple Prognosevorgehen hat zur Konsequenz, dass sich wesentliche Strukturveränderungen der Prognose erst dann ergeben, wenn die Mehrzahl der prognostisch relevanten Faktoren spürbar in ein und dieselbe Richtung tendieren. Dieser Vorteil, jederzeit entscheiden zu können, welche Einzelprognosen in die Gesamtprognose einfließen, und somit die Möglichkeit zu besitzen, erkennbare Falschprognosen zu eliminieren, sorgt gleichzeitig auch für eine relativ robuste Prognosemethodik, die durchaus Veränderungen der Einflussgrößen aufnimmt, aber gegen Überreaktionen wegen partieller „Ausreißer" in den Einflussgrößen geschützt ist.

Des Weiteren hat sich dieses Verfahren im Praxistest bewährt und es beschränkt sich in der mathematisch-statistischen Komplexität auf die Verwendung linearer Regressions- und Korrelationsrechnungen und kann mit Hilfe von Tabellenkalkulationsprogrammen, wie z. B. MS-Excel, oder Statistikpaketen wie SPSS realisiert werden.

8.3.2.3 Anwendungsbeispiel bei der FEBAU GmbH

Im weiteren Verlauf wird nun eine Umsatzprognose mit dem iterativ-multiplen Verfahren für die FEBAU GmbH durchgeführt. Hierzu betrachten wir diesmal die Luxusvariante der Terrassentüren mit ihrer Umsatzreihe (siehe Abb. 8.23).

Wie in der Abbildung zu sehen ist, führen wir für die Umsatzdaten der Luxusvariante auch hier eine Datenanalyse und -aufbereitung durch und berechnen die Saisonstruktur, den 12-Monats-Durchschnitt und die Restschwankung. Nachdem dies erfolgt ist, benötigen wir noch volkswirtschaftliche Kennzahlen, um externe Einflussgrößen für den Umsatz der Luxusvariante zu ermitteln. Hierzu haben wir vom Statistischen Bundesamt – online – Kennzahlen herunter geladen und für die Berechnung der Korrelationen aufbereitet. Dies sind:

■ Anzahl der Kurzarbeiter,

■ Auftragseingang Wohnungsbau,

■ Auftragseingang Bauhauptgewerbe,

---

[3] Vgl. Lachnit, L.: Umsatzprognose auf der Basis von Expertensystemen, 1992, S. 160 - 167.

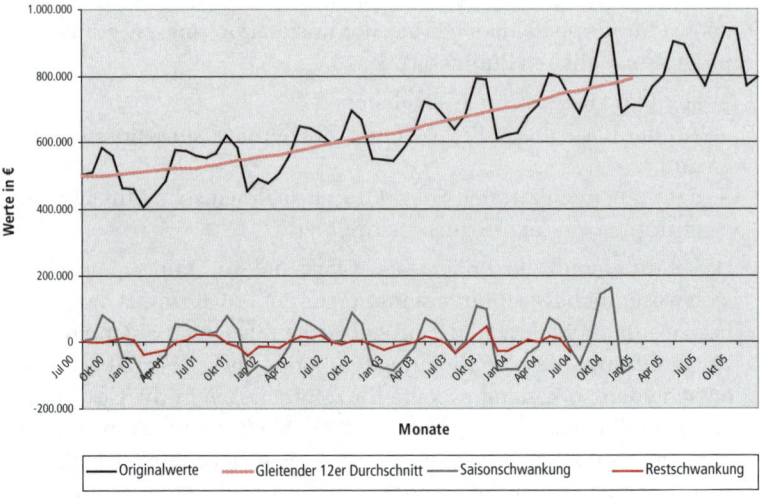

Abbildung 8.23: Umsatzreihe der Luxusvariante der Terrassentüren

■ Auftragseingang Investitionsgüter,

■ Auftragseingang Konsumgüter,

■ Geldmenge saisonbereinigt,

■ verfügbares Einkommen.

Diese volkswirtschaftlichen Kennzahlen sind nur beispielhaft ausgewählt worden und liegen uns für 72 Monate vor; natürlich gibt es noch eine ganze Zahl von Kenngrößen, die für eine Korrelationsberechnung in Frage kämen, aber aus Gründen des Umfangs haben wir uns in unserem Beispiel auf einige wenige beschränkt.

Aus der oben aufgeführten Menge der volkswirtschaftlichen Kennzahlen sind nachfolgend die Kurzarbeiterzahlen und das verfügbare Einkommen ausgewählt und in Abb. 8.24 der Verlauf der Korrelationskoeffizienten über 24 Zeitebenen dargestellt worden. Hierbei waren die abhängige Variable der Umsatz und die unabhängigen Variablen jeweils das verfügbare Einkommen und die Kurzarbeiterzahlen. Das verfügbare Einkommen wurde ausgewählt, weil die Bundesbürger finanzielle Mittel zum Bauen und Modernisieren benötigen und bei dieser Kennzahl auch ein Vorlauf von einigen Monaten zu erwarten war. Die Anzahl der Kurzarbeiter, die ja gerade auf dem Bau besonders ausgeprägt ist, dürfte bei erhöhter Bautätigkeit sinken und somit negativ mit dem Umsatz der Luxusvariante korrelieren. Bei beiden Kennzahlen ist das langsame Anwachsen der Korrelationskoeffizienten im Zeitverlauf sehr gut zu beobachten. Den höchsten Zusammenhang konnten wir bei den Kurzarbeiterzahlen mit einem Zeitverzug von elf Monaten und beim verfügbaren Einkommen bei t-21 feststellen. Beide Korrelationskoeffizienten

Ermittlung eines geeigneten Korrelationskoeffizienten

Zeitebene	Kurzarbeiter	Verfügbares Einkommen
t-24	-0,58	**0,76**
t-23	-0,63	**0,83**
t-22	-0,38	**0,87**
t-21	0,09	**0,89**
t-20	0,54	**0,77**
t-19	0,64	0,62
t-18	0,68	0,38
t-17	0,47	0,09
t-16	-0,14	-0,31
t-15	-0,22	**-0,87**
t-14	-0,31	-0,37
t-13	-0,44	-0,01
t-12	**-0,77**	0,27
t-11	**-0,89**	0,51
t-10	**-0,82**	0,71
t-9	-0,63	**0,86**
t-8	-0,45	**0,77**
t-7	-0,23	0,66
t-6	0,08	0,50
t-5	0,07	0,24
t-4	-0,38	-0,15
t-3	-0,50	**-0,77**
t-2	-0,60	-0,03
t-1	-0,67	0,27
t-0	**-0,79**	0,46

Abbildung 8.24: Zeitverschobene Korrelationsverläufe ausgewählter Einflussgrößen

deuten mit einer Höhe von absolut 0,89 auf einen engen Zusammenhang der Größen hin.

Zu erwähnen ist noch, dass als Datenbasis der Umsätze für die Korrelationsberechnung der gleitende Zwölferdurchschnitt verwendet wurde, da nicht zu erwarten ist, dass die volkswirtschaftlichen Kennzahlen die gleichen Saison- und Trendkomponenten aufweisen wie die Umsätze der FEBAU GmbH. Als weitere Einflussgrößen wurden noch Auftragseingangsindizes sowie die Geldmenge ausgewählt. Es ergeben sich für die ausgewählten Kennzahlen folgende Werte:

	Kurzarbeiter	Auftragseingang Wohnungsbau	Auftragseingang Bauhauptgewerbe	Geldmenge Saisonbereinigt	Verfügbares Einkommen
Zeitebene	t-11	t-22	t-22	t-7	t-21
Korrelationskoeffizient	-0,89	-0,86	-0,84	-0,97	0,89

Abbildung 8.25: Auswahl der volkswirtschaftlichen Kennzahlen

Auf der Basis der Korrelationszeiträume wurden im Anschluss an die Auswahl für die identischen Zeiträume Regressionsgleichungen (Steigungsparameter und Achsenabschnitt) aufgestellt und mit Hilfe der Einflussgrößen Prognosewerte berechnet. Da es sich bei den Daten um Zwölferdurchschnitte handelt, sind diese nach Erstellung der Prognosewerte mit den Saisonfaktoren zu überformen, um echte Planumsätze für die Luxusvariante zu erhalten. Wie bereits beschrieben, ist der Prognostiker jetzt in der Lage, erkennbare Ausreißer oder Falschprognosen zu erkennen und zu eliminieren.

Zeitebene	Monat	Kurzarbeiter	Prognose-Umsatz	Saison-korrektur	Umsatz-prognose
Steigung	-0,75	Achsenabschnitt	899.263		
t-11	Feb 04	186.268			
t-10	Mrz 04	196.610			
t-9	Apr 04	176.762			
t-8	Mai 04	170.901			
t-7	Jun 04	162.195			
t-6	Jul 04	137.693			
t-5	Aug 04	107.242			
t-4	Sep 04	114.751			
t-3	Okt 04	125.318			
t-2	Nov 04	132.573			
t-1	Dez 04	132.633			
t-0	Jan 05		759.953	-92.437	667.516
t+1	Feb 05		752.218	-214.520	537.698
t+2	Mrz 05		767.063	-77.055	690.008
t+3	Apr 05		771.446	267.966	1.039.412
t+4	Mai 05		777.957	211.476	989.433
t+5	Jun 05		796.282	64.551	860.833
t+6	Jul 05		819.057	-1.388	817.669
t+7	Aug 05		813.441	51.923	865.364
t+8	Sep 05		805.538	497.040	1.302.578
t+9	Okt 05		800.112	248.163	1.048.275
t+10	Nov 05		800.067	-299.036	501.031
t+11	Dez 05				

Abbildung 8.26: Ermittlung der Einzelprognose auf Basis der Kurzarbeiterzahlen

Abb. 8.26 verdeutlicht, dass für die Prognose des Januarumsatzes 05 der Februarwert der Kurzarbeiterzahlen herangezogen wird, da der Zusammenhang zwischen dem Umsatz und der volkwirtschaftlichen Kenngröße (Kurzarbeiterzahl) auf der Zeitebene t-11 festgestellt wurde. Alle weiteren Prognoseumsätze werden auf die gleiche Art ermittelt. Im Anschluss an diese Berechnung wird der Prognoseumsatz dann noch mit der Saisonkorrektur versehen und die endgültige Umsatzprognose erstellt.

Es wird deutlich, was die zeitverschobene Betrachtung der Korrelationen letztendlich bewirkt: Für die Kurzarbeiter sind nur elf und für die Geldmenge nur sieben prognostizierbare Planwerte auf der Basis von verfügbaren Echtdaten möglich; wollte man die Prognose für zwölf Monate mit diesen beiden volkswirtschaftlichen Kennzahlen berechnen, so müssten hierfür die Einflussgrößen erst einmal selbst prognostiziert werden.

Aus Abbildung 8.27 können jetzt die Einzelprognosen der Einflussgrößen zu der Gesamtprognose zusammengefasst werden. Das jeweils arithmetische Mittel der Summe der Einzelprognosen in Abhängigkeit von der Anzahl der Einflussgrößen und mit den Saisonfaktoren über-

	Kurzarbeiter	Auftragsein-gang Wohnungsbau	Auftragsein-gang Bauhaupt-gewerbe	Geldmenge Saison-bereinigt	Verfügbares Einkommen			
Verwendete Zeitebene	t-11	t-22	t-22	t-7	t-21			
Steigungs-parameter	-0,75	-829,89	-1.350,79	-24.340,07	5.357,24			
Achsen-abschnitt	899.263,48	814.379,83	873.298,66	927.716,54	-1.144.919,73	Summe	Anzahl	Saison-bereinigung
Jan 05	759.953	749.316	753.754	798.714,18	754.863,82	3.816.602	5	-92.437
Feb 05	752.218	756.370	761.859	793.846,17	754.863,82	3.819.158	5	-214.520
Mrz 05	767.063	759.026	761.454	791.412,16	754.863,82	3.833.818	5	-77.055
Apr 05	771.446	751.474	744.974	781.676,13	753.363,79	3.802.934	5	267.966
Mai 05	777.957	755.209	751.053	786.544,15	753.363,79	3.824.126	5	211.476
Jun 05	796.282	758.445	763.750	779.242,13	753.363,79	3.851.083	5	64.551
Jul 05	819.057	750.893	750.242	767.072,09	813.847,00	3.901.111	5	-1.388
Aug 05	813.441	755.956	765.776		813.847,00	3.149.019	4	51.923
Sep 05	805.538	762.761	778.879		813.847,00	3.161.024	4	497.040
Okt 05	800.112	758.943	779.689		821.561,42	3.160.305	4	248.163
Nov 05	800.067	780.022	801.167		821.561,42	3.202.817	4	-299.036
Dez 05		765.997	783.877		821.561,42	2.371.435	3	-281.082

Abbildung 8.27: Regressionskoeffizienten und Einzelprognosen auf Basis der ausgewählten volkswirtschaftlichen Kennzahlen

formt, ergibt dann den jeweiligen Prognosewert für den betreffenden Monat.

Werden – wie in Abb. 8.28 – die Prognosewerte den Originalumsätzen für den Kontrollzeitraum gegenübergestellt, so können die **absolute** und die **relative Abweichung** zum Prognosewert berechnet werden. Jetzt wird erkennbar, ob die ausgewählten Einflussgrößen gemäß dem Zusammenhang auch verwertbare Prognosewerte liefern. Aus den Abweichungen des Kontrollzeitraumes – hier Januar 05 bis Dezember 05 – ist erkennbar, ob das erstellte Prognosemodell mit den verwendeten Einflussgrößen tragfähig ist. Auf der Basis dieser Erkenntnisse kann nun mit der Prognose des Jahres 06 begonnen werden.

	Originalwerte	Summe	Abweichung	Absolute Abweichung	Relative Abweichung
Jan 05	708.098	670.883	37.215	37.215	0,06
Feb 05	765.682	707.968	57.715	57.715	0,08
Mrz 05	799.186	745.266	53.920	53.920	0,07
Apr 05	903.909	825.344	78.565	78.565	0,10
Mai 05	891.796	815.460	76.336	76.336	0,09
Jun 05	822.427	784.121	38.306	38.306	0,05
Jul 05	768.972	777.641	-8.669	8.669	0,01
Aug 05	863.138	798.002	65.136	65.136	0,08
Sep 05	943.689	912.282	31.406	31.406	0,03
Okt 05	940.301	849.883	90.418	90.418	0,11
Nov 05	769.710	723.711	45.998	45.998	0,06
Dez 05	797.060	717.974	79.086	79.086	0,11
			Durchschnitt	55.231	0,07

Abbildung 8.28: Prognose auf Basis der ausgewählten volkswirtschaftlichen Kennzahlen

Ebenfalls durchgeführte Korrelationsberechnungen mit den Originalumsätzen ergaben keine zufrieden stellenden Ergebnisse, da mit den Originalumsätzen nicht geglättete Werte in die Korrelationsberechnungen eingingen und keine signifikanten Zusammenhänge berechnet werden

Zeitebene	Kurzarbeiter	Auftragsein-gang Wohnungsbau	Auftragsein-gang Bauhaupt-gewerbe	Auftragsein-gang Investitions-güter	Auftragsein-gang Konsum-güter	Geldmenge Saison-bereinigt	Verfügbares Einkommen
t-24	0,06	0,31	0,37	0,17	0,16	-0,33	0,16
t-23	-0,05	0,06	-0,01	0,46	-0,01	-0,29	0,42
t-22	-0,54	-0,10	-0,23	-0,13	-0,59	-0,47	0,47
t-21	-0,66	-0,53	-0,49	-0,29	-0,46	-0,32	0,39
t-20	-0,09	**-0,80**	-0,66	-0,46	0,20	0,02	0,39
t-19	0,51	-0,27	-0,34	0,40	0,69	0,25	0,54
t-18	0,66	0,21	-0,08	0,41	0,25	0,39	0,45
t-17	0,41	-0,00	-0,15	-0,11	-0,48	0,40	0,18
t-16	0,06	-0,13	-0,13	-0,06	**-0,78**	0,37	-0,03
t-15	0,13	-0,05	0,12	0,11	-0,27	0,54	-0,34
t-14	-0,08	0,02	0,20	-0,43	-0,01	0,60	-0,38
t-13	-0,11	0,38	0,41	-0,17	0,33	0,29	-0,55
t-12	-0,22	0,53	0,47	0,00	0,21	0,14	-0,15
t-11	-0,29	0,16	0,14	0,24	0,02	-0,05	0,21
t-10	-0,50	-0,03	-0,17	0,30	-0,42	-0,12	0,29
t-9	-0,66	-0,55	-0,54	-0,01	-0,27	-0,33	0,31
t-8	-0,48	-0,59	-0,61	-0,18	0,20	-0,40	0,37
t-7	0,02	-0,15	-0,26	0,28	**0,78**	-0,33	0,55
t-6	0,26	0,02	-0,08	0,52	0,39	-0,36	0,48
t-5	0,25	-0,10	-0,20	0,47	-0,37	-0,54	0,22
t-4	0,05	-0,09	-0,10	0,19	**-0,79**	-0,58	0,04
t-3	0,04	-0,11	0,07	0,19	-0,29	-0,55	-0,25
t-2	-0,22	-0,00	0,24	-0,38	0,08	-0,43	-0,27
t-1	-0,38	0,30	0,48	-0,09	0,39	-0,31	-0,45
t-0	-0,41	0,45	0,51	0,15	0,22	-0,36	-0,04

Abbildung 8.29: Korrelationsrechnungen mit Originaldaten

konnten. Zwar sind in der nachstehenden Abb. 8.29 auch noch verein-
zelt Korrelationskoeffizienten bis 0,8 zu finden, jedoch weisen sie nicht
den typischen Verlauf des langsamen Anstiegs und Abfallens auf, sind
daher eher zufälliger Natur und rechtfertigen keine Auswahl.

8.3.3 Umsetzung der Umsatzprognose in kostenrechnerische Informationen

Auf Basis der mit Hilfe der beschriebenen Verfahren zur Umsatzprognose erstellten Daten kann in einem weiteren Schritt die Kostenplanung, deren Hauptziel die Planung der entscheidungsrelevanten Kosten unter Beachtung unterschiedlicher **Kostenbestimmungsfaktoren** ist,
erfolgen. Dazu müssen beispielsweise folgende Kostenbestimmungsfaktoren in der Planung erfasst und berücksichtigt werden:

Definition von Kosten-bestimmungsfaktoren

- Beschäftigung,
- Kapazität,
- fertigungstechnische Verfahren,
- Organisationsmethoden,
- Faktorqualität und Faktorpreise.

Hierdurch sollen alle kostenrechnerisch relevanten Informationen ermittelt, geplant, kontrolliert und dargestellt werden. Die Umsetzung die-

ser Funktionen bedingt eingehende Kenntnis der betrieblichen Kostenstrukturen und -abhängigkeiten sowie des **Planungsrahmens**, z. B. in Bezug auf

- die Differenzierung des Leistungsspektrums in einzelne **Kostenträger** und **Kostenarten**,
- die Umsetzung der organisatorischen Gegebenheiten des Unternehmens durch die Bestimmung von **Kostenstellen**,
- den Zeitraum und
- die Definition der relevanten **Kostenbezugsgrößen**.

Durch den Ansatz von **Planpreisen** und **-mengen** werden detaillierte Kostenplanungen ermöglicht, deren Ergebnis unterschiedliche Kostengrößen sein können, als da wären:

- Sollkosten,
- Plankalkulationssätze und
- Plankosten.

Diese **Kostenplanungen** müssen wiederum in der betrieblichen Gesamtplanung den Aufbau eines integrierten Kostenplans gewährleisten und andererseits genügend Flexibilität aufweisen, dass die unterschiedlichen unternehmerischen Entscheidungsprobleme bearbeitet und gelöst werden können. Dazu sind aus der Vielzahl der in den vorherigen Kapiteln beschriebenen Kostenrechnungsinstrumente diejenigen auszuwählen, die eine zielgerichtete, integrierte Erfolgs- und Kostenplanung und -kontrolle ermöglichen.

Integration der Kostenplanung in die betriebliche Gesamtplanung

Die Auswahl des einzelnen Verfahrens hängt insbesondere davon ab, ob eine Erfolgsrechnung/Kostenplanung

- stellenbasiert,
- trägerbasiert,
- prozessbasiert oder
- auch in Kombination

durchgeführt werden soll.

Die Planung der Kosten, die einer betrieblichen Leistung direkt zugerechnet werden können, werden als Einzelkosten weitestgehend ohne Verwendung der Kostenstellenrechnung geplant. Als wesentliche Einzelkostenarten sind Material- und Lohneinzelkosten zu nennen. Diese können über **Stücklisten** und **Arbeitspläne** auf der Basis von Vergangenheitswerten wie auch der statistischen Auswertung von Produktionsabläufen (z. B. benötigte Montagezeiten) ermittelt werden. Abb. 8.30 und 8.31 zeigen solche Auswertungen exemplarisch.

Ableitung der Material- und Lohneinzelkosten über Stücklisten und Arbeitspläne

Stückliste Luxusvariante Terrassentür					S-4711-5612-0-FEBAU
Nr.	Bennenung	Menge je Einheit	Werkstoff	Preis je Einheit in €	Preis gesamt pro Tür in €
1	Rahmenprofil (oben / unten)	2	Teakholz	125,00	250,00
2	Rahmenprofil (Seite)	2	Teakholz	155,00	310,00
3	Beschlag Seite	2	Messing	25,00	50,00
4	Beschlag Türöffner	1	Messing	35,00	35,00
5	Metallband	1	Stahl	4,50	4,50
6	Dichtung (unten)	1	Gummi verstärkt	0,50	0,50
7	Dichtung (Seite)	2	Gummi	0,75	1,50
8	Dichtung (oben)	1	Gummi	0,50	0,50
9	Isolierglas (goldbeschichtet)	1	Iso-Glas-beschichtet	225,00	225,00
				Summe	877,00

Abbildung 8.30: Stückliste der Terrassentür Luxusvariante

Arbeitsplan Montage Luxusvariante Terrassentür					4711-5612-0 FEBAU		
Nr.	Arbeitsgang	Kostenstelle	Werkzeuge	Rüst-zeiten in Min.	Vorgabezeit in Min.	Lohngruppe	Bemerkungen
1	Rahmen und Glas montieren	4711-1 Montage	Akkuschrauber, Schraubzwinge, Haltevorrichtung 23-5, Glasliftanlage	25,0	35,0	II-5	
2	Beschläge montieren	4711-2 Montage	Akkuschrauber, Haltevorrichtung, Schraubzwinge	4,5	12,5	II-4	
3	Metallband einsetzen	4711-2 Montage	Akkuschrauber, Haltevorrichtung, Schraubzwinge	1,5	15,0	II-5	
4	Dichtungen einsetzen	4711-3 Montage	Gleitmittel-quetsche	2,0	4,5	II-1	
5	End- und Funktionskontrolle	5612-Endkontrolle	Prüflehre	0,0	25,0	IV-1	
				Summe	92,0		

Abbildung 8.31: Arbeitsplan Montage der Terrassentür Luxusvariante

Sind die Absatzmengen aus den prognostizierten Planumsätzen ermittelt und Preise für die Kostenarten prognostiziert, können mit Hilfe der Stücklisten und Arbeitspläne, wie beispielhaft oben gezeigt, die Einzelkosten ermittelt werden.

Planung von Sondereinzelkosten durch Informationen über Spezialmaschinenumbauten und Vertriebsaktionen

Darüber hinaus können **Sondereinzelkosten** der Fertigung und des Vertriebes in Abhängigkeit von z. B.

- Spezialmaschinenumbauten und/oder
- Vertriebsaktionen in Form von Direktwerbemaßnahmen

Bedeutung erhalten und sind zu integrieren.

Die reine Ausrichtung auf Kostenträger kann die Gefahr in sich bergen, dass z. B. auf eine kostenstellenbezogene Kontrolle der Einzelmaterialkosten verzichtet wird und somit auch bei Einzelmaterialkosten Verbräuche von Arbeitskräften in den Kostenstellen unbeachtet bleiben.

Die **Gemeinkosten** wie z. B.

- Energiekosten,
- Abteilungsleitung,
- Mieten,
- Wartung etc.

können nicht direkt aus der Leistungsplanung abgeleitet werden, da diese Kosten häufig von einer großen Anzahl an unterschiedlichen Leistungen oder aus der reinen Bereitschaft verursacht werden. Ein effektives **Gemeinkostenmanagement** erfordert die Planung dieser Kosten unter Berücksichtigung unterschiedlicher Betriebsbereitschaftsstufen in den

- Kostenstellen,
- Abteilungen,
- Unternehmensbereichen und der
- Gesamtunternehmung.

Dieses Gemeinkostenmanagement erfordert die dezidierte Auseinandersetzung mit den fixen, d. h. beschäftigungsunabhängigen, und variablen, d. h. mit der Leistungserstellung sich verändernden, Anteilen der Gemeinkosten.

> Planung der Gemeinkosten durch: Einteilung in Kostenstellen, Planung der Bezugsgrößen und Festlegung der Kalkulationssätze

Im Mittelpunkt der Gemeinkostenplanung stehen demzufolge die folgenden Schritte:

Einteilung in Kostenstellen (vgl. Kapitel 4)

Für die Bildung der Kostenstellen und damit die Möglichkeit, die Kostenstellenrechnung für Planungs- und Kontrollzwecke zu nutzen, um im Planungsbereich den Kostenträgern die Gemeinkosten zurechnen zu können, sollten vor allem zwei Kriterien genügen:

- Bildung der Kostenstellen nach der Gleichheit der Kostenverursachung der Arbeitsplätze und Maschinen,
- Bildung nach der Verantwortlichkeit.

Planung der Bezugsgrößen in den Kostenstellen

Sie stellen die Maßgrößen der Kostenverursachung dar und sollten daher einerseits den Maßstab für die Kostenverursachung in den Kostenstellen abbilden und andererseits auch für die Kostenträgerrechnung im Sinne des Verursachungsprinzips Informationen bereitstellen. Die Bestimmung kann qualitativ erfolgen, d. h. Auswahl der Bezugsgrößen aus betriebswirtschaftlicher Sicht, und muss dann quantitativ determiniert werden. Bei der Bezugsgrößenwahl lassen sich statistische und analytische Verfahren unterscheiden.

Bestimmung der Kalkulationssätze

- Festlegung der Plankosten für die Hilfskostenstellen,
- Bestimmung der Kostensätze für die innerbetriebliche Leistungsverrechnung der Plankosten und Sekundärkostenumlage auf die Hauptkostenstellen,
- Ermittlung der Zuschlagssätze für die Kostenträgerstückrechnung.

Die aus den gesamtbetrieblichen Zielsetzungen abgeleiteten Umsatz- und Absatzwerte bilden die Grundlage für die Kostenplanung.

Die gesamtbetrieblichen Zielsetzungen und die daraus abzuleitenden Umsatz-/Absatzplanungen bilden die Grundlage für die anschließenden bereichsbezogenen Kostenplanungen, in denen diese Zielvorstellungen aufgelöst und hinsichtlich der konkreten Realisierbarkeit durch die Bereichsverantwortlichen bewertet und umgesetzt werden. Für die Durchführung der bereichsbezogenen Planungen ergeben sich zwei miteinander verbundene Aufgaben: Planung der relevanten **Sach- und Formalziele** in den Bereichen gemäß der generellen Zielfestlegung des Unternehmens sowie Planung der zur optimalen Zielerreichung der Bereiche erforderlichen konkreten Umsetzungen.

Planung der Sach- und Formalziele

Planungsprozess im Gegenstromverfahren

Die nachfolgende Übersicht soll die Verzahnung der möglichen Teilplanungen als Konkretisierung in Bezug auf die nötige Gesamtplanung mit der Kostenplanung des Unternehmens stark vereinfacht darstellen und die Einbindung der Kostenplanung in das Planungssystem des Unternehmens verdeutlichen.

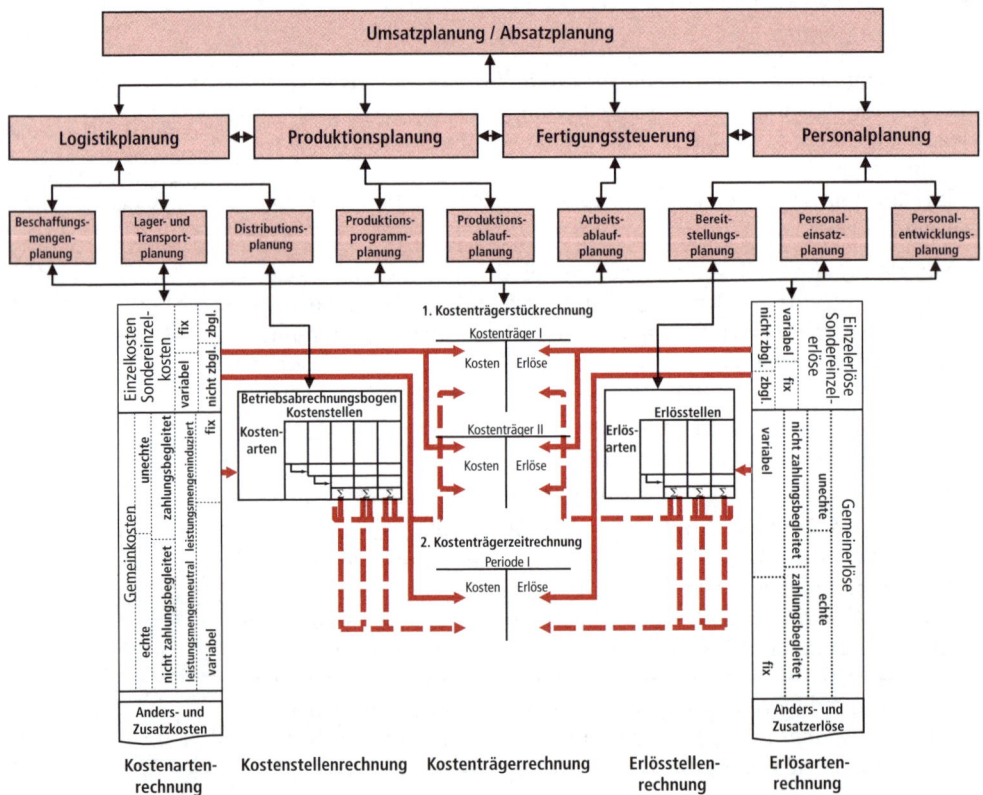

Abbildung 8.32: Zusammenhänge der Kostenplanung

Im **Planungsprozess** werden die im jeweiligen Bereich anzustrebenden Einzelziele aus den Oberzielen des Unternehmens abgeleitet und im operativen Ziel- und Maßnahmenplan des Bereichs festgehalten.

Die operationalen Ziele werden dann nach dem Gegenstromverfahren zusammengefasst und mit den **Unternehmensgesamtzielen** abgestimmt. Dieser Rückkoppelungs- und Abstimmungsprozess wird in der Regel zu einer Korrektur der Ziele in der einen oder anderen Richtung führen. Er wird so lange fortgesetzt, bis die Bereichsziele untereinander und mit den Gesamtunternehmenszielen in Einklang stehen.

8.3.4 Umsatzprognose bei Unternehmen mit Einzelfertigung/Projektleistungstätigkeit

Neben den Unternehmen, die ihre Leistungstätigkeit im Massengeschäft haben, gibt es auch Unternehmen, die von der **Absatz**- und **Leistungstypologie** her individualisierte Großaufträge abwickeln, wie z. B.

- Bauunternehmen,
- Werften,
- Anlagenhersteller (Großanlagen) oder
- Projektentwicklungsgesellschaften.

Diese Unternehmen weisen eine Besonderheit bei der Abrechnung ihrer Leistungen auf: Aufgrund des Volumens und der Dauer der Erstellung dieser Großaufträge/-vorhaben fallen die Umsätze zu festgelegten Zeitpunkten mit der Fakturierung der Projekte an und sind in der Regel hinsichtlich Höhe und Termin vertraglich festgelegt. Daher ist in diesen Unternehmen im operativen Zeithorizont nicht die Bestimmung des Umsatzes, sondern die Prognose der **Gesamtleistung** das relevante Problem, denn erst in dieser Größe wird die Entwicklung der betrieblichen Leistung als Basisgröße für weitere Planungen zum Ausdruck gebracht.

> Bei Unternehmen mit Projektleistungstätigkeit ist die Gesamtleistung die Basis der Planungen.

Allerdings muss hierbei zwischen Gesamtleistung im Sinne der handelsrechtlichen GuV, die dem **Realisationsprinzip** folgt, und Gesamtleistung im Sinne von **kalkulatorischer Betriebsleistung** unterschieden werden. Für unsere Betrachtungen ist im Folgenden die Gesamtleistung aus kalkulatorischer Sicht maßgebend und wird wie folgt definiert:

Die Gesamtleistung im Sinne kalkulatorischer Betriebsleistung ist die Werteentstehung, die auf die Periode gemäß bewertetem Leistungsfortschritt zugeordnet und auf zwei Wegen ermittelt werden kann:

> Definition kalkulatorische Gesamtleistung

- **Projektgesamtleistung** auf die Anzahl der Perioden der Projektdauer in Abhängigkeit vom Fertigstellungsgrad oder
- über die Ermittlung der in der Periode entstandenen Gesamtkosten der Projekte ergänzt um einen durchschnittlichem Gewinn- oder Verlustsatz der Projekte.

Hieraus wird schon deutlich, dass die Prognose der Gesamtleistung in diesen Unternehmen nicht auf Basis der klassischen beschriebenen Prognoseverfahren, ausgehend von Absatz oder Umsatz, durchgeführt werden kann, sondern über strukturierte Planungsmodelle für

- die einzelnen Projekte,
- die Gesamtheit der Projekte und
- das Gesamtunternehmen

Das Prognosemodell baut bei Unternehmen mit Projektleistungstätigkeit auf Strukturmodellen auf.

vorgenommen werden muss. In diesen Modellen müssen die einzelnen Planungskomponenten zu einem flexiblen Prognose-Ableitungssystem kombiniert werden. Das **Prognosemodell** beruht somit auf sachlogischen kausalen Zusammenhängen, die aber nicht in Gestalt von Korrelations- und Regressionsanalysen, sondern auf der Grundlage von Struktur- modellen (Netzplänen) erfasst werden. In Abb. 8.33 soll exemplarisch die Struktur eines solchen Prognosesystems aufgezeigt werden.

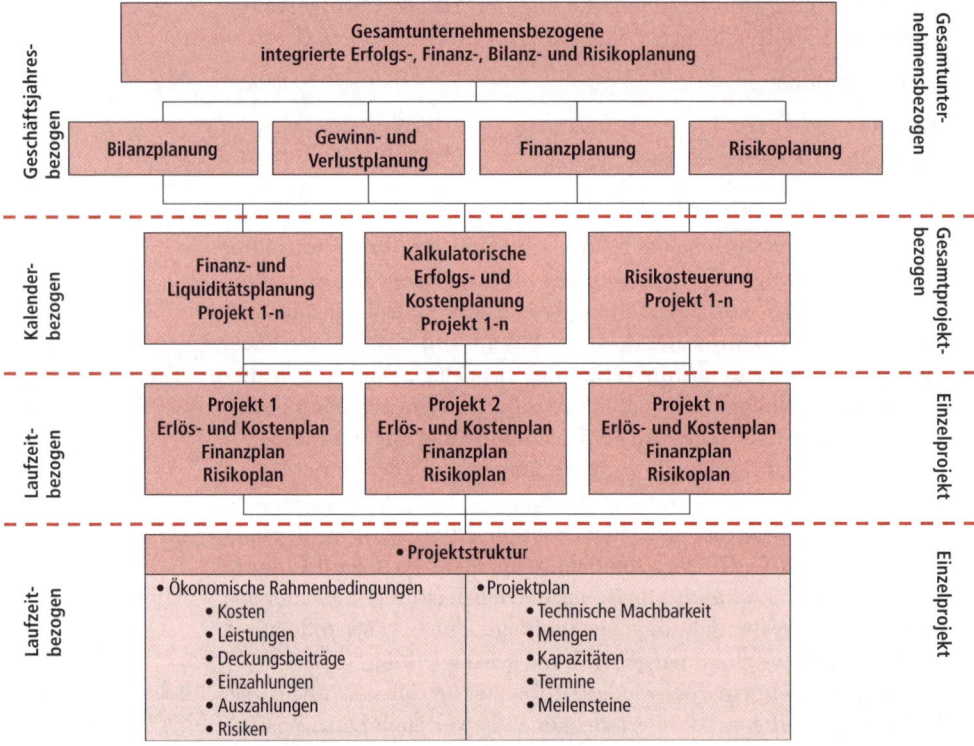

Abbildung 8.33: Struktur eines Systems zur Erfolgs-, Finanz- und Risikosteuerung für Unternehmen mit individualisierten Großaufträgen (in Anlehnung an Lachnit, L.: Controllingkonzeption, 1994, S. 89)

Die laufzeitbezogenen Informationen bezüglich der technischen und ökonomischen Inhalte der Einzelprojekte bilden in diesem System den Ausgangspunkt und die Datenbasis des Prognosesystems. Die erfolgs-, finanz- und risikobezogenen Daten werden in einer aggregierten Form erst projektspezifisch, dann gesamtprojektbezogen und schließlich nach erfolgreichem Abschluss eines **Transformationsprozesses**, der aus lauf- zeitbezogenen Informationen kalender- und geschäftsjahresabhängige kostenrechnerische und buchhalterische Daten generiert hat, gesamt-unternehmensbezogen verarbeitet.

Z U S A M M E N F A S S U N G

Wirkungsvolle Unternehmensführung verlangt die Planung zentra-ler Sachverhalte der Unternehmensentwicklung, um eine zielorien-tierte Steuerung des Unternehmens zu ermöglichen. Als Ausgangs-punkt einer Planung sind der Umsatz und die Gesamtleistung zu prognostizieren. Für die Prognose gibt es verschiedene Ansätze, Methoden und Verfahren, wobei die klassischen Prognoseverfahren in qualitative und quantitative Verfahren unterteilt werden können. Letztere sind noch einmal in Zeitreihenverfahren und kausale Ver-fahren zu klassifizieren. Trotz hoher mathematischer Exaktheit und Plausibilität der Verfahren ist zunächst ein kausaler Zusammenhang entweder über die Zeit (Strukturkonstanz) oder betriebswirtschaft-lich über eine unabhängige Variable zu bestimmen und die Auswahl des geeigneten Verfahrens schwierig.

So bestehen bei der Prognose die grundsätzlichen Schwierigkei-ten der Prognostizierbarkeit von Ergebnissen sozioökonomischer Systeme, der Wahl der Prognosemethodik sowie des Prognosehori-zontes und des Umgangs mit Strukturbrüchen. Die Prognosenproble-matik ist besonders hervorzuheben, denn sie ist auch durch weitere Modellannahmen nicht zufrieden stellend zu beantworten. So kön-nen für einen kurzen Prognosehorizont zwar noch gute Ergebnisse erwartet werden, doch besteht die Gefahr, dass konjunkturelle oder saisonale Schwankungen die Wertbestimmung erheblich verzerren.

Aus den prognostizierten Werten für Umsatz und Gesamtleis-tung müssen in einem weiteren Schritt durch die Entscheidung der Unternehmensführung Plankosten generiert werden, von denen die übrigen Kosten abzuleiten sind. Dafür ist es sinnvoll, die Einzel-und Gemeinkosten getrennt zu planen.

Somit sind die vorgestellten Prognosemethoden als unterstüt-zende Instrumente für die Unternehmensplanung geeignet, können aber die Zukunftsunsicherheit nicht beseitigen. Um in dem ein-gangs gewählten Bild zu bleiben, rast das Unternehmen wie ein Auto im Nebel über die Autobahn, wobei die Unternehmensfüh-rung den Wagen nur mit Rückspiegel und durch Prognostik auch nur mit einem (leider noch ungenauen) Radarsystem steuert.

Z U S A M M E N F A S S U N G

Übungsmaterial

Wiederholungsfragen

Im Folgenden finden Sie Wiederholungsfragen zu den in diesem Kapitel behandelten Lerninhalten, die Sie auch unter Rückgriff auf die einzelnen Textpassagen lösen sollten.

1. Definieren Sie den Unterschied zwischen qualitativen und quantitativen Prognoseverfahren.
2. In welche Komponenten lassen sich Zeitreihen zerlegen?
3. Wie werden die Abhängigkeiten von Umsatzdaten und Einflussgrößen untersucht?
4. Wie wird eine Trendkomponente eliminiert?
5. Was ist die Restschwankung?
6. Welche unterschiedlichen Regressionsverfahren gibt es?
7. Erläutern Sie die Vorgehensweise bei der iterativ-multiplen Regression.
8. Wie wird die Prognose bei Unternehmen mit Projektleistungstätigkeit erstellt?
9. Wie können Sie Einzelkosten aus der Umsatzplanung ableiten?
10. Was ist ein Saisonfaktor?

Aufgaben

Aufgabe 8.1:

Ein Unternehmen plant die Einführung der Prozesskostenrechnung zur Optimierung seiner Kostenstrukturen. Drei verschiedene Bereiche des Unternehmens sind für die Einführung vorgesehen.

Wenn die Versandabteilung untersucht wird, können 110.000 € eingespart werden, die Kosten für diesen Projektabschnitt belaufen sich auf 85 Personentage à 2.000 €.

Wird die unternehmenseigene Spedition untersucht, kann dies zum Festpreis von 230.000 € erfolgen und spart Kosten in Höhe von 170.000 € ein. Ebenfalls könnte auch die Lackiererei prozesskostenrechnerisch erfasst werden, was aber fixe Projektkosten von 95.000 € und variable Projektkosten von 55.000 € verursacht. Dafür wäre jedoch die enorme Einsparung von 100.000 € zu erzielen. Leider steht dem Controller nur ein Budget von 400.000 € zur Verfügung.

Ermitteln Sie die optimale Vorgehensweise und wählen Sie hierzu ein geeignetes Verfahren.

Aufgabe 8.2:

Gegeben sind folgende Umsätze eines Unternehmens in der Textil-industrie:

Umsätze des Textilunternehmens					
Monat	Original-werte	Monat	Original-werte	Monat	Original-werte
Jan 00	101.220	Jan 02	95.264	Jan 04	88.638
Feb 00	91.350	Feb 02	85.176	Feb 04	79.968
Mrz 00	113.085	Mrz 02	110.136	Mrz 04	104.346
Apr 00	125.370	Apr 02	114.920	Apr 04	111.792
Mai 00	120.960	Mai 02	114.920	Mai 04	100.164
Jun 00	105.000	Jun 02	98.384	Jun 04	97.716
Jul 00	114.870	Jul 02	107.328	Jul 04	103.734
Aug 00	105.420	Aug 02	99.008	Aug 04	95.370
Sep 00	121.275	Sep 02	117.728	Sep 04	108.426
Okt 00	131.145	Okt 02	126.152	Okt 04	122.910
Nov 00	126.420	Nov 02	113.256	Nov 04	112.710
Dez 00	151.305	Dez 02	137.592	Dez 04	132.396
Jan 01	104.055	Jan 03	91.000	Jan 05	90.270
Feb 01	90.615	Feb 03	80.184	Feb 05	74.868
Mrz 01	118.230	Mrz 03	108.472	Mrz 05	104.958
Apr 01	119.175	Apr 03	106.808	Apr 05	116.892
Mai 01	123.900	Mai 03	105.352	Mai 05	104.550
Jun 01	104.370	Jun 03	98.904	Jun 05	96.900
Jul 01	112.980	Jul 03	100.776	Jul 05	102.306
Aug 01	101.955	Aug 03	90.168	Aug 05	98.634
Sep 01	131.145	Sep 03	110.344	Sep 05	104.754
Okt 01	121.695	Okt 03	123.032	Okt 05	122.502
Nov 01	128.310	Nov 03	105.664	Nov 05	113.730
Dez 01	146.580	Dez 03	129.064	Dez 05	131.376

Führen Sie eine Datenanalyse und eine Prognose mit einem Zeitreihen-verfahren durch.

Aufgabe 8.3:

Sie sind Controller in einem weltweit tätigen Bauunternehmen und werden vom Vorstand beauftragt, eine neue Umsatzprognose für das Jahr j+1 zu erstellen. Folgende Rahmendaten liegen Ihnen vor:

Zeit	Umsatz des eignen Unternehmens in Mrd. €	Umsatz Bauindustrie	Auftragseingang Industrie t-6	Bauanträge Index t-12	Geschäftsklima Index weltweit t-12	Inflationsrate Deutschland t-12 in %
Jan. j-1		145,00		4,39	1,10	0,37
Feb. j-1		100,00		2,96	0,74	0,25
Mrz. j-1		175,00		5,14	1,29	0,36
Apr. j-1		116,00		3,45	0,86	0,29
Mai. j-1		98,00		4,00	1,00	0,33
Jun. j-1		123,00		4,65	1,16	0,39
Jul. j-1		118,00	658,00	4,30	1,08	0,35
Aug. j-1		131,00	444,00	4,17	1,04	0,35
Sep. j-1		99,00	771,00	3,20	0,80	0,26
Okt. j-1		111,00	517,00	2,90	0,73	0,31
Nov. j-1		145,00	576,00	5,00	1,25	0,41
Dez. j-1		140,00	698,00	4,67	1,17	0,39
Jan. j-0	14,50	145,00	589,00	4,52	1,13	0,38
Feb. j-0	9,80	100,00	626,00	3,12	0,78	0,26
Mrz. j-0	17,00	175,00	390,00	5,84	1,46	0,49
Apr. j-0	11,40	116,00	500,00	3,85	0,96	0,32
Mai. j-0	12,70	98,00	750,00	3,04	0,76	0,25
Jun. j-0	15,40	123,00	700,00	4,08	1,02	0,34
Jul. j-0	13,00	118,00	587,00	3,91	0,98	0,33
Aug. j-0	13,80	131,00	657,00	4,38	1,10	0,37
Sep. j-0	9,90	99,00	456,00	3,04	0,76	0,25
Okt. j-0	12,20	111,00	500,00	3,33	0,83	0,28
Nov. j-0	17,40	145,00	600,00	4,00	1,00	0,33
Dez. j-0	16,50	140,00	620,00	4,13	1,03	0,34
Korrelationskoeffizient		0,84895046	0,978610322	0,9283103	0,928225072	0,94068783
Regressionssteigung		0,09528367	0,021038738	3,11568099	12,45346008	46,7716892
Achsenabschnitt		1,71493434	0,976779207	0,95597356	0,961937705	-2,12569442

Sofern Werte für den zeitverschobenen Zusammenhang der Einflussgröße vorhanden sind, werden diese mit „t-x" in der Bezeichnungsspalte angegeben.

Wählen Sie drei Einflussgrößen für eine iterativ-multiple Regression aus der Tabelle aus, erstellen Sie diese und begründen Sie Ihre Auswahl. Verdeutlichen Sie die bei diesem Verfahren unterstellten Prämissen kurz.

Literatur

Bühl, A.: Erweiterte Datenanalyse mit SPSS, Statistik und Data-Mining, Wiesbaden 2002.

Bühl, A. / Zöfel, P.: SPSS 12 Einführung in die moderne Datenanalyse unter Windows, 9. Aufl., München 2005.

Draenert, P.: Kooperative Absatzplanung, Einführungsstrategie für den Prognosedatentausch, Dissertation, Wiesbaden 2001.

Eckstein, P.: Angewandte Statistik mit SPSS, Praktische Einführung für Wirtschaftswissenschaftler, 4. Auflage, Wiesbaden 2004.

Homburg, C.: Quantitative Betriebswirtschaftslehre, Entscheidungsunterstützung durch Modelle, 3. Auflage, Wiesbaden 2000.

Horvath, P.: Controlling, 10. Aufl., München 2006.

Kobelt, H. / Steinhausen, D.: Wirtschaftsstatistik für Studium und Praxis, in: Pietschmann, B.P. / Vahs, D. (Hrsg.): Praxisnahes Wirtschaftsstudium, 6. Aufl., Stuttgart 2000.

Lachnit, L.: Umsatzprognose auf Basis von Expertensystemen, in: Controlling + Computer, Nr. 3, 1992, S. 160–167.

Lachnit, L.: Controllingkonzeption für Unternehmen mit Projektleistungstätigkeit, München 1994.

Mertens, P. / Rässler, S.: Prognoserechnung, 6. Aufl., Heidelberg 2005.

Rudolph, A.: Prognoseverfahren in der Praxis, Heidelberg 1998.

Moosmüller, G.: Methoden der empirischen Wirtschaftsforschung, München 2004.

Puhani, J.: Statistik, 7. Aufl., Bamberg 1995.

Sandte, H.: Grenzen von Prognosen oder: Warum Prognostiker irren (dürfen), in: Das Wirtschaftsstudium, Nr. 2, 2004, S. 189–190.

Schira, J.: Statistische Methoden der VWL und BWL, 2. Aufl., München 2005.

Schlittgen, R.: Angewandte Zeitreihenanalyse, München/Wien/Oldenburg 2001.

Statistisches Bundesamt: Volkswirtschaftliche Kennzahlen, http://www.bundesbank.de/statistik/statistik_terminkalender_detail.php#bau1.

Stier, W. Marktentwicklungen durch Prognoseverfahren antizipieren – Managementunterstützung für Planung und Steuerung, in: Thexis, Nr. 2, 2002, S. 5–8.

Sydsæter, K. / Hammond, P.: Mathematik für Wirtschaftswissenschaftler, München 2004

Wagenhofer, A. / Ewert, R.: Interne Unternehmensrechnung, 6. Aufl., Berlin 2005.

Zöfel, P.: Statistik für Wirtschaftswissenschaftler im Klartext, München 2003.

Plankosten- und Erlösrechnung

9

ÜBERBLICK

Fall | Der neuen Geschäftsführung der FEBAU GmbH liegen jetzt für alle relevanten Kostenarten Plandaten vor, die nach Meinung des ehemaligen Inhabers auch in der Kantine aus dem Kaffeesatz hätten gelesen werden können. Davon unbeirrt ist die Kostenrechnerin wild entschlossen, nun die vorhandenen Instrumente der Kostenrechnung mit Plandaten zu beschicken und dann die Ergebnisse an das Controlling und die Unternehmensleitung zu geben. Ihre Mitarbeiterin, wenig erbaut davon, jetzt die ganze Arbeit, die schon in der Erfassung der Istkosten lag, für Plankosten noch einmal durchzuführen, fragt nach dem Sinn dieser Rechnungen. Die Kostenrechnerin überlegt nicht lange und führt aus:

„Können Sie sich noch daran erinnern, dass wir im letzten Jahr so viel von den Aluminiumfenstern verkauft haben? Bei fast jeder Anfrage haben wir auch den Auftrag bekommen. Wir dachten zuerst an einen großen Erfolg, bis wir die erste Abrechnungsperiode abschlossen und feststellten, dass die Stückkosten je Fenster drastisch gestiegen waren. Neben den gestiegenen Energiepreisen, über die wir alle unsere privaten Rechnungen betreffend schon lange diskutiert hatten, teilte uns damals Herr Meyer von der Beschaffung mit, dass auch die Aluminiumpreise, wie er erwartet hatte, deutlich gestiegen seien. Herr Schulze weigerte sich zudem, die von uns errechnete Budgetüberschreitung in seiner Produktionskostenstelle zu akzeptieren. Bei genauerer Betrachtung stellte sich heraus, dass wir die Angebote auf der Basis unserer Stückkosten vom letzten Jahr gemacht hatten und bei den ganzen produzierten Aluminiumfenstern sogar noch Geld draufgelegt hatten, da wir unser Lager zu deutlich höheren Rohstoffpreisen wieder auffüllen mussten. Unsere Konkurrenz war da schlauer, und ich mag gar nicht daran denken, was passiert wäre, wenn nicht unsere Abrechnungsperiode mit einem Quartal so kurz wäre. Hätten wir auf den alten Chef gehört und nur jährlich die Stückkosten ermittelt, ich denke, wir hätten dann jetzt nur die Öffnungszeiten der Arbeitsagentur ermitteln können!"

„Und warum weigerte sich Herr Schulze, die Berechnung der Budgetabweichung zu akzeptieren, war da ein Fehler drin?"

„Rechnerisch nicht, aber er meinte, dass seine ganzen Bemühungen, wenig Verschnitt zu produzieren ja dann überflüssig seien, wenn er für die gestiegenen Preise verantwortlich gemacht werde würde. Er und seine Frau wollten ja wohl gerne versuchen, in der heimischen Küche Aluminium zu produzieren, um das weltweite Angebot zu erhöhen, gab aber zu bedenken, dass ihm doch nur 12 qm Fläche und ein Elektroherd zur Verfügung stünden."

„Schon verstanden, wir müssen also für die Kalkulation und für die Budgetberechnung unterschiedliche Werte verwenden?"

„Genau – und darum müssen Sie nicht nur die Plankosten in das System eingeben, sondern auch die Normal- beziehungsweise die Standardkosten!"

„Gegen eine Karriere in der Datei der Arbeitsagentur ist aber selbst das noch eine verlockende Aussicht, also wo sind die Listen und wie erfolgt das Einpflegen ins System?"

Lernziele:

In diesem Kapitel werden Sie lernen,

- den Nutzen der Normal- und Standardkostenrechnung einzuschätzen,
- die Notwendigkeit der Plankostenrechnung zu verstehen,
- die Systematik der verschiedenen Ausgestaltungen der Plankostenrechnung und ihre Unterschiede nachzuvollziehen,
- Interpretationsansätze für die errechneten Abweichungen zu entwickeln.

9.1 Normal-/Standardkostenrechnungen

Die Normal-/Standardkostenrechnung gibt es in zwei unterschiedlichen Zielrichtungen. Zunächst kann die Normalkostenrechnung als Zwischenschritt von der Ist- zur Plankostenrechnung gesehen werden. Bei der Standardkostenrechnung stehen dagegen die Kontrolle und die Verhaltenssteuerung der Mitarbeiter, primär der Kostenstellenverantwortlichen, im Vordergrund.

Normalkostenrechnung = Zwischenschritt zur Plankostenrechnung

Standardkostenrechung = Verhaltenssteuerung

Die Vorteile der **Normalkostenrechnung** liegen in der Normalisierung der Kalkulations- und Verrechnungssätze und damit in der Beschleunigung und Vereinfachung der innerbetrieblichen Abrechnung. Alle Unternehmen, die keine ausgebaute Plankostenrechnung einsetzten, können für die Zwecke der Preiskalkulation normalisierte Istkosten einsetzen. Eine solche Rechnung hätte zwar nicht die in der Einleitung beschriebenen Probleme der starken Preisanstiege verhindert, doch werden hiermit zumindest Preisschwankungen der einzusetzenden Kostenarten aus den Angeboten herausgenommen, da mit durchschnittlichen oder bereinigten Istkosten der letzten Perioden gerechnet wird. Im System der Normalkostenrechnung werden – aus Vereinfachungsgründen – somit nicht die tatsächlich angefallenen Kosten auf die Kostenträger verrechnet, sondern nur die als „normal" angesehenen Kosten. Die Über- oder Unterdeckungen als Abweichung zwischen Ist- und Normalkosten werden direkt auf das Betriebsergebniskonto übernommen. Die Ermittlung der Normalkosten kann statisch erfolgen (ohne Berücksichtigung der Zukunft) oder über aktualisierte Mittelwerte (es werden die Istwerte zugrunde gelegt, bei denen ähnliche Verhältnisse vorlagen). Sie basiert somit auf der Annahme, dass diese normalisierten Kosten auch in der Zukunft anfallen werden, was letztlich auch bedeutet, dass die gesamte Kostenstruktur zukünftig konstant und somit als unveränderlich angesehen wird. Da diese Annahmen nur in den wenigsten Branchen und zu den wenigsten Zeiten zutreffen dürften, beseitigt die Normalkostenrech-

Verwendung normalisierter Größen

nung die großen Probleme des Einsatzes der Istkostenrechnung zur Fundierung zukünftig wirkender Entscheidungen nicht. Zudem beziehen sich die Über- und Unterdeckungen auf alle Kosteneinflussgrößen und liefern somit wenig aussagefähige Ergebnisse für eine genauere Abweichungsanalyse. Ebenfalls werden Kostenschwankungen nivelliert, was zu Programmfehlsteuerungen führen kann und in folgendem Beispiel verdeutlicht wird:

Beispiel 9.1

Die FEBAU GmbH ermittelt Normalkosten für einen Auftrag Aluminiumfenster für ein kleineres Bürogebäude in der Periode t0 für die kommende Periode, und zwar auf der Basis folgender Daten:

KST Kostenart	Material	Fertigung	Verwaltung	Vertrieb
Normalisierte GK	20.000 €	36.000 €	7.200 €	10.800 €
Normalisierte Bezugsgrundlage	Mat. 100.000 €	Löhne 24.000 €	HK 180.000 €	HK 180.000 €
Normalisierte Zuschlagssätze	20%	150%	4%	6%

Abbildung 9.1: Annahmen über die Normalkosten

Innerhalb der Periode t1 stellt sich heraus, dass die direkt zurechenbaren Material- und Fertigungskosten bei 80.000 € bzw. 30.000 € liegen, sodass für die Kalkulation auf dieser Basis der Angebotspreis angepasst werden muss. Für die Gemeinkosten liegen in der laufenden Periode t1 noch keine Informationen vor, da dafür zunächst die Kostenstellenrechnung abgeschlossen werden müsste. Nach Ende der Periode t1 wird dies in t2 durchgeführt. Es ergeben sich Gemeinkostenzuschläge für Material in Höhe von 15% und für die Fertigung in Höhe von 140%, sodass die Nachkalkulation auf Istkostenbasis erfolgen kann. Die Selbstkostenermittlung stellt sich zu den drei unterschiedlichen Zeitpunkten wie folgt dar:

(in €)	Normalkalk. (in t0)	Kalkulation (in t1)	Nachkalk. (in t2)
Material-EK	N 100.000	I 80.000	I 80.000
+ Mat.-GK	N 20.000	N 16.000	I 12.000
+ Fertigungs-EK	N 24.000	I 30.000	I 30.000
+ Fert.-GK	N 36.000	N 45.000	I 42.000
= Herstellkosten	N 180.000	171.000	I 164.000
+ Verwaltung	N 7.200	N 6.840	I 6.000
+ Vertrieb	N 10.800	N 10.260	I 10.400
= Selbstkosten	N 198.000	188.100	I 180.400

I = Istkostenbasis; N = Normalkostenbasis

Abbildung 9.2: Selbstkostenberechnungen zu unterschiedlichen Zeitpunkten mit den jeweils zur Verfügung stehenden Datenbasen

Die auftretenden Abweichungen sind jedoch schwer zu interpretieren, da Abweichungen sowohl bei den Preisen der Einsatzstoffe als auch bei der Beschäftigung aufgetreten sein können. Aus dieser auch für die Istkostenrechnung geltenden Problematik ist eine Erweiterung der Kostenrechnung im Hinblick auf Plankostenrechnungen vorzunehmen.

Der Normalkostenrechnung ähnlich ist die **Standardkostenrechnung**, bei der die Normalwerte durch als Standards geeignete Werte ersetzt bzw. als solche interpretiert werden. Sie verfolgt das Rechenziel der Kontrolle und Verhaltenssteuerung und ist Teil der Budgetierung.

> **Verwendung standardisierter Größen**

> **Definition** Die **Budgetierung** ist ein Subsystem der Unternehmensplanung, in welchem am (zeitlichen) Ende des Planungsprozesses die Planung in quantitative, umsetzungskonkrete Größen transformiert wird. Die Budgetierung umfasst den gesamten Prozess der Erstellung, Verabschiedung, Kontrolle sowie der zugehörigen Soll-Ist-Abweichungsanalyse von Budgets. Diese können als ein formalzielorientierter, in absolute oder relative Wertgrößen formulierter Plan angesehen werden.

Durch die Ergänzung dieser Budgets um Mengenangaben sowie Sachzielbedingungen soll die interne Stimmigkeit von Budgets und ihre Verbindung zu den Unternehmensgesamtzielen abgesichert werden. Diese sind in Abhängigkeit von den für die Führung generierbaren Informationen und dem Dezentralisierungsgrad zu sehen. Die Budgets werden den Ausführungsträgern für eine bestimmte Periode mit einem bestimmten Verbindlichkeitsgrad vorgegeben und sind insbesondere zur Steuerung des Mitarbeiterverhaltens geeignet.

> **Budgets stellen umgesetzte Unternehmensziele dar.**

> **Definition** Das **Budget** ist somit ein
>
> - quantifizierter,
> - sachzielergänzter,
> - periodisierter,
> - konkretisierter,
> - formalisierter und
> - verbindlicher
>
> Plan für eine bestimmte, für die Ausführung zuständige Organisationseinheit.

In Abhängigkeit von dem Führungsstil können diese Budgets dann auch als Zielvereinbarungen oder Verträge verstanden werden.

Lenkungsfunktion der Budgetierung

Der Zweck der Budgetierung liegt in der **gesamtzielbezogenen Lenkung** der organisatorischen Unternehmenseinheiten. Aufgabe der Budgetierung ist es daher, mittels Budgets die Entscheidungsträger der Unternehmensteilbereiche zu einem Verhalten zu führen, bei dem die Einzelentscheidungen auf die Gesamtzielsetzung des Unternehmens ausgerichtet sind. Mittels der Budgets soll also das Unternehmensgeschehen

- planmäßig, d. h. nicht zufällig,
- genehmigt, d. h. nicht willkürlich,
- wechselseitig abgestimmt, d. h. unter Berücksichtigung betrieblicher Interdependenzen, sowie
- ordnungsgemäß, d. h. den Unternehmenszielen folgend,

abgewickelt werden. Dies bedeutet, dass die **Budgetierung als betriebswirtschaftliches Führungsinstrument** im Wesentlichen die Planungs-, (horizontale) Koordinations-, (vertikale) Integrations-, Informations-, Motivations- und Kontrollfunktion übernimmt.

Kostenstellenorientierte Betrachtung

Die Standardkostenrechnung hat ihr Hauptaugenmerk in diesem Zusammenhang auf die Kostenstellenrechnung gerichtet. Den Kostenstellen werden erwartete Kosten als Verhaltensnorm oder als Standard vorgegeben (Budgets), an dem der Verantwortliche sein Handeln orientieren kann und die mengenmäßige Wirtschaftlichkeit seines Handelns dann anschließend zu kontrollieren ist. Dafür ist Grundvoraussetzung,

- dass die Kosteneinflussgrößen auf die Kostenhöhe bekannt sind, wobei zumindest Hypothesen über die Abhängigkeit der Kosten von der Beschäftigung, d. h. den erbrachten Leistungen, notwendig sind,
- dass die Kostenstellen bei Anwendung der Standardkostenrechnung – wenn nicht bereits geschehen – streng an die Kompetenzbezirke der Kostenverantwortlichen angeglichen sind – nur so können die verursachten Kosten den jeweiligen Entscheidungsträgern auch zugeordnet werden, und
- dass in den Standardkosten nur die Kostenarten erfasst sind, die der Kostenstellenverantwortliche auch beeinflussen kann, was die Eliminierung etwa von Preisschwankungen verlangt, sodass mit normierten oder standardisierten festen Preisen zu rechnen ist.

Somit wird die Mengenkomponente der Kosten besonders hervorgehoben, während Marktpreisänderungen von anderen Personen zu überwachen sind. Den Kostenstellenverantwortlichen können daher Beträge vorgegeben werden, die sich zwar aus verschiedenen Mengen unterschiedlicher Güterarten zusammensetzten, aber dennoch durch die monetäre Geldeinheit vergleichbar sind. Zum anderen wird dadurch eine Gewichtung der Verbrauchsgüter deutlich, sodass der Kostenstellenverantwortliche auch eine Vorstellung über die wertmäßige Austauschbarkeit hat. Bei der Rechnung auftretende Abweichungen zwischen den tatsächlichen Marktpreisen und den vorgegebenen Standardkosten verzerren hierbei das betrachtete Ergebnis nicht, da sie komplett aus der Betrachtung herausgehalten werden. Allerdings hat die Standardkostenrechnung damit auch nur einen begrenzten Anwendungsbereich, da sie ausschließlich der Kontrolle und Verhaltenssteuerung der verantwortlichen Mitarbeiter dient.

Die **Standardkostenrechnung** kann nach Kosiol grundsätzlich nach dem zugrunde gelegten Beschäftigungsgrad weiter unterteilt werden, nämlich in

- eine Standardkostenrechnung auf der Basis von Optimalbeschäftigung und

- eine Standardkostenrechnung auf der Basis von Normalbeschäftigung.

Eine Ermittlung von Vorgabewerten auf der Basis der **Optimalbeschäftigung** impliziert die Bestimmung der Kosten mit der gewinngünstigsten Beschäftigung, d. h. zu minimalen Kosten. Das muss nicht zwangsläufig die Vollauslastung sein, da häufig eine Maximalausnutzung der Kapazität überproportionalen Verschleiß bedeutet und von den Mitarbeitern auf Dauer nicht durchgehalten werden kann. Letztendlich verursacht diese oft höhere Betriebskosten. Die Bestimmung der Optimalbeschäftigung kann dabei an der Engpassstelle für das Gesamtunternehmen bestimmt werden oder auf teilbetrieblicher Ebene. Bei letzterem Verfahren sind dann in den Abweichungen von „optimal" zu „ist" auch die Leerkosten aufgrund der ungenauen Abstimmungen der Teilkapazitäten enthalten. Insgesamt lassen die Betrachtungen auf der Basis der Optimalbeschäftigung für die Verhaltenssteuerung erkennen, was zur Erreichung der Optimalbeschäftigung insgesamt noch an Kosten optimiert werden kann.

Aus psychologischen Gründen führt eine derartige Verhaltenssteuerung jedoch häufig nicht zu einem optimalen Entscheidungsverhalten, da egal welche Anstrengungen unternommen werden, stets die als Standard gesetzten Kosten überschritten werden dürften, was demotivierend wirkt. Besteht jedoch die Chance, die vorgegebenen Kosten zu unterschreiten, kann dies motivationssteigernd wirken und auch einfacher mit erfolgsabhängigen Entlohnungsverfahren verbunden werden. Daher wird in der Praxis häufiger mit einer Standardkostenrechnung auf der Basis von **Normalbeschäftigung** gerechnet, die das Rechenziel der Verhaltenssteuerung zur Steigerung der Wirtschaftlichkeit wirksamer und einfacher erfüllt. Als Normalbeschäftigung werden dabei entweder vergangene Werte oder gegebenenfalls unter Beachtung von Trends ermittelte erwartete Werte angenommen. Auf dieser Basis sind jedoch die Leerkosten als Differenz zwischen der Optimal- und der Normalauslastung in einer gesonderten Analyse zu ermitteln.

Optimalbeschäftigung

Normalbeschäftigung

Zusammenfassend kann die Standardkostenrechnung weniger als ein rechentechnisch genaues Kostenrechnungsinstrument für verschiedene Rechenzwecke gesehen werden als vielmehr eine den Aspekt der Verhaltenssteuerung von Mitarbeitern betonende Rechnung, die es ermöglicht, die geplanten standardisierten Kosten in der Organisation durchsetzen.

9.2   Systeme der Plankosten- und Planerlösrechnung

Planungsbasierte Größen

> **Definition**   **Plankostenrechnungssysteme** stellen solche Kostenrechnungssysteme dar, bei denen für bestimmte zukünftige Perioden zeit- und stückbezogen Verbrauchsmengen und Preise der Kostengüter geplant und hieraus Plankosten abgeleitet werden.

Sie entsteht, indem das dargestellte Grundsystem der Kosten-/Erlösarten-, Kosten-/Erlösstellen- und Kosten-/Erlösträgerrechnung anstatt mit tatsächlich realisierten Istdaten mit zukunftsbezogenen Planwerten beschickt wird und auf dieser Basis die Berechnungen stattfinden.

Solche Plankosten beinhalten eine Mengen- und eine Preiskomponente und können daher wie folgt ermittelt werden:

Formel 9.1   Plankosten (Planerlöse) = Planmenge * Planpreis

Plankosten und Planerlöse   Hierbei ist – wie bei allen Kosten- und Erlösrechnungssystemen – sowohl nach Plankosten, d. h. dem bewerteten zukünftigen Güterverzehr, sowie den Planerlösen als bewertete zukünftige Güterentstehung zu unterscheiden.

Systematik der Plankostenrechnung   Die Systeme der **Plankostenrechnung** können entsprechend den Einflussgrößen und der Art der einfließenden Kosten untergliedert werden. Hierbei kann beispielsweise eine Trennung der Kosten in Abhängigkeit von Beschäftigungsveränderungen, d. h. der Menge der produzierten Leistungen, vorgenommen werden, indem eine Trennung in variable und fixe Kostenbestandteile erfolgt. Diese Art der Plankostenrechnung heißt flexible Plankostenrechnung. Wird dagegen auf eine explizite Trennung der fixen und variablen Kostenbestandteile verzichtet, so wird diese Art der Plankostenrechnung als starre Plankostenrechnung bezeichnet.

Starrer und flexibler Beschäftigungsgrad

Werden überdies die Prinzipien der Voll- oder Teilkostenrechnung, die sich in der Zurechnung der Gemeinkosten unterscheiden, noch weiter angewandt, so kann die **flexible Plankostenrechnung** noch weiter in eine flexible Plankostenrechnung auf Vollkostenbasis und eine **Grenz-plankostenrechnung** unterschieden werden, wie Abb. 9.3 verdeutlicht.

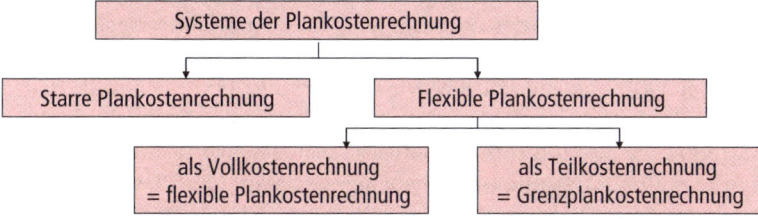

Abbildung 9.3: Systeme der Plankostenrechnung

Die Plankostenrechnung verwirklicht die zukunftsorientierte Ausrichtung der Kosten- und Erlösrechnung sowohl als Zeit- als auch als Stückrechnung, die in der Normalkostenrechnung nur ungenügend erreicht werden konnte. Erst durch die Verwendung von Planwerten können Sollgrößen ermittelt werden, die einerseits der innerbetrieblichen zielorientierten Steuerung der handelnden Personen dienen und andererseits zur Unterstützung zukunftsorientierter Entscheidungen besser geeignet sind. In Verbindung mit einer Erfassung der Istwerte sind überdies Soll-Ist-Abgleiche möglich, die Informationen generieren, Lerneffekte auslösen und Verhaltensbeeinflussungseffekte initiieren können. Derartige Kostenrechnungssysteme liefern Informationen über Abweichungsursachen sowie Hinweise auf notwendige Korrekturmaßnahmen und erfüllen somit die Aufgabe der führungsorientierten Kosten- und Erlösrechnung Informationen zu sammeln, zu analysieren, zu verarbeiten und aufzubereiten, um so die Unternehmensführung bei Planung, Steuerung und Kontrolle zu unterstützen. Insoweit ist eine Plankostenrechnung ein unentbehrliches Instrument des Erfolgscontrollings. *(Zukunftsorientierte Betrachtung)*

In Hinblick auf unternehmerische Entscheidungen hat die Plankostenrechnung die Aufgabe, die informatorische Basis für diese Entscheidungen zu legen. Dazu sind Plandaten z. B. über zukünftige Kosten der Einsatzfaktoren und zukünftige Erlöse erforderlich, wobei die konkrete Herleitung bereits in Kapitel 8 beschrieben wurde. Im Rahmen einer zunehmenden Rationalisierung und Automatisierung der Unternehmen finden auf Planwerten beruhende Investitionsrechnungsverfahren zunehmend an Bedeutung. *(Entscheidungsorientierung)*

Die Qualität der Ergebnisse einer Plankostenrechnung wird bestimmt durch die **Leistungs-(/Erlös-)** und **Kostenplanung**, auf der die Eingangsgrößen basieren. Der Anwender muss sich daher stets vergegenwärtigen, dass die dabei getroffenen Annahmen (Hypothesen) über die Kosten- und Erlösverläufe sowie die Zusammenhänge bzw. Abhängigkeiten immer der Zukunftsungewissheit unterliegen und daher lediglich zukünftig für möglich gehaltene Werte sind, auf deren Basis dann die weiteren Berechnungen stattfinden. Daher ist die Länge der Planungsperiode in Abhängigkeit von der erwarteten Umweltdynamik zu wählen. *(Prämissen der Plankostenrechnung)*

Bei hoher Dynamik auf den Märkten, die das Unternehmen mit den erstellten Produkten bedient bzw. von denen es Leistungen bezieht, ist eine möglichst kurze Periode zur Ermittlung der Abweichungen und zur Plananpassung zu wählen, wie etwa ein Monat, um schneller gegensteuern zu können. Dabei sind die kurzfristigen Pläne immer aber als Teilpläne eines umfassenderen längerfristigen Planes zu verstehen, da in der Regel die Unternehmen auch längerfristige Kapazitätsentscheidungen zu treffen haben und somit für diese Vermögenswerte eine längerfristige Planung notwendig ist. Gegebenenfalls sollte die Plankostenrechnung dann auch sogar mitlaufend Abweichungsinformationen generieren können, was jedoch Folgen für die Zurechnung der Kosten hat und daher, wie noch zu zeigen sein wird, die Grenzplankosten bedingt.

Kostenkontrolle   Generell sind für die beiden zentralen Rechenzwecke der Plankostenrechnung, die Kosten- und Erlöskontrolle sowie die Entscheidungsunterstützung, unterschiedliche Abläufe und gegebenenfalls auch unterschiedliche Berechnungsgrößen notwendig. Für die **Kostenkontrolle** im Rahmen der Verhaltensorientierung

- sind auf der Basis der zugrunde gelegten Planwerte Budgets vorzugeben,
- ist die Länge der Abrechnungsperiode zu bestimmen,
- sind die Istkosten zu ermitteln,
- hat die Gegenüberstellung von Istkosten und Plankosten je Kostenträger und je Kostenstelle im Plan-Ist-Vergleich zu erfolgen,
- sind Abweichungsanalysen, d. h. Bestimmung von Ausmaß und Gründen für eine Kostenüber- oder -unterschreitung (Preis-, Verbrauchs-, Beschäftigungsabweichung), durchzuführen und es
- sind Kostenberichte mit der Benennung der Verantwortlichkeiten zu erstellen.

Entscheidungsunter-   Im Rahmen der **Entscheidungsunterstützungsfunktion** der Plankalku-
stützungsfunktion lation steht einerseits die Kostenträgerstückrechnung insbesondere mit der

- Ermittlung von Planangebotspreisen,
- Ermittlung der geplanten kurz- und langfristigen Preisuntergrenzen und
- Programmentscheidungen (Entscheidung über Zusatzaufträge, optimales Produktionsprogramm, Verfahrenswahl, Eigen- oder Fremdfertigung)

zur Verfügung. Andererseits können mittels Kostenträgerzeitrechnungen Entscheidungen im Bereich der Erfolgsplanung von Stellen, Bereichen, Segmenten und des Gesamtunternehmens auf der Basis der Kostenrechnung getroffen werden. In jedem Fall hat jedoch eine Kontrolle mit den später ermittelten Istwerten zu erfolgen. Die dabei gewonnenen Abweichungsinformationen sind entsprechend zu analysieren und gegebenenfalls als Lerneffekte in zukünftigen Planungen zu berücksichtigen.

Beispiel 9.2

Die Einführung einer Plankostenrechnung – so überlegt der Controller – würde ihm wie auch jedem Entscheidungsträger für seinen Verantwortungsbereich deutlich aufzeigen, wie seine bisherigen verursachten Kosten und Erlöse im Vergleich zu den entsprechenden Planwerten liegen. Dadurch ist jedem Kollegen klar, ob er die gesteckten Ziele für seinen Bereich auch erreicht. Darüber kann er selbst erkennen, ob und welche Gegensteuerungsmaßnahmen er zu treffen hat, um die budgetierten Ziele zu erreichen.

Darüber hinaus kann nicht nur für abgelaufene Perioden ermittelt und kontrolliert werden, wie hoch die Kosten und Erlöse einzelner Produkte sind, sondern mit Hilfe der konsequenten Einführung der Plankostenrechnung können auch die Preise der Produkte für zukünftige Perioden bestimmt werden. Dabei können zukünftig erwartete Preissteigerungen bereits in die Preise einkalkuliert werden.

Der Vertriebsleiter nimmt sich vor, sobald die Plankostenrechnung eingeführt ist, eine Neukalkulation der Kunststofffensterpreisliste vorzunehmen, die die erwarteten Ölpreiserhöhungen mit einbezieht.

9.2.1 Starre Plankostenrechnung

Die **starre Plankostenrechnung** ist dadurch gekennzeichnet, dass die Planung der Kosten per Kostenstelle und -art nur für einen ganz bestimmten, festen (starren) Beschäftigungsgrad durchgeführt wird. Ebenso wie die Beschäftigung werden auch die übrigen Kosteneinflussgrößen als konstant angesehen. Eine Anpassung der Kosten im Rahmen der Abweichungsanalyse an Beschäftigungsschwankungen, um die erwarteten und vorgegebenen Kosten auf die tatsächlich eingetretene Beschäftigung des Unternehmens umrechnen zu können, ist somit nicht möglich. Als Basis dienen Vollkosten, sodass die gesamten erwarteten Kosten verrechnet werden. Eine Trennung in fixe und variable Kosten wird somit nicht vorgenommen.

Starre Plankostenrechnung = Planung mit einem festen Beschäftigungsgrad

Der Ablauf der starren Plankostenrechnung beginnt mit der Festlegung der Planbeschäftigung für das Unternehmen. Darauf aufbauend werden die Einzelkosten für die Kostenträger sowie die Gemeinkosten geplant. Die Gemeinkostenplanung für die Kostenstellen geschieht unter Zugrundelegung der Planbeschäftigung in den einzelnen Kostenstellen durch eine Bezugsgröße, wie etwa Fertigungsstunden oder Stückzahlen.

Ablauf

Auf dieser Basis werden dann der zu erwartende mengenmäßige Verbrauch an Gemeinkostengütern sowie durch die Multiplikation mit den vorgegebenen oder erwarteten Preisen schlussendlich die Plankosten ermittelt. Diese Planwerte repräsentieren die bei der bestimmten angenommenen Beschäftigung, bei erwartetem effizienten Verhalten sowie bei den unterstellten Mengen- und Preisrelationen erzielbaren Kosten- bzw. Erlöse einer Kostenstelle. Auf eine Kostenstelle bezogen kann auf dieser Basis durch die Division der gesamten Plankosten durch die Planbeschäftigung der **Plankostenverrechnungssatz** ermittelt werden, der
Plankostenverrechnungssatz dann als Berechnungsbasis oder Verrechnungssatz für die Plankalkulation verwendet wird.

Formel 9.2
$$\text{Plankostenverrechnungssatz} = \frac{K_{Plan}(x_{Plan})}{x_{Plan}}$$

Die Abb. 9.4 zeigt das Prinzip der starren Plankostenrechnung. Die betreffende Kostenstelle plant die Kosten (K_{Plan}) bei einer vorgegebenen Ausbringungsmenge M_{Plan}. In der Regel ist es jedoch in der Praxis so, dass der geplante **Beschäftigungsgrad** nicht eingehalten werden kann. Hieraus resultieren Istkosten (K_i) bei einer realisierten Beschäftigung (M_i). Aus der Differenz zwischen K_i und K_{Plan} kann nun die Gesamtabweichung (GA) errechnet werden. In dieser überlagern sich aber mehrere Effekte, so dass sie für die weitere Analyse wertlos ist.

Die so genannten verrechneten Plankosten ($K_{verr.}$) ergeben sich durch Multiplikation des Plankostenverrechnungssatzes mit der realisierten Ausbringungsmenge (x_i).

Abweichungsanalyse

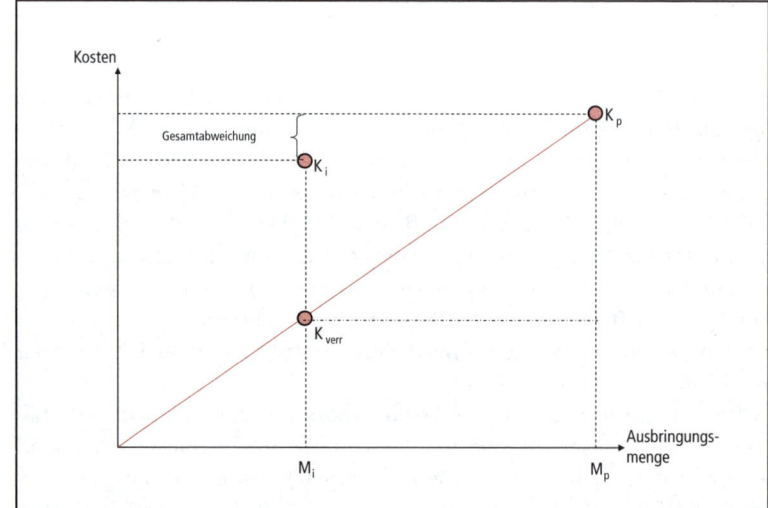

Abbildung 9.4: System der starren Plankostenrechnung

Mit Hilfe der Plankostenrechnung können durch die Gegenüberstellung von Ist- und Planwerten so genannte Plan-Ist-Abweichungen analysiert werden. Ergeben sich nach Ablauf der Periode nun andere Istwerte als erwartet, so können in diesem System der Plankostenrechnung allerdings nur die Preis- und die Mengenabweichungen festgestellt und analysiert werden.

Preisabweichungen sind die zusammengefassten Differenzen zwischen Ist- und Planpreisen der Kostengüter und können aus der Gesamtabweichung herausgerechnet werden, indem die Ist- mit den Planpreisen der eingesetzten Güter und Leistungen verglichen werden. Dafür ist jedoch nicht nur die Kenntnis des genauen Mengengerüstes bei der Leistungserstellung notwendig, sondern es muss überdies für jeden wertmäßigen Güterverzehr der geplante erwartete Wert vorhanden sein, was angesichts der Menge und der Komplexität der Leistungserstellungsprozesse oft nur näherungsweise möglich sein wird. Wenn es gelingt, die Preisdifferenzen zu eliminieren, beruht die verbleibende Kostenabweichung dann nur noch auf Mengenabweichungen.

Die **Mengenabweichungen** enthalten sowohl Beschäftigungs- und Verbrauchsabweichungen als auch gegebenenfalls Restabweichungen. Bei den Verbrauchsabweichungen handelt es sich um Mehr- oder Minderkosten beim Stoffverbrauch oder beim (Arbeits-)Zeitverbrauch, die in der Regel von der Kostenstellenleitung zu verantworten sind. Ursachen sind hier Unwirtschaftlichkeiten, veränderte Fertigungsverfahren oder Qualitätsänderungen beim Produkt. Beschäftigungsabweichungen sind auf Änderungen des Beschäftigungsgrads zurückzuführen und deshalb von der Kostenstellenleitung normalerweise nicht zu verantworten. Im Prinzip drückt die Differenz zwischen den erwarteten Kosten bei **Istbeschäftigung** (Sollkosten) und verrechneten Plankosten die Leerkosten (= nicht genutzte Fixkosten) aus, wenn der Betrieb unterbeschäftigt ist. Eine negative Beschäftigungsabweichung ("überdeckte Fixkosten") liegt bei Überbeschäftigung, d. h. einer Auslastung von über 100%, vor. Da die starre Plankostenrechnung jedoch nur für einen Beschäftigungsgrad plant, kann die Beschäftigungsabweichung mit diesem System nicht bestimmt werden. Dies ist das zentrale Defizit dieser Rechnung, da somit die Mengenabweichungen nicht in Beschäftigungs- und Verbrauchsabweichungen aufgespalten werden können, sodass die Ursachen und Verantwortlichkeiten hinter den Mengenabweichungen unklar bleiben. Wir werden im folgenden Kapitel auf die Bestimmung dieser Einzelabweichungen eingehen. Darüber hinaus können auch weitere Abweichungen als **Restabweichungen** mit betrachtet werden, wenn weitere Kosteneinflussgrößen, wie z. B. Intensitätsabweichungen, Losgrößenabweichungen, Produktmix und Qualität, in das Modell einbezogen werden.

Die generellen Abweichungsmöglichkeiten sind in Abb. 9.5 dargestellt. Allerdings können nicht alle Abweichungen auch mit jedem Plankostenrechnungssystem ermittelt werden.

Preisabweichungen

Mengenabweichungen

Verbrauchsabweichungen

Restabweichung

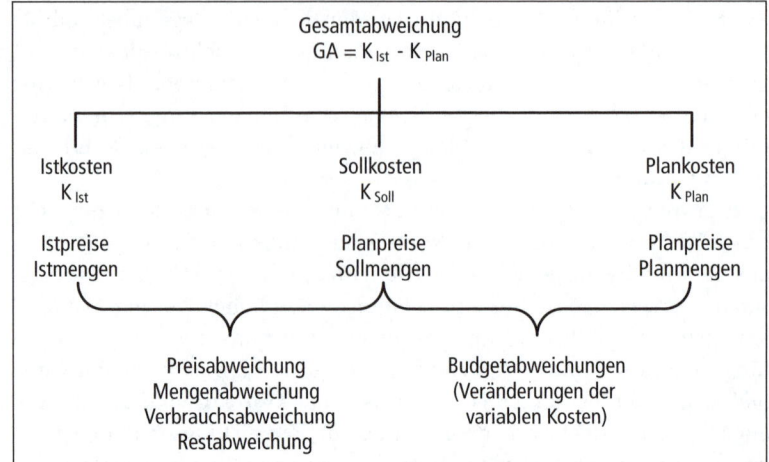

Abbildung 9.5: Systematisierung von Abweichungen
(in Anlehnung an Coenenberg, A.G.: Kostrenrechnung und Kostenanalyse, Stuttgart 2003, S. 360)

Budgetabweichung
Da die **Budgetabweichungen** in der Regel aus der kostenrechnerischen Betrachtung ausgeklammert werden, wird die **Gesamtabweichung** dann **im engeren Sinne** auch häufig nur auf die Differenz zwischen Soll- und Istkosten bezogen. Das generelle Vorgehen der verschiedenen Verfahren der Plankostenrechnung soll an einem durchgehenden Beispiel verdeutlicht werden.

Beispiel 9.3

Bei der FEBAU GmbH soll probeweise in der Kostenstelle „Glaserei" eine Plankostenrechnung vorgenommen werden, da hier die Kosten in der Vergangenheit überproportional gestiegen waren. Hierzu wurden für eine Rechnungsperiode folgende Plangemeinkostenarten zu Planpreisen bei einer erwarteten Beschäftigung von 4.000 Fertigungsstunden, die die Bezugsgröße in dieser Kostenstelle darstellen, zugrunde gelegt:

Materialkosten Betriebsstoffe	10.000 €
Materialkosten Hilfsstoffe	8.000 €
Energiekosten	10.000 €
Hilfslöhne	8.000 €
Gehaltskosten	22.000 €
Kalkulatorische Abschreibungen	22.000 €
Plangemeinkostensumme $K_{Plan}(x_{Plan}) =$	80.000 €

Die geplanten Kosten der Kostenstelle betragen also in der Planperiode bei der geplanten Ausbringungsmenge 80.000 €. Auf dieser Basis kann der Plankostenverrechnungssatz ermittelt werden, indem die Plangemeinkosten durch die Anzahl der Planbeschäftigungsstunden geteilt wird, was hier zu einem Satz von 20 €/Std. führt, der die Grundlage der Plankalkulation mit dem Vollkostensatz darstellt.

$$\text{Plankostenverrechnungssatz} = \frac{K_{Plan}(x_{Plan})}{X_{Plan}} = \frac{80.000\,\text{€}}{4.000\,\text{Std.}} = 20\,\text{€/Std.}$$ **Formel 9.3**

Mit diesem Satz werden bei der Kalkulation alle von einem Kostenträger benötigten Stunden in dieser Kostenstelle belastet.

Nach Abschluss der betrachteten Periode stellt sich heraus, dass die Istgemeinkosten bei nur 72.200 € liegen. Es ist somit zu einer Unterschreitung des Planwertes von knapp 10 % gekommen.

$$\text{Plan}-\text{Ist}-\text{Abweichung} = K_{Plan}-K_{Ist} = 80.000\,\text{€}-72.200\,\text{€} = 7.800\,\text{€}.$$ **Formel 9.4**

Allerdings ist diese Größe für die Abweichungsanalyse nicht sonderlich aussagekräftig. Die Ursachen können unter Außerachtlassung von eventuellen Budgetdifferenzen, die aus Fehlern der Planung resultieren, in Preis-, Beschäftigungs- und Verbrauchsabweichungen bzw. in Kombinationen hiervon liegen.

In unserem Beispiel stellt sich heraus, dass die Inanspruchnahme der Glaserei durch die Kostenträger nur bei 3.000 statt der erwarteten 4.000 Fertigungsstunden lag. Zudem können die folgenden Preisdifferenzen ermittelt werden, indem die tatsächlich verbrauchten Istmengen der Einsatzfaktoren mit den Preisen berechnet werden, die auch bei der Planung Verwendung fanden.

In der folgenden Abb. 9.6 sind die einzelnen Preisabweichungen je Kostenart dargestellt, wobei die dargestellten relativen Preisabweichungen als Durchschnittswerte der einzelnen Kostenarten zu verstehen sind. So bestehen z. B. die Betriebsstoffe wieder aus verschiedenen einzelnen Positionen, die gegebenenfalls eine deutlich unterschiedliche Preisentwicklung vollzogen haben können.

Kostenart	Preisänderungen in %	Istkosten zu Istpreisen	Istkosten zu Planpreisen	Preisabweichung absolut
Materialkosten Betriebsstoffe	20,69 %	7.000 €	5.800 €	1.200 €
Materialkosten Hilfsstoffe	10,17 %	5.200 €	4.720 €	480 €
Energiekosten	9,76 %	9.000 €	8.200 €	800 €
Hilfslöhne	2,34 %	7.000 €	6.840 €	160 €
Gehaltskosten	−1,96 %	22.000 €	22.440 €	−440 €
Kalk. Abschreibungen	0 %	22.000 €	22.000 €	0 €
		72.200 €	70.000 €	2.200 €

Abbildung 9.6: Preisabweichungen in der Kostenstelle „Glaserei"

Wir können aufgrund der Abspaltung der Preisabweichungen erkennen, dass von der gesamten Plan-Ist-Abweichung von 7.800 € 2.200 € aus einer Preiserhöhung bei den Einsatzgütern gegenüber den Planpreisen resultiert.

Formel 9.5

$$\text{Preisabweichung} = K_{\text{Ist zu Istpreisen}} - K_{\text{Ist zu Planpreisen}}$$
$$= 72.200\,€ - 70.000\,€$$
$$= 2.200\,€.$$

Preisdifferenzermittlung Die Ermittlung dieser Preisdifferenzen ist in der Praxis mit den komplexen Leistungserbringungsstrukturen und den unterschiedlichsten zu berücksichtigenden Einsatzgütern sehr schwierig, sodass es häufig nur zu indexbezogenen Berechnungen der Werte auf Durchschnittsbasis kommt. Gleichwohl steigt in dem Maße, wie es gelingt, die Preisdifferenzen genau zu bestimmen, auch die Genauigkeit der Mengenabweichungen.

Die Verantwortlichkeit für die aufgetretenen Preisabweichungen ist im Anschluss tiefer zu analysieren, wobei die Preissetzung der verbrauchten Güter in der Regel extern determiniert ist, sodass das Unternehmen auch durch geschickte Einkaufspolitik nur einen kleinen Einfluss hierauf ausüben kann. Der Kostenstellenleiter einer operativen Einheit (hier der Glaserei) ist in der Regel nicht dafür zur Verantwortung zu ziehen. Gleichwohl sind die hier ermittelten Differenzen nicht die Preisveränderungen, sondern vielmehr die Abweichungen der tatsächlichen von der erwarteten Entwicklung.

Exkurs Da auf volatilen Märkten Unternehmen sich immer häufiger auch durch Sicherungsgeschäfte in Form von z. B. Termingeschäften gegen unerwartete Preisänderungen absichern können, stellt sich bei höheren Abweichungen sehr wohl die Frage, ob diese nicht zumindest in der betrachteten Periode hätten verhindert werden können. So hatte etwa im Geschäftsjahr 2004 und 2005 die Fluggesellschaft Southwest Airlines das benötigte Kerosin über Termingeschäfte so weit preislich fixiert, dass der scharfe Anstieg der Energiepreise in diesem Zeitraum diese Fluggesellschaft im Gegensatz etwa zu Delta Airlines, United Airlines oder Northwest, die keine bzw. kaum ausreichende Sicherungsgeschäfte getätigt hatten, nicht so stark in der Erfolgsrechnung getroffen hat. Ähnliche Beispiele lassen sich auch für Währungskurssicherungen oder Zinssicherungen finden. Anzumerken ist hierbei, dass Sicherungsgeschäfte per se noch kein Garant für eine bessere Erfolgslage sind, da die Preise auch hätten fallen können und dann der Kostenvorteil bei den Gesellschaften läge, die sich nicht abgesichert haben. Unbestreitbar erhöhen Sicherungsgeschäfte aber die Planungssicherheit und mindern die hier berechneten Preisabweichungen.

Die Differenz von 5.600 € (7.800 € – 2.200 €) ist auf Abweichungen zwischen den geplanten Verbrauchsmengen an Einsatzfaktoren (X_p) und den tatsächlich verbrauchten Einsatzfaktormengen (X_i), also – wie es zunächst scheint – auf Unwirtschaftlichkeiten in der betreffenden Kostenstelle, zurückzuführen. Allerdings ist aufgrund der aus der starren Plankostenrechnung zur Verfügung stehenden Informationen keine weitere Analyse dieser Abweichung möglich.

Besondere Bedeutung erlangt die Preisabweichungsanalyse im Regelfall bedingt durch die größeren Volumina bei den **Einzelkosten**. Generell stellt sich im Hinblick auf die kostenstellen- und/oder kostenartenbezogene Kontrolle der Einzel- und Gemeinkosten die Frage der Wirtschaftlichkeit, die über die Auswertungskosten und -erlöse zu bestimmen ist. Zudem ist zu entscheiden, ob eine vollständige Abweichungsanalyse (geschlossener Soll-Ist-Vergleich) durchgeführt werden soll oder ob selektiv Daten, z. B. lediglich die durch die Kostenstellenleitung beeinflussbaren Kosten, Betrachtungsgegenstand sein sollen. Angesichts der Komplexität des Leistungserstellungsprozesses und der dafür benötigten Leistungen sowie durch die inzwischen mögliche Unterstützung mit EDV-gestützten Systemen erscheint eine Gesamtanalyse mit Hinweis auf die Verantwortlichkeiten der einzelnen Abweichungen ein gangbarer Weg zu sein. Konkret muss entschieden werden, ob die Preisänderungen beim Zugang erfasst werden sollen oder erst beim Abgang, d. h. wenn z. B. die Materialien in das Produkt eingehen. Es kommt jeweils ein Preisdifferenzkonto als Unterkonto des jeweiligen Kontos zum Einsatz.

Analyse von Preisabweichungen

Erfassung von Preisabweichungen

Im ersten Fall werden die Eingangsrechnungen für das Material sofort auf die Preisabweichung hin untersucht und die Rechnung wird dann wie folgt in verschiedenen Konten erfasst:

Erfassung beim Zugang

Per Materialbestandskonto	Menge * Planpreis
Per Preisdifferenzkonto	Menge * (Istpreis – Planpreis)
an Kasse	Menge * Istpreis

Wird das Material dann in der Produktion benötigt, so wird per Lagerentnahmeschein gebucht:

Per Materialaufwand	Menge * Planpreis
an Materialbestandskonto	Menge * Planpreis

Damit ist es möglich, automatisch die Preisabweichungen des Beschaffungsmarktes zu erfassen, die dem Zugang entsprechen. Die Preisschwankungen werden sofort abgefangen und somit von der Materialbe-

standsrechnung ferngehalten. Die Unterschiede von Anfangs- und End-
beständen stellen reine Substanz- oder Mengenänderungen dar. Durch
die Übertragung der Salden der Preisdifferenzkonten auf die Materi-
albestandskonten können die Istbestandswerte jederzeit ermittelt werden. Allerdings müssen die Abweichungen, die den Verbrauch betreffen,
durch Nebenrechnungen ermittelt werden, wobei die Verbrauchsfolgeverfahren zu beachten sind.

Erfassung beim Abgang Bei der Erfassung der Preisabweichungen beim Abgang werden die
Rechnungen zunächst unkorrigiert eingebucht:

Per Materialbestandskonto	Menge * Istpreis
an Kasse	Menge * Istpreis

Erst wenn das Material dann in der Produktion benötigt wird, wird mit
der Lagerentnahme auch die Preisdifferenz gebucht:

Per Materialaufwand	Menge * Planpreis
Per Preisdifferenzkonto	Menge * (Istpreis – Planpreis)
an Materialbestandskonto	Menge * Istpreis

Das Materialbestandskonto ist bei dieser Methode immer mit den
schwankenden Istpreisen bewertet. Auch hier muss bei der Bestimmung
der Preisdifferenzen auf die Verbrauchsfolge geachtet werden und gegebenenfalls monatlich eine Durchschnittspreisbewertung vorgenommen
werden.

Verbrauchsfolgeverfahren

Durchschnittspreismethode

IFRS Nach den IFRS ist die tatsächliche Verbrauchsfolge auch
im Rechnungswesen anzuwenden, womit die **First-In-First-
Out-** und die Durchschnittspreismethode am häufigsten zur Anwendung kommen dürfte. Im ersten Fall werden beim Lagerabgang die
Materialien zu dem Preis bewertet, der für die ältesten am Lager
befindlichen Produkte bezahlt worden ist; bei der Durchschnittspreismethode wird stets ein Durchschnittspreis verrechnet, was den
Anforderungen einer möglichst um Preisschwankungen geglätteten
Erfassung in der Kostenrechnung am nächsten kommt. Die für die
Kalkulation am besten geeignete Methode des **Last-In-First-Out**, die
eine Verrechnung der jeweils aktuellsten Preise verlangt, darf nach
IAS 2 nicht mehr angewandt werden, wenn nicht eine reale Verbrauchsfolge dies nahe legt, wie z. B. bei Sand oder ähnlichen halt-
baren und physikalisch so gelagerten Gütern.

**Relevanz der Preisabwei-
chungsermittlung** Rechnerisch führen beide Methoden zum gleichen Ergebnis. Es wird nur
deutlich, wie aufwendig diese Ermittlung der Preisabweichungen ist,
die für jede einzelne Kostenart durchgeführt werden muss. Aus diesem
Grund werden in der Praxis für die weniger wesentlichen Kostenarten
lediglich Indexierungen vorgenommen. Gleichwohl sind die Beobach-

tung der Lieferantenpreise und die schnelle Anpassung der Kalkulation für Zwecke der Unterstützung von Absatzentscheidungen hochrelevant. Ein auf Märkten mit starken Schwankungen arbeitendes Unternehmen läuft sonst Gefahr, am (Absatz-)Markt vorbeizukalkulieren. Entweder wird dabei ein zu hoher Preis verlangt, der zu Absatzeinbrüchen führt, oder die Leistung wird durch die nicht erfolgte Weitergabe von gestiegenen Einkaufspreisen zu einem zu niedrigen Preis angeboten. Dies ist oft der schlimmere Fall, weil er meistens nicht so schnell bemerkt wird und der hohe Absatz bei gegebenenfalls negativen Stückdeckungsbeiträgen eine Unternehmenskrise auslösen kann. Somit ist die Erfassung der Preisdifferenzen in der Buchhaltung in das betriebliche Kontrollsystem als Bestandteil des Risikomanagementsystems einzubeziehen, um Abweichungen von der geplanten zur tatsächlichen Entwicklung so frühzeitig zu identifizieren, dass Anpassungen, wie etwa höhere Absatzpreise oder andere Produktionsverfahren, rechtzeitig vorgenommen werden können. Das Problem mit hohen Lagerbeständen und der Weitergabe von Preissenkungen an den Absatzmarkt kann an dem Fall der ehemals börsennotierten ESCOM AG von 1996 nachvollzogen werden:

Wenig Hoffnung für ESCOM[1]

Beispiel 9.4

ESCOM ist zahlungsunfähig. Nachdem sich abgezeichnet hatte, daß im Jahresabschlußbericht 1995 ein Fehlbetrag von rund 180 Millionen Mark ausgewiesen werden muß und letzte Rettungsmaßnahmen mangels Liquidität zu spät ins Auge gefaßt worden waren, sah sich der Vorstand des Computerhandelshauses am 3. Juli genötigt, beim Amtsgericht Bensheim Vergleichsantrag zu stellen.

...Doch das weit hinter den Erwartungen zurückgebliebene Weihnachtsgeschäft wie der drastische Preisverfall auf dem PC-Markt und unerwartet schleppendes Europageschäft brachten ESCOM immer weiter in die roten Zahlen. Auf einer großen Partie Pentium-75-Rechner waren die Heppenheimer sitzengeblieben. Der Wertverfall der Rechner infolge weiter ungebremst sinkender Komponentenpreise vergrößerte den Gesamtverlust.

Schätzte ESCOM im Dezember den Verlust für das Geschäftsjahr 1995 noch auf 45 Millionen, war Anfang März bereits von 125 Millionen die Rede. Firmengründer Schmitt mußte Anfang April seinen Sessel an den von IBM kommenden Helmut Jost abtreten.

Derzeit ist von 180 Millionen Mark Verlust die Rede, doch in Wahrheit scheint der Minusbetrag bei 260 Millionen zu liegen. Mit 2,35 Milliarden Mark Umsatz hatte ESCOM das gesetzte Jahresziel um 750 Millionen verfehlt. c't hat erfahren, daß selbst dieser Wert

---

[1] Entnommen aus Möcke, F.: http://www.heise.de/ct/96/08/018/.

geschönt sein soll – interne Verkäufe an die französische Tochterunternehmung sollen den Wert aufgebessert haben.

...

Doch auch bei Vobis ist die Rede von einer schwierigen Marktsituation und wachsendem Wettbewerb: 'Man wird sich auf Kaufzurückhaltung besonders im privaten Bereich einstellen müssen.' Vobis setzt auf das mit einem Aufwand von 20 Millionen DM eingeführte 'Built-To-Customer-Verfahren'. 60 Prozent aller Vobis-PCs werden individuell nach Kundenwunsch gefertigt. So braucht man nicht mehr große Warenbestände vorzuhalten.

Für die weiteren Abweichungsbetrachtungen sind die ermittelten Preisdifferenzen auszublenden, sodass erst auf dieser Basis die preisbereinigte Gesamtmengenabweichung berechnet werden kann. Dazu werden von den **Istgemeinkosten** ohne die Preisabweichungen von 70.000 € die verrechneten Plankosten bei Istbeschäftigung, d. h. 20 € * 3.000 Std., abgezogen, was zu einem Betrag von 10.000 € führt.

Formel 9.6

$$\text{Gesamtmengenabweichung} = K_{\text{Ist preisbereinigt}} - K_{\text{Verr}}$$
$$= 70.000\,€ - 60.000\,€$$
$$= 10.000\,€.$$

Grafisch können die ermittelten Differenzen wie in Abb. 9.7 dargestellt werden.

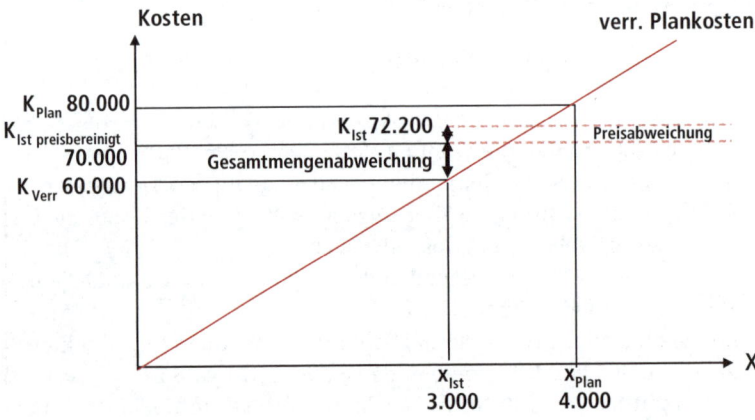

Abbildung 9.7: Grafische Abweichungsermittlungsmöglichkeiten der starren Plankostenrechnung

Grenzen der starren Plankostenrechnung

In der Abweichungsanalyse muss nun versucht werden, die Ursachen der Mengenabweichungen genauer zu untersuchen. Allerdings wäre dazu die Kenntnis der Aufteilung der Kosten in fixe und variable

Bestandteile notwendig. Diese Information ist allerdings im System der starren Plankostenrechnungen nicht ablesbar.

> **Merke** Die starre Plankostenrechnung führt die Planung nur für einen ganz bestimmten (starren) Beschäftigungsgrad durch. Eine Aufteilung in fixe und variable Kosten wird nicht vorgenommen. Daher ist eine auftretende Abweichung nur in Preis- und Mengenabweichung zu unterteilen. Die relevante weitere Unterteilung in Beschäftigungs- und Verbrauchsabweichung ist nicht möglich.

9.2.2 Flexible Plankostenrechnung auf Vollkostenbasis

Die weitere Analyse und Unterteilung der ermittelten Mengenabweichung in weitere Abweichungsarten, den so genannten Beschäftigungs- und Verbrauchsabweichungen, gelingt nur, wenn eine Vorstellung von der Kostenfunktion in Abhängigkeit von der Beschäftigung vorhanden ist, d. h. eine Aufteilung in fixe und variable Kosten erfolgen kann. Diese Aufteilung ist mit weitreichenden Prämissen verbunden. So werden außer der Beschäftigung in der Regel alle weiteren Kosteneinflussgrößen ausgeblendet. *(Randnotiz: Planung für verschiedene Beschäftigungsgrade)* *(Randnotiz: Prämissen von Kostenfunktionen)*

Zudem bereiten die unterstellten linearen Kostenverläufe bei der Verwendung variabler Kosten in der Praxis große Probleme, da diese generell – wenn überhaupt – nur innerhalb einer bestimmten Spannbreite als linear zu charakterisieren sind. Zu denken ist etwa an Mengenrabatte, technische Verbrauchsabhängigkeiten oder Lernprozesse bei der Fertigung. Daher sind die gesetzten Prämissen bei der Teilkostenrechnung stets kritisch zu betrachten, um keine falsche Abbildung zu erstellen. Ferner ist zu beachten, dass die Frage der Variabilität auch von dem Betrachtungszeitraum abhängt; letztlich sind alle fixen Kosten variabel, wenn der Betrachtungszeitraum nur lange genug gewählt wird.

Auf Basis dieser Annahmen kann die starre Plankostenrechnung in die **flexible Plankostenrechnung** überführt werden, die jedoch weiterhin eine Vollkostenrechnung darstellt. Hierzu muss zunächst eine Zerlegung der Gemeinkosten in fixe und variable Bestandteile sowie die Bestimmung der angenommenen Kostenfunktion erfolgen. Aus diesen Informationen werden dann die Plankosten für den Planbeschäftigungsgrad abgeleitet. Da die Kostenfunktion als bekannt unterstellt wird, können die Plankosten für jeden gewünschten Beschäftigungsgrad, die so genannten **Sollkosten**, ermittelt werden. Dies ermöglicht es, nach Ablauf der Periode den angefallenen Istkosten nicht nur die Plankosten zur Planbeschäftigung, sondern auch die geplanten bzw. erwarteten Kos- *(Randnotiz: Flexible Plankostenrechnung)* *(Randnotiz: Sollkosten = Erwartete Kosten für ein bestimmtes Beschäftigungsniveau)* ten bei Istbeschäftigung als Sollkosten gegenüberzustellen und dadurch die Beschäftigungsabweichung sichtbar zu machen. Durch die Trennung der Kosten in fix (K_{fix}) und (K_{var}) kann die Gesamtmengenabweichung somit in die Verbrauchs- und Beschäftigungsabweichung unterteilt werden.

Die Abb. 9.8 verdeutlicht den Zusammenhang:

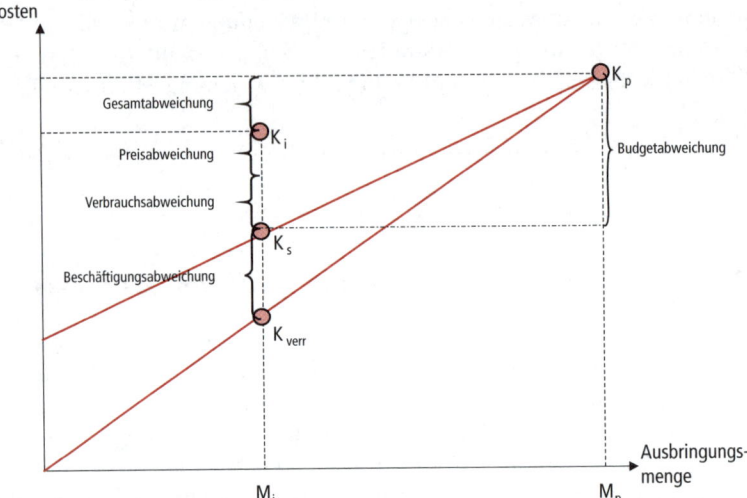

Abbildung 9.8: Abweichungsanalyse in der flexiblen Plankostenrechnung auf Vollkostenbasis

Wie zu erkennen ist, kann die Gesamtabweichung in die Teilabweichungen **Budgetabweichung** ($K_p - K_{soll}$) und **Preis-** bzw. **Verbrauchsabweichung** ($K_i - K_s$) aufgespalten werden. Zusätzlich ist noch die **Beschäftigungsabweichung** ($K_s - K_{verr.}$) zu beachten.

Beschäftigungsabweichung   Die **Beschäftigungsabweichung** resultiert daraus, dass der geplante Beschäftigungsgrad der Kostenstelle nicht eingehalten wurde und daher die zur Verfügung stehenden Kapazitäten nicht vollständig genutzt wurden.

Für solche nicht genutzten Kapazitäten fallen im Unternehmen Fixkosten an, die – wie wir gelernt haben – kurzfristig nicht abbaubar sind. Durch die Nichtausnutzung der Kapazitäten werden die angefallenen Fixkosten also nicht hundertprozentig ausgenutzt. Diese werden **Leerkosten** genannt. Abb. 9.9 verdeutlicht die verrechneten **Nutzkosten** bzw. die verbleibenden Leerkosten bei Beschäftigungsniveaus von $0 - 100\,\%$ schematisch.

Leerkosten/ Nutzkosten

Verrechnung der Fixkosten in Abhängigkeit von der Kapazitätsauslastung   Bei einer Vollauslastung der Kapazitäten weist die Kostenstelle ausschließlich so genannte Nutzkosten auf, bei einer kompletten Nichtnutzung der Kapazitäten fallen ausschließlich Leerkosten an. In Abhängigkeit von der Kapazitätsnutzung fallen prozentual anteilige Nutz- und Leerkosten an. Für ein Unternehmen ist es aufgrund des Fixkostende-

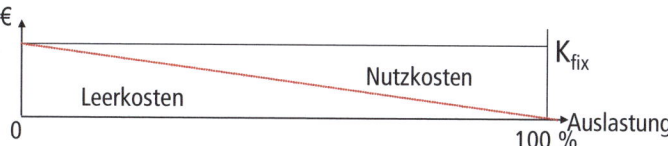

Abbildung 9.9: Entwicklung der Leer- und Nutzkosten in Abhängigkeit von der Beschäftigung (Planbeschäftigung = 100% Auslastung)

gressionseffektes wichtig, die Fixkosten auf möglichst viele Produkte zu verteilen, d. h. eine möglichst hohe Auslastung zu erreichen. Allerdings ist die Auslastung von 100% nur ein gesetzter Wert, der aus der erwarteten Planbeschäftigung abgeleitet ist. Letztlich handelt es sich bei den Leerkosten um Kosten, die durch eine Fehleinschätzung (falscher Beschäftigungsgrad) zu wenig oder (bei Überauslastung) zu viel an die Kostenträgerrechnung weitergegeben wurden. Damit sind die auf der Kostenträgerstückrechnung basierenden Entscheidungen der Vergangenheit von falschen Werten ausgegangen. Diese Leerkosten entsprechen in ihrer Höhe und ihrer Verursachung der Beschäftigungsabweichung in der flexiblen Plankostenrechnung auf Vollkostenbasis.

Die nähere Analyse dieser Abweichung der Kosten bei der Istbeschäftigung ist Gegenstand einer weiteren, nachfolgenden Abweichungsanalyse, die sich nach dem System der zwei Abweichungen bzw. nach dem System der drei Abweichungen unterscheiden lässt. Einen Überblick über die Abweichungen in der flexiblen Plankostenrechnung auf Vollkostenbasis zeigt die folgende Abb. 9.10:

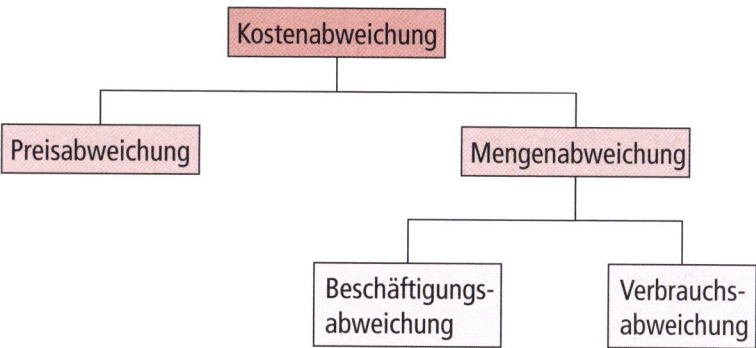

Abbildung 9.10: Abweichungssystematik

Somit können mit Hilfe der Plankostenrechnung die Abweichungen zwischen Ist- und Sollkosten betriebswirtschaftlich sinnvoller als bei der starren Plankostenrechnung analysiert werden, womit der neben der Kalkulation weitere zentrale Zweck der Kostenkontrolle besser erreicht wird.

Variator   Unter Fortführung des Beispiels soll nun angenommen werden, dass in der Kostenstelle „Fertigung" die geplanten 80.000 € Gemeinkosten bei einer erwarteten Beschäftigung von 4.000 Std. unterteilt werden können in 30.000 € fixe Kosten und 50.000 € variable Kosten. Der Anteil der variablen Kosten an den gesamten Kosten kann dabei als absolute oder relative Zahl ausgedrückt werden. Letzteres wird **Variator** genannt und gibt an, wie viel Prozent der Gesamtkosten sich proportional mit der Schwankung der Beschäftigung verändern. In der Praxis wird jedoch statt eines Prozentausdrucks mit der Basis 100 häufig die Basis 10 verwendet, sodass ein Variator von 0 ein Fehlen von variablen Kostenbestandteilen signalisiert, während bei 10 die gesamten Kosten variabel sind. In diesem Fall beträgt der Variator 6,25.

Formel 9.7

$$\text{Variator} = \frac{K_{\text{PlanVariabel}}(x_{\text{Plan}})}{K_{\text{Plan}}(x_{\text{Plan}})} * 10 = \frac{50.000\,€}{80.000\,€} * 10 = 6,25$$

Wird somit eine lineare Kostenfunktion unterstellt, so können zur tieferen Analyse der Abweichungen die Plankosten berechnet werden, die bei der Istbeschäftigung von 3.000 Std. erwartet wurden. Mit Verwendung der Information des Variators kann dies direkt in Verbindung mit der prozentualen Beschäftigungsabweichung ermittelt werden:

Formel 9.8

$$\text{Kosten}_{\text{Soll}} = K_{\text{Plan}} - \left(1 - \frac{x_{\text{Ist}}}{x_{\text{Plan}}}\right) * \frac{\text{Variator}}{10} * K_{\text{Plan}}$$

$$= 80.000\,€ - \left(1 - \frac{3.000\ \text{Std.}}{4.000\ \text{Std.}}\right) * \frac{6,25}{10} * 80.000\,€$$

$$= 67.500\,€$$

Selbstkosten = Erwartete Plankosten bei Istbeschäftigung   Ebenso können die Sollkosten aber auch über die Kostenfunktion ermittelt werden. Dazu ist zunächst der Plankostensatz auf Vollkostenbasis in den variablen und den fixen Teil aufzubrechen. Der variable Plankostenverrechnungssatz (variable Stückkosten) ergibt sich aus Division der 50.000 € variabler Kosten durch die Planbeschäftigung von 4.000 Std. und beträgt somit 12,50 €/Std.

Formel 9.9

$$\text{Plankostenverrechnungssatz}_{\text{variabel}} = \frac{K_{\text{Planvariabel}}(x_{\text{Plan}})}{X_{\text{Plan}}}$$

$$= \frac{50.000\,€}{4.000\ \text{Std.}} = 12,50\,€/\text{Std.}$$

Dies bedeutet, dass diese Plangemeinkosten um 12,50 € mit jeder Beschäftigungsstunde steigen. In die Kalkulation der Planselbst- bzw. Planherstellkosten der Kostenträger geht dagegen ebenso wie bei der starren Plankostenrechnung der volle Plankostenverrechnungssatz von 20 €/Std. ein, sodass die Fixkosten nach dieser Methode letztlich verrechnet werden und die Rechnung auf Vollkostenbasis erfolgt. Im Unterschied zur starren Plankostenrechnung führt jedoch die Information über die variablen Kosten bei angenommener Linearität der Kostenfunktion zu folgender Plankostenfunktion:

$$\text{Sollkosten} = \text{Kosten}_{\text{fix}} + (\text{Stückkosten}_{\text{variabel}} * \text{Beschäftigung})$$
$$= 30.000\,€ + (12,50\,€/\text{Std.} * x + \text{Std.})$$

Formel 9.10

Die Sollkosten der Istproduktion lassen sich nun leicht ermitteln, indem die in Anspruch genommenen 3.000 Std. mit den variablen Kosten von 12,50 € multipliziert werden, was 37.500 € ergibt und die als fix klassifizierten Kosten von 30.000 € hinzuaddiert werden. Insgesamt betragen die Plankosten bei einer Beschäftigung von 3.000 Std. somit 67.500 €. Nun kann die Gesamtmengenabweichung von 10.000 €, die auch bei der starren Plankostenrechnung ermittelt wurde, weiter aufgeteilt werden. Die soeben ermittelten Sollkosten der Istproduktion (67.500 €) werden von den Istkosten (70.000 €) abgezogen, sodass 2.500 € Verbrauchsabweichungen zu konstatieren sind.

Gesamtmengenabweichung

Verbrauchsabweichung

$$\text{Verbrauchsabweichung} = K_{\text{Ist preisbereinigt}}(x_i) - K_{\text{Soll}}(x_i)$$
$$= 70.000\,€ - 67.500\,€ = 2.500\,€.$$

Formel 9.11

Die **Verbrauchsabweichung** spiegelt die Veränderung im mengenmäßigen Verbrauch der eingesetzten Produktionsfaktoren wider und kann als Maßstab der innerbetrieblichen Unwirtschaftlichkeit interpretiert werden. In der Regel ist der Verbrauch an Produktionsfaktoren direkt vom Leiter der betreffenden Kostenstelle zu beeinflussen und zu verantworten. Daher ist die Verbrauchsabweichung in der Regel den einzelnen Kostenstellen zuzurechnen.

Im Falle von festgestellten Verbrauchsabweichungen ist zu ermitteln, inwiefern der Kostenstellenverantwortliche diese beeinflussen kann. Bei durch Verbrauchsabweichungsanalyse festgestellten Unwirtschaftlichkeiten sind entsprechende operative Gegensteuerungsmaßnahmen zu ergreifen.

Die **Beschäftigungsabweichung** ist definiert als die Differenz zwischen den Sollkosten und den verrechneten Plankosten. Sie kann als Auslastungskontrolle des Fixkostenblocks verstanden werden und ergibt sich entweder aus der Berechnung der Leerkosten, d. h. der nicht verrechneten Fixkosten, oder aus dem Vergleich der verrechneten Kosten mit den Sollkosten. Dabei wird unterstellt, dass die Fixkosten sich während der Periode nicht durch Kapazitätsanpassungen verändert haben. Im Beispielfall liegt eine Unterbeschäftigung vor, da 1.000 Std. à 7,50 €/Std. = 7.500 € nicht verrechnet worden sind.

Beschäftigungsabweichung

Formel 9.12

$$\text{Beschäftigungsabweichung} = K_{\text{Soll}}(x_i) - K_{\text{verr}}(x_i)$$
$$= 67.500\,€ - 60.000\,€ = 7.500\,€.$$

Leerkosten

$$\text{Leerkosten} = \frac{K_{\text{Fix}}}{x_{\text{Plan}}} * (x_{\text{Plan}} - x_{\text{Ist}})$$

Formel 9.13

$$= \frac{30.000\,€}{4.000\,\text{Std.}} * (4000\,\text{Std.} - 3000\,\text{Std.})$$
$$= 7.500\,€$$

Die Beschäftigungsabweichung und die Verbrauchsabweichung ergeben zusammen die Gesamtmengenabweichung von -10.000 €. Die grafische Darstellung ist aus folgender Abbildung ersichtlich:

Abweichungsanalyse

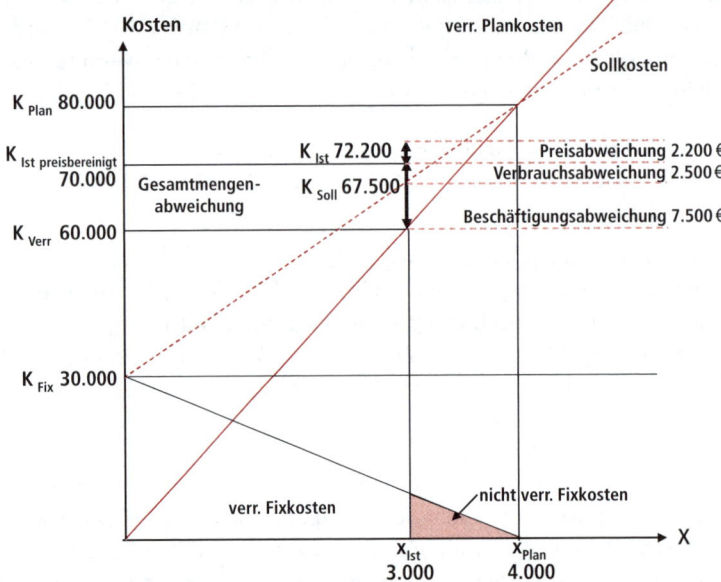

Abbildung 9.11: Abweichungsanalyse bei der flexiblen Plankostenrechnung

Budgetabweichung   Ergänzend kann noch die **Budgetabweichung**, im Schrifttum auch als „echte" oder „eigentliche" Beschäftigungsabweichung beschrieben, ohne jedoch mit der zuvor dargestellten Beschäftigungsabweichung identisch zu sein, über den Vergleich der Sollkosten bei Istbeschäftigung mit den Plankosten bei Planbeschäftigung ermittelt werden.

Formel 9.14 $\text{Budgetabweichung} = K_{\text{Plan}}(x_p) - K_{\text{Soll}}(x_i) = 80.000\,€ - 67.500\,€ = 12.500\,€$

Die Budgetabweichung verdeutlicht die durch die Variation des Beschäftigungsgrades verursachte Veränderung der geplanten Gesamtkosten. Analog zu den Abweichungen, die auf Fehler in der Planung zurückzuführen sind, sind die Budgetabweichungen von den Stellen zu vertreten, die die Kostenplanung durchgeführt haben.

Verantwortlichkeiten für Abweichungen

Der Kostenstellenleiter hat primär nur die **Verbrauchsabweichung** zu verantworten, wobei die Verantwortung weniger im Vertreten liegt als vielmehr in der Aufgabe, die Herkunft der Differenzen aufzuklären und entsprechende Gegensteuerungsmaßnahmen zu ergreifen. Daher haben mit den Kostenstellenverantwortlichen nach Beendigung des Abrechnungszeitraumes Durchsprachen zu erfolgen, die verhaltenssteuernd wirken sollen. Bei den Abweichungen handelt sich in erster Linie um innerbetriebliche Unwirtschaftlichkeiten, wie ein zu hoher Verschnitt, Ausschuss oder zu langsame Arbeitsabläufe. Gleichwohl können aber auch rechentechnische Probleme, etwa durch eine ungenaue Bestimmung und Eliminierung der Preisdifferenzen sowie durch Fehler in der Zurechnung der Istwerte und der Vorgabewerte, vorliegen. Zudem sind auch ungeplante Reparaturen, veränderte Anforderungen der Qualität oder der Produktzusammenstellung möglich. Letztere deuten auf das Problem hin, mit der Beschäftigung nur eine Kosteneinflussgröße berücksichtigt und die übrigen per Prämisse als konstant angenommen zu haben. Verbrauchsabweichungen können schließlich auch aus Abweichungen bei Verrechnungssätzen für bezogene Leistungen anderer Kostenstellen resultieren, die eigentlich aber über die Preiseliminierung hätten identifiziert werden müssen.

Dagegen ergibt sich die **Beschäftigungsabweichung** aus der Planungsproblematik und der Unmöglichkeit, die Zukunft genau vorherzusehen. Dennoch sind die Ursachen für die Beschäftigungsabweichungen ebenfalls kritisch zu beobachten, da dies auf nicht abgestimmte Kapazitäten oder sonstige Probleme innerhalb des Unternehmens, wie z. B. Ausfallzeiten, ein nichtoptimales Produktionsprogramm oder ungenügende Planungsinstrumente, und auf Markteinflüsse hindeuten könnte, die einer genaueren Untersuchung bedürfen.

Im Falle, dass die Abweichungen rechnerisch negativ werden, liegen bei Verbrauchsabweichungen **Minderverbräuche** vor, die etwa auf effizienteren Materialeinsatz hindeuten. Negative Beschäftigungsabweichung treten auf, sobald die Istbeschäftigung höher ist als die Planbeschäftigung. In diesem Fall sind dann mehr (Nutz-)Kosten auf die Kostenträger verrechnet worden, als an Fixkosten insgesamt vorhanden ist. Dies ist insbesondere bei Planung mit Normalauslastung denkbar.

Minderverbräuche

Beispiel 9.5

Beispiel zur flexiblen Plankostenrechnung im Falle von Unter- und Überbeschäftigung

In der Fertigungshauptkostenstelle „Rahmenbau-Holzfenster" der FEBAU GmbH wird von einer Planbeschäftigung von zusammen 10.000 Std. für die drei Montagelinien ausgegangen. Um diese zu leisten, wird mit 30.000 € fixen Kosten und 70.000 € variablen Kosten gerechnet. Der variable Plankostenverrechnungssatz liegt somit bei 7 €/Std., der fixe Plankostenverrechnungssatz bei 3 €/Std. und die Kostenfunktion lautet:

Formel 9.15

$$K_{Plan} = 30.000 \,€ + 7 \,€/\text{Std.} * x; \quad \text{mit} \quad x = 10.000 \text{ Std.}$$
$$\text{somit bei } 100.000 \,€$$

Unter der Annahme, dass jeweils keine Preisabweichungen vorlagen und die fixen Plangemeinkosten den fixen Istgemeinkosten entsprechen, ergibt sich für die beiden Fälle der Unter- und Überbeschäftigung folgende Darstellung:

	Kosten- und Abweichungsbezeichnung	Unterbeschäftigung (x_i = 8.000 Std.)	Überbeschäftigung (x_i = 11.000 Std.)
1	Istkosten K_i (x_i)	30.000 € + 52.000 € = 82.000 €	30.000 € + 90.000 € = 120.000 €
2	Sollkosten K_p (x_i)	30.000 € + 56.000 € = 86.000 €	30.000 € + 77.000 € = 107.000 €
3	Plankosten K_p (x_p)	100.000 €	100.000 €
4	Verrechnete Kosten $K_{Verr}(x_i)$	10 €/Std. * 8.000 Std.= 80.000 €	10 €/Std. * 11.000 Std.= 110.000 €
5	Verbrauchsabweichung (Zeile 1 – Zeile 2)	–4.000 €	+13.000 €
6a	Beschäftigungsabweichung (Zeile 2 – Zeile 4)	+6.000 €	–3.000 €
6b	Beschäftigungsabweichung über Leerkostenanalyse	3 €/Std. * 2000 Std. = 6.000 €	3 €/Std. * –1000 Std. = –3.000 €
7	Budgetabweichung (Zeile 3 – Zeile 2)	14.000 €	–7.000 €

Abbildung 9.12: Anwendung der flexiblen Plankostenrechnungen bei unterschiedlichen Istkosten und Beschäftigungsgraden (Darstellung in Anlehnung an Freidank, C.-C.: Kostenrechnung, München 2001, S. 205)

Unterbeschäftigung

Im Unterbeschäftigungsfall ist ein überaus wirtschaftliches Verhalten in der Kostenstelle zu beobachten, konnte doch der Sollkostenbetrag von 86.000 € um 4.000 € unterboten werden. Im Einzelnen wäre jedoch zu prüfen, ob es sich um tatsächliche Wirtschaftlichkeitssteigerungen gehandelt hat oder ob andere Kosteneinflüsse oder ungenaue Abbildungen vorliegen. Diese Kosteneinsparung wird jedoch im Ergebnis durch die nicht verrechneten fixen Kosten von 6.000 €, die als Leerkosten oder Beschäftigungsabweichung zu interpretieren sind, mehr als kompensiert.

Im Überbeschäftigungsfall, wo die geplante Beschäftigung eventuell durch zusätzliche Überstunden überschritten wird oder durch die Ausnutzung von durch einen Engpass in einem anderen Sektor verursachten Kapazitätsreserven ein höheres Beschäftigungsniveau erreicht werden konnte, ist die Beschäftigungsabweichung rechnerisch negativ. Dies bedeutet, es sind mehr fixe Kosten auf die Kostenträger verrechnet worden, als angefallen sind. Diese Überdeckung wird auch als „kalkulierte Leerkosten" bezeichnet. Durch die deutliche Verbrauchsabweichung von 13.000 €, die z. B. durch die Überstundenzuschläge entstanden sein könnten oder durch die Nutzung der Maschinen in einem nichtoptimalen Auslastungsgrad, wird dieser Effekt jedoch mehr als kompensiert, sodass insgesamt eine negative Ergebnisabweichung von 10.000 € zu verzeichnen ist. Der Überbeschäftigungsfall soll im Folgenden auch grafisch dargestellt werden:

Überbeschäftigung

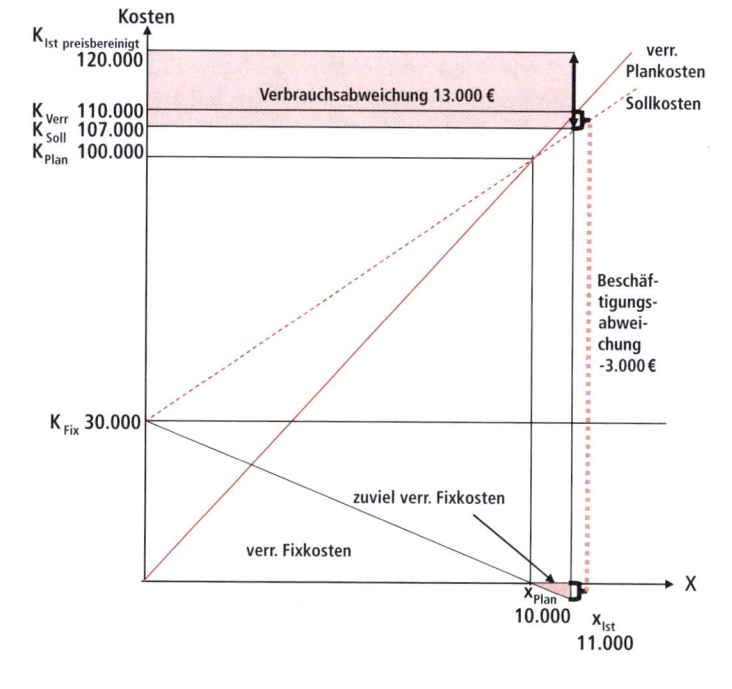

Abbildung 9.13: Grafische Ermittlung der Abweichungen im Überbeschäftigungsfall

Die Problematik der auf das falsche **Beschäftigungsniveau** bezogenen Verrechnung der fixen Kosten zieht sich auch in der Kostenträgerstückrechnung bei der Plankalkulation fort, sodass neben den Preis- und Verbrauchsabweichungen die Beschäftigungsabweichungen auch produktbezogen auftauchen.

447

Beispiel 9.6

In Fortführung des Beispiels ergibt sich stückbezogen folgendes Bild:

	Kalkulationsergebnisse	Unterbeschäftigung (x_i = 8.000 Std.)	Überbeschäftigung (x_i = 11.000 Std.)
1	Plankalkulation Stück K_{Plan}	$\dfrac{30.000\,€}{10.000\ \text{Std.}} = 3\,€/\text{Std.}$	$\dfrac{30.000\,€}{10.000\ \text{Std.}} = 3\,€/\text{Std.}$
2	Istkalkulation Stück K_{Ist}	$\dfrac{30.000\,€}{8.000\ \text{Std.}} = 3,75\,€/\text{Std.}$	$\dfrac{30.000\,€}{11.000\ \text{Std.}} = 2,73\,€/\text{Std.}$
3	Abweichung des Kalkulations-satzes (Zeile 1 - Zeile 2)	−0,75 €	0,27 €

Abbildung 9.14: Auswirkungen der Beschäftigungsabweichungen auf die Plankalkulation bei unterschiedlichen Istkosten und Beschäftigungsgraden (in Anlehnung an Freidank, C.-C.: Kostenrechnung, München 2001, S. 207)

Während im Falle der Unterbeschäftigung eigentlich 3,75 € je Stück hätten verrechnet werden müssen und bei Überbeschäftigung nur 2,72 € je Stück in die Berechnung hätten einbezogen werden dürfen, wurden jeweils 3 € je Stück verrechnet, was Auswirkungen auf alle auf diesen Werten basierenden Entscheidungen hat und letztlich die Exaktheit der Ergebnisse der Kostenrechnung relativiert.

Trotz Ermittlung der (Plan-)Stückkosten bis auf den Cent genau basiert die Berechnung doch auf vielfältigen, durch die Zukunftsunsicherheit notwendigen Annahmen, was zur Vorsicht mit Entscheidungen mahnt, die auf dieser Basis getroffen wurden. Ebenso finden die Differenzen auch in die innerbetriebliche Leistungsverrechnung Eingang, sodass die Abweichungen über die Sekundärkostenrechnung auch von leistenden und empfangenden Kostenstellen weitergegeben werden und dort ihrerseits wieder die Plankostenverrechnungssätze beeinflussen.

Grenzen der flexiblen Plankostenrechnung

Die **Kritik** an der flexiblen Plankostenrechnung betrifft vor allem die Fixierung auf die Beschäftigung als alleinige Einflussgröße. Da die Beschäftigung nicht die einzige Einflussgröße ist, wird eine Erweiterung um andere Einflussgrößen notwendig (doppelte bzw. vollflexible Plankostenrechnung), was jedoch durch die stark steigende Komplexität zu Problemen in der Anwendung führt. Als weitere Kritikpunkte sind noch die rechnerische Fixkostenproportionalisierung und insbesondere die Prämisse zu nennen, die Kostenfunktion, d. h. die Zusammenhänge von Beschäftigung und Kosten, vollständig zu kennen. Dies dürfte bis auf ganz wenige Ausnahmen aufgrund der in der Praxis vorherrschenden Komplexität der Leistungserbringung und der dafür notwendigen Einsatzgüter nur in den wenigsten Fällen möglich sein. Somit arbeitet die Kostenrechnung mit Modellen, deren Ergebnisse daher auch nur so gut sein können, wie es gelingt, die Realität sachgerecht abzubilden.

> **Merke** Die flexible Plankostenrechnung ermöglicht durch die als Prämisse unterstellte Kenntnis der Kostenfunktion mit der Aufspaltung der Kosten in fixe und variable Bestandteile eine genauere Unterteilung der Mengenabweichung in die Verbrauchsabweichung, die im Wesentlichen als innerbetriebliche Unwirtschaftlichkeiten primär die Kostenstellenleitung zu verantworten hat, und die Beschäftigungsabweichung, die aus der ungenauen Verrechnung der Fixkosten auf die Kostenträger resultiert.

9.2.3 Grenzplankostenrechnung

Die problematische Proportionalisierung der Fixkosten wird bei der **Grenzplankostenrechnung** als konsequente Umsetzung des Teilkostenansatzes umgangen. Ebenso wie bei der flexiblen Plankostenrechnung werden die Kosten in fixe und variable Bestandteile unterteilt, dann aber ausschließlich die variablen Kostenteile auf die Leistungen verrechnet. Somit werden im Unterschied zur flexiblen Plankostenrechnung auf Vollkostenbasis hier die fixen Kosten weder in der Kostenstellenrechnung noch in der Kostenträgerrechnung verrechnet, sondern erst in der Betriebsergebnisrechnung als Block bzw. als aufgeteilter Fixkostenblock in das Betriebsergebnis gebucht. Da nur die variablen Kosten als Plan- bzw. Sollkosten ermittelt werden, kann es hier keine Beschäftigungsabweichung aus der ungenauen Verrechnung der fixen Kosten geben. Die Grenzplankostenrechnung hat sich inzwischen in der Unternehmenspraxis als umfassende und ausgefeilte Methode der bezugsgrößenbasierten Kostenplanung und -kontrolle durchgesetzt. Im angloamerikanischen Raum wird das geschlossene System der Grenzplankostenrechnung in der Regel als „Direct Costing", aber auch als „Prime Costing", „Marginal Costing" oder „Variable Costing" bezeichnet.

Bei der Grenzplankostenrechnung stimmen die verrechneten bzw. kalkulierten Plankosten stets mit den proportionalen Sollkosten überein. Es kommt erst in der Kostenträgerzeitrechnung zu einer Erfassung der Fixkosten in einem Block bzw. in Anlehnung an die Systeme der Teilkostenrechnung in mehreren Blöcken auf verschiedenen Ebenen.

Durch diese ausschließliche Betrachtung der variablen Kosten entfällt die bei den Plankostenrechnungen auf Vollkostenbasis entstehende Beschäftigungsabweichung. Da auch die innerbetrieblichen Leistungen nicht zu Vollkosten, sondern stets zu Grenzplankosten verteilt werden, d. h. nur der variable Teil der Kosten wird weitergegeben, kommt es auch nicht zu der problematischen Weitergabe von Beschäftigungsabweichungen bei den Sekundärkosten, die in den empfangenden Kostenstellen die Abweichungsanalyse deutlich erschweren können. Ziel der Grenzplankostenrechnung ist es, auf der Basis der gegebenen Kapazitä-

Ausblendung der Fixkosten

Vermeidung von Beschäftigungsabweichungen

ten alle von der Unternehmensführung zu treffenden Entscheidungen, z. B. über Preissetzungen, Festlegung des optimalen Produktionsprogramms, Eigen- versus Fremdbezug usw., zu unterstützen. Der Schwerpunkt liegt dabei auf der kurzfristigen Planung und Kontrolle des Periodenerfolgs unter Einsatz von Deckungsbeiträgen.

Ermittlung der Verbrauchsabweichung

Die ermittelte Abweichung im System der Grenzplankostenrechnung stellt – wiederum ohne Preisabweichungen - somit nur die **Verbrauchsabweichung** dar, was an dem fortgeführten Beispiel deutlich werden soll: Bei 4.000 Std. Planbeschäftigung werden geplante variable Kosten von 50.000 € erwartet. Unter der Prämisse, dass die **Kostenfunktion** richtig abgeleitet ist, ergeben sich aus den preisbereinigten Istgemeinkosten von 70.000 € abzüglich der als fix angenommenen Kosten von 30.000 € die variablen preisbereinigten Istkosten von 40.000 €. Bei der Istbeschäftigung von 3.000 Std. wurden aber nur 37.500 € variable Plankosten erwartet. Daher ist die Verbrauchsabweichung von 2.500 € direkt aus dem Vergleich der erwarteten Plankosten mit den Istkosten auf variabler Basis zu entnehmen.

Formel 9.16

$$\text{Verbrauchsabweichung} = K_{\text{Variabel Soll}} - K_{\text{Variabel Ist}}$$
$$= 37.500\,€ - 40.000\,€ = 2.500\,€.$$

Dieser Zusammenhang kann auch direkt aus Abb. 9.15 entnommen werden, wobei zum besseren Vergleich mit den anderen Plankostenrechnungssystemen die Fixkosten mit dargestellt werden, sodass nicht die zuvor betrachteten variablen Kosten, sondern stets die Gesamtkosten dargestellt sind.

Grenzen der Plankostenrechnung

Zu beachten ist, dass die Anwendung dieses Kostenrechnungssystems, wie bei der flexiblen Plankostenrechnung die Kenntnis der Kostenfunktion voraussetzt. Allerdings ist zu beobachten, dass die beschäftigungsabhängigen variablen Kosten nicht immer proportional sind, sondern auch degressiv, d. h. unterproportional (z. B. Material mit Mengenrabatt), progressiv, d. h. überproportional (z. B. Überstundenzuschläge), oder regressiv, d. h. fallend (z. B. Heizung im Kino, Nachtwächterkosten bei Schichtdienst), verlaufen können. Damit ist die Linearität der Kostenverläufe ebenso wie die Konstanz der fixen Kosten, wenn überhaupt, nur in einem kleinen Bereich um die Planbeschäftigung als Prämisse plausibel. Bei weiter gehenden Betrachtungen sind die unterschiedlichen in der Theorie für genauere Betrachtungen entwickelten Produktionsfunktionen zu beachten.

Mit der Grenzplankostenrechnung konnten die Unzulänglichkeiten der vollkostenrechnerischen Systeme für kurzfristige Entscheidungen überwunden werden. Gleichwohl gibt es Tendenzen, etwa durch die primär auf Vollkostenbasis operierende Prozesskostenrechnung, durch verhaltensorientierte Kostenrechnungen sowie durch die Integration strategischer Aspekte die damit verbundene strenge Teilkostenorien-

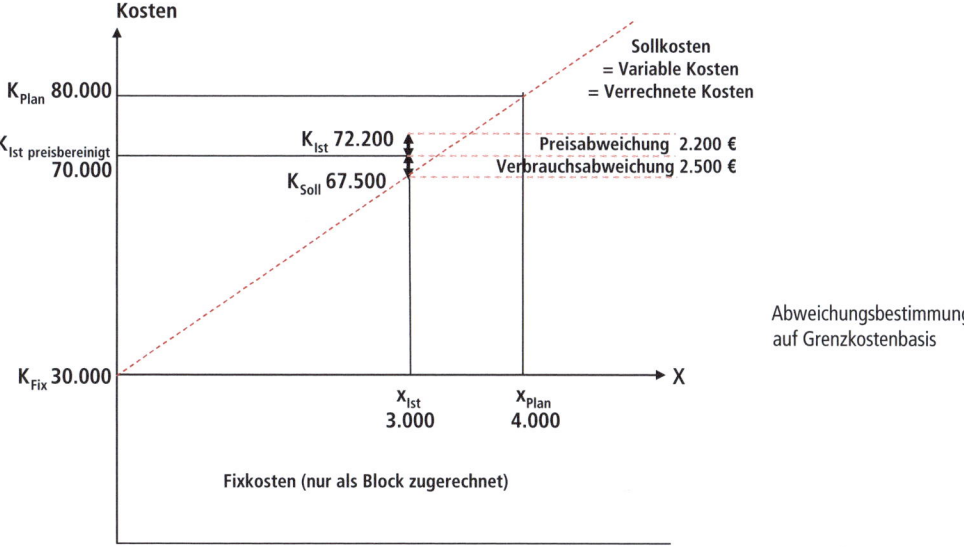

Abbildung 9.15: Abweichungsanalyse bei der Grenzplankostenrechnung

tierung wieder aufzuweichen und die Anwendung der Grenzplankostenrechnung um weitere Verfahren zu ergänzen. Dies erfolgt primär im Kostenmanagement, wo dann auch die Lösung längerfristiger Entscheidungsprobleme unterstützt werden kann und ergänzende Rechnungen für spezielle, oft verhaltensorientiert ausgerichtete, Betrachtungen kurzfristige Entscheidungen besser fundieren sollen.

> **Merke** Die **Grenzplankostenrechnung** verzichtet im Sinne der Teilkostenrechnung und unter der Prämisse der Kenntnis der Kostenfunktion konsequent auf die Verrechnung von fixen Kosten in der Kostenträgerstückrechnung. Sie orientiert sich nur an den variablen Kosten, sodass sie für kurzfristige Entscheidungen Informationen über die relevanten Grenzkosten je Kostenträger bietet sowie eine Kostenkontrolle durch die Bestimmung der Verbrauchsabweichung ermöglicht.

9.3 Analysen von Abweichungen höheren Grades

Annahmen bei der Bestimmung der Preis- und Mengenabweichung

Bisher wurde die Preis-, Verbrauchs- und Beschäftigungsabweichung unter der Annahme eines Modells ermittelt, in welchem die Kosten einzig von der produzierten Menge abhängen. Gleichwohl wurde versucht, eine Aufspaltung in Preis- und Mengenabweichung vorzunehmen, wobei jedoch bei genauerer Betrachtung ein Problem entsteht, da wir implizit von folgender Kostenfunktion für die Kostenstelle n (z. B. Glaserei) ausgegangen sind:

Formel 9.17

$$\text{Kosten}_n(x)_n = \sum_{m=1}^{M} (p_{\text{fix}_{mn}} * q_{\text{fix}_{mn}} + p_{\text{variabel}_{mn}} * q_{\text{variabel}_{mn}} * x_n)$$

M stellt dabei die einzelnen Gemeinkostenarten dar, die für den Leistungserstellungsprozess kombiniert werden müssen. Bislang sind wir davon ausgegangen, dass für die einzelnen Gemeinkostenarten Preisinformationen vorlagen, deren genaue Erfassung aber von der Kenntnis des genauen Mengengerüstes abhängig war. Die Betrachtung der Änderungen der Preise (p) und der Menge (q) erfolgte dann durch das jeweilige Festsetzen der übrigen Variablen, um die Abweichungen zu ermitteln, wobei wir die fixen Kosten aus der Betrachtung durch Festsetzung ausgeblendet hatten.

Multiplikativ verknüpfte Kosteneinflussgrößen

Bei additiv verknüpften Kostenfunktionen können so die Abweichungen für die jeweiligen Teile so lange problemlos ermittelt werden, wie sie jeweils von einer Kosteneinflussgröße abhängen. Hier sind aber bereits mit den Kosteneinflussgrößen Menge und Preis zwei Variablen gegeben, die nicht additiv, sondern multiplikativ verknüpft sind. Um dieses Problem theoretisch zu erarbeiten, soll im Folgenden stark vereinfacht nur mit einer Kostenfunktion mit den Variablen Preis (p) und Menge (q) gearbeitet werden:

Formel 9.18

$$\text{Kosten} = p * q$$

Eine Abweichungsanalyse hätte dann das formale Aussehen

Formel 9.19

$$\Delta\text{Kosten} = \text{Kosten}_{\text{Ist}} - \text{Kosten}_{\text{Plan}} = p_{\text{Ist}} * q_{\text{Ist}} - p_{\text{Plan}} * q_{\text{Plan}}$$

Die Abweichung ist somit abhängig von der Änderung der Preise oder der Mengen oder von beiden, was formal wie folgt hergeleitet werden kann:

$$p_{Ist} = p_{Plan} + \Delta p$$

Formel 9.20

$$q_{Ist} = q_{Plan} + \Delta q$$

$$\begin{aligned}
\Delta Kosten &= (p_{Plan} + \Delta p) * (q_{Plan} + \Delta q) - p_{Plan} * q_{Plan} \\
&= p_{Plan} * q_{Plan} + p_{Plan} * \Delta q + \Delta p * q_{Plan} + \Delta p * \Delta q - p_{Plan} * q_{Plan} \\
&= p_{Plan} * \Delta q + \Delta p * q_{Plan} + \Delta p * \Delta q
\end{aligned}$$

Dies kann auch grafisch verdeutlicht werden:

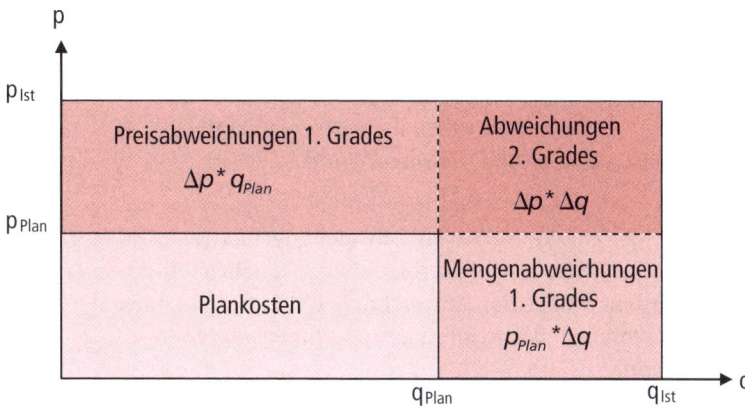

Abbildung 9.16: Preis- und Mengenabweichungen 1. und 2. Grades
(in Anlehnung an Kilger, W. / Pampel, J. / Vikas, K.: Flexible Plankostenrechnung und Deckungsbeitragsrechnung, Wiesbaden 2002, S. 137)

Während die Abweichungen 1. Grades genau zugeordnet werden können, stellen die Abweichungen 2. Grades, die auch als Mischabweichungen bezeichnet werden, ein Analyseproblem dar. In der Praxis werden Letztere daher häufig der Preisabweichung zugeschlagen, was besonders in der Standardkostenrechnung sinnvoll erscheint, wo mit den zu Festpreisen bewerteten geplanten und realisierten Verbrauchsmengen gerechnet wird. Als rechnerische Lösung wird auch vorgeschlagen, die Abweichung 2. Grades der jeweiligen Mengen- und Preisabweichung 1. Grades proportional zuzurechnen. *Abweichungen 2. Grades, Mischabweichungen*
Zurechnungsalternativen
Pauschalisierte Zurechnung

Soll auf diese pauschalisierte Zurechnung verzichtet werden, sind verschiedene Verfahren der Verrechnung der Mischabweichungen entwickelt worden. Die Wesentlichen sind die alternative Abweichungsanalyse, die einfache kumulative Analyse und die differenziert-kumulative Analyse.

Bei der **alternativen Abweichungsanalyse** werden die Teilabweichungen bestimmt, die sich einer Kosteneinflussgröße zuordnen lassen. Dies geschieht mit dem beschriebenen Verfahren, dass alle Variablen konstant gehalten werden bis auf die zu untersuchende Größe. Das Problem hierbei ist, dass die Abweichungen 2. Grades hierbei mehrfach erfasst werden, sodass die Summe der Teilabweichungen die Gesamtabweichung übersteigt, wie das folgende Beispiel zeigt: *Alternative Abweichungsanalyse*

Beispiel 9.7

Der Planverbrauch (q_{Plan}) von Lack beträgt bei der FEBAU GmbH pro Periode 6.000 Liter zu einem erwarten Preis (p_{Plan}) von 1 €. Der Istverbrauch wir dann mit 6.500 Litern und der tatsächliche Einstandspreis mit 1,20 € festgestellt. Bei einer isolierten Vorgehensweise kommt es zu einer Doppelerfassung der Abweichung 2. Grades.

Formel 9.21

$$\Delta Kosten_{Preis} = p_{Ist} * q_{Ist} - p_{Plan} * q_{Ist}$$
$$= 1,20 \, € * 6.500l - 1 \, € * 6.500l = 1.300 \, €$$

$$\Delta Kosten_{Menge} = p_{Ist} * q_{Ist} - p_{Ist} * q_{Plan}$$
$$= 1,20 \, € * 6.500l - 1,20 \, € * 6.000l = 600 \, €$$

$$\Delta Kosten_{Gesamt} = 1.900 \, € \text{ (falscher Wert!)}$$

Einfach-kumulative Abweichungsanalyse

Bei der **einfach-kumulativen Abweichungsanalyse** wird dagegen eine Reihenfolge festgelegt, in der die Teilabweichungen ermittelt werden, wobei die Abweichungen 2. Grades immer der ersten ermittelten Teilabweichung zugerechnet werden, was folgendes Bild ergibt:

Formel 9.22

$$\Delta Kosten_{Preis} = p_{Ist} * q_{Ist} - p_{Plan} * q_{Ist}$$
$$= 1,20 \, € * 6.500l - 1 \, € * 6.500l = 1.300 \, €$$

$$\Delta Kosten_{Menge} = p_{Plan} * q_{Ist} - p_{Plan} * q_{Plan}$$
$$= 1 \, € * 6.500l - 1 \, € * 6.000l = 500 \, €$$

$$\Delta Kosten_{Gesamt} = 1.800 \, €$$

Differenziert-flexible Abweichungsanalyse

Bei der **differenziert-flexiblen Methode** wird die Abweichung 2. Grades als gesonderte Teilabweichung begriffen und separat ausgewiesen.

Formel 9.23

$$\Delta Kosten_{Preis} = \Delta p * q_{Plan} = 0,20 \, € * 6.000l = 1.200 \, €$$
$$\Delta Kosten_{Menge} = p_{Plan} * \Delta q = 1 \, € * 500l = 500 \, €$$
$$\Delta Kosten_{Menge,Preis} = \Delta p * \Delta q = 0,2 \, € * 500l = 100 \, €$$
$$\Delta Kosten_{Gesamt} = 1.800 \, €$$

Auf dieser Informationsbasis kann nun versucht werden, die Mischabweichung zu interpretieren; sie kann fallweise den jeweiligen anderen Abweichungen zugeschlagen werden.

Zusammenfassend kann die differenzierte Methode zwar als die aus Sicht der Theorie vorteilhafteste Methode der Behandlung von Mischabweichungen bezeichnet werden, doch führt die kumulative Abweichungsanalyse durch die frühzeitige Abspaltung der weniger aussagefähigen Teilabweichungen mit den Mischabweichungen auch noch zu relativ aussagekräftigen Teilabweichungen, die für Kontrollzwecke genutzt werden können.

Zudem ist zu bedenken, dass die Beschäftigung nicht die einzige Einflussgröße für die Kosten darstellt, sodass es zu mehrdimensionalen Kostenfunktionen kommt, wenn mehrere Kosteneinflussgrößen interdependent wirksam sind. Für zwei Einflussgrößen, wie etwa die Beschäftigung und die Erstellungszeit, kann dies noch wie in Abb. 9.17 grafisch dargestellt werden.

Einbezug weiterer Kosteneinflussgrößen

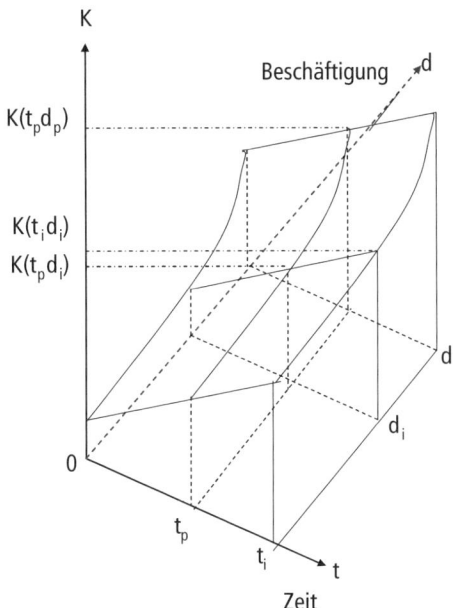

Abbildung 9.17: Mehrdimensionale Kostenfunktion mit interdependent wirksamen Kosteneinflussgrößen (in Anlehnung an Schweitzer, M. / Küpper, H.-U.: Systeme der Kosten- und Erlösrechnung, München 2003, S. 649)

In diesem Beispiel steigen die Kosten mit der Beschäftigung, aber auch mit der Erstellungszeit, da eventuell Zulieferer integriert oder Expresszuschläge bezahlt werden müssen. Wenn nun in der Plankostenrechnung mit einer bestimmten Beschäftigung (d_p) und einer geplanten durchschnittlichen Erstellungsdauer (t_p) mit erwarteten Kosten (K (t_p d_p)) geplant wird, die Istkosten (K (t_i d_i)) aber darunter liegen, kann mit Kenntnis der Kostenfunktion in gleicher Weise eine Abweichungsanalyse vorgenommen werden.

> **Merke** Bei Abweichungen höheren Grades ist die genaue Zuordnung dieser Mischabweichungen schwierig. Neben der pauschalisierten Zurechnung kommen die alternative Abweichungsanalyse, die einfache kumulative Analyse und die differenziert-kumulative Analyse in Betracht, die letztlich aber nicht das Problem als solches lösen können, sondern nur dessen Auswirkungen auf die Kostenkontrolle vermindern. Die Betrachtungen höheren Grades verdeutlichen schließlich auch, dass das System der Kostenrechnung nur ein zumeist stark vereinfachtes Abbildungsmodell der Leistungserstellungsprozesse des Unternehmens darstellt und somit die vorgenommenen Rechnungen und deren Ergebnisse mit einer gesunden Vorsicht zu interpretieren sind.

ZUSAMMENFASSUNG

Den Systemen der Plankostenrechnung liegen unterschiedliche Prämissen zugrunde. In der starren Plankostenrechnung wird nur mit einem Beschäftigungsgrad geplant, sodass die entstehenden Abweichungen lediglich in Preis- und Mengenabweichungen unterteilt werden können. Bei der flexiblen Plankostenrechnung und bei der Grenzplankostenrechnung gelingt es dagegen durch die Prämisse, dass die Kostenfunktion – zumindest für einen bestimmten Bereich – bekannt und somit eine Trennung in variable und fixe Kostenbestandteile bei jedem Beschäftigungsgrad innerhalb des Betrachtungsraumes möglich ist, die zur Einschätzung der Wirtschaftlichkeit des Unternehmens wichtige Verbrauchsabweichung zu bestimmen. Die flexible Plankostenrechnung folgt der Systematik der Vollkostenrechnung und verrechnet die fixen Kosten auf die Kostenträger, was bei einer Variation des Beschäftigungsgrades zwangsläufig zu Fehlzurechnungen führt, die in der Beschäftigungsabweichung auszuweisen sind. Diese Problematik besteht bei der Grenzplankostenrechnung durch die konsequente Orientierung an der Teilkostenrechnung nicht, da nur die variablen Kosten betrachtet werden. Folgende Abb. 9-18 verdeutlicht die Gemeinsamkeiten und Unterschiede von Systemen der Plankostenrechnung:

Kriterium	Starre PKR	Flexible PKR	Grenz-PKR
Ermittlung echter Planwerte für die Planbezugsgrößen	√	√	√
Anpassungen an veränderte Datenkonstellationen	√	√	√
Kenntnis der Kostenfunktion	-	√	√
Trennung in fixe und variable Kosten bei der Kosten-stellenrechnung	-	√	√
Ermittlung von Verbrauchsabweichungen	-	√	√
Ermittlung von Beschäftigungsabweichungen	-	√	-
Eignung zur Kostenkontrolle	-	√	√
Trennung in fixe und variable Kosten bei der Kosten-trägerrechnung	-	-	√
Verrechnung der Fixkosten auf die Kostenträger	√	√	-
Kalkulationsergebnisse als relevante Kosten entscheidungsnützlich	-	-	√

Legende: PKR = Plankostenrechnung

Abbildung 9.18: Gemeinsamkeiten und Unterschiede von Systemen der Plankostenrechnung (in Anlehnung an Haberstock, L.: Kostenrechnung II, Hamburg 1986, S. 37)

Durch Kombination der einzelnen Kostenrechnungssysteme und der dabei verwandten Datenbasen können Informationen für alle Rechenzwecke erstellt werden. Es ist aber zur sachgerechten Unterstützung von Entscheidungen der Unternehmensführung notwendig, über die reine Kostenbetrachtung hinaus noch weitere Aspekte zu berücksichtigen. Daher sind auf der Basis der Kostenrechnungssysteme weitere Instrumente des Kostenmanagements entwickelt worden.

ZUSAMMENFASSUNG

Übungsmaterial

Wiederholungsfragen

Im Folgenden finden Sie zehn Wiederholungsfragen zu den in diesem Kapitel behandelten Lerninhalten, die Sie, gegebenenfalls unter Rückgriff auf die einzelnen Textpassagen, lösen sollten.

1. Welche Rechenziele werden mit der Standardkostenrechnung verfolgt?
2. Wodurch ergibt sich die Notwendigkeit einer Plankostenrechnung?
3. Warum ist es in der starren Plankostenrechnung nicht möglich, die Mengenabweichung weiter aufzuschlüsseln?
4. Wie kann eine Preisabweichung ermittelt werden?

5. Was unterscheidet die starre von der flexiblen Plankostenrechnung?

6. Wie wird die Beschäftigungsabweichung im System der flexiblen Plankostenrechnung ermittelt?

7. Was drückt der Variator aus?

8. Was unterscheidet die flexible Plankostenrechnung von der Grenzplankostenrechnung?

9. Welche Prämissen liegen der Grenzplankostenrechnung zugrunde?

10. Was sind Abweichungen höheren Grades?

Aufgaben

Aufgabe 9.1:

In einer Kostenstelle liegen folgende Planungen vor:

- Planbeschäftigung   2.000 Std.
- Plankosten   160.000 €
- Variator   5
- Istkosten(preisbereinigt) 180.000 €
- Istbeschäftigung   1.600 Std.

Führen Sie auf dieser Basis eine möglichst tief gehende Analyse der möglichen Abweichungen durch und interpretieren Sie diese!

Aufgabe 9.2:

Welche der folgenden Aussagen über die Systeme der Kostenrechnung sind Ihrer Meinung nach zutreffend? Begründen Sie kurz Ihre Antwort. Kreuzen Sie die von Ihnen für richtig erachteten Aussagen in den dafür vorgesehenen Feldern an!

a) Die Normalkostenrechnung kann die Plankostenrechnung ersetzen.
   Ja   Nein , weil: ....

b) Die Optimalbeschäftigung sollte unter Beachtung von Engpässen ermittelt werden.
   Ja   Nein , weil: ....

c) Die Standardkostenrechnung dient stets nur der Kontrolle und Verhaltenssteuerung.
   Ja   Nein , weil: ....

d) Die starre Plankostenrechnung ist zur Bestimmung der Beschäftigungsabweichung geeignet.
   Ja   Nein , weil: ....

e) Die flexible Plankostenrechnung kann als Teilkostenrechnung verstanden werden.
   Ja   Nein , weil: ....

f) Die Grenzplankostenrechnung vermeidet eine Verrechnung der fixen Kosten auf die Kostenträger.

☐ Ja ☐ Nein , weil: ....

g) Die Grenzplankostenrechnung erlaubt die Bestimmung der Beschäftigungsabweichung.

☐ Ja ☐ Nein , weil: ....

Aufgabe 9.3:

Flexible Plankostenrechnung

Ergänzen Sie die unter der Abbildung abgedruckte Legende.

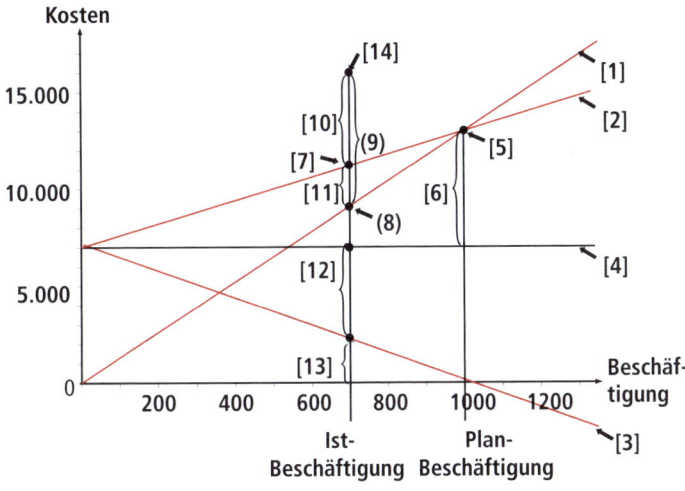

1 _____

2 _____

3 _____

4 _____

5 _____

6 _____

7 _____

8 _____

9 _____

10 _____

11 _____

12 _____

13 _____

14 _____

Aufgabe 9.4:

Im Rahmen einer Controlling-Tagung prahlt ein Kostenrechner einer Brauerei mit angeschlossener Gaststätte, er würde die Kostenfunktion seines Unternehmens für die Bierherstellung genau kennen. Sie erheben leise Widerspruch, worauf er mit Ihnen um ein Bier wettet, dass Sie keine zehn Beispiele finden würden, die den Verdacht nährten, dass dies nicht zutrifft. Versuchen Sie es?

Aufgabe 9.5:

Verdeutlichen Sie die Problematik von Mischabweichungen an einem Zahlenbeispiel Ihrer Wahl! Zeigen Sie dabei auch die verschiedenen Zurechnungsmethoden auf und arbeiten Sie deren Unterschiede heraus!

Literatur

Ewert, R. / Wagenhofer, A.: Interne Unternehmensrechnung, Heidelberg 2005, Kap. 7 und 12.

Freidank, C.-C.: Kostenrechnung, München/Wien 2001, S. 195–231; S. 269–277.

Haberstock, L.: Kostenrechnung II – (Grenz-)Plankostenrechnung mit Fragen, Aufgaben und Lösungen, 7. Aufl., Hamburg 1986.

Horngren, C. T./ Datar, S. M. / Foster, G.: Cost Accounting, 12. Aufl., Upper Saddle River, New Jersey 2006, Kap. 6–10.

Kilger, W.: Flexible Plankostenrechnung, 10. Aufl., Köln/Opladen 1980.

Kilger, W. / Pampel, J. / Vikas, K.: Flexible Plankostenrechnung und Deckungsbeitragsrechnung, 11. Aufl., Wiesbaden 2002.

Kosiol, E.: Die Plankostenrechnung als Mittel zur Messung der technischen Ergiebigkeit des Betriebsgeschehens (Standardkostenrechnung), in: Kosiol, E: (Hrsg.): Plankostenrechnung als Instrument der modernen Unternehmensführung, 2. Aufl., Berlin 1956, S. 15–48.

Kosiol, E.: Typologische Gegenüberstellung von standardisierter (technisch orientierter) und prognostizierender (ökonomisch ausgerichteter) Plankostenrechnung, in: Kosiol, E: (Hrsg.): Plankostenrechnung als Instrument der modernen Unternehmensführung, 2. Aufl., Berlin 1956, S. 49–76.

Lachnit, L. / Dey, G.: Modell zur Lenkung von Bereichen und Stellen, in: Lachnit, L. (Hrsg.): Controllingsysteme für ein PC-gestütztes Erfolgs- und Finanzmanagement, München 1992, S. 85–118.

Lachnit, L. / Müller, S.: Unternehmenscontrolling, Wiesbaden 2006, Kap. 2.

Möller, H. P. / Zimmermann, J. / Hüfner, B.: Erlös- und Kostenrechnung, München 2005, Kap. 7.

Schweitzer, M. / Küpper, H.-U.: Systeme der Kosten- und Erlösrechnung, 8. Aufl., München 2003, Kap. 3 und 4.

Serven, L. B. M.: Value Planning, New York u. a. O. 2001, S. 60–65.

Weitere Aspekte der Kosten- und Erlösrechnung

10

ÜBERBLICK

Fall

Zufrieden mit der erfolgten Umsetzung der Kosten- und Erlösrechnung bei der FEBAU GmbH lehnen sich die Geschäftsführerin und der Geschäftsführer zurück und erwarten gespannt die kostenrechnerischen Auswertungen. Durch Aufbau der Kostenarten-, Kostenstellen- und Kostenträgerrechnung und der jeweils entsprechenden Erlösrechnungen kann jetzt mit gewisser Plausibilität ermittelt werden, in welcher Abteilung des Unternehmens welche Kosten entstanden sind und wie sich diese Kosten auf die verschiedenen Produkte verteilen. Somit ist klar, welche Produkte gewinnbringend und welche Produkte eventuell mit Verlust verkauft werden. Ergänzt durch die Plankostenrechnung sind zudem vertiefende Abweichungsanalysen möglich. Dennoch kommen den beiden leichte Zweifel, ob sie auch an alles gedacht haben, und sie beschließen, sich in der Kantine bei ihren Mitarbeitern nach den Erfahrungen mit dem neuen Kostenrechnungssystem zu erkundigen, wobei sie die folgenden Aussagen zu hören bekommen:

„Kostenrechnung – ich kann es nicht mehr hören", mokiert sich der Vertriebschef. „Jeder weiß doch, dass der Markt die Preise macht, und ich komme da mit meinen auf Selbstkosten basierenden Preisvorstellungen. Auch die Produkte, die wir haben, erscheinen mir in Teilen viel zu aufwendig gemacht zu sein. Der Kunde will doch gar nicht so aufwendige Beschläge und dafür lieber einen haltbareren Rahmen!"

„Ich werde zunehmend von den Kollegen bezüglich der in meiner Abteilung anfallenden Kosten gefragt, ob ich das nicht günstiger machen kann. Schließlich müssten die anderen Kostenstellen die Kosten meiner Vorkostenstelle ja verdienen!", schimpft der Leiter der Arbeitsvorbereitung. Auch der Vertriebschef beklagt sich, dass die Produkte durch Forschung und Entwicklung jetzt so teuer geworden seien. „Dabei stehen wir doch kurz vor der Einführung der neuartigen Einbruchsicherung, die am Markt bestimmt gut ankommt", meint die Leiterin der Forschungs- und Entwicklungsabteilung.

„Dieses ständige Starren auf die Kosten, da geht doch die ganze Qualität den Bach runter, das hat es beim alten Chef nicht gegeben, da war alles noch Wertarbeit", grummelt ein langjähriger Mitarbeiter der Produktion.

„Was macht ihr da eigentlich?", wundert sich die Buchhalterin. „Bei IFRS ist doch vieles von dem, was ihr mühsam in meinen Daten korrigiert, schon berücksichtigt. Warum nehmen wir nicht den IFRS-Abschluss als Grundlage für die Kostenrechnung statt des vielfach durch Zusatz- und Anderskosten ergänzte bzw. veränderte HGB? Die IFRS dürfen wir doch jetzt im Konzernabschluss einsetzen, und das Problem von letzter Woche, als wir mit dem Steuerberater die Zahlen durchsprachen und plötzlich nicht mehr wussten, was eigentlich das richtige Ergebnis ist: das nach Steuerrecht, das handelsrechtliche oder das der Kostenrechnung wäre dann doch auch gelöst."

> *Die Geschäftsführung, selbst durch den leckeren Nachtisch und den Kaffee nicht so recht aufgeheitert, beschließt, sich den neuen Herausforderungen zu stellen und ist im Grunde doch sehr dankbar für ihre kluge Belegschaft.*

Lernziele:

In diesem Kapitel werden Sie lernen,

- die Grenzen der Kostenrechnung zu erkennen,
- die Ansätze zur Überwindung von Schwachstellen zu entdecken,
- die Ideen und Vorgehensweisen des Target Costing, Lifecycle Costing, der qualitätsbezogenen Kostenrechnung und der Verbindung zu den IFRS in den Grundzügen zu verstehen,
- die Einbindungsnotwendigkeit der Kostenrechnung in das Controlling und das Unternehmensführungssystem zu erfassen.

10.1 Einführung

Das System der Kostenrechnung ist zwar ein mächtiges Instrument zur Unterstützung von Entscheidungen der Unternehmensführung, doch werden in diesem Abbildungsmodell noch einige Bereiche unbewusst oder zur Reduktion der Komplexität ausgeklammert. Daher sind die Informationen der Kostenrechnung stets im Kontext des Unternehmensgesamtsystems zu sehen. Wie wir in den vorangegangenen Kapiteln gesehen haben, ist eine reine Orientierung an den Kosten so lange nicht sinnvoll, wie das Rechnungswesensystem und die dabei verwandten Prämissen Mängel aufweisen, d. h. nicht wirklichkeitsnah genug sind. Diese Mängel können teilweise durch vertiefende Teilrechnungen und andere Zuordnungen, d. h. bestimmte Anders- und Zusatzkosten, gelöst werden. Es kann auch nötig sein, die Betrachtungsweise der Kostenrechnung auf andere Kosteneinflussgrößen oder um bestimmte Aspekte zu erweitern, um etwa Qualitätsaspekte mit einzubeziehen oder Aussagen über die Liquiditätslage und -veränderung des Unternehmens zu ermöglichen. Zudem kann die Unterstützung primär kurzfristiger Entscheidungen durch die Teilkostenrechnung erfolgen. Durch strategische Erweiterungen des Abbildungsmodells kann die Unterstützung auch auf längerfristige Entscheidungen ausgedehnt werden. Auf diese Weise wird die Kosten- und Erlösrechnung eingebunden in das Kosten- und Erlösmanagement als Teil des Controllings; sie ist somit integraler Bestandteil des Unternehmensführungssystems.

Hinsichtlich der **instrumentellen Umsetzung** ist festzuhalten, dass diese erweiterten Ansätze primär die Ausgestaltung des Kostenrech-

Grenzen der Kosten- und Erlösrechnung

nungssystems auf einen bestimmten Zweck hin verändern, aber an der grundsätzlichen Logik der Verrechnung von der Kostenarten- über die Kostenstellen- auf die Kostenträgerrechnung als Teil- oder Vollkostenrechnung festhalten. Ergänzend kommen teilweise zusätzliche Instrumente hinzu, deren Ergebnisse dann aber wieder in die Kostenrechnung eingehen oder aber der Kostenrechnung bedürfen.

Erweiterungen der Kosten- und Erlösrechnungen

Erweiterungen in diesem Sinne sind

■ das **Lifecycle Costing**, bei dem es letztlich zu einer Modifikation der Kostenarten- und Kostenträgerstückrechnung kommt,

■ das **Target Costing**, bei dem den ermittelten Plankosten die vom Markt erlaubten Kosten gegenübergestellt werden,

■ die **qualitätsorientierte Kostenrechnung**, die die Qualität als Kosteneinflussgröße in die Systematik der Kostenrechnung mit einbezieht,

■ die **liquiditätsorientierte Kostenrechnung**, wo in der Kosten- und Erlösartenrechnung eine weitere Unterteilung der Kosten und Erlöse in zahlungsbegleitete und nicht-zahlungsbegleitete Bestandteile vorgenommen wird und auf dieser Basis kostenstellen- und kostenträgerbezogen Aussagen über die Liquiditätswirkungen von Entscheidungen unterstützt werden können,

■ das **Fixkostenmanagement**, welches den Blick auf die Möglichkeit der Abbaubarkeit der einzelnen Fixkostenkategorien lenkt und in der Systematik der Kostenrechnung durch eine stufenweise Verrechnung der Fixkosten nach Abbaubarkeit die strenge Prämisse der Teilkostenrechnung bezüglich der Trennung fixer und variabler Kostenbestandteile aufweicht,

■ das **Cost-Benchmarking**, welches Geschäftsbereiche und/oder Unternehmen mit gleicher und abweichender Branchenzugehörigkeit mit dem Ziel gegenübergestellt, durch die Ermittlung von Leistungslücken die Wettbewerbsposition zu verbessern, wozu die Kostenrechnung die Kostenstrukturen, Leistungen, Prozesse oder Produkte vergleichbar aufbereiten muss, um sinnvolle Abweichungen identifizieren und interpretieren zu können, sowie

■ die verschiedensten **branchenbezogenen Ausgestaltungen**, wie etwa in Form einer Kostenrechnung z. B. für die öffentliche Verwaltung, für Konzerne oder für Unternehmen mit Projektleistungstätigkeit.

Im Folgenden wird exemplarisch auf die drei erstgenannten Erweiterungen des Kostenmanagements eingegangen, bevor abschließend die Möglichkeit zur Verbindung der Kostenrechnung mit dem extern orientierten Rechnungswesen durch eine Verwendung der IFRS diskutiert und ein Ausblick auf die weitere Entwicklung der Kostenrechnung gegeben wird.

10.2 Lifecycle Costing

Das **Lifecycle Costing (Lebenszykluskostenrechnung)** basiert auf der Erkenntnis, dass der größte Anteil der Kosten eines Produkts oder Systems bereits in der Phase der Produktentwicklung festgelegt wird. Somit wurde zuerst für komplexe Produkte, wie z. B. große Einzelfertigungsprojekte oder Bauvorhaben, später aber auch für andere Produkte, ein neues, periodenübergreifendes kostenrechnerisches Instrument geschaffen: das Lifecycle Costing.

Periodenübergreifende Kosten- und Erlösbetrachtungen

> **Definition** Unter **Lifecycle Costing** versteht man ein Kostenrechnungssystem zur Betrachtung der Kosten eines Produkts oder eines Projekts über den gesamten **Produktlebenszyklus** von den Vorlaufkosten (z. B. Forschung, Entwicklung, Markteinführung) über die begleitenden Kosten (Produktion, Marktpflege) bis hin zu Nachlaufleistungen (Rücknahmen, Rückbau der Anlagen).

Diese Unterteilung des Lebenszyklus in die verschiedenen Phasen des Lebenswegs des Produktes oder Systems und die Analyse der dabei jeweils anfallenden Kosten und Erträge ist charakteristisch für das Lifecycle Costing. Die Addition der gesamten entlang des Lebenswegs anfallenden Kosten stellen dessen Lebenszykluskosten dar. Diese Betrachtung des Kostenanfalls wird erweitert um die Zeitpunkte, zu denen die Kosten festgelegt werden. So kann etwa eine Erhöhung der Vorlaufkosten durch ausgiebigere Tests die späteren laufenden Kosten sowie Nachlaufkosten durch geringere Reklamationsquoten und Nachbearbeitungskosten senken und somit auf den gesamten Lebenszyklus gesehen zu insgesamt geringeren Kosten führen. Diese Betrachtung der zeitlichen Interdependenzen zwischen den einzelnen Kostenbestandteilen erfordert eine Verlängerung der bisher von der Kostenrechnung eingenommenen eher kurzfristigeren Sichtweise. Das Konzept des Lifecycle Costing hat daher eher strategischen Charakter; was mit einer deutlichen Zunahme der Unsicherheiten einhergeht, da die Betrachtungszeiträume sehr viel länger werden.

Kostenanfall im Lebenszyklus

Das Lifecycle Costing wird in Deutschland in der Regel auf der Basis einer Einzelkosten- oder Grenzplankostenrechnung mit Deckungsbeitragsrechnung bzw. einer **investitionstheoretischen Fundierung** umgesetzt. Bei Letzterer erfolgt die Betrachtung des Lebenszyklus eines Produktes in Analogie zu einem normalen Investitionsobjekt, sodass die jeweils anfallenden Ein- und Auszahlungen periodengerecht zugeordnet werden. Insgesamt besteht damit nur eine begrenzte Einbindung in Systeme der Kostenrechnung, sodass ein aufwendiges, zusätzliches Controllingsystem geschaffen werden muss.

Verursachungsgerechte Verrechnung der Kosten auf die Perioden

Insgesamt geht es insbesondere um die verursachungsgerechtere Verrechnung der Kosten, die im System der **Einzelkostenrechnung** aufgrund ihrer Grundkonzeption einen geeigneten Ansatzpunkt für Lebenszyklusrechnungen findet, da auf die Zurechnung periodenbezogener Gemeinkosten verzichtet wird. Dabei wird die Trennung in zweckneutrale Grundrechnung und Auswertungsrechnung beibehalten. In Ersterer werden die Kosten und Erlöse der einzelnen Phasen periodenspezifisch erfasst und Bezugsobjekten, insbesondere Produkten, zugeordnet, sodass damit Auswertungsrechnungen in Form von Produktdeckungsrechnungen oder Break-Even-Analysen möglich werden. Insgesamt erweist sich jedoch die hohe Komplexität des Konzeptes als Nachteil. Ebenso ist es mit der **Grenzplankosten- und Deckungsbeitragsrechnung** möglich, die lebenszyklusbezogenen Kosten und Erlösen zu erfassen und auszuwerten. Dazu kann das bestehende Kostenrechnungssystem des Unternehmens genutzt werden, was jedoch vor allem um zusätzliche periodenübergreifende Rechnungen zu erweitern ist. Hierbei verbleibt aber das Problem der Zuordnung von Gemeinkosten. Beide Ansätze sind durch die Vernachlässigung der Betrachtung der Zahlungszeitpunkte statisch ausgeprägt, was jedoch durch Verwendung von kalkulatorischen Zinsen wenigstens ansatzweise behoben werden kann und angesichts der mit der Betrachtung des gesamten Lebenszyklus einhergehender Unsicherheiten auch zu einer Vermeidung von scheingenauen Lösungen führt. Daher soll im Folgenden ein vereinfachender Ansatz aufgezeigt werden, der zudem das Problem der falschen Periodenzurechnung von Vor- und Nachlaufkosten vermeidet.

Probleme der Periodenabgrenzung im externen Rechnungswesen

So ist in der externen Rechnungslegung die Erfassung von Forschungs- und Entwicklungsaufwendungen sowie eventueller Rücknahmeaufwendungen klar geregelt. Nach dem HGB besteht stets eine Berücksichtigungspflicht als Aufwand in der Periode, in der diese entstanden sind. Dies führt dazu, dass die Aufwendungen für die Neuentwicklung von Nachfolgeprodukten in der Gewinnermittlung von den aktuell verkauften Produkten zu tragen sind. Immer wenn es zu schubweisen oder tendenziell steigenden oder fallenden Forschungs- und Entwicklungsaufwendungen kommt, kann dies jedoch die Erfolgslagedarstellung und damit auch die Kalkulation verzerren. Daher kann es intern geboten sein, **andere Periodenabgrenzungen** vorzunehmen und Aufwendungen als Kosten auf spätere Perioden zu verteilen bzw. in frühere Perioden vorzuziehen. Diese Problematik kann am Beispiel der Infineon Technologies AG, München, verdeutlicht werden, die nach US-GAAP bilanziert und ihre Forschungs- und Entwicklungskosten daher nicht aktivieren darf (siehe Abb. 10.1).

US-GAAP = von US-amerikanischen Börsen gefordertes Rechnungslegungssystem

Der Anteil der Forschungs- und Entwicklungskosten schwankt selbst bei einem Konzern dieser Größe in Bezug zum Umsatz in den betrachteten Jahren zwischen 16,9 und 22,2 % und in Relation zu den Umsatzkosten auch noch zwischen 23,6 und 26,3 %. Diese beträchtlichen Schwankungen können, wenn sie nicht den jeweils betreffenden

INFINEON TECHNOLOGIES AG					
Ausgewählte Konzernfinanzdaten der Geschäftsjahre 2001 bis 2005					
(in Mio. €)	2001	2002	2003	2004	2005
Umsatzerlöse	5347	4890	6152	7195	6759
Umsatzkosten	4580	4289	4614	4670	4909
Bruttoergebnis vom Umsatz	767	601	1538	2525	1850
F + E-Kosten	1189	1060	1089	1219	1293
– in % vom Umsatz	22,24 %	21,68 %	17,70 %	16,94 %	19,13 %
– in % vom Umsatzkosten	25,96 %	24,71 %	23,60 %	26,10 %	26,34 %

Abbildung 10.1: Auszug aus den ausgewählten Finanzdaten der Geschäftsjahre 2001–2005 der Infineon Technoloigies AG (Daten entnommen aus Infineon Konzernjahresabschluss 2005, S. 3)

Produkten zugerechnet werden, demnach die Qualität der Preiskalkulation erheblich beeinträchtigen.

IFRS Nach IAS 38 sind zumindest bestimmte Entwicklungskosten bei Vorliegen von den folgenden Kriterien zu aktivieren und über ihre Nutzungsdauer (den Lebenszyklus des entwickelten Produktes) abzuschreiben:

- Nachweis über die technische Realisierbarkeit,

- Verwertungs- oder Verkaufsabsicht,

- Verwertungs- und Verkaufsfähigkeit,

- Nachweis, dass dieses Gut die Fähigkeit besitzt, einen Beitrag zur Verbesserung des Nutzenzuflusses zu leisten (inkl. Nachweis über einen Absatzmarkt),

- Nachweis des Unternehmens über ausreichende Ressourcen sowie

- Nachweis über die zuverlässige Ausgabenermittlung.

Zudem müssen die Entwicklungskosten klar identifizierbar sein, was eine entsprechende Kostenrechnung erforderlich macht, und in der Verfügungsmacht des Unternehmens stehen.

Der hier dargestellte kostenrechnerische Ansatz des **Lifecycle Costing** verrechnet die Entwicklungs- und Anlaufkosten sowie die Nachleistungskosten eines Produktes auf die Produktions- und Vermarktungsphase. Die Abb. 10.2 verdeutlicht das Vorgehen.

Vorlaufkosten werden abgegrenzt und auf die Nutzungsperioden verteilt.

Insbesondere in forschungs- und entwicklungsintensiven Bereichen, wie etwa im Zivilflugzeugbau, wo nur 40 % der Kosten während des Produktionszeitraumes anfallen, oder bei der Softwareentwicklung, wo die Kosten der Produktion der CD-ROMs mit dem aufgespielten Programm gegen null tendieren, kann es zu falschen Signalen durch die Kosteninformationen kommen. Die Verrechnung auf die Perioden, in denen

Nachlaufkosten werden bereits in der Nutzungsphase angesammelt.

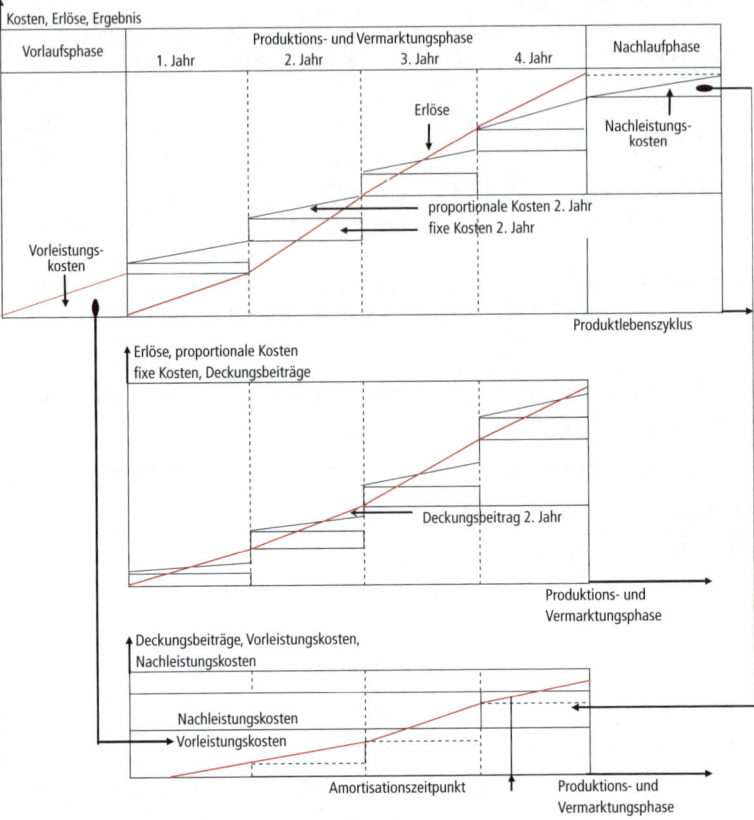

Abbildung 10.2: Ablauf des Lifecyle Costing
(in Anlehnung an Männel, W.: Frühzeitige Kostenkalkulation, in krp, 1994, S. 110)

die Produkte verkauft werden, geschieht über eine Abgrenzung der Vorlaufkosten und der Verteilung über die Nutzungsperioden, während die Nachlaufkosten über entsprechende Ansammlungen in den Nutzungsperioden erfasst werden müssen.

Erfassung der Vorlaufkosten Konkret werden die Vorlaufkosten, die insbesondere aus Forschungs- und Entwicklungskosten, den Kosten der Informationsbeschaffung, des Rechteerwerbs sowie der Markteinführung bestehen können, zunächst in der Kostenstelle separiert und in der kalkulatorischen Bestandsrechnung als internes Gegenstück zur externen Bilanz abgegrenzt (aktiviert). In den Perioden, in denen das Produkt dann produziert und vermarktet wird, werden die angesammelten Vorlaufkosten anteilig abgeschrieben, sodass es zu einer Belastung der Perioden kommt, in denen das Produkt verkauft wird. Es findet somit zunächst eine kostenrechnerische Aktivierung statt, die als Aufbau immateriellen Vermögens verstanden werden kann. Das Vermögen wird dann über die Produktionsdauer verteilt wieder abgeschrieben.

In ähnlicher Weise sind die **Kosten der Nachlaufphase** zu prognos- Erfassung der
tizieren und in der kalkulatorischen Bestandsrechnung in Analogie zu Nachlaufkosten
den Rückstellungen des externen Rechnungswesens als später zu zah-
lende Größen auszuweisen, die ihre Ursache jedoch bereits in der jeweiligen Periode der Produkterstellung haben. Somit werden über eine
Ansammlung in der kalkulatorischen Bestandsrechnung kalkulatorische Kosten in den betreffenden Perioden der Produktion und des Ver-
kaufs verursacht, die nach Einstellung der Produktion mit den dann
nötigen Auszahlungen der Nachlaufphase so verrechnet werden, dass
keine weitere Kostenerfassung mehr notwendig ist. Somit werden nachfolgende Produkte nicht mit diesen Kostenbestandteilen belastet, die sie
gar nicht verursacht haben.

Insgesamt kommt es somit zu einer verursachungsgerechteren Kostenzurechnung der Nutzperioden, was an folgendem Beispiel verdeutlicht werden soll:

Die FEBAU GmbH hat parallel zur Fertigung des Normalprogramms **Beispiel 10.1**
ein Einbruchssicherungssystem für ihre Fenster entwickelt, dessen Innovationen insbesondere in einem verstärkten, glatt schlie-
ßenden Rahmen und besonderen Beschlägen liegen. Zudem ist ein
besonderes Glas notwendig, was aber von dem Glaszulieferer entwickelt wurde. Es sind bis zur Markteinführung Anfang des Jahres
3 Forschungs- und Entwicklungskosten von je 300.000 € zusätzlich
zu den üblichen 20.000 € in den Jahren 1 und 2 angefallen. Es wird
davon ausgegangen, dass der auf der Basis von Einheitsfenstern
berechnete Absatz dieser unter dem Markennamen ESF (**E**inbruch
Sichere **F**enster) verkauften Fenster insgesamt in den kommenden
fünf Jahren bei insgesamt 30.000 Stück liegen wird, wobei aber eine
Betrachtung des Lebenszyklus einen nicht linearen Verlauf erwarten lässt. Zudem wird davon ausgegangen, dass verbunden mit der
im Rahmen der Nachhaltigkeitsoffensive der Unternehmensführung
gegebenen Rücknahme- und Entsorgungsverpflichtung nach Aus-
laufen der Produktion nach Abzug der erwarteten Verwertungser-
löse je Fenster noch 20 € Kosten anfallen. Allerdings rechnet die
Unternehmensführung auf der Basis von ähnlichen Rücknahme-
verpflichtungen, dass nur 35 % der Fenster zurückgegeben werden.
Folgende Daten liegen vor:

Jahr	Sparte Normal		Sparte ESF		Fixe Kosten	
	Stück	var. Stk.K	Stück	var. Stk.K	Gesamt	davon F+E
1	15.000	300,00 €			2.300.000 €	320.000 €
2	15.000	310,00 €			2.300.000 €	320.000 €
3	14.000	310,00 €	2.500	470,00 €	2.000.000 €	20.000 €
4	10.000	320,00 €	8.000	480,00 €	2.400.000 €	20.000 €
5	10.000	320,00 €	10.000	480,00 €	2.400.000 €	20.000 €
6	15.000	330,00 €	6.000	490,00 €	2.400.000 €	20.000 €
7	18.000	330,00 €	3.500	500,00 €	2.400.000 €	20.000 €

Abbildung 10.3: Istdatenbasis und ab dem Jahr 3 Plandatenbasis für variable und fixe Kosten

Die realisierten bzw. geplanten Herstellkosten je Fenster und Sparte sowie die dabei verrechneten fixen Kosten sind in folgender Abb. 10.4 abgetragen:

Jahr	Sparte Normal		Sparte ESF		Fixe Kosten	
	Herstellk.Stk.	verr. fixK/Stk	Herstellk.Stk.	verr. fixK/Stk	Gesamt	davon F+E
1	453,33 €	153,33 €			2.300.000 €	320.000 €
2	463,33 €	153,33 €			2.300.000 €	320.000 €
3	431,21 €	121,21 €	591,21 €	121,21 €	2.000.000 €	20.000 €
4	442,22 €	122,22 €	602,22 €	122,22 €	2.200.000 €	20.000 €
5	440,00 €	120,00 €	600,00 €	120,00 €	2.400.000 €	20.000 €
6	444,29 €	114,29 €	604,29 €	114,29 €	2.400.000 €	20.000 €
7	441,63 €	111,63 €	611,63 €	111,63 €	2.400.000 €	20.000 €

Abbildung 10.4: Berechnung der (geplanten) Herstellkosten je Stück (Ausgangslage)

Bisher wurde jeweils ein Deckungsbeitrag auf Basis der variablen Kosten und der Verkaufspreise ermittelt, der dann die fixen Kosten decken musste. In den Jahren 1 und 2 musste die Fensterbausparte jedoch Verluste verkraften, da die Preise je Einheitsfenster bei 450 € im Jahr 1 bzw. 460 € im Jahr 2 lagen. Diese Verluste wurden mit den Anlaufkosten der einbruchsicheren Fenster begründet. Am Ende des dritten Jahres liegen jetzt die erfreulichen Daten vor, dass die Deckungsbeiträge in der Sparte „Normal" sich deutlich verbessert haben, und auch in der Sparte „ESF" liegen die Deckungsbeiträge mit durchschnittlichen Verkaufspreisen von 610 € je Fenster erfreulich gut. Die dann schlechter werdenden Stückgewinne sollen über zukünftige Preissteigerungen oder Kostensenkungen weiter verbessert werden.

Jahr	Sparte Normal			Sparte ESF		
	Herstellk. Stk.	Verkaufs- preis	Gewinn	Herstellk. Stk.	Verkaufs- preis	Gewinn
1	453,33 €	450,00 €	- 3,33 €			
2	463,33 €	460,00 €	- 3,33 €			
3	431,21 €	460,00 €	28,79 €	591,21 €	610,00 €	18,79 €
4	442,22 €	460,00 €	17,78 €	602,22 €	610,00 €	7,78 €
5	440,00 €	460,00 €	20,00 €	600,00 €	610,00 €	10,00 €
6	444,29 €	460,00 €	15,71 €	604,29 €	610,00 €	5,71 €
7	441,63 €	460,00 €	18,37 €	611,63 €	610,00 €	- 1,63 €

Abbildung 10.5: Berechnung des (geplanten) Gewinns je Stück (Ausgangslage)

Allerdings gibt es in dieser Berechnung zwei fehlerhafte Annahmen:

Zum einen sind die Forschungs- und Entwicklungskosten der Sparte ESF in den Perioden 1 und 2 vollständig auf die Sparte „Normal" verrechnet worden. Eine Preissetzungsentscheidung oder auch nur die Frage der Annahme von weiteren Aufträgen ist auf dieser Basis nicht möglich. Die bloße Vermutung, es würde an der Sparte „ESF" liegen, reicht nicht aus. Vielmehr sollte hier eine genauere Verrechnung vorgenommen werden. Daher sind die zusammen 600.000 € speziell für die ESF-Sparte angefallenen Forschungs- und Entwicklungskosten aus den beiden Perioden herauszunehmen und auf die Produkte zu verrechnen, die diese letztlich auch verursacht haben. Somit sind je Fenster der Marke ESF 20 € zu belasten und so die gesamten Forschungs- und Entwicklungskosten auf die geplanten 30.000 Einheiten verursachungsgerecht zu verteilen.

Zum anderen sind die Kosten der Rücknahmeverpflichtung in der bisherigen Rechnung noch nicht berücksichtigt. Hier müssen auf der Basis der Annahme, dass je zurückgenommenes Fenster 20 € Kosten beim Unternehmen verbleiben, und der Erwartung, dass nur 35 % der Fenster zurückgenommen werden müssen, noch je verkaufte Einheit 7 € an Kosten belastet werden. Sonst wären diese Kosten in späteren Perioden dann wiederum von ganz anderen Produkten zu tragen oder bei Einstellung der Produktion als schwebende Last von den Gesellschaftern zu begleichen. Aus diesem Grund sind diese Zusagen in der handelsrechtlichen Rechnungslegung sowohl nach HGB als auch nach IFRS oder US-GAAP als Rückstellung in die Bilanz einzustellen.

Daher wird folgende Modifikation der Kalkulation durchgeführt: Die Aufwendungen für Forschung und Entwicklung sollen nicht den aktuell hergestellten Produkten zugerechnet werden, die auf den Innovationen der vergangenen Jahre beruhen, sondern den Produkten, in die die Forschungs- und Entwicklungsergebnisse auch eingeflossen sind. Somit werden kalkulatorische Forschungs- und Entwicklungskosten ermittelt, indem die angefallenen Aufwendungen abgegrenzt und je verkaufte Einheit auf die jeweiligen Perioden verteilt werden. Es ist der Unternehmensführung klar, dass dieses Verfahren keine exakten Ergebnisse zu liefern vermag, da die Daten auf Prognosen fußen und auch keine Zinseffekte berücksichtigt sind, dennoch erscheint die Zurechnung auf dieser Basis erheblich genauer zu sein als die vorher dargestellte Rechnung. Folgende erweiterte Abb. 10.6 zeigt die Ergebnisse:

	Sparte Normal			Sparte ESF				Fixe Kosten	
Jahr	Herstellk. Stk.	verr. fixK/Stk	Rück- nahme	Herstellk. Stk.	verr. fixK/Stk	spez. F+E-K	Rück- nahme	Gesamt	davon allg. F+E-K
1	440,33 €	133,33 €	7,00 €					2.000.000 €	20.000 €
2	450,33 €	133,33 €	7,00 €					2.000.000 €	20.000 €
3	438,21 €	121,21 €	7,00 €	618,21 €	121,21 €	20,00 €	7,00 €	2.000.000 €	20.000 €
4	449,22 €	122,22 €	7,00 €	629,22 €	122,22 €	20,00 €	7,00 €	2.200.000 €	20.000 €
5	447,00 €	120,00 €	7,00 €	627,00 €	120,00 €	20,00 €	7,00 €	2.400.000 €	20.000 €
6	451,29 €	114,29 €	7,00 €	631,29 €	114,29 €	20,00 €	7,00 €	2.400.000 €	20.000 €
7	448,63 €	111,63 €	7,00 €	638,63 €	111,63 €	20,00 €	7,00 €	2.400.000 €	20.000 €

Abbildung 10.6: Berechnung der (geplanten) Herstellkosten je Stück (modifiziert)

Die auf diese Weise ermittelten Herstellkosten bieten ein deutlich anderes Bild, was zu ergänzen ist, hinsichtlich der Betrachtung der Gewinne:

	Sparte Normal			Sparte ESF		
Jahr	Herstellk. Stk.	Verkaufs- preis	Gewinn	Herstellk. Stk.	Verkaufs- preis	Gewinn
1	440,33 €	450,00 €	9,67 €			
2	450,33 €	460,00 €	9,67 €			
3	438,21 €	460,00 €	21,79 €	618,21 €	610,00 €	- 8,21 €
4	449,22 €	460,00 €	10,78 €	629,22 €	610,00 €	- 19,22 €
5	447,00 €	460,00 €	13,00 €	627,00 €	610,00 €	- 17,00 €
6	451,29 €	460,00 €	8,71 €	631,29 €	610,00 €	- 21,29 €
7	448,63 €	460,00 €	11,37 €	638,63 €	610,00 €	- 28,63 €

Abbildung 10.7: Berechnung des (geplanten) Gewinns je Stück (modifiziert)

In der Sparte „Normal" lag somit kein Verlust vor. Vielmehr sind sogar ohne eventuell noch am Markt durchzusetzende Preissteigerungen teils zweistellige Gewinne pro Fenster zu realisieren. Dagegen erbringt die genauere Zurechnung für die Sparte „ESF", dass zu dem bisher geplanten Preis die Innovation des Einbruchschutzes für das Unternehmen noch nicht gewinnbringend ist. Die ursprünglich ermittelten Herstellkosten sind deutlich zu niedrig ausgewiesen und haben somit eine zu niedrige Preissetzung für die neuen Produkte von 610 € bewirkt. Dabei sind Überlegungen, dass womöglich auch noch weitere Fixkosten aus der stufenweisen Deckungsbeitragsrechnung (vgl. Kap. 6.2.3) spartengenau zugerechnet werden können, noch gar nicht weiter berücksichtigt. Dennoch verdeutlicht diese vereinfachte Betrachtung des Gesamtlebenszyklus, wie wichtig die verursachungsgerechte Zurechnung von Kosten auf die Perioden und die Produkte ist. Leicht vorstellbar ist, dass die in der Periode 1 und 2 signalisierten Kostengrößen ohne das Wissen um die speziellen Forschungs- und Entwicklungskosten der „ESF"-Produkte auch zu einer Entscheidung über die Einstellung der betreffenden Fensterbausparte hätte führen können.

Vor-/Nachteile des Lifecycle Costing

Dem Vorteil der damit zu erreichenden verbesserten Aussage von Einzelrechnungen insbesondere bei stark steigenden, fallenden oder volatilen Entwicklungen steht der **Nachteil** gegenüber, dass im Unternehmen die Existenz verschiedener Rechenkonzepte akzeptiert werden muss, was zu Interpretationsproblemen führen kann. Daher ist ein Einsatz dieser Anders- und Zusatzkosten, wenn sie betriebswirtschaftlich notwendig erscheinen, möglichst durchgängig für interne Rechnungszwecke vorzunehmen, umfassend zu dokumentieren und in Auswertungen für das Management zu verdeutlichen.

Generell bleibt auch das übergreifende Problem der Prognose der relevanten Daten über den gesamten Lebenszyklus und die damit verbundene Unsicherheit sowie die Zuordnung der relevanten Wirkungen und deren Quantifizierung. Dies betrifft insbesondere die Nachlaufkosten, aber auch die zu erwartende Preis-Absatz-Funktion im Zeitverlauf. Auch die hohe Komplexität des Systems und der dadurch verursachte Aufwand begrenzen die Anwendbarkeit.

> **Merke** Das **Lifecycle Costing** betrachtet den gesamten Lebenszyklus eines Produktes und versucht, die in den einzelnen Phasen anfallenden Kosten verursachungsgerecht den Produktions- und Verkaufsperioden zuzurechnen. Dafür werden die Vor- und Nachlaufkosten den Perioden und den Produkten zugerechnet, die sie auch verursacht haben. Es kommt somit zu einer internen Berücksichtigung kalkulatorischer Kosten, die in der Kostenartenrechnung als Zusatz- oder Anderskosten zu erfassen sind. Darüber hinaus können weitere Entscheidungen schon bei der Produktentwicklung rechtzeitig mit den zutreffenderen Daten unterstützt werden.

10.3 Target Costing

> **Definition** Das **Target Costing** stellt ein Kalkulationsverfahren dar, bei dem die bisherige progressive Vorgehensweise der Kostenträgerrechnung umgekehrt wird. Dabei werden von einem marktorientiert geplanten Verkaufspreis ausgehend der gewünschte Gewinn subtrahiert und somit die so genannten „Target Costs" ermittelt, die alle Unternehmensbereiche und Zulieferer zu erreichen haben. Somit werden der Produktpreis, die Produktstruktur und die Produktkosten aus den Marktbedingungen und -anforderungen direkt abgeleitet.

Target Costing = retrograde Kalkulation aus den erwarteten Marktpreisen

Target Costs = vom
Markt erlaubte Kosten
Die **Target Costs** sind somit die vom Markt erlaubten Kosten, bzw. die Kosten, von denen man annimmt, dass der Markt diese akzeptiert. Das Target Costing kann als ein kunden- und kostenfokussierter Planungs- und Steuerungsprozess der Produktentwicklung beschrieben werden. Es bedient sich dabei auch der Merkmale des Lifecyle Costing.

Merkmale des
Target Costing
Diese grundsätzlichen **Merkmale** sind folgende:

- eine retrograde, vom (erwarteten) Marktpreis ausgehende Kalkulation für Produkt- und Kostenplanung;

- ein frühzeitiges Eingreifen durch die konsequente Berücksichtigung der Kundensicht schon bei der Entwicklung des Produktes und der Festlegung der Ausgestaltung und Kosten der einzelnen Produktkomponenten;

- die Erweiterung der Produktentwicklung durch die Integration weiterer Unternehmensabteilungen, d. h. die Berücksichtigung sämtlicher Aspekte durch die Entwicklung innerhalb einer interdisziplinären Teamstruktur. Zusätzlich sollte auch eine Integration der Zulieferer erfolgen, um Produkte und Prozesse auf der gesamten Wertschöpfungskette zu optimieren und beim Zulieferer vorhandenes Spezial-Know-how nutzen zu können, sowie

- eine periodenübergreifende Betrachtung des gesamten Lebenszyklus des zu entwickelnden Produktes.

Besonders hervorzuheben ist, dass das Target Costing versucht, bereits im Vorfeld der Markteinführung die zulässigen Kostenvorgaben eines Produktes zu ermitteln, die dann durch Kosteneinsparungs- und Kostenmanagementmaßnahmen erreicht werden müssen. Dabei werden die Kostenvorgaben durch den Absatzmarkt determiniert.

Abb. 10.8 gibt überblicksartig den Ablauf des Target Costing wieder. Der **Ablauf** des Target Costing kann in folgende drei Phasen zerlegt werden:

- **Zielkostenableitung** (Bestimmung der Allowable Costs),

- **Zielkostenspaltung** und

- **Zielkostenerreichung** (Target Costs).

10.3.1 Zielkostenableitung

Methoden der
Zielkostenbestimmung
Über die **Zielkostenableitung** muss zunächst unter Betrachtung aller relevanten Marktdaten versucht werden, die Zielkosten für das zu entwickelnde Produkt zu bestimmen. Dafür werden Instrumente der Marktforschung eingesetzt, die unter Beachtung der erwarteten Zahlungsbereitschaft und Nachfrage der Kunden sowie der erwarteten Handlungen der Konkurrenten einen am Markt erzielbaren, wettbewerbsfähigen Preis für ein Produkt mit bestimmten, festgelegten Produkteigenschaften ermitteln. Es wird somit versucht, die Preis-Absatz-

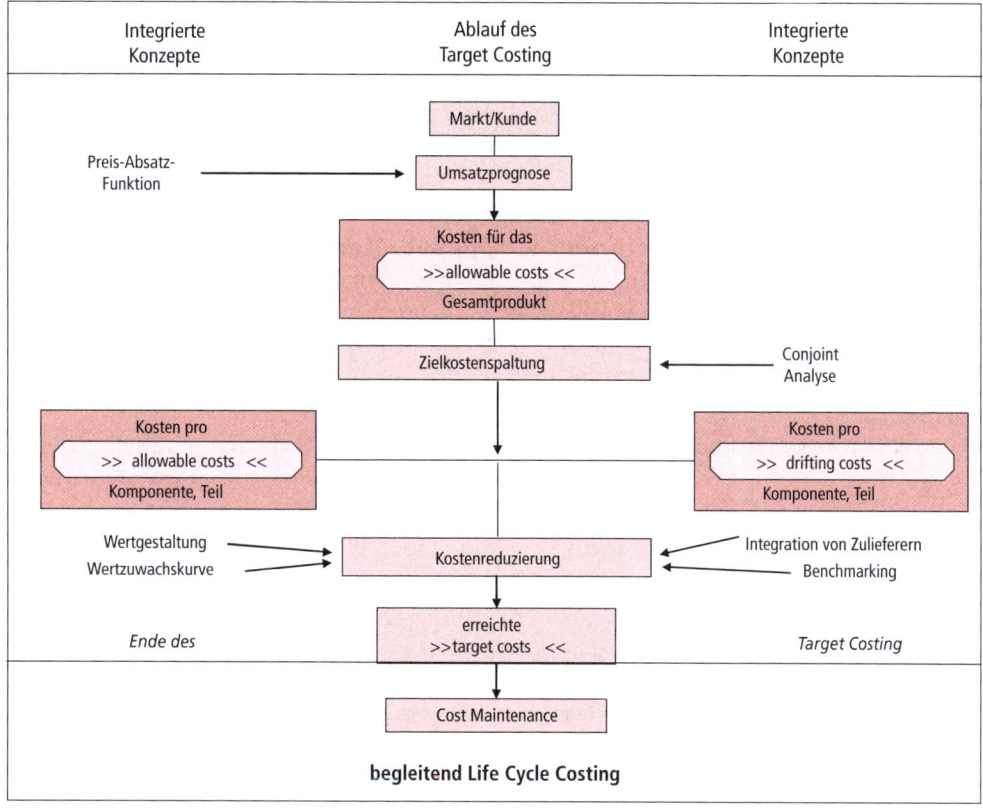

Abbildung 10.8: Ablauf des Target Costing
(in Anlehnung an Coenenberg, G.A.: Kostenrechnung und Kostenanalyse (2005), S. 443)

Funktion zu bestimmen, was angesichts der Probleme der Bestimmung eines relevanten Marktes, der Zukunftsungewissheit und der Einschätzung der Kunden- und Konkurrentenverhalten eine große Herausforderung darstellt und die Verwendung eines Erwartungsmodells bedingt. Zu beachten ist die Handhabung der Gewinnmenge. Entweder wird vom Marktpreis in einem folgenden Schritt die zu erreichende Gewinnmarge in Abzug gebracht, um die so genannten „Allowable Costs" als marktorientiert zu erreichende Zielkosten zu bestimmen, oder die Gewinne sind in den Drifting Costs über in der Kostenrechnung verrechnete Zusatzkosten berücksichtigt. Insgesamt ist der Zielkostenableitung eine besonders große Aufmerksamkeit zu schenken; dabei sind die verwendeten Prämissen und Annahmen zu dokumentieren und fortlaufend zu überwachen, um schnell auf Abweichungen reagieren zu können (siehe auch die qualitativen Prognoseverfahren in Kap. 8). Neben dieser klassischen, **marktorientierten Vorgehensweise**, dem so genannten „Market into Company", gibt es weitere Verfahren, die **Allowable Costs** zu bestimmen, so z. B.

Allowable Costs = marktorientiert zu erreichende Zielkosten

Out of Company

- **ingenieurorientierte Ansätze (Out of Company)**, wo die Zielkosten nicht vom Markt, sondern von den Fähigkeiten, Fertigkeiten und Erfahrungen des Unternehmens hergeleitet werden. Vorteil ist, dass die Spaltung der Kosten einfacher und genauer ist, was aber mit dem Nachteil bezahlt werden muss, dass die Durchsetzbarkeit der ermittelten Werte am Markt zu überprüfen ist und hohe Anforderungen an die interne Analysefähigkeiten gestellt werden.

Competitor into Company

- **wettbewerberorientierte Ansätze (Competitor into Company)**, wo die Zielkosten von den Standardkosten der direkten Konkurrenten hergeleitet werden. Man baut hierbei somit auf den Marktanalysen der Konkurrenten auf, wobei die Schwierigkeit in der Beschaffung der Daten liegt. Letztlich ist das Verfahren auch extern orientiert und daher mit dem Market-into-Company-Ansatz vergleichbar.

Into and Out of Company

- **kombinierte Ansätze (Into and Out of Company)**, die sich der vorgenannten Verfahren bedienen, aber die jeweiligen Nachteile durch deren Kombination verringern. Problematisch ist dann jedoch der entstehende höhere Koordinationsaufwand der verschiedenen Datenbasen.

Drifting Costs

Die über eines dieser Verfahren ermittelten Allowable Costs werden als Kostenvorgabe herangezogen und den so genannten „Drifting Costs" gegenübergestellt. Als „**Drifting Costs**" werden die Kosten bezeichnet, die das Produkt bei der derzeitigen Unternehmenssituation mit den vorhandenen Kapazitäten, Techniken und Verfahren verursachen würde. Sie können auch bereits die geplanten Gewinne in Form von kalkulierten Zinsen enthalten. Zwischen den Drifting Costs und den Allowable Costs werden die Zielkosten (Target Costs) festgelegt.

10.3.2 Zielkostenspaltung

Die **Zielkostenspaltung** versucht in einem zweiten Schritt, die aggregierte Größe der Zielkosten für eine Identifizierung von Maßnahmen zur Kostensenkung auf einzelne Komponenten, Baugruppen und Prozesse aufzuspalten. Dabei kommt das statistische Verfahren des **Conjoint Measurement** zur Anwendung, mit dem die Wichtigkeit der von den Kunden gewünschten Produkteigenschaften zur Gesamtnutzenstiftung eines Produktes statistisch gemessen und ermittelt wird. Konkret werden bei diesem Verfahren Kunden befragt, wie sie Funktions-

Bewertung des Nutzens der einzelnen Funktionsausprägungen

ausprägungen (bestimmte Produkteigenschaften) des Produktes bewerten, wobei die Besonderheit der Methode darin besteht, dass nicht nach Einzelausprägungen gefragt wird, die nur mit großen Schwierigkeiten eingeschätzt werden können, sondern in Form von multivariaten Ausprägungen verschiedene Kombinationen von Funktionsausprägungen Befragungsgegenstand sind, die dann von den Befragten in eine Reihenfolge gebracht werden müssen. Unter Einsatz statistischer Methoden lässt sich dann aus diesen Kombinationen und Reihenfolgen die prozentuale Bedeutung des einzelnen Teilnutzens der jeweiligen Funktions-ausprägungen bestimmen. Im Weiteren wird angenommen, dass diese Befragung sich auf die gesamten Kunden übertragen lässt, d. h. dass die Stichprobe die statistische Repräsentativität erfüllt und die Summe der Teilnutzen den Gesamtnutzen des Produktes ergibt.

Anschließend müssen die Teilnutzenbeiträge der Funktionen (Pro-dukteigenschaften) den einzelnen Komponenten des Produktes zuge-ordnet werden, d. h. es muss gemessen werden, welchen Nutzen eine bestimmte Komponente zum Gesamtnutzen eines Produktes beiträgt. Im einfachsten Fall werden die Komponenten so bestimmt, dass genau eine Komponente eine bestimmte Funktion erfüllt. Als Anhaltspunkt für die Zielkostenspaltung können dann die Kostenstrukturen von Vor-gängermodellen, ähnlichen Produkten oder Konkurrenzprodukten die-nen. Diese direkte Zurechnung ist in der Praxis jedoch nur selten zu erreichen, da eine bestimmte Funktionserfüllung häufig durch mehrere Komponenten gleichzeitig ermöglicht wird. Daher wird in der Regel eine Funktionen-Komponenten-Matrix zwischengeschaltet, in der eine Zuordnung der Funktionserfüllung auf bestimmte Komponenten erfolgt.

Zurechnung der Nutzen der Funktionsausprägungen auf die Komponenten

Funktionen-Komponenten-Matrix

Durch ein unternehmensinternes, funktionsübergreifendes Experten-team wird dazu die Bedeutung einzelner Komponenten zur gesam-ten Funktionserfüllung eines Produktes abgeschätzt. Letztlich zeigt die **Funktionen-Komponenten-Matrix** den (Nutzen-)Beitrag an, den eine einzelne Komponente zur Funktionserfüllung und damit zum Gesamt-nutzen des Produktes aus Sicht der Verwender beiträgt.[1]

Nachdem wir die Beiträge einzelner Produktkomponenten zur Gesamt-funktionserfüllung bestimmt haben, ist es nun möglich, für alle spezifi-zierten Komponenten eigene Zielkosten zu ermitteln. Dies erfolgt nach dem Grundsatz, dass sich der prozentuale Nutzenanteil und der prozen-tuale Anteil der Komponenten an den Gesamtkosten jeweils entsprechen müssen.

Prämisse des Target Costing

> **Merke** Der Grundsatz der Kostenverteilung des Target Costing lautet:
>
> **Prozentualer Nutzenanteil = prozentualer Kostenanteil,**
>
> d. h. dass die einzelnen Komponenten gerade so viele Kosten her-vorrufen dürfen, wie es ihrem Anteil am Gesamtnutzen entspricht.

---

[1] Bei komplexeren Erzeugnissen muss noch eine weitere Matrix zwischen-geschaltet werden, in der die Kunden lediglich ihre Anforderungen angeben, die dann den Funktionen zugerechnet werden müssen. Dabei sind die Kunden-gewichtungen auch gegebenenfalls um die Gewichtungen der Anforderungen bei den Wettbewerbern zu überformen, da hierdurch der technischen Realisier-barkeit ein größeres Gewicht beigemessen wird. Erst dann können die Funk-tionengewichte auf die Komponenten verteilt werden.

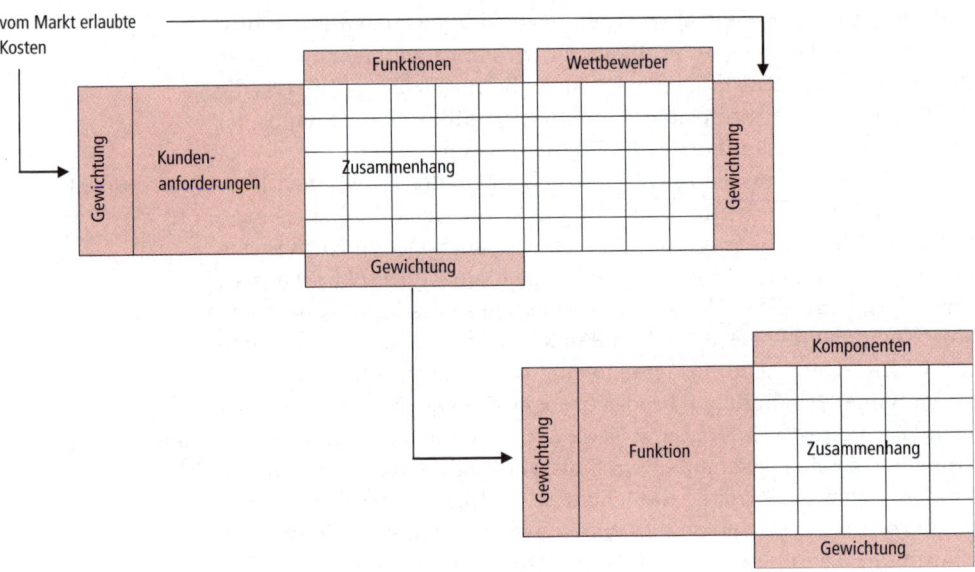

Abbildung 10.9: Methodik der Zielkostenspaltung
(entnommen aus Renner, A. / Sauter, R.: Targetmanager, in Controlling, 1997, S. 68)

Abweichungsanalysen

Den so ermittelten und auf die einzelnen Komponenten herunter gebrochenen Zielkosten werden die bei derzeitigem Technologiestand erreichbaren, **geplanten Kosten (Drifting Costs)** auf Standardkostenbasis gegenübergestellt.

Zielkostenkontrolldiagramm

Zur Visualisierung kann das in Abb. 10.10 dargestellte **Zielkostenkontrolldiagramm (Value Control Chart)** eingesetzt werden, in dem die prozentualen Kostenanteile einerseits und die prozentualen Nutzenanteile andererseits je Komponente abgetragen werden. Im Idealfall sollten die Komponenten auf der 45°-Linie positioniert sein. Dies folgt dann dem obigen Grundsatz, dass der Kostenanteil genau dem von Kunden zugemessenen Nutzengewicht des Bauteils entsprechen soll. Es wird somit unterstellt, dass die Nutzengewichte sich auch direkt auf die Kostengewichtungen übertragen lassen. Dies ist aber aufgrund technischer Gegebenheiten und der aufgeführten Schwierigkeiten der Herleitung oft

Zielkostenzone

nicht genau möglich, weshalb eine Zielkostenzone um diese Trenngerade herum eingerichtet wird, in der Abweichungen bewusst toleriert werden. Sollte sich aber herausstellen, dass eine Komponente einen deutlich höheren Kostenanteil als Nutzenanteil hat, so besteht dringender Kostensenkungsbedarf, der eventuell über

- eine Vereinfachung der Komponente in der Herstellung,
- eine Optimierung der Produktionsabläufe,
- Outsourcing-Aktivitäten oder
- Herabsetzungen der Qualitätsanforderungen

erreicht werden kann. Im umgekehrten Fall, d. h. eine Komponente hat kostenmäßig einen deutlich geringeren Anteil als das ihm zugemessene Nutzengewicht, sollte im Sinne der Kundenorientierung über eine Aufwertung der Komponente nachgedacht werden.

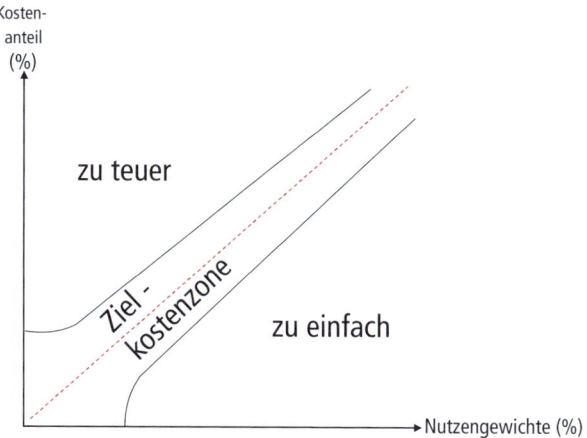

Abbildung 10.10: Struktur eines Value Control Chart
(in Anlehnung an Horváth, P. / Seidenschwarz, W.: Zielkostenmanagement, in Zfl 1992, S. 147)

Auf dieser Basis der aus den Kundenanforderungen abgeleiteten Kostengrößen kann dann die Produktentwicklung komponentenbezogen optimiert werden, wozu in der Umsetzungsphase Kostensenkungsmaßnahmen zur Erreichung der Allowable Costs einzusetzen sind.

Beispiel 10.2

Die Grundsystematik des Taget Costing soll an folgendem Fallbeispiel aus der Entwicklung der FEBAU GmbH verdeutlicht werden. Auf Basis des neu entwickelten Einbruchssicherungssystems soll ein neues Fensterprogramm für den gehobenen Bereich entwickelt werden. Ein Marktforschungsinstitut hat für ein derart gesichertes Standardfenster in Holzausführung einen Verkaufspreis von 650 € in der betreffenden Zielgruppe ermittelt. Zudem wurden die potenziellen Kunden bezüglich ihrer Anforderungen an das neue Fensterprogramm befragt. Im Rahmen dieser **Conjoint-Analyse** werden die Kundenfunktionen direkt abgefragt, da die Funktionen eines Fensters für in weiten Teilen deckungsgleich mit den Anforderungen gehalten werden. Lediglich bei der Anforderung an die Flexibilität des Programms, d. h. die unterschiedlichen Baumaße und Ausgestaltungen hinsichtlich Farbe und Qualität, sowie bei der Langlebigkeit handelt es sich nicht direkt um Funktionen, was eine etwas schwierigere Zuordnung auf die einzelnen Komponenten erwarten lässt.

Conjoint-Analyse

Die statistische Auswertung der Conjoint-Analyse ergibt die folgenden Kundengewichte für die einzelnen Funktionen: So messen die Kunden dem Wärmeschutz ein Gewicht von 30 % zu, d. h. hier liegt ein entsprechender Teilnutzen vor. Ein internes Expertenteam, bestehend aus dem Leiter der Entwicklung, dem Produktions- sowie dem Vertriebsleiter, kommt auf der Basis technischer Untersuchungen und der vorhandenen Erfahrung aus anderen Fensterprogrammen zu dem Schluss, dass der Wärmeschutz zu 70 % vom verwendeten Glas und ansonsten gleichmäßig verteilt von Rahmen, Dichtungen und Beschlägen abhängt. Somit ergibt sich ein gewichteter (Teilnutzen-)Wert von 0,21 (0,7 ∗ 0,3) für das Glas allein aus der Funktion des Wärmeschutzes, während die anderen Bereiche nur je 3 % zugerechnet bekommen. Für die übrigen Anforderungen erfolgt dies ebenso. Insgesamt ergibt sich die in folgender Tabelle dargestellte Funktionskomponenten-Matrix:

	Kunden-gewichtung	Glas	Rahmen	Dichtungen	Beschläge
Wärmeschutz	30 %	70 %	10 %	10 %	10 %
		0,21	0,03	0,03	0,03
Schallschutz	17 %	50 %	20 %	20 %	10 %
		0,09	0,03	0,03	0,02
Flexibles Programm	5 %		60 %		40 %
		0,00	0,03	0,00	0,02
Langlebigkeit	16 %	10 %	50 %	20 %	20 %
		0,02	0,08	0,03	0,03
Sicherheit	17 %	20 %	20 %	10 %	50 %
		0,03	0,03	0,02	0,09
Handhabung	15 %	10 %	10 %		80 %
		0,02	0,02	0,00	0,12
Gesamt relativ		36 %	22 %	11 %	30 %

Abbildung 10.11: Vereinfachte Zielkostenspaltung am Beispiel eines Standardfensters (gerundet)

Addiert man die einzelnen gewichteten Beiträge des Glases zur Funktionserfüllung des Fensters aus Sicht des Kunden, so ergibt sich der Gesamtbeitrag des Glases an der Gesamtfunktionserfüllung. So ist aus Abb. 10.11 zu erkennen, dass das Glas einen Anteil an der gesamten Funktionserfüllung von 36 % aufweist. Demnach ergibt sich, dass der Gesamtnutzen eines Fensters durch die Komponenten Glas zu 36 %, Rahmen zu 22 %, Dichtungen zu 11 % und Beschläge zu 30 % bestimmt wird. Somit dürfen diese Komponenten entsprechend oben erläutertem Grundsatz auch nur einen entsprechend großen Anteil an den Gesamtkosten verursachen.

10.3.3 Zielkostenerreichung

Im letzten Schritt des Target Costing erfolgt die **Zielkostenerreichung**. Die bisherigen Berechnungen mit angenommenen Ausgestaltungen für das Produkt ergeben Selbstkosten (Drifting Costs) unter Einbezug der kalkulierten Gewinne von 703 €, die sich auf die einzelnen Komponenten wie in Abb. 10.12 dargestellt verteilen. Diesen werden die Allowable Costs gegenübergestellt; sie entsprechen den Funktionsgewichtungen aus der Funktionskomponenten-Matrix auf die Komponenten verteilt:

> Anpassungen der Kosten an die aus dem Markt abgeleiteten Werte

	Gesamt	Glas	Rahmen	Dichtungen	Beschläge
Gesamt relativ		36 %	22 %	11 %	30 %
Allowable Costs	650,00 €	234,00 €	144,95 €	73,45 €	197,60 €
Drifting Costs	703,00 €	201,00 €	180,00 €	75,00 €	247,00 €
Notw. Kostenan.	−53,00 €	33,00 €	−35,05 €	−1,55 €	−49,40 €

Abbildung 10.12: Ermittlung der notwendigen Kostenanpassungen

Es zeigt sich aus dieser Gegenüberstellung, dass das Fenster derzeit noch insgesamt um 53 € zu teuer produziert werden würde, wobei es bei der komponentenbezogenen Betrachtung des Glases zu einer zu günstigen Lösung kommt, die Dichtungen im Zielkostenbereich liegen und sowohl der Rahmen als auch die Beschläge zu teuer geplant sind. Die genaue Positionierung kann dem Zielkostenkontrolldiagramm (Abb. 10.13) entnommen werden.

> Zielkostenkontrolldiagramm = Gegenüberstellung der Allowable Costs und der Nutzenanteile

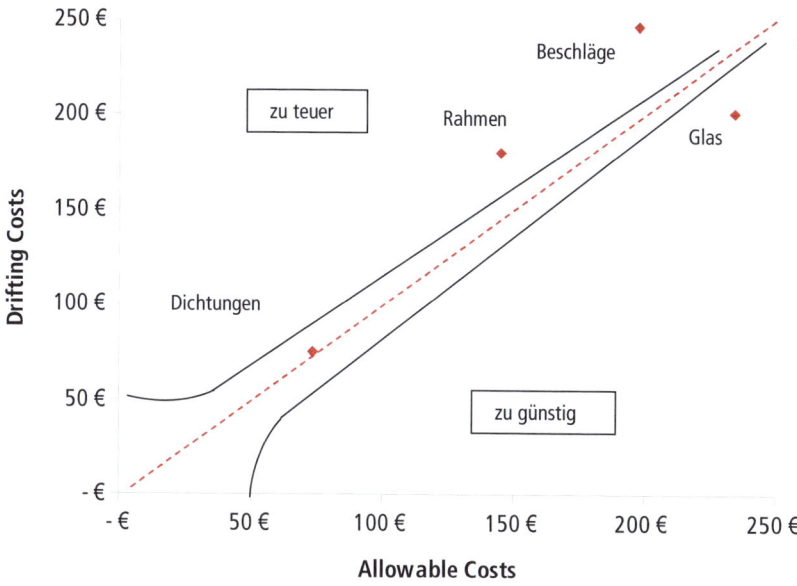

Abbildung 10.13: Zielkostenkontrolldiagramm

Im Folgenden ist nun zu überprüfen, wie die Kosten angepasst werden können. Dazu kann dank der Frühzeitigkeit noch bei der Entwicklung der Produkte eine Umgewichtung der Komponenten vorgenommen werden. So dürfte in diesem Beispiel die Ausgestaltung der Beschläge und des Rahmens noch vereinfacht werden, während dem Glas tendenziell mehr Gewicht einzuräumen wäre.

10.3.4 Kritische Würdigung

Grenzen   Obwohl zunächst recht komplexe Probleme in kompakter Weise gelöst zu werden scheinen, bestehen im Detail Bedenken gegen diesen Ansatz. So wird etwa bei der Marktpreisbestimmung von einem festen Preis ausgegangen, und damit werden differierende marketingpolitische Instrumente oder dynamische Preisstrategien sowie das Marktverhalten der Konkurrenten ausgeklammert. Auch ist nicht ersichtlich, warum eine optimale Lösung des Kostenreduktionsproblems gefunden sein soll, wenn der Kostenanteil dem über verschiedene Umwege ermittelten Nutzenanteil je Komponente entsprechen soll, da dabei unterstellt wird, dass es einen starren Zusammenhang von dem Nutzen eines Produktes und seiner Komponenten zu den Kosten gibt, was aber in der Realität oft nicht der Fall ist. Letztlich handelt es sich um eine Preisobergrenzenbestimmung, für die die üblichen Verfahren der Kostenrechnung eingesetzt werden können. Bedeutung bekommt die Zielkostenrechnung

Verhaltenssteuerung   jedoch als **frühzeitig wirkendes verhaltensorientiertes Konzept**, wobei allerdings weniger die Mitarbeiterführung als vielmehr die produktionstechnische Optimierung im Mittelpunkt der Betrachtung steht. Die praktische Durchführung dieses Verfahrens erfordert bereits im Rahmen der Produktentwicklung eine breite Integration anderer die Unternehmensführung unterstützender Instrumente und Systeme, was etwa über

Supply Chain Controlling   ein **Supply Chain Controlling** zu gewährleisten ist. Daher müssen bei der Entscheidungsunterstützung neben dem Instrument der Kosten- und Erlösrechnung auch weitere Ansatzpunkte und Instrumente zu einer intelligenten Interpretation der errechneten Daten sowie für intelligente Handlungsempfehlungen verfügbar sein.

> **Merke**   Das **Target Costing** bewirkt eine starke Kunden- und Marktorientierung schon bei der Produktentwicklung, indem ausgehend von einem erwarteten Marktpreis die erlaubten Kosten des zu entwickelnden Produktes ermittelt werden. Durch Einsatz einer Conjoint-Analyse können dann die erlaubten Kosten je Bauteil ermittelt werden, die schließlich unter Einbeziehung aller relevanten Abteilungen des Unternehmens sowie gegebenenfalls auch der Lieferanten möglichst zu unterschreiten sind. Es ist somit ein frühzeitig wirkendes verhaltenssteuerndes Konzept, was weniger der exakten Kostenberechnung als vielmehr der strategischen Orientierung dient.

10.4   Qualitätsbezogene Kostenbetrachtungen

Die **Produktqualität** bildet in der heutigen Zeit einen nicht zu unterschätzenden strategischen Erfolgsfaktor für die Unternehmen wie nachstehende Praxisbeispiele verdeutlichen. Um diesen Erfolgsfaktor auch im Rechnungswesen abbilden und messen zu können, gewinnen neue Verfahren der qualitätsbezogenen Kostenrechnung, die die kosten- und erlösmäßigen Auswirkungen einer (fehlenden) Produkt- und Prozessqualität messen, zunehmend an Bedeutung.

Qualität als strategischer Erfolgsfaktor

CCD-„Epidemie"

Hintergründe zu den jüngsten Rückrufaktionen diverser Hersteller

2005-10-11, aktualisiert 2005-12-06
(http://www.digitalkamera.de/Info/News/29/72.htm)

Ähnlich der Vogelgrippe kommt uns derzeit eine andere „Seuche" aus Asien entgegen, die diesmal nicht die Tierwelt, sondern die Kamerawelt betrifft. In den vergangenen Tagen mehren sich jedenfalls die „Wartungshinweise" diverser Kamerahersteller, die auf Probleme mit einigen Digitalkameramodellen aufmerksam machen. Der Auslöser dieser „Epidemie" dürften Sparmaßnahmen bei der Fertigung von CCDs sein, wobei der Sparzwang die Konstrukteure in diesem Fall nachträglich teuer zu stehen kommt. *(yb)*

Angefangen hat alles mit einem „Wartungshinweis" der Firma Nikon, dicht gefolgt von weiteren Hinweisen gleicher Art der Firmen Fujifilm, Canon und Konica-Minolta. Dabei dürfte dies erst der Anfang einer ganzen Kette von solchen Rückrufaktionen sein, da prinzipiell noch

andere Digitalkamerahersteller betroffen sein dürften, die während eines mehr oder weniger langen Zeitraums einen bestimmten Typ CCD-Sensoren in ihre Kameras verbaut haben. (...) Das Problem scheint mittlerweile gelöst zu sein, und Sony versichert, dass es den Fertigungsprozess seiner CCDs nun im Griff hat. Bleibt aber eine essentielle Frage: Obwohl praktisch alle Hersteller erklärt haben, die betroffenen Kameras auch nach Ablauf der Garantiezeit kostenlos zu reparieren, kann man sich fragen, wie sie das konkret tun wollen. Da CCDs heutzutage oft eine Einheit mit dem Objektiv bilden und/oder fest auf ihren Platinen verlötet sind, werden wohl ganze Baugruppen ausgetauscht werden müssen. Und wenn man weiß, dass schon bei der Markteinführung mancher Kameras deren Produktion bereits eingestellt bzw. auf die Nachfolgegeneration umgestellt ist, kann

---

man sich ausdenken, dass der Reparaturaufwand enorm ist. Auf die betroffenen Hersteller dürften enorme Kosten zukommen; es heißt aber inoffiziell, dass Sony diese übernehmen wolle. Dem Besitzer einer defekten Kamera dürften die Sorgen von Sony aber ziemlich egal sein.

(…)

Der STERN verblasst – MERCEDES mit größter RÜCKRUFAKTION aller Zeiten

[01.04.2005 – 09:12]
http://www.boersenreport.de/auto.asp?
msg=004658500000001650000000000

Wegen Problemen an Elektronik und Bremsen, die bereits zu kleineren Unfällen führten, hat sich Mercedes-Benz zur größten Rückrufaktion in der Firmengeschichte durchgerungen. Insgesamt sollen 1,3 Mio. Autos in der Werkstatt einer „Sonderbehandlung" unterzogen werden. Das sind mehr Autos als DaimlerChrysler in einem Jahr herstellt. Betroffen sind die neuen E-, SL- und CLS-Klassen. Die meisten der Teile stammen vom Zulieferer Bosch, dessen Dieselpumpen erst kürzlich bei den deutschen Premiumherstellern für Ärger sorgten.

(…)

In der Branche wird die internationale Rückrufaktion für die 1,3 Mio. Fahrzeuge mit einem hohen dreistelligen Millionenbetrag veranschlagt. Auch dürften die Materialkosten nicht zu vernachlässigen sein. DaimlerChrysler schweigt sich zu den Kosten aus. Zulieferer Bosch wird aber nicht ganz ungeschoren davonkommen.

Im vierten Quartal war die gewöhnlich ertragsstarke Mercedes Car Group unter anderem wegen hoher Kosten für die Beseitigung von Qualitätsproblemen nur knapp an einem Verlust vorbeigeschrammt. Im Gesamtjahr hatte die Gruppe, zu der die Marken Mercedes-Benz, Smart und Maybach gehören, einen Gewinneinbruch um fast die Hälfte erlitten.

Abbildungsnotwendigkeiten zur Steuerung der Qualität

Die Produkt- und Prozessqualität ist einerseits eine zentrale Kosteneinflussgröße, schließlich führen Steigerungen der Präzision tendenziell auch zu höheren Kosten und eine Verringerung von Fehlern, d. h. eine Reduktion von Ausschuss oder Nachbearbeitungszeit, reduziert die Kosten. Andererseits belegen empirische Studien, dass die **Produktqualität aus Kundensicht** in einem stark positiven Zusammenhang mit dem Erfolg des Unternehmens steht. Daher gehört es zu den Aufgaben der Unternehmensführung, Entscheidungen bezüglich der anzustrebenden

Qualität in allen Bereichen der Leistungserstellung zu treffen, um diesen zentralen Erfolgsfaktor steuern zu können. Wenn diese Entscheidungen nicht auf rein intuitiver Basis erfolgen sollen, sind auch hierfür Informationen innerhalb und außerhalb des Unternehmens zu generieren, um sie zu unterstützten.

Zentral sind dabei einerseits **Informationen** über Prozessverbesserungen, Fehlervermeidungen sowie die Mitarbeiterbindung und andererseits eher externe Informationen über Kundenbindung sowie Nutzenvorteile. Die strategischen Qualitätsbetrachtungen dienen der langfristigen Sicherung des Unternehmens am Markt. Hierbei sind strategische Qualitätsziele und Aktionsprogramme bzw. Stoßrichtungen zur Erreichung dieser Ziele festzulegen sowie ein Kenngrößensystem zur Steuerung der Ergebnisse und eine Auswahlmethode zur Ableitung unternehmensspezifisch geeigneter Qualitätsziele zu entwickeln. *(Interne und externe Informationsquellen)*

Bei den operativen Qualitätsbetrachtungen, die durch die Kosten- und Erlösrechnung primär unterstützt werden können, stehen qualitätsorientierte Wirtschaftlichkeitsanalysen, d.h. die Bewertung des Verhältnisses zwischen Kosten und Nutzen von Qualitätsstufen, im Zentrum. Die **Kosten des Qualitätsmanagements** entsprechen dem bewerteten Güterverzehr, der aufgrund von Aktivitäten zur Gewährleistung einer Leistungserstellung gemäß spezifischen Qualitätsanforderungen entsteht. In der Tätigkeitsanalyse werden auf Basis der Qualitätsaktivitäten in den einzelnen Unternehmensbereichen qualitätsbezogene Teilprozesse bestimmt. In klassischer Weise werden Kosten nach Fehler-, Fehlerverhütungs- und Prüfkosten untergliedert. In der wirkungsorientierten Analyse qualitätsbezogener Kosten werden die Qualitätsprozesse in *(Qualitätsmanagement)* *(Arten von qualitätsbezogene Kosten)*

- Nutzleistungen,
- Stützleistungen,
- Blindleistungen und
- Fehlleistungen

unterteilt. Der **Nutzen des Qualitätsmanagements** stellt das Maß der Zielerreichung durch qualitätsbezogene Aktivitäten dar und unterscheidet zwischen einem internen und externen Nutzen. Der interne Nutzen entspricht einer Verbesserung der Leistungserstellung und setzt an den unternehmensinternen, primär kostensenkenden Wirkungen an, wie Prozessverbesserungen (z. B. Verringerung von Leerlaufzeiten) und Fehlervermeidungen (z. B. Reduzierung des Ausschusses). Der externe Nutzen des Qualitätsmanagements stellt die Realisierung externer Ziele dar, die das Verhalten externer Anspruchsgruppen – z. B. Kunden oder Händler – betreffen, wie z. B. die Steuerung der Zufriedenheit und damit die Beeinflussung des Nachfrageverhaltens. Der externe Nutzen des Qualitätsmanagements ist einerseits der direkte Nutzen der Bindung der Kunden an das Unternehmen und andererseits der Nutzen der (kos- *(Interner und externer Nutzen des Qualitätsmanagements)* tenfreien) Weitergabe der positiven Erfahrungen an andere potenzielle Käufer.

Kundenorientierte Qualitätsbetrachtung

Obwohl die Qualitätsorientierung der Kostenrechnung im Prinzip schon recht lange verfolgt wird, besteht doch eine Vielzahl unterschiedlicher Ansätze, die sich nicht zuletzt aus der Problematik der Bestimmung des Qualitätsbegriffes her erklären lassen. Für die Bestimmung des Qualitätsbegriffes sollte der **kundenorientierte Ansatz** präferiert werden, da letztlich der Kunde derjenige ist, der durch seine Kaufentscheidung den Erfolg des Unternehmens sichert. Für den Herstellungsprozess können dann aus den Kundenwünschen produkt- und herstellungsorientierte Vorgaben abgeleitet werden. Abb. 10.14 verdeutlicht die Ansatzpunkte von qualitätsbezogenen Kostenbetrachtungen.

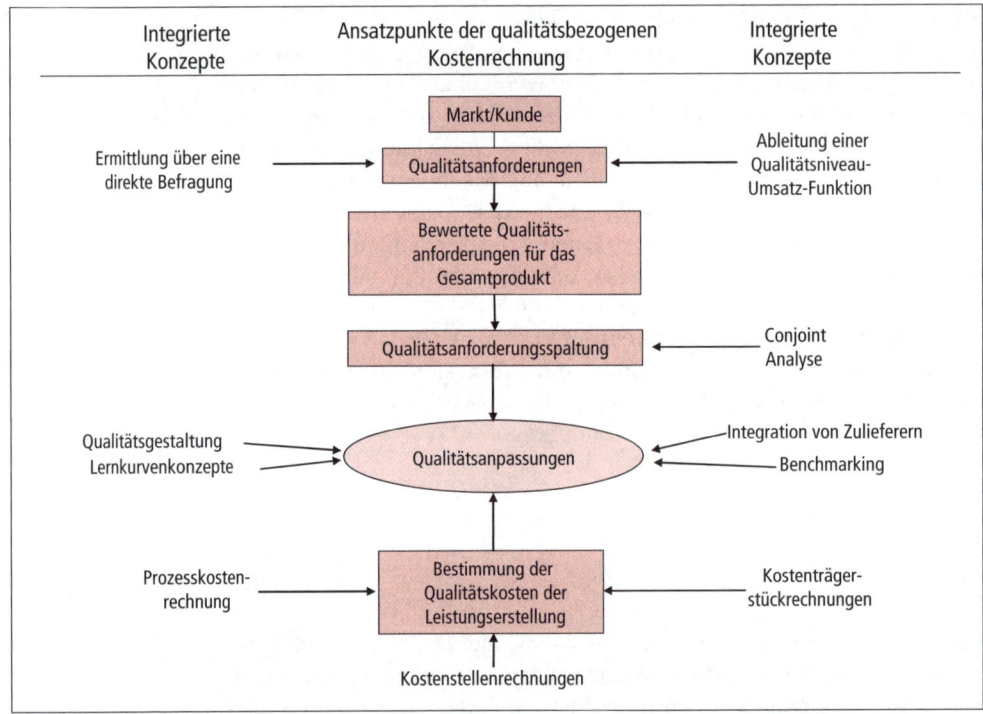

Abbildung 10.14: Ansatzpunkte einer qualitätsbezogenen Kostenbetrachtung

Ansatzpunkte der Qualitätssteuerung

Die Betrachtung ist somit zweigeteilt. Einerseits müssen die Qualitätsanforderungen des Kunden zusammen mit seiner Zahlungsbereitschaft ermittelt werden (Qualitätsniveau-Umsatz-Funktion), andererseits muss innerbetrieblich die Einhaltung dieser vom Kunden gewünschten und von der Unternehmensleitung der Leistungserstellung vorgegebenen Qualitätsanforderungen überwacht und die dabei entstehenden Kosten ermitteln werden.

Bei der **Ermittlung der Qualitätsanforderungen** der Kunden ist zu beachten, dass das Unternehmen das subjektive Qualitätsempfinden des Kunden neben der tatsächlichen qualitativen Verbesserung des Produktes auch über gezielte Marketingmaßnahmen steigern kann. Außerdem ist festzustellen, dass die Qualität verschiedenste Attribute besitzt, die jedoch bei dieser Sichtweise nicht additiv verknüpfbar sind und vom Kunden daher auch nicht gleich bewertet werden. Zur Einschätzung kommen deshalb insbesondere multiattributive sowie ereignisorientierte Messverfahren in Betracht. Bei **multiattributiven Verfahren** wird unterstellt, dass sich die gesamte Qualitätsbeurteilung aus den individuellen Einschätzungen der verschiedenen Qualitätsmerkmale zusammensetzt. So kann etwa unterteilt werden in die Einschätzung der Wichtigkeit eines vorgegebenen Qualitätsmerkmals und deren Erfüllungsgrad. Die beiden Rating-Skalen reichen dann von „äußerst wichtig" bis „unwichtig" sowie von „sehr gut erfüllt" bis „sehr schlecht erfüllt". Zusammengeführt werden können beide dann zum Customer-Satisfaction-Index. Während bei multiattributiven Verfahren die Qualitätsattribute für die Befragung vorgegeben sind, steht bei **ereignisorientierten Methoden** die unstrukturierte Schilderung bestimmter Erlebnisse im Vordergrund. Sie dienen der Aufdeckung und Analyse so genannter kritischer Vorfälle, worunter solche Geschehnisse zu verstehen sind, die ein Kunde als äußerst befriedigend oder unbefriedigend erlebt hat.

Bestimmung der Qualitätsanforderungen

Multiattributive Qualitätsbeurteilungsverfahren

Die Analyse der Befunde aus der Kundenbefragung kann als Einzelauswertung für den jeweiligen Geschäftsbereich erfolgen und ergänzend im Vergleich mit anderen Geschäftseinheiten oder Konkurrenten betrachtet werden, wofür sich z. B. **Qualitätsprofile** eignen. Neben grafischen Qualitätsprofilen ist die Portfolioanalyse ein weiteres Instrument, um die Stärken und Schwächen eines Geschäftsbereichs hinsichtlich der Qualitätsmerkmale aus Kundensicht aufzuzeigen, wobei im Idealfall sich Wichtigkeit und Ausprägungshöhe der Qualitätsmerkmale in etwa entsprechen sollten. Hier sind auch statistische Analysen, wie z. B. univariate und multivariate Korrelationsrechnungen, sowie die aus der Soziologie und Psychologie bekannte Konfigurationsfrequenzanalyse, mit der Muster von Abläufen untersucht werden können, zur Unterstützung heranzuziehen.

Erhebung der Kundenerwartungen

Neben dieser grafischen Betrachtung muss der Versuch unternommen werden, **Qualitätseinschätzungen in monetäre Aussagen zu überführen**, was beispielsweise beim wertorientierten Qualitätsmessungsansatz durchgeführt wird. Die Frage ist dann, wie viel Geld ein Kunde für bestimmte Qualitätsniveaus zu bezahlen bereit ist. Dies kann einerseits wieder direkt über Befragungen eruiert werden, wobei jedoch damit zu rechnen ist, dass die Befragungsergebnisse sehr ungenau werden. So werden etwa Kunden aus taktischen Überlegungen bewusst falsche Angaben machen, um das Produkt günstiger zu erwerben. Außerdem wird oft eine Kluft zwischen den Äußerungen der Kunden und

Monetarisierung der Informationen

dem tatsächlichen Verhalten zu konstatieren sein, was insbesondere bei Nahrungsmitteln oder sicherheitsrelevanten Merkmalen zu beobachten ist. Andererseits können durch die Nutzung von statistischen Korrelationsverfahren Beziehungen zwischen bestimmten Qualitätsniveaus und Umsatz- bzw. Gewinnhöhen festgestellt werden, was in Abhängigkeit von der Quantität und Qualität des vorhandenen Datenmaterials zumindest zu **näherungsweisen monetären Einschätzungen von Qualitätsniveaus** führen kann. So kann etwa aus der Funktion, die die Beziehung von Qualität zu Umsatz ausdrückt, eine weitere Funktion abgeleitet werden, die eine Beziehung des Qualitätsniveaus zum Gewinn ausdrückt. So werden konkrete monetäre Aussagen über den Wert des Qualitätsniveaus möglich.

Kundenbefragungen

Der zentralen Bedeutung der **Kundenbefragung** für das Feststellen einer anforderungsgerechten Qualität stehen allerdings die hohen Aufwendungen ihrer Durchführung entgegen. Bei der Institutionalisierung eines solchen Verfahrens kann durch den verstärkten Einsatz neuer Medien und bei systematischer Nutzung vorhandener Kundeninformationen, z. B. im Hinblick auf Folgebefragungen, der Aufwand jedoch auf ein vertretbares Maß begrenzt werden und ist im Lichte der gewonnenen Qualitätsinformationen unbedingt zu vertreten. Da die Rücklaufquoten bei schriftlichen Kundenbefragungen unter Umständen relativ gering ausfallen, muss in der Regel eine große Anzahl an Kunden angeschrieben werden, um die statistisch definierte Güte der Ergebnisse, d. h. inwieweit diese repräsentativ sind, sicherzustellen.

Interne Qualitätsüberwachung

Gelingt die Ableitung der qualitätsbezogenen Kundenanforderungen, ist sodann von der Unternehmensleitung festzulegen, welche Qualitätsniveaus innerbetrieblich bei der Leistungserstellung anzustreben sind. Dazu ist eine Aufspaltung der Qualitätsanforderungen auf die einzelnen Komponenten erforderlich, die wie beim Target Costing mit einer Conjoint-Analyse erfolgen kann. Im nächsten Schritt sind die einzelnen Merkmale der Qualität zu bestimmen und zur Überwachung jeweils **Indikatoren** hierfür festzustellen. Diese Indikatoren müssen möglichst Kennzahlen sein, die gut messbar sind. Es eignen sich etwa technische Maße, Zeitangaben oder bestimmte Quoten. Auf dieser komponentenbezogenen Basis sind dann mit den Indikatoren das Erreichen der für die festgelegten Qualitätsniveaus anfallenden Kosten zu ermitteln und im Weiteren zu überwachen. Sollen verschiedene Qualitätsniveaus untersucht werden, so sind dafür Simulationsläufe in der Plankostenrechnung notwendig, in welchen die zu erwartenden Kosten der jeweils angestrebten Qualitätsniveaus ermittelt werden. Dafür ist es notwendig, die kostenmäßigen Zusammenhänge zu kennen, was eine Betrachtung der einzelnen Produkterstellungsabläufe bedingt. Somit wird letztlich

Qualität als Kosteneinflussgröße

die **Kosteneinflussgröße** der Qualität, die bislang in den Rechnungen immer als Konstante gesetzt war, variabel, was dann jedoch die Festsetzung der übrigen Kosteneinflussgrößen bedingt. Somit können die Verfahren der Plankostenrechnung mit einer qualitätsabhängigen Kostenfunktion eingesetzt werden. Während eine solche Funktion noch für einzelne Qualitätsindikatoren gegeben sein mag, wie etwa für bestimmte technische Maße, z. B. Größen, Gewichte, Lieferzeiten, wird bei einem Qualitätsbündel, als welches etwa ein Produkt bezeichnet werden kann, eine solche Funktion kaum mehr bekannt sein. Daher sind hier jeweils Szenarien zu berechnen, in denen alternative Qualitätsniveaus beschrieben und analysiert werden. Um die qualitätsbezogenen Kosten richtig steuern zu können, ist die Einbeziehung der Leistungsseite unabdingbar. Dies ergibt sich aus der Überlegung, dass höhere Qualitätsniveaus der Produkte sich auch in höheren Preisen niederschlagen werden. Die Aufgabe der Unternehmensführung ist es daher, die Qualitätskosten und die Qualitätserlöse in ein optimales Verhältnis zu bringen, wozu diese qualitätsbezogene Betrachtung dann aber über das Instrument des Target Costing bereits frühzeitig bei der Produktentwicklung eingesetzt werden sollte. Damit sind diese Betrachtungen als fallweise Sonderrechnungen der Kosten- und Erlösrechnung zu verstehen.

Für die Kontrolle der in diesem eher strategischen Verfahren angefallenen Qualitätskosten ist dann das kostenrechnerische Instrumentarium wieder mitlaufend einzusetzen. Dabei muss die Operationalisierung in zwei Stufen erfolgen:

Kontrolle der Qualitätskosten

- Zunächst sind für das bestimmte vorgegebene Qualitätsniveau des Erzeugnisses die genau dafür benötigten Kosten zu bestimmen, die als **Konformitätskosten** (Übereinstimmungskosten) bezeichnet werden können. Sie drücken aus, welche bewerteten Ressourcenverbräuche im Normal- oder Optimalfall notwendig sind, um das Produkt in der gewünschten Qualität zu fertigen.

Konformitätskosten

- Darauf aufbauend ist dann mitlaufend während der Leistungserstellung zu überprüfen, welche Kosten notwendig sind, um das vorgegebene Qualitätsniveau zu erreichen. Hierbei können Fehler offensichtlich werden, die z. B. zu einer Nachbearbeitung oder einer Neuerstellung führen. Diese Kosten werden als **Nichtkonformitätskosten** (Abweichungskosten) bezeichnet und drücken die internen Fehlleistungen aus.

Nichtkonformitätskosten

Die berechneten Abweichungen sind dann im Einzelnen über die Betrachtung der Kostenarten, Prozesse oder Kostenstellen näher zu untersuchen, um Maßnahmen zum Abstellen dieser unnötigen Kosten treffen zu können. Die Summe von Konformitäts- und Nichtkonformitätskosten sind die gesamten qualitätsbezogenen Kosten des Unternehmens. Dabei kann die Verdichtung, wie in Abb. 10.15 dargestellt, vorgenommen werden.

Abweichungsanalysen

Konkret müssen somit bereits in der Kostenartenrechnung bestimmte qualitätsbezogene Kostenarten gebildet werden, die dann auf die Kostenstellen verteilt die Orte angeben, wo sie angefallen sind. Dies ist damit zu erklären, dass die Kosten z. B. für Qualitätsschulungen, Materialprüfung, Prüfwerkzeuge, Anlagen, in denen die Qualitätskontrolle stattfin-

Erweiterung der Kostenartenrechnung

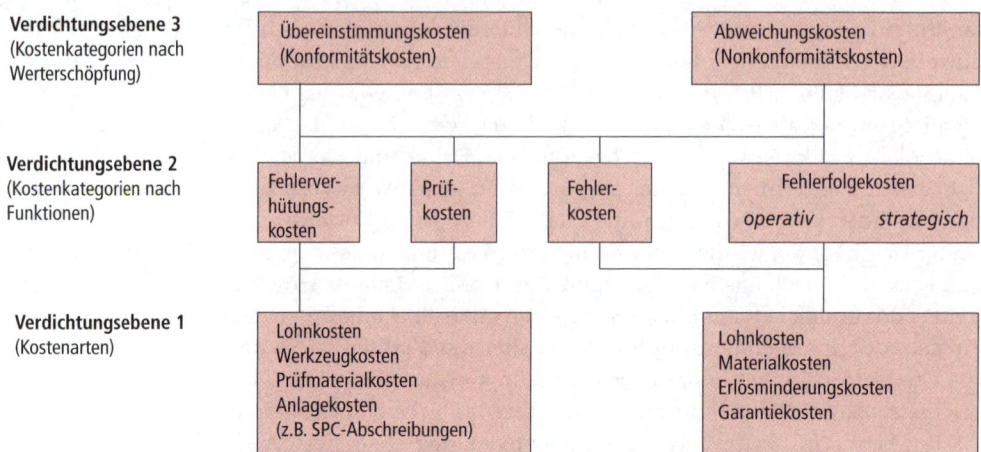

Abbildung 10.15: Verdichtungsebenen eines Berichtssystems für qualitätsbezogene Kosten
(in Anlehnung an Reichmann, T.: Controlling mit Kennzahlen und Managementberichten, München 2006, S. 407)

det sowie Löhne und Gehälter des Qualitätssicherungspersonals, schon bei der Kontierung in der Finanzbuchhaltung auch als solche erfasst und dementsprechend in einem gesonderten Unterkonto zusammengefasst werden. Während das für die **Fehlerverhütungs- und Prüfkosten** durch die von vornherein festgelegten Funktionen direkt möglich ist, bedarf die Ermittlung der Fehler- und Fehlerfolgekosten in der Regel eines Umweges.

Fehler und Fehlerfolgekosten

Die **Fehler- und Fehlerfolgekosten** bedürfen in der Regel einer zusätzlichen Meldung, da diese konkreten Kosten sich erst dann als solche ergeben, wenn der Fehler aufgetreten ist. Vorher sind es etwa die normalen Lohn- und Materialkosten, die für die Fertigung benötigt werden und auch als solche zunächst in der Kostenartenrechnung erfasst sind. Eine Umbuchung von den normalen Materialkosten in die Fehlerkosten kann nur dann vorgenommen werden, wenn in den Kostenstellen die Kosten der Fehler erfasst werden. Dies kann im System der Kostenrechnung auf die Art und Weise organisiert werden, dass die Fehler als ein spezieller Kostenträger geführt werden, auf die die (Fehl-)Leistungen der Kostenstelle zugerechnet werden. Alternativ kann auch im Falle einer großen Wiederholungshäufigkeit der Leistungserstellung der Einsatz statistischer Analysen erwogen werden. Dann wäre die Ermittlung der Fehlerkosten nicht durch konkrete Stunden- und Materialaufschreibung, sondern über die Ausschussraten und durchschnittlichen Nachbearbeitungskosten möglich. Beide Varianten folgen somit der Idee der Prozesskostenrechnung, dass die gesamten angefallenen Kosten einer Kostenstelle tiefer durch die Betrachtung der in den Kostenstellen stattfindenden Prozesse zu analysieren sind. Der Gedanke der kostenstellenübergreifenden Prozessbetrachtung ist aufzugreifen, um die Fehlerfolgekosten zu ermitteln, da hier nicht nur die konkret mit der fehlerhaften Handlung verursachten Kosten, etwa der Lohn- und Materialkosten für

Kostenstellenübergreifende Prozessbetrachtung

ein als Ausschuss deklariertes Bauteil, sondern der betriebliche Leistungserstellungsprozess bis hin zu den erlösseitigen Auswirkungen z. B. durch Abwanderungen von Kunden weiter auf die Folgewirkungen hiervon zu untersuchen ist. So sind etwa Stillstandszeiten und Überstundenzuschläge für deren Aufholung in Kostenstellen mit nachfolgenden Produktionsprozessen ebenso zu beachten wie eventuelle Konventionalstrafen oder geplatzte Verkaufsverträge. Dabei ist die Bestimmung der erlösseitigen Betrachtungen besonders schwierig. Zwar können Konventionalstrafen und auch eingeräumte Nachlässe direkt in der Kosten- bzw. Erlösartenrechnung erfasst werden, doch müssen auch die weitere Wirkung auf das Kundenverhalten mit einbezogen werden. Da die Liefertreue bzw. die Lieferung funktionsfähiger Güter auch vom Kunden wahrgenommene Qualitätsmerkmale sind, sind hierfür die Ergebnisse der Bewertung der Kundenanforderungen heranzuziehen.

Die konkrete Umsetzung soll an einem Beispiel verdeutlicht werden.

Die Geschäftsführung der FEBAU GmbH hat den Hinweis auf die nachlassende Qualität sehr ernst genommen und Überlegungen zur Qualität angestellt. Aus Erfahrungen und der Beobachtung anderer Konkurrenten wurden die Erkenntnisse gewonnen,

Beispiel 10.3

- dass gerade das Geschäft mit den qualitativ hochwertigen Fenstern sehr stark vom Ruf des Unternehmens abhängt und durch die lange Haltbarkeit der Produkte sich schlechte Nachrichten über die Qualität auch recht lange halten,

- dass Nachbesserungen an ausgelieferten Fenstern zumeist recht teuer sind, da dies in der Regel immer außer Haus passieren muss und oft zum kompletten Austausch der defekten Fenster mit Folgekosten für weitere Handwerker führt,

- dass gerade der Austausch von Fenstern in frisch bezogenen Häusern besonders viel Ärger auslöst, sowie

- dass Verzögerungen bei der Lieferung von Fenstern oft zum Stillstand der Bauarbeiten führen und somit Konventionalstrafen drohen.

All dies bewog die Unternehmensführung, eine Qualitätsoffensive im Unternehmen zu starten. In einem ersten Schritt wurden Indikatoren für die Qualität gesucht, wobei zunächst von den Kundenanforderungen ausgegangen wurde. Hier stellte sich heraus, dass insbesondere die Passgenauigkeit, die Qualität der Verarbeitung von Glas und Rahmen sowie die Termintreue große Bedeutung haben. Im nächsten Schritt wurden Indikatoren gesucht, die diese Anforderungen beobachtbar machen können. Zunächst liegt die Betrachtung der Kundenbeschwerden, der nötig gewordenen Nachbesserungen und der Terminüberschreitungen nahe. Dies sind relevante Kennzahlen, an denen die Unternehmensführung die Umsetzung der Qualitätsoffensive im Unternehmen sehr gut nachvoll-

---

ziehen kann. Hier können Vorgabewerte gesetzt werden, die dann im Konkreten zu überwachen sind, wofür sich Kennzahlensysteme, z. B. in der Form der Balanced Scorecard, anbieten.

Das Problem ist aber, dass diese Kennzahlen rein outputorientiert sind und die eigentlichen innerbetrieblichen Ansatzpunkte zur Qualitätsorientierung kaum betreffen. Daher sind schon bei der Produktion Indikatoren für die erwartete Qualität zu bestimmen, die insbesondere in technischen Maßen und deren Kontrolle liegen, um schon frühzeitig die Qualitätsanforderungen beachten zu können. Das Einschieben von Zwischen- und Endprüfungen erfordert aber jeweils Zeit, und es kann zu Verzögerungen der Produktion kommen. Daher hat die Unternehmensleitung sich entschlossen, Zwischenlager einzurichten, in denen die unfertigen Erzeugnisse zwischen den einzelnen Bearbeitungsstufen gelagert werden können, um so einen Puffer für Nachbesserungsarbeiten einer vorgelagerten Produktionsstufe zu ermöglichen. Zudem wurden die

TQM = Total Quality Management

Mitarbeiter stärker auf Schulungen für das Thema „Qualität" sensibilisiert, planmäßige sowie Stichprobenkontrollen eingeführt und in der Kostenrechnung die dafür benötigten Kosten erfasst. Bezüglich der Umsetzung wurde aufgrund der großen Wiederholungshäufigkeit der Leistungserstellung und der Umsetzung des TQM als Prozess auf das Konzept der Prozesskostenrechnung zurückgegriffen und die Kosten prozessorientiert erfasst. Insgesamt ergibt sich folgendes Bild:

Qualitätskosten	Kosten	Kostentreiber	Anzahl der Kostentreiber	Gesamt-kosten	in % vom Umsatz 2500000
Fehlerverhütungskosten					
Kosten der Zwischenlager	180,00 €	m^2	260	46.800 €	1,9%
Weiterbildungskosten	150,00 €	Std.	100	15.000 €	0,6%
Qualitätsplanung	80,00 €	Std.	10	800 €	0,0%
				62.600 €	2,5%
Prüfkosten					
Endabnahme	60,00 €	Std.	560	33.600 €	1,3%
Stichproben	60,00 €	Std.	100	6.000 €	0,2%
Abschreibung Geräte	15.000,00 €		1	15.000 €	0,6%
				54.600 €	2,2%
Interne Fehler(folge)kosten					
Nachbearbeitung-Material	200,00 €	Stk.	50	10.000 €	0,4%
Nachbearbeitung-Löhne	60,00 €	Std.	100	6.000 €	0,2%
Folgekosten	2.200,00 €		1	2.200 €	0,1%
				18.200 €	0,7%
Externe Fehler(folge)kosten					
Gewährleistungskosten	300,00 €	Stk.	80	24.000 €	1,0%
Konventionalstrafen	€		0	- €	0,0%
Transportschäden	150,00 €	Fahrten	25	3.750 €	0,2%
				27.750 €	1,1%
Gesamte Qualitätskosten				163.150 €	6,5%
Geschätzter Schaden durch entgangenen Umsatz					
Entgangener Umsatz p.a.	40.000 €				
Deckungsbeitrag	6.000 €	Jahre	5	30.000 €	1,2%
				30.000 €	1,2%

Abbildung 10.16: Ergebnis der Betrachtung der Qualitätskosten (in Anlehnung an Horngren, C.T. / Datar, S.M. / Foster, G.: Cost Accounting, Upper Saddle River 2006, S. 662)

Es ist somit gelungen, durch die frühzeitige Qualitätsorientierung die eigentlichen Fehler(folge)kosten vergleichsweise gering zu halten. Besonders zufrieden zeigt sich die Geschäftsführung, dass der geschätzte Schaden durch den entgangenen Umsatz nicht zu groß ist. Dieser wird berechnet auf der Basis der geschätzten entgangenen Umsätze, wobei davon ausgegangen wird, dass durch ein kulantes Verhalten im Schadensfall die Kundenbindung nicht zu stark leidet. Gleichwohl kann auch dies nicht verhindern, dass dennoch Bauherren ihren Ärger über die notwendigen Nachbesserungen vielfach weitergeben, sodass angenommen wird, dass der Umsatz nicht nur in dieser Periode, sondern auch noch in den vier folgenden Perioden ausbleiben wird. Als Schaden sind dabei aber nicht die gesamten entgangenen Umsätze, sondern nur die entgangenen Deckungsbeiträge zu werten, da die variablen Kosten für diese Produkte auch nicht angefallen sind. Zudem ist zu beachten, dass diese Größe auch nur dann einzubeziehen ist, wenn die Kapazitäten nicht ausgelastet sind. Im Zeitverlauf kann die Unternehmensführung nun die weiteren Wirkungen der Qualitätsmaßnahmen überprüfen und gegebenenfalls mit anderen Unternehmen vergleichen.

Generell bestehen bei der Identifizierung der Qualitätskosten große **Einschätzungsspielräume**, sodass die Ergebnisse in der Regel nicht als exakte Größen, sondern vielmehr als Mittel zur Steuerung und Durchsetzung von Qualitätsansprüchen zu interpretieren sind. So hängt etwa die Frage, ob Qualitätskosten als Fehlervermeidungs- oder als Fehler(folge)kosten zu erfassen sind, davon ab, wie der Produktionsprozess organisiert ist. So hat eine Zwischenprüfung die Funktion, schon rechtzeitig Abweichungen festzustellen und durch Nachbearbeitung zu beheben. Wird darauf verzichtet, kommt es zu höheren Fehler(folge)kosten, da der erst später entdeckte Fehler hohe Beseitigungskosten verursacht. Ebenso führen auch die Frage, wann ein Fehler vorliegt, und die Problematik, dass letztlich die gesamten Produktionskosten als Qualitätskosten verstanden werden können, zu der Erkenntnis, dass hier allein die Tatsache, dass sich das Unternehmen mit der Qualität auseinandersetzt und die Belegschaft spürt, dass die Unternehmensleitung sich für die in irgendeiner Form messbar gemachte Qualität interessiert, positive Auswirkungen hat. Gleichwohl besteht in dieser Situation wie bei der Risiko- und Nachhaltigkeitssteuerung die Gefahr, dass aufgrund der nur schlecht möglichen Abbildung Fehlentscheidungen getroffen werden. Zudem sind die qualitätsbezogenen Kosten- und Erlösbetrachtungen in das Qualitätscontrolling einzubetten, welches mit einer Vielzahl spezieller Instrumente und Kennzahlen den Unternehmensführungsprozess mit Blick auf die zentrale Größe der Qualität zu unterstützen vermag.

Grenzen der Qualitätskostenbetrachtungen

10.5 IFRS und Kosten- und Erlösrechnung

Bereits an vielen Stellen dieses Lehrbuchs haben wir auf die engen Verbindungen der grundlegenden Kostenrechnungssysteme zur **Bilanzierung** unter IFRS in verschiedenen Exkursen hingewiesen. Diese Diskussion soll im Folgenden noch einmal aufgenommen, ergänzt und vertieft werden.

Die **International Financial Reporting Standards (IFRS)** können von nichtkapitalmarktorientierten Unternehmen in Deutschland auf freiwilliger Basis im Konzernabschluss ersetzend und im Einzelabschluss ergänzend zum HGB-Abschluss zur Anwendung kommen. Bei den an der Börse notierten Unternehmen ist der Konzernabschluss seit dem Geschäftsjahr 2005 pflichtmäßig nach IFRS zu erstellen. Der durch diese zusätzlichen Abschlussarbeiten entstehende Mehraufwand kann in vielen Unternehmen oft allein durch externe Reputations- und Vergleichbarkeitsvorteile nicht gerechtfertigt werden. Gleichwohl kann die konsequente Nutzung der IFRS in der Unternehmenssteuerung zu einer erheblichen **Nutzensteigerung** für das Controlling von Unternehmen führen. Dabei sind Wirkungen in zwei Richtungen festzustellen: Einerseits bedürfen die IFRS einer größeren Unterstützung durch die Kostenrechnung, als dies beim HGB der Fall ist, andererseits können die IFRS der Kostenrechnung aber auch deutlich Impulse geben, und beide Wirkungen zusammen führen zu einer Verringerung der oft unnötig weiten Trennung von internem und externem Rechnungswesen. Die Abb. 10.17 zeigt einige diesbezügliche Argumente:

Die IFRS stellen Abbildungsregeln dar, die bei der Erstellung eines Abschlusses aus der Finanzbuchhaltung zu beachten sind.

Anforderungen der IFRS an die Kostenrechnung	Nutzen der IFRS für die Kostenrechnung
Z.B.: - Bestimmung von (Teil-)Unternehmenswerten - Bestimmung von Cash Generating Units - Bestimmung von Forschungskosten - Bestimmung von Teilgewinnen - Segmentberichterstattung - Fair Value-Bewertung - Verbrauchsfolgeverfahren - Herstellungskostenermittlung	Z.B.: - Vermeidung bestimmter Zusatz- und Anderskosten (z.B. Entwicklungskosten, Teilgewinnrealisation, …) - Überprüfung der eigenen Kostenrechnung - Liquiditätsorientierte Rechnungen - Überbetriebliche Vergleichbarkeit der Kosten, Prozessen und Strukturen - Integration in wertorientierte Steuerungsinstrumente

Konvergentes Rechnungswesen
(Verbindung des internen und externen Rechnungswesens)
- Vermeidung von Dubletten
- Verringerung von schwer erklärbaren Unterschieden
- Konsistentere Datenhaltung
- Erhöhung der Aktualität
- Erhöhung der Qualität

Abbildung 10.17: Anforderungen an und Nutzen für die Kostenrechnung bei Anwendung der IFRS und die Wirkung auf das konvergente Rechnungswesen

Die Anforderungen der externen Rechnungslegung an die Ausgestaltung des internen Rechnungswesens sind seit einigen Jahren permanent gestiegen. So sind beispielsweise Kapitalflussrechnungen und die Ergebnisse von Risikomanagementsystemen extern zu kommunizieren, was das Vorhandensein eines entsprechenden internen Unterbaus erfordert. Die IFRS stellen in der Regel deutlich höhere Ansprüche an die **internen Steuerungssysteme** als ein Abschluss nach HGB, wobei zwischen

- höheren Anforderungen durch verstärkt zu treffende Einschätzungen,
- konkrete Kostenrechnungssystemnotwendigkeiten aus speziellen IFRS-Regelungen und
- höheren Dokumentationsnotwendigkeiten

zu unterscheiden ist.

Zunächst ergeben sich ganz allgemein neben der Ermittlung der **Herstellungskosten**, die zu Vollkosten zu erfolgen hat, höhere Anforderungen an die interne Datenbasis, da das Management im Gegensatz zum HGB häufiger Einschätzungen zu treffen hat. So sind etwa die Abschreibungszeiträume und -verfahren für Gegenstände des Sachanlagevermögens nicht vorgeschrieben, sondern vom Management bestmöglich einzuschätzen. Hier können somit die in der Kostenrechnung angenommenen Nutzungsdauern und Abschreibungsverfahren auch extern eingesetzt werden, wobei aber keine Abschreibung auf der Basis von Wiederbeschaffungswerten erlaubt ist. Dagegen sind die **Verbrauchsfolgeverfahren**, mit denen die zu verrechnenden Werte bei der zeitlich gestaffelten Beschaffung von Materialien ermittelt werden, an die tatsächlichen Gegebenheiten des Unternehmens anzupassen. Werden, wie üblich, die alten Produkte immer zuerst verbraucht, sodass es zu keiner Überalterung der gelagerten Gegenstände kommt, ist dementsprechend das **First-In-First-Out**-Verfahren zu verwenden.

> Einschätzungen sind vom Management immer dann vorzunehmen, wenn keine konkreten Vorgaben zur Wertbestimmung vorliegen.

> Verbrauchsfolgeverfahren bei der Vorratsbewertung

Das Vorhandensein von Kostenrechnungssystemen ist über die Bestimmung der Herstellungskosten bei der Bewertung der fertigen und unfertigen Erzeugnisse hinaus insbesondere bei Anwendung der Percentage-of-Completion-Methode zur Bestimmung der Teilgewinne im Falle von **Langfristfertigung** notwendig, was den Einsatz einer mitlaufenden projektbezogenen Kostenrechnung mit Abweichungsanalysen voraussetzt. Konkret sind die Kosten (= Aufwendungen) der langfristigen, d. h. länger als ein Jahr dauernden, Fertigung sowohl laufzeitbezogen als auch kalenderjahrbezogen zu erfassen und den aus der Grad der Fertigstellung abgeleiteten Erlösen (= Erträgen) gegenüberzustellen. Die Kostenrechnung hat Kosten, die zur Herstellung bis zu einem bestimmten Stichtag angefallen sind, zu ermitteln, den Umfang der noch erwarteten Plankosten aufzuzeigen und die Erlöse mit dem Fertigstellungsgrad fortzuschreiben.

> Langfristige Fertigung

Für bestimmte Vermögensgegenstände ist ein jährlich oder fallweise durchzuführender **Werthaltigkeitstest** notwendig. Dies betrifft insbesondere einen erworbenen Geschäfts- oder Firmenwert in der Konzernbilanzierung, aber auch die übrigen Vermögensgegenstände des immateriellen, des Sach- und des Finanzvermögens. Für diese Wert-

> Werthaltigkeitstest von Vermögensgegenständen

haltigkeitsprüfungen ist es notwendig, einen Wert (**Fair Value**) für die Vermögensgegenstände aus den zukünftig noch zu erwartenden Einzahlungen oder Erlösen ermitteln zu können, d. h. es kommen **Discounted-Cashflow-Verfahren** zur Anwendung. Dieses Vorgehen verlangt, dass den Vermögensgegenständen die erwarteten (= geplanten) Einzahlungen oder Erlöse sowie die dafür notwendigen erwarteten (= geplanten) Auszahlungen oder Kosten auch zugerechnet werden können. Daher ist eine Kosten- und Erlösstellenrechnung auf Plankostenbasis notwendig, die das Unternehmen in kleinere Abrechungseinheiten einteilt, in denen durch die Gegenüberstellung von zukünftigen Ein- und Auszahlungen die erwarteten Zahlungsmittelüberschüsse bzw. über Erlöse und Leistungen die Gewinne der nachfolgenden Perioden auch ermittelt werden können. Diese Kosten- und Erlösstellen werden dann als **Cash Generating Units** bezeichnet.

Entwicklungskosten   Für die notwendige Aktivierung der **Entwicklungskosten** ist eine projektorientierte Kostenrechnung in der Forschungs- und Entwicklungsabteilung notwendig, da den einzelnen Entwicklungsprojekten die jeweiligen Kosten plausibel zugerechnet werden müssen.

Segmentberichterstattung zur Betrachtung der Unternehmensbereiche   Schließlich sind **Segmentberichterstattungen** von kapitalmarktorientierten Mutterunternehmen im Konzernabschluss pflichtgemäß und von den übrigen Unternehmen per Wahlrecht zu erstellen. Dies bedingt, dass unterhalb der Konzernberichtsebene entweder das Kostenrechnungssystem oder das Konsolidierungssystem so ausgestaltet sein muss, dass die umfangreichen hierfür notwendigen Daten generiert werden können. Dabei verlangt der aktuell gültige IAS 14, dass

- die interne Abbildungsstruktur nur dann als Grundlage der Segmentabgrenzung dienen darf, wenn Risikogesichtspunkte berücksichtigt wurden;

- die auch im Jahresabschluss verwandten Ansatz- und Bewertungsmethoden zur Anwendung kommen;

- die Verrechnungspreisbildung kommentiert wird.

Dadurch müssen die internen Strukturen der Steuerungsinstrumente stark an die IFRS angepasst werden, sollen Mehrfachberechnungen vermieden werden. Es ist jedoch bereits eine Überarbeitung des IAS 14 mit dem ED 8 in der Diskussion, der die Segmentberichterstattung nach IFRS in Richtung auf die US-GAAP angleichen will. Danach wird verlangt, die Sichtweise des Managements auf das Unternehmen in der Stegmentberichterstattung abzubilden. So sind die intern verwendeten Steuerungsgrößen und -bewertungen in den Konzernabschluss aufzunehmen. Dies wird jedoch zu einer noch größeren Notwendigkeit einer Angleichung der internen Steuerungsgrößen an die IFRS führen, da Abweichungen der Segmentdaten zu den gesamtunternehmensbezogenen Zahlen nach IFRS-Regeln benannt werden müssen.

Dokumentationsnotwendigkeiten   Diese in der Kostenrechnung für die Abschlusserstellung vorzuhaltenden Daten sind zu **dokumentieren**, da die generierten Daten in den

Abschluss einfließen und daher im Rahmen der Abschlussprüfung nachzuweisen sind. Insbesondere im Rahmen des Werthaltigkeitstests sind neben den verminderten Werten auch parallel die Werte ohne außerplanmäßige Abschreibung fortzuführen, damit bei dem Wegfall des Grundes für die Wertminderung die richtige Vergleichsgröße für die Bemessung der Zuschreibung vorliegt. Insbesondere bei Abschreibungen auf der Ebene größerer Cash Generating Units oder bei mehreren außerplanmäßigen Abschreibungen kann diese parallele Wertvorhaltung zu einem erheblichen Aufwand für die interne Datenbank führen. Bei Sicherungsgeschäften, die zur Absicherung genau bestimmter unternehmerischer Risiken am Terminmarkt abgeschlossen werden, ist ebenfalls einer weit reichenden Dokumentationspflicht für die Bildung von Bewertungseinheiten nachzukommen. Diese können dann für die Kostenrechnung als Grundlage zur Bestimmung von Normalkosten verwendet werden.

Cash Generating Units

Die Einführung der IFRS bietet aber auch Impulse zur Überprüfung der Kostenrechnung. Da die IFRS in erster Linie Prämissen für das Abbildungssystem darstellen, steht hierbei zunächst die **Kostenartenrechnung** mit den hier erfassten Zusatz- und Anderskosten im Mittelpunkt der Betrachtung. Dabei kann die IFRS-Einführung Anlass sein, die kalkulatorischen Komponenten zu überprüfen, die oft zu einer aufgeblähten – von Schneider auch als gewinnversteckend bezeichneten – Kostenartenrechnung mit anschließenden Fehlabbildungen führt. So sind kalkulatorische Abschreibungen auf der Basis von Wiederbeschaffungspreisen oft nicht notwendig, da bereits über die kalkulatorischen Kapitalkosten die Geldentwertung im System berücksichtigt wurde.

Überprüfung der Ausgestaltung der Kostenrechnung

Zudem bedingt eine Übertragung der externen Strukturen Vorteile bei der Vergleichbarkeit von Unternehmensprozessen, und insbesondere die Regelungen bei der Konsolidierung verschiedener Unternehmen zu einem Konzernjahresabschluss können als Vorbild für eine Ausweitung der primär einzelunternehmensorientierten Kostenrechnung auf eine **Konzernkosten- und Konzernerlösrechnung** dienen. Dabei ist zu beachten, dass in der Kosten- und Erlösrechnung eines Konzerns im Gegensatz zum externen Rechnungswesen nicht von der Fiktion einer rechtlichen Einheit, sondern von einer wirtschaftlichen Einheit auszugehen ist, die in verschiedene kostenrechnerische Einheiten, wie z. B. für Produkte oder Kundenbeziehungen, unterteilt wird. Auswirkungen hat diese Einheitsfiktion aber auch auf die Kategorisierung von Kosten. Beispielsweise werden bei konzerninternen Lieferungen und Leistungen fixe Kosten des liefernden Unternehmens beim empfangenden Unternehmen zu variablen Kosten. Diese Bereinigungen können ansetzen an den Informationen, die aus den im Gegensatz zum HGB nach IFRS genauer durchzuführenden Aufwands- und Ertragskonsolidierungen sowie Zwischenergebniseliminierungen stammen.

Konzernorientierte Kostenbetrachtungen

Eine **Kostenträgerzeitrechnung** als kalkulatorische Erfolgsrechnung auf Gesamtunternehmensebene und auf Jahres- bzw. Quartalsbasis ist

Kostenträgerzeitrechnung kann der Gewinn- und Verlustrechnung nach IFRS angenähert werden

nur notwendig, wenn intern eine Änderung des Abbildungsmodells vorgenommen wurde; ansonsten handelt es sich um die (Plan-)GuV, und bei einer zusätzlich intern erstellten Erfolgsrechnung handelt es sich um eine Dublette, die es zu vermeiden gilt. Mögliche Änderungen liegen neben dem Verzicht auf abschlusspolitische Maßnahmen vor allem in einer eventuell weitergehenden Behandlung von Forschungs- und Entwicklungskosten und weiterer Vorlaufkosten im Sinne eines Lifecycle Costing sowie in der Verwendung von kalkulatorischen Eigenkapitalzinsen, die in der Kostenarten- bzw. Erlösartenrechnung durch Anders- oder Zusatzkosten bzw. -erlöse in das Rechenmodell aufgenommen werden könnten, um **wertorientierte Analysen** zu ermöglichen.

Grundrechnung als Datenpool zur Befriedigung interner und externer Informationsbedürfnisse

Auf dieser Basis einer an die IFRS angepassten Kosten- und Erlösrechnung können die dabei ermittelten Daten in einer **Grundrechnung** (vgl. auch Kapitel 6.3.2) zusammengefasst werden, welche konsistent die internen wie externen Informationsinstrumente mit Daten versorgen kann. Damit bietet die Kosten- und Erlösrechnung als Instrument des internen Rechnungswesens neben der notwendigen Informationsversorgung für die externe Rechnungslegung eine permanente Führungsunterstützung durch entscheidungs- und verhaltensorientierte Planung, Steuerung und Kontrolle von Produkten sowie Kosten- und Erlösstellen auf allen Unternehmensebenen und auf Voll- und Teilkostenbasis unter Integration von prozesskostenrechnerischen Elementen. Daneben müssen fallweise Analysen flexibel möglich sein. Grundsätzlich ist die Kosten- und Erlösrechnung für Führungszwecke einheitlich für die Unternehmensgesamtheit auszugestalten, wobei keine juristischen Grenzen zu berücksichtigen sind. Aufgrund des Zusammenhangs mit dem Datenpool der Finanzbuchhaltung, der stets nur für Einzelunternehmen vorhanden ist, ergeben sich somit Besonderheiten für die Kosten- und Erlösrechnung für Konzerne.

> **Merke** Die **IFRS** stellen einerseits hohe Anforderungen an die Kostenrechnung, andererseits können sie aber auch gute Impulse für eine Überprüfung der Ausgestaltung der Kostenrechnung sein. Beides führt zu einer stärkeren Verbindung von internem und externem Rechnungswesen, was vielfältige Vorteile bezüglich Qualität, Handhabung und Aktualität der generierten Informationen bietet.

10.6 Aktuelle Entwicklungen der Kosten- und Erlösrechnung

Infolge des ungenügenden Ausbaus als Instrument der Konzernführung, der zunehmenden Anwendung international anerkannter Rechnungslegungsnormen und der zunehmenden **Shareholder-Value-Orientierung** kommt es bei der Kostenrechnung zu einem erhöhten **Begründungsdruck**. In ihrem viel diskutierten Beitrag zum Zweck der Kostenrechnung führen *Pfaff/Weber* folgende Problembereiche an:

Grenzen der Kostenrechnung

- zu starke Orientierung an finanziellen Größen,

- nicht zeitgerechte Datenbereitstellung,

- zu hoher Abstraktionsgrad,

- Unvollständigkeit aufgrund der fehlenden Berücksichtigung von immateriellen Vermögensgegenständen und von Ressourcenverbräuchen,

- Datenlieferung überwiegend vergangenheitsorientiert,

- Probleme bei der Verrechnung von Fix- und Gemeinkosten,

- zu hohe Kostenverursachung der Verfahren selbst.

Diese Kritikpunkte sind nach Paff/Weber auch durch die aktuellen Entwicklungen der Kosten- und Erlösrechnung nur punktuell beseitigt worden. Andere Autoren konstatieren ebenfalls einen **Relevanzverlust der Kostenrechnung**. Diese Tendenz ist auch in der Unternehmenspraxis zu beobachten, wo z. B. Konzepte wie „Führen nach US-GAAP-Zahlen" (DaimlerChrysler, eon), „Führen nach UKV-Zahlen" (Siemens), „Führen mit IAS" (Lufthansa, Haniel) sowie „Controllingorientierte GuV zur Ergebniskontrolle" (VW) die zunehmende Kritik an den traditionellen Ansätzen der Kostenrechnung belegen.

Relevanzverlust

Irreführend ist in diesem Zusammenhang zunächst der Begriff „die Kostenrechnung", da es ein einheitliches Instrument wie gezeigt nicht gibt. Die Notwendigkeit der Kostenrechnung entspringt ja zunächst dem Problem, dass die einheitliche, pflichtmäßige Rechnungslegung primär nur auf das Gesamtunternehmen abzielt, die Unternehmensführung aber zur Führungsunterstützung auch weitere, unternehmensindividuell ausgestaltete Informationen benötigt. Somit gilt es nach Kostenrechnungsorganisation, Kostenrechnungsinstrumentarium mit Kostenarten-, Kostenstellen- und Kostenträgerrechnung und zugrunde gelegtem Abbildungskonzept zu unterscheiden.

„Die Kostenrechnung" gibt es nicht, es handelt sich stets um individuelle Ausgestaltungen.

Die **organisatorische Integration** der Kostenrechnung in das Unternehmen beinhaltet Fragestellungen der Aktualität der Datenbereitstellung, der verursachten Kosten und des Umfangs der Kostenrechnung hinsichtlich Planhorizont, Genauigkeit usw. Diese Fragen sind letztlich unternehmensindividuell zu entscheiden.

Organisatorische Integration

Kostenrechnungs-instrumentarium

Das **Kostenrechnungsinstrumentarium**, insbesondere mit einer Kostenstellenlogik für Planungs- und Kontrollzwecke und einer Kostenträgerstückrechnung für Kalkulationen, Make-or-Buy-Entscheidungen usw., wird zwar generell als notwendig erachtet, doch werden zunehmend die Grenzen deutlich, wenn z. B. klar wird, dass jede Verteilung von Fixkosten auf Produkte letztlich willkürlich erfolgen muss, dass bereits im Zweiproduktunternehmen Durchschnittskosten nicht mehr definiert sind oder dass bei Abweichungen höherer Ordnung kein Einfluss von Einzelursachen mehr bestimmbar ist. Darüber hinaus geht es um Verbesserungen insbesondere im Rahmen der periodengerechten Kostenerfassung sowie der Zurechnung von Fix- und Gemeinkosten, die durch Instrumente, wie der Prozesskostenrechnung, des Lifecycle Costing oder des Target Costing einerseits und verhaltensorientierten Ansätzen andererseits, bereits weitgehend theoretisch diskutiert bzw. in der Entwicklung sind.

Ineffizienzen durch verschiedene Abbildungssysteme

Da das derzeit vorherrschende Nebeneinander verschiedener Systeme als ineffizient anzusehen ist, stellt sich hierbei insbesondere die Herausforderung, eine einheitliche Grundrechnung zu bestimmen und hinsichtlich Erfassungsaufwand, Komplexität und Verständlichkeit so zu optimieren, dass verschiedene rechnungszweckorientierte Auswertungen möglich sind. Des Weiteren wäre eine Integration von Prognoseinstrumenten in das Kostenrechnungsinstrumentarium wünschenswert, um den zeitlichen Betrachtungshorizont zu verlängern bzw. die Datenbasen zu präzisieren. Zudem finden moderne Konzepte insbesondere der Bereiche „Forschung und Entwicklung", „Logistik", „Fertigung", „Qualitätssicherung", „Verwaltung" und „Vertrieb" noch keine ausreichende konzeptionelle Unterstützung durch die Kostenrechnung.

Überprüfung der kostenrechnerischen Abbildungskonzeption

Als Hauptkritikpunkt ist die inhaltliche Ausgestaltung dieses Instrumentariums anzusehen, d. h. die verbreitet genutzte **Abbildungskonzeption** stellt das Hauptproblem dar, wenn z. B. auf die fehlende Berücksichtigung von immateriellen Vermögensgegenständen sowie auf die Dominanz monetärer Größen hingewiesen wird. Die von der Unternehmenspraxis vorgenommenen Änderungen in den angewendeten Kostenrechnungskonzeptionen beziehen sich primär auf diesen Bereich, da beispielsweise eine Kostenträgerzeitrechnung (kurzfristige Erfolgsrechnung) dann weniger sinnvoll erscheint, wenn das intern verwendete Abbildungskonzept ebenso unbefriedigende Ergebnisse liefert wie das externe Konzept der Rechnungslegung. Die Unternehmensführung steht so zum einen vor dem Problem, als Grundlage für ihre entscheidungs- und verhaltensorientierte Steuerung zwischen dem pflichtmäßigen externen Datenmaterial und dem freiwillig erstellten internen Datenmaterial entscheiden zu müssen, wobei letztlich beide Abbildungskonzeptionen offensichtlich in vielen Fällen unzutreffende Ergebnisse liefern. Zum anderen sind die Unterschiede zwischen den beiden Datenbildern oft weder für die Unternehmensführung noch für die Mitarbeiter mehr erklärbar, was für zusätzliches Unbehagen gegenüber den Datenbasen sorgt.

Seit die externe Darstellung durch die Möglichkeit der Abbildung nach IFRS oder US-GAAP an Qualität gewonnen hat, kann dieses Problem durch eine Integration der Rechnungswesenkomponenten, d. h. durch die **Konvergenz**, verringert werden. Hierfür wird einerseits die externe Datenbasis von steuerlichen und handelsrechtlichen Wahlrechtseinflüssen befreit und damit zutreffender und andererseits die interne Darstellung um verzerrende Komponenten bereinigt. So wird schon länger darauf hingewiesen, dass eine durch Anders- und Zusatzkosten aufgeblähte Kostenartenrechnung zu einer Fehlabbildung führt. Gleichwohl sind kalkulatorische Kostenarten in der Praxis noch sehr verbreitet und werden sogar noch von einigen Industrie- und Handelsverbänden empfohlen. Hier ist es die Aufgabe des Managements, die kalkulatorischen Komponenten rechnungszweckorientiert auf ihre Sinnhaftigkeit hin zu überprüfen, was auch die in der Praxis oft ungenaue Umgehensweise mit Begriffen, Instrumenten, Methoden und den dabei implizit unterstellten Prämissen betrifft.

Integriertes, konvergentes Rechnungswesen

In der Kostenrechnung herrschte lange Zeit die einseitige Orientierung auf die **Entscheidungsunterstützung** der Unternehmensführung vor. Inzwischen ist als gleichwertiger zweiter Rechnungszweck die **Verhaltenssteuerung** der in das Unternehmenssystem involvierten Personen hinzugekommen, da festgestellt wurde, dass eine rechnungszweckbedingte Differenzierung der informatorischen Grundlagen nötig werden kann. Bei der entscheidungsorientierten Informationsermittlung und -bereitstellung wird ein von allen Entscheidungsträgern angewandtes einheitliches (Gesamtunternehmens-)Zielsystem explizit oder implizit unterstellt, welches darüber hinaus auch bei der Umsetzung von nicht plankonformem Verhalten von Mitarbeitern beeinflusst wird. Die Notwendigkeit einer Verhaltenssteuerungsfunktion des Managements besteht immer dann, wenn – zumindest potenziell – Konflikte zwischen den Zielen einzelner Entscheidungsträger bestehen und gleichzeitig die Informationen asymmetrisch verteilt sind. Beide Voraussetzungen sind in arbeitsteilig organisierten Unternehmen an der Tagesordnung, sodass die Prämisse des einheitlichen Zielsystems als wirklichkeitsfremd abzulehnen ist. Es kommt somit als zweite Dimension der Unternehmensrechnung die Frage nach der Verhaltenssteuerung hinzu, die insbesondere über optimierte Kontroll- und Koordinationsinformationen zu beantworten ist. Beispiele hierfür wurden bei der Betrachtung der Standard- und Plankostenrechnung sowie beim Target Costing diskutiert.

Kostenrechnungsziele = Entscheidungsunterstützung und Verhaltenssteuerung

Um Aussagen über die Ausgestaltung der Verhaltenssteuerungskomponente im Rechnungswesen zu bekommen, müssen menschliche Verhaltensweisen untersucht werden. Derzeit scheint die wissenschaftliche Forschung in diesem Bereich, trotz einer in jüngster Zeit stürmisch verlaufenden Entwicklung, noch am Anfang zu stehen. So werden theore-

Entwicklung der Verhaltenssteuerungsfunktion

tisch und empirisch die **Zusammenhänge von Informationen und Ver-halten von Entscheidungsträgern** sowie Möglichkeiten der Verhaltens-beeinflussung eruiert. Dabei können der verhaltenswissenschaftliche und der informationsökonomische Ansatz unterschieden werden. Während die verhaltenswissenschaftliche Herangehensweise mit Hilfe von psychologischen und soziologischen Erkenntnissen Lösungsansätze, in der Regel unter Einsatz deduktiver Verfahren, sucht und dabei den Menschen in den Mittelpunkt der Betrachtung rückt, unterstellen die informationsökonomischen Ansätze Rationalität des menschlichen Verhaltens, um so theoretische Grundaussagen treffen zu können. Hierbei werden die Erkenntnisse der Spieltheorie kombiniert mit Ansätzen der Institutionenökonomie und der Vertragstheorie, um eine optimale Vertragsgestaltung für innerbetriebliche (Informations-)Märkte mit asymmetrischer Informationsverteilung zu erhalten.

Theoretische Ansätze | Nach der **Spieltheorie** werden alle Informationen der beteiligten Akteure des genau geschriebenen Modells in einem so genannten „Spielbaum" mit dem Ergebnis zusammengefasst, dass es für strategische Interaktionen in der Regel nicht nur eine Lösung, sondern eine Vielzahl möglicher Lösungen gibt. Für die Ausgestaltung der Kosten- und Erlösrechnung bedeutet dies, dass für die Verhaltenssteuerungsfunktion die Kriterien „Richtigkeit" und „Genauigkeit" nicht mehr relevant sein müssen. Diese Möglichkeiten fließen in die Ausgestaltung von Verträgen ein, wobei inzwischen von dem ursprünglichen **Principal-Agency-Ansatz**, der umfassende Verträge unterstellt, abgewichen wird in Richtung der unvollkommenen Verträge, die es Institutionen erst ermöglichen, die entstehenden Ineffizienzen teilweise oder völlig zu eliminieren.

Zudem sind in Abhängigkeit von der Ebene der betrachteten Entscheidungsträger unterschiedliche Bereiche zu untersuchen. Während beispielsweise Außendienstmitarbeiter vom Management über Preisuntergrenzen bewusst falsch informiert werden, damit sie sich bei Preisverhandlungen nicht zu konziliant verhalten, d. h. Unternehmensinnenbeziehungen über Koordination und Kontrolle zu regeln sind, entsteht bei abhängigen Managern die Notwendigkeit einer Verhaltenssteuerung durch die Eigenkapitalgeber, die konzeptionell durch das externe Rechnungswesen zu unterstützen ist. Hierbei treten jedoch neben die Aussagen des Rechnungswesens auch verstärkt weitere Informationen über den Erfolg des Managerhandelns für die Anteilseigner, wie insbesondere Börsenkurse. So ist der Erfolg des **Manager-Entlohungssystems** nicht nur abhängig von der zugrunde gelegten Messgröße, sondern es konnte auch empirisch ein Unterschied zwischen der Entlohnung in Form von Zahlungen und dem Gewähren von Aktienoptionen nachgewiesen werden. Dies verdeutlicht einmal mehr die zentralen Probleme der Abbildungskonzeptionen.

Im Gegensatz zu extern determinierten Abbildungskonzepten, die noch durch die Wahl verschiedener Rechnungslegungskonzeptionen sowie Einschätzungsspielräume, Wahlrechtsnutzung oder Sachverhalte

Spieltheorie

Principal-Agency-Ansatz

Anreizsysteme

Notwendigkeit der Kosten- und Erlösrechnung

gestaltende Maßnahmen innerhalb der einzelnen Konzeptionen von interner Seite beeinflusst werden können, bietet die Kosten- und Erlösrechnung den Unternehmen völlige Freiheit zur Ausgestaltung einer betriebswirtschaftlich aussagefähigen, entscheidungsorientierten Abbildung. Hinzu tritt die Möglichkeit, nicht nur ganze Unternehmen bzw. Segmente abzubilden, sondern auch weitere Teilbereiche und Einzelaspekte transparent zu machen. Dabei muss die Kosten- und Erlösrechnung der Einheit „Konzern" sowohl lokale Kosten-, Erlös- und Ergebnisinformationen als auch Informationen, welche die Steuerung der globalen Wertschöpfung aus der Sicht des Konzerns ermöglichen, bereitstellen. Dafür ist neben einheitlichen Erfassungs- und Abrechnungsregeln der Einsatz einer leistungsfähigen Informationstechnologie unumgänglich.

Z U S A M M E N F A S S U N G

Die **Kosten- und Erlösrechnung** befindet sich derzeit unter Rechtfertigungsdruck, wobei sich dieser weniger auf das Instrumentarium als solches, als vielmehr auf die vielfach anzutreffenden überzogenen konkreten Ausgestaltungen bezieht. Wichtig ist bei der Verwendung von Informationen der Kosten- und Erlösrechnung, sich die dabei zugrunde gelegten Prämissen zu vergegenwärtigen. Damit bleibt die Kosten- und Erlösrechnung zwar das zentrale interne Instrument zur Unterstützung der Unternehmenssteuerung, ist dabei aber stets nur ein oftmals höchst unvollkommenes modellhaftes Abbild der Realität, welches in ein durch das Controlling zu unterstützendes Unternehmensführungsgesamtsystem einzubinden ist.

Z U S A M M E N F A S S U N G

Übungsmaterial

Wiederholungsfragen

Im Folgenden finden Sie zehn Wiederholungsfragen zu den in diesem Kapitel behandelten Lerninhalten, die Sie, gegebenenfalls unter Rückgriff auf die einzelnen Textpassagen, lösen sollten.

1. Welches Problem betrachtet das Lifecycle Costing?
2. Wie ist die Vorgehensweise des Lifecycle Costing?
3. Warum ist der Einsatz des Target Costing notwendig?
4. Wie ist die Vorgehensweise beim Target Costing?

503

5. Was bewirkt der Einsatz der Conjoint-Analyse?

6. Warum ist die Berücksichtigung des Kosteneinflussfaktors „Qualität" für die Unternehmensführung wichtig?

7. Welche Möglichkeiten zur Ermittlung qualitätsbezogener Kosten gibt es?

8. Welche Impulse können die IFRS zur Überprüfung des angewandten Kostenrechnungssystems geben?

9. Was ist der Nutzen einer Kosten- und Erlösrechnung?

10. Was sind die Grenzen und Herausforderungen der Kosten- und Erlösrechnung?

Aufgaben

Aufgabe 10.1:

Ein stark wachsendes Unternehmen der Technologiebranche produziert in einer Sparte seit sieben Jahren Steuerungssysteme für Alarmanlagen, die ständig weiterentwickelt werden. Aus der Buchhaltung liegen folgende Daten vor:

Jahr	Produzierte Stücke	F+E-Aufwand in €	F+E-Aufwand je Stück
1	1.000	80.000	80,00 €
2	5.000	150.000	30,00 €
3	10.000	200.000	20,00 €
4	12.000	300.000	25,00 €
5	20.000	380.000	19,00 €
6	35.000	525.000	15,00 €
7	50.000	800.000	16,00 €

Nachdem das Unternehmen in den Jahren 1 und 2 mit dieser Sparte erhebliche Verluste verkraften musste, wird auch für das 7. Jahr erwartet, dass die auf dieser Basis errechneten Stückkosten immer noch um 3 € über dem Marktpreis liegen. Daher wird überlegt, die Produktion komplett einzustellen. Allerdings besteht der Verdacht, dass andere Unternehmen der Branche mit deutlich weniger Forschung- und Entwicklungsaufwand auskommen, sodass auch über eine deutliche Reduktion dieses Budgets nachgedacht wird. Eine genauere Untersuchung ergibt, dass für die Innovationen, die in die Produkte einfließen, im Durchschnitt ein Jahr geforscht und entwickelt werden muss. Zudem beträgt der Produktlebenszyklus für die Geräte und die enthaltenen Innovationen im Durchschnitt nur zwei Jahre.

Können Sie durch eine veränderte Kostenzurechnung mit geeigneten Informationen dazu beitragen, das Entscheidungsproblem zur Einstellung der Produktion zu lösen?

Aufgabe 10.2:

Ein Unternehmen möchte einen hochwertigen Kugelschreiber herstellen, der an eine bestimmte Zielgruppe verkauft werden soll. Im Rahmen einer Conjoint-Analyse werden die Kundenanforderungen sowie deren Gewichtung aus Sicht der Kunden ermittelt. Zudem wird ein Preis von 4 € ermittelt, den die Mehrheit der Kunden für einen derartigen Kugelschreiber zu zahlen bereit wäre. Die Verteilung der Kundenanforderungen auf die einzelnen Komponenten des Kugelschreibers ist in folgender Tabelle dargestellt:

	Kundenge-wichtung	Schreib-system	Gehäuse	Aufdruck/Name	Miene
Design	25%	2	8		
Schriftbild	35%	2	2		6
Bedienung	15%	6	4		
Imagegewinn	10%	1	1	8	
Sicherheit	15%	2	4		4
Gesamt abs.		13	19	8	10
Gesamt relativ		26%	38%	16%	20%

Die bisherigen Berechnungen mit angenommenen Ausgestaltungen für das Produkt ergeben Selbstkosten inklusive des Gewinnanteils (Drifting Costs) von 4,20 €, die sich auf die einzelnen Komponenten wie folgt verteilen: Schreibsystem 1,40 €, Gehäuse 1,40 €, Aufdruck/Name 0,50 € und Miene 0,90 €.

Ermitteln Sie das Ausmaß der notwendigen Kostenanpassungen pro Bauteil und stellen Sie diese Informationen im Zielkostenkontrolldiagramm grafisch dar!

Aufgabe 10.3:

Welche der folgenden Aussagen über die Systeme der Kostenrechnung sind Ihrer Meinung nach zutreffend? Begründen Sie kurz Ihre Antwort! Kreuzen Sie die von Ihnen für richtig erachteten Aussagen in den dafür vorgesehenen Feldern an!

a) Die IFRS können die Kosten- und Erlösrechnung ersetzen.
   [Ja] [Nein] , weil: . . . .

b) Die Kostenartenrechnung ist bei Einsatz der IFRS bezüglich der Zusatz- und Anderskosten zu untersuchen.
   [Ja] [Nein] , weil: . . . .

c) Die Kostenrechnung muss für die externe Rechnungslegung Informationen für die Bewertung der Herstellungskosten liefern.
   [Ja] [Nein] , weil: . . . .

d) Die Kosten- und Erlösrechnung in Konzernunternehmen muss völlig anders aufgebaut sein als eine auf Einzelunternehmen bezogene Rechnung.

⬜ Ja ⬜ Nein , weil: ....

e) Die Kosten- und Erlösrechnung ermöglicht keine sinnvolle Unterstützung langfristiger Preissetzungen.

⬜ Ja ⬜ Nein , weil: ....

f) Die Kosten- und Erlösrechnung ist zu langsam und zu kompliziert und daher nicht mehr so relevant für die Kalkulation wie früher.

⬜ Ja ⬜ Nein , weil: ....

g) Die Verhaltenssteuerung der Mitarbeiter ist durch die Kosten- und Erlösrechnung sehr gut zu unterstützen.

⬜ Ja ⬜ Nein , weil: ....

h) Immaterielle Werte wie Forschungs- und Entwicklungsleistungen können in der Kostenrechnung nicht abgebildet werden.

⬜ Ja ⬜ Nein , weil: ....

Literatur

Altenburger, O. A., et al.: Vorschläge zur Weiterentwicklung des internen und des externen Rechnungswesens, in: BfuP, 2001, S. 67–76.

Ammann, H. / Müller, S.: IFRS International Financial Reporting Standards – Bilanzierungs-, Steuerungs- und Analysemöglichkeiten, 2. Aufl., Herne/Berlin 2006.

Ammann, H. / Müller, S.: Konzernbilanzierung – Grundlagen sowie Steuerungs- und Analysemöglichkeiten, Herne/Berlin 2005.

Ansari, S. / Bell, J. / CAM-I.: Target Cost Core Group: Target Costing: The Next Frontier in Strategic Cost Management, Bedford 1997.

Arnaout, A.: Target Costing in der deutschen Unternehmenspraxis: eine empirische Untersuchung, München 2001.

Benkenstein, M.: Dienstleistungsqualität – Ansätze zur Messung und Implikationen für die Steuerung, in: ZfB, 1993, S. 1095–1115.

Brown, M.. G.: Kennzahlen: harte und weiche Faktoren erkennen, messen und bewerten, München/Wien 1997.

Bruhn, M.: Wirtschaftlichkeit des Qualitätsmanagements: Qualitätscontrolling für Dienstleistungen, 2. Aufl., Berlin/Heidelberg 1998.

Burger, A. / Buchhart, A.: Integration des Rechnungswesens im Shareholder-Value-Ansatz, in: DB, 2001, S. 549–554.

Coenenberg, A. G.: Kostenrechung und Kostenanalyse, 5. Aufl, Stuttgart 2003.

Cooper, R. / Slagmulder, R.: Target Costing and Value Engineering, Portland 1997.

Ewert, R. / Wagenhofer, A.: Interne Unternehmensrechnung, 6. Aufl., Berlin 2005.

Haller, S.: Beurteilung von Dienstleistungsqualität: Dynamische Betrachtung des Qualitätsurteils im Weiterbildungsbereich, 2. Aufl., Wiesbaden 1998, S. 117–121.

Hasegawa, T.: Entwicklung des Management Accounting Systems und der Management Organisation in japanischen Unternehmungen, in: Controlling, 1994, S. 4–11.

Horngren, C. T. / Datar, S. M. / Foster, G.: Cost Accounting, 12. Aufl., Upper Saddle River, New Jersey 2006.

Horváth, P. (Hrsg.): Target Costing – marktorientierte Zielkosten in der deutschen Praxis, Stuttgart 1993.

Horváth, P.: Controlling, 10. Aufl., München 2006.

Horváth, P. / Seidenschwarz, W.: Zielkostenmanagement, in: ZfC, 1992, S. 142-150.

Johnson, H. T. / Kaplan, R. S.: Relevance Lost: The Rise and Fall of Management-Accounting, Boston 1987.

Kley, K.-L.: Die externe und interne Rechnungslegung als Basis für eine offene Unternehmenskommunikation, in: Küting, K./Weber, C.-P.: Wertorientierte Konzernführung, Stuttgart 2000, S. 337–354.

Kummer, S.: Supply Chain Controlling, in: krp, 2001, S. 81–87.

Lachnit, L.: Struktur eines Qualitätscontrollingsystems für die öffentliche Verwaltung, in: krp, 2000, S. 29–41.

Lachnit, L. / Müller, S.: Unternehmenscontrolling, Wiesbaden 2006.

Männel, W.: Harmonisierung des Rechnungswesens für ein integriertes Ergebniscontrolling, in: krp, Sonderheft 3, 1999, S. 13–29.

Männel, W.: Frühzeitige Kostenkalkulation, in: krp, 1994, S. 106–112.

Müller, S. / Ordemann, T. / Pampel, J.: Handlungsempfehlungen für die Anwendung der IFRS im Controlling mittelständischer Unternehmen, in: Betriebsberater 2005, S. 2119–2125.

Müller, S.: Management Rechnungswesen – Ausgestaltung des externen und internen Rechnungswesens unter Konvergenzgesichtspunkten, Wiesbaden 2003.

Pfaff, D. / Weber, J.: Zweck der Kostenrechnung?, in: DBW, 1998, S. 151–165.

Reichmann, T.: Controlling mit Kennzahlen und Managementberichten, 7. Aufl., München 2006.

Renner, A. / Sauter, R.: Targetmanager, in: Controlling, 1997, S. 65–71.

Riezler, S.: Lebenszykluskostenrechung – Instrument des Controlling strategischer Projekte, Wiesbaden 1996.

Schiller, U.: Informationsorientiertes Controlling in dezentralisierten Unternehmen, Stuttgart 2000.

Schneider, D.: Betriebswirtschaftslehre, Bd. 2: Rechnungswesen, 2. Aufl., München 1997.

Schneider, D.: Versagen des Controlling durch eine überholte Kostenrechnung, in: DB, 1991, S. 765–772.

Schweitzer, M. / Küpper, H.-U.: Systeme der Kosten- und Erlösrechnung, 8. Aufl., München 2003.

Seidenschwarz, W.: Target Costing: Marktorientiertes Zielkostenmanagement, Stuttgart 1993.

Tani, T. / Horváth, P. / Wangenheim, S. v.: Genka Kikaku und marktorientiertes Zielkostenmanagement, in: Controlling, 1996, S. 80–89.

Währisch, M.: Der Ansatz kalkulatorischer Kostenarten in der industriellen Praxis, 2000, S. 678–695.

Wübbenhorst, K. L.: Lebenszykluskosten, in: Schulte, C. (Hrsg.): effektives Kostenmanagement, Stuttgart 1992, S. 245–272.

Zahn, W.: Target Costing bei einem Automobilzulieferer, in: Controlling, 1995, S. 148–153.

Zehbold, C.: Lebenszykluskostenrechung, Wiesbaden 1996.

Ziegler, H.: Neuorientierung des internen Rechnungswesens für das Unternehmens-Controlling im Hause Siemens, in: zfbf 1994, S. 175–188.

Lösungen zu den Aufgaben der Kapitel 1 bis 10

ÜBERBLICK

Kapitel 1: Grundlagen des betrieblichen Rechungswesens

Aufgabe 1.1

Die Aufgaben der Kosten- und Erlösrechnung sind:

Interne Aufgaben:

- Wirtschaftlichkeits- und Erfolgskontrolle (Institutionalisiert)
- Entscheidungsaufgabe (Situativ)

Externe Aufgaben:

- Bewertungsaufgabe (Herstellkosten, Verrechnungspreise)
- Selbstkostenermittlung für öffentliche Aufträge

Aufgabe 1.2

Für folgende Aufgaben bzw. Zwecke liefert die Kosten- und Erlösrechnung Informationen:

a) Festlegung der Preisuntergrenze für ein Produkt	ja
b) Ermittlung des Eigenkapitals einer Unternehmung	Bilanzbuchhaltung
c) Bewertung selbsterstellter Anlagen	ja
d) Wahl zwischen Eigenfertigung und Fremdbezug	ja
e) Kontrolle der Produktqualität	Qualitätsabteilung
f) Wahl zwischen verschiedenen Investitionsobjekten	Investitionsrechnung / KER liefert Infos
g) Wahl zwischen verschiedenen Fertigungsverfahren	ja
h) Bestimmung des Verkaufspreises, den ein Abnehmer maximal zu zahlen bereit ist	Marktforschung
i) Ermittlung des Erfolgs, der von einem Unternehmen für eine bestimmte Produktart innerhalb eines Monats erwirtschaftet wird	ja
j) Erfassung von Veränderungen des Personalbestandes einer Unternehmung	Personalabteilung

Aufgabe 1.3

Folgende Teilbereiche bzw. Systeme des Rechnungswesens (Kosten-arten-, Kostenstellen-, Kostenträgerrechnungen/Istkosten-, Normal-kosten-, Plankostenrechnung) müssen zur Beantwortung folgender Aufgabenstellungen eingesetzt werden:

a)	Wie ist die Entwicklung der PKW-Kosten im laufenden Jahr im Vergleich zum Vorjahr?	a)	IKR, KAR, VKR
b)	Werden die geplanten Kosten für Büromaterial in diesem Jahr eingehalten?	b)	PKR, IKR, KAR, VKR
c)	Liegt der Abweichung bei den Kosten für Büromaterial eine Mengen-, eine Preisabweichung oder beides zugrunde?	c)	PKR, IKR, KAR, VKR
d)	Wie ist die Umsatz- und Kostenentwicklung des Vertreters Meier?	d)	IKR, KSTR, VKR
e)	Ist der Auftrag X so ausgeführt worden, dass sämtliche Kosten des Unternehmens gedeckt sind?	e)	IKR, VKR, KTR
f)	Wie hoch muss der Preis für ein neuentwickeltes Produkt sein, um die entstehenden Kosten zu decken?	f)	PKR, VKR, KTR
g)	Arbeitet ein Geschäftsfeld des Unternehmens wirtschaftlich?	g)	KTR, IKR, PKR, KSTR
h)	Kann ein Zusatzauftrag zu schlechten Preiskonditionen noch angenommen werden?	h)	PKR, TKR, KTR

Legende: IKR = Istkostenrechnung   KAR = Kostenartenrechnung   PKR = Plankostenrechnung
KStR = Kostenstellenrechnung   KTR = Kostenträgerrechnung   VKR = Vollkostenrechnung
TKR = Teilkostenrechnung

Kapitel 2: Grundbegriffe der Kosten- und Erlösrechnung

Aufgabe 2.1

a) Folgende Kostenkategorien können unterschieden werden:
- Variable Kosten
- Fixe Kosten
- Intervallfixe Kosten

b) Ermitteln Sie rechnerisch die Kostenfunktion:

$K = KF + KV = KF + kv * x$

$K = 3.400 + 500 + 1.000 + 1.500 + 2.000$	$= 8.400$ Euro
$K_v = 3.400 + 500$	$= 3.900$ Euro
$KF = 1.500 + 2000 + 1.000$	$= 4.500$ Euro*
$k = 8.400$ Euro $/ 20.000$ km	$= 0,42$ Euro/km
$kv = 3.900$ Euro $/ 20.000$ km	$= 0,195$ Euro/km
$kf = 4.500$ Euro $/ 20.000$ km	$= 0,225$ Euro/km
$K_{(x)}$	$= 4.500 + 0,195x$

* $KF = 5.500$ Euro, wenn > 20.000 km p.a.

Graphische Lösung:

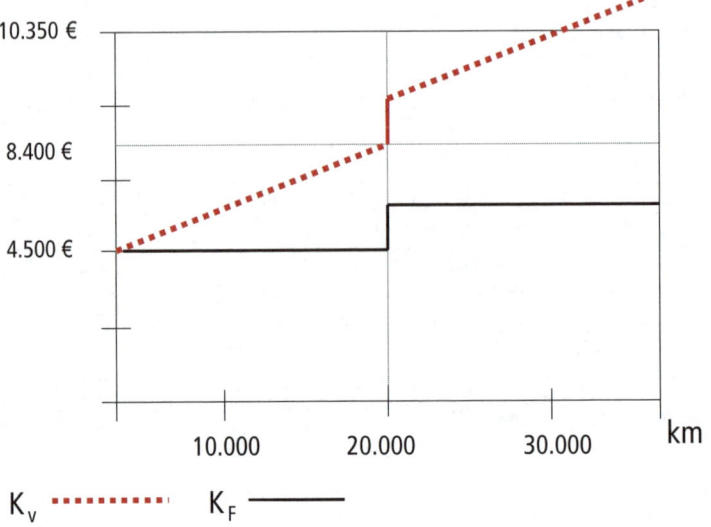

K_V ········· K_F ———

c) Die Kosten sind:

$K = K_V + K_F$

$K = 3.400 + 500 + 1.000 + 1.500 + 2.000$	$= 8.400$ Euro
$K_F = 1.500 + 2000 + 1.000$	$= 4.500$ Euro*
$K_F = 4.500$ Euro / 20.000 km	$= 0,225$ Euro
$K' = k_v$	$= 0,195$ Euro/km
$K_v = 3.400 + 500$	$= 3.900$ Euro
$= 8.400$ Euro / 20.000 km	
$= 0,42$ Euro/km	
$k_v = 3.900$ Euro / 20.000 km	$= 0,195$ Euro/km

* $K_F = 5.500$ Euro, wenn > 20.000 km p.a.

Aufgabe 2.2

Die Gesamtkosten bei Eigenerstellung des Transports betragen: 410.000 €. Bei einer Kilometerleistung von 1 Mio. km, kostet jeder Kilometer 0,41 €/km. Insofern:

1. wird bei einer Frachtpauschale bei dieser Kilometerleistung ein Gewinn von 0,09 €/km erzielt.
2. ist, vom Kostenstandpunkt aus betrachtet, die Eigenerbringung des Transports sowie das Outsourcing gleich zu bewerten (Indifferenz).

Wie an folgender Abbildung zu erkennen ist, weist das Outsourcing den Vorteil der **Fixkostenflexibilisierung** auf, d. h. mit zurückgehender Kilometerleistung verringern sich die Transportkosten bei Outsourcing proportional während bei Eigenerstellung die Fixkosten des Transports unverändert bleiben.

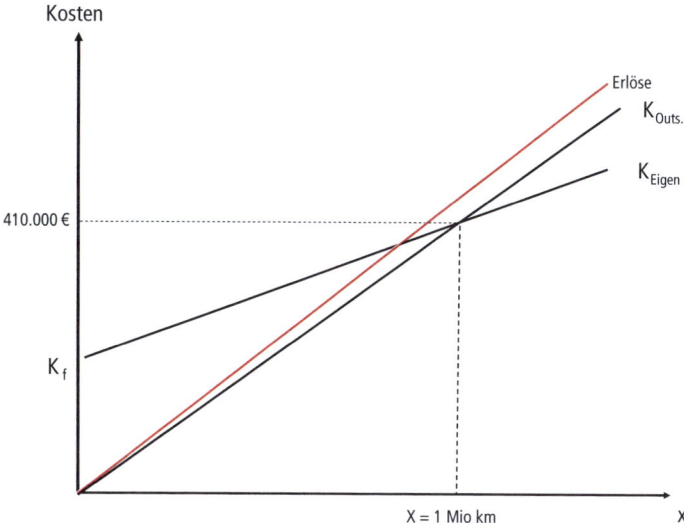

Bei einer Steigerung der Kilometerleistung über 1 Mio. km ist die Eigenerbringung der Transportleistung günstiger.

Bei einem Kilometerpreis von 0,38 €/km liegen die Kosten des Spediteurs unterhalb der Eigenerstellung bei einer angenommenen Kilometerleistung von 1 Mio. km.

Aufgabe 2.3

In der Entscheidungssituation stellt sich die Situation wie folgt dar:

Kostenart	Fahrt mit PKW	Fahrt mit ÖPNV
Beförderungskosten	0,195 €/km * 30 km = 5,85 €	10,– €
Parkgebühren	2,– €	—
Kosten gesamt	7,85 €	10,– €

Die fixen Stückkosten sind bei dieser Entscheidung außer acht zu lassen, da diese Kosten unabhängig davon, ob der PKW zur Einkaufsfahrt in die Stadt genutzt wird, anfallen. Sie sind entscheidungsirrelevante Kosten.

Aufgabe 2.4

Die Gesamtkosten und Stückkosten betragen:

X	K_F (Total)	k_f (Stück)	K_v (Total)	k_v (Stück)	K (Total)	k (Stück)
500	120.000	240	60.000	120	180.000	360
800	120.000	150	96.000	120	216.000	270
1.200	120.000	100	144.000	120	264.000	220
2.000	120.000	60	240.000	120	360.000	180

Graphisch lässt sich der Stückkosten- wie auch der Fixkostendegressionseffekt wie folgt darstellen:

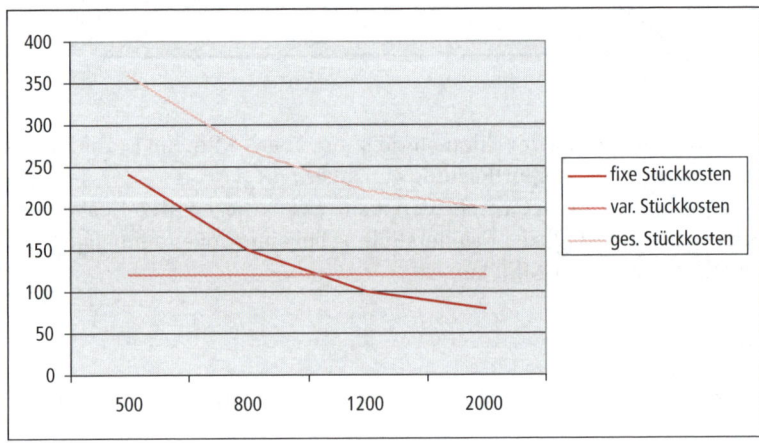

Aufgabe 2.5

	€ / Auftrag	Relevante Kosten	
Variable Einzelkosten der Herstellung	200.000	relevant	200.000
Fixe Fertigungsgemeinkosten	100.000	irrelevant	
Fixe Verwaltungs-/Vertriebsgemeinkosten	50.000	irrelevant	
Umsatzprovisionen	20.000	relevant	20.000
Markteinführungskosten	32.500	sunk costs	
Selbstkosten	402.500		220.000
Gewinnzuschlag	40.250		-
Angebotspreis	442.750		220.000

Die relevanten, d.h. zusätzlich entstehenden, Kosten betragen 220.000 €. Daher kann empfohlen werden, kurzfristig einen Mindest-Angebotspreis von 220.000 € zu verlangen.

Aufgabe 2.6

Kostenart	eigener PKW Job annehmen	ÖPNV kein Job
Beförderungskosten	40 km * 0,195 €/km 7,80 €	5,00 €
Opportunitätskosten	0,00 €	22,50 €
Kosten gesamt	7,80 €	27,50 €

Der entgangene Gewinn der Alternative ÖPNV/kein Job beträgt 22,50 € (Opportunitätskosten).

Aufgabe 2.7

Geschäfts-vorfall	Ein-zahlung	Aus-zahlung	Ein-nahme	Aus-gabe	Ertrag	Auf-wand	Betriebs-ertrag	Kosten
1			12.000		12.000		12.000	
2						2.500		3.000
3		10.000		10.000		10.000		10.000
4		20.000						
5	6.000		6.000		6.000			
6				10.000		10.000		
7						5.500		
8			90.000	40.000				
9								50.000
10				4.000		4.000		4.000

Aufgabe 2.8

Vorgang	Auszahlung	Ausgabe	Aufwand	Kosten	Einzahlung	Einnahme	Ertrag	Leistung
1					750.000	750.000		
2	50.000	50.000						
3	60.000	60.000						
4	240.000	240.000						
5			30.000	33.000				
6	800.000	800.000	800.000	800.000				
7			100.000	100.000				
8							100.000	100.000
9					125.000	125.000	25.000	25.000
10				10.000				

Kapitel 3: Kosten- und Erlösartenrechnung – Erfassung der Kosten und Erlöse im Unternehmen

Aufgabe 3.1

Teilaufgabe a)

	Menge	Preis (in €)	Wert (in €)
AB	0		
1.8.	1.000	7,60	7.600
15.8.	1.500	9,00	13.500
17.8.	500	8,80	4.400
25.8.	1.000	8,10	8.100
Summe	4.000	8,40	33.600
./. EB	300	8,40	2.520
Materialaufwand	3.700	8,40	31.080

Teilaufgabe b)

	Menge	Preis (in €)	Wert (in €)
AB	0		
1.8.	1.000	7,60	7.600
15.8.	1.500	9,00	13.500
17.8.	500	8,80	4.400
Summe	3.000	8,50	25.500
Entnahme	-2.000	8,50	-17.000
25.8.	1.000	8,10	8.100
Summe	2.000	8,30	16.600
Entnahme	-1.500	8,30	-12.450
EB	500	8,30	4.150
Gesamtverbrauch	-3.500	8,41	-29.450

Teilaufgabe c)

Inventurdifferenz: 200 kg
Gründe: Verderb, Diebstahl, Schwund, Ausschuss

Teilaufgabe d)

c)
    Inventurdifferenz   200
    Gründe   Verderb, Diebstahl

d)

	Menge (in kg)	Preis (in € /kg)	Wert (in €)
Luviquat T	1.000	3,00	3.000
Luviquat U	500	1,50	750
Gesamtverbrauch			3.750

Aufgabe 3.2

	Dim	Jan	Feb	Mrz	Apr	Mai	Jun	Juli	Au	Sep	Okt	Nov	Dez	Sum	€/St.
Anschaffungspreis	€/ME	10	24	33	17	16	22	23	26	20	19	26	35		
Zugänge	ME	10	9	4	12	12	10	10	9	10	10	9	5	110	
Wert	€	100	216	132	204	192	220	230	234	200	190	234	175	2327	21,15
a) FIFO	Abfolge	1	2	3	4	5	6	7	8	9	10	11	12		
Verbrauch	ME	10	9	4	12	12	10	10	9	10	10	4	0	100	
Wert	€	100	216	132	204	192	220	230	234	200	190	104	0	2022	20,22
b) LIFO	Abfolge	12	11	10	9	8	7	6	5	4	3	2	1		
Verbrauch	ME	0	9	4	12	12	10	10	9	10	10	9	5	100	
Wert	€	0	216	132	204	192	220	230	234	200	190	234	175	2227	22,27
c) HIFO	Abfolge	12	5	2	10	11	7	6	3	8	9	4	1		
Verbrauch	ME	0	9	4	12	12	10	10	9	10	10	9	5	100	
Wert	€	0	216	132	204	192	220	230	234	200	190	234	175	2227	22.27
d) LOFO	Abfolge	1	8	11	3	2	6	7	10	5	4	9	12		
Verbrauch	ME	10	9	0	12	12	10	10	8	10	10	9	0	100	
Wert	€	100	216	0	204	192	220	230	208	200	190	234	0	1994	19,94

Teilaufgabe c)

Je höher die Bewertungsansätze des Materialverbrauchs sind (= hohe Materialkosten), desto niedriger ist die Bewertung des Lagerbestandes (= niedrige Lagerbestandswerte) und vice versa.

Aufgabe 3.3

Teilaufgabe a)

Jahre	a	RBW
1	6.000 €	54.000 €
2	6.000 €	48.000 €
3	6.000 €	42.000 €
4	6.000 €	36.000 €
5	6.000 €	30.000 €
6	6.000 €	24.000 €
7	6.000 €	18.000 €
8	6.000 €	12.000 €
9	6.000 €	6.000 €
10	6.000 €	0 €
Summe	60.000 €	

Teilaufgabe b)

$$a = \frac{1,2 * 60.000\,€}{10J} = \frac{72.000\,€}{10J} = 7.200\,€$$

Teilaufgabe c)

- Problem der Substanzsicherung
- Problem der Wirtschaftlichkeit und der Errechnung marktgerechter Preise

Aufgabe 3.4

Teilaufgabe a)

$$D = \frac{500.000\,€ - 25.000\,€}{55} = 8.636,36$$

Jahre	a	RBW
0		500.000 €
1	86.363,64 €	413.636 €
2	77.727,27 €	335.909 €
3	69.090,91 €	266.818 €
4	60.454,55 €	206.364 €
5	51.818,18 €	154.545 €
6	43.181,82 €	111.364 €
7	34.545,45 €	76.818 €
8	25.909,09 €	50.909 €
9	17.272,73 €	33.636 €
10	8.636,36 €	25.000 €
Summe	475.000 €	

Teilaufgabe b)

$$p = 100 * (1 - \sqrt[10]{\frac{25.000€}{500.000€}})$$

Jahre	a	RBW
0		500.000 €
1	129.450,00 €	370.550 €
2	95.935,40 €	274.615 €
3	71.097,72 €	203.517 €
4	52.690,52 €	150.826 €
5	39.048,95 €	111.777 €
6	28.939,17 €	82.838 €
7	21.446,82 €	61.391 €
8	15.894,24 €	45.497 €
9	11.779,22 €	33.718 €
10	8.729,58 €	24.988 €
Summe	475.012 €	

Aufgabe 3.5

A= 68.000 €	km	a	RBW
0			68.000 €
1	25.000 km	8.500 €	59.500 €
2	10.000 km	3.400 €	56.100 €
3	50.000 km	17.000 €	39.100 €
Summe	85.000 km	28.900 €	

Aufgabe 3.6

Teilaufgabe a)

Die kalkulatorischen Zinsen nach der **Restwertmethode** errechnen sich wie folgt:

	Gebäude				Grundstück			Summe
Jahr	a	RBW	i	kalk. Zinsen	RBW	i	kalk.Zinsen	kalk.Zinsen
0		300.000 €						
1	5.000 €	295.000 €	0,1	29.500 €	400.000 €	0,1	40.000 €	69.500 €
2	5.000 €	290.000 €	0,1	29.000 €	400.000 €	0,1	40.000 €	69.000 €
3	5.000 €	285.000 €	0,1	28.500 €	400.000 €	0,1	40.000 €	68.500 €
4	5.000 €	280.000 €	0,1	28.000 €	400.000 €	0,1	40.000 €	68.000 €
5	5.000 €	275.000 €	0,1	27.500 €	400.000 €	0,1	40.000 €	67.500 €

Die kalkulatorischen Zinsen nach der **Durchschnittswertmethode** errechnen sich wie folgt

Gebäude				Grundstück			Summe
A	A/2	i	kalk. Zinsen	RBW	i	kalk.Zinsen	kalk.Zinsen
300.000 €	150.000 €	0,1	15.000 €	400.000 €	0,1	40.000 €	55.000 €

Teilaufgabe b)

Die Wiederbeschaffungskosten bzw. Marktzeitwerte der Anlagegegenstände repräsentieren die tatsächliche Kapitalbindung dieser Anlagegüter aus Sicht der Gesellschaft.

Teilaufgabe c)

Die Einführung von kalkulatorischen Zinsen in die Kostenrechnung sorgt dafür, dass das Unternehmen am Ende des Geschäftsjahres einen Mindestgewinn erwirtschaftet, der einer Anlage der im Unternehmen gebundenen Mittel auf dem Kapitalmarkt (als Alternativoption) entspricht (Opportunitätskosten).

Aufgabe 3.7

Teilaufgabe a)

Berechung des Restbuchwerts des Grundstücks:

- in der Finanzbuchhaltung:
  RBW = 1.000.000 € (Anschaffungskosten)
- in der Kosten- und Erlösrechung:
  RBW = 1.500.000 € (Wiederbeschaffungskosten/Marktwert)

Berechnung des Restbuchwerts der Gebäude:

- in der Finanzbuchhaltung:

$$RBW = A - \frac{A}{n} * n = 2.000.000\ \text{€} - 66.666,67 * 14 = 1.066.666,67\ \text{€}$$

- in der Kosten- und Erlösrechnung:

$$RBW = WBK - \frac{WBK - RW}{n} * n = 3.000.000\ \text{€} - 40.000 * 14$$
$$= 2.440.000\ \text{€}$$

Restbuchwert gesamt:

- in der Finanzbuchhaltung:
  $$RBW_{gesamt} = 1.000.000\ \text{€} + 1.066.666,67\ \text{€} = 2.066.666,67\ \text{€}$$

- in der Kosten- und Erlösrechnung:
  $$RBW_{gesamt} = 1.500.000\ \text{€} + 2.440.000\ \text{€} = 3.940.000\ \text{€}$$

Teilaufgabe b)

Das **substanzielle Kapitalerhaltungsprinzip** basiert hier auf der Abschreibung von Wiederbeschaffungswerten. Hierdurch wird ein Finanzierungseffekt erzielt, der dazu führt, dass am Ende der Nutzungsdauer ein gleichartiges Anlagegut wieder beschafft werden kann, um damit die Substanz des Unternehmens zu erhalten.

Das **nominelle Kapitalerhaltungsprinzip** basiert hier auf der Abschreibung von Anschaffungskosten. Hierdurch wird ein Finanzierungseffekt erzielt, der dazu führt, dass das Unternehmen am Ende der Nutzungsdauer die Anschaffungskosten wieder erwirtschaftet hat. Unter ungünstigen Umständen führt dieses Prinzip dazu, dass die Substanz des Unternehmens aufgezehrt wird.

Teilaufgabe c)

Dadurch, dass Abschreibungen nicht auszahlungswirksame Aufwendungen/Kosten sind, führen diese nicht zu Auszahlungen. Da diese aber in die Produktionskosten einberechnet wurden, verbleiben diese nach dem Verkauf als liquide Mittel des Unternehmens. Wurden die Produkte nicht verkauft, entsteht kein Finanzierungseffekt.

Teilaufgabe d)

- Restwertmethode:
  $$Kalk.Zinsen = 3.940.000\ \text{€} * 0,1 = 394.000\ \text{€}$$

- Durchschnittswertmethode

  – Grundstück
  $$Kalk.Zinsen = WBK = 1.500.000\ \text{€} * 0,1 = 150.000\ \text{€}$$

  – Gebäude
  $$Kalk.Zinsen = \frac{WBK + RW}{2} = \frac{3.000.000\ \text{€} + 600.000\ \text{€}}{2}$$
  $$= 1.800.000\ \text{€} * 0,1 = 180.000\ \text{€}$$

Kalkulatorische Zinsen gesamt: 330.000 €

Aufgabe 3.8

$$\text{Kalkulatorischer Wagnisprozentsatz} = \frac{68.500\ \text{€}}{2.400.000\ \text{€}} * 100 = 2,85\%$$

Kalkulatorisches Vertriebswagnis = 800.000 € * 2,85% = 22.833,33 €

Kapitel 4: Kosten- und Erlösstellenrechnung – Kosten-/Erlöstransparenz und Kosten-/Erlöskontrolle im Unternehmen

Aufgabe 4.1

Funktionale Gliederung von Kostenstellen bedeutet eine Unterteilung der Kostenstellen hinsichtlich der betrieblichen Funktionen; hier kann beispielsweise unterscheiden werden in Materialbereich, Fertigungsbereich, Verwaltungsbereich, Vertriebsbereich, allg. Bereich, eigene Stromversorgung, Personalabteilung, Arbeitsvorbereitung etc.

Gliederung der Kostenstellen **nach der Art der Abrechnung** bedeutet eine Unterteilung in Hilfs- und Hauptkostenstellen. **Hauptkostenstellen** sind solche Abteilungen (Kostenstellen), die direkt an der Erstellung der Unternehmensleistungen (z. B. der Produkte oder der Dienstleistungen) beteiligt sind. Üblicherweise werden in der Praxis folgende Hauptkostenstellen unterschieden:

- Materialkostenstelle(n),
- Fertigungskostenstelle(n),
- Verwaltungskostenstelle(n),
- Vertriebskostenstelle(n).

Hilfskostenstellen dagegen sind solche Kostenstellen, die unternehmensinterne Güter- und Dienstleistungen erstellen, die von anderen Abteilungen (Kostenstellen) des Unternehmens in Anspruch genommen bzw. verbraucht werden. Hierzu zählen u.a. die eigene Energieerzeugung, die eigene Reparaturabteilung, die Kostenstelle „Grundstücke und Gebäude" sowie beispielsweise die Kantine. Die in diesen Abteilungen entstehenden Kosten werden mit Hilfe der internen Leistungsverrechnung auf die anderen Kostenstellen des Unternehmens umgelegt.

Aufgabe 4.2

	Summe	Wasser	Strom	Reparatur
Kosten	4.800,00 €	1.200,00 €	2.800,00 €	800,00 €
Wasserverbrauch (cbm)	1.200	0	60	100
Stromverbrauch (kWh)	14.300	0	0	1.000
Reparaturstunden (h)	220	0	0	0
Gesamtkosten		1.200,00 €	2.860,00 €	1.100,00 €

Verrechnungssätze		
Wasser (Euro/cbm)	1,00 €	= 1.200 €: 1.200 cbm
Strom (Euro/kWh)	0,20 €*	= (2800 € + 60 €) : 14.300 kWh
Reparatur (Euro/h)	5,00 €	= (800 € + 100 € + 200 €): 220h

	Summe	Wasser	Strom	Reparatur	Material	Meisterbüro	Fertigung I	Fertigung II	Verwaltung	Vertrieb
Primäre Gemeinkosten	35.800 €	1.200 €	2.800 €	800 €	3.000 €	2.000 €	8.000 €	11.000 €	4.500 €	2.500 €
Wasserkosten	1.200 €	0 €	60 €	100 €	100 €	0 €	400 €	400 €	50 €	90 €
Summe Strom			2.860 €							
Stromkosten	2.860 €			200 €	400 €	100 €	800 €	600 €	360 €	400 €
Summe Reparatur				1.100 €						
Reparaturkosten	1.100 €				100 €	0 €	600 €	0 €	90 €	310 €
Summe Meisterbüro						2.100 €				
Umlage Meisterbüro (1:2)							700 €	1.400 €		
Summe Kosten (primäre/sekundäre)	35.800 €				3.600 €		10.500 €	13.400 €	5.000 €	3.300 €

Kalkulationssätze:

Materialgemeinkostenzuschlagssatz	20 %
Verwaltungsgemeinkostenzuschlagssatz	6,02 %
Vertriebsgemeinkostenzuschlagssatz	3,98 %
Verrechnungssatz$_{Fert.I}$	13,125 Euro/$\overline{h}$
Verrechnungssatz$_{Fert.II}$	20,00 Euro/h

Aufgabe 4.3

Teilaufgabe a)

$$q_{Rep} = \frac{36.000 \ \text{€}}{2500 \ \text{h}} = 14{,}40\text{€}/\text{h}$$

$$q_{Rep} = \frac{10.700 \ \text{€}}{9.500 \ \text{qbm}} = 1{,}13 \ \text{€}/\text{qbm}$$

		Reparatur	Wasser	Material	Arbeits-vorbereitung	Fertigung I	Fertigung II	Verwaltung/Vertrieb
Primäre Gemeinkosten	€	36.000	3.500	72.500	12.000	120.000	150.000	30.000
Umlage Reparatur	€		7.200	0	0	18.000	10.800	0
Umlage Wasser	€			2.260	0	4.520	2.260	1.695
Umlage Arbeitsvorbereitung	€					9.600	2.400	
Gemeinkosten gesamt	€			74.760	0	152.120	165.460	31.695
Wasserversorgung	qbm	1.500	0	2.000	0	4.000	2.000	1.500
Reparatur	h	500	500			1.250	750	0

Teilaufgabe b)

Kostenstelle Wasser: $3.500 + 500 q_{Rep.} = 11.000 q_W$

Kostenstelle Reparatur: $36.000 + 1.500 q_{W.} = 2.500 q_{Rep.}$

		Reparatur	Wasser	Material	Arbeits-vorbereitung	Fertigung I	Fertigung II	Verwaltung/Vertrieb
Primäre Gemeinkosten	€	36.000	3.500	72.500	12.000	120.000	150.000	30.000
Umlage Reparatur	€			0	0	18.750	11.250	0
Umlage Wasser	€			2.000	0	4.000	2.000	1.500
Umlage Arbeitsvorbereitung	€					9.600	2.400	
Gemeinkosten gesamt	€			74.500	12.000	152.350	165.650	31.500
Wasserversorgung	qbm	1.500	0	2.000	0	4.000	2.000	1.500
Reparatur	h	500	500			1.250	750	0

Teilaufgabe c)

Das Stufenleiterverfahren führt zu ungenauen Ergebnissen, da rückbezügliche Leistungsbeziehungen unter den Hilfskostenstellen vernachlässigt werden.

Beide Verfahren führen zu gleichen Ergebnissen, wenn die Kostenstellen so angeordnet werden können, dass keinerlei Rückbezüge auftreten.

Aufgabe 4.4

Lösung Gleichungsverfahren:

Kostenstelle Strom: $54.000 + 1.000 q_{Rep.} = 12.000 q_S$
Kostenstelle Reparatur: $27.000 + 6.000 q_{S.} = 2.000 q_{Rep.}$

		Stromerzeugung	Reparatur	Material	Fertigung I	Fertigung II	Verwaltung	Vertrieb
Primäre Gemeinkosten	€	54.000	27.000	108.000	174.000	150.000	15.000	12.000
Umlage Strom	€			11.250	11.250	18.750	1.875	1.875
Umlage Reparatur	€			0	21.600	14.400	0	0
Gemeinkosten gesamt	€			119.250	206.850	183.150	16.875	13.875
Stromerzeugung	kwh	0	6.000	1.500	1.500	2.500	250	250
Reparatur	h	1.000	0		600	400	0	0
Bezugsgrößen	€/h			143.100	591.000	11.000		
Gemeinkostenzuschlags-sätze	%			0,83	0,35			
Verrechnungssatz	€/h					16,65		

Lösung Anbauverfahren:

		Stromerzeugung	Reparatur	Material	Fertigung I	Fertigung II	Verwaltung	Vertrieb
Primäre Gemeinkosten	€	54.000	27.000	108.000	174.000	150.000	15.000	12.000
Umlage Strom	€			13.500	13.500	22.500	2.250	2.250
Umlage Reparatur	€			0	16.200	10.800	0	0
Gemeinkosten gesamt	€			121.500	203.700	183.300	17.250	14.250
Stromerzeugung	kwh	0	6.000	1.500	1.500	2.500	250	250
Reparatur	h	1.000	0		600	400	0	0
Bezugsgrößen	€/h			143.100	591.000	11.000		
Gemeinkostenzuschlags-sätze	%			0,85	0,34			
Verrechnungssatz	€/h					16,66363636		

Lösung Stufenleiterverfahren:

		Stromerzeugung	Reparatur	Material	Fertigung I	Fertigung II	Verwaltung	Vertrieb
Primäre Gemeinkosten	€	54.000	27.000	108.000	174.000	150.000	15.000	12.000
Umlage Strom	€		27.000	6.750	6.750	11.250	1.125	1.125
Umlage Reparatur	€			0	32.400	21.600	0	0
Gemeinkosten gesamt	€			114.750	213.150	182.850	16.125	13.125
Stromerzeugung	kwh	0	6.000	1.500	1.500	2.500	250	250
Reparatur	h	1.000	0		600	400	0	0
Bezugsgrößen	€/h			143.100	591.000	11.000		
Gemeinkostenzuschlags-sätze	%			0,80	0,36			
Verrechnungssatz	€/h					16,6227273		

Aufgabe 4.5

Materialgemeinkostenzuschlagssatz:

$$\text{MGKZS} = \frac{\text{MGK}}{\text{MEK}} * 100 = \frac{30.000\ €}{480.000\ €} * 100 = 6,25\%$$

Fertigungsgemeinkostenzuschlagssatz:

$$\text{FGKZS} = \frac{\text{FGK}}{\text{FEK}} * 100 = \frac{180.000\ €}{120.000\ €} * 100 = 150\%$$

Verwaltungsgemeinkostenzuschlagssatz:

$$\text{Verw.GKZS} = \frac{\text{Verw.GK}}{\text{HK}} * 100 = \frac{40.500\ €}{810.000\ €} * 100 = 5\%$$

Vertriebsgemeinkostenzuschlagssatz:

$$\text{Vertr.GKZS} = \frac{\text{Vertr.GK}}{\text{HK}} * 100 = \frac{20.250\ €}{810.000\ €} * 100 = 2,5\%$$

Kapitel 5: Kosten- und Erlösträgerrechnung – Kalkulation und kurzfristige Erfolgsrechnung

Aufgabe 5.1

Kostenstellen	Material	Fertigung	Verwaltung	Vertrieb	Summe
Summe Gemeinkosten	45.000	200.000	38.700	32.250	315.950

	Material	Fertigung	Verwaltung	Vertrieb	
Einzelkosten	300.000	100.000			
Herstellkosten			645.000	645.000	
Zuschlagsätze	0,15	2	0,06	0,05	

Materialeinzelkosten	21,00
+ Materialgemeinkosten	3,15
+ Fertigungseinzelkosten	75,00
+ Fertigungsgemeinkosten	150,00
= Herstellkosten	249,15
+ Vertriebsgemeinkosten	12,46
+ Verwaltungsgemeinkosten	14,95
= Selbstkosten	276,56

Aufgabe 5.2

Die Selbstkosten pro Stück betragen:

$$k = \frac{K}{x} = \frac{7.200.000\ €}{100.000\ \text{St.}} = 72\ €/\text{St.}$$

Aufgabe 5.3

x = 20.000		Herstellkosten	Verwaltungskosten	Vertriebskosten
Kosten	€	750.000	45.000	30.000
Produzierte Menge	St.	20.000	20.000	20.000
Stufenkosten/Stück	€/St.	37,50	2,25	1,50
Herstellkosten fertige Erzeugnisse/Stück		37,50 €		
Selbstkosten/Stück				41,25 €

x_p = 20.000 x_a = 15.000		Herstellkosten	Verwaltungskosten	Vertriebskosten
Kosten	€	750.000	45.000	30.000
Produzierte Menge	St.	20.000	15.000	15.000
Stufenkosten/Stück	€/St.	37,50	3,00	2,00
Herstellkosten fertige Erzeugnisse/Stück		37,50 €		
Selbstkosten/Stück				42,50 €

Aufgabe 5.4

		Material	Fertigung Stufe 1	Fertigung Stufe 2	Verwaltung/ Vertrieb
Kosten	€		15.000	40.000	20.000
Produzierte Menge	St.		750	500	200
Stufenkosten/Stück	€/St.	50	20	80	100
Herstellkosten unfertige Erzeugnisse/Stück			70 €		
Herstellkosten fertige Erzeugnisse/Stück				150 €	
Selbstkosten/Stück					250 €

Aufgabe 5.5

Durchwälzende Kalkulation

		Stufe 1		Stufe 2	Verwaltungs-/Vertriebskosten
Stufenkosten	€	74.700		76.750	75.000
Inputmenge	kg/Stück	6.000		5.000	30.000
Kosten des Input	€	3.300		73.250	135.000
Gesamkosten der Stufe	€	78.000		150.000	210.000
Outputmenge	kg/ Stück	5.200		30.000	30.000
Herstellkosten der Stufe pro Stück	€/Stück bzw. €/kg	15,00 €		5,00 €	7,00 €

Lagerbuchführung

		kg	€	Stück	€
AB		2.800	39.200	10.000	30.000
+ Zugang (Durchschnittspreis)		5.200	78.000 14,65 €	30.000	150.000 4,50 €
- Abgang		5.000	73.250	30.000	135.000
EB		3.000	43.950	10.000	45.000

Aufgabe 5.6

Äquivalenzziffern und Kosten

		Sorte A	Sorte B	Sorte C
Materialkosten	170.000 €	0,5	1	1,2
Fertigungskosten	332.500 €	0,8	1	1,3
Verwaltungs-/ Vertriebskosten	18.000 €	1	1	1
produzierte Mengen		2.000	4.000	3.000

Berechnung Materialkosten

		Sorte A	Sorte B	Sorte C	Summe
Materialkosten	120.000 €	0,5	1	1,2	
Äquivalenz-umrechnung		1.000	4.000	3.500	8.600
Materialkosten pro Äquivalenzeinheit	20,00 €				
Materialkosten pro Sorte		**10,00 €**	**20,00 €**	**24,00 €**	

Berechnung der Fertigungskosten

		Sorte A	Sorte B	Sorte C	Summe
Fertigungskosten	332.500 €	0,8	1	1,3	
Äquivalenz-umrechnung		1.600	4.000	3.900	9.500
Fertigungskosten pro Äquivalenzeinheit	35,00 €				
Fertigungskosten pro Sorte		**28,00 €**	**35,00 €**	**45,50 €**	

Berechnung Verwaltungs-/ Vertriebskosten

		Sorte A	Sorte B	Sorte C	Summe
Verwaltungs-/Vertriebskosten	18.000 €				
Äquivalenzziffern		1	1	1	
Äquivalenz-umrechnung		2.000	4.000	3.000	9.000
Verwaltungs-/Vertriebskosten pro Äquivalenzeinheit	2,00 €				
Verwaltungs-/Vertriebskosten pro Sorte		**2,00 €**	**2,00 €**	**2,00 €**	

Kalkulation Selbstkosten

	Sorte A	Sorte B	Sorte C
Materialkosten	10,00 €	20,00 €	24,00 €
Fertigungskosten	28,00 €	35,00 €	45,50 €
Verwaltungs-/ Vertriebskosten	2,00 €	2,00 €	2,00 €
Selbstkosten	**40,00 €**	**57,00 €**	**71,50 €**

Kalkulation Verkaufspreis

	Sorte A	Sorte B	Sorte C
Selbstkosten	40,00 €	57,00 €	71,50 €
+ Gewinnzuschlag	4,00 €	5,70 €	7,15 €
Barverkaufspreis	44,00 €	62,70 €	78,65 €
+ Skonto	1,36 €	1,94 €	2,43 €
= Netto- Zielverkaufspreis	45,36 €	64,64 €	81,08 €
+ MWSt.	7,26 €	10,34 €	12,97 €
Brutto Verkaufspreis	**52,62 €**	**74,98 €**	**94,06 €**

Aufgabe 5.7

Gemeinkostenzuschlagsatz:

$$\text{GKZS} = \frac{\sum \text{GK}}{\sum \text{EK}} = \frac{450.000 \, €}{1.500.000 \, €} * 100 = 30\%$$

Kalkulation:

	Herrenjacken	Damenmäntel
Einzelkosten	100,00 €	10.000,00 €
Gemeinkosten	30,00 €	3.000,00 €
Selbstkosten	130,00 €	13.000,00 €

Aufgabe 5.8

a) Gemeinkostenzuschlagsatz:

$$\text{GKZS} = \frac{\sum \text{GK}}{\sum \text{EK}} = \frac{116.000 \, €}{175.000 \, €} * 100 = 66,29\%$$

Kalkulation bei Fremdmontage

Herstell-/ Selbstkostenkalkulation

Einzelkosten	22,50 €
+ Gemeinkosten	14,91 €
= Selbstkosten	37,41 €

Kalkulation bei Eigenmontage

Herstell-/ Selbstkostenkalkulation

Einzelkosten	30,00 €
+ Gemeinkosten	19,89 €
= Selbstkosten	49,89 €

b) Ermittlung der Gemeinkostenzuschlagsätze:

Kostenstelle	Kostenstelle Material	Kostenstelle Fräsen	Kostenstelle Drehen	Kostenstelle Montage	Verwaltungs-/Vertriebs-kostenstelle
Gemeinkosten	15.000 €	26.000 €	40.000 €	20.000 €	15.000 €
Einzelkosten (Bezugsgrundlage)	100.000 €	25.000 €	25.000 €	25.000 €	
Herstellkosten					276.000 €
GKZS	15,00%	104,00%	160,00%	80,00%	5,45%

Kalkulation bei Montage bei der MAG AG

Herstell-/ Selbstkostenkalkulation

Materialkostenstelle	
Materialeinzelkosten	10,00 €
+ Materialgemeinkosten	1,50 €
Kostenstelle Fräsen	
+ Fertigungseinzelkosten	0,00 €
+ Fertigungsgemeinkosten	0,00 €
Kostenstelle Drehen	
+ Fertigungseinzelkosten	12,50 €
+ Fertigungsgemeinkosten	20,00 €
Kostenstelle Montage	
+ Fertigungseinzelkosten	7,50 €
+ Fertigungsgemeinkosten	6,00 €
= Herstellkosten	57,50 €
+ Verwaltungs-Vertriebs-gemeinkosten	3,13 €
= Selbstkosten	**60,63 €**

Kalkulation bei Montage beim Kunden

Herstell-/ Selbstkostenkalkulation

Materialkostenstelle	
Materialeinzelkosten	10,00 €
+ Materialgemeinkosten	1,50 €
Kostenstelle Fräsen	
+ Fertigungseinzelkosten	0,00 €
+ Fertigungsgemeinkosten	0,00 €
Kostenstelle Drehen	
+ Fertigungseinzelkosten	12,50 €
+ Fertigungsgemeinkosten	20,00 €
Kostenstelle Montage	
+ Fertigungseinzelkosten	0,00 €
+ Fertigungsgemeinkosten	0,00 €
= Herstellkosten	44,00 €
+ Verwaltungs-Vertriebs- gemeinkosten	2,40 €
= Selbstkosten	**46,40 €**

Kalkulation bei Verrechnungssatzkalkulation

Herstell-/ Selbstkostenkalkulation

Materialkostenstelle	
Materialeinzelkosten	10,00 €
+ Materialgemeinkosten	1,50 €
Kostenstelle Fräsen	
+ Fertigungseinzelkosten	0,00 €
+ Fertigungsgemeinkosten	0,00 €
Kostenstelle Drehen	
+ lohnabhängige Kosten	8,33 €
+ maschinenabhängige Kosten	15,00 €
Kostenstelle Montage	
+ Fertigungseinzelkosten	0,00 €
+ Fertigungsgemeinkosten	0,00 €
= Herstellkosten	34,83 €
+ Verwaltungs-Vertriebs- gemeinkosten	1,90 €
= Selbstkosten	**36,74 €**

Aufgabe 5.9

Herstell-/ Selbstkostenkalkulation

Materialkostenstelle I	
Materialeinzelkosten	12.000,00 €
+ Materialgemeinkosten	4.200,00 €
Materialkostenstelle II	
+ Fertigungsmaterial	8.250,00 €
Fertigungskostenstelle I	
+ Fertigungseinzelkosten	1.200,00 €
+ Fertigungsgemeinkosten	4.800,00 €
= Herstellkosten	**30.450,00 €**
+ Verwaltungsgemeinkosten	2.588,25 €
+ Vertriebsgemeinkosten	3.197,25 €
= Selbstkosten	**36.235,50 €**

Verkaufspreis-Kalkulation

Selbstkosten	36.235,50 €
+ Gewinnzuschlag	1.811,78 €
Netto-Barverkaufspreis	**38.047,28 €**
+ Skonto	1.176,72 €
= Netto-Zielverkaufspreis	**39.223,99 €**
+ MWSt.	6.275,84 €
= Brutto-Verkaufspreis	**45.499,83 €**

Kapitel 6: Kosten- und Erlösrechnungssysteme auf Teilkostenbasis

Aufgabe 6.1

Nach Erstellung gemäß der Rahmenbedingungen ergibt sich folgende stufenweise Deckungsbeitragsrechnung:

Ermittlung der Ergebnisse

	A	B	C	D	E	F	G	H
Bruttoerlöse	3.000	3.200	4.400	3.000	2.000	2.200	1.600	2.400
- Erlösschmälerungen	120	140	160	140	80	100	60	100
= Nettoerlöse	2.880	3.060	4.240	2.860	1.920	2.100	1.540	2.300
- Variable Fertigungskosten	1.600	1.400	1.420	1.200	620	1.100	580	1.500
= Zwischenergebnis	1.280	1.660	2.820	1.660	1.300	1.000	960	800
- Variable Vertriebskosten	480	520	460	500	460	520	260	400
= Deckungsbeitrag 1	800	1.140	2.360	1.160	840	480	700	400
- Erzeugnisfixe Kosten	250	270	770	450	290	260	226	270
Entwicklungskosten	170	170	170	170	170	170	170	170
Spezialwerkzeuge	80	100	600	280	120	90	56	100
= Deckungsbeitrag 2	550	870	1.590	710	550	220	474	130

	A B		C D		E F		G H	
= Erzeugnisgruppenerlöse	1.420		2.300		770		604	
- Erzeugnisgruppenfixkosten	360		900		660		360	
= Deckungsbeitrag 3	1.060		1.400		110		244	

	A B C D				E F		G H	
= Kostenstellenbeitrag	2.460				110		244	
- Kostenstellenfixkosten	400				200		120	
= Deckungsbeitrag 4	2.060				-90		124	

	A B C D E F						G H	
= Bereichserlöse	1.970						124	
- Bereichsfixkosten	1.060						40	
= Deckungsbeitrag 5	910						84	

	A B C D E F G H							
= Unternehmenserlöse	994							
- Unternehmensfixkosten	500							
= Nettoergebnis	494							

Aufgabe 6.2

Berechnung der Kapazitäten:

	Klimageräte						
	A	B	C	D	Summe	Max. Kapazität	Differenz
Beanspruchung Gießerei in Min.	14.000	15.000	20.000	12.000	61.000	60.000	-1.000
Beanspruchung Löterei in Min.	12.000	15.000	24.000	6.000	57.000	60.000	3.000
Beanspruchung Montage in Min.	16.000	10.000	16.000	15.000	57.000	60.000	3.000
Relativer Deckungsbeitrag bezogen auf Gießerei	4,29	13,33	6,00	12,50			
Rangfolge der Produkte nach relativem DB	4	1	3	2			

Berechnung der Reihenfolge und produzierbaren Mengen:

	Klimageräte				Summe Verbrauchte Kapaziztät	Rest	Mögliche Anzahl bis zur Kapazitätsgrenze	Produkt
	A	B	C	D				
Beanspruchung Gießerei		15.000			15.000	45.000	500	B
Beanspruchung Gießerei				12.000	27.000	33.000	300	D
Beanspruchung Gießerei			20.000		47.000	13.000	400	C
Beanspruchung Gießerei	14.000				61.000	-1.000	185	A

Das optimale Programm ergibt sich, wenn die Produkte B, D, C in vollem Umfang produziert werden und A nur mit 185 Stk. in die Produktion eingeht.

Aufgabe 6.3

Der Break-Even-Punkt wird bei einer Menge von 171 Stück erreicht und berechnet sich wie folgt:

$$215 * x = 127,50 * x$$
$$x = 171$$

Die Verwaltungsgemeinkosten bleiben unberücksichtigt, da nicht variabel.

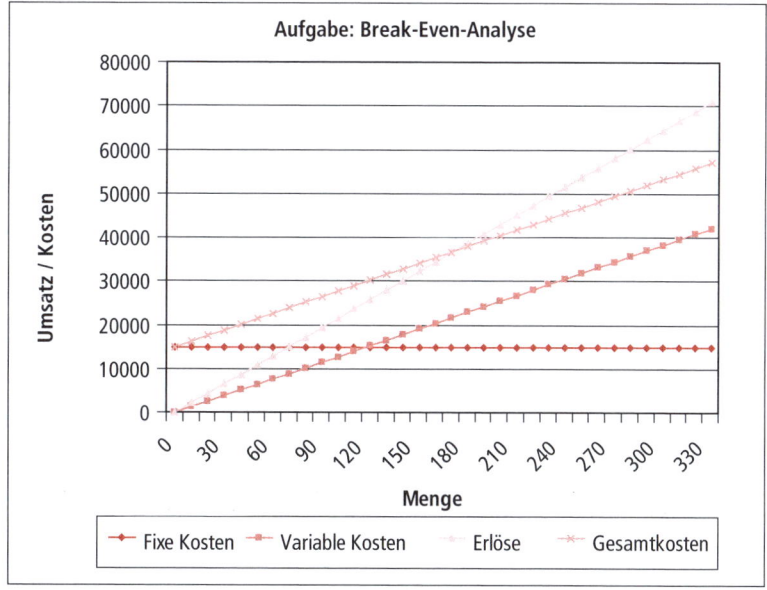

Kapitel 7: Prozesskostenrechnung

Aufgabe 7.1

Ein Unternehmen fertigt drei Arten von Maschinen. Typ A "Bohrmaschinen für den Fachhandel" Typ B "Bohrmaschinen für die Baumärkte" und Typ "C" für Exclusiv-Werkzeugkataloge Das Produkt A hat eine erheblich höhere Produktkomplexität als das Produkt B Das Produkt "C" ist mit "A" identisch, hat aber eine verchromte Oberfläche. Folgende Daten und Kosten wurden erhoben	Maschine A	Maschine B	Maschine C
Fertigungsmaterial	1.200 €	1.000 €	1.500 €
Fertigungslöhne	1.000 €	1.200 €	1.250 €
Materialgemeinkosten Zuschlagssatz	25,00%	25,00%	25,00%
Fertigungsgemeinkosten Zuschlagssatz	50,00%	50,00%	50,00%
Sondereinzelkosten der Fertigung	120 €	80 €	150 €
Sondereinzelkosten des Vertriebs	100 €	140 €	125 €
Verwaltungsgemeinkosten Zuschlagssatz	10,00%	10,00%	10,00%
Vertriebsgemeinkosten Zuschlagssatz	30,00%	30,00%	30,00%

Daten für die Prozesskostensätze	Maschine A	Maschine B	Maschine C
Materialprozesskostensatz	300 €	60 €	380 €
Fertigungsprozesskostensatz	455 €	275 €	650 €
Vertriebsprozesskostensatz	800 €	325 €	905 €

Für die Kalkulation auf Prozesskostenbasis fallen zusätzlich folgende Zuschlagssätze, die nicht über Prozesskostensätze abgefangen werden können, an:	Maschine A	Maschine B	Maschine C
Materialgemeinkosten Zuschlagssatz	5,00%	5,00%	5,00%
Fertigungsgemeinkosten Zuschlagssatz	10,00%	10,00%	10,00%
Vertriebsgemeinkosten Zuschlagssatz	10,00%	10,00%	10,00%

Ermittlung der Selbstkosten mit Gemeinkostenzuschlagssätzen

	Maschine A		Maschine B		Maschine C	
Fertigungsmaterial	1.200 €		1.000 €		1.500 €	
+ Materialgemeinkosten	300 €		250 €		375 €	
= *Materialkosten*		1.500 €		1.250 €		1.875 €
+ Fertigungslöhne	1.000 €		1.200 €		1.250 €	
+ Fertigungsgemeinkosten	500 €		600 €		625 €	
+ Sondereinzelkosten der Fertigung	120 €		80 €		150 €	
= *Fertigungskosten*		1.620 €		1.880 €		2.025 €
Herstellkosten		3.120 €		3.130 €		3.900 €
+ Verwaltungsgemeinkosten		312 €		313 €		390 €
+ Vertriebsgemeinkosten		936 €		939 €		1.170 €
+ Sondereinzelkosten des Vertriebs		100 €		140 €		125 €
Selbstkosten pro Stück		4.468 €		4.522 €		5.585 €

Ermittlung der Selbstkosten mit Prozesskostensätzen			
	Maschine A	**Maschine B**	**Maschine C**
Fertigungsmaterial	1.200 €	1.000 €	1.500 €
+ Materialprozesskostensatz	300 €	60 €	380 €
+ Materialgemeinkosten	60 €	50 €	75 €
= *Materialkosten*	*1.560 €*	*1.110 €*	*1.955 €*
+ Fertigungslöhne	1.000 €	1.200 €	1.250 €
+ Fertigungsprozesskostensatz	455 €	275 €	650 €
+ Fertigungsgemeinkosten	100 €	120 €	125 €
+ Sondereinzelkosten der Fertigung	120 €	80 €	150 €
= *Fertigungskosten*	*1.675 €*	*1.675 €*	*2.175 €*
Herstellkosten	3.235 €	2.785 €	4.130 €
+ Verwaltungsgemeinkosten	324 €	279 €	413 €
+ Vertriebsprozesskostensatz	800 €	325 €	905 €
+ Vertriebsgemeinkosten	324 €	279 €	413 €
+ Sondereinzelkosten des Vertriebs	100 €	140 €	125 €
Selbstkosten	4.782 €	3.807 €	5.986 €

Die Interpretation der Ergebnisse zeigt, dass die hohe Komplexität der Produkte A und C sich erst unter Zuhilfenahme der Prozesskosten auch in der Kalkulation niederschlägt. Beispielsweise führt das Materialhandling für Produkt C erst in der prozesskostenbasierten Kalkulation auch zu den entsprechenden Materialkosten in der Kalkulation. Auch ist ein Produkt mit hoher Komplexität erklärungsbedürftiger als ein einfaches und günstiges Produkt, was sich auch in den entsprechenden Vertriebskosten widerspiegeln sollte.

Aufgabe 7.2

a) Die Prozesskostenrechnung wurde entwickelt um die Einzelkosten transparenter zu gestalten.

Nein, weil die hauptsächlichen Ursachen für die Einführung der Prozesskostenrechnung waren der drastische Anstieg der Gemeinkosten sowie die Differenzierungsmängel traditioneller Kostenrechnungssysteme; es wurde immer schwieriger, die entstandenen Kosten verursachungsgemäß den Kostenträgern zuzuordnen. Während die direkt zurechenbaren Kosteneinflüsse, wie z.B. die Lohnkosten in der Produktion, durch den gestiegenen Automatisierungsgrad stetig sanken (Einzelkosten), stiegen hingegen die Gemeinkosten in den indirekten Bereichen wie z.B. der Verwaltung, Forschung und Entwicklung stark.

b) Die Nutzung der Prozesskostenrechnung beschränkt sich nur auf die verursachungsgerechte Kostenzurechnung zu den Stellen und Leistungen.

Nein, weil neben der verursachungsgerechten Kostenzurechnung zu den Stellen und Leistungen, womit die Voraussetzungen für Kalkulationssätze, Preisbildung und Preisbeurteilung geschaffen werden, liefern Prozesskostensätze als Kennzahlen somit auch Daten in die prozessorientierte Zeitrechnung. Sie

- verbessern die Kostenkontrolle,
- bieten Grundlagen für Kostenvergleiche,
- zeigen Rationalisierungsmöglichkeiten auf und dienen der Steuerung des Unternehmens.

c) Der Prozesskostensatz ist identisch mit der Produktivität.

Nein, weil es gilt folgender Zusammenhang:

Formel 7.9
$$\text{Prozesskostensatz} = \frac{\text{Prozesskosten}}{\text{Prozessmenge n}} = \frac{\text{Input}}{\text{Output}} = \frac{1}{\text{Produktivität}}$$

Dies bedeutet, dass die Prozesskostensätze genau den Kehrwert der Produktivität darstellen. Mithin weist ein steigender Prozesskostensatz, z. B. aufgrund sinkender Prozessmengen bei gleichen Prozesskosten, auf eine nachlassende Produktivität hin. So können durch eine permanente Beobachtung der Prozesskostensätze Hinweise auf Unwirtschaftlichkeiten und nachlassende Produktivität in den Teilprozessen ermittelt werden.

d) Der Degressionseffekt bezeichnet die Differenz zwischen der Verrechnung von vorgangsfixen Kosten bei der Zuschlagskalkulation und der prozessorientierten Kalkulation.

Ja, weil vorgangsfixe Kosten sind zum Beispiel die Kosten für Angebotsbearbeitung oder für Bestellungen. Die Kosten fallen hier für die Durchführung der einzelnen Vorgänge an, unabhängig von der Stückzahl, die beispielsweise in einem Auftrag oder einer Bestellung enthalten ist, an. Eine Erhöhung der Stückzahl hat z. B. keinen Einfluss auf die Höhe der Kosten für ein Angebot.

e) Ein Vorteil der Prozesskostenrechnung ist die einfache Einführung und die nur geringen Kosten für die Durchführung.

Nein, weil aus Sicht der Praxis besteht der Nachteil in dem hohen Aufwand, den die Einführung der Prozesskostenrechnung aufgrund

- der erforderlichen aufwändigen (Kosten und Zeit) Geschäftsprozessanalyse,
- der häufig schwierigen Bestimmung der Kostentreiber oder
- der Implementation der prozessorientierten Denkweise

mit sich bringt.

f) In der Prozesskostenrechnung werden leistungsmengeninduzierte (lmi) Teilprozesse sowie leistungsmengenneutrale (lmn) Teilprozesse unterschieden.

Ja, weil den leistungsmengeninduzierten (lmi) Teilprozessen sind sog. leistungsmengeninduzierte (lmi) Prozesskosten zuzuordnen, deren Höhe sich proportional zur Anzahl der in Anspruch genommenen Kostentreibereinheiten verhält (prozessvariable Kosten). D. h. je mehr Einheiten des Kostentreibers in Anspruch genommen werden (z. B. Anzahl der Buchungen, Anzahl der Versandpositionen) desto höher sollten auch die entsprechenden Prozesskosten sein. Leistungsmengenneutrale (lmn) Teilprozesse erzeugen dagegen prozessfixe Kosten, die unabhängig von der Anzahl eines Kostentreibers sind.

Kapitel 8: Datenbeschaffung in der Kosten- und Erlösrechnung

Aufgabe 8.1

Zunächst sind die Daten zu sammeln und zu ordnen:

Nr	Abteilung	Einsparpotential in €	Kosten in €
1	Versand	110.000	170.000
2	Spedition	170.000	230.000
3	Lackiererei	100.000	150.000
	Summe	380.000	550.000
	Budget		400.000

Danach erfolgt die Aufstellung des Relevanzbaums:

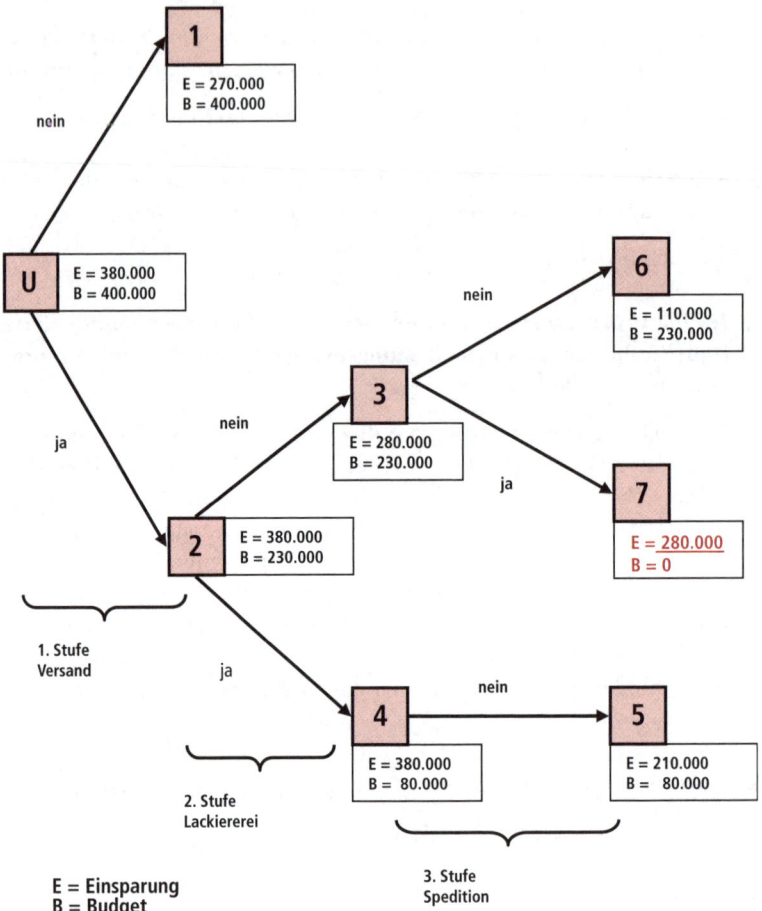

E = Einsparung
B = Budget

Aufgabe 8.2

Zunächst sind die Datenanalyse und die Bereinigung der Umsatzreihe durchzuführen. Hierfür benötigen wir die Saisonkomponente und die Korrekturfaktoren.

Umsätze des Textilunternehmens

Monat	Original-werte	Gl. 12er-Durch-schnitt	Trend-bereinigte Werte	Monat	Original-werte	Gl. 12er-Durch-schnitt	Trend-bereinigte Werte	Monat	Original-werte	Gl. 12er-Durch-schnitt	Trend-bereinigte Werte
Jan 00	101.220			Jan 02	95.264	113.220	-17.956	Jan 04	88.638	103.596	-14.958
Feb 00	91.350			Feb 02	85.176	112.862	-27.686	Feb 04	79.968	103.936	-23.968
Mrz 00	113.085			Mrz 02	110.136	112.180	-2.044	Mrz 04	104.346	104.073	273
Apr 00	125.370			Apr 02	114.920	111.806	3.114	Apr 04	111.792	103.988	7.804
Mai 00	120.960			Mai 02	114.920	111.365	3.555	Mai 04	100.164	104.276	-4.112
Jun 00	105.000			Jun 02	98.384	110.363	-11.979	Jun 04	97.716	104.709	-6.993
Jul 00	114.870	117.403	-2.533	Jul 02	107.328	109.811	-2.483	Jul 04	103.734		
Aug 00	105.420	117.491	-12.071	Aug 02	99.008	109.425	-10.417	Aug 04	95.370		
Sep 00	121.275	117.674	3.601	Sep 02	117.728	109.148	8.580	Sep 04	108.426		
Okt 00	131.145	117.631	13.514	Okt 02	126.152	108.741	17.411	Okt 04	122.910		
Nov 00	126.420	117.495	8.925	Nov 02	113.256	108.004	5.252	Nov 04	112.710		
Dez 00	151.305	117.591	33.714	Dez 02	137.592	107.627	29.965	Dez 04	132.396		
Jan 01	104.055	117.486	-13.431	Jan 03	91.000	107.376	-16.376	Jan 05	90.270		
Feb 01	90.615	117.263	-26.648	Feb 03	80.184	106.734	-26.550	Feb 05	74.868		
Mrz 01	118.230	117.530	700	Mrz 03	108.472	106.058	2.414	Mrz 05	104.958		
Apr 01	119.175	117.548	1.628	Apr 03	106.808	105.621	1.187	Apr 05	116.892		
Mai 01	123.900	117.233	6.668	Mai 03	105.352	105.174	178	Mai 05	104.550		
Jun 01	104.370	117.114	-12.744	Jun 03	98.904	104.503	-5.599	Jun 05	96.900		
Jul 01	112.980	116.551	-3.571	Jul 03	100.776	104.049	-3.273	Jul 05	102.306		
Aug 01	101.955	115.958	-14.003	Aug 03	90.168	103.942	-13.774	Aug 05	98.634		
Sep 01	131.145	115.394	15.751	Sep 03	110.344	103.761	6.583	Sep 05	104.754		
Okt 01	121.695	114.880	6.815	Okt 03	123.032	103.796	19.236	Okt 05	122.502		
Nov 01	128.310	114.328	13.982	Nov 03	105.664	103.788	1.876	Nov 05	113.730		
Dez 01	146.580	113.705	32.875	Dez 03	129.064	103.522	25.542	Dez 05	131.376		

Im Anschluss kann dann die Umsatzprognose mit den saisonbereinigten Daten durchgeführt werden

Monat	Originalwerte	Trend auf der Basis von saisonbereinigten Werte						
		Achsen-parameter	Steigung					
		120.092,17	-310,00					
		Trend	Saison-komponente	Prognose	Abweichung	Absolute Abweichung	Relative Abweichung	
Jan 05	90.270	101.182	-15.638	85.544	4.726	4.726	0,05	
Feb 05	74.868	100.872	-26.171	74.701	167	167	0,00	
Mrz 05	104.958	100.562	378	100.940	4.018	4.018	0,04	
Apr 05	116.892	100.252	3.475	103.728	13.164	13.164	0,11	
Mai 05	104.550	99.942	1.614	101.556	2.994	2.994	0,03	
Jun 05	96.900	99.632	-9.286	90.346	6.554	6.554	0,07	
Jul 05	102.306	99.322	-2.923	96.399	5.907	5.907	0,06	
Aug 05	98.634	99.012	-12.524	86.488	12.146	12.146	0,12	
Sep 05	104.754	98.702	8.671	107.373	-2.619	2.619	0,03	
Okt 05	122.502	98.392	14.286	112.679	9.823	9.823	0,08	
Nov 05	113.730	98.082	7.551	105.633	8.097	8.097	0,07	
Dez 05	131.376	97.772	30.566	128.338	3.038	3.038	0,02	
		Durchschnittliche Abweichung				6.104	0,057	

Aufgabe 8.3

Zur Berechnung sind die Kennzahlen gemäß nachstehender Tabelle auszuwählen

Zeit	Umsatz des eignen Unternehmens	Marktanteil in %	Umsatz Bau in Mio.€	Auftrags-eingang Industrie t-6	Bauanträge Index t-12	Geschäftsklima Index Weltweit t-12	Inflationsrate Deutschland in % t-12
Jan. 03			145,00		4,39	1,10	0,37
Feb. 03			100,00		2,96	0,74	0,25
Mrz. 03			175,00		5,14	1,29	0,36
Apr. 03			116,00		3,45	0,86	0,29
Mai. 03			98,00		4,00	1,00	0,33
Jun. 03			123,00		4,65	1,16	0,39
Jul. 03			118,00	658,00	4,30	1,08	0,35
Aug. 03			131,00	444,00	4,17	1,04	0,35
Sep. 03			99,00	771,00	3,20	0,80	0,26
Okt. 03			111,00	517,00	2,90	0,73	0,31
Nov. 03			145,00	576,00	5,00	1,25	0,41
Dez. 03			140,00	698,00	4,67	1,17	0,39
Jan. 04	14,50	0,15	145,00	589,00	4,52	1,13	0,38
Feb. 04	9,80	0,10	100,00	626,00	3,12	0,78	0,26
Mrz. 04	17,00	0,16	175,00	390,00	5,84	1,46	0,49
Apr. 04	11,40	0,10	116,00	500,00	3,85	0,96	0,32
Mai. 04	12,70	0,13	98,00	750,00	3,04	0,76	0,25
Jun. 04	15,40	0,14	123,00	700,00	4,08	1,02	0,34
Jul. 04	13,00	0,13	118,00	587,00	3,91	0,98	0,33
Aug. 04	13,80	0,15	131,00	657,00	4,38	1,10	0,37
Sep. 04	9,90	0,10	99,00	456,00	3,04	0,76	0,25
Okt. 04	12,20	0,10	111,00	500,00	3,33	0,83	0,28
Nov. 04	17,40	0,17	145,00	600,00	4,00	1,00	0,33
Dez. 04	16,50	0,17	140,00	620,00	4,13	1,03	0,34
Korrelationkoeffizient		0,96	0,85	0,98	0,93	0,93	0,94
Regressionssteigung		91,00706534	-0,06342486	0,021038738	3,115680992	12,45346008	46,77168916
Achsenabschnitt		1,566881346	1,71493434	0,976779207	0,955973562	0,961937705	-2,125694416

Lösung	Prognoseumsatz						
Jan. 04	14,72			13,33	15,04	15,03	15,49	4
Feb. 04	11,55			14,80	10,68	10,68	10,03	4
Mrz. 04	17,38			10,57	19,15	19,14	20,64	4
Apr. 04	12,58			11,50	12,96	12,96	12,89	4
Mai. 04	11,04			13,60	10,43	10,43	9,72	4
Jun. 04	13,78			14,02	13,67	13,66	13,78	4
Jul. 04	13,14				13,15	13,15	13,13	3
Aug. 04	14,72				14,60	14,60	14,95	3
Sep. 04	10,19				10,43	10,43	9,72	3
Okt. 04	11,18				11,34	11,34	10,87	3
Nov. 04	13,43				13,42	13,42	13,46	3
Dez. 04	13,88				13,83	13,83	13,98	3

Kapitel 9: Plankosten- und Erlösrechnung

Aufgabe 9.1

In einer Kostenstelle liegen folgende Planungen vor:

- Planbeschäftigung: 2.000 Std.
- Plankosten: 160.000 €
- Variator: 5
- Istkosten (preisbereinigt):   180.000 €
- Istbeschäftigung: 1.600 Std.

Der Variator gibt das Verhältnis von den variablen zu den fixen Kosten an. Der Wert von 5 sagt aus, dass die Hälfte der Plankosten von 160.000 € variabel sind. Unter Annahme eines linearen Kostenverlaufes kann somit folgende Sollkostenhöhe ermittelt werden:

$$
\begin{aligned}
\text{Kosten}_{\text{Soll}} &= K_{\text{Plan}} - (1 - \frac{x_{\text{Ist}}}{x_{\text{Plan}}}) * \frac{\text{Variator}}{10} * K_{\text{Plan}} \\
&= 160.000\ € - (1 - \frac{1.600\ \text{Std.}}{2.000\ \text{Std.}}) * \frac{5}{10} * 160.000\ € \\
&= 144.000\ €
\end{aligned}
$$

Damit kann die Verbrauchsabweichung berechnet werden:

$$
\begin{aligned}
\text{Verbrauchsabweichung} &= K_{\text{Ist preisbereinigt}}(x_i) - K_{\text{Soll}}(x_i) \\
&= 180.000\ € - 144.000\ € = 36.000\ €.
\end{aligned}
$$

Für diese 36.000 € ist zunächst die Kostenstellenleitung verantwortlich, die diese Differenz zu klären hat. Die Beschäftigungsabweichung, die aus den falsch verrechneten Fixkosten resultiert, ergibt sich unter Berücksichtigung des Plankostenverrechnungssatzes von 80,– € je Stück dann wie folgt:

$$
\begin{aligned}
\text{Beschäftigungsabweichung} &= K_{\text{Soll}}(x_i) - K_{\text{Verr}}(x_i) \\
&= 144.000\ € - 128.000\ € = 16.000\ €.
\end{aligned}
$$

$$
\begin{aligned}
\text{Leerkosten} &= \frac{K_{\text{Fix}}}{x_{\text{Plan}}} * (x_{\text{Plan}} - x_{\text{Ist}}) \\
&= \frac{80.000\ €}{2.000\ \text{Std.}} * (2.000\ \text{Std.} - 1.600\ \text{Std.}) \\
&= 16.000\ €
\end{aligned}
$$

Weitergehende Analysen sind nicht möglich, da die Preisabweichung bereits eliminiert wurde.

Aufgabe 9.2

a) **Die Normalkostenrechnung kann die Plankostenrechnung ersetzen.**
   Nein, weil damit die interessierende Zukunftsbezogenheit nicht zu erreichen ist.

b) **Die Optimalbeschäftigung sollte unter Beachtung von Engpässen ermittelt werden.**
   Ja, weil dann Aussagen auf der Basis der gegebenen Kapazitäten möglich sind;
   nein, weil dann die Problematik der Engpässe aus der Betrachtung ausgeblendet wird und somit die notwendigen Maßnahmen zur

Beseitigung des Engpasses unter Umständen unterbleiben bzw. verzögert werden.

c) **Die Standardkostenrechnung dient stets nur der Kontrolle und Verhaltenssteuerung.**
Nein, weil natürlich auch Aussagen über Kostenträger auf dieser Basis möglich sind, da die Grenze von Standard- und Plankostenrechnung letztlich fließend ist.

d) **Die starre Plankostenrechnung ist zur Bestimmung der Beschäftigungsabweichung geeignet.**
Nein, weil die Kostenfunktion nicht bekannt ist und somit die die Beschäftigungsabweichungen verursachende Fixkostenproportionalisierung nicht erkannt werden kann.

e) **Die flexible Plankostenrechnung kann als Teilkostenrechnung verstanden werden.**
Nein, weil in der hier verwandten Definition die flexible Plankostenrechnung auf Vollkostenbasis erfolgt ist; zwar ist das Wissen um die Kostenfunktion lt. Teilkostenrechnung vorhanden, es wird aber an der Verrechnung der gesamten Kosten festgehalten.

f) **Die Grenzplankostenrechnung vermeidet eine Verrechnung der fixen Kosten auf die Kostenträger.**
Ja, weil diese dem Ansatz der Teilkostenrechnung folgt.

g) **Die Grenzplankostenrechnung erlaubt die Bestimmung der Beschäftigungsabweichung.**
Nein, weil diese definitionsgemäß gar nicht mehr auftaucht. Es kommt nicht zu einer Proportionalisierung der Fixkosten.

Aufgabe 9.3

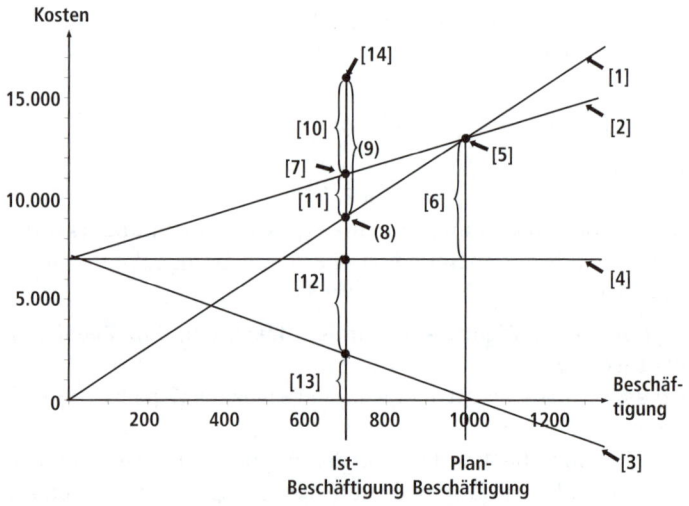

1) Kurve der verrechneten Plankosten

2) Sollkostenkurve

3) Kurve der verrechneten Fixkosten

4) Fixkostenkurve

5) Plankosten bei Planbeschäftigung

6) Variable Plankosten bei Planbeschäftigung

7) Sollkosten bei Istbeschäftigung

8) Verrechnete Plankosten bei Istbeschäftigung

9) Gesamtmengenabweichung

10) Verbrauchsabweichung

11) Beschäftigungsabweichung

12) Verrechnete Fixkosten

13) Beschäftigungsabweichung/Leerkosten

14) Istkosten (bei Istbeschäftigung)

Aufgabe 9.4

Die Kenntnis der Kostenfunktion bedingt, dass eine klare Zuordnung der Kosten in Abhängigkeit zur Beschäftigung unter Berücksichtigung aller weiterer Kosteneinflussgrößen möglich sein muss. Die Einbeziehung der übrigen Kosteneinflussgrößen kann nur durch die Prämisse der Konstantsetzung umgangen werden. Somit könnten Sie Beispiele für die übrigen Kosteneinflussgrößen nennen, die eben oft doch nicht konstant gesetzt werden können, wie etwa Preisentwicklungen oder schwankende Produktqualitäten bei Naturprodukten (Hopfen, Malz,...).

Die Beziehung der Kosten auf die Beschäftigung bedingt eine Trennung in fixe und variable Kosten, wobei der Verlauf der variablen Kosten in vielen Fällen nicht linear ist. So ist an Mengenrabatte zu denken oder an optimale Auslastungsgrade durch technisch bedingte Verbrauchsfunktionen bei Maschinen. Zudem hat man es oft mit sprungfixen Kosten zu tun. In Einzelfällen mögen diese Aspekte in den verwendeten Kostenfunktionen berücksichtigt sein, doch es werden sich schnell Beispiele finden lassen, wo zur Vereinfachung eine pragmatische Zuordnung erfolgt. Dies trifft auch auf die Trennung in fixe und variable Kosten zu.

Zudem erschwert die Kombination von Brauerei und Gaststätte die Kenntnis der genauen Kostenfunktion, da auch hier pragmatische Zuordnungen von Kosten erfolgen müssen, die objektiv i.d.R. nicht zu belegen sind. Als Beispiele könnten Sie etwa die Zurechnung der Verwaltungskosten oder der Gebäudekosten anführen; um auf zehn zu kommen, dürfen Sie hier ruhig noch mehr ins Detail gehen.

Aufgabe 9.5

Vgl. Kapitel 9.3

Kapitel 10: Weitere Aspekte der Kosten- und Erlösrechnung

Aufgabe 10.1

Die Aufwendungen für Forschung und Entwicklung sollen nicht den aktuell produzierten Produkten zugerechnet werden, die auf den Innovationen der vergangenen zwei Jahre beruhen, sondern den Produkten, in die die F + E-Ergebnisse auch eingeflossen sind. Somit werden kalkulatorische F + E-Kosten ermittelt, indem die angefallenen Aufwendungen jeweils auf die nächste und übernächste Periode verteilt werden. Da diese Annahmen lediglich auf Durchschnittswerten fußt, wird eine lineare Verteilung vorgenommen. Es ist der Unternehmensführung klar, dass dieses Verfahren nicht exakte Ergebnisse zu liefern vermag, doch erscheint die Zurechnung auf dieser Basis erheblich genauer zu sein, als die aus der handelsrechtlichen Rechnungslegung gewohnte Berücksichtigung. Folgende erweiterte Tabelle zeigt die Ergebnisse:

Jahr	Produzierte Stücke	F+E-Aufwand in	F+E-Aufwand je Stück	Abschreibung in den 2 Folgejahren	Kalk. F+E-Kosten je Stück
1	1.000	80.000	80,00 €		
2	5.000	150.000	30,00 €		
3	10.000	200.000	20,00 €	115.000	11,50 €
4	12.000	300.000	25,00 €	175.000	14,58 €
5	20.000	380.000	19,00 €	250.000	12,50 €
6	35.000	525.000	15,00 €	340.000	9,71 €
7	50.000	800.000	16,00 €	452.500	9,05 €

Tab.: Berechnung des kalkulatorischen F + E-Aufwands je Stück

Die auf diese Weise zu berücksichtigenden Kosten bei der Ermittlung der Selbstkosten liegen jeweils deutlich geringer. Somit sind die auf die ursprüngliche Weise ermittelten Selbstkosten deutlich zu hoch ausgewiesen; d.h. das Problem, diese am Markt durchzusetzen, liegt nicht an der zu teuren Forschung und Entwicklung, sondern primär an dem falschen Abbildungssystem, das verzerrt ist durch die stark steigende Produktion. Eine Einstellung der Produktion würde eine gewinnträchtige Sparte des Unternehmens stilllegen und eine Reduktion des Budgets würde zukünftige Erfolge verhindern. Dabei besteht allerdings die Erwartung, dass die Forschungs- und Entwicklungsleistungen der Perioden 6 und 7 sich in der Periode 8 wieder in deutlich steigenden Produktionszahlen niederschlagen werden, so dass mit Blick auf eine Marktsättigung in den nächsten Jahren auch die F+E-Aufwendungen je Stück deutlich sinken sollten.

Aufgabe 10.2

Aus den Angaben ergibt sich eine Reihenfolge der durch die Kundenan-forderungen gewichteten Komponenten von Gehäuse (40 %), Mine (27 %), Schreibsystem (25 %) und Aufdruck/Name (8 %). Die bisheri-gen Berechnungen mit angenommenen Ausgestaltungen für das Produkt ergeben Selbstkosten inklusive des Gewinnanteils (Drifting Costs) von 4,20 €, die sich auf die einzelnen Komponenten wie folgt verteilen:

	Gesamt	Schreib-system	Gehäuse	Aufdruck/Name	Miene
Gesamt relativ		25%	40%	8%	27%
Allowable Costs	4,00 €	1,00 €	1,60 €	0,32 €	1,08 €
Drifting Costs	4,20 €	1,40 €	1,40 €	0,50 €	0,90 €
Notw. Kostenan.	-0,20 €	-0,40 €	0,20 €	-0,18 €	0,18 €

Tab.: Berechnung der notwendigen Kostenanpassungen

Das Schreibsystem ist demnach um 40 Cent und der Aufdruck um 18 Cent teurer, als diesen Komponenten von den Kunden an Wert zugebil-ligt werden würde. Das Gehäuse und die Mine sind dagegen günstiger, als der Kunde erwartet. Dies kann aus dem Zielkostenkontrolldiagramm entnommen werden:

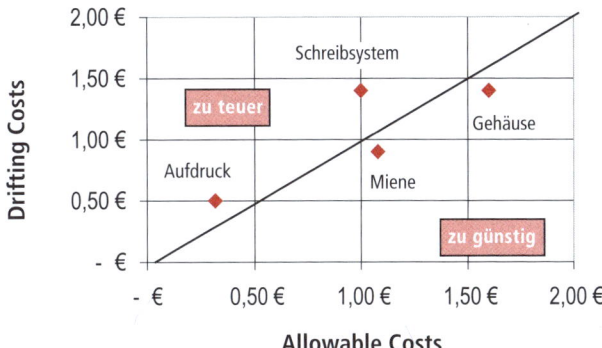

Abb.: Zielkostenkontrolldiagramm

Aufgabe 10.3

a) **Die IFRS können die Kosten- und Erlösrechnung ersetzen.**
   Nein, weil die IFRS lediglich Regeln für die Abbildung von Unterneh-men beinhalten und letztlich nur in der Kostenartenrechnung für den

Umfang und die Höhe der Kosten von Relevanz sind. Ersetzt werden kann dann lediglich die kurzfristige Erfolgsrechnung der Kostenträgerzeitrechnung durch eine Erfolgsrechnung nach IFRS.

b) **Die Kostenartenrechnung ist bei Einsatz der IFRS bezüglich der Zusatz- und Anderskosten zu untersuchen.**
Ja, weil hier eine Abstimmung zwischen dem Abbildungskonzept nach den IFRS und dem bisher intern verwandten oder auch weiterhin zu verwendenden Konzept erfolgen muss.

c) **Die Kostenrechnung muss für die externe Rechnungslegung Informationen für die Bewertung der Herstellungskosten liefern.**
Ja, weil die gesetzlich geforderte Bestimmung der Herstellungskosten eine interne Ermittlungsstruktur voraussetzt, die als Kostenrechnung bezeichnet wird.

d) **Die Kosten- und Erlösrechnung in Konzernunternehmen muss völlig anders aufgebaut sein, als eine auf Einzelunternehmen bezogene Rechnung.**
Nein, weil die Grundstruktur der Kostenrechnung nun lediglich auf die wirtschaftliche Einheit bezogen werden muss, was einen höheren Aufwand bei der Kostenartenrechnung und eine ausgeweitete Kostenstellen- sowie ggf. Kostenträgerrechnung bedeutet.

e) **Die Kosten- und Erlösrechnung ermöglicht keine sinnvolle Unterstützung langfristiger Preissetzungen.**
Nein, weil die Struktur der Plankostenrechnung zur Ermittlung von Preisen generell geeignet ist; allerdings sind deutlich mehr Informationen aus anderen Controllinginstrumenten einzubeziehen als bei kurzfristigen Entscheidungen.

f) **Die Kosten- und Erlösrechnung ist zu langsam und zu kompliziert und ist daher nicht mehr so relevant für die Kalkulation wie früher.**
Ja, aufgrund der in Kapitel 10.6 angeführten Argumente;
nein, weil ohne Kostenrechnung gar keine Kalkulation möglich wäre. Es geht somit um eine Anpassung des Kostenrechnungssystems.

g) **Die Verhaltenssteuerung der Mitarbeiter ist durch die Kosten- und Erlösrechnung sehr gut zu unterstützen.**
Ja, weil die Kosten- und Erlösrechnung eine Verbindung zwischen dem zu steuernden Handeln der Mitarbeiter und den i.d.R. monetären Unternehmenszielen darstellt. Die Kosten- und Erlösrechnung ist somit auch ein Instrument zur Unterstützung der Personalführung, wobei eine Einbindung in das Controllingsystem stets notwendig ist.

h) **Immaterielle Werte, wie Forschungs- und Entwicklungsleistungen, können in der Kostenrechnung nicht abgebildet werden.**
Nein, eine Aufnahme in der Kostenartenrechnung ist möglich.

Literaturverzeichnis

Albach, H.: Allgemeine Betriebswirtschaftslehre, Wiesbaden 2000.

Altenburger, O. A. et al.: Vorschläge zur Weiterentwicklung des internen und des externen Rechnungswesens, in: BfuP, 2001, S. 67–76.

Ammann, H. / Müller, S.: IFRS International Financial Reporting Standards – Bilanzierungs-, Steuerungs- und Analysemöglichkeiten, 2. Aufl., Herne/Berlin 2006.

Ammann, H. / Müller, S.: Konzernbilanzierung – Grundlagen sowie Steuerungs- und Analysemöglichkeiten, Herne, Berlin 2005.

Ansari, S. / Bell, J. / CAM-I.: Target Cost Core Group: Target Costing: The Next Frontier in Strategic Cost Management, Bedford 1997.

Arnaout, A.: Target Costing in der deutschen Unternehmenspraxis: eine empirische Untersuchung. München 2001.

Atkinson, A. A. / Banker, R. D. / Kaplan, R. S. / Young, S. M.: Management Accounting, Upper Saddle River, NJ, 2001.

Ballwieser, W.: Unternehmensbewertung mit Discounted Cash Flow-Verfahren, in: WPg, 1998, S. 81–92.

Battenfeld, D.: Behandlung von Komplexitätskosten in der Kostenrechnung, in: krp, 2001, S. 137–143.

Benecke, B.: Internationale Rechnungslegung und Management-Approach, Wiesbaden 2000.

Benkenstein, M.: Dienstleistungsqualität – Ansätze zur Messung und Implikationen für die Steuerung, in: ZfB, 1993, S. 1095–1115.

Bohlmann, B. / Coners, A.: Prozessbasierte Kostensenkung in der Logistik (Nachhaltige Wirkungen durch Time-Driven-Acitivity-Based Costing), in: Logistik Inside, 05/2004, http://www.logistik-inside.de/fm/2248/horvath.pdf, 18.11.2005.

Box, G. E. P. / Jenkins, G. M.: Time Series Analysis: Forecasting and Control, 2. Aufl., San Francisco 1976.

Brackschulte, K. / Müller, S. / Ordemann, T.: Anforderungen an mittelständische Unternehmen im Rahmen der Kreditvergabe – Theoretische Grundüberlegungen und empirische Befunde – in: Müller, S. / Jöhnk, T. / Bruns, A. (Hrsg.): Beiträge zum Finanz-, Rechnungs- und Bankwesen, Wiesbaden 2005, S. 115–133.

Brown, M. G.: Kennzahlen: harte und weiche Faktoren erkennen, messen und bewerten, München, Wien 1997.

Brühl, R.: Führungsorientierte Kosten- und Erfolgsrechnung, München, Wien 1996.

Brühl, R.: Informationen der Prozeßkostenrechnung als Grundlage der Kostenkontrolle, in: krp, 1995, S. 73–79.

Bruhn, M.: Wirtschaftlichkeit des Qualitätsmanagements: Qualitätscontrolling für Dienstleistungen, 2. Aufl., Berlin, Heidelberg 1998.

Buchner, H. / Weigand, A.: Welche Planung passt zu Ihrem Unternehmen – Empfehlungen zur tubulenzgerechten Optimierung von Planungssystemen; in: Controlling, 2001, S. 419–428.

Bühl, A. / Zöfel, P.: SPSS 12 Einführung in die moderne Datenanalyse unter Windows, 9 Aufl., München 2005.

Bühl, A.: Erweiterte Datenanalyse mit SPSS, Statistik und Data-Mining, Wiesbaden 2002.

Burger, A. / Buchhart, A.: Integration des Rechnungswesens im Shareholder-Value-Ansatz, in: DB, 2001, S. 549–554.

Burger, A.: Kostenmanagement, 3. Auflage, München 1999.

Codd, E. F.: On-Line Analytical Processing-OLAP, in: Borszcz, A. / Piechota, S. (Hrsg.): Controlling-Praxis erfolgsreicher Unternemen, Wiesbaden 1998, S. 75–98.

Coenenberg, A. G. / Fischer, T.: Prozeßkostenrechnung – Strategische Neuorientierung in der Kostenrechnung, in: DBW, 1991, S. 21–38.

Coenenberg, A. G.: Einheitlichkeit oder Differenzierung von internem und externem Rechnungswesen: Die Anforderungen der internen Steuerung, in: DB, 1995, S. 2077–2083.

Coenenberg, A. G.: Kostenrechnung und Kostenanalyse, 5. Aufl., Stuttgart 2003.

Coenenberg, A. G.: Jahresabschluss und Jahrsabschlussanalyse, 20. Aufl., Stuttgart 2005, S. 23–94.

Coners, A. / Hardt, G. von der: Time-Driven Activity-Based Costing: Motivation und Anwendungsperspektiven, in: Controlling & Management, 02/2004, S.108-118, http://www.horvath-partners.com /hp3//media/DIR_200376/DIR_1143975/1088591495462xE_ZfCM_ 2004_Time-Driven~Activity-Based~Costing_Coners-von~der~ Hardt.pdf, 18.11.2005.

Cooper, R. / Slagmulder, R.: Target Costing and Value Engineering, Portland 1997.

Cooper, R. / Kaplan, R. S.: Measure Costs right: Make the right decisions, in: Harvard Business Review, 1988, S. 96–103.

Cooper, R. / Kaplan, R. S.: Prozeßorientierte Systeme: Die Kosten der Ressourcennutzung messen, in: krp 1993, S. 7–14.

Cooper, R.: Activity-based-Costing. Wann brauche ich ein Activity-based-Costing-System und welche Kostentreiber sind notwendig?, in: krp, 1990, S. 271–280.

Däumler, K.D. / Grabe, J.: Kostenrechnung 1, 9. Aufl., Herne, Berlin 2003.

Demski, J.S. / Feltham, G.A.: Cost Determination: A Conceptual-Approach, Ames, Iowa 1976.

Draenert, P.: Kooperative Absatzplanung, Einführungsstrategie für den Prognosedatentausch, Dissertation, Wiesbaden 2001.

Eckstein, P.: Angewandte Statistik mit SPSS, Praktische Einführung für Wirtschaftswissenschaftler, 4. Auflage, Wiesbaden 2004.

Eisele, W.: Technik des betrieblichen Rechnungswesens, 6. Aufl., München 1998.

Ewert, R. / Wagenhofer, A.: Interne Unternehmensrechnung, 6. Aufl., Berlin u.a.O. 2005.

Fischer, H.: Prozeßkostenrechnung und Prozeßoptimierung für Dienstleistungen, in: Controlling, 1996, S. 90–101.

Fischer, H.: Unternehmensplanung: Eine praxisorientierte Einführung, München 1997.

Fischer, J.: Qualitative Ziele in der Unternehmensplanung, Berlin u.a.O. 1989.

Franz, K.-P.: Die Prozesskostenrechnung – Darstellung und Vergleich mit der Plankosten- und Deckungsbeitragsrechnung, in: Ahlert, D. (Hrsg.): Finanz- und Rechnungswesen als Führungsinstrument: Herbert Vorbaum zum 65. Geburtstag, Wiesbaden 1990, S. 109–136.

Franz, K.-P. / Kajüter, P.: Kostenmanagement (Wertsteigerung durch systematische Kostensteuerung), 2. Auflage, Stuttgart 2002.

Freidank, C.-C.: Das Instrumentarium der Kostenrechnung, in: Tanski, J.S. (Hrsg.): Handbuch Finanz- und Rechnungswesen, Landsberg am Lech, 37. Nachlieferung 1999, VI.1.3, S. 1–118.

Freidank, C.-C.: Kostenrechnung, 7. Aufl., München, Wien 2001.

Freidank, C.-C.: Marktorientierte Steuerung mit Hilfe der Prozeßkostenrechnung, in: Freidank, C.-C. / Mayer, E. (Hrsg.): Controlling-Konzepte. Neue Strategien und Werkzeuge für die Unternehmenspraxis, 5. Aufl., Wiesbaden 2001, S. 225–244.

Freidank, C.-C.: Systeme der Kostenrechnung, in: Tanski, J.S. (Hrsg.): Handbuch Finanz- und Rechnungswesen, Landsberg am Lech, 38. Nachlieferung, 2000, VI.1.1, S. 1–70.

Freidank, C.-C.: Teilkosten- und Deckungsbeitragsrechnungen als kurzfristige Entscheidungsinstrumente, in: Tanski, J.S. (Hrsg.): Handbuch Finanz- und Rechnungswesen, Landsberg am Lech, 35. Nachlieferung, 1999, VI.2.2, S. 1–80.

Gabriel, R. / Chamoni, P. / Gluchowski, P.: Data Warehouse und OLAP – Analyseorientierte Informationssysteme für das Management, in: zfbf, 2000, S. 74–93.

Glaser, H. Prozeßkostenrechnung und Kalkulationsgenauigkeit – Zur allgemeinen Erfassung von Kostenverzerrungen, in: krp, 1996, S. 28–34.

Glaser, H.: PPS – Produktionsplanung und -steuerung, 2. Aufl., Wiesbaden 1992.

Glaser, H.: Prozeßkostenrechnung – Darstellung und Kritik, in: ZfbF, 1992, S. 275–288.

Glaß, J.: Mit Benchmarking in Forschung und Entwicklung den Entwicklungsprozess optimieren, in: krp, 2001, S. 23–27.

Gleich, R. / Seidenschwarz, W. (Hrsg.): Die Kunst des Controlling, F.S. Horváth, München 1997.

Graumann, M.: Kostenrechnung und Kostenmanagement, Wiesbaden 2002.

Haberstock, L.: Kostenrechnung I, 12. Aufl., Berlin 2005.

Haberstock, L.: Kostenrechnung II – (Grenz-)Plankostenrechnung mit Fragen, Aufgaben und Lösungen, 7. Aufl., Hamburg 1986.

Hahn, D. / Hungenberg, H.: PuK, Controllingkonzepte: Planung und Kontrolle, Planungs- und Kontrollsysteme, Planungs- und Kontrollrechnung, 6. Aufl., Wiesbaden 2001.

Haller, S.: Beurteilung von Dienstleistungsqualität: Dynamische Betrachtung des Qualitätsurteils im Weiterbildungsbereich, 2. Aufl., Wiesbaden 1998.

Hansmann, K.-W.: Kurzlehrbuch Prognoseverfahren, Wiesbaden 1983.

Hasegawa, T.: Entwicklung des Management Accounting Systems und der Management Organisation in japanischen Unternehmungen, in: Controlling, 1994, S. 4–11.

Heinhold, M.: Kosten- und Erfolgsrechnung in Fallbeispielen, Stuttgart 1998.

Hoitsch, H.-J. / Lingnau, V.: Kosten- und Erlösrechnung (Eine controllingorientierte Einführung), 5. Auflage, Berlin 2004.

Homburg, C.: Quantitative Betriebswirtschaftslehre, Entscheidungsunterstützung durch Modelle, 3. Auflage, Wiesbaden 2000.

Hope, J. / Fraser, R.: Beyond Budgeting; in: Strategic Finance, 10/2000, S. 30–35.

Horngren, C. T. / Bhimani, A./ Datar, S./ Foster, G.: Management and Cost Accounting Third Edition, London u.a.O., 2005

Horngren, C. T. / Foster, G./ Datar, S. M.: Cost Accounting, 12. Ed., Upper Saddle River, New Jersey 2005.

Horngren, C. T. / Sundem, G.L. / Stratton, W.O.: Introduction to Management Accounting, 13. Ed., Upper Saddle River, New Jersey 2005

Horváth, P. (Hrsg.): Target Costing – marktorientierte Zielkosten in der deutschen Praxis, Stuttgart 1993.

Horváth, P. / Kieninger, M. / Mayer, R. / Schimank, C.: Prozeßkostenrechnung – oder wie die Praxis die Theorie überholt, in: DBW, 1993, S. 609–628.

Horváth, P.: Controlling, 10. Aufl., München 2006.

Hummel, S. / Männel, W.: Kostenrechnung 1, 4. Aufl., Wiesbaden 1999.

Janssen, R. / Dieler, C. / Reising, A.: Einsatz der Prozesskostenrechnung für optimales Outsourcing logistischer Prozesse, in: Logistik Jahrbuch 2002, S. 221-228

Johnson, H. T./ Kaplan, R. S.: Relevance Lost: The Rise and Fall of Management-Accounting, Boston, 1987.

Kaplan, R. S. / Cooper, R.: Cost & Effect – Using Integrated Cost Systems to Drive Profitability and Performance, Boston, MA, 1998.

Kaplan, R. S. / Cooper, R.: Cost & Effect, Boston, MA, 1998.

Kilger, W. / Pampel, J. / Vikas, K.: Flexible Plankostenrechnung und Deckungsbeitragsrechnung, 11. Aufl., Wiesbaden 2002.

Kilger, W.: Einführung in die Kostenrechnung, 3. Aufl., Wiesbaden 1992.

Kilger, W.: Flexible Plankostenrechnung, 10, Aufl., Köln, Opladen 1980.

Kley, K.-L.: Die externe und interne Rechnungslegung als Basis für eine offene Unternehmenskommunikation, in: Küting, K. / Weber, C.-P.: Wertorientierte Konzernführung, Stuttgart, 2000, S. 337–354.

Kloock, J. / Sieben, G. / Schildbach, T.: Kosten- und Leistungsrechnung, 8. Aufl., Düsseldorf 1999.

Kobelt, H. /Steinhausen, D.: Wirtschaftsstatistik für Studium und Praxis, in: Pietschmann, B. P. / Vahs, D. (Hrsg.): Praxisnahes Wirtschaftsstudium , 6. Aufl., Stuttgart 2000.

Kosiol, E.: Die Plankostenrechnung als Mittel zu Messung der technischen Ergiebigkeit des Betriebsgeschehens (Standardkostenrechnung); in: Kosiol, E: (Hrsg.): Plankostenrechnung als Instrument der modernen Unternehmensführung, 2. Aufl., Berlin 1956.

KPMG (Hrsg.): IFRS für die Unternehmensführung, Berlin 2006.

Kummer, S.: Supply Chain Controlling, in: krp, 2001, S. 81–87.

Lachnit, L. / Dey, G.: Modell zur Lenkung von Bereichen und Stellen, in: Lachnit, L. (Hrsg.): Controllingsysteme für ein PC-gestütztes Erfolgs- und Finanzmanagement, München 1992, S. 85–118.

Lachnit, L. / Isemann, R.: Controlling, Skript für den BA-Studiengang Business Administration in KMU, Oldenburg 2004.

Lachnit, L. / Müller, S.: Unternehmenscontrolling, Wiesbaden 2006.

Lachnit, L.: Bilanzanalyse, Wiesbaden 2004.

Lachnit, L.: Controllingkonzeption für Unternehmen mit Projektleistungstätigkeit, München 1994.

Lachnit, L.: Kosten- und Leistungsrechnung, Skript für den BA-Studiengang Business Administration in KMU, Oldenburg 2006.

Lachnit, L.: Prozeßorientiert erweiterte Kosten- und Leistungsrechnung für die öffentliche Verwaltung, in: krp, 1999, S. 44–51.

Lachnit, L.: Struktur eines Qualitätscontrollingsystems für die öffentliche Verwaltung, in: krp, 2000, S. 29–41.

Lachnit, L.: Umsatz- und Gesamtleistungsprognose bei Unternehmen mit Mengen- bzw. Einzelleistungstätigkeit, in: Reichmann, T. (Hrsg.): Handbuch Kosten- und Erfolgs-Controlling, München 1995, S. 109–125.

Lachnit, L.: Umsatzprognose auf Basis von Expertensystemen: in: Controlling + Computer, Nr. 3, 1992, S. 160-167.

Letmathe, P.: Umweltbezogene Kostenrechnung, München 1998.

Liessmann, K. (Hrsg.): Gabler Lexikon Controlling und Kostenrechnung, Wiesbaden 1997.

Männel, W. (Hrsg.): Meilensteine der Kostenrechnung, in: krp, Sonderheft 1, 1995.

Männel, W.: Entwicklungslinien der Plankostenrechnung und Deckungsbeitragsrechnung, in: krp, 1995, S. 53–62.

Männel, W.: Frühzeitige Kostenkalkulation, in: krp, 1994, S. 106–112.

Männel, W.: Harmonisierung des Rechnungswesens für ein integriertes Ergebniscontrolling, in: krp, Sonderheft 3, 1999, S. 13–29.

Männel, W.: Schlanke Konzepte und Methoden der Kostenrechnung, in: krp, 1995, S. 192–197

Matuschke, R.: Grundlagen der Kosten- und Leistungsrechnung (Erkenntnisse und Erfahrungen aus der Einführungspraxis), in: Neues Verwaltungsmanagement, 04/2004, S.1-36, http://www.horvath-partners.com/hp3//media/DIR_200376/DIR_1143975/1122311025688xE_NV_2004-04_Grundlagen~der~Kosten-und~Leistungsrechnung_Matuschke.pdf, 18.11.2005

Mertens, P. / Rässler, S.: Prognoserechnung, 6. Aufl., Heidelberg 2005.

Miller, J. G. / Vollmann, T. E.: The Hidden Factory; in: Harvard Business Review 1985, S. 142–150.

Möller, H. P. / Hüfner, B.: Betriebswirtschaftliches Rechnungswesen, München 2005.

Möller, H. P. / Zimmermann, J. / Hüfner, B.: Erlös und Kostenrechnung, München 2005.

Moosmüller, G.: Methoden der empirischen Wirtschaftsforschung, München 2004, Kap. 1.

Mucksch, H.: Das Data Warehouse als Datenbasis analytischer Informationssysteme – Architektur und Komponenten, in: Chamoni, P./ Gluchowski, P. (Hrsg.): Analytische Informationssystem, 2. Aufl., Wiesbaden 1999, S. 171–189.

Müller, A.: Gemeinkostenmanagement. Vorteile der Prozeßkostenrechnung, Wiesbaden 1992.

Müller, H.: Moderne Kostenrechnungssysteme zur Unterstützung des Kosten- und Erfolgs-Controlling, in: Reichmann, T. (Hrsg.): Handbuch Kosten- und Erfolgs-Controlling, München 1995, S. 185–205.

Müller, H.: Prozeßkonforme Grenzplankostenrechnung, Wiesbaden 1993.

Müller, S. / Brackschulze, K. / Mayer-Fiedrich, D. / Ordemann, J.: Finanzierung mittelständischer Unternehmen, München 2006.

Müller, S. / Ordemann, T. / Pampel, J.: Handlungsempfehlungen für die Anwendung der IFRS im Controlling mittelständischer Unternehmen, in: Betriebsberater 2005, S. 2119–2125.

Müller, S. / Wulf, I.: Abschlusspolitisches Potenzial deutscher Unternehmen im Jahr 2005 unter besonderer Berücksichtigung der IFRS-Erstanwendung, in: BB, 2005, S. 1267–1273.

Müller, S.: Controlling-Kompetenz für mittelständische Führungskräfte – Transfer mittels IV-gestützter Schulungskonzeption, Wiesbaden 1997.

Müller, S.: Management Rechnungswesen – Ausgestaltung des externen und internen Rechnungswesens unter Konvergenzgesichtspunkten, Wiesbaden 2003.

Mussnig, W.: Von der Kostenrechnung zum Management Accounting, Wiesbaden 1996.

Olfert, K.: Kostenrechnung, 14. Aufl., Ludwigshafen 2005.

Pfaff, D. / Weber, J.: Zweck der Kostenrechnung?, in: DBW, 1998, S. 151–165.

Pfaff, D.: Kostenrechnung, Verhaltenssteuerung und Controlling, in: Die Unternehmung, 1995, S. 437–451.

Puhani, J.: Statistik, 7. Aufl., Bamberg 1995.

Reckenfelderbäumer, M.: Entwicklungsstand und Perspektiven der Prozeßkostenrechnung, Wiesbaden 1994.

Reichmann, T.: Controlling mit Kennzahlen und Managementberichten, 6. Aufl., München, 2001.

Remer, D.: Einführen der Prozesskostenrechnung (Grundlagen, Methodik, Einführung und Anwendung der verursachungsgerechten Gemeinkostenzurechnung), 2. Aufl., Stuttgart 2005.

Renner, A. / Sauter, R.: Targetmanager, in Controlling 1997, S. 65–71.

Riebel, P.: Einzelerlös-, Einzelkosten- und Deckungsbeitragsrechnung als Kern einer ganzheitlichen Führungsrechnung, in: krp, 1994, S. 9–31.

Riebel, P.: Einzelkosten- und Deckungsbeitragsrechnung, 7. Aufl., Wiesbaden 1994.

Rieg, R.: Entscheidungsrelevanz der Prozeßkostenrechnung, in: krp, 1995, S. 234–238.

Riezler, S.: Lebenszykluskostenrechung – Instrument des Controlling strategischer Projekte, Wiesbaden 1996.

Roehl-Anderson, J.M. / Bragg, S.M.: The Controller's Function: The Work of an Managerial Accountant, 2. Aufl., New York 2000.

Rudolph, A.: Prognoseverfahren in der Praxis, Heidelberg 1998.

Sandte; H.: Grenzen von Prognosen- oder: Warum Prognostiker irren (dürfen), in: Das Wirtschaftsstudium, Nr. 2, 2004, S. 189–190.

Scheer, A.-W.: ARIS-Modellierungsmethoden, Metamodelle, Anwendungen, Berlin 1998.

Schierenbeck, H.: Grundzüge der Betriebswirtschaftslehre, 14. Aufl., 1999.

Schiller, U. / Lengsfeld, S.: Strategische und operative Planung mit der Prozeßkostenrechnung, in: ZfB, 1998, S. 525–547.

Schiller, U.: Informationsorientiertes Controlling in dezentralisierten Unternehmen, Stuttgart 2000.

Schira, J.: Statistische Methoden der VWL und BWL, 2. Aufl., München 2005.

Schlittgen, R.: .Angewandte Zeitreihenanalyse, München/Wien/Oldenbourg 2001.

Schmalenbach, E.: Selbstkostenrechnung, in: Zeitschrift für handelswissenschaftliche Forschung (13) 1919, S. 257–299.

Schmidt, A.: Kostenrechnung, 4. Aufl. 2005 Stuttgart.

Schneeweiß, C. / Steinbach, J.: Zur Beurteilung der Prozeßkostenrechnung als Planungsinstrument, in: DBW, 1996, S. 459–473.

Schneider, D.: Betriebswirtschaftslehre, Bd. 2: Rechnungswesen, 2. Aufl., München 1997.

Schneider, D.: Entscheidungsrelevante fixe Kosten, Abschreibungen und Zinsen zur Substanzerhaltung, in: DB, 1984, S. 2521–2528.

Schneider, D.: Versagen des Controlling durch eine überholte Kostenrechnung, in: DB, 1991, S. 765–772.

Schönit, W.-O. / Binder, B. / Piotrowski, P.: Dampf für die Bahn (Prozesskostenrechnung), in: Logistik Heute, 05/2002, S.28-29.

Schweitzer, M. / Küpper, H.-U.: Systeme der Kosten- und Erlösrechnung, 8. Aufl., München 2003.

Schweitzer, M. / Wagener, K.: Geschichte des Rechnungswesens, in: WiSt, 1998, S. 438–446.

Seicht, G.: Moderne Kosten- und Leistungsrechnung, 11. Aufl., Wien 2001.

Seidenschwarz, W.: Target Costing: Marktorientiertes Zielkostenmanagement, Stuttgart 1993.

Serven, L. B. M.: Value Planning – The New-Approach to Building Value Every Day, New York u.a.O. 2001.

Shim, J. K. / Siegel, J. G.: Modern Cost Management & Analyses, 2. Aufl., New York, 2000.

Sill, H.: Marktorientiertes Kostenmanagement – Erfahrungen im Hause Siemens, in: Deutscher Betriebswirtschafter-Tag (Hrsg.): Reengineering: Konzepte und Umsetzung innovativer Strategien und Strukturen, Stuttgart 1995, S. 173–189.

Statistisches Bundesamt: Volkswirtschaftliche Kennzahlen, http://www.bundesbank.de/statistik/statistik_terminkalender_detail.php#bau1.

Stier, W.: Marktentwicklungen durch Prognoseverfahren antizipieren – Managementunterstützung für Planung und Steuerung, in: Thexis, Nr. 2, 2002, S. 5–8.

Stoi, R.: Prozessorientiertes Kostenmanagement in der deutschen Unternehmenspraxis, München 1999.

Sydsaeter, K. / Hammond, P.: Mathematik für Wirtschaftswissenschaftler, München 2004

Tani, T. / Horváth, P. / Wangenheim, S. v.: Genka Kikaku und marktorientiertes Zielkostenmanagement, in: Controlling, 1996, S. 80–89.

Verein Deutscher Ingenieure (Hrsg.): Prozessorientierte Kostenanalyse in der innerbetrieblichen Logistik, VDI 4405, Blatt 1, Entwurf, in: VDI-Handbuch Materialfluss und Fördertechnik, Band 8, Juni 2001.

Währisch, M.: Der Ansatz kalkulatorischer Kostenarten in der industriellen Praxis, 2000, S. 678–695.

Wild, J.: Grundlagen der Unternehmensplanung, 4. Aufl., Opladen 1982.

Witt, F.-J.: Deckungsbeitragsmanagement, München 1991.

Wübbenhorst, K. L.: Lebenszykluskosten, in: Schulte, C. (Hrsg.): effektives Kostenmanagement, Stuttgart 1992, S. 245–272.

Wurl, H.-J. / Kuhnert, M. / Hebeler, C.: Traditionelle Formen der kurzfristigen Erfolgsrechnung und der „Economic Value Added"-Ansatz – Ein kritischer Vergleich unter dem Aspekt der Unternehmenssteuerung, in: WPg, 2001, S. 1361–1372.

Zahn, W.: Target Costing bei einem Automobilzulieferer, in: Controlling, 1995, S. 148–153.

Zehbold, C.: Lebenszykluskostenrechung, Wiesbaden 1996.

Ziegler, H.: Neuorientierung des internen Rechnungswesens für das Unternehmens-Controlling im Hause Siemens, in: zfbf 1994, S. 175–188.

Zimmermann, G.: Anschaffungspreisorientierte Abschreibungsbemessung und Unternehmenserhaltung, in: krp, 1998, S. 41–43.

Zimmermann, G.: Kostenrechnung, 8. Aufl., München, Wien 2001.

Zöfel, P.: Statistik für Wirtschaftswissenschaftler im Klartext, München 2003.

Register

A

Abbildungskonzeption, 500
Absatz, 303
Absatzmarkt, 15
Absatzpolitik, 289
Absatzverbundenheit, 318
Abschreibungen, 123
– kalkulatorische, 115
Absolute Abweichung, 405
Abzugskapital, 140
Achsenabschnitt, 391
Activity Based Costing, 325
Addierende Divisionskalkulation, 217
Aktivierte Eigenleistungen, 245
Aktivitäten, 328, 332
Allokationseffekt, 354
Allowable Costs, 475
Alternative Abweichungsanalyse, 453
Analytische Kostenauflösung, 276
Anbauverfahren, 180 f.
Anderskosten, 57
Äquivalenzziffernkalkulation, 221
Arbeitspläne, 407
Arbeitsvorgängen, 332
ARIMA-Verfahren nach Box/Jenkins, 394
Arithmetisch degressive Abschreibung, 125
Aufspaltung, 272
Auftragsgrößen, 359
Aufwand, 50
– betriebsfremd, 55

– neutral, 55
– periodenfremd, außergewöhnlich, 55
Aufwendungen, 50
Ausbringungsmenge, 430
Ausgaben, 50
Auswertungsrechnungen, 295 f.
Auszahlungen, 17 f., 50

B

Begrenzte Enumeration, 374
Benchmarking, 345, 397
Bereichsfixkosten, 284
Beschaffung, 303
Beschaffungsmarkt, 15
Beschäftigungsabhängigkeit, 59
Beschäftigungsabweichung, 443, 449
Beschäftigungsgrad, 274, 430
Beschäftigungsniveau, 447
Bestandsrechnung, 132
Bestandsveränderungen, 245
Bestimmtheitsmaß, 397
Beständewagnis, 144
Betriebliches Rechnungswesen, 19
Betriebsabrechnungsbogen, 173 f., 278, 347
Betriebserfolg, 26
Betriebsleistung, 368
Betriebsnotwendiges Kapital, 132
Betriebsstoffe, 98
Betriebsvergleichsdaten, 28
Bezugsgröße, 78, 232, 328, 409